W0262058

CHEMISCHE KONSTITUTION UND PHYSIKALISCHE EIGENSCHAFTEN

VON

SAMUEL SMILES, D. Sc.

PROFESSOR AN DER UNIVERSITÄT LONDON

AUS DEM ENGLISCHEN ÜBERSETZT

VON

Dr. P. KRASSA

BEARBEITET UND HERAUSGEGEBEN

VON

Dr. R. O. HERZOG

O. Ö. PROFESSOR AN DER DEUTSCHEN TECHNISCHEN HOCHSCHULE
IN PRAG

SPRINGER-VERLAG BERLIN HEIDELBERG GMBH 1914

ISBN 978-3-642-49519-9   ISBN 978-3-642-49808-4 (eBook)
DOI 10.1007/978-3-642-49808-4

Vorwort des Herausgebers.

Da eine eingehendere Darstellung des im vorliegenden Buche behandelten Stoffes in deutscher Sprache seit längerer Zeit fehlt, schien eine Übertragung des englischen Originales nicht zwecklos. Wie die anorganische Chemie durch die Aufnahme physikalischer Methodik und Denkweise aufs glücklichste befruchtet worden ist und sich nunmehr blühend weiter entwickelt, kann man heute auch der organischen Chemie ein Interesse für die Zusammenhänge zwischen Konstitution und physikalischen Eigenschaften nicht mehr absprechen; vor allem die steigende Erkenntnis, daß für die subtileren Struktur- und Valenzprobleme neuartige Methoden kaum mehr entbehrt werden können, drängt in neue Bahnen. Der Herausgeber ist ferner der Überzeugung, daß nur eine geeignete Auswahl und Entwicklung physikalisch-analytischer Hilfsmittel imstande sein wird, die Erforschung der komplizierten Verbindungen zu fördern, die der Organismus erzeugt und bei denen der Konstitutionsermittlung bisher stets durch die Molekulargröße Grenzen gezogen gewesen sind. Vielleicht vermag das vorliegende Buch bei der Auffindung und Ebnung solcher neuen Wege mitzuhelfen.

Von dem englischen Original unterscheidet sich die deutsche Ausgabe zunächst durch die Ergänzung einiger Abschnitte, und zwar stammen von Herrn Privatdozent Dr. F. Kaufler die Kapitel: Bildungs- und Verbrennungswärme, Optisches Drehungsvermögen, Elektrische Leitfähigkeit, Dielektrizitätskonstante, Magnetische Suszeptibilität; von Herrn Privatdozent Dr. R. Leiser: Elektrische und magnetische Doppelbrechung. — Gegen die Aufnahme weiterer Abschnitte (z. B. Reaktionsgeschwindigkeit, Löslichkeit, Kolloidzustand) sprach, daß bisher eine systematische Verwendung anderer physikalischer Eigenschaften für konstitutive Zwecke kaum in Betracht kommt.

Weiterhin erschien es zweckmäßig, Änderungen in der Anordnung des Stoffes im ganzen und bei manchen Gebieten auch im einzelnen vorzunehmen. Ferner haben neuere Fortschritte sowohl erhebliche Ergänzungen, wie die Entfernung manches inzwischen Veralteten veranlaßt. Bei dieser Bearbeitung sowie bei der Ergänzung der Literatur hat Herr Privatdozent Dr. F. Kaufler weitgehend eingegriffen, wofür ihm auch hier der beste Dank ausgesprochen sei. Ebenso bin ich den Herren Dr. F. Epstein, Professor Dr. v. Georgievics und Professor Dr. G. Just für Ratschläge in einzelnen Kapiteln zu großem Danke verpflichtet! Herr Dipl.-Ing. Brehm hat sich durch die zeitraubende Herstellung des Registers der Verbindungen um das Buch sehr verdient gemacht. Endlich sei dem Verleger Herrn Theodor Steinkopff, Dresden, auch an dieser Stelle für seine Bemühungen und sein Entgegenkommen verbindlichst gedankt!

O. H.

Inhaltsverzeichnis.

Einleitung.

Die Betrachtung der Beziehungen zwischen chemischer Konstitution und physikalischen Eigenschaften kann zwei Zwecken dienen. Sie kann sich als Ziel setzen, mit Hilfe der Kenntnis der chemischen Konstitution das physikalische Verhalten im voraus zu berechnen, oder sie kann umgekehrt anstreben, durch Ermittlung der physikalischen Konstanten Schlüsse auf die chemische Konstitution zu ziehen.

Der zweite Gesichtspunkt besitzt vorwiegende Bedeutung für den Chemiker und bedingt die Behandlung des Stoffes im folgenden.

Die Bestimmung der chemischen Konstitution nach physikalischen Eigenschaften ist nach verschiedenen Richtungen wichtig. Zunächst ist sie eine willkommene Kontrolle für die chemische Konstitutionsermittlung und liefert sehr wertvolle Beiträge zur Feststellung der Reinheit und Einheitlichkeit der Substanzen. Noch wichtiger ist sie in jenen Fällen, wo die chemischen Methoden zur Konstitutionsermittlung versagen. So verhindert in manchen Fällen die Zersetzlichkeit von Substanzen ihre Isolierung und Reindarstellung, während eine Messung ihrer physikalischen, z. B. ihrer optischen Eigenschaften wohl möglich ist und einen Schluß auf die Konstitution gestatten kann. Wesentlicher sind die hier zu besprechenden Beziehungen für das Problem der Tautomerie (Desmotropie), welches auf rein chemischem Wege in der Regel nicht einwandfrei zu bearbeiten ist. Wenn z. B. konstatiert ist, daß der Acetessigester je nach dem Reagens als Keton oder Enol reagiert, so ist klar, daß bei der Konstitutionsbestimmung einer Substanz aus derselben Körperklasse eine chemische Reaktion nicht einen sicheren Schluß zulassen wird. Der Einwand bleibt berechtigt, daß bei der fraglichen Reaktion gleichzeitig eine Umlagerung eingetreten ist. Eine wirkliche Entscheidung, welchem Typus eine derartige Substanz angehört, kann nur eine Beobachtung ergeben, bei welcher derartige Umlagerungen ausgeschlossen sind, das heißt eine Bestimmung von physikalischen Eigenschaften und ihr Vergleich mit solchen von Substanzen, bei welchen entweder der Enol- oder der Ketontypus unzweifelhaft erwiesen ist.

Für eine Reihe von Substanzen, bei welchen die chemische Charakterisierung experimentell große Schwierigkeiten bietet, führt oft Ermittlung und Vergleich mit physikalischen Konstanten zum Ziele. So wäre es unmöglich gewesen, in das große Gebiet der Terpene Ordnung zu bringen, wenn nicht das optische Drehungsvermögen und Brechungsvermögen als Charakteristika der Naturprodukte und ihrer Derivate gedient hätten. — Die Beziehungen zwischen Konstitution und Absorptionsspektrum sind für den analytischen Nachweis von Farbstoffen, noch mehr aber für die planmäßige Synthese derselben von großer Wichtigkeit.

Aus diesen wenigen Beispielen ist wohl ersichtlich, daß die Ermittlung von Beziehungen zwischen chemischer Konstitution und physikalischen Eigenschaften nicht nur ein interessantes Spezialgebiet der physikalischen Chemie bildet, sondern daß die Resultate einen Bestandteil der praktischen chemischen Arbeitsmethodik darstellen.

Von solchen Gesichtspunkten aus würden sich also die Ergebnisse der physikalischen Konstitutionsermittlung als Hilfsmittel der chemischen darstellen. Die Bedeutung der Beziehung zwischen Konstitution und physikalischen Eigenschaften liegt aber in letzter Linie auf einem ganz anderen Gebiete. Unsere chemischen Formeln machen eigentlich exakte Aussagen nur über die stöchiometrischen Beziehungen. Über die Fragen der Reaktionsfähigkeit und Reaktionsgeschwindigkeit, über die Probleme der Dirigierung von Substituenten oder Addenten nach bestimmten Stellungen geben sie nur sehr spärlichen Aufschluß und an Stelle von Gesetzmäßigkeiten treten in den einfachen Fällen unsichere Regeln; in komplizierteren Fällen ist man auf oft unsichere Analogieschlüsse angewiesen. Dieser Zustand macht natürlich eine befriedigende Systematik der genannten chemischen Vorgänge unmöglich. Ein Fortschritt kann hier nur so eintreten, daß an Stelle unserer qualitativ symbolischen Strukturformeln Bilder kommen, die wenigstens angenähert quantitative Beziehungen enthalten.

Das Versuchsmaterial quantitativer Natur, welches zum Ausbau der chemischen Konstitutionsfragen erforderlich ist, kann aber nur auf Grund der Betrachtung der Beziehungen zwischen physikalischen Eigenschaften und der chemischen Konstitution erhalten werden.

Die Annahme liegt nahe, daß eine Änderung unserer chemischen
Darstellungen vom Begriffe der Valenz aus erfolgen dürfte. Ist die
Notwendigkeit, bei den Bindungen der Atome untereinander Valenzreste anzunehmen, die sich gegenseitig beeinflussen und das gesamte
chemische und physikalische Verhalten der Substanzen verändern,
einmal erkannt, so ergibt sich sogleich die wichtige Aufgabe, durch
genauen Vergleich der physikalischen Eigenschaften verschiedener
Substanzen das Vorhandensein und die gegenseitige Beeinflussung
derartiger Valenzreste möglichst quantitativ zu bestimmen. Die
Erfolge, die in dieser Richtung bisher erzielt wurden, sind weit-
tragender Natur. Während es Thiele nur in einer nicht allzu
großen Zahl von Reaktionen gelungen ist, seine grundlegende
Theorie der konjugierten Doppelbindungen einwandfrei zu veri-
fizieren, hat sich bei der Betrachtung der physikalischen Eigenschaften gezeigt, in wie weitem Umfange der Gedanke Thieles,
daß benachbarte Doppelbindungen sich in ihren Valenzresten teilweise ausgleichen, richtig ist. Ebenso hat sich bei der Diskussion
der Verbrennungswärmen, der optischen sowie der elektrischen
Eigenschaften ergeben, daß der Begriff der ungesättigten Gruppe
wesentlich weiter zu fassen ist, als es die formale Valenzlehre tut.
Die Abweichungen von den normalen Werten geben einen Anhaltspunkt für den Grad der Nichtsättigung einer Verbindung, und das
chemische Verhalten stimmt mit den physikalischen Anomalien
meistens recht gut überein.

Unter den Beziehungen zwischen physikalischen Eigenschaften
und chemischer Zusammensetzung lassen sich zwei Grenzfälle
unterscheiden:

1. Der numerische Wert der Eigenschaft hängt ausschließlich
von der Zahl und Art der Atome ab, aus welchen die Verbindung besteht, derart, daß der Wert für die Verbindung sich
durch Addition der Werte der Komponenten ergibt. Eine solche
Eigenschaft nennt man additiv. Das Molekulargewicht ist streng
additiv, das Molekularvolumen z. B. annähernd additiv.

2. Der Wert der physikalischen Eigenschaften wird hauptsächlich durch die Art und Weise der Verkettung der Atome
untereinander bedingt. Eine solche Eigenschaft bezeichnet man
als eine konstitutive. Konstitutiv ist das optische Drehungsvermögen, das durch die rein geometrischen Verhältnisse in der

Anordnung der Atome bedingt ist. Ebenso ist das Absorptionsspektrum mit sehr großer Annäherung eine konstitutive Eigenschaft.

Zwischen diesen beiden Grenzfällen liegen die verschiedenen physikalischen Eigenschaften, deren Stellung vom rein additiven bis zum rein konstitutiven Charakter sich in Anlehnung an Wi. Ostwald[1]) in etwa folgender Reihe ausdrücken läßt: Molekulargewicht, Brechungsvermögen, Dispersionskonstante, Molekularvolumen, Kapillarität, Magnetisches Rotationsvermögen, Lichtabsorptionsvermögen, Fluorescenz, Optisches Drehungsvermögen.

Es gibt auch Eigenschaften, welche von Art und Anordnung der Atome unabhängig sind. Es sind dies jene, welche ausschließlich von der Zahl der Moleküle abhängen. Das typische Beispiel hierfür ist das Molekularvolumen im Gaszustande, das für alle Substanzen gleich ist. Derartige Eigenschaften bezeichnet man als kolligative. Da sie für die hier zu behandelnden Fragen nicht in Betracht kommen, sollen sie nicht weiter besprochen werden.

---

[1]) Trans. Chem. Soc. **59**, 198 (1891).

Kapitel I. Raumerfüllung.

§ 1. Allgemeines.

Die Definition der Raumerfüllung geschieht gewöhnlich durch das **spezifische Gewicht**, bzw. seinen reziproken Wert, das **spezifische Volumen**. Schon ein oberflächlicher Überblick lehrt, daß zwischen diesen Größen und der chemischen Zusammensetzung eines Stoffes Beziehungen bestehen. Die Verbindungen der dichten Elemente zeichnen sich durch hohes spezifisches Gewicht aus; umgekehrt bewirkt Verbindung mit leichten Elementen in der Regel eine Abnahme des spezifischen Gewichtes. Substitution von Wasserstoff durch Halogen vergrößert das spezifische Gewicht, und zwar in der Reihenfolge: Chlor $<$ Brom $<$ Jod. Derartige qualitative Aussagen lassen sich noch in großer Zahl machen, jedoch gelingt es nicht, aus dem spezifischen Gewicht oder Volumen exakte Gesetzmäßigkeiten abzuleiten.

Es ergibt sich bereits bei diesem ersten Versuch, physikalische Eigenschaften und chemische Zusammensetzung in Beziehung zueinander zu bringen, die Notwendigkeit, die zwei wesentlichen Voraussetzungen für einen derartigen Vergleich zu erfüllen:

1. Die entsprechende Wahl und Definition der physikalischen Eigenschaft und

2. die Ausführung des Vergleiches bei verschiedenen Stoffen unter den geeigneten Bedingungen.

Während, wie bereits erwähnt, das spezifische Volumen verschiedener Substanzen nicht zur Auffindung von Gesetzmäßigkeiten führt, ist dies der Fall, wenn die Raumerfüllung auf das Grammolekül bezogen wird, also beim Vergleich der **Molekularvolumina**.

Wenn man das Molekularvolumen verschiedener Substanzen miteinander vergleichen will, so ist hierzu eine Festlegung der äußeren Bedingungen erforderlich. Das Molekularvolumen hängt nicht nur vom Aggregatzustand ab, sondern auch innerhalb desselben Aggregatzustandes von Druck und Temperatur. Auf den gasförmigen Aggregatzustand soll hier nicht eingegangen werden, da sich die zu erwartenden Beziehungen nur als Abweichungen sekundärer Art von den allgemeinen Gasgesetzen geltend machen. Beim flüssigen und festen Aggregatzustand ist der Einfluß des Druckes recht gering, so daß eine Vergleichung bei Atmosphärendruck keine wesentliche Ungenauigkeit herbeiführt.

Anders liegt dies bezüglich der Temperatur. Die verschiedenen Substanzen haben sehr verschiedene Ausdehnungskoeffizienten, und infolgedessen wird eine Gesetzmäßigkeit, die für eine Temperatur gilt, für eine andere ungültig werden. Die Wahl einer bestimmten Temperatur, z. B. 0° oder Zimmertemperatur, wird demnach willkürlich erscheinen. Zu einer exakten Basis für die Volumvergleichung kommt man erst mit Hilfe der Theorie der übereinstimmenden Zustände, die auf den Untersuchungen von van der Waals[1]) beruht.

Trägt man für eine bestimmte Temperatur die Beziehung zwischen Druck und Volumen in einem Koordinatensystem auf, so erhält man die dieser Temperatur entsprechende Isotherme. Die Gesamtheit aller Isothermen eines Stoffes bezeichnet man als Zustandsdiagramm. Die Zustandsdiagramme verschiedener Substanzen sind natürlich verschieden. Anstatt nun die gebräuchlichen Maßeinheiten für Temperatur, Druck, Volumen zu benützen, führt van der Waals als Einheiten die Werte beim kritischen Zustand ein. Man bezeichnet die so definierten Drucke, Volumina, Temperaturen als reduzierte Größen und das aus ihnen gebildete Diagramm als reduziertes Zustandsdiagramm. Wie sich nun rechnungsmäßig nachweisen läßt, werden dann für sämtliche Stoffe die Zustandsdiagramme annähernd identisch. Es hat sich weiterhin gezeigt, daß diese Identität der reduzierten Zustandsdiagramme gilt, selbst wenn die Voraussetzungen, auf welche sich van der Waals bei Aufstellung seiner Gleichung stützte, nicht exakt richtig sind.

Es existiert also in erster Annäherung ein und dasselbe reduzierte Zustandsdiagramm, bzw. ein und dieselbe reduzierte Zustandsgleichung für sämtliche Stoffe. Ein systematischer Vergleich verschiedener Substanzen kann somit nur dann Erfolg ver-

---

[1]) J. D. van der Waals, Kontinuität des gasförmigen und flüssigen Zustandes (Leipzig 1881).

sprechen, wenn als Vergleichsbedingungen übereinstimmende Zustände gewählt werden, also Zustände, bei welchen Druck und Temperatur verschiedener Substanzen ausgedrückt in Bruchteilen der kritischen Größen denselben Wert haben.

Der Druck kommt, wie bereits bemerkt, hier weniger in Betracht, hingegen sollte die Vergleichung des Volumens verschiedener Substanzen bei den gleichen reduzierten Temperaturen geschehen, z. B. bei der (reduzierten) Temperatur 0 (dem absoluten Nullpunkt) oder 1 (der kritischen Temperatur). Jedoch ist 0° (absolut) nicht erreichbar, die Messung bei der kritischen Temperatur mit großen Schwierigkeiten verbunden.

Kopp erhielt, nachdem er vorher beim Vergleich des Molekularvolumens bei 0° (der gewöhnlichen Skala) keine gut vergleichbaren Ergebnisse erhalten hatte, bei Wahl des Siedepunktes als Meßtemperatur sehr befriedigende Ergebnisse. Dieses Resultat wurde erst später durch Guldberg[1]) aufgeklärt, indem dieser darauf aufmerksam machte, daß der Siedepunkt der meisten Stoffe (nach der absoluten Temperaturskala gezählt) bei Atmosphärendruck mit recht großer Annäherung zwei Drittel der kritischen Temperatur beträgt, und daß im allgemeinen „Größen, die sich langsam mit der Temperatur ändern, bei den Siedepunkten angenähert in übereinstimmenden Zuständen betrachtet werden können". Kopp hatte also unbewußt „übereinstimmende Temperaturen" (0,66) zum Vergleiche benutzt. In der Tat ergibt darum auch sonst der Vergleich bei der Siedetemperatur oftmals einfache Verhältnisse.

Einige Worte über die experimentelle Durchführung der Dichtebestimmungen erscheinen am Platze. Die meisten Angaben der Dichte bei Siedetemperatur sind indirekt aus der Dichte bei gewöhnlicher Temperatur berechnet. Diese Berechnung setzt eine genaue Kenntnis des Siedepunktes und des thermischen Ausdehnungskoeffizienten der Flüssigkeit voraus; sie ist darum manchmal sehr schwer durchzuführen. W. Ramsay[2]) hat diesem Übelstand durch die Konstruktion eines Apparates abgeholfen, mit dem Dichtemessungen beim Siedepunkte selbst möglich sind. Bei wässerigen Lösungen hat die Methode von H. Kohlrausch und Hallwachs[3]) sehr genaue Resultate ergeben.

[1]) Zeitschr. f. phys. Chem. 5, 374 (1890).
[2]) Trans. Chem. Soc. 35, 463 (1879).
[3]) Wied. Ann. 53, 14 (1894); 56, 185 (1895).

§ 2. Die Atomvolumina der Elemente.

Das Produkt aus dem Atomgewicht und dem Volumen eines Grammes ergibt für jedes Element das Volumen, in welchem die gleiche Zahl von Grammatomen enthalten sind. Dieses Produkt wird als Atomvolumen bezeichnet.

Atomvolumen = Atomgewicht × spezifischem Volumen oder

$$= \frac{\text{Atomgewicht}}{\text{Dichte}}.$$

(Diese Atomvolumina dürfen nicht mit den aus den Molekularvolumina berechneten verwechselt werden. Bei den meisten Elementen sind diese beiden Werte verschieden.)

Tabelle I.

Element	Atom.-Vol. (nach Kopp)	Atom.-Vol. der Elemente
Wasserstoff	5,5	11
Kohlenstoff	11	3,4
Sauerstoff	12,2 oder 7,8	14,3
Chlor	22,8	22,2
Brom	27,8	25,1
Jod	37,5	25,6

Lothar Meyer[1]) hat in seinen Arbeiten über die periodischen Eigenschaften der Elemente den Zusammenhang der Atomvolumina mit den Atomgewichten durch eine Kurve dargestellt. Diese Kurve hat wellenförmige Gestalt, wobei die Amplitude der Wellen mit steigendem Atomgewicht wächst. Elemente mit gleichen chemischen Eigenschaften nehmen annähernd korrespondierende Stellen der Kurve ein. W. Borchers[2]) fand, daß die Kurve regelmäßiger wird, und daß die Beziehungen zwischen den Elementen deutlicher hervortreten, wenn man statt der Atomvolumina die Äquivalentvolumina $\left(\dfrac{\text{Atomvolumen}}{\text{maximale Valenz}}\right)$ anwendet. Durch Ausfüllung der Lücken der Kurve will er die Atomgewichte und Dichten unbekannter Elemente vorhersagen.

Nach E. Cohen und J. Olie jr.[3]) konvergieren die Atom-

---

[1]) L. Meyer, Die modernen Theorien der Chemie (Leipzig 1867).

[2]) W. Borchers, Die Beziehungen zwischen Äquivalentvolumen und Atomgewicht (Halle 1904).

[3]) Zeitschr. f. phys. Chem. **71**, 385 (1910).

volumina der allotropen Modifikationen eines Elementes (Kohlenstoff, Zinn) gegen den absoluten Nullpunkt zu nicht nach einem und demselben Endwert.

Mit dem Atomvolumen ist die Kompressibilität der Elemente innig verknüpft. Richards[1]) hat gefunden, daß die Zusammendrückbarkeit eine periodische Funktion des Atomgewichtes ist und die Gestalt der Kompressibilitätskurve der Atomvolumkurve ähnelt. In der folgenden Tabelle ist die Zusammendrückbarkeit (β) definiert als die mittlere Änderung des Volumens, welche durch den Anstieg des Druckes um 0,987 Atmosphären bei einem Drucke verursacht wird, der von 0,987 auf $5 \times 0,987$ Atmosphären steigt.

Tabelle II.

Element	β	At.-Vol.	Element	β	At.-Vol.
Lithium	8,8	13,1	Magnesium	2,7	13,3
Natrium	15,4	23,7	Calcium	5,5	25,3
Kalium	31,5	45,5	Zink	1,5	9,5
Rubidium	40	56	Cadmium	1,9	13,0
Caesium	61	71	Quecksilber	3,7	14,8
Kupfer	0,54	7,1	Aluminium	1,3	10,1
Silber	0,84	10,3	Thallium	2,6	17,2
Gold	0,47	10,2	Phosphor (rot) . . .	9,0	14,4
Kohlenstoff	0,5	3,4	Arsen	4,3	13,3
Silicium	0,16	11,4	Antimon	2,2	17,9
Zinn	1,6	16,2	Wismut	2,8	21,2
Blei	2,2	18,2	Chlor	9,5	25,0
Schwefel	12,5	15,5	Brom	51,8	25,1
Selen	11,8	18,5	Jod	13,0	25,7
Chrom	0,7	7,7	Mangan	0,7	7,7
Molybdän	0,26	11,1	Eisen	0,4	7,1
Palladium	0,38	9,3	Nickel	0,7	6,7
Platin	0,21	9,1			

§ 3. Die Arbeiten von Kopp.[2]) Additive Beziehungen.

Der erste, der eine systematische Untersuchung der Molekularvolumina von Flüssigkeiten ausführte, war Kopp. Seine ersten Versuche dienten hauptsächlich dazu, Material zu sammeln und die günstigsten Vergleichsbedingungen festzustellen. Er entschied

---

[1]) J. W. Richards, Zeitschr. f. Elektrochem. **13**, 519 (1907).
[2]) Pogg. Ann. **47**, 113 (1839); **52**, 243, 262 (1844); Ann. **41**, 79 (1842); **96**, 153, 303 (1855); **250**, 1 (1889).

sich, wie erwähnt, für den Siedepunkt[1]) als beste Vergleichstemperatur. In einer im Jahre 1855 veröffentlichten Arbeit gab er einen allgemeinen Überblick über den Gegenstand. Aus den wenigen damals zugänglichen Daten zog er die folgenden Schlüsse:

1. Ein konstanter Zusammensetzungsunterschied bedingt einen konstanten Unterschied des Molekularvolumens.

2. Isomere Verbindungen besitzen dasselbe Molekularvolumen.

3. Der Einfluß eines Kohlenstoffatomes ist derselbe wie der zweier Wasserstoffatome.

4. Der Ersatz von Wasserstoff durch die äquivalente Menge von Sauerstoff bedingt nur eine geringe Änderung des Molekularvolumens.

Einige Versuchsergebnisse, aus welchen diese Folgerungen gezogen wurden, sind in der Tabelle III enthalten.

Kopp wandte sich hierauf der Berechnung der Atomvolumina der Elemente zu. Er hatte gefunden, daß der Eintritt einer CH_2-Gruppe den Wert des Molekularvolumens um etwa 22 Einheiten erhöht. Zusammen mit der Tatsache, daß das Kohlenstoffatom in bezug auf den Volumeinfluß zwei Wasserstoffatomen äquivalent ist, folgt daraus, daß die Atomvolumina von $C = 11$ und $H = 5,5$ sind. Mit Hilfe dieser Zahlen wurden nun solche für die anderen Elemente erhalten. Der Sauerstoff ergab verschiedene Werte, je nach seiner Stellung im Radikal.

So ergab sich — nach moderner Terminologie — für den Carbonyl- bzw. Hydroxylsauerstoff der Wert

$$O'' = 12,2 \text{ und } O' = 7,8$$

ebenso für Schwefel:

$$S'' = 28,6 \text{ und } S' = 22,6,$$

für Chlor, Brom und Jod:

$$Cl = 22,8; \quad Br = 27,8; \quad J = 37,5.$$

Tabelle III.

Molekularvolumina beim Siedepunkt.

Substanz	Formel	Berechnet	Beobachtet
Benzol	C_6H_6	99,0	96,0— 99,7
Naphthalin	$C_{10}H_8$	154,0	149,2
Acetaldehyd	C_2H_4O	56,2	56,0—56,9

[1]) Über den Schmelzpunkt als Vergleichstemperatur vgl. z. B. J. C. Earl, Chem. News **102**, 265 (1910). Ferner die Arbeiten von Le Bas in § 8, Lämmel S. 131, Clarke S. 181.

Substanz	Formel	Berechnet	Beobachtet
Aceton	C_3H_6O	78,2	77,3—77,6
Methylalkohol	CH_4O	40,8	41,9—42,2
Äthylalkohol	C_2H_6O	62,8	61,8—62,5
Amylalkohol	$C_5H_{12}O$	128,8	123,6—124,4
Ameisensäure	CH_2O_2	42,0	40,9—41,8
Essigsäure	$C_2H_4O_2$	64,0	63,5—63,8
Propionsäure	$C_3H_6O_2$	86,0	85,4
Buttersäure	$C_4H_8O_2$	108,0	106,4—107,8
Valeriansäure	$C_5H_{10}O_2$	130,0	130,2—131,2
Äthyläther	$C_4H_{10}O$	106,8	105,6—106,4
Methylformiat	$C_2H_4O_2$	64,0	63,4
Methylacetat	$C_3H_6O_2$	86,0	83,7—85,8

Kopp zeigte weiter, daß das Molekularvolumen mit ziemlich
großer Genauigkeit aus der Summe der Atomvolumina berechnet
werden kann.

Zum Beispiel

$$\begin{aligned}
&\text{Essigsäure } C_2H_4O''O' \\
&2C = 22 \\
&4H = 22 \\
&O'' = 12{,}2 \\
&O' = 7{,}8 \\
\hline
&\quad 64{,}0 \text{ berechnet, } 63{,}5—63{,}8 \text{ beobachtet.}
\end{aligned}$$

Ein Blick auf die Tabelle (III) zeigt, daß die Übereinstimmung
zwischen berechneten und beobachteten Werten im allgemeinen
sehr gut ist; dies führte Kopp zu dem Schlusse, daß das Molekularvolumen einer Flüssigkeit gleich der Summe der Atomvolumina sei.

Wenn auch spätere Untersuchungen gezeigt haben, daß Kopp
den rein additiven Charakter des Volumens überschätzte, so darf man
doch nicht annehmen, daß er den Einfluß der Konstitution ganz
übersehen habe, wie die Zuerteilung verschiedener Werte für Sauerstoff und Schwefel je nach der Stellung innerhalb oder außerhalb
des Radikals erweist. Er beobachtete auch, daß die Regel, nach
der Isomere dasselbe Molekularvolumen besitzen, nur dann gilt,
wenn ihre Konstitution eine analoge ist.

In den folgenden drei Jahrzehnten wurde eine Reihe von Untersuchungen ausgeführt, um die von Kopp aufgestellten Regeln
einer weiteren Prüfung zu unterziehen. Fast jede neue Untersuchung

ließ den Einfluß der Konstitution deutlicher erkennen, während das Gebiet der rein additiven Beziehungen immer mehr eingeengt wurde.

§ 4. Konstitutive Beziehungen.

Die sehr große Zahl der Einzelbeobachtungen über konstitutive Einflüsse bieten nur geringes Interesse; es mag genügen, auf einige der wichtigsten durch die Konstitution hervorgebrachten Veränderungen hinzuweisen.

Homologe. — Das Molekularvolumen in homologen Reihen (beim Siedepunkt gemessen) steigt nicht regelmäßig mit jeder hinzugekommenen CH_2-Gruppe. Der Anstieg wächst bei den höheren Gliedern; immerhin bewegt sich die Zunahme meist zwischen 21 und 24 Einheiten. Zur Veranschaulichung dieser Regel möge Tabelle IV dienen; die Zahlen sind aus den Untersuchungen von Gartenmeister,[1] Pinette[2] und Dobriner[3] zusammengestellt.

Tabelle IV.

Normalalkyljodide.

Substanz	Formel	V_m beim S.-P.	△
Methyljodid	CH_3J	64,1	
Äthyljodid	C_2H_5J	85,7	21,6
Propyljodid	C_3H_7J	106,8	21,1
Butyljodid	C_4H_9J	128,5	21,7
Amyljodid	$C_5H_{11}J$	151,2	22,7
Hexyljodid	$C_6H_{13}J$	175,5	24,3
Heptyljodid	$C_7H_{15}J$	198,6	23,1

Normalalkyläther.

Substanz	Formel	V_m beim S.-P.	△
Methyläthyläther	C_3H_8O	84,0	
Diäthyläther	$C_4H_{10}O$	106,1	22,1
Äthylpropyläther	$C_5H_{12}O$	127,8	21,7
Äthylbutyläther	$C_6H_{14}O$	150,1	22,3
Äthylheptyläther	$C_9H_{20}O$	220,8	3 × 23,6
Äthyloctyläther	$C_{10}H_{22}O$	246,7	25,9

[1]) Ann. **233**, 249 (1886).
[2]) Ann. **243**, 32 (1888).
[3]) Ann **243**, 11 (1888); s. auch Elsässer, Ann. **218**, 337 (1883); Zander, Ann. **225**, 74 (1884).

Alkylester der Ameisensäure.

Substanz	Formel	V_m beim S.-P.	$\triangle$
Methylformiat	$C_2H_4O_2$	62,7	
			21,9
Äthylformiat	$C_3H_6O_2$	84,6	
			21,6
Propylformiat	$C_4H_8O_2$	106,2	
			21,4
Butylformiat	$C_5H_{10}O_2$	127,6	
			22,9
Amylformiat	$C_6H_{12}O_2$	150,5	
			22,8
Hexylformiat	$C_7H_{14}O_2$	173,3	
			23,4
Heptylformiat	$C_8H_{16}O_2$	196,7	
			23,6
Octylformiat	$C_9H_{18}O_2$	220,3	

Alkylester der Valeriansäure.

Substanz	Formel	V_m beim S.-P.	$\triangle$
Methylester	$C_6H_{12}O_2$	149,1	
			25,4
Äthylester	$C_7H_{14}O_2$	174,5	
			23,3
Propylester	$C_8H_{16}O_2$	197,8	
			24,3
Butylester	$C_9H_{18}O_2$	222,1	
			23,7
Amylester.	$C_{10}H_{20}O_2$	245,8	
			26,2
Hexylester	$C_{11}H_{22}O_2$	272,0	
			25,4
Heptylester	$C_{12}H_{24}O_2$	297,4	
			25,2
Octylester.	$C_{13}H_{26}O_2$	322,6	

Gartenmeister hielt die Steigerung des Wertes für CH_2 in einer bestimmten Reihe für konstant; Lossen[1]) benutzte diese Annahme, um das Molekularvolumen eines Gliedes einer homologen Reihe durch eine Formel auszudrücken. Bei den Estern der Fettsäuren hat das niedrigste Glied der Reihe, das Methylformiat, das Molekularvolumen $V_m = 62,7$; die Differenz gegen das nächst höhere Glied, Methylacetat, beträgt 20,5.

Unter der Annahme, daß der Anstieg des Wertes für zwei aufeinanderfolgende CH_2-Gruppen 20,5 Einheiten beträgt, kann man für irgend ein Glied der Reihe das Molekularvolumen mit Hilfe der Gleichung

$$V_m = 62,7 + (n-2)\,20,5 + 0,5\,\frac{(n-2)^2}{2}$$

berechnen. n bedeutet hier die CH_2-Gruppen.

Auf Grund der Koppschen Regel, daß $V_{H_2} = V_C$, und unter der Annahme, daß der mittlere Wert für CH_2 20,9 ist, berechnete Lossen aus

$$V_{C_2H_4O_2}\ (\text{Methylformiat}) = 62,7,$$

daß

$$V_C = 10,45;\ V_H = 5,225;\ \text{und}\ V_O = 10,45.$$

---

[1]) Ann. **254**, 42 (1889).

Aus der obigen Gleichung ergibt sich dann:

$$V_m = 10{,}45 \; n + 5{,}225 \; m + 10{,}45 \; o + 0{,}25 \; (n-2)^2$$

worin n, m und o die Anzahl der Kohlenstoff-, Wasserstoff- und Sauerstoffatome sind. Die Formel kann auf verschiedene Klassen von gesättigten Fettsäureverbindungen angewandt werden.

G. L e B a s[1]) verfolgt die Änderung des Atomvolumens des Wasserstoffes in einer homologen Reihe am Beispiel der n-Monocarbonsäureester (G a r t e n m e i s t e r) vom Ameisensäuremethylester bis zum Octylsäureoctylester. Während der Quotient $\dfrac{\text{Molvolumen}}{\text{Wertigkeitszahl}}$ bei den Anfangsgliedern der Reihe sehr groß ist, nimmt er bald ab, erreicht ein Minimum, bleibt für wenige Glieder fast konstant (hier gilt das additive Gesetz fast streng) und steigt dann linear. Im letzteren Gebiet wächst das Molekularvolumen des H um 0,034 für jedes neu eintretende CH_2; das Molekularvolumen von CH_2 nimmt um 0,204 zu.

I s o m e r e   V e r b i n d u n g e n.[2]) — K o p p hatte gefunden, daß Isomere von erheblich verschiedener Konstitution verschiedenes, ähnlich zusammengesetzte dasselbe Molekularvolumen besitzen. Spätere Arbeiten haben gezeigt, daß letzteres nicht streng richtig ist. Die folgende Zusammenstellung enthält drei Gruppen von Verbindungen; in der ersten sind Isomere aus verschiedenen Körperklassen, in den beiden anderen solche mit ähnlicher chemischer Struktur wiedergegeben.

Tabelle V.

M o l e k u l a r v o l u m i n a   v o n   I s o m e r e n   b e i   i h r e m   S i e d e p u n k t e.

Substanz	V_m	S.-P.		Substanz	V_m	S.-P.	
Propylalkohol .	81,3	97°	}	Anilin	109,1	183°	}
Methyläthyläther	84,0	10,8°		Picolin	121,5	133,5°	
Hexylalkohol .	146,0	156,6°	}	Allylalkohol . .	74,2	96,6°	}
Dipropyläther .	150,1	86°		Aceton	76,8	56,0°	
Anisol	125,2	155°	}	Aldehyd . . .	56,9	21,0°	}
o-Kresol	121,5	190,8°		Äthylenoxyd .	52,4	12,5°	

---

[1]) Chem. News **104**, 151, 166, 187, 199 (1911).

[2]) B r o w n, Proc. Roy. Soc. **26**, 247 (1878); D o b r i n e r, Ann. **243**, 30 (1888); F e i t l e r, Zeitschr. f. phys. Chem. **4**, 66 (1889); G a r t e n m e i s t e r, Ann. **233**, 249 (1886); N e u b e c k, Zeitschr. f. phys. Chem. **1**, 649 (1887); P i n e t t e, Ann. **243** (1888); R a m s a y, Trans. Chem. Soc. **35**, 463 (1879); S c h i f f, Ann. **220**, 71, 278 (1883); Ber. d. Dtsch. chem. Ges. **14**, 2761 (1881); S t ä d e l, Ber. d. Dtsch. chem. Ges. **15**, 2559 (1889); T h o r p e, Trans. Chem. Soc. **37**, 141, 327 (1880); Z a n d e r, Ann. **224**, 74 (1884); S c h r ö d e r, Ber. d. Dtsch. chem. Ges. **13**, 1560 (1880).

Isomere Ester.

$C_7H_{14}O_2$	V_m	S.-P.	$C_8H_{16}O_2$	V_m	S.-P.
Methylcapronat	172,2	149,6°	Methylheptylat	196,2	173°
Äthylvalerat . .	174,5	144,6°	Äthylcapronat	197,7	167°
Propylbutyrat .	174	143°	Propylvalerianat	197,8	167°
Butylpropionat .	173,2	146°	Butylbutyrat .	197,8	165,7°
Amylacetat. . .	173,8	148°	Hexylacetat .	197,7	169°
Hexylformiat . .	173,3	153,2°	Heptylformiat .	196,7	176°

Isomere Äther.

Substanz	V_m	S.-P.	Substanz .	V_m	S.-P.
Methylheptyl- äther	194,6	149,8°	Methylpropyl- äther	105,1	38,9°
Dibutyläther . .	197,3	140,9°	Diäthyläther .	106,1	35,0°
Phenetol . . .	148,9	172,0°	Propylphenyl- äther	172,0	190,0°
o-Kresolmethyl- äther	147,7	175,0°	p-Kresoläthyl- äther	172,1	190,0°

In den letzteren Klassen isomerer Stoffe sind verschiedene Regelmäßigkeiten aufgefunden worden. Es scheint, daß der Unterschied der Volumina mit Differenzen des Siedepunktes in Zusammenhang steht. Dobriner hat gefunden, daß die Alkyläther mit symmetrischem Bau niedriger sieden und ein größeres Molekularvolumen besitzen, als die weniger symmetrisch gebauten. Ähnliche Beziehungen fand Gartenmeister bei den Estern. Ob die Verzweigung der Kohlenstoffkette einen bestimmten Einfluß auf das Volumen hat, ist bisher noch nicht genügend festgestellt, doch zeigen die Untersuchungen von Zander an Propylderivaten, daß die Isoverbindungen geringere Dichte besitzen. Brown hat gefunden, daß die Differenz zwischen normalem und Isopropyljodid beim Siedepunkte unter verschiedenen Drucken stets sehr nahe dieselbe ist. Da die normalen Propylverbindungen den höheren Siedepunkt besitzen, so gilt auch bei ihnen dieselbe Beziehung, wie bei den Äthern und Estern. Auch für einige isomere Halogenderivate hat diese Regel Gültigkeit, wie von Städel und Thorpe gezeigt wurde. Sie ist jedoch nicht allgemeiner Anwendung fähig.

Formel	S.-P.	V_m b. S.-P.	Formel	S.-P.	V_m b. S.-P.
CH_3-CHCl_2 . .	58°	88,2	CH_3CCl_3 . . .	74°	108,0
CH_2Cl-CH_2Cl .	84°	85,3	$CH_2ClCHCl_2$ . .	114°	102,7

Stereoisomere Verbindungen. — Walden[1]) und Liebisch[2]) haben die Dichten der optisch aktiven Verbindungen und der racemischen Isomeren verglichen. In der Mehrzahl der Fälle hatte die racemische Substanz die größere Dichte, doch ist der Unterschied nicht groß, und die wenigen Ausnahmen können in Versuchsfehlern ihre Ursache haben. Die Ergebnisse aus dem Gebiete der geometrischen Isomeren sind nur gering, doch zeigen die Messungen Traubes[3]) an verdünnten wässerigen Lösungen, daß die Transform im allgemeinen das größere Molekularvolumen besitzt, z. B.

Substanz	V_m
Fumarsaures Natrium	59,4
Maleinsaures Natrium	54,3
Mesaconsaures Natrium	70,6
Citraconsaures Natrium	66,5
Isocrotonsaures Natrium	64,4
Crotonsaures Natrium	62,4

Ungesättigte Bindung.[4]) — Die von Buff (1865) ausgeführten Messungen zeigten, daß das Volumen eines Elementes je nach der Sättigungsstufe sich ändert, daß ungesättigte Verbindungen im allgemeinen ein größeres Volumen haben, als sich auf Grund der von Kopp aufgestellten Summationsregel berechnet, und daß der ungesättigte Kohlenstoff somit ein größeres Volumen einnimmt, als der gesättigte. Aus Versuchen bei anderen Elementen zog Buff die allgemeine Folgerung, daß das Atomvolumen mit fortschreitender Sättigung kleiner wird. Einige Jahre später bestätigte Schiff diese Regel, soweit sie sich auf den ungesättigten Kohlenstoff bezieht; er bemühte sich ferner, ein quantitatives Maß für die Volumenzunahme infolge von Nichtsättigung zu finden. Für den Äthylenkohlenstoff nahm er einen Wert an, der um vier Einheiten größer ist, als der für das gesättigte Element. Lossen versuchte auf andere Weise einen numerischen Wert für den Einfluß

---

[1]) Ber. d. Dtsch. chem. Ges. **29**, 1699 (1896).
[2]) Ann. **286**, 140 (1895).
[3]) Ann. **240**, 43 (1886).
[4]) Buff, Ann. Suppl. **4**, 129 (1865); Schiff, Ann. **220**, 301 (1883); Lossen, Ann. **254**, 42 (1889); **214**, 81 (1883); Kraffts, Ber. d. Dtsch. chem. Ges. **17**, 1371 (1884); Zander, Ann. **214**, 138 (1882); Horstmann, Graham-Otto, Lehrbuch der Chemie **1**, 3, 422 (Braunschweig 1880).

der Nichtsättigung zu finden, indem er die Volumenzunahme mit dem Austritt von Wasserstoff erklärte. Er fügt für jedes ausgetretene Wasserstoffatom 1,5 Einheiten hinzu, also für die Bildung einer Äthylengruppe 3,0. Das vorhandene Versuchsmaterial genügt aber nicht, um den normalen Effekt einer Doppelbindung festzustellen; leider sind auch gerade nur wenige beim Siedepunkte bestimmte Werte verfügbar. (Für 2 H berechnet sich $\triangle$ zu 11.)

Tabelle VI.

Gesättigte Verbindung	V_m[1] beim S.-P.	$\triangle$	V_m[1] beim S.-P.	Ungesättigte Verbindung
Diisobutyl	184,5	7,3	177,2	Caprylen
Sec. Pentan	117,1	7,2	109,9	Sec. Amylen
Hexan	139,8	$2 \times 7,2$	126,5	Diallyl
Propylalkohol	81,3	7,2	74,1	Allylalkohol
Propyläther	150,9	$2 \times 7,2$	135,5	Allyläther
Propylacetat	128,5	7,1	121,4	Allylacetat.
Propylchlorid	91,4	7,2	84,2	Allylchlorid
Propylbromid	97,4	6,9	90,5	Allylbromid
Propyljodid	106,9	5,7	.101,2	Allyljodid
Methylpropionat	104,2	5,8	98,4	Methylacrylat
Äthylpropionat.	127,8	6,1	121,7	Äthylacrylat

Vergleich bei etwa gleichen Temperaturen.

Substanz	Formel	C°	V_m^T	$\triangle$
Hexan	C_6H_{14}	16°	130,4	7,8
Hexylen	C_6H_{12}	16°	122,6	3,2
Diallyl	C_6H_{10}	16°	119,4	1,7
Hexatrien	C_6H_8	15°	117,7	
Cyclohexan	C_6H_{12}	20°	107,8	6,6
Cyclohexen	C_6H_{10}	20°	101,2	6,9
Cyclohexadien (1,4)	C_6H_8	20°	94,3	5,7
Benzol	C_6H_6	18°	88,6	
Methylcyclohexan	C_7H_{14}	17°	127,0	7,6
$\triangle$ [3]-Methylcyclohexen	C_7H_{12}	15°	119,4	
1,3-Dimethylcyclohexan	C_8H_{16}	18°	144,8	8,8
$\triangle$ [4]-1,3-Dimethylcyclohexen . . .	C_8H_{14}	18°	136,0	
n-Capronsäure	$C_6H_{12}O_2$	20°	125,6	7,2
γ-, δ-Hexensäure	$C_6H_{10}O_2$	21°	118,4	
n-Valeriansäure	$C_5H_8O_2$	20°	108,3	6,7
γ-, δ-Pentensäure	$C_5H_6O_2$	18°	.101,6	

[1]) Vgl. S c h i f f, Ann. **220**, 71 (1883); Z a n d e r, Ann. **114**, 138 (1860).

Kohlenwasserstoffe beim Schmelzpunkt.[1]

Substanz	V_m beim S.-P.	$\triangle$	Substanz	V_m beim S.-P.	$\triangle$
Dodekan	219,9	8,7	Hexadekan	291,4	8,5
Dodeken	211,2		Hexadeken	282,9	
Dodekin	205	6,2	Hexadekin	276,1	6,8
Tetradekan	255,4	8,5	Octadekan	326,9	8,3
Tetradeken	246,9		Octadeken	318,6	
Tetradekin	240,5	6,4	Octadekin	311,8	6,8

Auf Grund der zahlreichen angeführten Zahlen kann es zwar keinem Zweifel unterliegen, daß die Nichtsättigung eine Volumenvergrößerung hervorruft, ob diese aber für verschiedene Klassen von Verbindungen oder auch nur für Homologe konstant ist, erscheint sehr zweifelhaft. In der obigen Tabelle sind verschiedene Vergleichsbedingungen angewandt, der Siedepunkt, der Schmelzpunkt und willkürliche Temperaturen; aber nur beim Schmelzpunkt scheint der Einfluß der Nichtsättigung konstant. Hier findet sich beim Übergang von der gesättigten Verbindung zum Äthylenderivat eine regelmäßige Abnahme von 8,5 Einheiten; der Übergang von der Äthylen- zur Acetylenbindung ist von einer neuerlichen Abnahme des Molekularvolumens begleitet, doch ist diese kleiner als im ersten Falle und beträgt nur etwa 6,5 Einheiten. Die Wirkung einer Anhäufung von Äthylenbindungen zeigt sich in der Hexanreihe; jede folgende Doppelbindung übt weniger Einfluß aus, als die vorhergehende; dies gilt nicht für die Derivate des Cyclohexans, doch darf nicht vergessen werden, daß die Eigenschaften des Benzols nicht normale sind.

Ringbildung. — Die Kontraktion, welche durch die Umwandlung eines Stoffes der Paraffinreihe in einen cyclischen Kohlenwasserstoff hervorgerufen wird, ist viel größer als die Wirkung einer Doppelbindung. Tabelle VII zeigt dies; in der vierten Kolonne findet sich unter $\triangle$ die Wirkung der Ringbildung.

Bei den homologen Cycloparaffinen scheint die Größe des Effektes mit dem Molekulargewicht zu wachsen; eine Ausnahme bildet das Cyclononan, doch ist begründeter Zweifel vorhanden, ob die benutzte Probe rein war.[2] In allen untersuchten Fällen ist die

---

[1] Kraffts, Ber. **71**, 1371 (1884).
[2] Willstätter, Ber. d. Dtsch. chem. Ges. **41**, 1480 (1908).

Abnahme größer als die, welche durch den bloßen Austritt zweier Wasserstoffatome bedingt wird (11,0 Einheiten nach Kopp). Es folgt daraus, daß die Kontraktion wenigstens teilweise auf Rechnung der Ringbildung zu setzen ist, während sich bei der Bildung einer Doppelbindung zeigt, daß der ungesättigte Kohlenstoff ein größeres Volumen einnimmt, als der gesättigte. Es wäre danach die Wirkung der Ringbildung und der Bildung ungesättigter Verbindungen entgegengesetzt, während sie bei allen anderen physikalischen Eigenschaften im gleichen Sinne gelegen ist. Diese Unstimmigkeit verschwindet, wenn man für Wasserstoff den von G. Le Bas[1]) aus den Paraffinen berechneten Wert von 2,97 zugrunde legt; der Kohlenstoff nimmt dann auch im ungesättigten Zustande ein kleineres Volumen ein, als im gesättigten.

Gervaise Le Bas[2]) zieht aus den Untersuchungen folgende Schlüsse: beim Übergang von offener Kette zum Ring nimmt das Molekularvolumen stets ab, und zwar um so mehr, je komplizierter die einzelnen Ringe sind und je größer ihre Anzahl ist. Bei Ringen ähnlicher Art haben die Kontraktionen ähnliche Werte. Bei gemischten Typen bleiben die für die einzelnen Typen geltenden Werte der Atomvolumina erhalten. Als Grund für die Kontraktionen faßt Le Bas Verminderung des Volumens der einzelnen Atome auf.

Tabelle VII.

Paraffin	Formel	$V_m{}^{\circ}$	$\triangle$	$V_m{}^{\circ}$	Formel	Substanz
Butan	C_4H_{10}	96,5	$-17,5$	79,0	C_4H_8	Cyclobutan
Pentan	C_5H_{12}	112,4	$-21,3$	91,1	C_5H_{10}	Cyclopentan
Hexan	C_6H_{14}	172,2	$-22,0$	105,2	C_6H_{12}	Cyclohexan
Heptan	C_7H_{16}	142,5	$-24,5$	118,0	C_7H_{14}	Cycloheptan
Octan	C_8H_{18}	158,3	$-27,4$	130,9	C_8H_{16}	Cyclooctan
Nonan	C_9H_{20}	174,3	$-14,8$	159,5	C_9H_{18}	Cyclononan
Decan	$C_{10}H_{22}$	190,2	$3 \times 16,7$	140	$C_{10}H_{16}$	Tricyclodecan
Menthon	$C_{10}H_{18}O$	172(15°)	-13	159(15°)	$C_{10}H_{16}O$	Caron

Nach den letzten Mitteilungen[3]) kommt der Verfasser zu der Anschauung, daß im flüssigen (und vielleicht auch im festen) Zustande bei rein aliphatischen oder aromatischen Verbindungen,

---

[1]) Trans. Chem. Soc. **91**, 112 (1907).
[2]) Chem. News **99**, 206 (1909).
[3]) Chem. News **104**, 151, 161, 187, 199 (1911) vgl. auch **102**, 226 (1910).

aber auch bei solchen gemischter Struktur die Verhältnisse der Atomvolumina unter allen physikalischen Bedingungen immer dieselben sind und durch den Vergleich der Volumina ähnlich konstituierter Verbindungen unter vergleichbaren Bedingungen, z. B. beim Siedepunkt angenähert ermittelt werden können. Wenn aber Veränderungen einer Substanz eintreten, so haben die hiermit tatsächlich verbundenen Änderungen der Atomvolumina keinen Einfluß auf die relativen Atomvolumina. Aus der empirischen Formel und der Abweichung des Molvolumens von der Summe der Atomvolumina lassen sich einigermaßen sichere Schlüsse auf die Konstitution namentlich von Kohlenwasserstoffen ziehen.

§ 5. Das kritische Volumen.

Da das Verhältnis zwischen kritischer und Siedetemperatur bei den meisten nicht assoziierten Stoffen konstant ist (T_S ist ca. $^2/_3 T_K$ s. § 1), gilt dasselbe von der kritischen Dichte (d_x) und der bei Siedetemperatur (d_σ), wie P. Walden[1]) gefunden hat:

$$\frac{d_\sigma}{d_\iota} = 2{,}675 \ (\text{im Mittel}).$$

Substanz	d_σ	d_x	$\dfrac{d_\sigma}{d_x}$
Stickstoff N_2	0,80	0,299	2,68
Methan CH_4	0,39	0,145	2,70
Äthyläther	0,695	0,26	2,67
Chlorkohlenstoff	1,480	0,556	2,66
Benzol	0,811	0,304	2,67
Zinnchlorid	1,983	0,742	2,67
n-Octan	0,612	0,233	2,63

Demgemäß gelten im allgemeinen dieselben Regeln für das kritische Volumen, die für das Volumen beim Siedepunkt festgestellt worden sind. So sind die Beziehungen der kritischen Molekularvolumina von Homologen und Isomeren dieselben, wie die der Molekularvolumina beim Siedepunkt.

---

[1]) Zeitschr. f. phys. Chem. **66**, 429 (1909).

Tabelle VIII.

Kritisches Volumen.

Homologe.

Substanz	$V_K \times M$	$\triangle$
Methylformiat	172	
Methylacetat	227	55
Methylpropionat	282	55
Methylbutyrat	340	58
Pentan	310	
Hexan	367	57
Heptan	427	60
Octan	489	62

Isomere.

	$V_K \times M$		$V_K \times M$
Methylacetat	227 ⎫	Isoamylformiat	411 ⎫
Äthylformiat	229 ⎬	Isobutylacetat	412 ⎭
Äthylacetat	286 ⎫	Äthylbutyrat	420 ⎫
Methylpropionat	282 ⎬	Äthylisobutyrat	420 ⎭
Propylformiat	284,5 ⎭		

Besondere Gesetzmäßigkeiten zwischen der Konstitution und
den kritischen Konstanten haben sich bisher nicht ergeben,
wohl hauptsächlich aus dem Grunde, weil die Messungen der kritischen Größen experimentell schwer durchzuführen sind und von
der Reinheit der untersuchten Substanzen stark abhängen; überdies vertragen nur wenige organische Stoffe die Erwärmung auf die
kritische Temperatur, ohne Zersetzungen zu erleiden.

Ähnliche Verhältnisse, die für den absoluten Nullpunkt zu erwarten sind, scheinen daselbst gleichfalls zu gelten. Nach der Zustandsgleichung ist $\dfrac{V_K}{V_O} = 3$. G u l d b e r g[1]) findet auf verschiedenen
Wegen das Verhältnis zwischen beiden Werten zu 3,55 bis 3,75; nach
B e r t h e l o t - v a n ' t H o f f liegt es zwischen 3—4. Dasselbe Verhältnis ergibt sich zwischen d_{fest} von $d_{\varkappa}$, wie die folgende Tabelle
zeigt.

---

[1]) Zeitschr. f. phys. Chem. **32**, 116 (1900).

Tabelle IX.

Substanz	$d_\varkappa$	d_{fest}	$\dfrac{d_{fest}}{d_\varkappa}$
Stickstoff	0,299	1,026	3,43
Sauerstoff	0,400	1,426	3,56
Kohlensäure	0,464	1,58	3,41
Benzol	0,304	0,992	3,26
Naphthalin	0,321	1,145	3,57
Diphenyl	0,295	1,08	3,66
Diphenylmethan	0,285	1,013	3,55

Dies führt auch zu der Erwartung, daß für den festen Zustand[1] vergleichbare Verhältnisse anzutreffen sein werden (von sekundären Störungen natürlich abgesehen).

§ 6. Kovolumen der Moleküle und Atome.

In der van der Waals schen Gleichung ist der Raum, welcher den Molekülen für ihre Bewegung zur Verfügung steht, durch den Faktor (V — b) dargestellt; dieser hat für ein Grammolekül aller Gase bei gleichem Druck und bei gleicher Temperatur denselben Wert. Traube[2] hat diese Beziehung auf Flüssigkeiten angewendet und glaubt bewiesen zu haben, daß die Vibrationssphäre oder das Kovolumen für ein Grammolekül (molekulares Kovolumen eines Grammoleküls Φ) verschiedener Flüssigkeiten unter gleichen äußeren Bedingungen dasselbe ist. Vorausgesetzt, daß die Summe der (n) Atomvolumina (V_a) dem Volumen des Moleküls gleich ist, folgt also:

$$V_m = \Sigma n V_a + \Phi.$$

Man kann die Annahme machen, daß in assoziierten Flüssigkeiten die komplexen Moleküle dieselbe Vibrationssphäre besitzen wie die einfachen, so daß im Falle der Polymerisation einer einatomigen Flüssigkeit der Wert Φ konstant bleibt und das Molekularvolumen also abnimmt. Im Beginne seiner Untersuchungen suchte Traube ein Mittel zu finden, um den Einfluß der Assoziation

---

[1] Vgl. Schröder, Wied. Ann. **4**, 435 (1878). E. H. Stephenson, Chem. News **102**, 178, 187 (1910) u. a.

[2] Über den Raum der Atome (Stuttgart 1899), 29; Ber. d. Dtsch. chem. Ges. **25**, 2524 (1892); **27**, 3173 (1894); **28**, 2722, 3292 (1895); Zeitschr. f. anorg. Chem. **3**, 1 (1892); **8**, 12 (1895); Ann. **290**, 44 (1895); Wied. Ann. **61**, 380 (1897); **26**, 490 (1897).

zu beseitigen, und nahm an, daß dies durch Anwendung verdünnter
Lösungen zu erreichen sei. Bezeichnet man mit m das Molekulargewicht einer gelösten Substanz in Grammen, mit 1 die Menge
des Lösungsmittels pro Grammäquivalent des gelösten Stoffes,
mit d die Dichte des Lösungsmittels und mit d_s die Dichte der
Lösung, so ergibt sich $_sV_m$, das Molekularvolumen in Lösung[1]), zu

$$_sV_m = \frac{m+1}{d_s} - \frac{1}{d}$$

Aus den Werten des Molekularvolumens in Lösung für eine
große Anzahl von Substanzen berechnete Traube die Atomvolumina
der Elemente und den Volumeinfluß einiger der wichtigsten Atomgruppen. Die so erhaltenen Zahlen sind in Tabelle X wiedergegeben.

Tabelle X.

Atom	Lösungs-vol. in ccm b.15°	Atom	Lösungs-vol. in ccm b.15°
Kohlenstoff	9,9	Chlor	13,2
Wasserstoff	3,1	Brom	13,2
Sauerstoff (OH in COOH)	0,4	Jod	13,2
Sauerstoff (OH)	2,3	$C \equiv N$	13,2
Sauerstoff (CO)	5,5	Stickstoff (N''')	1,5
Schwefel (SH)	15,5	Ringbildung	−8,1
Schwefel (SO')	10−11	Nichtsättigung	Ohne
Stickstoff (NO_2)	8,5−10,7		Einfluß

Versucht man, das Molekularvolumen einer Substanz in Lösung
aus diesen Werten zu berechnen, so ergibt sich, daß die Summe
der Atomkonstanten kleiner ist, als das gefundene Molekularvolumen in Lösung, und zwar um einen konstanten Betrag. So
findet man beim Methylalkohol:

$$CH_3OH : {}_sV_m \text{ (ber.)} = 9,9 + 4 \times 3,1 + 2,3 = 24,6 \text{ ccm}$$
$$_sV_m \text{ (beob.) bei } 15° C = 37,0 \text{ ,,}$$
$$\text{Differenz } \triangle = 12,4 \text{ ccm.}$$

Für einige andere Substanzen sind nachstehende Werte von $\triangle$
gefunden worden, der Mittelwert beträgt etwa 12,4 ccm.

---

[1]) Das Volumen, welches ein Grammolekül der Substanz in Lösung einnimmt.

$$\triangle$$

Isoamylalkohol	12,2
Isopropylalkohol	11,9
Allylalkohol	12,7
Glycerin	12,3
Erythrit	12,6
Propylalkohol	12,4

Dieser Überschuß des Molekularvolumens über die Summe der Atomvolumina wird als „molekulares Kovolumen in Lösung" bezeichnet.

Das Molekularvolumen in Lösung darf nicht verwechselt werden mit dem Volumen einer homogenen Flüssigkeit. Traube fand, daß sich das Volumen eines Stoffes bei der Lösung verringert, und daß diese Verringerung pro Molekül etwa konstant ist. Nach D. Tyrer[1]) ist sie auch in verschiedenen Lösungsmitteln wenig verschieden. Vergleicht man das Molekularvolumen in Lösung einer nicht ionisierten Säure mit dem des vollständig gespaltenen Natriumsalzes bei 15° C, so findet man das Volumen des letzteren stets um ca. 15 ccm kleiner; zieht man von diesem Werte die Volumverringerung ab, welche durch den Ersatz des Wasserstoffes durch Natrium hervorgerufen wird (1,5 ccm), so erhält man 13,5 ccm als den Wert der Volumenkontraktion, der durch die Dissoziation hervorgerufen wird. Traube sieht die Ursache dieser Kontraktion in dem osmotischen Druck, der nach Barmwater[2]) ein direktes Maß der Anziehung zwischen Lösungsmittel und gelöstem Stoff ist. Wenn aber durch die Dissoziation eines undissoziierten Moleküls in zwei Ionen eine Verringerung um 13,5 ccm hervorgebracht wird, muß man dieselbe Abnahme erwarten, wenn ein Grammolekül eines Nichtelektrolyten gelöst wird, da dabei derselbe osmotische Druck erzeugt wird. Um also das molekulare Kovolumen einer homogenen Flüssigkeit zu erhalten, muß man 13,5 ccm zu dem Molekularkovolumen in Lösung hinzufügen. Das molekulare Kovolumen beträgt daher bei 15° C etwa $12,4 + 13,5 = 25,9$ ccm.

Dieser Schluß findet eine Bestätigung, wenn man die Summe der Atomvolumina mit dem Molekularvolumen einer Flüssigkeit vergleicht; die Differenz der beiden beträgt etwa 25—26 ccm, z. B.:

---

[1]) Journ. Chem. Soc. **97**, 2620 (1911).
[2]) Zeitschr. f. phys. Chem. **28**, 115 (1899).

Tabelle XI.

Substanz	$\Phi = V_m - \Sigma_n V_a$	Substanz	$\Phi = V_m - \Sigma_n V_a$
n-Heptan	26,0	Diäthylsuccinat	25,8
Octylchlorid	24,0	Lauronitril	25,6
Äthyläther	26,7	Propylbenzoat	25,0
Octylpropionat	26,1	Dodecan	25,3
Buttersäureanhydrid . . .	26,0	Isobutylsenföl	25,0

Man erkennt, daß das molekulare Kovolumen für sehr verschiedene Klassen von Substanzen ungefähr dasselbe bleibt. Traube hat auch bei festen Stoffen Betrachtungen gleicher Art angestellt und gefunden, daß bei diesen das Kovolumen fast dasselbe ist wie bei Flüssigkeiten.

Der Bequemlichkeit halber sind nachstehend die Werte des molekularen Kovolumens in Lösung und der Wert von Φ für homogene Flüssigkeiten zusammengestellt:

Molekulares Kovolumen in Lösung bei 15° C . . . . 12,4 ccm
Molekulare Volumenkontraktion durch Auflösung oder
   infolge von Dissoziation eines binären Elektrolyten
   auftretende Volumenverkleinerung bei 15° C . . . . 13,5 „
Molekulares Kovolumen bei 15° C . . . . 25,9 „

Kovolumen der Atome. — In den letzten Jahren[1]) hat Traube die Hypothese, daß der Raum von der Materie nicht völlig ausgefüllt wird, auch auf die Atomvolumina ausgedehnt und unterscheidet zwischen dem inneren und dem äußeren Volumen eines Atoms. Das innere oder nucleare Atomvolumen ist der Raum, der von der Masse des Atoms wirklich ausgefüllt wird, während das äußere Volumen das Nuclearvolumen vermehrt um eine Hülle gebundenen Äthers ist. Erwähnt sei, daß das äußere Atomvolumen in der van der Waalsschen Gleichung durch b dargestellt ist, dessen Wert etwa 3,5—4mal so groß als das Nuclearvolumen ist.[2]) Die Differenz zwischen äußerem und innerem Atomvolumen — oder das Volumen des gebundenen Äthers — heißt Kovolumen des Atoms, und zwar ist dies nach Traube der Raum, welcher von den aktiven Elektronen eingenommen wird, die dem Atome

---

[1]) Ber. d. Dtsch. chem. Ges. **40**, 130, 723, 724 (1907); Drud. Ann. **22**, 519 (1907).
[2]) Traube, Drud. Ann. **5**, 552 (1901).

die Wertigkeit verleihen. Im Gegensatz zum Molekularkovolumen wechselt die Größe des Kovolumens der Atome. Traube hat gezeigt, daß es dem Nuclearvolumen und der Wertigkeit des Atoms proportional ist. Vor der Betrachtung der Wege, die zu diesen interessanten Schlüssen geführt haben, ist es von Wichtigkeit, die Resultate anderer zu derselben Frage leitender Untersuchungen zu besprechen.

§ 7. Die Stere.

Ungefähr zu gleicher Zeit wie Kopp begann auch Schröder[1] Untersuchungen über Volumenbeziehungen. Während aber Kopp annahm, daß ein Element unter denselben Strukturverhältnissen in allen Verbindungen ein konstantes Volumen besitzt, machte Schröder die Voraussetzung, daß das Atomvolumen variabel ist. Bei den Oxyden des Kupfers z. B. sind die Molekularvolumina von

$$Cu_2O = 24,86$$

von

$$CuO = 12,35$$

oder

$$Cu_2O_2 = 24,70.$$

Man erkennt, daß gleiche Volumina dieser Oxyde gleiche Mengen Kupfer enthalten, und wenn man annimmt, daß das Volumen des Kupfers in beiden dasselbe ist, so folgt, daß die Volumina, die ein Grammatom Sauerstoff einnimmt, in dem einfachen Verhältnis von 1 : 2 stehen.

Der wesentliche Punkt der Schröderschen Anschauungen liegt in der Annahme, daß das Atomvolumen, wenn es auch variabel ist, doch stets ein einfaches Vielfaches eines gewissen Volumens, Stere genannt, ist. Diese Stere ist nicht für alle Elemente gleich, wechselt jedoch nur in geringem Maße. Weiter nimmt, wenn sich zwei Atome verbinden, das eine derselben die Volumeneinheit des anderen an; die Stere des einen Elementes scheint das Volumen der Verbindung zu beherrschen. Man kann so das Molekularvolumen einer Verbindung als das Vielfache der Stere eines in ihm enthaltenen Elementes betrachten. Als Beispiele mögen die Verbindungen des Silbers dienen. Die Grundzahl für Silber ist 5,14 und das Atom-

---

[1] Pogg. Ann. **56**, 553 (1840); Wied. Ann. **4**, 435 (1878); **11**, 997 (1880); **14**, 656 (1881); Ber. d. Dtsch. chem. Ges. **10**, 848, 1871 (1877).

volumen doppelt so groß = 10,28; metallisches Silber nimmt also zwei Steren in Anspruch. Von den Verbindungen ergibt:

Silberoxyd . V_m (beob.) = 30,8; aus dem Einheitswert
$$= 6 \times 5,14 = 30,8$$

Silberchlorid V_m (beob.) = 25,8; aus dem Einheitswert
$$= 5 \times 5,14 = 25,7$$

Silberbromid V_m (beob.) = 29,7; aus dem Einheitswert
$$= 6 \times 5,14 = 30,8$$

Silberjodid . V_m (beob.) = 41,8; aus dem Einheitswert
$$= 8 \times 5,14 = 41,1$$

Es folgt daraus, daß das Volumen des Sauerstoffes = 2, das des Chlors = 3, des Broms = 4 und des Jods = 6 Silbereinheiten gleich ist.

Auch bei flüssigen organischen Verbindungen fand Schröder,[1] daß das Molekularvolumen als das Vielfache einer Volumeneinheit betrachtet werden kann; aber diese Einheit liegt in den verschiedenen Klassen von Verbindungen zwischen 6,7—7,4, ohne durch ein besonderes Element bestimmt zu sein. Die Molekularvolumina der homologen Fettsäuren und Alkohole ergeben, daß der Wert für die CH_2-Gruppe etwa 21 beträgt. Ameisensäure (CH_2O_2) besitzt das Molekularvolumen 41,8 oder $2 \times 20,9$ und Methylalkohol (CH_4O) 42,7 oder $2 \times 21,4$; daraus folgt, daß in dem erstgenannten Stoffe das Volumen von CH_2 dem von O_2 gleich ist, und daß es im Methylalkohol denselben Raum einnimmt als H_2O. Der Vergleich von Essigsäure ($C_2H_4O''O' = 63,5$) mit Acetaldehyd (C_2H_4O'' = 56,9) zeigt, daß der Wert von Hydroxylsauerstoff = 6,6 oder etwa 7 Einheiten beträgt; und da das Volumen des Wassers 21,4 ist, so folgt, daß Hydroxylsauerstoff und Wasserstoff denselben Raum einnehmen. Dieses Volumen (ca. 7) ist als Einheit gewählt worden. Da $CH_2 = 21$, so ergibt sich, daß der Kohlenstoff auch einen Einheitsraum einnimmt; aus der Gleichung $CH_2 = O'O'' = 21$ folgt, daß der Ketonsauerstoff zwei Steren äquivalent ist. Man kann daher schreiben:

$$C = H = O' = {}^1\!/_2\, O'' = 1 \text{ Stere.}$$

Man erhält so die allgemeine Regel, daß die Anzahl der Steren in einer gesättigten Verbindung von Sauerstoff, Wasserstoff und

---

[1] Wied. Ann. **11**, 997 (1880); **14**, 656 (1881); Ber. d. Dtsch. chem. Ges. **13**, 1560 (1886).

Kohlenstoff gleich ist der Zahl der anwesenden Atome, vermehrt um so viele Steren als Carbonylgruppen vorhanden sind, z. B. Äthylalkohol:

$C_2H_6O' = 9$ Ster. V_m (ber.) $=$ ca. 63. V_m (beob.) $= 62,2$.

Essigsäure:

$C_2H_4O''O' = 9$ Ster. V_m (ber.) $=$ ca. 63. V_m (beob.) $= 63,5$.

Bei ungesättigten Verbindungen muß für jede Äthylenbindung eine Stere hinzugefügt werden. Wie schon vorher erwähnt, ist die Größe einer Stere nicht konstant, sondern von bestimmten konstitutiven Einflüssen. In homologen Reihen wächst sie mit steigendem Molekulargewicht; so besteht nach Wi. Ostwald[1]) die Reihenfolge:

	C_1	C_2	C_3	C_4	C_5	C_6
Fettsäuren:	6,97	7,06	7,11	7,19	7,24	7,24

Sekundäre und tertiäre Derivate besitzen kleinere Einheiten als die normalen. Von den wichtigsten Klassen von Verbindungen haben die Kohlenwasserstoffe die niedrigsten Werte (6,8—7,2), dann folgen die Säuren (6,9—7,24) und schließlich die Ester (7,04 bis 7,97). Erwähnenswert ist, daß genau dieselben Beziehungen bei festen organischen Stoffen gefunden wurden,[2]) doch war dort die Stere etwas kleiner, nämlich ca. 5,0 Einheiten.

Aus den von Schröder gefundenen Beziehungen kann vorläufig nur der eine Schluß gezogen werden, daß in Verbindungen die Äquivalentvolumina verschiedener Elemente etwa gleich sind oder in einem einfachen Verhältnis zueinander stehen. Wir erhalten so einen Hinweis auf einen Zusammenhang zwischen Volumen und Wertigkeit.

§ 8. Volumen und Wertigkeit.

Erst vor kurzer Zeit ist es den Bemühungen von Barlow und Pope,[3]) Le Bas[4]) und Traube[5]) gelungen, die nahen Be-

---

[1]) Wi. Ostwald, Lehrbuch der allgemeinen Chemie 1, 387 (Leipzig 1891).

[2]) Schröder, Ber. d. Dtsch. chem. Ges. 10, 1848, 1871 (1877).

[3]) Trans. Chem. Soc. 89, 1675 (1906); 91, 1150 (1907); British Association, Section B, Leicester (1907). — Es sei in diesem Zusammenhange auch auf die interessante „kristallochemische Analyse" E. von Fedorows, Zeitschr. f. Kristallogr. 50, 513 (1912), hingewiesen.

[4]) Trans. Chem. Soc. 91, 112 (1907).

[5]) Ber. d. Dtsch chem. Ges. 40, 130, 723, 734 (1907); Drud. Ann. 22, 519 (1907).

ziehungen klarzulegen, welche diese Eigenschaften des Atoms beherrschen. Die von Barlow und Pope aufgestellten Gesetzmäßigkeiten sind aus dem Studium der Kristallstruktur gefolgert. Diese Forscher machen die grundlegende Annahme, daß in kristallisierten Verbindungen jedes Atom einen bestimmten Raum oder eine bestimmte Einflußsphäre hat; daraus ergibt sich, daß die Art und Weise, in der diese Atombereiche im Raume verteilt sind, die Form des Moleküls bestimmen muß. Weiter wird angenommen, daß diese Atomsphären durch die ausgleichende Wirkung von anziehenden und abstoßenden Kräften zwischen den Atomen im Gleichgewicht gehalten werden; letztere liegen sehr nahe aneinander und sind auch nicht völlig kugelförmig; ihr Zustand kann am besten durch die Vorstellung einer Anzahl nicht zusammendrückbarer, aber deformierbarer Körper wiedergegeben werden, welche so zusammengedrängt sind, daß die Zwischenräume ausgefüllt sind. Kristallinische Stoffe besitzen eine homogene Struktur, die nur durch symmetrische Anordnung der Atombereiche entstanden sein kann.

Nun erscheint es selbstverständlich, daß eine symmetrisch angeordnete und homogene, eng zusammengedrückte Masse von Atombereichen in Einheiten zerlegt werden kann, welche in Zusammensetzung und Aussehen das chemische Molekül darstellen. Weiter werden die Dimensionen einer jeden solchen Einheit mit der Kristallform der Substanz in Zusammenhang stehen. Aus der einfachen Annahme, daß das Volumen des Atombereiches der Valenz des Atoms proportional ist, haben Barlow und Pope Strukturen aufgebaut, welche verschiedene chemische Moleküle darstellen; durch Anordnung dieser zu einer homogenen und symmetrischen, eng aneinander gedrückten Masse schließen sie auf die Kristallform der Substanzen.

In allen den verschiedensten Stoffklassen entnommenen Beispielen ist die Übereinstimmung zwischen theoretischen und gefundenen Kristallformen sehr gut. Hier sei nur auf die einfachsten Beispiele hingewiesen. Konstruiert man eine homogene Anordnung gleicher Sphären, die so eng als möglich aneinandergepreßt werden, so findet man, daß die Dimensionen der entstandenen Anordnung entweder holoedrisch-kubische oder hexagonale Symmetrie zeigen müssen. Auch läßt sich zeigen, daß das Achsenverhältnis bei hexagonaler Anordnung entweder:

$$a : c = 1 : 0{,}8165 \text{ oder } 1 : 1{,}4142$$

sein muß. Es gibt nun zwei Arten von Substanzen, bei denen die einzelnen Atombereiche von derselben Größe sein werden: die Elemente und die binären Verbindungen zweier Elemente mit gleicher Wertigkeit. Ist die vorgenannte Annahme über die Kristallstruktur richtig und ferner das Volumen des Atombereiches der Wertigkeit des Atoms proportional, so folgt, daß die Kristallform dieser Substanzen entweder regulär oder hexagonal sein muß. Diese Forderung der Theorie wird durch die experimentell gefundenen Tatsachen vollkommen bestätigt. Vierzig Kristallformen von Elementen wurden gemessen und von diesen waren 20 regulär und 14 hexagonal, mit einem Achsenverhältnis, das dem theoretisch geforderten sehr nahe steht. Die restlichen 6 Kristallformen sind entweder pseudokubisch oder pseudohexagonal; so zeigt z. B. der monokline Schwefel das Achsenverhältnis:

$$a : b : c = 0,9908 : 1 : 0,998 \quad \text{und} \quad \beta = 95° 46'.$$

Das abweichende Verhalten dieser 6 Formen kann vielleicht dadurch erklärt werden, daß man annimmt, daß die Atomsphären Gruppen, ähnlich den Molekularaggregaten, bilden, so daß in der enggepreßten homogenen Anordnung einige der Sphären eine etwas abweichende Stellung besitzen. Die Folge davon wäre, daß die Symmetrie der Anordnung, in der alle Sphären gleichmäßig verteilt sind, eine geringe Störung erleiden würde.

In bezug auf die binären Verbindungen der Elemente findet man, daß 88% der bekannten Formen[1] regulär oder hexagonal sind. Nahezu alle, welche aus Elementen gleicher Wertigkeit bestehen, gehören einem dieser beiden Systeme an. Die Betrachtung der folgenden Reihe von hexagonalen Verbindungen zeigt, daß die Achsenverhältnisse die verlangten Werte besitzen.

$$\text{BeO} \ldots \ldots \ldots \ldots a : c = 1,6305$$
$$\text{ZnO} \ldots \ldots \ldots \ldots a : c = 1,6077$$
$$\text{ZnS} \ldots \ldots \ldots \ldots a : c = 0,8175$$
$$\text{CdS} \ldots \ldots \ldots \ldots a : c = 0,8109$$
$$\text{AgI} \ldots \ldots \ldots \ldots a : c = 0,8196$$

Interessant ist, daß viele dieser binären Verbindungen keine reguläre Holoedrie zeigen, wie es eine homogene und symmetrische, enggepreßte Anordnung verlangen würde, sondern Hemiedrie und

---

[1] Retgers, Zeitschr. f. phys. Chem. **14**, 1 (1894).

Tetartoedrie aufweisen. Barlow und Pope zeigten, daß dies zu erwarten sei, wenn die symmetrische Anordnung aus zwei Arten von Sphären besteht, die einen geringen Größenunterschied haben; dies entspricht den beiden vorhandenen Arten von Elementen. Bei den Elementen ist kein Grund zu der Annahme vorhanden, daß die Größe ihrer Sphären wechselt. So findet man auch bei ihnen nur Holoedrie.

Barlow und Pope stellten weiterhin fest: Die geometrischen Gesetzmäßigkeiten, welche für den Ersatz eines Körpers in einem eng zusammengepreßten Komplex durch einen anderen verschiedener Größe gelten, sind den chemischen parallel, durch welche die Valenzbeziehungen der in einer Verbindung einander vertretbaren Elemente geregelt werden. Die genaue Analogie spricht sehr dafür, daß die Wertigkeit eines Atoms dem Raume proportional ist, den das Atom in kristallisiertem Zustand einnimmt.

Diese Regel gilt nicht mit absoluter Strenge; so sei nochmals an das Auftreten von Hemiedrie und Tetartoedrie bei binären Verbindungen äquivalenter Elemente erinnert. Dies kann nur dadurch erklärt werden, daß der Bereich der Elemente an Größe etwas verschieden ist. Auf diese Weise konnten Barlow und Pope die Größe des Wirkungskreises äquivalenter Atome vergleichen. Die Halogene ordnen sich in der Reihe

$$F < Cl < Br < J$$

die Alkalimetalle:

$$K < Rb < Cs.$$

Barlow und Pope glauben, daß diese Unterschiede in der Größe der Atomsphären eine Erklärung für viele chemische Tatsachen liefern. So ist z. B.: die Maximalzahl der Chloratome, welche sich mit Jod verbinden, gleich drei in der Verbindung JCl_3, während das Fluor, dessen Atombereich kleiner ist, eine Verbindung von der Formel JF_5 bildet.

Einen weiteren Hinweis auf einen Zusammenhang zwischen Wertigkeit und Volumen hat Traube aus dem Brechungsvermögen der Stoffe hergeleitet. Nach den Berechnungen von van der Waals und anderen[1]) ist der Faktor b in der Gleichung

---

[1]) J. D. van der Waals, Die Kontinuität des gasförmigen und flüssigen Zustandes (Leipzig 1881); O. E. Meyer, Die Kinetische Theorie der Gase (Breslau 1877), 298.

$$\left(p + \frac{a}{v^2}\right)(v - b) = R\,T$$

etwa viermal so groß als die Summe der inneren Volumina der Atome der Substanz. Nun ist nach Traube[1]) b etwa 3,5—4 mal so groß, als das molekulare Brechungsvermögen (n^2-Formel) einer Verbindung. Traube benutzt daher das molekulare Brechungsvermögen als Maß für das Nuclearvolumen der Atome einer Substanz und findet, daß das molekulare Brechungsvermögen gesättigter Verbindungen der Gesamtzahl der Valenzen der Atome proportional ist, aus denen die Verbindung aufgebaut ist. Einige Beispiele sind in Tabelle XII enthalten.

Unter n steht die Gesamtzahl der Valenzen der Verbindung und rechts davon der Quotient: $\dfrac{\text{Molekularrefraktion}}{n}$ Dieser Quotient ist nahezu konstant; der aus einer großen Zahl von Verbindungen berechnete Mittelwert beträgt 0,787; dieser Wert wird Brechungsstere genannt. Die den verschiedenen Elementen in diesen Verbindungen zugeschriebenen Valenzen sind die folgenden: H und F = 1, O = 2, N, P und B = 3, C und Si = 4, Cl = 7; es sind dies also mit Ausnahme von Chlor die allgemein angenommenen Fundamentalvalenzen.

Tabelle XII.

Substanz	Formel	M_α	n	Brechungsstere
n-Pentan	C_5H_{12}	25,32	32	0,791
n-Hexan	C_6H_{14}	27,70	38	0,782
Äthylalkohol	C_2H_6O	12,71	16	0,794
Trimethylcarbinol	$C_4H_{10}O$	22,09	28	0,789
Äthyläther	$C_4H_{10}O$	22,31	28	0,797
Isovaleriansäure	$C_5H_{10}O_2$	26,72	34	0,786
Äthylacetat	$C_4H_8O_2$	22,14	28	0,791
Glycerin	$C_3H_8O_3$	20,41	26	0,785
Diäthylcarbonat	$C_5H_{10}O_3$	28,22	36	0,784
Isoamylamin	$C_5H_{13}N$	28,53	36	0,793
Triisobutylamin	$C_{12}H_{27}N$	61,07	78	0,783
Acetonitril	C_2H_3N	11,05	14	0,790
Piperidin	$C_5H_{11}N$	26,52	34	0,780
Amylnitrit	$C_5H_{11}NO_2$	31,44	40	0,786

[1]) Drud. Ann. 5, 552 (1901). Vgl. auch Kap. IX, § 10.

Substanz	Formel	M_α	n	Brechungs-stere
Äthylchloracetat	$C_4H_7ClO_2$	26,79	34	0,788
Propylchlorid	C_3H_7Cl	20,75	26	0,798
Methylfluoracetat	$C_3H_5O_2F$	17,83	22	0,810
Triäthylphosphat	$PO(OC_2H_5)_3$	41,79	52	0,803
Triisobutylborat	$B(OC_4H_9)_3$	66,01	84	0,785
Tetraäthylsilicat	$Si(OC_2H_5)_4$	51,71	64	0,806

Aus diesen Betrachtungen folgt, daß das Nuclearvolumen der Wertigkeit der Atome proportional ist und somit eine weitere Stütze für den aus der Kristallstruktur der Verbindungen gezogenen Schluß.

Traube versucht mit Hilfe der Elektronentheorie zu Beziehungen zwischen Wertigkeit und Volumen zu gelangen.

Le Bas[1]) hat Untersuchungen über das Molekularvolumen der Paraffine bei ihrem Schmelzpunkt angestellt. Er verglich die Molekularvolumina dieser Substanzen bei ihrem Schmelzpunkt, weil die Temperaturen dann ungefähr gleiche Teile der Siedetemperaturen und daher der kritischen Temperaturen darstellen, und fand, daß der Quotient von Molekularvolumen durch die Gesamtzahl der Wertigkeiten der vorhandenen Kohlenstoff- und Wasserstoffatome konstant ist.

Tabelle XIII.

Substanz	Formel	n	V_m	V_mCH_2	$\dfrac{V_m}{n}$
Undecan	$C_{11}H_{24}$	68	201,4	18,5	2,962
Dodecan	$C_{12}H_{26}$	74	219,9	17,4	2,971
Tridecan	$C_{13}H_{28}$	80	237,3	18,1	2,966
Tetradecan	$C_{14}H_{30}$	86	253,4	17,8	2,970
Pentadecan	$C_{15}H_{32}$	92	273,2	18,0	2,970
Hexadecan	$C_{16}H_{34}$	96	291,2	17,8	2,971
Heptadecan	$C_{17}H_{36}$	104	309,0	17,9	2,971
Octadecan	$C_{18}H_{38}$	110	326,9	17,8	2,972
Nonadecan	$C_{19}H_{40}$	116	344,7	17,8	2,971
Eicosan	$C_{20}H_{42}$	122	362,5	17,8	2,971
Heneicosan	$C_{21}H_{44}$	128	380,3	18,0	2,971
Decosan	$C_{22}H_{46}$	134	398,3	17,9	2,972

[1]) Trans. Chem. Soc. **91**, 112 (1907); Phil. Mag. [6] **14**, 324 (1907); **16**, 60 (1908); Chem. News **98**, 85 (1908); **99**, 206 (1909).

Substanz	Formel	n	V_m	$V_m CH_2$	$\dfrac{V_m}{n}$
Tricosan.	$C_{23}H_{48}$	140	416,2	17,9	2,971
Tetracosan	$C_{24}H_{50}$	146	434,1	17,8	2,973
Heptacosan	$C_{27}H_{56}$	164	487,4	17,8	2,972
Hentriacontan	$C_{31}H_{64}$	188	558,4	17,8	2,970
Dotriacontan	$C_{32}H_{66}$	194	576,2	17,8	2,970
Pentatriacontan	$C_{35}H_{72}$	212	629,5	17,83	2,969
Mittel	—	—	—		2,970

Unter n und unter V_m stehen die Wertigkeitszahlen bzw. die Molekularvolumina beim Schmelzpunkt. $V_m CH_2$ bedeutet die einem CH_2 entsprechende Volumenzunahme.

Der Mittelwert von $V_m : n$ ist 2,970; diese Zahl stellt also das Volumen dar, das eine Wertigkeitseinheit in diesen Substanzen einnimmt. Der Wert für ein Atom Wasserstoff kann auf folgende Weise direkt berechnet werden:

$$2H = 2V_m(C_{12}H_{26}) - V_m C_{24}H_{50} = 5,7 \quad \text{oder} \quad H = 2,85, \quad \text{im Mittel:} \quad 2,970.$$

Zieht man $2H = 5,94$ von dem Mittelwert für CH_2 (17,83) ab, so erhält man für Kohlenstoff V_m 11,89 oder $4 \times 2,972$. Daraus ergibt sich, daß sich die Atomwerte von Wasserstoff und Kohlenstoff wie 1 zu 4 verhalten, und dies ist auch das Verhältnis ihrer Wertigkeiten.

§ 9. Kompressibilität von flüssigen und festen Körpern.

Wenn ein Stoff einem steigenden äußeren Drucke unterworfen wird, so nimmt das Volumen ab, und zwar hängt die Abnahme, welche einem bestimmten Anwachsen des Druckes entspricht, bis zu einem gewissen Grade von der chemischen Natur des Stoffes ab. Die relative Abnahme des Volumens, welche beim Anstieg des Druckes um eine Einheit stattfindet, wird Kompressibilität des Stoffes genannt. Für die Messung der Zusammendrückbarkeit sind verschiedene Druckeinheiten gewählt worden; die neueren Messungen wurden in „Megabaren" ausgedrückt. Ein Megabar entspricht dem Drucke eines Megadyns pro Quadratzentimeter oder ist gleich 0,987 Atmosphären.

Die Kenntnis des Verhaltens der Flüssigkeiten unter Druck ist von besonderer Bedeutung geworden, seitdem Tammann[1] die

---

[1] Über die Beziehungen zwischen den inneren Kräften und Eigenschaften der Lösungen (Hamburg und Leipzig 1907).

Regel ausgesprochen hat, daß eine Lösung sich so verhält, wie das unter einem höheren Druck stehende Lösungsmittel; diese Parallelität in dem Verhalten der Lösung zu dem des komprimierten Lösungsmittels zeigt sich bei der Wärmeausdehnung, den spezifischen Wärmen und anderen physikalischen Eigenschaften.

Die Abnahme des Volumens, welche bei Anwendung eines wachsenden äußeren Druckes erfolgt, hängt nicht nur von der Größe dieses äußeren, sondern auch von dem inneren Drucke ab, der von der gegenseitigen Anziehung zwischen den Teilen der Substanz herrührt. Sind die Teile durch ihre gegenseitige Anziehung bereits stark zusammengedrückt, so wird die Volumenkontraktion, die ein gegebener äußerer Druck hervorruft, kleiner sein, als wenn dieser Kohäsionsdruck nur gering ist. Die Beziehung kann durch Vergleich des Verhaltens der Gase und der Flüssigkeiten erläutert werden. In Gasen ist die Anziehung infolge der Kohäsion nur gering, daher ist die Zusammendrückbarkeit groß; hingegen ist der innere Druck in Flüssigkeiten und festen Körpern groß und die Kompressibilität nimmt dementsprechend ab.

Diese Betrachtungen regten Th. W. R i c h a r d s[1]) zur Untersuchung der Beziehung zwischen Kompressibilität von Flüssigkeiten und festen Stoffen und ihrem inneren Drucke an. Es wurde gefunden, daß dieser Druck durch die intramolekulare Kohäsion und durch den Affinitätsdruck zwischen den Atomen bedingt ist. Die Beziehung zwischen Kompressibilität und intramolekularer Kohäsion geht aus dem Vergleich der Kompressibilitäten und der Oberflächenspannungen organischer Flüssigkeiten hervor.

Tabelle XIV.

Substanz	$\beta 10^6$ 100 — 500 Atm.	γ	L	$\beta \cdot \gamma^{\frac{4}{3}}$
Methylanilin	41,87	39,46	42,67	2,6
m-Kresol	42,58	36,82	45,17	2,4
Äthylacetat	81,6	23,87	30,94	2,6
Äthylbenzol	64,8	28,9	33,88	2,7
Methylalkohol	85,7	22,39	35,14	2,5
Äthylbromid	89,5	23,23	27,61	2,8

[1]) Zeitschr. f. phys. Chem. **40**, 169, 597 (1902); **42**, 129 (1903); **49**, 1, 15 (1904); **61**, 77, 100, 171, 180, 449 (1908); Zeitschr. f. Elektrochem. **13**, 519 (1907); Journ. Amer. Chem. Soc. **26**, 399 (1904).

In vorstehender Tabelle sind die Zahlen unter $\beta 10^6$ die mittleren Kompressibilitätskoeffizienten zwischen 100 und 500 Atmosphären Druck, die unter γ geben die Oberflächenspannung in Dynen pro Quadratzentimeter an, unter L die latente Verdampfungswärme. In der letzten Kolonne sind die Werte für den empirischen Ausdruck $\beta\gamma^{\frac{4}{3}}$ berechnet. Man erkennt bei Betrachtung der Tabelle, daß Substanzen, deren Oberflächenspannung (intramolekulare Kohäsion) gering ist, große Kompressibilität besitzen, und daß diese mit steigender Oberflächenspannung fällt. Doch herrscht keineswegs strenge Proportionalität; immerhin besteht eine nahe Beziehung zwischen ihnen, denn der empirische Wert $\beta\gamma^{\frac{4}{3}}$ ist für alle Substanzen etwa gleich, im Mittel $= 2,5$. Die Abweichung von diesem Mittelwerte scheint eine Folge der Konstitution der Flüssigkeiten zu sein. Einen ähnlichen Zusammenhang mit der Kompressibilität zeigen die latenten Verdampfungswärmen, welche ein Maß für die Energie darstellen, die zur Überwindung der Kohäsionskräfte der Moleküle nötig ist. Isomere Flüssigkeiten zeigen bei den Siedetemperaturen ähnliche Beziehungen.

Tabelle XV.

Substanz	S.-P.	Dichte 0°	$\beta\,10^6$
Äthylbutyrat	120°	0,899	93,0
Methylvalerat	127°	0,901	91,0
Isopropylalkohol	83°	0,788	103,0
Propylalkohol	97°	0,804	97,0

Es scheint eine allgemeine Regel zu sein, daß die weniger flüchtige isomere Verbindung die geringere Kompressibilität zeigt.

Bei den Metallen wächst nach Grüneisen[1]) die Kompressibilität mit steigender Temperatur in derselben Reihe wie die Schmelzpunkte und die Ausdehnungskoeffizienten. Die Abhängigkeit der Kompressibilität von der Temperatur ist gering und nimmt mit abnehmender Temperatur ab.[2]) Eine Beziehung zwischen Kompressibilitätskoeffizient und kubischer Ausdehnung leitet Th. Blackmann[3]) ab. Mit der Verdampfungswärme stehen

---

[1]) Ann. d. Phys. (4) **33**, 73, 1239 (1910).
[2]) Grüneisen, Ann. d. Phys. **33**, 33, 65 (1910).
[3]) Journ. of Phys. Chem. **15**, 874 (1911).

Ausdehnungs- und Kompressibilitätskoeffizient nach Lewis[1]) in sehr einfacher Beziehung (s. Kap. VII).

Nach van der Waals[2]) ist die Kompressibilität bei übereinstimmenden Drucken und Temperaturen dem kritischen Druck umgekehrt proportional und somit nach Suchodski[3]) auch dem Quotienten aus der absoluten Siedetemperatur und dem Molekularvolumen beim Siedepunkt.

Es mögen nun die Beziehungen zwischen Affinitätsdruck und Kompressibilität erörtert werden. Verbinden sich zwei Elemente, so findet eine Abnahme des Volumens statt, was als Folge des Affinitätsdruckes, der die Elemente aneinander bindet, angesehen werden kann. Berechnet man den Unterschied des Molekularvolumens der Substanz und der Summe der Atomvolumina der sich verbindenden Elemente in freiem Zustande, so erhält man die Änderung des Molekularvolumens, welche durch den Affinitätsdruck hervorgerufen wird. Da nun die Bildungswärme der Verbindung der Arbeit proportional ist, die der Affinitätsdruck zwischen den Elementen leistet, so folgt, daß der Wert:

$$\frac{\text{Volumkontraktion}}{\text{Bildungswärme}}$$

ein Maß für die mittlere Kompressibilität sein muß.

T. W. Richards erhielt für die Halogenverbindungen der Alkalimetalle die folgenden Werte:

Tabelle XVI.

Salz	Summe der Atomvol.	Mol. Vol. des Salzes	Kontrak-tion (C)	Bildungs-wärme H	$\dfrac{C \cdot 100}{H}$
LiCl	37,7	20,9	16,8	383	4,4
NaCl	48,7	27,2	21,5	399	5,4
KCl.	70,0	37,8	32,2	427	7,6
LiBr	38,8	25,2	13,0	334	3,9
NaBr	49,2	34,2	15,0	359	4,2
KBr	70,5	44,2	26,3	398	6,6
LiJ	38,4	33,1	5,3	257	2,1
NaJ	49,4	41,4	8,0	289	2,8
KJ	70,7	53,8	16,9	335	5,1

[1]) Zeitschr. f. phys. Chem. **78**, 24, **79**, 185, 195 (1911).
[2]) Kontinuität. II. Aufl. (Leipzig 1899) 163.
[3]) Zeitschr. f. phys. Chem. **74**, 257 (1910).

Die Zahlen zeigen, daß der Einfluß, den das gemeinsame Halogen auf die Zusammendrückbarkeit ausübt, bei jedem Gliede derselbe ist; wenn daher die Hypothese, welche für die Beziehung zwischen Affinitätsdruck und Kompressibilität abgeleitet wurde, richtig ist, so ist zu erwarten, daß die Werte von

$$\frac{\text{Volumenkontraktion}}{\text{Bildungswärme}} = \frac{C}{H}$$

für die verschiedenen Salze dieselbe Reihenfolge zeigen, wie die Kompressibilität der freien Alkalimetalle. Eine Betrachtung der unter C/H stehenden Werte zeigt, daß dies wirklich der Fall[1] ist. Dieselbe Beziehung gilt für die Serien von Salzen, welche verschiedene Halogene in Verbindung mit einem gemeinsamen Alkalimetall besitzen.

Dieser kurze Überblick über die Natur der Kompressibilität genügt, um deren wichtigen Einfluß auf die Beziehungen zwischen Volumen und Konstitution zu zeigen, die in den ersten Abschnitten dieses Kapitels behandelt wurden. Es wird klar, daß das Volumen, welches ein Atom in freiem Zustand einnimmt, in einer Verbindung nicht dasselbe bleiben kann, da es dann dem Einfluß des Affinitätsdruckes unterliegt. Weiter ergibt sich, daß das Volumen eines Atoms auch in geringem Maße entsprechend der Art der Verbindung wechseln muß, denn der Affinitätsdruck ändert sich mit der Natur der anderen Atome, mit welchen es in Verbindung tritt. Auf diese Weise kann man die konstitutive Natur dieser Volumenbeziehungen erklären, sowie den nur teilweisen Erfolg der Versuche K o p p s, die additive Natur dieser Eigenschaften zu beweisen.

Zum Schlusse mag erwähnt werden, daß R i c h a r d s die mechanische Struktur der Atomkomplexe diskutiert hat. Er glaubt, daß die Versuchsergebnisse betreffs der Kompressibilität nur durch die Annahme erklärt werden können, daß die Atome in innigem Kontakt miteinander stehen und daß sie zusammendrückbar sind. Die Annahme, daß der von der Substanz eingenommene Raum nicht ganz von Materie erfüllt ist, muß nach R i c h a r d s fallen gelassen werden; bemerkenswert ist, daß diese Ansicht mit den Grundannahmen von B a r l o w und P o p e über die Volumbeziehungen kristallisierter Körper übereinstimmt (vgl. § 8).

§ 10. Der thermische Ausdehnungsmodulus.

Drückt man die Dichte bei der Temperatur t durch $D_t = D_0 (1 - Kt)$ aus, so ist K nach M e n d e l e j e f f der t h e r m i s c h e A u s d e h n u n g s -

---

[1] Die Werte für die Zusammendrückbarkeit der Elemente sind in § 2 angegeben.

modulus. Über den thermischen Ausdehnungsmodulus liegt eine umfassende Arbeit von Walden[1]) vor, in welcher er ihn auch in Beziehung zu anderen physikalischen Konstanten der Substanz bringt. Körper mit Hydroxyl- und Karboxylgruppen besitzen den kleinsten Ausdehnungsmodulus, während umgekehrt die Ester und Äther hohe Werte aufweisen. Aromatische Ringe wirken erniedrigend auf den Ausdehnungsmodulus, insbesondere wenn ihrer mehrere vorhanden sind. Meistens bewirkt zunehmende Komplexität der Moleküle eine Abnahme des Ausdehnungsmodulus. Je höher der Siedepunkt, um so geringer der Ausdehnungsmodulus, ein Verhalten, das sich aus der Theorie der übereinstimmenden Zustände voraussagen läßt. Der Ausdehnungsmodulus ist umgekehrt proportional der kritischen Temperatur T_k, und das Produkt aus diesen beiden Größen ist durchschnittlich 0,34. Die Kompressibilitäten der Flüssigkeiten verhalten sich den Ausdehnungsmodulen parallel. Mit Ausnahme der assoziierten Verbindungen kann man auch einen Zusammenhang zwischen Oberflächenspannung (γ) und Ausdehnungsmodulus beobachten, der angenähert durch die Gleichung wiedergegeben wird: $K\gamma = 0,032$. Auch zwischen dem Temperaturkoeffizienten der Oberflächenspannung (β) und K besteht eine Beziehung, die sich angenähert durch $\dfrac{\beta}{K} = 3,45$ ausdrücken läßt.[2])

Tabelle XVII.

Substanz	Krit. Temp. t_K	Ausdehnungsmodulus K	$K \cdot T_K = 0,34$	Temperaturkoeff. d. Oberflächenspannung β	$\dfrac{\beta}{K} = 3,45$	Mittlere Kompressibilität $x \cdot 10^6$ bei $20°$ zw. $100{-}500$ Atm.	Oberflächenspannung γ bei $20°$	$K \cdot \gamma = 0,032$
Äthyläther	192,0	0,00154	0,296	0,00603	3,92	125	16,27	0,025
Essigsäureäthylester	245,0	0,00133	0,326	0,00463	3,48	82	23,60	0,031
Tetrachlorkohlenstoff	283,0	0,001205	0,341	0,00418	3,47	79	25,7	0,031
Benzol	288,5	0,00119	0,340	0,00416	3,50	70	28,09	0,033

[1]) Zeitschr. f. phys. Chem. **65**, 129 (1908).
[2]) Über den Ausdehnungskoeffizienten von Flüssigkeiten und seine Abhängigkeit von der Temperatur vgl. auch M. Oswald. C. R. **154**, 61 (1912).

Der Ausdehnungskoeffizient der festen Körper scheint mit abnehmender Temperatur gegen Null zu konvergieren.[1]

§ 11. Anwendung der Volumenbeziehungen.

Nach Traube läßt sich das molekulare Kovolumen zur Bestimmung des Molekulargewichtes von Stoffen anwenden.[2]   Es wird die Dichte der Flüssigkeit bei 15° bestimmt und dann aus der Zusammensetzung der Substanz der Wert Σnc berechnet, wobei die Volumeneffekte (c) der die Verbindung bildenden Atome und gewisse Strukturmöglichkeiten, wie Nichtsättigung und Ringbildung, Berücksichtigung finden.   Die folgende Tabelle enthält die wichtigsten Atomvolumina und die notwendigen Strukturkorrekturen; bemerkt sei, daß sie sich — mit Ausnahme der Werte für die Halogene — nur wenig von den schon angeführten Werten für wässerige Lösungen unterscheiden.

Tabelle XVIII.

Kohlenstoff . . . . =	9,9 ccm	Chlor . . . . =	13,2 ccm
Wasserstoff . . . . =	3,1 ccm	Brom . . . . =	17,7 ccm
O′ (im Hydroxyl) . . =	2,3 ccm	Jod. . . . . =	21,4 ccm
O″ (in CO od. $O{<}^C_C$) =	5,5 ccm	CN . . . . =	13,2 ccm
		N‴ . . . . =	1,5 ccm
O^c (in OH von COOH) =	0,4 ccm	╞ (Äthylenbindung) . =	— 1,7 ccm
S′ (in SH) . . . . . =	15,5 ccm	╞ (Acetylenbindung) . =	— 3,4 ccm
S″ (in CS) . . . . . =	15,5 ccm	Bildung des sechsglied-	
S° (in (SO′) . . . . =	10—11,5 ccm	rigen Kohlenstoff-	
Fluor . . . . =	5,5 ccm	ringes . . . . =	— 8,1 ccm

Besitzt die Substanz das einfache Molekulargewicht, das die empirische Formel anzeigt, so gilt die Beziehung:

$$\frac{M}{d} - \Sigma nc = 25{,}9;$$

ist jedoch $\frac{M}{d} - \Sigma nc$ kleiner, so ist das Vorhandensein von assoziierten Molekülen anzunehmen.   Als Beispiele seien erwähnt: Butylsulfid, Naphthalin und Ameisensäure.

---

[1] Thiesen, Verhandl. d. Dtsch. phys. Ges. **10**, 410 (1908). — Grüneisen, Ann. d. Phys. **33**, 33 (1910); Zeitschr. f. Elektrochem. **17**, 737 (1911). — Lindemann, Phys. Zeitschr. **12**, 1197 (1911).

[2] Zeitschr. f. anorg. Chem. **8**, 338 (1895); Ber. d. Dtsch. chem. Ges. **28**, 2728, 2924 (1895); **29**, 1023 (1896); **30**, 265 (1897).

$$\text{Butylsulfid } (C_8H_{18}S)$$

8 Kohlenstoffatome	=	79,2
18 Wasserstoffatome	=	55,8
1 Schwefelatom	=	15,5
	Σnc	= 150,5 ccm.

$V_m = 174,8$ ccm bei $100°$; daraus

$$V_m - \Sigma nc = 174,8 - 150,5 = 24,3 = \Phi$$

$$\Phi = 25,0 \text{ bei } 10°;$$

daraus folgt, daß Butylsulfid das einfache Molekulargewicht besitzt.

$$\text{Naphthalin } (C_{10}H_8)$$

10 Kohlenstoffatome	=	99,0
8 Wasserstoffatome	=	24,8
		123,8
Ab für zwei Ringbildungen . . .		
„ „ fünf Doppelbindungen . .		24,7
	Σnc	99,1 ccm

$V_m = 125,9$ ccm bei $19°$; $V_m - \Sigma nc = 125,9 - 99,1$ ccm $= 26,8 = \Phi$,

daher hat Naphthalin das einfache Molekulargewicht.

$$\text{Ameisensäure } (CH_2O_2)$$

1 Kohlenstoffatom	=	9,9
2 Wasserstoffatome	=	6,2
2 Sauerstoffatome	=	5,9
	Σnc	= 22,0 ccm

$V_m (15°) = 37,5$ ccm; $V_m - \Sigma nc = 15,5 = \Phi$

Das Molekulargewicht der Ameisensäure ist also größer als das der einfachen Formel CH_2O_2 entsprechende. Ameisensäure ist tatsächlich assoziiert.

Die Methode kann auf diese Weise angewandt werden, um Assoziation in einer Flüssigkeit festzustellen; auch der Grad der Assoziation läßt sich ungefähr schätzen. Wenn der gefundene Wert von Φ nur dem halben theoretischen Wert 12,9 gleich ist, anstatt 25,9 zu betragen, so ist das Molekulargewicht doppelt so groß als das der Rechnung zugrunde gelegte. Liegt der gefundene

Wert von $V_m - \Sigma nc$ zwischen 12,9 und 25,9, so kann man den Assoziationsfaktor x aus der Gleichung

$$x = 1 + \frac{25,9 - \Phi'}{12,95}$$

berechnen, in der Φ' der Wert des Kovolumens ist, welcher aus den gefundenen Zahlen unter der Annahme des einfachen Molekulargewichtes berechnet ist.

Traube hat diese Methode bei zahlreichen Flüssigkeiten angewandt, um Assoziation zu finden; qualitativ stimmen seine Resultate mit denen der Oberflächenspannungsmethode von W. Ramsay und Shields gut überein. Die Tabelle XIX enthält auf der linken Seite eine Zusammenstellung von nichtassoziierten Flüssigkeiten; die nach beiden Methoden gefundenen Assoziationsfaktoren kommen der Einheit sehr nahe; die rechte Seite enthält assoziierte Verbindungen. (R. u. S. = Ramsay u. Shields.)

Tabelle XIX.

Substanz	Assoziationsfaktor		Substanz	Assoziationsfaktor	
	R u. S	T		R u. S	T
Hexan	0,98	0,93	Methylalkohol .	2,53	1,79
Benzol	1,05	1,18	Propylalkohol .	1,70	1,66
Toluol	1,01	1,08	Glycol	2,05	1,88
Äthylformiat . .	1,08	1,24	Essigsäure. . .	2,32	1,56
Propylacetat . .	1,00	1,18	Äthylalkohol .	1,80	1,67
Äthyläther . .	1,04	0,94	Wasser	1,79	3,06
Chlorbenzol . .	1,06	1,00	Nitroäthan . .	1,28	1,82
Chloroform . .	1,00	1,00	Pyridin	1,00	1,75

Eine ähnliche Methode kann angewendet werden, um das Molekulargewicht eines Stoffes in verdünnter wässeriger Lösung zu bestimmen. Für gelöste Stoffe gilt die Beziehung:

$$_sV_m = \Sigma nc + \Phi_s$$

wo $_sV_m$ das molekulare Lösungsvolumen und Φ_s das molekulare Lösungskovolumen ist; letzteres beträgt etwa 12,4 ccm bei 15°. Bei der Berechnung von Σnc sind die Atom- und Strukturkonstanten für Lösungen anzuwenden, und weiter muß, wenn die Substanz ein Elektrolyt ist, auf die Dissoziation Rücksicht genommen werden. Die Berechnungsweise soll an dem Beispiel des Natriumsalzes der Zimtsäure erläutert werden.

Zimtsaures Natrium: $C_9H_7O_2Na$. Eine 2,139 % wässerige Lösung besitzt die Dichte $d = 1,00685$. Wenn man das einfache Molekulargewicht zugrunde legt, ergibt sich

daraus $_sV_m = 109,4$ ccm.

9 Kohlenstoffatome $= 89,11$			
7 Wasserstoffatome $= 21,7$	1 Ionisierungskonstante $= -13,5$		
2 Sauerstoffatome . $= 5,9$	1 Benzolringbildung . . $= -8,1$		
1 Natriumatom . . $= 1,8$	$-21,6$ ccm		
$118,5$ ccm			

$$\Sigma nc = 96,9 \ \text{ccm}$$
$$_sV_m - \Sigma nc = 109,4 - 96,9 = 12,5 \ \text{ccm} = \Phi_s.$$

Die Annahme der einfachen Formel für das Molekulargewicht ist also gerechtfertigt.

Zusammenfassung.

Die Beziehungen zwischen Raumerfüllung und chemischer Konstitution lassen sich in großen Zügen folgendermaßen zusammenfassen. Die Raumerfüllung ist, wenn übereinstimmende Zustände verglichen werden, bei organischen Verbindungen im wesentlichen eine additive Eigenschaft. Abweichungen finden sich bei ungesättigten und cyclischen Verbindungen. Aus der Größe dieser Abweichungen kann man in vielen Fällen Schlüsse auf die Zahl der Doppelbindungen bzw. auf die Zahl der Ringsysteme ziehen. In jenen Körperklassen, wo die Konstanten genau bestimmt sind, kann man auch ersehen, ob Polymerisation sowie Assoziation vorliegt. Es sei aber bemerkt, daß die Größen, welche für ungesättigte Bindung oder Ringschluß ermittelt sind, nur für Verhältnisse gelten, welche jenen ähnlich sind, aus welchen die genannten Größen abgeleitet wurden. Ebenso ist bei der Betrachtung von Elementen, welche wechselnde Wertigkeit besitzen, oder Verbindungen verschiedenen chemischen Charakters liefern, große Vorsicht geboten. Insbesondere gilt dies für die Stickstoffverbindungen.

Mechanische Eigenschaften.

Kapitel II. Kapillarität.

§ 1. Allgemeines.

Die Entdeckung der Kapillarität wird Leonardo da Vinci[1]) zugeschrieben. Die ersten Messungen hat Jurin[2]) ausgeführt; er fand, daß die Steighöhe einer Flüssigkeit in einer kapillaren Röhre im umgekehrten Verhältnis zum Durchmesser derselben steht. Diese Beobachtung gab den Anstoß zur theoretischen Behandlung des Gegenstandes durch Laplace, Poisson, Young und Gauß.

Laplace[3]) (1805) ging von der Annahme aus, daß eine Anziehungskraft zwischen den kleinsten Teilen einer Flüssigkeit besteht. Diese Anziehung zwischen zwei Teilchen wurde als Funktion ihres Abstandes betrachtet, so zwar, daß sie bei kleinem Abstand sehr groß ist, mit der Entfernung aber stark abnimmt, bis sie bei einem bestimmten Abstande 1 unendlich klein wird. Die Kräfte, welche auf ein in der Mitte der Flüssigkeit befindliches Teilchen einwirken, heben sich untereinander auf, so daß ihre Resultierende gleich Null ist. Andererseits erfahren Teile, deren Entfernung von der Oberfläche kleiner als 1 ist, einen Zug, dessen Richtung normal zur Oberfläche und ins Innere der Flüssigkeit gerichtet ist. Wenn in Fig. 1 A B die Oberfläche der Flüssigkeit und m ein Teilchen darstellt, dessen Entfernung von A B kleiner als 1 ist, so entspricht ein Kreis mit dem Radius 1 der Aktionssphäre von m. Die Kräfte, welche die in dem Raume A B C D enthaltenen Teilchen ausüben, heben sich in ihrer Wirkung gegenseitig auf, während die aus dem Raume D E C stammenden eine resultierende Kraft ergeben, die von A B weg gerichtet ist. Daraus folgt, daß sich die äußere Grenze

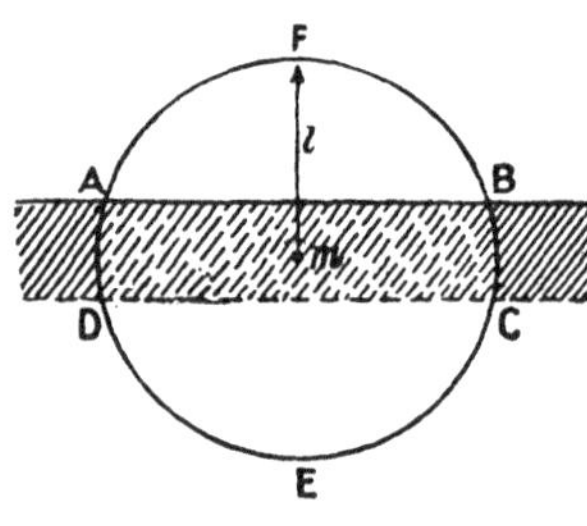

Fig. 1.

---

[1]) Vgl. Pogg. Ann. **101**, 551 (1860).
[2]) Phil. Trans. **30**, 1780.
[3]) Ges. Werke (Paris 1845) **4**, 389.

der Flüssigkeit in einem Spannungszustand befindet, der zur Verkleinerung der Oberfläche führt und jedem Versuche, sie zu vergrößern, widerstrebt, so daß die Flüssigkeit gleichsam in eine elastische Haut eingeschlossen erscheint. Dieser Schluß führt zu der Vorstellung einer Spannung längs der Oberfläche einer Flüssigkeit, und Th. Young[1] entwickelte auf Grund dieser Vorstellung eine Theorie der Kapillarität. Die Oberflächenspannung wird definiert als jene Kraft, welche in der Oberfläche der Flüssigkeit auf die Längeneinheit des Schnittes durch die Oberfläche wirkt; sie wird meist mit γ bezeichnet.

Es gibt eine Reihe von Methoden zur Messung der Oberflächenspannung; hier sollen jedoch nur drei angeführt werden, mit deren Hilfe auch die Mehrzahl der angeführten Daten gewonnen wurde.

1. Steighöhe in kapillaren Röhren. — Taucht man eine Kapillare mit kreisförmigem Querschnitt vertikal in eine Flüssigkeit, so tritt sie bis zu der Höhe in das Rohr, bei welcher die Gleichgewichtslage erreicht ist; das Gewicht der Flüssigkeitssäule hält der Oberflächenspannung das Gleichgewicht. Wenn die Oberfläche der Flüssigkeit mit der Wand der Kapillare an ihrer Berührungsstelle den Winkel Θ einschließt, so ist die Vertikalkomponente von $\gamma = \gamma \cos \Theta$.

Man kann dann schreiben

$$\gamma \cos \Theta \, 2\pi r = \pi r^2 hd. \tag{I}$$

In dieser Gleichung ist

r der Radius der Röhre in cm,
h die Steighöhe (ebenfalls in cm),
d die Dichte der Flüssigkeit.

Wenn die Flüssigkeit, wie man in den meisten Fällen annehmen darf,[2] die Wandung vollkommen benetzt, so ist Θ gleich Null und man hat weiter

$$\gamma = \tfrac{1}{2} rhd \quad \text{(g pro cm)}. \tag{II}$$

In der Formel I ist das Gewicht des Meniscus vernachlässigt;

---

[1] Thomas Young, Phil. Trans. **95**, 65 (1805).

[2] Über die Berechtigung dieser Annahme vgl. Feustel, Drud. Ann. **16**, 61 (1905).

um diesen Fehler auszugleichen,[1]) addiert man zu h den Wert r/3 und erhält dann:

$$\gamma = \frac{dr}{2}\left(h + \frac{r}{3}\right).$$

Eine genaue Beschreibung der experimentellen Durchführung dieser Methode findet sich in den Arbeiten von Ramsay und Shields.[2])

2. Gewicht fallender Tropfen. — Die Messung der Oberflächenspannung auf Grund des Gewichtes fallender Tropfen ist wahrscheinlich zuerst von Tate[3]) ausgeführt worden; die Methode wurde dann von G. Quincke,[4]) J. Duclaux[5]) und Lord Rayleigh[6]) weitergebildet.[7]) Wenn ein genügend langes, enges Rohr mit Flüssigkeit gefüllt vertikal aufgestellt wird, so bildet sich an dem unteren Ende ein Tropfen. Wenn nun die Größe dieses Tropfens wächst, so wird ein Augenblick erreicht, in welchem das Gewicht des Tropfens von der Oberflächenspannung der Flüssigkeit nicht mehr getragen werden kann und der Tropfen abreißt. Ist W das Gewicht des Tropfens in diesem Moment, so ist dann

$$W = 2\pi r\gamma \quad \text{oder} \quad \gamma = \frac{W}{2\pi r} \qquad\qquad (III)$$

3. Keine dieser Methoden liefert Resultate von absoluter Genauigkeit, insbesondere sind sie gegen Verunreinigungen der Substanz sehr empfindlich. Der beste Weg zur Bestimmung von γ ist die Messung des Gasdruckes, der zur Bildung einer Luftblase an einer kapillaren Öffnung erforderlich ist.[8])

Außer γ wird öfters noch eine andere Konstante angewendet, die spezifische Kohäsion, die meist mit a^2 bezeichnet wird.

---

[1]) Laplace, Ges. Werke (1845) **4**; vgl. auch Poisson, Nouvelle Théorie de l'action capillaire (1831) und Hagen, Pogg. Ann. **67**, 1 (1846), wo sich eine genauere Korrektur findet.

[2]) Zeitschr. f. phys. Chem. **12**, 433 (1893).

[3]) Phil. Mag. [4] **27**, 176 (1864).

[4]) Pogg. Ann. **134**, 356 (1868); **135**, 621 (1868); **138**, 141 (1869); **139**, 1 (1870).

[5]) Ann. Chim. Phys. [5] **13**, 75 (1878).

[6]) Phil. Mag. [5] **48**, 321 (1899); vgl. auch die Kritik seiner Methode von Guye und Perrot, Arch. des Sci. phys. et nat. [4] (1901) **11**, 225.

[7]) Vgl. auch die Arbeiten von J. Livingston, R. Morgan und Mitarbeitern. Zeitschr. f. phys. Chem. **63**, 151 (1900), **64**, 170 (1908); Journ. Amer. Chem. Soc. **33**, 349, 643, 657, 672, 1041, 1060, 1275, 1713 (1911).

[8]) Jäger, Wien. Ber. **100**, [2A], 493 (1891); Whatmough, Zeitschr. f. phys. Chem. **39**, 129 (1901).

Die Beziehung zwischen γ und a^2 ist durch die folgende Gleichung gegeben:

$$a^2 = \frac{2\gamma}{d} = \text{spezifische Kohäsion.}$$

Da $\gamma = \frac{1}{2}\mathrm{rhd}$ ist, so folgt, daß die spezifische Kohäsion durch die Höhe gemessen wird, zu der eine Flüssigkeit in einem Rohre mit dem Einheitsradius steigt. Das Produkt aus spezifischer Kohäsion und Molekulargewicht heißt molekulare Kohäsion —

$$a^2M = \text{molekulare Kohäsion.}$$

Wenn wir uns das Volumen eines Grammoleküls (MV) einer Flüssigkeit in der Gestalt eines Würfels denken, so stellt $(MV)^{\frac{1}{3}}$ eine Seite dieses Würfels dar und gibt jene Länge an, auf welcher die gleiche Anzahl von Molekülen verschiedener Flüssigkeiten verteilt sind. Der Wert der Größe $\gamma(MV)^{\frac{1}{3}}$ bildet daher ein Maß für die Oberflächenspannung, welche von der gleichen Anzahl von Molekülen verschiedener Substanzen ausgeübt wird; man bezeichnet sie als molekulare Oberflächenspannung.

Die molekulare Oberflächenenergie. — Bei der Schaffung von Flüssigkeitsoberfläche wird gegen die Oberflächenspannung Arbeit geleistet; die Oberfläche erlangt daher potentielle Energie. Wenn man sich vorstellt, daß eine Flüssigkeitsschicht vergrößert wird, indem die eine ihrer Grenzen von der Länge d aus der Stellung A in die Stellung A' über eine Strecke l hin bewegt wird, so ist die geleistete Arbeit oder gewonnene Energie gleich γdl. Allgemein ausgedrückt kann man daher sagen, daß die Oberflächenenergie einer Flüssigkeit gleich ist dem Produkte aus Oberflächenspannung und Fläche

$$\gamma A = \text{Oberflächenenergie.}$$

Sei MV das Molekularvolumen, so stellt $(MV)^{\frac{2}{3}}$ für verschiedene Flüssigkeiten eine Fläche dar, in der die gleiche Anzahl von Molekülen enthalten ist. Man bezeichnet deshalb $\gamma(MV)^{\frac{2}{3}}$ als die relative molekulare Oberflächenenergie.

§ 2. Der Einfluß der Temperatur.

Die Oberflächenenergie nimmt mit steigender Temperatur bis zum kritischen Punkte ab, bei welchem Flüssigkeit und Dampf identisch werden und die Oberflächenspannung gleich Null wird.

K. Brunner[1]) war anscheinend der erste, der zeigte, daß die Abnahme der Kapillarität als regelmäßige, und zwar als lineare Funktion der Temperatur dargestellt werden kann, also

$$\gamma_t = \gamma_0 \, (1 - ct),$$

γ_t und γ_0 bedeuten die Oberflächenspannung bei t° bwz. bei 0° und c eine Konstante. Zu demselben, jedoch nicht genau zutreffenden Ergebnis kamen noch andere Forscher.[2]) Die ausgedehnten Messungen von Ramsay und Shields[3]) haben aber gezeigt, daß die Regel zwar in ziemlich weitem Temperaturbereiche genügend erfüllt wird, jedoch nicht streng gilt, zumal nicht in der Nähe der kritischen Temperatur. Die Tabelle I zeigt dies.

Tabelle I.

Äthyläther.

Temp.	γ in Dyn/cm	Differenz für 10°	Temp.	γ in Dyn/cm	Differenz für 10°
20°	16,49	$\frac{1}{2} \times 2{,}44$	120°	5,65	
40	14,05	1,11	130	4,69	0,96
50	12,94	1,14	140	3,77	0,92
60	11,80	1,08	150	2,88	0,89
70	10,72	1,05	160	2,08	0,80
80	9,67	1,04	170	1,33	0,75
90	8,63	1,00	180	0,64	0,69
100	7,63	1,00	190	0,16	0,48
110	6,63	0,98	194,5	0,00	$2 \times 0{,}16$
120	5,65				

Äthylacetat.

Temp.	γ in Dyn/cm	Differenz für 10°	Temp.	γ in Dyn/cm	Differenz für 10°
20	23,60	$\frac{1}{6} \times 7{,}28$	160	7,48	
80	16,32	1,18	170	6,47	1,01
90	15,14	1,16	180	5,51	0,96
100	13,98	1,14	190	4,54	0,97
110	12,84	1,09	200	3,64	0,90
120	11,75	1,09	210	2,80	0,84
130	10,66	1,09	220	1,96	0,84
140	9,57	1,05	230	1,18	0,78
150	8,52	1,04	240	0,49	0,69
160	7,48		245	0,21	$2 \times 0{,}28$

[1]) Pogg. Ann. **70**, 485 (1875).

[2]) Vgl. besonders Trimberg, Wied. Ann. **30**, 545 (1887); Jäger, Wien. Ber. **101**, 159, 954 (1892); Pellat, Compt. rend. **118**, 1193 (1894); Hock, Wien. Ber. **108**, 1516 (1900).

[3]) Zeitschr. f. phys. Chem. **12**, 454 (1893).

Benzol.

Temp.	γ in Dyn/cm	Differenz für $10°$	Temp.	γ in Dyn/cm	Differenz für $10°$
80	20,28		180	9,15	
90	19,16	1,12	190	8,16	0,99
100	18,02	1,14	200	7,17	0,99
110	16,86	1,16	210	6,20	0,97
120	15,71	1,15	220	5,25	0,95
130	14,57	1,14	230	4,32	0,93
140	13,45	1,12	240	3,41	0,91
150	12,36	1,09	250	2,56	0,85
160	11,29	1,09	260	1,75	0,81
170	10,20	1,07	270	0,99	0,76
180	9,15	1,05	280	0,29	0,70

Ob der Einfluß der Temperatur zur chemischen Konstitution der Flüssigkeiten in irgend einer Beziehung steht, ist zweifelhaft. Die Angabe von Gossart,[1] daß der Temperaturkoeffizient für Stoffe einer Klasse derselbe sei, trifft nicht zu.

§ 3. Oberflächenenergie und Temperatur.

Eötvös[2] fand, daß die molekulare Oberflächenenergie einer nicht assoziierten Flüssigkeit eine lineare Funktion der Temperatur sei, und faßte diese Beziehung in die Formel:

$$\gamma(MV)^{\frac{2}{3}} = (T_K - T)K\,,$$

in der T_K die kritische Temperatur bzw. die Temperatur ist, bei der die Oberflächenspannung Null wird. Ramsay und Shields,[3] die den Wert der Oberflächenenergie zahlreicher Flüssigkeiten von der gewöhnlichen bis zur kritischen Temperatur bestimmten, fanden jedoch, daß die lineare Beziehung nicht, wie Eötvös annahm, kontinuierlich bis zur kritischen Temperatur gültig bleibt, sondern

---

[1] Ann. Chim. Phys. [6] **19**, 173 (1890); vgl. Hock, Wien. Ber. **108** [2 A], 1516 (1900).

[2] Wied. Ann. **27**, 448 (1886). — Zur Theorie vgl. A. Einstein, Ann. d. Phys. (4) **34**, 165 (1910).

[3] Zeitschr. f. phys. Chem. **12**, 433 (1893); Journ. Chem. Soc. **63**, 1089 (1893); ebenso Ramsay und Aston, Zeitschr. f. phys. Chem. **15**, 89 (1894); Proc. Roy. Soc. **56**, 162 (1894); Guye und Baud, Arch. des Scienc. phys. et nat. [4] **11**, 449, 537 (1901); Dutoit und Friedrich, Arch. des Scienc. phys. et nat. [4] **9**, 105 (1900). Vgl. auch Bogdan, Zeitschr. f. phys. Chem. **82**, 93 (1913).

kurz davor ungültig wird. Wenn man in einem Diagramm $\gamma(MV)^{\frac{2}{3}}$ als Ordinate und die Temperatur vom kritischen Punkte abwärts gezählt als Abszisse aufträgt, so erhält man die in Fig. 2 wiedergegebene Kurve.

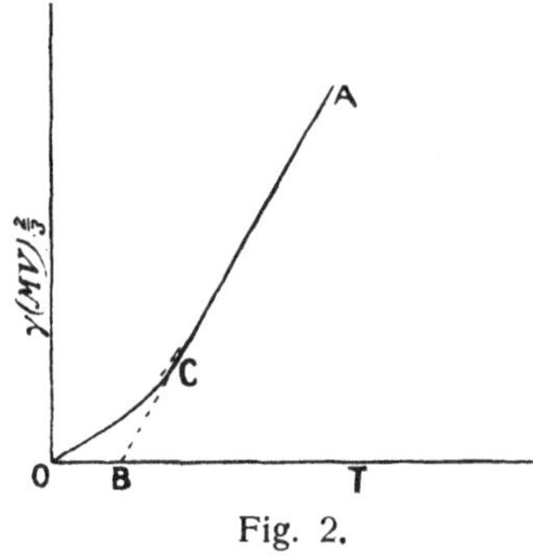

Fig. 2.

In der Zeichnung ist O die kritische Temperatur und T die Differenz zwischen dieser und der Meßtemperatur. Die Kurve OCA ist unterhalb C geradlinig und schneidet in ihrer Verlängerung die Temperaturachse in dem Punkte B, der unterhalb der kritischen Temperatur liegt. Die lineare Beziehung zwischen molekularer Oberflächenenergie und Temperatur wird dann

$$\gamma(MV)^{\frac{2}{3}} = K(T - d),$$

worin d die Strecke OB auf der Temperaturachse darstellt. Für die meisten Flüssigkeiten beträgt d etwa 6 Grade. Die Konstante K bezeichnet das Maß der Änderung der Oberflächenenergie in dem linearen Teil der Kurve, und zwar ist — wenn $\gamma(MV)^{\frac{2}{3}}$ in Dyn/cm gemessen wird — $K = 2,12$. Die Genauigkeit, mit der sich dieser Ausdruck den Ergebnissen des Experimentes anschließt, zeigt die folgende Tabelle für Benzol und Kohlenstofftetrachlorid.

Tabelle II.

Benzol $\gamma(MV)^{\frac{2}{3}} = 2,104(T - 6,5)$.

Meß-tempe-ratur	T	$\gamma(MV)^{\frac{2}{3}}$ be-rechnet	$\gamma(MV^{\frac{2}{3}})$ be-obachtet	Meß-tempe-ratur	T	$\gamma(MV)^{\frac{2}{3}}$ be-rechnet	$\gamma(MV^{\frac{2}{3}})$ be-obachtet
80°	208,5	425,1	425,1	180°	108,5	213,8	214,6
90	198,5	404,5	404,0	190	98,5	193,4	193,6
100	188,5	384,0	383,0	200	88,5	172,5	172,5
110	178,5	362,9	361,9	210	78,5	151,9	151,5
120	168,5	341,6	340,9	220	68,5	131,0	130,5
130	158,5	320,3	319,8	230	58,5	110,1	109,0
140	148,5	299,0	298,8	240	48,5	89,0	88,4
150	138,5	278,1	277,8	250	38,5	68,7	67,3
160	128,5	256,9	256,7	260	28,5	48,6	46,3
170	118,5	235,2	235,7	270	18,8	28,8	25,3

Kohlenstofftetrachlorid $\gamma(MV)^{\frac{2}{3}} = 2,105\,(T - 6,0)$.

Meßtemperatur	T	$\gamma(MV)^{\frac{2}{3}}$ berechnet	$\gamma(MV^{\frac{2}{3}})$ beobachtet	Meßtemperatur	T	$\gamma(MV)^{\frac{2}{3}}$ berechnet	$\gamma(MV^{\frac{2}{3}})$ beobachtet
80	203	414,6	414,7	180	103	204,8	204,2
90	193	393,7	393,7	190	93	183,3	183,2
100	183	372,3	372,6	200	83	162,3	162,1
110	173	351,7	351,6	210	73	140,8	141,1
120	163	330,3	330,5	220	63	118,9	120,0
130	153	309,4	309,5	230	53	96,8	99,0
140	143	288,1	288,4	240	43	76,5	77,9
150	133	267,4	267,4	250	33	53,5	56,8
160	123	246,7	246,3	260	23	35,9	35,8
170	113	260,0	225,3	270	13	21,7	14,7

Bei assoziierten Flüssigkeiten wechselt der Wert von K mit der Temperatur und ist außerdem stets kleiner als 2,12; die molekulare Oberflächenenergie ist dann keine lineare Funktion der Temperatur mehr. In der Tabelle II a ist Alkohol als Beispiel hierfür angeführt; die vierte Kolonne enthält den Wert des Differentialquotienten $\dfrac{d[\gamma(MV)^{\frac{2}{3}}]}{dt}$ in jedem Intervall, der konstant sein sollte.

<h3 style="text-align:center">Tabelle II a.</h3>

Äthylalkohol.

Temperatur	T	$\gamma(MV)^{\frac{2}{3}}$ Erg	$\dfrac{d[\gamma(MV)^{\frac{2}{3}}]}{dt}$	Temperatur	T	$\gamma(MV)^{\frac{2}{3}}$ Erg	$\dfrac{d[\gamma(MV)^{\frac{2}{3}}]}{dt}$
20°	223,1	331,0		160°	83,1	147,2	
40	203,1	307,3	1,18	180	63,1	112,6	1,73
60	183,1	284,8	1,12	190	53,1	94,9	1,77
80	163,1	261,2	1,18	200	43,1	75,7	1,92
100	143,1	235,0	1,31	210	33,1	57,1	1,86
120	123,1	208,0	1,35	220	23,1	39,2	1,79
140	103,1	178,8	1,46	230	13,1	19,8	1,94
160	83,1	147,2	1,58	240	3,1	3,7	1,61

Die Abnahme von K findet ihre Erklärung, wenn man sich vorstellt, daß durch die Assoziation eine größere Anzahl von Molekülen in dem gleichen Raume enthalten ist, und daß daher das Volumen eines Grammoleküls kleiner ist. Dadurch wird der eine Faktor der molekularen Oberflächenenergie — $(MV)^{\frac{2}{3}}$ — verkleinert, und in gleicher Weise ändert sich der Differentialquotient dieser Funktion nach der Temperatur. Wenn z. B. MV das Volumen eines Grammoleküls in nicht assoziiertem Zustande ist und Moleküle zu Gruppen zusammentreten, so wird der Wert von MV zu $\dfrac{MV}{x}$ und die „Moleküloberfläche" wird $\left(\dfrac{MV}{x}\right)^{\frac{2}{3}}$. Die Abnahme der molekularen Oberflächenenergie wird dann:

$$\frac{d\left[\gamma\left(\dfrac{MV}{x}\right)^{\frac{2}{3}}\right]}{dt} = K,$$

während sie in nicht assoziiertem Zustande

$$\frac{d[\gamma(MV)^{\frac{2}{3}}]}{dt} = 2{,}12$$

ist. Es wird daher:

$$\frac{2{,}12}{K} = x^{\frac{2}{3}} \quad \text{oder} \quad x = \left(\frac{2{,}12}{K}\right)^{\frac{3}{2}}$$

Somit kann der Wert von K dazu benutzt werden, den Assoziationsfaktor einer Flüssigkeit zu berechnen. Praktisch ist es nur nötig, den Wert der molekularen Oberflächenenergie bei zwei verschiedenen, genügend weit voneinander entfernten Temperaturen zu bestimmen und daraus den Differentialquotienten $\dfrac{d(\gamma[MV]^{\frac{2}{3}})}{dt}$ in diesem Intervall zu berechnen. Der Mittelwert von x zwischen diesen beiden Temperaturen ergibt sich dann aus der obigen Gleichung. Zur Erläuterung mögen die folgenden Beispiele dienen:

Schwefelkohlenstoff:

$$\gamma(MV)^{\frac{2}{3}} \text{ in Erg bei } 19{,}4^\circ \text{ C} = 515{,}4$$

$$\gamma(MV)^{\frac{2}{3}} \text{ in Erg bei } 46{,}1^\circ \text{ C} = 461{,}4$$

$$\frac{d[\gamma(MV)^{\frac{2}{3}}]}{dt} = \frac{515{,}4 - 461{,}4}{46{,}1 - 19{,}4} = \frac{54{,}0}{26{,}7} = 2{,}02.$$

Da dieser Wert dem normalen Werte 2,12 sehr nahe kommt, können wir schließen, daß Schwefelkohlenstoff bei diesen Temperaturen nicht assoziiert ist.

Ameisensäure:

$$\gamma(MV)^{\frac{2}{3}} \text{ in Erg bei } 16{,}8^\circ \text{ C} = 424{,}4$$

$$\gamma(MV)^{\frac{2}{3}} \text{ in Erg bei } 46{,}4^\circ \text{ C} = 397{,}1,$$

daraus:

$$\frac{d\,[\gamma(MV)^{\frac{2}{3}}]}{dt} = 0{,}902$$

und

$$x = \left(\frac{2{,}12}{0{,}90}\right)^{\frac{3}{2}} = 3{,}6.$$

Das mittlere Molekulargewicht der Säure ist also unter diesen Bedingungen ungefähr 3,5 (CH_2O_2).

Diese Methode zur Berechnung des Assoziationsgrades von Flüssigkeiten beruht auf der Voraussetzung, daß die Flüssigkeiten, welche den normalen Wert von K ergeben, nicht assoziiert sind. Man nimmt an, daß ihr Molekulargewicht dasselbe ist, wie im gasförmigen Zustand. Diese Annahme findet eine gewisse Stütze in der Konstanz der K-Werte mit steigender Temperatur bis nahe an den kritischen Punkt; denn wenn die Flüssigkeiten assoziiert wären, so würden die Komplexe höchstwahrscheinlich zerfallen und der Wert von K sich infolgedessen ändern, bevor dieser Punkt erreicht wird. Ferner spricht für den stetigen Übergang von Flüssigkeit zu Gas, daß der Grad der Assoziation der Gasmoleküle bei allen normalen Flüssigkeiten derselbe sein müßte, wenn sie komplexe Moleküle enthielten, denn der Wert von K ist für alle normalen Flüssigkeiten annähernd konstant = 2,12; ein derartiges Zusammentreffen ist jedoch unwahrscheinlich.[1]

Tabelle III enthält den Assoziationsfaktor x einiger flüssiger Phenole nach J. Th. Hewitt und Th. F. Winmill.[2]

Tabelle III.

Substanz	x	Substanz	x
Phenol	1,30	p-Chlorphenol	1,22
o-Kresol	1,12	m-Bromphenol	1,45
m-Kresol	1,48	p-Bromphenol	1,20
p-Kresol	1,62	Äthylsalicylat	0,90
o-Nitrophenol	0,84	Äthyl-m-hydroxybenzoat .	0,99
m-Nitrophenol	1,48	Äthyl-p-hydroxybenzoat .	1,01
p-Nitrophenol	1,25	Benzylalkohol	1,66
o-Chlorphenol	1,00	Benzhydrol	1,01
m-Chlorphenol	1,22	Triphenylcarbinol	1,01

[1] Zeitschr. f. phys. Chem. **15**, 103 (1894); eine verbesserte Methode bei W. Ramsay, Zeitschr. f. phys. Chem. **15**, 111 (1894).

[2] Journ. Chem. Soc. **91**, 441 (1907).

Die Methode zur Berechnung des Assoziationsgrades ist nicht nur auf Substanzen angewandt worden, die bei gewöhnlicher Temperatur flüssig sind, sondern auch auf geschmolzene Salze und verflüssigte Gase. Baly und Donnan[1]) fanden für Sauerstoff, Stickstoff, Argon und Kohlenoxyd in flüssigem Zustand die folgenden Werte von K:

Sauerstoff	1,91 . .	70— 90° (abs.)
Stickstoff	2,00 . .	70— 90° ,,
Argon	2,02 . .	84— 89° ,,
Kohlenoxyd . . .	1,99 . .	70— 90° ,,
Kohlendioxyd . . .	2,22 . .	249—293° ,,
Stickoxydul . . .	2,2 . .	248—293° ,,

Die Werte für Kohlendioxyd und Stickoxydul hat Verschaffelt[2]) gemessen.

Bottomley[3]) fand für geschmolzenes Kaliumnitrat 0,445 und für Natriumnitrat 0,5; es wären also im flüssigen Zustand ungefähr 10 Moleküle dieser Stoffe zu einem Komplex vereinigt. H. Siedentopf[4]) hat einige geschmolzene Metalle untersucht und gezeigt, daß Quecksilber, Wismut, Blei, Cadmium und Zinn assoziiert sind. Die Werte von K für diese Metalle waren:

Hg	0,65
Bi	0,50
Pb	0,77
Cd	1,50
Sn	0,81.

Diese Resultate sind deshalb besonders interessant, weil Ramsay[5]) und Meyer[6]) gezeigt haben, daß Blei, Cadmium und Zinn in Quecksilber gelöst einatomig sind; daraus geht hervor, daß Quecksilber als dissoziierendes Lösungsmittel auf diese Metalle einwirkt.

In vielen Fällen findet man, daß die Molekülaggregate bei höherer

[1]) Journ. Chem. Soc. **81**, 907 (1902).
[2]) Beiblätter **19**, 859 (1895).
[3]) Journ. Chem. Soc. **83**, 1421 (1903); vgl. auch Lorenz, Ber. d. Dtsch. chem. Ges. **41**, 3727 (1908).
[4]) Wied. Ann. **61**, 256 (1897).
[5]) Zeitschr. f. phys. Chem. **3**, 360 (1889).
[6]) Zeitschr. f. phys. Chem. **7**, 484 (1891).

Temperatur auseinanderfallen; dies zeigt sich beim Äthylalkohol (Tabelle II a), bei dem der Wert von K von 1,1 bei gewöhnlicher Temperatur auf etwa 1,9 bei 240° C steigt. Bei dieser Temperatur ist die Flüssigkeit nahezu nur monomolekular.

In der Tabelle IV sind die Werte von K für verschiedene Flüssigkeiten angegeben, und zwar ist dieselbe in zwei Teile geteilt, von denen der eine die nichtassoziierten, der andere die assoziierten Stoffe enthält.

Tabelle IV.

Nichtassoziierte Flüssigkeiten.

Substanz	K	Substanz	K	Substanz	K
CS_2	2,04	$n.C_8H_{18}$	2,21	C_6H_6	2,10
N_2O_4	2,11	$(C_2H_5)_2O$	2,01	C_6H_5CHO	2,16
$SiCl_4$	2,03	C_2H_5SH	2,06	$C_6H_5NO_2$	2,23
PCl_3	2,09	CH_3COCl	2,04	$C_6H_5NH_2$	2,05
S_2Cl_2	2,19	CH_3NCS	2,07	C_6H_5CN	2,16
$Ni(CO)_4$	2,30	$CH_3COC_3H_7$	2,04	$C_6H_5OCH_3$	2,35
CCl_4	2,21	CH_3COCH_2COOR	2,18	C_5H_5N	2,22
C_2H_5J	2,10	$ClCOOC_2H_5$	2,04	C_9H_7N	2,43

Assoziierte Flüssigkeiten.

Substanz	K	T-Intervall	Substanz	K	T-Intervall
Wasser	0,89	10—20°	Ameisensäure	0,90	17—46°
CH_3OH	0,93	16—46°	Essigsäure	0,90	16—46°
C_2H_5OH	1,08	16—46°	Propionsäure	1,44	16—46°
C_3H_7OH	1,23	16—46°	Buttersäure	1,57	15—46°
C_4H_9OH	1,36	17—46°	Isobuttersäure	1,66	16—46°
CH_3COCH_3	1,82	17—46°	$CH_3NH \cdot COOC_2H_5$	1,56	56—101°
C_2H_5CN	1,45	17—46°	Valeroxim	1,72	16—152°
$C_2H_5NO_2$	1,64	17—46°	Glycol	1,03	17—46°

Aus dem ersten Teil dieser Zusammenstellung ist zu ersehen, daß der Wert von K nicht streng konstant ist, sondern immerhin von der Konstitution abhängt. So haben Ramsay und Aston[1] darauf hingewiesen, daß der Zuwachs einer CH_2-Gruppe den Wert von K erhöht. Besonders deutlich ist dies an den Estern der Fettreihe zu erkennen (Tabelle V).

---

[1] Zeitschr. f. phys. Chem. **15**, 101 (1894).

Tabelle V.

Ester	K	Ester	K
Methylformiat	2,04	Äthylformiat	2,02
Methylacetat	2,11	Äthylacetat	2,22
Methylpropionat	2,18	Äthylpropionat	2,24
Methylbutyrat	2,22	Propylformiat	2,11
Methylisobutyrat	2,48	Propylacetat	2,22

Bei einfach zusammengesetzten Stoffen, wie flüssigem Sauerstoff oder Stickstoff, ist der Wert von K ungefähr 2, also niedriger wie der sonst als normal angenommene. Andererseits haben hoch zusammengesetzte Substanzen einen höheren Wert als 2,12,[1]) so z. B. Diphenylamin mit $K = 2,54$ und Chinolin mit $K = 2,43$. Der Einfluß der komplexen Zusammensetzung zeigt sich noch deutlicher bei den von Homfray und Guye[2]) untersuchten optisch aktiven Estern (Tabelle VI).

Tabelle VI.

Amylester. K bei 50—110° C.

Formiat	2,13	Butyrat	2,45
Acetat	2,26	Stearat	3,34

Äthylester der

	K (13—55°)		K (13—55°)
Propionyläpfelsäure	2,87	Oenanthyläpfelsäure	3,12
	(56—107°)	Caprylyl- „	3,44
Butyryl- „	3,18	Pelargonyl- „	3,68
Valeryl- „	3,40	Caprinyl „	3,59
Capronyl- „	3,04		

Um diese abnorm hohen Werte zu erklären,[3]) kann man annehmen, daß die Substanzen im flüssigen Zustand dissoziiert sind. Auf den ersten Blick erscheint dies kaum glaublich, da diese Ester sich ohne Zersetzung destillieren lassen; die vorgenannten Autoren bemerken jedoch, daß die Wirkung des enormen Binnendruckes der Flüssigkeiten unbekannt ist, und daß dieser sehr wohl imstande sein könnte, eine Wiedervereinigung der gespaltenen Mole-

---

[1]) Dutoit und Friedrich, Arch. des Scienc. phys. et nat. [4] **9**, 105 (1900).

[2]) Journ. de Chim. Phys. **1**, 529 (1904).

[3]) Zu erwähnen ist, daß Bogdan, Zeitschr. f. phys. Chem. **67**, 349 (1906) der Ansicht ist, daß $K = 2,1$ nicht der richtige Wert für normale Flüssigkeiten ist, und daß er höhere Werte als die von Guye erhaltenen für richtig hält.

küle zu bewirken. Auch ist zu erwähnen, daß man bei Molekulargewichtsbestimmungen[1]) mit Hilfe der Gefrierpunktserniedrigung und der Siedepunktserhöhung für diese Stoffe zu niedrige Werte erhält, und daß auch die Methode von Longinescu[2]) zu einem ähnlichen Resultate führt (s. Kap. VI § 6).

Ebenso abnorme Werte für den Temperaturkoeffizienten der Oberflächenspannung wurden von Walden[3]) an Derivaten der höheren Fettsäuren beobachtet. Anstatt des Normalwertes von 2,12 fand er beim

Tristearin $C_3H_5(OC_{17}H_{35}CO)_3$ . . . . 6,21—5,35
Tripalmitin $C_3H_5(OC_{15}H_{31} \cdot CO)_3$ . . . . 5,57—4,92
Ricinolsäureisobutylester $C_{17}H_{32}(OH) \cdot COOC_4H_9$. 3,24—3,10

Diese Werte würden auf eine weitgehende Dissoziation schließen lassen, die aber durch die chemischen Befunde vollkommen ausgeschlossen ist. Man sieht hieraus, daß bei derartigen Verbindungen mit sehr langen Ketten und hohem Siedepunkt die Voraussetzungen des Gesetzes vom Ramsay und Shields nicht mehr zutreffen. W. Nernst weist ins einem Lehrbuch darauf hin, daß in Analogie zur Troutonschen Regel (Kap. VII) auch bei der Regel von Eötvös bei sehr tief oder sehr hoch siedenden Flüssigkeiten Vorsicht geboten ist.

Für diese und ähnliche Anomalien legte Guye[4]) dar, daß die Oberflächenspannung nur die Verhältnisse an der Oberfläche betrachtet und über die Zustände im Innern der Flüssigkeit wenig aussagt. In den abnormalen Fällen könnten dann die Differenzen in der Zusammensetzung zwischen Oberfläche und Innenraum die sonst unerklärbaren Resultate verursacht haben.

Auch bei den assoziierten Flüssigkeiten[5]) steigt zumeist der Wert von K in den homologen Reihen; hier ist jedoch die Zunahme für eine CH_2-Gruppe größer als bei den normalen Flüssigkeiten, da sie hauptsächlich auf die Abnahme der Assoziation zurückzuführen ist. Allgemein kann man sagen, daß Assoziation oder Abnahme

---

[1]) Freundler, Ann. Chim. Phys. [7] 256 (1895).

[2]) $n = \left(\dfrac{T_\sigma}{100 d_0}\right)^2$; n die Anzahl der Atome im Molekül, T_σ der Siedepunkt (abs.) und d_0 die Dichte bei 0°.

[3]) Zeitschr. f. phys. Chem. **75**, 555 (1910).

[4]) Journ. Chim. Phys. **9**, 505 (1911).

[5]) Guye und Baud, Arch. des Scienc. phys. et nat. [4] **11**, 449, 537 (1901).

des Wertes von K der Anwesenheit gewisser ungesättigter Gruppen wie CO, CN, OH, NH_2 und COOH zugeschrieben werden kann. Vgl. auch Tabelle III und IV. Die Doppelbindung bewirkt im allgemeinen nicht notwendig eine Änderung von K.[1] In keinem Falle ist etwa der berechnete Assoziationsgrad als ein exaktes Maß der wirklichen Assoziation anzusehen.[2]

§ 4. Spezifische Kohäsion und Siedepunkt.

Walden[3] fand, daß man aus den Kapillaritätskonstanten auch auf eine andere Weise die Assoziation von flüssigen und festen Körpern berechnen kann. Durch Vergleich der experimentell gefundenen Daten fand er, daß die Beziehung:

$$\frac{\lambda\sigma}{a_\sigma^2} = \text{konstant} = 17{,}9 \text{ (ungefähr)}$$

annähernd erfüllt wird. Hierin bedeutet λ_σ die latente Verdampfungswärme beim Siedepunkte und a_σ^2 die spezifische Kohäsion bei derselben Temperatur. Kombiniert man diese Beziehung mit der Regel von Trouton[4], nach der die molekulare Verdampfungswärme ($M\lambda_\sigma$) der Siedetemperatur in absoluter Zählung (T_σ) proportional ist,

$$\frac{M\lambda_\sigma}{T_\sigma} = \text{konstant} = 20{,}7 \text{ (ungefähr)},$$

so ergibt sich

$$\frac{17{,}9 \; Ma_\sigma^2}{T_\sigma} = 20{,}7 = \text{konstant}$$

oder

$$\frac{Ma_\sigma^2}{T_\sigma} = 1{,}162 = K.$$

Es ergibt sich also, daß die spezifische Kohäsion einer Flüssigkeit bei ihrem Siedepunkte der vom absoluten Nullpunkt aus gezählten Siedetemperatur proportional ist. Diese Beziehung ist nur bei mono-

---

[1] Vgl. auch Fr. H. Getmann, Amer. Chem. Journ. **44**, 145 (1910).

[2] Über den Zusammenhang von Oberflächenspannung mit dem Binnendruck und den van der Waalschen Größen a und b s. J. Traube, Ann. d. Phys. (4) **22**, 519 (1907); Phys. Zeitschr. **10**, 667 (1909); Zeitschr. f. phys. Chem. **68**, 289 (1909); daselbst auch Walden **66**, 385 (1909); über Beziehungen zu den kritischen Konstanten bei Kleemann, Phil. Mag. (6) **18**, 491, 901 (1909).

[3] Zeitschr. f. phys. Chem. **65**, 129, 257 (1908); Zeitschr. f. Elektrochem. **14**, 713 (1908); vgl. auch Kistjakowsky, Journ. Russ. Phys. Chem. Soc. **34**, 70 (1902) und Dutoit und Mojoim, Journ. Chim. Phys. **7**, 169 (1909).

[4] Vgl. Kap. VII.

molekularen Flüssigkeiten erfüllt. In der folgenden Tabelle sind die
Werte für K enthalten, wie sie sich aus der Messung von a_σ^2 und T_σ
für verschiedene chemische Verbindungen ergeben; man erkennt, daß
die Übereinstimmung von Rechnung und Experiment recht gut ist.

Tabelle VII.

Substanz	K	x	Substanz	K	x
Zinnchlorid . .	1,18	0,98	Benzol	1,145	1,01
Brom	1,15	1,02	Nitrobenzol . .	1,132	1,02
Methyljodid . .	1,16	1,00	Anisol	1,153	1,00
Äthyljodid . . .	1,16	1,00	Naphthalin . .	1,168	0,99
Chloroform . .	1,12	1,04	Pyridin	1,128	1,02
Schwefelkohlen-			Triäthylamin .	1,173	0,98
stoff	1,13	1,02	Äthyläther . .	1,088	1,06
Octan	1,13	1,02			

Nimmt man für K bei monomolekularen Flüssigkeiten als
Mittelwert 1,16 an, so kann man nach Bestimmung des Siedepunktes einer Flüssigkeit und ihrer spezifischen Kohäsion bei dieser
Temperatur das Molekulargewicht bzw. durch Vergleich mit dem
theoretischen Werte desselben den Assoziationsfaktor berechnen:

$$\frac{M \text{ (ber.)}}{M \text{ (theor.)}} = \frac{1,16}{K} = x.$$

Die Assoziationsfaktoren der Flüssigkeiten, die der Regel folgen,
sind in der vorstehenden Tabelle unter x angeführt; es zeigt sich, daß
alle diese Flüssigkeiten beim Siedepunkte nicht assoziiert sind. Assoziierte Flüssigkeiten geben kleinere Werte für K, als die Regel verlangt.

Tabelle VIII.

Substanz	K	x	R.u.S.	Substanz	K	x	R.u.S.
Wasser	0,586	1,98	2,6	Ameisensäure .	0,651.	1,78	3,0
Methylalkohol .	0,483	2,4	3,2	Essigsäure . . .	0,594	1,95	2,8
Äthylalkohol .	0,685	1,8	1,97	Aceton	0,913	1,27	1,26
Phenol	1,02	1,13	1,18	Sauerstoff . . .	0,840	1,38	1,17

Die Zahlen unter x in der dritten Reihe geben wieder den Assoziationsfaktor für diese Flüssigkeiten beim Siedepunkte an, wie
er sich nach der vorerwähnten Beziehung berechnet. Zum Vergleiche sind daneben die von Ramsay und Shields nach ihrer
Methode erhaltenen Werte beigefügt. Walden hat weiter ausgeführt, daß für die latente Schmelzwärme und die spezifische

Kohäsion beim Schmelzpunkte eine analoge Beziehung gilt, wenn sich die Flüssigkeiten beim Schmelzpunkte in korrespondierenden Zuständen befinden. Es muß dann

$$\frac{\lambda_\Theta}{a_\Theta^2} = \text{konstant} = \frac{M\lambda_\Theta}{M\,a_\Theta^2}$$

sein, und nach Einführung der absoluten Schmelzpunktstemperatur

$$\frac{M\lambda_\Theta}{T_\Theta} : \frac{Ma_\Theta^2}{T_\Theta} = \text{konstant}.$$

Daraus folgt, da

$$\frac{M\lambda_\Theta}{T_\Theta} = \text{konstant, daß auch } \frac{Ma_\Theta^2}{T_\Theta} = \text{konstant (K) ist.}$$

Das Experiment bestätigte diese Beziehung und man findet K zu ungefähr 3,65 für monomolekulare Stoffe.

Tabelle IX.

Substanz	K_Θ	$x = \dfrac{3,65}{K_\Theta}$	Substanz	K_Θ	$x = \dfrac{3,65}{K_\Theta}$
Chlorbenzol . .	3,58	1,02	Nitrobenzol . .	3,75	0,97
Anisol	3,72	0,98	Anilin	3,42	1,07

Bei assoziierten Stoffen ist K nicht konstant und stets kleiner als 3,65. Man kann den Assoziationsgrad (x) dieser Flüssigkeiten nach der Formel:

$$x = \frac{3,65}{K}$$

berechnen. Für einige Substanzen ist dies in der folgenden Tabelle geschehen. Besondere Erwähnung verdienen die Elemente:

Tabelle X.

Substanz	K_Θ	x	Substanz	K_Θ	x
Kalium	3,96	0,9	Brom	1,80	2,03
Natrium	3,30	1,1	Schwefel . . .	0,354	10,3
Zinn	3,95	0,9	Phosphor . . .	0,50	6,6
Blei	3,38	1,1	Benzol	1,97	1,85
Wasser	1,02	3,58	Naphthalin . .	2,50	1,46
Ameisensäure .	1,07	3,4			

§ 5. Kapillarität und Konstitution organischer Verbindungen.

Den ersten Versuch, den Einfluß der Konstitution auf die Kapillaritätskonstanten zu bestimmen, hat im Jahre 1869 Mendelejeff[1])

---

[1]) Compt. rend. **50**, 52; **51**, 97 (1860).

unternommen. Er fand, daß die molekulare Kohäsion (a^2M) von Homologen mit dem Zuwachs einer CH_2-Gruppe steigt, während der Wert derselben für metamere Stoffe nahezu derselbe bleibt. Wilhelmy[1]) machte darauf aufmerksam, daß der Vergleich der spezifischen Kohäsionen unstatthaft sei, und verglich die Oberflächenspannung selbst. Nach seinen Messungen ändert der Eintritt einer CH_2-Gruppe den Koeffizienten nicht, ebenso ist er bei Isomeren ähnlicher Konstitution derselbe. Rodenbeck[2]) bestimmte für die homologen Fettsäuren die Steighöhen in kapillaren Röhren. Seine Versuche zeigen ein deutliches Fallen von γ beim Aufstieg in den Reihen. Dieser Schluß steht in vollständigem Gegensatze zu den von Mendelejeff und Wilhelmy gezogenen. Noch komplizierter wurde die Frage der kapillaren Eigenschaften der Homologen durch die Arbeiten von Duclaux[3]) und Hock.[4]) Diese beiden Physiker untersuchten die Alkohole und die Fettsäuren, konnten aber keine ausgesprochene Regelmäßigkeit in den homologen Reihen feststellen. Die Messungen von Duclaux, die nach der Tropfmethode ausgeführt wurden, sind allerdings nicht ganz einwandfrei, aber die von Hock angewandte Jägersche Methode (s. § 1) ist anerkanntermaßen genau. Die Hockschen Resultate sind in der folgenden Tabelle enthalten; γ_0 ist die Oberflächenspannung in Dynen pro cm, wie sie sich aus der Formel:

$$\gamma_t = \gamma_0(1 - \varepsilon t)$$

ergibt.

Tabelle XI.

Alkohole			Säuren		
Substanz	γ_0	ε	Substanz	γ_0	ε
CH_3OH	23,97	0,00373	$H \cdot COOH$	43,63	0,00279
C_2H_5OH	23,63	0,00332	CH_3COOH	27,10	0,00343
n-C_3H_7OH. . . .	24,54	0,00294	C_2H_5COOH. . . .	25,80	0,00310
n-C_4H_9OH	24,32	0,00341	C_4H_9COOH . . .	27,62	0,00309
$C_5H_{11}OH$	25,17	0,00287	$C_5H_{11}COOH$ . . .	25,59	0,00313
			$C_6H_{13}COOH$ . . .	27,23	0,00249

Die Resultate sind aber für die Beurteilung des Verhaltens

[1]) Pogg. Ann. **121**, 55 (1864).
[2]) Beiblätter **4**, 104 (1880).
[3]) Ann. Chim. Phys. [5] **13**, 76 (1878).
[4]) Wien. Ber. **108**, [2 A], 1516 (1900).

homologer Reihen nur von geringem Werte, da der Einfluß der Assoziation, den Ramsay für diese Körper nachgewiesen hat, groß ist. Es wäre auch in der Tat überraschend, wenn ein völlig gleichförmiges Verhalten gefunden würde. Rodenbecks Resultate, welche einige Regelmäßigkeit zeigen, umfassen ein zu kleines Versuchsmaterial.

Einen Fortschritt gegen die bisher erwähnten Arbeiten bilden die Untersuchungen von Schiff,[1] nicht so sehr wegen ihrer größeren Genauigkeit, als wegen der besseren Vergleichbarkeit der Bedingungen, unter denen sie ausgeführt sind. Schiff hat als erster erkannt, daß vergleichende Versuche nur dann von Wert sind, wenn sie in korrespondierenden Zuständen gemacht werden. Diese Bedingung ist bei dem Siedepunkt ausreichend erfüllt. Auch berechtigten die Resultate, die in bezug auf die Molekularvolumina bei diesen Temperaturen erhalten wurden, zu dieser Wahl. An Stelle von γ verwandte Schiff die Funktion:

$$N = \frac{\gamma}{M},$$

in der M das Molekulargewicht der angewandten Substanz ist; N bezeichnet dann die Zahl der Moleküle, die pro Längeneinheit der Berührungslinie der Kapillare gehoben werden. Bei isomeren Substanzen war der Wert von N fast der gleiche, die geringen vorhandenen Differenzen scheinen vom Siedepunkte abzuhängen. Nachstehend einige Beispiele:

Tabelle XII.

Substanz	S.-P.	$N \times 1000$	Substanz	S.-P.	$N \times 1000$
Propylformiat .	82,5°	20,6	Propylacetat .	102°	15,6
Methylpropionat	79,5°	20,6	Äthylpropionat	99°	15,6
Äthylacetat . .	75,5°	20,2	Methylbutyrat .	103°	15,9
Amylpropionat .	160,5°	8,8	Methylisobutyrat	92°	15,7
Butylbutyrat . .	157°	8,6	Isobutylformiat	98°	15,8
ortho-Xylol . .	141°	16,0	Mesitylen . . .	165°	12,6
meta- „ . . .	139°	15,9	Äthyltoluol . .	162°	12,9
para- „ . . .	138°	15,8	Propylbenzol .	158,7°	13,0
Äthylbenzol . .	136°	16,2	Hexan	71°	16,0

Durch das Studium von Substitutionsprodukten gelangte man

---

[1] Ann. **243**, 47 (1884); Gazz. Chim. Ital. **14**, 292, 368 (1884); Ber. d. Dtsch. chem. Ges. **18**, 1603 (1885).

zu der Anschauung, daß ein bestimmtes Atom auf den Wert von N einen stets gleichen Einfluß ausübt. Durch Vergleich der empirischen Formel verschiedener Stoffe, die denselben Wert für N geben, können die relativen Werte der verschiedenen Elemente berechnet werden. In der oben gegebenen Zusammenstellung haben z. B. Hexan, die Xylole, Äthylbenzol und die isomeren Ester von der Formel $C_5H_{10}O_2$ denselben Wert $N = 16$. Daraus folgt:

$$C_6H_{14} = C_8H_{10} = C_5H_{10}O_2$$

und $C = 2\,H$, $O = 3\,H$.

Dieselben Werte für Kohlenstoff und Sauerstoff erhält man auch auf Grund anderer Vergleiche. Auf diese Weise ergaben sich die folgenden Wasserstoffwerte einiger Elemente:

$$C = 2\,H \qquad Cl = 7 \quad \text{oder} \quad 6\,H$$
$$O = 3\,H \qquad Br = 13 \quad \text{oder} \quad 11\,H$$
$$J = 19\,H \qquad N = 3 \quad \text{oder} \quad 2\,H.$$

Wenn auf man diese Weise den Wasserstoffwert einer Verbindung festgestellt hat, so kann man N mit annähernder Genauigkeit berechnen. Dies geschieht, indem man den Wasserstoffwert einer Reihe von Substanzen als Abszisse, den experimentell gefundenen Wert von N als Ordinate aufträgt und dann aus der Kurve den zu einem gegebenen Wasserstoffwert gehörigen Wert von N abliest. Schiff gibt zur Konstruktion der Kurve die folgenden Daten:

Tabelle XIII.

Formel	H-Äquivalent	N	Formel	H-Äquivalent	N
CH_4O	9	59,8	C_8H_{10}	26	16,1
C_2H_6O	13	38,4	C_9H_{12}	30	13,1
C_3H_8O	17	29,0	C_8H_{18}	34	10,5
$C_3H_6O_2$	18	27,0	$C_8H_{16}O_2$ . . .	38	8,7
$C_4H_8O_2$	22	20,4	$C_{10}H_{22}$	42	7,7

Diese Resultate bestätigen die Schlußfolgerungen, die sich aus den Arbeiten der früheren Forscher ergeben; es scheint, daß die Kapillarität eine wesentlich additive Eigenschaft ist, daß sich jedoch — wie aus den verschiedenen Werten für Chlor, Brom und Stickstoff hervorgeht — auch konstitutive Einflüsse bemerkbar machen, wenn auch in begrenztem Maßstabe. Daß die konstitutive Seite unbeachtet blieb, ist sicherlich auf die Ungenauigkeiten der Methoden zurückzuführen, die zuerst angewandt wurden. Erst späterhin wurden Messungen mit genügender Genauigkeit gemacht, um den Einfluß der Konstitution erkennen zu lassen. Feustel[1]) hat mit dem Studium isomerer Verbindungen begonnen. Er fand, daß bei den Kresolen, Toluidinen und Xylolen die Orthoverbindungen die größte Oberflächenspannung besitzen, die Paraverbindungen die kleinste, während die Metaverbindungen den letzteren sehr nahe stehen.

	Kresole γ in $\frac{\text{mg}}{\text{mm}}$ bei 41°	Toluidine γ in $\frac{\text{mg}}{\text{mm}}$ bei 41°	Xylole γ in $\frac{\text{mg}}{\text{mm}}$ bei 19,2°
Ortho	3,90	4,12	3,21
Meta	3,77	3,88	3,08
Para	3,74	3,76	3,03

Hier ist der Einfluß der Konstitution deutlich erkennbar. C. E. Linebarger[2]) hat den Effekt studiert, den Substitution in aromatischen Verbindungen hervorruft. Er zeigte, daß die Einführung einer Methylgruppe in Parastellung eine Abnahme der Oberflächenspannung zur Folge hat, während Substitution in der Metastellung keine Änderung bewirkt. Vorläufig ist die konstitutive Seite der Kapillarität noch unerforscht, doch ist es nach den zuletztgenannten Resultaten zweifellos, daß die künftige Forschung auf diesem Gebiete erfolgreich sein wird. Eine interessante Beziehung zwischen spezifischer Kohäsion einerseits, der Zahl der Valenzen oder den molekularen Dimensionen andererseits wurde von Walden[3]) aufgestellt. Die molekulare Kohäsion Ma^2 ist bei C-, H-, O- und N-haltigen Verbindungen der Valenzzahl direkt proportional, so daß die Gleichung gilt $Ma^2 = 11,5\ \Sigma n$, wobei n die Valenzzahl ist, also die Zahl der Sauerstoffatome mit 2, jene der Stickstoffe mit 3 und jene der Kohlenstoffatome mit 4 multipliziert. Diese Formel würde für einen rein additiven Charakter der molekularen Kohäsion sprechen. Jedoch zeigen sich Ausnahmen, die auf konstitutive Einflüsse schließen lassen, und für die übrigen Elemente

---

[1]) Drud. Ann. **16**, 86 (1905).
[2]) Sill. Journ. [3] **44**, 83 (1892); Ber. d. Dtsch. chem. Ges. **25**, 937 (1892).
[3]) Zeitschr. f. phys. Chem. **65**, 257 (1908).

sind die Resultate noch nicht derart eindeutig, daß die Frage als abgeschlossen bezeichnet werden könnte.

§ 6. Die spezifische Kohäsion geschmolzener Metalle und Salze.

Die spezifische Kohäsion geschmolzener Metalle und Salze ist von G. Quincke[1]) untersucht worden. Die Resultate wurden durch Messung des Gewichtes fallender Tropfen der Flüssigkeit erhalten oder aus der Krümmung flacher Tropfen des erstarrten Materials berechnet. Er fand, daß alle Salze und Metalle sowie einige organische Verbindungen einen Wert für die spezifische Kohäsion geben (a^2 gemessen in mg pro mm²), der etwa ein einfaches Vielfaches der Zahl 4,3 ist. So erhielt er:

Tabelle XIV.

$a^2 = 4,3.$		
Schwefel 4,3	Brom 3,9	Silberbromid . . . 4,0
Selen 3,4	Natriumbromid . 4,1	Kaliumjodid . . . 4,8
Phosphor 4,6	Kaliumbromid . . 4,5	

$a^2 = 8,6.$		
Quecksilber . . . 8,6	Natriumnitrat . . 8,5	Silberchlorid . . . 8,2
Blei 8,3	Kaliumnitrat . . 8,3	Calciumchlorid . . 9,2
Silber 8,5	Lithiumchlorid . . 8,5	Strontiumchlorid . 8,2
Wismut 8,0	Natriumchlorid . 8,4	Bariumchlorid . . 8,3
Antimon 7,6	Kaliumchlorid . . 8,7	

$a^2 = 17,2$		
Platin 17,8	Glas 15,5	Lithiumcarbonat . 17,4
Cadmium 16,8	Natrium-Ammon.-	Natriumsulfat . . 17,6
Zinn 16,7	phosphat . . . 16,8	Kaliumcarbonat . 14,3
Borax 17,3		

$a^2 = 25,8$	$a^2 = 51,6$	$a^2 = 86$
Palladium = 25,3	Natrium = 53	Kalium = 85,7
Zink = 25,4		

Verschiedenes spricht jedoch dagegen, daß diesen scheinbaren Regelmäßigkeiten irgend eine Bedeutung zukomme. Erstens ist die Abweichung von dem Mittelwerte in vielen Fällen recht beträchtlich; so ergibt Antimon 7,6, während die Konstante 8,6 beträgt; die Differenz ist also 1,0 oder 13 % des beobachteten Wertes. Ebenso ist a^2 für Glas 15,5 oder 10 % niedriger als der erwartete

---

[1]) Pogg. Ann. **135**, 643 (1868).

Wert 17,2. Weiter ist die angewandte Methode, insbesondere die der „fallenden Tropfen", nicht sehr genau, und die von anderen Forschern gefundenen Werte, die untereinander leidlich gut übereinstimmen, stehen mit den von Quincke gegebenen in Widerspruch. Dies gilt besonders für die spezifische Kohäsion von Quecksilber, für welche Meyer 6,4 findet,[1] während Quincke 8,23 angibt.[2] Auch H. Siedentopf[3] hat eine Reihe von Werten gemessen; die folgende Tabelle enthält eine Zusammenstellung der für das Quecksilber gefundenen Werte.

Tabelle XV.

Kapillaritätskonstanten des Quecksilbers.

Beobachter	Jahr	γ	a^2	Beobachter	Jahr	γ	a^2
Moureau . . .	1773	57,52	8,4	Michie Smith .	1890	53,93	7,9
Laplace	1786	44,07	6,5	Cantor	1892	45,89	6,7
Poisson	1832	44,2	6,5	Meyer	1894	43,68	6,45
Desains	1857	45,47	6,7	Quincke . . .	1894	55,78	8,23
Magie	1885	45,82	6,7	Siedentopf . . .	1897	45,40	6,7
Sieg	1887	44,53	6,5				

Einen Vergleich der von Siedentopf einerseits und von Quincke andererseits gefundenen Werte für die Metalle Cadmium, Zinn, Blei und Wismut enthält die nachstehende Tabelle.

Tabelle XVI.

Spezifische Kohäsion.

Metall	S.	Q.	Metall	S.	Q.
Cadmium . . .	21,25	17,7	Blei	9,78	8,6
Zinn	17,87	17,1	Wismut . . .	8,76	7,8

Später hat Quincke[4] seine Anschauungen etwas modifiziert und die Regel auf die Metalle beschränkt. Als Einheit wählte er dann 8,5, die spezifische Kohäsion des Quecksilbers beim Schmelzpunkte. Es gelten dann die folgenden Beziehungen für die Metalle:

---

[1] Meyer, Wied. Ann. **54**, 415 (1895); Lohnstein, Wied. Ann. **54**, 722 (1895).

[2] Pogg. Ann. **105**, 38 (1858); Wied. Ann. **52**, 19 (1894).

[3] Wied. Ann. **61**, 253 (1897).

[4] Wied. Ann. **61**, 267 (1897); vgl. Lohnstein, Wied. Ann. **53**, 1070 (1894).

$a^2 = 1 \times 8,5$ Hg, Pb, Bi und Sb.

$a^2 = 2 \times 8,5$ Ir, Pt, Au, Ag, Sn, Al und Cd.

$a^2 = 3 \times 8,5$ Pd, Rh, Cu, Ni, Co, Fe und Zn.

$a^2 = 4 \times 8,5$ K.

$a^2 = 7 \times 8,5$ Na.

Die Wahl des Quecksilbers als Basis ist wegen der Unsicherheit, mit der gerade der Wert dieses Metalles behaftet ist, recht unglücklich. Die Gültigkeit der Quinckeschen Regel wird noch zweifelhafter durch die Arbeiten von Motylewsky,[1]) welcher für eine große Anzahl von Salzen die Werte von a^2 mit Hilfe der Tropfmethode nachgemessen hat. Die neuen Werte von a^2 stimmen nicht gut mit den Daten von Quincke überein; die folgende Tabelle enthält eine Gegenüberstellung beider.[2])

Tabelle XVII.

Salz	$\gamma \dfrac{mm}{mg}$	a^2 in mm² Motylewski.	a^2 in mm² Quincke	$\gamma(MV)^{\frac{2}{3}}$
NaCl	11,55	6,63	8,41	120,4
KCl	10,03	6,55	8,76	162,7
NaBr	10,48	4,44	4,08	112,1
KBr	9,26	4,41	4,49	136,7
NaI	9,57	3,53	—	134,3
KI	8,51	3,44	4,84	155,3
$C_2H_3O_2Na$	3,95	3,11	—	63,5
KCN	9,80	8,67	—	145,9
$CaCl_2$	15,50	7,04	9,49	211,6
$BaCl_2$	17,40	4,98	8,29	268,8

§ 7. Gemische.[3])

a) Nichtelektrolyte. — Um die Beziehungen zwischen der Oberflächenspannung eines Gemisches und der seiner Komponenten

---

[1]) Zeitschr. f. anorg. Chem. **38**, 410 (1904).

[2]) Die Oberflächenspannung von Amalgamen wurde von G. Meyer gemessen. Phys. Zeitschr. **12**, 975 (1911).

[3]) Die Oberflächenspannung von Gemischen wurde gemessen von Duclaux, Ann. Chim. Phys. [4] **21**, 378 (1870); [5] **8**, 76 (1878); P. Rodenbeck, Beiblätter **4**, 104 (1880); Volkmann, Wied. Ann. **16**, 321 (1882); Traube, Ber. d. Dtsch. chem. Ges. **17**, 2294 (1884); Journ. f. prakt. Chem. **31**, 177 (1885); W. Ramsay und Aston, Proc. Roy. Soc. **56**, 182 (1894); C. E. Linebarger, Sill. Journ. [4] **2**, 226 (1896); Whatmough, Zeitschr. f. phys. Chem. **39**, 129 (1901); Herzen, Arch. des Scienc. phys. et nat. [4] **14**, 232 (1902); K. Drucker, Zeitschr. f. phys. Chem. **52**, 678 (1905) u. a. m.

auszudrücken, sind eine Reihe von Formeln angegeben worden, doch ist keine derselben allgemeiner Anwendung fähig. Wenn die Bestandteile eines Gemisches bei der Mischung ihre Oberflächenspannung beibehalten, so kann die Oberflächenspannung eines binären Gemisches gemäß der Mischungsregel nach der Formel

$$\gamma = \frac{v_1\gamma_1 + v_2\gamma_2}{v_1 + v_2}$$

berechnet werden. In dieser Formel bedeuten v_1 und v_2 die Volumina der Flüssigkeiten in ungemischtem Zustande und γ_1 und γ_2 ihre Oberflächenspannung. Wenn man die Zusammensetzung der Flüssigkeit in Bruchteilen der Einheit rechnet, so ist $v_1 + v_2 = 1$ und

$$\gamma = v_1\gamma_1 + v_2\gamma_2.$$

Wenn die Flüssigkeiten sich bei der Mischung ausdehnen oder zusammenziehen, so muß ein Faktor R eingeführt werden, der das Verhältnis des tatsächlichen Volumens zu dem nach der Mischungsregel berechneten angibt. Wir erhalten dann:

$$\gamma = (v_1\gamma_1 + v_2\gamma_2)R.$$

Whatmough fand das Verhalten einer Reihe von Gemischen mit der so modifizierten Mischungsregel in guter Übereinstimmung; der Unterschied zwischen berechnetem und gefundenem Werte von γ beträgt nicht mehr als $^1/_2\%$. Die Mehrzahl der untersuchten Gemische folgt jedoch der Mischungsregel auch dann nicht, wenn die Dichtekorrektur gemacht wird. Im allgemeinen ist die beobachtete Oberflächenspannung kleiner als die berechnete. Bei manchen dieser abnormalen Flüssigkeiten liegt der Wert der Oberflächenspannung zwischen den Werten der Komponenten, und bei diesen Gemischen weicht die Kurve, welche die Beziehung der Konzentration zur Oberflächenspannung angibt, von der Mischungslinie nur wenig ab. Es hat sich gezeigt, daß bei diesem Flüssigkeitstypus die Abweichung vom normalen Werte von der Oberflächenspannung der Komponenten selbst abhängt, und zwar ist sie größer, wenn die Oberflächenspannungen sehr verschieden sind, und geringer, wenn sie nahe aneinanderliegen. Bei einer zweiten Klasse von Gemischen fällt die Oberflächenspannung unter die der beiden Komponenten, und hier ist naturgemäß die Abweichung vom berechneten Werte bei weitem größer als bei der ersten Art. Die folgende Liste enthält einige der untersuchten Gemische; die als normal bezeichneten folgen der Mischungsregel entweder in ihrer gewöhnlichen Form oder nach Anbringung der Volumen-korrektur.

Normale Gemische.

Äther und Chloroform.	Chloroform und Aceton.
Benzol und Toluol.	Methylal und Isobutylacetat.
Äthyl- und Methyljodid.	Kohlenstofftetrachlorid und
Benzol und Aceton.	Chloroform.

Abnormale Gemische.[1]

Äther und Schwefelkohlenstoff.	Äther und Benzol.
Chloroform und Benzol.	Benzol und Schwefelkohlenstoff.
Chloroform und Schwefelkohlen-	Alkohole und Wasser.
stoff.	Fettsäuren und Wasser.
Essigsäure und Benzol.	Schwefelkohlenstoff und Dichlor-
Essigsäure und Chloroform.	äthylen.
Benzol und Äthyljodid.	

Mit Hilfe der Oberflächenspannungsmethode erweisen sich einige der abnormalen Gemische als nicht assoziiert. Mit dieser Methode haben Ramsay und Aston[2] und Pekar[3] den Molekularzustand verschiedener Mischungen studiert. Sie haben die Änderung der Oberflächenspannung mit der Temperatur gemessen und fanden in vielen Fällen den normalen Wert für K. In Tabelle XVIII sind die Werte für Benzol und Kohlenstofftetrachlorid angeführt. Als Molekulargewicht zur Berechnung von $\gamma(MV)^{\frac{2}{3}}$ wurde das aus der Zusammensetzung folgende Mittel gewählt.

Tabelle XVIII.

1 Molekül C_6H_6 zu 1 Molekül CCl_4.

t	Dichte	γ	$\gamma(MV)^{\frac{2}{3}}$	K
16,0°	1,2597	27,70	561,9	
46,2°	1,2095	23,50	492,0	2,33
78,2°	1,1596	19,71	424,5	2,11

Normale Werte von K ergaben auch Gemische von Nitrobenzol

[1] Vgl. Herzen, Arch. des Scienc. phys. et nat. [4] **15**, 232 (1902); und K. Drucker, Zeitschr. f. phys. Chem. **52**, 678 (1905).
[2] Zeitschr. f. phys. Chem. **15**, 92 (1894).
[3] Zeitschr. f. phys. Chem. **39**, 446 (1902).

mit Anilin,[1]) Toluol mit Piperidin, Chlorbenzol mit Dibromäthylen, Äther mit Schwefelkohlenstoff, Äther mit Benzol und Äther mit Diphenylamin. Dagegen ergab das Gemisch von Chloroform und Schwefelkohlenstoff einen abnormalen Wert für K.

Tabelle XIX.

1 Molekül $CHCl_3$ zu 1 Molekül CS_2.

t	Dichte	γ	$\gamma(MV)^{\frac{2}{3}}$	K
9,0°	1,402	29,16	493,7	
44,9°	1,340	24,49	427,4	1,847
61,0°	1,312	22,23	392,5	2,062

Der niedrige Wert von K in dem Temperaturintervall von 9—45° zeigt, daß sich die beiden Flüssigkeiten miteinander verbinden; in ungemischtem Zustande sind beide monomolekular. Zwischen 45° und 61° ist der Wert von K normal, die Komplexe zerfallen also mit steigender Temperatur. Ähnlich verhalten sich Gemische von Phenolen mit Anilin.[2]) Schließlich sei noch erwähnt, daß Siedentopf[3]) gefunden hat, daß die spezifische Kohäsion von Legierungen von Wismut und Zinn bei ihrem Schmelzpunkte normal ist. Die Übereinstimmung der experimentell gefundenen Werte von a^2, mit den nach der Mischungsregel berechneten, zeigt die folgende Tabelle.

Tabelle XX.

% Bi	a^2(beobachtet)	a^2 (berechnet)
20	15,9	16,0
37,5	14,6	14,5
46,9	13,4	13,6
63,0	12,2	12,1
80,3	10,6	10,6

b) Elektrolyte. — Die Oberflächenspannung wässeriger Salzlösungen ist sehr sorgfältig untersucht worden. Der Zusatz eines Salzes erhöht die Oberflächenspannung des Wassers und es scheint, daß diese Erhöhung der Konzentration proportional ist. Buli-

---

[1]) Monatshefte f. Chem. **28**, 831, 891 (1907).
[2]) Monatshefte f. Chem. **28**, 831, 891 (1907).
[3]) Wied. Ann. **61**, 260 (1897).

ginski[1]) hat dies als erster beobachtet; er hat auch gefunden, daß die Wirkung verschiedener Salze verschieden stark ist. Etwas später behauptete Quincke in Bestätigung der allgemeinen Schlußfolgerungen Buliginskis, daß äquivalente Mengen von Chloriden denselben Einfluß auf die Oberflächenspannung des Lösungsmittels besitzen; es würde dann für wässerige Lösungen dieser Salze der Ausdruck

$$\gamma_s = \gamma_w + 0{,}1783\,y$$

gelten, in welchem y die Anzahl von Salzäquivalenten ist, die auf 100 Grammoleküle Wasser kommen. Volkmann und andere haben jedoch später gezeigt, daß diese Annahme nicht streng zutrifft.

Die Oberflächenspannung einer wässerigen Lösung läßt sich am besten durch eine Gleichung der obigen Form ausdrücken, die ganz allgemein lautet:

$$\gamma_s = \gamma_w + cK.$$

Hierin bedeutet K eine Konstante, die von dem Salze abhängt, und c ist die Anzahl der Grammäquivalente Salz im Liter. Die Oberflächenspannung ist danach eine lineare Funktion der Konzentration.

Da sich die Salzlösungen normal verhalten, so ist es nicht wahrscheinlich, daß die Komplexität der Wassermoleküle durch den Zusatz von Salz geändert wird. Andererseits scheint es, daß Elektrolyte, welche selbst assoziiert sind oder komplexe Moleküle mit Wasser bilden, die Oberflächenspannung desselben erniedrigen. Ein Beispiel hierfür bilden die Fettsäuren. Umgekehrt verhält sich Schwefelsäure, deren Lösungen eine größere Oberflächenspannung haben, als reines Wasser.

Zemplén[2]) hat die Oberflächenenergie von wässerigen Salz-

---

[1]) Buliginski, Pogg. Ann. **134**, 440 (1868); Valson, Ann. Chim. Phys. [4] **20**, 361 (1870); Quincke, Pogg. Ann. **160**, 337, 560 (1877); Volkmann, Wied. Ann. **17**, 353 (1882); Rother, Wied. Ann. **21**, 576 (1884); Traube, Journ. f. prakt. Chem. **31**, 177 (1885); Sentis, Journ. de Chim. Phys. [2] **6**, 571 (1887); **9**, 384 (1890); [3] **6**, 183 (1897); Forch, Wied. Ann. **68**, 801 (1899); Drud. Ann. **17**, 744 (1905); Dorsey, Phil. Mag. [5] **44**, 134, 369 (1897); Wm. Sutherland, Phil. Mag. [5] **40**, 477 (1895); Röntgen und Schneider, Journ. f. prakt. Chem. **31**, 192 (1885); Goldstein, Zeitschr. f. phys. Chem. **5**, 233 (1891); Jäger, Akad. d. Wiss. Wien **100**, 2 A, 493 (1891).
[2]) Drud. Ann. **20**, 783 (1906); **22**, 391 (1907).

lösungen untersucht. Zur Berechnung des mittleren Molekulargewichtes einer Lösung verwandte er die übliche Formel:

$$M' = \frac{m_1 + m_2 c}{1 + c},$$

in der m_1 das Molekulargewicht des Lösungsmittels und m_2 und c_2 das Molekulargewicht bzw. die molare Konzentration des gelösten Stoffes ist. Wenn er das Molekulargewicht des Wassers zu $m = x \times 18$ annahm, wo x den Assoziationsfaktor bei der Versuchstemperatur bedeutet, so fand er, daß der Ausdruck

$$\frac{\gamma_t (M'_t V_t)^{\frac{2}{3}} - \gamma_t (M'_t V_t)^{\frac{2}{3}}}{t - t'} = K'$$

für eine Salzlösung ungefähr dem normalen Werte 2,12 gleich ist. Eine noch bessere Übereinstimmung läßt sich erzielen, wenn bei der Berechnung des Molekulargewichtes auf die Dissoziation Rücksicht genommen wird. Es ist dann

$$M = \frac{m_1 + m_2 c}{1 + c(1 + d)},$$

wo d den dissoziierten Anteil des Salzes bedeutet und m_1 wie vorher aus $m_1 = 18\,x$ berechnet wird. Die folgende Tabelle enthält einige Beispiele; die Reihen unter K und K' enthalten die Werte der Konstanten mit und ohne Berücksichtigung der Dissoziation.

Tabelle XXI.

Wässerige Lösungen.

Salz	Konzentration in %	Temperaturintervall	Durchschnittlicher Wert von K'	Durchschnittlicher Wert von K
AgNO$_3$	0,074	35—94°	2,22	2,20
AgNO$_3$	61,56	34—91°	2,09	2,12
NaCl	5,61	35—93°	2,13	2,11
MgCl$_2$	21,46	10—30°	2,65	2,45
SrCl$_2$	8,49	10—30°	2,77	2,05
SrCl$_2$	22,75	10—30°	2,40	2,15
CuSO$_4$	6,4	10—30°	2,68	2,34
NaNO$_3$	20,24	10—30°	2,43	2,07
K$_2$CO$_3$	39,41	10—30°	2,38	2,20

Zemplén findet in diesen Resultaten den Beweis dafür, daß die Assoziation des Wassers durch die Gegenwart eines Salzes nicht beeinflußt wird. Es ist jedenfalls sehr auffallend, daß keinerlei

Anzeichen für eine Hydratation der Ionen vorhanden sind, ebenso wie für die Bildung von Molekülverbindungen bei Salzen wie Calciumchlorid und Kupfersulfat.

Nach A. Heydweiller[1]) läßt sich die auf ein Grammolekül bezogene Änderung der Oberflächenspannung der Lösung gegen reines Wasser $\triangle$ durch die Formel

$$\triangle = Ai + B(1 - i) + Cm$$

berechnen, in der A die Ionenkonstante und B und C Größen bedeuten, die ein Maß für den Einfluß der nichtdissoziierten Moleküle und der Kohäsion des gelösten Stoffes geben. Die Ionenkonstanten sind stets positiv und bei Salzen von gleichem Typus wenig verschieden. Dies führt zu dem durch die Theorie wahrscheinlich gemachten Schluß, daß die Erhöhung der Oberflächenspannung des Wassers durch Auflösung von Ionen auf deren elektrische Ladung zurückzuführen ist.

Durch die Annahme wechselnder Molekülkomplexe werden die Eigentümlichkeiten der Oberflächenspannung von Gemischen nicht in befriedigender Weise erklärt. Die thermodynamische Behandlung des Problems von W. Gibbs,[2]) Donnan[3]) und Lewis[4]) hat aber gezeigt, daß die Oberflächen von Lösungen meist anders zusammengesetzt sind, als die große Masse der Flüssigkeit. Demnach wird also, auch wenn eine Änderung der Molekularkomplexe stattfindet, der Einfluß auf die Oberflächenspannung gering sein im Vergleich zu dem, der durch die abnormale Zusammensetzung der Oberfläche hervorgerufen wird. Die Konzentration einer Substanz, welche die Oberflächenspannung herabsetzt, ist in dieser größer als in der übrigen Flüssigkeit; wenn jedoch die Oberflächenspannung durch den gelösten Stoff vergrößert wird, so ist die Konzentration in der Oberfläche kleiner als in der übrigen Flüssigkeit.

§ 8. Die Anwendungen der Oberflächenenergie.

Es wurde bereits erörtert, daß die Messung der Oberflächenenergie zur Bestimmung der Assoziation einer Flüssigkeit dienen kann, sowie zur Bestimmung der mittleren Größe der Aggregate. Die Methode kann auf Substanzen von sehr verschiedenem Charakter, von ge-

---

[1]) Ber. D. phys. Ges. **6**, 245 (1908); Ann. d. Phys (4) **30**, 873 (1910); **33**, 145.

[2]) Thermodyn. Studien 321.

[3]) Zeitschr. f. phys. Chem. **31**, 42 (1899); **46**, 197 (1903).

[4]) Phil. Mag. [6] **15**, 499 (1908); Proc. Phys. Soc. **21**, 466 (1909); vgl. H. Freundlich, Kapillarchemie (Leipzig 1909) 57.

schmolzenen Metallen bis zu verflüssigten Gasen, angewandt werden; sie ist jedoch noch nicht in umfassender Weise zur Bestimmung des Molekulargewichtes gelöster Stoffe verwendet worden. Pekár[1]) hat Lösungen von Schwefel in Schwefelkohlenstoff und in Schwefelchlorür untersucht. Diese Lösungsmittel geben normale Werte von K, ungefähr 2,1, sie sind also nicht assoziiert. Das mittlere Molekulargewicht einer Lösung von Schwefel in einem dieser Lösungsmittel ist gegeben durch die Formel:

$$M = \frac{m + m'c}{1 + c},$$

in der m das einfache Molekulargewicht des Lösungsmittels und m' das Molekulargewicht des gelösten Schwefels bedeutet, c ist die Anzahl der Schwefelmoleküle, die auf ein Molekül des Lösungsmittels kommen. Es wurde die Oberflächenspannung bei verschiedenen Temperaturen gemessen und der Wert von M gesucht, der die Beziehung

$$\frac{\gamma_t(Mv)^{\frac{2}{3}} - \gamma_{t'}(Mv)^{\frac{2}{3}}}{t - t'} = 2,1$$

erfüllte. Aus der ersten Gleichung kann dann m' berechnet werden. Dabei wird vorausgesetzt, daß M in dem Intervall $t - t'$ konstant ist.

Die von Pekár für eine Lösung von Schwefel in Schwefelkohlenstoff erhaltenen Werte sind nachstehend angeführt; die vierte Kolonne enthält die Werte von K, die sich ergeben, wenn man für den gelösten Schwefel verschiedene Molekulargewichtswerte einführt.

Tabelle XXII.

	t	$\gamma(MV)^{\frac{2}{3}}$	K	K (Mittel)
$S = 32,0$	17,5	43,87	1,52	1,56
$1\,CS_2/0,6688\,S$ . . .	60,5	37,20	1,59	
$M = 58,47$	99,9	30,80		
$S_4 = 128,2$	17,5	55,68	1,93	1,98
$1\,CS_2/0,1672\,S_4$ . .	60,5	47,22	2,02	
$M = 83,59$	99,9	39,11		
$S_6 = 192,38$ . . .	17,5	57,53	1,99	2,04
$1\,CS_2/0,1115\,S_6$ . .	60,5	48,78	2,08	
$M = 87,79$	99,9	40,41		
$S_8 = 256,5$	17,5	58,51	2,02	2,07
$1\,CS_2/0,0836\,S_8$ . .	60,5	49,61	2,12	
$M = 90,04$	99,9	41,10		

[1]) Zeitschr. f. phys. Chem. **39**, 451 (1902).

Man sieht, daß der Schwefel in dieser Lösung assoziiert ist, aber der Grad der Assoziation kann nicht mit Sicherheit angegeben werden; wahrscheinlich ist nur, daß das Schwefelmolekül sechs- oder achtatomig ist. Ebenso führen die Schmelzpunkts- und Siedepunktsmethoden zu der Formel S_8 für Schwefel in diesem und ähnlichen Lösungsmitteln.[1] Die Unsicherheit rührt von dem geringen Ausschlag her, den eine Änderung des Wertes von m' oder des Polymerisationsgrades der Schwefelmoleküle auf M hervorbringt; bei Stoffen mit höherem Molekulargewicht wird diese Methode besser zum Ziele führen.

Die Beziehungen der Temperatur zur Oberflächenenergie haben Schenck und Ellenberger[2] zum Studium der Strukturänderungen angewandt, die bei manchen Stoffen durch Temperaturerhöhung hervorgerufen werden. Die untersuchten Stoffe waren monomolekulare tautomere Flüssigkeiten, welche in zwei Formen bestehen, die ineinander übergehen können. Betrachtet man jede der beiden Formen A und B für sich, so werden ihre Oberflächenspannungs-Temperaturkurven, wenn ihre kritische Temperatur verschieden ist, parallel verlaufen, wie die Linien

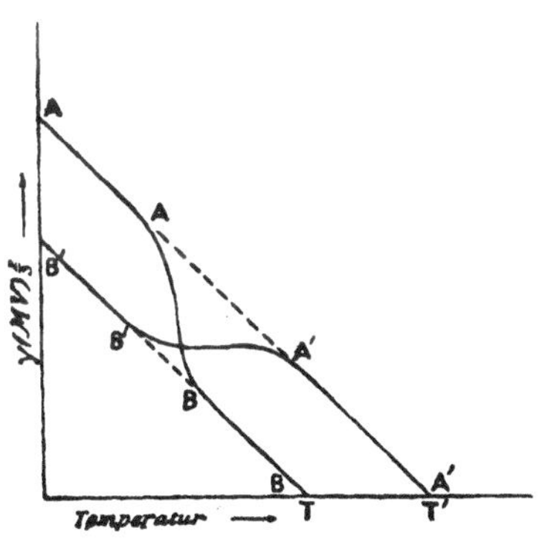

Fig. 3.

AAA'A' und BBB'B' in dem Diagramme (Fig. 3) angeben.

Wenn eine der beiden Formen beim Erhitzen in die andere Form übergeht, so wird, während der Wechsel stattfindet, die Kurve von der geraden Linie abweichen; außerhalb dieses Temperaturintervalles wird die Linie jedoch entsprechend jeder einzelnen Form gerade bleiben. Wenn also die Modifikation A in die Form B mit niedrigerer kritischer Temperatur übergeht, so wird die Kurve den durch AABB angedeuteten Verlauf nehmen und, wenn die Form B in die Form A mit höherer kritischer Temperatur (T') übergeht, so findet man eine Kurve B'B'A'A'.

Aus dem Gesagten folgt, daß man die Oberflächenenergie-

---

[1] Beckmann, Zeitschr. f. phys. Chem. **5**, 76 (1890); Hertz, Zeitschr. f. phys. Chem. **6**, 358 (1890); Aronstein und Meihuizen, Akad. v. Wetensch., Amsterdam **6** (1898).

[2] Ber. d. Dtsch. chem. Ges. **37**, 3443 (1904).

Temperaturbeziehungen nicht nur zur Auffindung tautomerer Formen, sondern auch zur Bestimmung der Temperaturgrenzen, in denen jede Form beständig ist, verwenden kann. Schenck und Ellenberger haben Dibenzoylaceton, Acetylaceton und Acetessigester studiert. Die Kurve, die sie beim Erhitzen der Ketoform des Dibenzoylacetons:

$$C_6H_5CO \cdot CH_2COCH_2COC_6H_5 \qquad FP. = 106-110°$$

erhielten, zeigte, daß der Übergang in die Enolform mit geringerer kritischer Temperatur bei 100° beginnt und bei 170° beendet ist. Beim Acetylaceton wurden die Temperaturgrenzen nicht bestimmt, aber die Form der Kurve (entsprechend B'B'A'A') ergab, daß die Modifikation mit niedrigerer kritischer Temperatur in die mit höherer kritischer Temperatur übergeht. Auch andere physikalische Eigenschaften lassen darauf schließen, daß Erhitzung die Bildung der Enolform fördert. Die Oberflächenenergie-Temperaturkurve von Acetessigester ist zwischen 16° und 140° linear, so daß man annehmen kann, daß in diesem Intervall keine Änderung der Konstitution vor sich geht.

Zusammenfassung.

Überblickt man die Beziehungen zwischen Oberflächenspannung und chemischer Konstitution, so bietet sich folgendes Bild. Die Beziehung von Eötvös (Ramsay—Shields) ist ein sehr gutes Kriterium zur Entscheidung, ob eine Verbindung assoziiert ist oder nicht. Das gleiche mag von der Gesetzmäßigkeit gelten, welche P. Walden aufgefunden hat. Dagegen muß davor gewarnt werden, den Assoziationsfaktoren, die sich aus den Abweichungen von diesen Gesetzen berechnen lassen, den Wert exakter Zahlenangaben beizumessen. Hierbei sei nicht nur an die großen Differenzen erinnert, welche sich für die Assoziationsgrade derselben Substanzen ergeben, wenn man verschiedene Methoden anwendet, sondern es liegen auch schwerwiegende theoretische Bedenken gegen derartige Berechnungen der Assoziationsfaktoren vor. In assoziierten Substanzen bestehen jedenfalls Gleichgewichte zwischen Einzelmolekülen und zusammengesetzten Molekülen. Diese Gleichgewichte sind verhältnismäßig leicht verschiebbar. Da sich jene Stoffe, welche die Oberflächenspannung herabsetzen, in der Oberfläche konzentrieren, kann aus den Messungen der Oberflächenspannung kein bindender quantitativer Schluß auf die Zustände im Innern der Flüssigkeit gezogen werden (so z. B. bei Systemen aus Wasser und höheren Fettsäuren und Alkoholen). Dies gilt um so mehr, wenn elektrolytisch dissoziierte Stoffe in Frage kommen, wo die Ladungen der Ionen eine weitere Komplikation in der Konzentration der Oberfläche bewirken. Es sind also die Bestimmungen des Assoziationsgrades der geschmolzenen Salze, des Wassers usw. nur als qualitative Aussagen aufzufassen.

Kapitel III. Viscosität.

§ 1. Flüssigkeitsströmungen durch Röhren.

Das experimentelle Studium der Erscheinungen, die beim Strömen einer Flüssigkeit durch Röhren auftreten, ist viel älter als die Theorie des Gegenstandes. Die ersten systematischen Forschungen auf diesem Gebiete stammen anscheinend von Dubuat;[1] jedoch waren erst die von Girard[2] 1816 erhaltenen Resultate von größerer Bedeutung. Girard zeigte, daß die Geschwindigkeit des Fließens durch eine Kapillare dem auf der Flüssigkeit lastenden Drucke proportional ist. Eine vollständigere Untersuchung über die Ausflußgeschwindigkeit verdankt man Poiseuille,[3] dessen klassische Untersuchungen etwa dreißig Jahre später veröffentlicht wurden. Poiseuille bestätigte die von Girard gefundene Beziehung und konnte auf Grund weiterer Untersuchungen zeigen, daß die Ausflußgeschwindigkeit der Länge des Rohres umgekehrt proportional ist und mit der vierten Potenz des Durchmessers wächst. Die letztere Beziehung ist unter dem Namen des „Poiseuilleschen Gesetzes" bekannt. In Zusammenfassung dieser Resultate stellte Poiseuille die empirische Gleichung

$$V = K \frac{PD^4}{L} \qquad\qquad \text{I.}$$

auf, in der V das in der Zeiteinheit ausfließende Flüssigkeitsquantum, P der Druck in Millimetern Quecksilber, D der Durchmesser und L die Länge des Rohres ist. K bedeutet eine Konstante, welche Poiseuille als „Fluidität" der Flüssigkeit bezeichnete.

---

[1] Principes d'hydraulique (Paris 1779).
[2] Mémoires de l'Académie des Sciences (1816).
[3] Ann. Chim. Phys. [3] **7**, 50 (1843); **21**, 76 (1849).

Da die auslaufende Flüssigkeitsmenge der Zeit T proportional ist, so kann die Beziehung auch ausgedrückt werden durch:

$$V = K \frac{TPD^4}{L} \qquad\qquad II.$$

Inzwischen wurde die Theorie der Flüssigkeitsströmungen bearbeitet. Die Vorstellung, daß die Teile einer bewegten Flüssigkeit nicht frei aneinander vorbeiziehen, ist von Newton zuerst gebildet worden, doch hat erst Stokes[1]) sie voll entwickelt. Besonders wichtig sind die darauf bezüglichen Arbeiten von Hagenbach.[2])

§ 2. Der Viscositätskoeffizient.

Die Berechnung des Reibungskoeffizienten einer Flüssigkeit, die durch ein Rohr strömt, beruht auf der Voraussetzung, daß sich die Teile der Flüssigkeit parallel zur Achse derselben bewegen. Unter der weiteren Annahme, daß die Flüssigkeitshaut an der Wand stillsteht und sich die Teile in der Mitte am schnellsten bewegen, kann man zeigen, daß die Beziehung gilt

$$V = \frac{\pi r^4 PT}{8L\eta}, \qquad\qquad III.$$

in der V = Volumen der ausströmenden Flüssigkeit,

      P = Druck, unter dem das Ausströmen erfolgt,

      L = Länge des Rohres,

      r = Radius des Rohres und

      η = die Kraft bedeuten, die nötig ist, um eine Fläche von der Größe 1 über die Längeneinheit an einer benachbarten Fläche vorbeizuführen, die um die Längeneinheit von ihr entfernt ist. Die Größe η heißt Viscositätskoeffizient.

Tatsächlich stimmt dieser Ausdruck mit dem von Poiseuille aus seinen Experimenten gefolgerten überein.

Wenn man nämlich in dem Ausdruck III r durch D/2 ersetzt, so erhält man:

$$V = \frac{\pi D^4 PT}{128\eta L}$$

und daraus folgt der Wert der von Poiseuille als Fluidität bezeichneten Konstante zu

$$K = \frac{\pi}{128 \cdot \eta}$$

---

1) Trans. Camb. Phil. Soc. **8**, 287 (1849).
2) Pogg. Ann. **109**, 385 (1860).

Der von Hagenbach aufgestellte Ausdruck ist nur unter bestimmten idealen Versuchsbedingungen streng richtig; am wichtigsten ist die Wahl einer Röhre von engem Durchmesser und eine kleine Ausflußgeschwindigkeit der Flüssigkeit; ferner darf der Druck nicht über ein bestimmtes Maß hinausgehen.[1] Selbstverständlich dient von einer gewissen Strömungsgeschwindigkeit an der Druck nicht allein zur Überwindung der Reibung in dem Rohre, sondern auch zur Erteilung kinetischer Energie an die ausfließende Flüssigkeit. Der dadurch verursachte Fehler wird vermieden, wenn man in Gleichung III rechts den Wert

$$\frac{V\delta}{8\pi L} \quad (\delta = \text{Dichte der Flüssigkeit})$$

abzieht.[2]

Der Viscositätskoeffizient einer Flüssigkeit ergibt sich dann zu

$$\eta = \frac{\pi r^4 PT}{8LV} - \frac{V\delta}{8\pi L} \qquad \text{IV.}$$

Spezifische Viscosität. — Die genaue Messung aller in Gleichung IV enthaltenen Größen ist ziemlich umständlich; man vergleicht deshalb im allgemeinen nur die Ausflußzeiten eines gegebenen Volumens der Versuchs- und der Vergleichsflüssigkeit in demselben Rohre bei derselben Temperatur und dem gleichen Drucke. Dann gilt, wenn T die Ausflußzeit der Versuchsflüssigkeit und T_s die der Vergleichsflüssigkeit ist, die Beziehung

$$\frac{\eta}{\eta_s} = \frac{T}{T_s},$$

in der η und η_s die Viscositätskoeffizienten der beiden Flüssigkeiten sind. Praktisch dient meist Wasser als Vergleichsflüssigkeit, da dessen Viscosität in absoluten Einheiten gemessen sehr genau bekannt ist. Der Quotient η/η_s heißt spezifische Viscosität.[3]

Molekulare Viscosität. — Ist MV das spezifische Molekularvolumen von Flüssigkeiten, d. h. jenes Volumen, das bei verschiedenen Substanzen die gleiche Anzahl von Molekülen enthält, so ist

---

[1] W. Sorkau, Phys. Zeitschr. **12**, 582 (1911); **13**, 805 (1912); **14**, 147 (1913).

[2] Hagenbach (loc. cit.); Couette, Ann. Chim. Phys. [6] **21**, 433 (1890); Gartenmeister, Zeitschr. f. phys. Chem. **6**, 524 (1890); Wilberforce, Phil. Mag. [5] **31**, 407 (1891).

[3] Taylor, Proc. Edin. Roy. Soc. **25**, 227 (1905).

$(MV)^{\frac{2}{3}}$ eine Fläche, in der die gleiche Anzahl von Molekülen verteilt ist; diese Fläche soll Molekularfläche heißen. $\eta(MV)^{\frac{2}{3}}$ ist dann die Kraft, die notwendig ist, um eine Fläche von der Größe der Molekularfläche mit der Einheit der Geschwindigkeit an einer um die Längeneinheit entfernten Fläche vorbeizuführen. Diese Größe wird molekulare Viscosität genannt.

Molekulare Viscositätsarbeit. — Der Wert ηMV ist gleich der Molekularviscosität $\eta(MV)^{\frac{2}{3}}$ mal $(MV)^{\frac{1}{3}}$. Diese letztere Größe ist die dritte Wurzel aus dem Molekularvolumen, d. h. sie ist proportional der Seitenlänge eines Würfels, der die gleiche Anzahl Moleküle verschiedener Substanzen enthält; man kann daher $(MV)^{\frac{1}{3}}$ als spezifische Molekularlänge bezeichnen. Dann ist ηMV die spezifische Molekulararbeit oder die Arbeit, welche nötig ist, eine Oberfläche von der Größe der spezifischen Molekularfläche mit der Einheit der Geschwindigkeit längs der spezifischen Molekularlänge zu bewegen.

Dehnungskoeffizient. — Trouton[1]) hat die Dehnbarkeit von Stäben aus sehr stark viscosem Material einer Untersuchung unterzogen. Er konnte zeigen, daß zwischen der angewandten Kraft und dem Grade der Dehnung die Beziehung[2])

$$\frac{F}{A} \Big/ \frac{dv}{dx} = \lambda$$

besteht, in der

    F = die angewandte Kraft in Dynen,
    A = Querschnitt des Stabes,
    v = Geschwindigkeit eines bestimmten Punktes des Stabes in Zentimetersekunden,
    x = Abstand dieses Punktes vom Fixpunkte ist.

Der Wert von λ ist eine Konstante des betreffenden Materiales und heißt Dehnungskoeffizient. Trouton konnte weiter zeigen, daß zwischen diesem Koeffizienten und dem mit Hilfe der Ausströmungsmethode gemessenen Viscositätskoeffizienten die einfache Beziehung

$$\eta = 3\lambda$$

besteht.

---

[1]) Proc. Roy. Soc. **77**, 426 (1906); Phil. Mag. [6] **8**, 538 (1904).

[2]) Die Beziehung hat nur annähernde Gültigkeit; wegen der anzubringenden Korrektur vgl. Trouton und Rankine, Phil. Mag. [6] **8**, 538 (1904).

Es ist daher leicht, aus dem Werte von λ den Wert von η zu berechnen. Man kann so η für Substanzen finden, bei welchen die gewöhnlichen Methoden der Viscositätsbestimmung versagen, und kann z. B. die Viscosität von Metallen und Legierungen bestimmen.

§ 3. Die Messung der Viscosität.

Einen sehr einfachen Apparat für vergleichende Messungen hat Wi. Ostwald[1]) angegeben.

In diesem Apparat wird der Druck durch die Flüssigkeitssäule gemessen, und diese ist in allen Fällen, da dieselben Volumina angewandt werden, dieselbe. Der Druck ist daher der Dichte proportional, und man erhält die Viscosität aus dem Ausdrucke

$$\frac{\eta}{\eta'} = \frac{TD}{T'D''},$$

in dem D und D' die Dichtigkeiten der beiden Flüssigkeiten bei der Versuchstemperatur sind. In dem Ostwaldschen Apparate ist die Ausflußgeschwindigkeit, wenn der Druck niedrig bleibt und der Durchmesser der Kapillare richtig gewählt wird, stets so klein, daß eine Korrektur (vgl. § 2) unnötig ist.

Wegen eines Apparates, welcher es erlaubt, die Viscosität mit großer Genauigkeit in absoluten Einheiten zu messen, muß auf die Arbeiten von Thorpe und Rodger[2]) verwiesen werden, deren Experimente mit der höchsten bisher erreichten Genauigkeit ausgeführt sind.

§ 4. Temperatur und Viscosität.

Quantitative Beziehungen. — Poiseuille hat auch eine Beziehung zwischen Temperatur und Viscosität gesucht und aus seinen Versuchen geschlossen, daß

$$\eta_t = \eta_o/(1 + \alpha t + \beta t^2)$$

sei, wobei η_t und η_o die Viscositätskoeffizienten bei $t°$ und $0°$ C sind. Es hat sich jedoch bald herausgestellt, daß diese Gleichung nur innerhalb eines sehr eng begrenzten Temperaturgebietes Gültigkeit besitzt und auch nur auf eine beschränkte Anzahl von Flüssigkeiten angewandt werden kann. Es sind darum noch andere empirische

---

[1]) Ostwald-Luther, Physikalisch-chemische Meßmethoden (Leipzig 1911).
[2]) Thorpe und Rodger, Phil. Trans. **185** A, 397 (1894).

Formeln[1]) aufgestellt worden, die jedoch zumeist auf Grund einer kleinen Zahl von Versuchen abgeleitet sind. Die ausführlichste Arbeit auf diesem Gebiete stammt von Thorpe und Rodger.[2]) Diese Forscher folgern aus Untersuchungen mit etwa siebzig Flüssigkeiten bei Temperaturen von 0° bis zum Siedepunkte, daß die von Slotte[3]) aufgestellte Formel

$$\eta = \frac{C}{(A + t)^n}$$

am zuverlässigsten ist. Für Flüssigkeiten mit geringen Temperaturkoeffizienten ist die Vereinfachung

$$\eta = \frac{A}{1 + at + \beta t^2}$$

erlaubt. Tabelle I gibt einige der von Thorpe und Rodger erhaltenen Resultate wieder.

Tabelle I.

Substanz	I	II	III	IV	V	VI
	α	β	t	$\eta \times 10^5$ ber.	$\eta \times 10^5$ beob.	$\triangle \times 10^5$
Pentan	,01044	,$0_4$2301	30°	212	212	0
Hexan	,01122	,$0_4$3337	60	221	221	0
Heptan	,01214	,$0_4$4004	90	214	214	0
Octan	,01394	,$0_4$4926	120	208	208	0
Isopentan	,01088	,$0_4$1331	30	204	204	0
Isohexan	,01110	,$0_4$3509	60	207	208	1
Isoheptan	,01199	,$0_4$3863	80	216	216	0
Methyljodid	,01067	,$0_4$1719	40	409	409	0
Äthyljodid	,01113	,$0_4$2658	70	377	378	1
Propyljodid	,01278	,$0_4$3493	100	358	359	1
Äthylbromid	,01064	,$0_4$1822	30	357	357	0
Propylbromid	,01174	,$0_4$3121	70	326	327	1
Propylchlorid	,01104	,$0_4$3381	40	291	291	0
Allyljodid	,01316	,$0_4$3441	100	349	352	3
Allylbromid	,01177	,$0_4$2871	70	315	316	1
Allylchlorid	,01111	,$0_4$2639	40	273	273	0

[1]) Vgl. Brillouin, Ann. Chim. Phys. [8] **18**, 197 (1909).
[2]) Phil. Trans. **185**, 397 (1894).
[3]) Wied. Ann. **20**, 257, 557 (1883). Weitere Formeln in Winkelmann, Handbuch der Phys. 2. Aufl. I. Bd. (Leipzig 1906—08), 1385, 1386.

Substanz	I	II	III	IV	V	VI
	α	β	t	$\eta \times 10^5$ ber.	$\eta \times 10^5$ beob.	$\triangle \times 10^5$
Aceton	,01064	,$0_4$3115	50	245	245	0
Methyläthylketon	,01284	,$0_4$3639	80	238	239	1
Methylpropylketon	,01325	,$0_4$3965	100	238	238	0
Diäthylketon	,01270	,$0_4$3734	100	225	226	1
o-Xylol	,01701	,$0_4$5636	140	249	254	5
m-Xylol	,01418	,$0_4$3923	130	229	233	4
p-Xylol	,01472	,$0_4$4578	130	229	233	4
Ameisensäure	,02870	,$0_3$1695	100	526	542	16
Essigsäure	·,01826	,$0_4$8537	110	417	417	0
Propionsäure	,01720	,$0_4$6941	140	319	322	3
Buttersäure.	,02109	,$0_3$1107	160	315	314	−1
Methylalkohol	,01634	,$0_4$8371	60	354	349	−5
Allylalkohol	,02552	,$0_3$2090	90	436	407	−29
Wasser	,03580	,$0_3$2253	100	263	283	20
Äthylenbromid	,02007	,$0_4$7018	130	513	518	5
Propylenbromid	,01924	,$0_4$7668	140	444	456	12
Isobutylenbromid	,02379	,$0_3$1256	140	489	505	16

Die Kolonnen I und II enthalten die Werte von α und β; unter III steht die Versuchstemperatur; IV und V geben die berechneten und beobachteten Werte wieder und VI die Differenz zwischen IV und V.

Aus der Tabelle ergibt sich, daß bei den Flüssigkeiten mit kleinem Temperaturkoeffizienten Theorie und Versuch gut übereinstimmen. Die Verbindungen, bei denen die größten Abweichungen vorkommen, besitzen große Temperaturkoeffizienten und enthalten regelmäßig Molekularaggregate. Beispiele dafür sind Wasser, Ameisensäure und die Alkohole. Auch einige Beziehungen zwischen der Größe der Konstanten und der Zusammensetzung der untersuchten Substanzen lassen sich aus der Tabelle erkennen.

I. In homologen Reihen steigt die Konstante mit steigendem Molekulargewicht; es ist jedoch keine Regelmäßigkeit für jede neu hinzugekommene CH_2-Gruppe vorhanden.

II. Normale und Isoverbindungen haben fast dieselben Konstanten.

III. Der Ersatz von Jod durch Brom und Chlor in Halogenderivaten hat eine stufenweise Verminderung des Wertes der Konstanten zur Folge.

Nach M. Brillouin[1]) gibt die Formel von Graetz

$$\eta = A\,\frac{t - t_2}{t - t_1}$$

bei auch im übrigen Verhalten normalen Stoffen die Abhängigkeit der Viscosität von der Temperatur bis zum Siedepunkt wieder; Stoffe mit abnormalen Eigenschaften gehorchen dem Ausdruck nicht, ebenso wenig solche mit hohem Molekulargewicht.

Vergleichstemperaturen. — Aus allem bisher Gesagten geht hervor, daß die Viscosität sehr stark von den physikalischen Bedingungen abhängt, unter denen die Messung vorgenommen wird. Für das Studium des Struktureinflusses müssen also mindestens die wichtigsten dieser physikalischen Faktoren — Temperatur und Molekularaggregation — beseitigt werden. Assoziierte Flüssigkeiten sind vorerst von der Betrachtung auszuschließen. Dagegen kann der Einfluß der Temperatur mehr oder weniger ausgeschaltet werden. Allerdings ist die Frage, wie dies zu geschehen hat, eine der größten Schwierigkeiten bei der Aufsuchung von Beziehungen zwischen Viscosität und chemischer Konstitution.

Viele Beobachter haben bei derselben Temperatur verglichen. Die so erhaltenen Resultate sind sicherlich ungenau. Rellstab[2]) hat versucht, diese Schwierigkeit durch die Annahme zu lösen, daß die Viscosität bei korrespondierenden Temperaturen gemessen werden muß, d. h. bei Temperaturen, bei denen die Flüssigkeiten den gleichen Dampfdruck besitzen. Diese Methode hatte jedoch keinen Erfolg.

Thorpe und Rodger fanden, indem sie die Temperatur-Viscositätskurven zahlreicher Substanzen aufzeichneten, daß die regelmäßigsten Resultate erhalten werden, wenn man die Viscositäten bei Temperaturen vergleicht, bei denen die Neigung der Kurve dieselbe ist. Diese Methode hat den Vorteil, daß bei den Temperaturen gleicher Neigung der Einfluß der Temperatur für die verschiedenen Substanzen derselbe ist. Damit ist auch das Verhältnis der Viscositäten, bei zwei verschiedenen Temperaturen gleicher Neigung gemessen, ein konstantes. Bei 33 verschiedenen Flüssigkeiten war das Verhältnis

$$\frac{\eta \text{ bei einer Neigung von } 0{,}0_4 987}{\eta \,\text{ ,, \quad ,, \qquad ,, \qquad ,, }\; 0{,}0_4 323} = 2{,}03 \text{ (ungefähr)}$$

---

[1]) Ann. Chim. et Phys. [8] **18**, 197 (1909).

[2]) Über Transpiration homologer Flüssigkeiten (Bonn 1868); vgl. Thorpe und Rodger, Phil. Trans. **185**, 397 (1894).

ungefähr dasselbe,[1]) im Mittel 2,03, während die durchschnittliche Abweichung von diesem Mittelwerte nur 1,7% beträgt. Diese Vergleichsmethode ist ganz allgemein anwendbar und von dem Werte des Neigungswinkels,[2]) bei dem die Messung erfolgt, unabhängig. Wenn man in homologen Reihen die Temperaturen gleicher Neigung vergleicht, so findet man, daß diese Temperaturen beim Hinzutritt von CH_2-Gruppen ansteigen; doch ist dieser Anstieg in verschiedenen Serien nicht gleich.

Tabelle II.

Temperaturen, bei welchen die Neigung 0,0000323 beträgt.

	t	Diff. für CH_2		t	Diff. für CH_2
Pentan	−5,4	25,9	Methyljodid	42,9	18,6
Hexan	20,5	20,6	Äthyljodid	61,5	22,1
Heptan	41,1	23,0	Propyljodid	83,6	
Octan	64,1		Äthylbromid	26,9	27,8
Aceton	17,8	16,3	Propylbromid	54,7	
Diäthylketon	50,5		Benzol	75,9	−8,1
Methyläthylketon	43,7	12,8	Toluol	67,8	10,1
Methylpropylketon	56,5		Äthylbenzol	77,9	

Assoziierte Flüssigkeiten zeigen dieses Verhalten nicht. Weiter kann man sagen, daß in allen Fällen, mit Ausnahme der Flüssigkeiten, deren Kurven einen abnormen Verlauf zeigen, das Verhältnis

$$\frac{\text{absolute Temperatur bei einer Neigung von } 0,0000323}{\text{absolute Temperatur bei einer Neigung von } 0,0000987}$$

konstant ist.

Nach O. Faust[3]) besteht eine Beziehung zwischen Viscosität und Dampfdruck. Mit der Abnahme des Assoziationsgrades ist auch eine solche der inneren Reibung verknüpft.

Die Fluiditäts-Temperaturkurve $\left(\text{Fluidität} = \dfrac{1}{\eta}\right)$ ist

---

[1]) Assoziierte Flüssigkeiten ausgenommen.

[2]) Man erhält den Wert der Neigung aus der Slotteschen Formel nach:

$$\frac{d\eta}{dt} = nC / (A + t)^{n+1}.$$

[3]) Zeitschr. f. phys. Chem. **79**, 97 (1912).

nach E. C. Bingham und J. P. Harrison[1]) für nichtassoziierte sowie für viele assoziierte Flüssigkeiten linear.

§ 5. Viscosität und chemische Konstitution.

Geschichtliches. — Da der Einfluß der Temperatur auf die Viscosität, wie im vorstehenden gezeigt worden ist, sehr groß ist, kann der geringere Einfluß der Konstitution leicht übersehen werden, wenn nicht besondere Sorgfalt auf die Wahl der Vergleichsbedingungen verwandt wird. Zweifellos ist dieser Umstand die Ursache, daß die ersten Beobachter so wenig klare Resultate erhalten haben. Im Jahre 1861 untersuchte Graham[2]) die Viscosität einiger weniger organischer Flüssigkeiten und schloß aus seinen Versuchen auf eine Beziehung zwischen Ausströmungsgeschwindigkeit und Molekulargewicht. Rellstab[3]) verfolgte eine Anregung Grahams und untersuchte homologe Reihen. Um vergleichbare Resultate zu erhalten, maß er die Ausströmungszeiten äquivalenter Mengen bei Temperaturen gleichen Dampfdruckes. Die wichtigsten Schlußfolgerungen, die er aus diesen Messungen zog, waren:

1. Die Ausströmungsgeschwindigkeit von Flüssigkeiten steigt mit steigender Temperatur.

2. In homologen Reihen nimmt die Ausströmungsgeschwindigkeit mit jeder neu hinzutretenden CH_2-Gruppe ab;[4]) bei Estern ist der Einfluß einer CH_2-Gruppe im Alkoholradikal stärker als im Säurerest.

3. Bei isomeren Substanzen ist die Ausströmungszeit im allgemeinen verschieden; der Unterschied ist jedoch gering, wenn sich die Siedepunkte der Isomeren nur wenig unterscheiden.

4. Substanzen mit Doppelbindungen besitzen größere Ausströmungszeiten als Stoffe mit gleichem Molekulargewicht ohne Doppelbindungen.

Einen weit größeren Umfang als die Arbeiten von Graham und Rellstab nahmen die Untersuchungen von Přibram und Handl[5]) ein. Sie konnten aus einer Reihe von Messungen der

[1]) Zeitschr. f. phys. Chem. **66**, 1, 238 (1909).
[2]) Phil. Trans. **151**, 373 (1861).
[3]) Dissertation (Bonn 1868).
[4]) Vgl. auch Guerout, Compt. rend. **81**, 1025 (1875); und **83**, 1291 (1876).
[5]) Wien. Ber. **78**, 113 (1878); **80**, 17 (1879); **84**, 717 (1881).

Viscosität bei ein und derselben Temperatur einige allgemeine Schlüsse ziehen. So beobachteten sie, daß die spezifische Viscosität von Isomeren oft verschieden groß ist. Ein nur aus normalen Kohlenstoffketten aufgebauter Ester besitzt eine größere spezifische Viscosität als der isomere Ester mit verzweigten Ketten; auch wächst die spezifische Viscosität durch den Eintritt eines Halogens oder einer Nitrogruppe an Stelle eines Wasserstoffatoms; in aromatischen Verbindungen ist ein Einfluß des Substituenten und seiner Stellung im Molekül zu erkennen.

Gartenmeister[1]) fand später, daß einige der von Rellstab gezogenen Schlüsse einer Modifikation bedürfen; so z. B. die Regel, daß der Unterschied in der Viscosität isomerer Ester um so kleiner ist, je näher ihre Siedepunkte liegen.

Ferner zeigte Gartenmeister, daß die Viscositäten der Fettsäuren und Alkohole besonders groß sind und diese Reihen sich anders verhalten als andere homologe Reihen. Er führte diese Besonderheiten auf die Anwesenheit der Hydroxylgruppe zurück.

Versuche von Thorpe und Rodger. — Eine für Konstitutionsbetrachtungen ausreichende Genauigkeit wurde erst durch die eingehenden Versuche von Thorpe und Rodger erreicht.[2])

Der Vergleich der Viscositätskonstanten der Verbindungen erfolgte in zweifacher Weise: einmal bei der Siedetemperatur (A), und ein zweites Mal bei Temperaturen, bei denen die Kurven der verschiedenen Substanzen die gleiche Neigung besaßen (B).

Für jede von diesen Vergleichsserien wurden drei Konstanten bestimmt:
1. Die absolute Viscosität.
2. Die molekulare Viscosität.
3. Die molekulare Viscositätsarbeit.

Im folgenden sollen nur die Resultate besprochen werden, welche bei Temperaturen gleicher Neigung erzielt wurden; die beim Siedepunkt erhaltenen Resultate sind ähnlich, lassen jedoch die quantitativen Beziehungen nicht so deutlich erkennen.

In den Tabellen ist eine Aufstellung der absoluten Viscositäten in homologen Reihen gegeben. Der Vergleich ist bei der Temperatur der gleichen Neigung 0,0000323 ausgeführt.

---

[1]) Zeitschr. f. phys. Chem. **6**, 524 (1890).
[2]) Phil. Trans. **185**, 397 (1894).

Tabelle III.

Substanz	$\eta \times 10^5$	Diff.	Substanz	$\eta \times 10^5$	Diff.
Pentan	299	19	Methylsulfid . . .	335	6×2
Hexan	318	12	Äthylsulfid . . .	346	
Heptan	330	6	Aceton	329	7×2
Octan	336		Diäthylketon . .	343	
Isopentan	286	26	Methyläthylketon	330	14
Isohexan	312	10	Methylpropylketon	344	
Isoheptan . . .	322		Ameisensäure . .	373	-3
Isopren	295	9	Essigsäure	370	20
Diallyl	304		Propionsäure . . .	390	-11
Methyljodid . . .	399	5	Buttersäure . . .	379	
Äthyljodid	404	3	Essigsäureanhydrid.	378	
Propyljodid	407		Propionsäurean-		1
Isopropyljodid . .	390	14	hydrid	379	
Isobutyljodid . . .	404		Benzol	330	24
Äthylbromid . . .	368	4	Toluol	354	13
Propylbromid . . .	372		Äthylbenzol . . .	367	
Isopropylbromid .	353	7	Isopropylchlorid .	317	14
Isobutylbromid . .	360		Isobutylchlorid . .	331	
Äthylenbromid . .	455	-14	Methylenchlorid .	372	5
Propylenbromid . .	441		Äthylenchlorid . .	377	

Normale und Isoverbindungen.

Klasse	Normal $\eta \times 10^5$	Differenz	Iso $\eta \times 10^5$
Pentan	299	13	286
Hexan	318	6	312
Heptan	330	8	322
Propyljodid	407	17	390
Propylbromid	372	19	353
Propylchlorid	330	13	317

Normale Propyl- und Allylverbindungen.

Klasse	Propyl $\eta \times 10^5$	Diff.	Allyl $\eta \times 10^5$
Kohlenwasserstoffe	318	2×7	304
Jodide	407	1	406
Bromide	372	1	371
Chloride	330	2	328

Tabelle IV.

	$\eta \times 10^5$	Differenz
Methylalkohol	650	
Äthylalkohol	606	−44
Propylalkohol	560	−46
Butylalkohol	575	15
Isopropylalkohol	490	
Isobutylalkohol	525	35
Amylalkohol	574	
Trimethylcarbinol	461	
Dimethyläthylcarbinol	490	29

Die Kurven der Alkohole konnten nicht bei der Neigung 0,0000323 verglichen werden; sie wurden bei der Neigung 0,0000987 geprüft.

Eine Betrachtung der vorstehenden Zahlen führt zu folgenden Schlüssen:

1. Eine neueintretende CH_2-Gruppe ruft in homologen Reihen einen Anstieg der Viscosität hervor, jedoch wird dieser Einfluß um so kleiner, je höher man in der Reihe ansteigt. Alkohole, Säuren und Dichloride folgen dieser Regel nicht.

2. Wenn man entsprechende Verbindungen zweier nahestehender Reihen vergleicht, so findet man bei denjenigen die größere Viscosität, deren Molekulargewicht höher ist.

3. Normale Propylverbindungen haben größere Koeffizienten als die entsprechenden Allylverbindungen.

4. Isoverbindungen besitzen kleinere Koeffizienten als die entsprechenden normalen Glieder der Reihe.

5. Die Alkohole, Säuren und Dichloride weichen in ihrem Verhalten von dem der anderen Stoffe ab.

Quantitative Beziehungen. — Die genannten Zahlen lassen keine deutlichen quantitativen Beziehungen erkennen; der Effekt der verschiedenen Atome ist jedoch klar zu ersehen, wenn man die molekularen Viscositäten bei Temperaturen gleicher Neigung vergleicht. Die folgende Tabelle soll dies zeigen:

Tabelle V.

Molekulare Viscosität $\times 10^4$ bei der Neigung $0{,}0_4323$.

Substanz	$\eta M v^{\frac{2}{3}} \times 10^4$	Diff.	Substanz	$\eta M v^{\frac{2}{3}} \times 10^4$	Diff.
Pentan	687		Isopentan	663	
Hexan	818	131	Isohexan	799	136
Heptan	931	113	Isoheptan	908	109
Octan	1035	104			

Substanz	$\eta M v^{\frac{2}{3}} \times 10^4$	Diff.	Substanz	$\eta M v^{\frac{2}{3}} \times 10^4$	Diff.
Isopren	620	108	Methylsulfid	578	2×112
Diallyl	728		Äthylsulfid	812	
Methyljodid	638	140	Aceton	572	107×7
Äthyljodid	778	125	Diäthylketon	785	
Propyljodid	903		Methyläthylketon	671	125
Isopropyljodid	878	132	Methylpropylketon	796	
Isobutyljodid	1010		Ameisensäure	456	137
Äthylbromid	663	111	Essigsäure	593	149
Propylbromid	774		Propionsäure	742	100
Isopropylbromid	750	127	Buttersäure	842	
Isobutylbromid	877		Acetanhydrid	838	99
Äthylenbromid	973	95	Propionsäurean-		
Propylenbromid	1068		hydrid	1037	
Äthyläther	635		Benzol	688	133
Acetaldehyd	448		Toluol	821	118
Isopropylchlorid	644	116	Äthylbenzol	939	
Isobutylchlorid	760		o-Xylol	954	
Methylenchlorid	600	137	m-Xylol	939	
Äthylenchlorid	737		p-Xylol	923	

Man erkennt an der Hand dieser Zahlen deutlich den Einfluß der Addition einer CH_2 - Gruppe. Er ist in allen Reihen fast der gleiche, mit Ausnahme der Fettsäuren und der hydroaromatischen Verbindungen, wobei bei den erstgenannten die Assoziation zu berücksichtigen ist. Der Wert zeigt eine Neigung zur Abnahme bei den höheren Gliedern der Reihen. Im Mittel beträgt er 120.

Die Formel der normalen Paraffine ist C_nH_{2n+2}, so daß man, wenn man von der für diese Stoffe erhaltenen Zahl den Wert der nCH_2-Gruppen abzieht, die Zahl für $2H$ erhält.

Tabelle VI.

Reihe	n	$\eta(Mv)^{\frac{2}{3}} \times 10^4 C_nH_{2n+2}$	nCH_2 (ber.)	H_2
Normale Paraffine	5	687	600	87
	6	818	720	98
	7	931	840	91
	8	1035	960	75
Iso-Paraffine	5	663	579	84
	6	799	699	100
	7	908	819	89

Der mittlere Wert für H_2 ergibt sich also zu 89 und der für H zu 44,5 Einheiten.

Durch Kombination der für CH_2 und für H_2 erhaltenen Werte berechnet sich für Kohlenstoff: $120 - 89 = 31$.

Vergleicht man die für normale und für iso-Verbindungen gefundenen Werte, so ergibt sich eine mittlere Differenz von 21 Einheiten als Maß für den Einfluß der Isogruppierung.

Die molekulare Viscosität einer normalen Propylverbindung ist im Durchschnitt um 41 Einheiten größer als die der entsprechenden Allylverbindung. Da aber beim Übergange von Propyl- zu Allylderivaten 2 H verloren gehen, so ist die vollständige Änderung die folgende:

Propyl $\rightarrow$ Allyl = Verlust von 2 H + Doppelbindung = -41.

Es geht daraus hervor, daß die Doppelbindung die molekulare Viscosität um 48 Einheiten vergrößert.

Der Wert für die Halogene kann aus den für Methyljodid, Äthyljodid usw. erhaltenen Zahlen nach Abzug der für Kohlenstoff und Wasserstoff geltenden Größen berechnet werden. Man erhält auf diese Weise für Jod 499, für Brom 372 und für Chlor 256 Einheiten.

Nach Abzug des Wertes für n CH_2-Gruppen von dem für Aldehyde und Ketone $C_nH_{2n}O$ gefundenen Zahlen, ergibt sich der Wert für den Sauerstoff in der Carbonylgruppe. Man erhält aus Tabelle VII den mittleren Wert für Carbonylsauerstoff zu 198 Einheiten.

Tabelle VII.

Substanz	$\eta(Mv)^{\frac{2}{3}}$ (beob.)$\times 10^4$	n CH_2 (ber.)	$=O$
Aceton	572	360	212
Acetaldehyd	448	240	208
Methyläthylketon	671	480	191
Methylpropylketon	796	600	196
Diäthylketon	785	600	185

Aus den Fettsäuren $C_nH_{2n}O''O'$ erhält man auf dieselbe Weise den Mittelwert zu 364; diese Zahl ergibt den Einfluß des Carbonylsauerstoffes zusammen mit dem des Hydroxylsauerstoffs. Wenn man also den Wert für den ersteren von 364 abzieht, so erhält man für den Hydroxylsauerstoff 166 Einheiten.

In gleicher Weise findet man aus den Molekularviscositäten von Äther und Essigsäureanhydrid unter Benützung der Werte für Kohlenstoff, Wasserstoff und Carbonylsauerstoff den Einfluß des Äthersauerstoffs; er ergibt sich zu 58 Einheiten.

Diese Konstanten sind in der folgenden Tabelle VIII zusammengestellt, gleichzeitig mit den bei der Temperatur der gleichen Neigung 0,0000987 erhaltenen Zahlen.

Tabelle VIII.

Viscositätskonstanten.

	Neigung $0,0_4323$	Neigung $0,0_4987$
Wasserstoff	44,5	86
Kohlenstoff	31,0	60
Schwefel	246	474
Hydroxylsauerstoff	166	320
Carbonylsauerstoff	198	382
Äthersauerstoff	58	112
Chlor (in Monochloriden)	256	494
Chlor (in Dichloriden)	244	470
Brom (in Monobromiden)	372	717
Jod (in Monojodiden)	499	962
Ringbildung	244	465
Doppelbindung	48	92
Iso-Gruppierung	− 21	− 40

Man ersieht aus der Tabelle, daß die Werte für die beiden verschiedenen gewählten Temperaturen verschieden sind, daß aber das Verhältnis:

$$\frac{\text{Konstante bei einer Neigung von } 0,0000323}{\text{Konstante bei einer Neigung von } 0,0000987}$$

in der ganzen Reihe praktisch dasselbe ist.

Aus diesen einmal bestimmten Konstanten läßt sich nun der Wert der molekularen Viscosität irgend einer Substanz mit mehr oder weniger großer Genauigkeit berechnen. Die Tabelle IX enthält eine Reihe so berechneter Werte zusammen mit den gefundenen. In der dritten Reihe ist die zwischen den beiden Werten bestehende Differenz in Prozenten angegeben; die mittlere Abweichung bei etwa 50 Verbindungen wurde zu nur 1% gefunden.

Tabelle IX.

Molekulare Viscosität bei der Neigung $0,0_4323 \times 10^4$.

Substanz	Beobachtet	Berechnet	Differenz in %
Pentan	687	689	— 0,3
Hexan	818	809	1,1
Heptan	931	929	0,2
Methyljodid	638	664	— 4,0
Äthyljodid	778	784	— 0,8
Methylsulfid	578	575	0,5
Diäthylketon	785	798	— 1,6
Acetaldehyd	448	438	2,2
Essigsäure	593	604	— 1,8
Äthyläther	635	627	1,3
Toluol	821	814	0,8

Molekulare Viscositätsarbeit. — Beim Vergleich findet man
dieselben Resultate wie bei der molekularen Viscosität. Eine Reihe
homologer Verbindungen seien angeführt:

Tabelle X.

Substanz	$\eta Mv \times 10^3$	Diff.	Substanz	$\eta Mv \times 10^3$	Diff.
Pentan	329	86	Methylsulfid . . .	240	2 × 77
Hexan	415	80	Äthylsulfid . . .	393	
Heptan	495	79	Aceton	238	2 × 69
Octan	574		Diäthylketon . .	376	
Isopentan	320	85	Methyläthylketon .	302	81
Isohexan	405	77	Methylpropylketon	383	
Isoheptan	482		Ameisensäure . .	160	77
Methyljodid . . .	255	86	Essigsäure . . .	237	87
Äthyljodid	341	84	Propionsäure . . .	325	73
Propyljodid . . .	425		Buttersäure . . .	397	
Äthylbromid . . .	282	71	Benzol	314	82
Propylbromid . . .	353		Toluol	396	79
Isopropylbromid .	346		Äthylbenzol . . .	475	

Wieder ist die für eine CH_2-Gruppe erhaltene Differenz ungefähr
konstant, und zwar beträgt sie 80 Einheiten.

Ebenso wie für die Viscosität lassen sich für die Viscositätsarbeit
der einzelnen Atome und Bindungsarten Konstanten berechnen.

Sie sind in der folgenden Tabelle XI wieder für die Temperaturen gleicher Neigung 0,0000323 und 0,0000987 angegeben.

Tabelle XI.

Viscositätsarbeits-Konstanten, abgeleitet von der molekularen Viscositätsarbeit × 10³.

	Neigung $0,0_4323$	Neigung $0,0_4987$
Wasserstoff	− 34	− 64
Kohlenstoff	148	278
Hydroxylsauerstoff	100	188
Äthersauerstoff	43	73
Carbonylsauerstoff	− 19	− 36
Schwefel	144	271
Chlor in Monochloriden	89	167
Chlor in Dichloriden	82	154
Brom in Monobromiden	151	284
Jod in Monojodiden	218	410
Ringbildung	− 369	− 694
Doppelte Bindung	− 95	− 179
Isogruppe	− 8	− 15

Das vorhandene Material führt zu folgenden Schlüssen.

Der additive Charakter der Viscosität tritt nur hervor, wenn der Vergleich der quantitativen Messungen in richtiger Weise vorgenommen wird. Dieser Umstand ist zweifellos auf den großen Einfluß zurückzuführen, den die physikalischen Bedingungen auf die Viscosität ausüben, er muß aber auch teilweise auf starken konstitutiven Wirkungen beruhen. Trotzdem kann man, wenn man sorgfältig vergleicht, die den einzelnen Atomen, Bindungen und Substitutionen zukommenden Einwirkungen mit einem ziemlichen Grad von Genauigkeit auseinanderhalten, und es gelingt, die Viscosität einer Verbindung aus den Viscositäten der - Bestandteile aufzubauen, Daraus ergibt sich ihre additive Natur.

Was die konstitutive Seite angeht, so erkennt man deutlich, daß die Werte für die einzelnen Atome bis zu einem gewissen Grade von ihrer Stellung im Molekül abhängig sind. So ist der Einfluß einer CH_2-Gruppe nicht streng konstant, sondern fällt in den höheren Gliedern der Reihen. Bei den Halogenderivaten ist dieser Umstand am deutlichsten ausgeprägt; der Effekt des Halogens sinkt mit fortschreitender Substitution, wenn man im Methan die Wasserstoffatome durch Chlor ersetzt.

Tabelle XII.

	Neigung: 0,0₄323			
	Molekulare Viscosität × 10⁴	Differenz	Molekulare Viscositätsarbeit × 10³	Differenz
Methylchlorid . . .	(420)		(135)	
Methylendichlorid . .	600	180	243	108
Chloroform	747	147	328	85
Kohlenstofftetrachlorid	854	107	406	78

Die Werte für Methylchlorid sind aus den Atomkonstanten berechnet.

Schließlich muß noch auf eine Reihe von Stoffen hingewiesen werden, die sich abnormal verhalten und die im Vorigen erwähnten Regelmäßigkeiten nicht zeigen. Es sind dies die Alkohole; die Tabelle XIII enthält die Viscosität, die molekulare Viscosität und die molekulare Viscositätsarbeit dieser Substanzen.

Tabelle XIII.

	$\eta \times 10^5$	Diff.	$\eta (Mv)^{\frac{2}{3}} \times 10^4$	Diff.	$\eta \, Mv \times 10^3$	Diff.
Wasser.	—	—	390	362	105	155
Methylalkohol	650	−44	760	173	260	107
Äthylalkohol	606	−46	933	108	367	82
Propylalkohol.	560	15	1041	191	449	121
Butylalkohol	575		1232		570	
Isopropylalkohol	490	35	930	107	405	124
Isobutylalkohol	525		1137		529	
Trimethylcarbinol	461	29	1020	170	480	47
Dimethyläthylcarbinol . .	490		1190		527	

Ein Blick auf die Zahlen lehrt, daß sich für die einzelnen Methylengruppen kein konstanter Wert berechnet. Auch die Molekularwerte für diese Verbindungen können nicht einmal annähernd aus den Atomkonstanten berechnet werden, die aus den „normalen" Verbindungen erhalten werden. Dunstan[1] hat gezeigt, wie man die Beziehungen zwischen Molekulargewicht und Viscosität in homologen Reihen graphisch darstellen kann. Wendet man die Loga

---

[1] Zeitschr. f. phys. Chem. **56**, 370 (1906).

rithmen der absoluten Viscositäten als Ordinaten und das Molekulargewicht als Abszissen an, so erhält man für die einzelnen Serien kontinuierliche Kurven; betrachtet man aber die Kurven für Flüssigkeiten, wie Säuren und Alkohole, so zeigen die Anfangs-

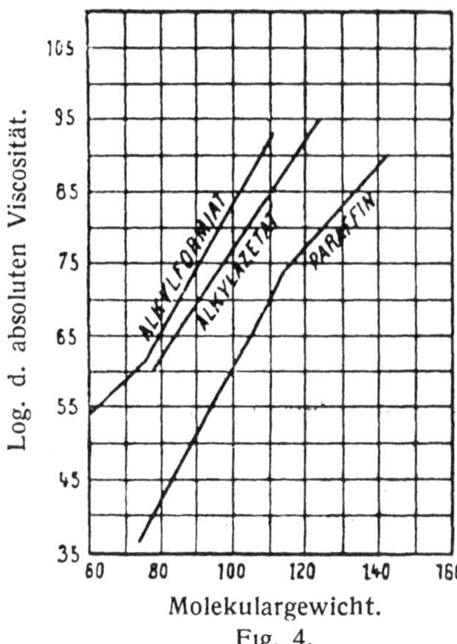

Fig. 4.

glieder abnormales Verhalten. Da die Messungen von Ramsay und Shields[1]) für die Oberflächenspannung gezeigt haben, daß diese Substanzen im allgemeinen assoziiert sind, so ist der Schluß gerechtfertigt, daß die Unregelmäßigkeiten von Molekularkomplexen herrühren.

Nach A. E. Dunstan und F. B. Thole[2]) erhält man innerhalb einer Verbindungsgruppe die Beziehung

$$\frac{\eta}{M \cdot V} \cdot 10^6 = K,$$

in der η die Viscosität, M·V das Molekularvolumen und K eine Konstante (z. B. für Chloralkyle 37,4, für Bromalkyle 68,3) bedeutet. Frederick H. Getman[3]) findet aber, daß die Formel nur angenähert und in sehr engen Grenzen gilt. Immerhin vermag sie F. B. Thole[4]) für die Feststellung der Assoziation der Phenole mittels Viscositätsbestimmung Dienste zu leisten. Dunstan und Hilditch)[5] untersuchten die Reibung der Äthen- und Äthinverbindungen. Während bei Verbindungen mit einer einzigen ungesättigten Gruppe die Reihenfolge gefunden wurde:

Gesättigt = Äthen < Äthin,

ergab sich bei Verbindungen mit einer Äthen- oder Äthinbindung, welche anderen ungesättigten Gruppen benachbart ist,

gesättigt < Äthen < Äthin oder
gesättigt < Äthin < Äthen.

[1]) Trans. Chem. Soc. **63**, 1101 (1893).
[2]) Journ. chim. phys. **7**, 205 (1909).
[3]) Am. chem. Journ. **30**, 1077 (1908).
[4]) Trans. Chem. Soc. **97**, 2596 (1910).
[5]) Zeitschr. f. Elektrochem. **17**, 929 (1911), **18**, 185, 881 (1912).

Ganz allgemein wird die Viscosität durch Konjugation mit anderen ungesättigten Gruppen erhöht. Der Einfluß auf die Viscosität liegt in derselben Richtung wie bei anderen physikalischen Eigenschaften.

E. C. Bingham u. J. P. Harrison[1]) finden, daß die Fluidität eine additive Eigenschaft sei. Für bestimmte Atome, Atomgruppen, Bindungsarten werden bestimmte Temperaturinkremente gegeben; der Fehler beträgt 1%.

§ 6. Mischungen von Nichtelektrolyten.

Homogene Flüssigkeiten. — Die Wirkung von Molekularkomplexen auf die Viscosität läßt sich beim Studium der Viscosität von Mischungen prüfen. Wenn durch die Mischung zweier Flüssigkeiten keine Änderung in dem molekularen Zustande der Einzelbestandteile eintritt, so ließe sich die Viscosität des Gemisches aus der Menge der Komponenten nach der Mischungsregel berechnen, falls ihre Viscositäten in reinem Zustande bekannt sind und kein gegenseitiger Einfluß der beiden Flüssigkeiten auf die Viscosität vorhanden ist. Für diesen Fall muß sich die Änderung der Viscosität mit der Zusammensetzung als gerade Linie darstellen lassen. Enthält die Mischung die Mengen P und Q der beiden Komponenten a und b, so ergibt sich die Viscosität der Mischung η zu $\dfrac{P\eta_a + Q\eta_b}{P + Q}$.

Tatsächlich ist aber keine Mischung bekannt, die dieser Forderung völlig entspricht; alle bisher untersuchten geben Viscositätskurven, die von der geraden Linie abweichen, d. h. ihre Reibung kann nicht nach der Mischungsregel berechnet werden.[2])

A. E. Dunstan[3]) hat gezeigt, daß man die Mischungen je nach der Art, in der ihre Kurven von der berechneten abweichen, in Gruppen einteilen kann.

Die Viscositäten der ersten Gruppe, zu der eine große Anzahl von Mischungen gehört, sind zwischen denen ihrer Bestandteile gelegen. Für die Mehrzahl dieser ist der gefundene Wert kleiner als der nach der Mischungsregel berechnete; doch sind auch einige Fälle bekannt, in denen er größer ist oder in seinem Verlaufe von der einen Möglichkeit zur anderen wechselt. In solchen Fällen hat die Viscositätskurve die Form einer Sinuslinie, welche die Normallinie an

---

[1]) Zeitschr. f. phys. Chem. **66**, 1, 238 (1909).

[2]) Vgl. auch Findlay, Zeitschr. f. phys. Chem. **69**, 203 (1909).

[3]) Trans. Chem. Soc. **85**, 817 (1904); **87**, 11 (1905); **91**, 83 (1907); Proc. Chem. Soc. **23**, 19 (1907).

einer Stelle schneidet, an der gefundene und berechnete Viscosität übereinstimmen.

Die Kurven der Fig. 5 geben diese verschiedenen Formen wieder.

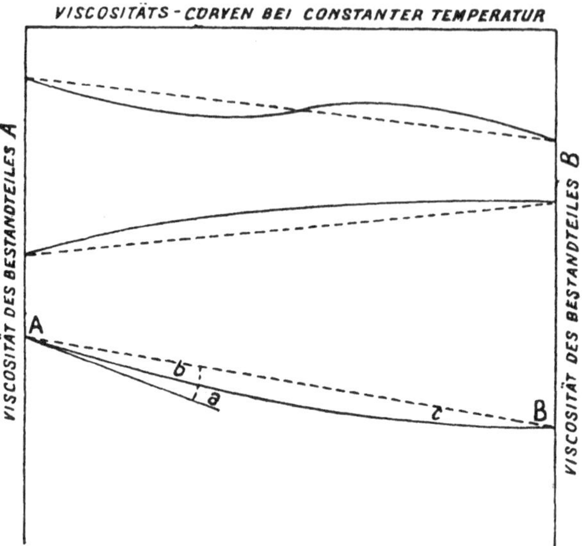

Fig. 5. Prozentgehalt.

In dieser Gruppe von Mischungen ist der Unterschied zwischen dem experimentell gefundenen und dem theoretischen Werte nie sehr groß; er scheint von der Differenz der Viscositäten der reinen Substanzen abzuhängen und ist umso kleiner, je geringer diese ist. Weiterhin besteht eine Beziehung zwischen dem Molekulargewicht eines Stoffes und seinem Einfluß auf die Viscosität einer anderen Substanz. Bedeutet a den Winkel, den die Tangente an die Viscositätskurve in dem Punkte A mit der Richtung der theoretischen Kurve bildet, so ergibt sich, daß der Ausdruck

$$\frac{\text{Molekulargewicht}}{1000} \times a \text{ nahezu konstant ist. Z. B.:}$$

Tabelle XIV.

Lösungen in Benzol.

Substanz	Molekular-gewicht	a	$\dfrac{\text{M. G.} \times a}{1000}$
Kohlenstofftetrachlorid	154	52	7,9
Essigsäureäthylester	88	94	8,27
Schwefelkohlenstoff	76	105	7,98
Äthyläther	74	102	7,55

Wenn man die Molekulargewichte der beiden Flüssigkeiten A und B mit den Winkeln c und b multipliziert, so ist das Verhältnis der Produkte konstant.

Tabelle XV.

Komponente A	M.-G.	$\sphericalangle$ c	Komponente B	M.-G.	$\sphericalangle$ b	$\dfrac{A \cdot c}{B \cdot b}$
Äthylmercaptan . .	62	13				
Kohlenstofftetra-chlorid	154	8	Äthylalkohol . . .	46	16	1,09
Schwefelkohlenstoff bei 0°	76	10	Benzol	78	12	1,31
Schwefelkohlenstoff bei 40°	76	4	Methyljodid bei 0°	142	6	0,89
Äther.	74	15	Methyljodid bei 40°	142	2	1,07
			Benzol	78	12	1,18
Schwefelkohlenstoff	76	3	Benzol	78	3	0,97
Äthylacetat	88	12	Benzol	78	13	1,04

Die wichtigsten Beispiele für Gemische dieser Gruppe sind:
Äther und Schwefelkohlenstoff (Wendepunkt).[1]
Äther und Chloroform (Wendepunkt).[1][2]
Äther und Benzol.[3]
Äther und Toluol.[3]
Schwefelkohlenstoff und Benzol.[3]
Schwefelkohlenstoff und Methyljodid.[2]
Schwefelkohlenstoff und Alkohol.[4]
Chloroform und Benzol.[3]
Tetrachlorkohlenstoff und Benzol.[2][3]
Äthylacetat und Benzol.[3][4]
Nitrobenzol und Benzol.[3]
Aceton und Alkohol.
Glycol und Wasser.[5]
Milchsäure und Wasser.[5]

Die zweite Gruppe enthält Mischungen, deren Viscositäten außerhalb derjenigen der beiden Komponenten gelegen sind. In der Regel hat die Kurve eine für jede Mischung charakteristische

---

[1] Wijkander, Wied. Beiblätter **8**, 3 (1878).
[2] Thorpe und Rodger, Trans. Chem. Soc. **71**, 360 (1897).
[3] Linebarger, Amer. Journ. Science **2**, 331 (1896).
[4] Dunstan, Trans. Chem. Soc. **85**, 819 (1904).
[5] Dunstan, Trans. Chem. Soc. **87**, 11 (1905).

Gestalt mit einem Maximum, das meist bestimmten molekularen Verhältnissen entspricht. Die Viscositäten dieser Mischungen weichen oft sehr stark von den nach der Mischungsregel berechneten Werten ab. Ein Beispiel dafür bildet die Mischung von Alkohol und Wasser.

Tabelle XVI.

% Alkohol	Viscosität	% Alkohol	Viscosität
0	0,00891	55,58	0,02273
5,09	0,0101	57,51	0,02247
12,5	0,0135	60,15	0,02243
24,6	0,0185	61,06	0,02212
32,4	0,0216	65,36	0,02104
37,39	0,0229	70,54	0,01995
38,26	0,0230	73,90	0,01957
41,21	0,0232	80,20	0,01744
46,17	0,0236	100,00	0,01113
50,2	0,0233		

Fig. 6 enthält zwei Kurven dieser Art.

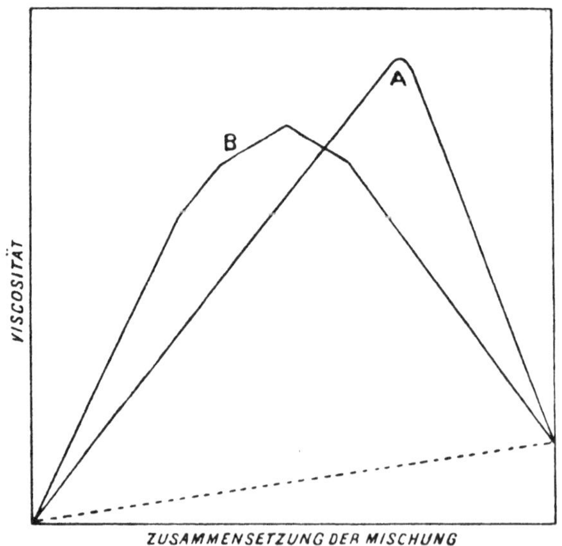

Fig. 6. Viscositätskurve bei konstanter Temperatur.

Die Kurve A hat eine Spitze an dem Maximalpunkte; sie gibt im großen und ganzen die Kurve für Essigsäure und Wasser wieder, deren Maximalviscosität bei dem Verhältnis $CH_3COOH \cdot H_2O$ gelegen ist.

Kurve B gibt ein Bild für die Mischungen von Alkohol und Wasser. Sie zeigt einen Knickpunkt beim Maximum, das dem

Verhältnis $C_2H_5OH \cdot 3H_2O$ entspricht, und drei andere an den Punkten $C_2H_5OH \cdot 2H_2O$, $C_2H_5OH \cdot 4{-}5H_2O$ und $C_2H_5OH \cdot 6H_2O$.

Eine Liste solcher Substanzen enthält die folgende Zusammenstellung.

Tabelle XVIa.

Mischung	Zusammensetzung	
	Maximum-Knickpunkt	Weitere Knickpunkte
Äthylalkohol und Wasser . .	$C_2H_5OH \cdot 3H_2O$ [1,2,3,4,5]	$C_2H_5OH \cdot 2H_2O$,[3,4] $4{-}5H_2O$, $6H_2O$ [3,4]
Methylalkohol und Wasser [4])	$CH_3OH \cdot 3H_2O$ . . .	$CH_3OH \cdot 2H_2O$
Propylalkohol und Wasser [6]).	$C_3H_7OH \cdot 2H_2O$ . . .	——
Allylalkohol und Wasser [6]) . .	$C_3H_5OH \cdot 3H_2O$ . . .	$C_3H_5OH \cdot 5H_2O$
Essigsäure und Wasser [2,7,4]) .	$CH_3COOH \cdot H_2O$ . . .	——
Pyridin und Wasser [11]) . . .	$2\,C_5H_5N \cdot 5H_2O$ . . .	$C_5H_5N \cdot 5H_2O$
Schwefelsäure und Wasser [2,8,9])	$H_2SO_4 \cdot H_2O$	$3\,H_2SO_4 \cdot H_2O$
Anilin und Phenol [10])	$C_6H_5NH_2 \cdot C_6H_5OH$.	——

Die dritte Gruppe umfaßt Mischungen mit einem Minimalwert in der Viscositätskurve, der tiefer liegt, als die Werte für die beiden Komponenten. Im allgemeinen weichen die Kurven nicht so sehr von dem berechneten Werte ab, als die der zweiten Gruppe. In Fig. 7 ist eine typische Kurve wiedergegeben.

Als wichtigste Gemische von diesem Typus, die untersucht worden sind, sind zu nennen:

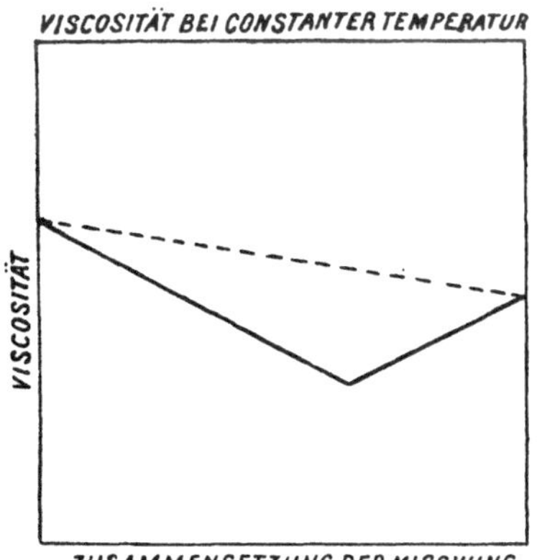

Fig. 7. Viscositätskurve bei konstanter Temperatur.

[1]) Poiseuille, Mém. Inst. Paris **9**, 433 (1846).
[2]) Graham, Phil. Trans. 151 (1861).
[3]) Varenne und Godefroy, Compt. Rend. **137**, 993 (1903).
[4]) Dunstan, Trans. Chem. Soc. **85**, 825 (1904).
[5]) Traube, Berichte d. Deutsch. chem. Ges. **19**, 871 (1886).
[6]) Dunstan, Trans. Chem. Soc. **87**, 11 (1905).
[7]) Wijkander, Loc. cit.
[8]) Knietsch, Berichte d. Deutsch. chem. Ges. **34**, 4069 (1901).
[9]) Dunstan, Trans. Chem. Soc. **91**, 84 (1907).
[10]) Tsakalotos, Bull. Soc. Chim. [4] **3**, 234 (1908).
[11]) Dunstan, Trans. Chem. Soc. **91**, 1731 (1907).

Tabelle XVIb.

Mischung	Zusammensetzung beim Minimum
Benzol und Essigsäure[1]	$5\,C_6H_6 \cdot CH_3COOH$
Benzol und Propylalkohol[1]	$12\,C_6H_6 \cdot C_3H_7OH$
Benzol und Äthylalkohol[1]	$9\,C_6H_6 \cdot C_2H_5OH$
Benzaldehyd und Äthylalkohol[1]	$C_6H_5CHO \cdot 5\,C_2H_5OH$
Cyanbenzol und Äthylalkohol[2]	$^5/_1$ molare Lösung
o-Nitrotoluol und Äthylalkohol[2]	2 Wendepunkte
m-Nitrotoluol und Äthylalkohol[2]	2 Wendepunkte

Bei der zweiten und dritten Gruppe der Mischungen ist die Erklärung des Verhaltens sehr einfach. In den zur dritten Gruppe gehörigen Gemischen ist mindestens ein Bestandteil assoziiert, und der Abfall der Viscosität ist auf den Zerfall von Molekularaggregaten in einfachere Teile oder in einzelne Moleküle zurückzuführen. Von den Mischungen der zweiten Gruppe, in denen die Viscosität rasch hohe Werte erreicht, kann man annehmen, daß die Aggregation der Moleküle zunimmt; diese Voraussetzung findet eine Stütze darin, daß der höchste Wert bei einer bestimmten molaren Zusammensetzung der Flüssigkeit erreicht wird. Überdies gehören die Bestandteile dieser Gemische zu einer ganz bestimmten Gruppe von Verbindungen, von denen bekannt ist, daß sie zur Bildung von Molekularverbindungen hinneigen. Andere physikalische Eigenschaften bestätigen dies; so weisen z. B. in Mischungen von Schwefelsäure und Wasser die Dichte,[3] der Schmelzpunkt,[4] die Oberflächenspannung[5] und Leitfähigkeit[6] auf das Vorhandensein ganz bestimmter Hydrate hin; auch die Schmelzpunktsbestimmungen in Gemischen von Alkohol und Wasser[7] zeigen das Vorhandensein eines Komplexes: $C_2H_5OH \cdot 2\,H_2O$ an.

Die Erklärung für die der ersten Gruppe angehörenden Fälle ist nicht so leicht. Viele der dorthin gehörigen Mischungen bestehen aus inerten monomolekularen Stoffen und sollten daher weder

[1] D u n s t a n, Trans. Chem. Soc. **85**, 817 (1904).

[2] W a g n e r, Zeitschr. f. phys. Chem. **46**, 867 (1903).

[3] P i c k e r i n g, Trans. Chem. Soc. **57**, 64, 331 (1890).

[4] J o n e s, Journ. Amer. Chem. Soc. **16**, 1 (1894); P i c t e t, Compt. Rend. **119**, 642 (1894); B u r t, Trans. Chem. Soc. **85**, 1351 (1894).

[5] R a m s a y und S h i e l d s, Trans. Chem. Soc. **65**, 179 (1894).

[6] K n i e t s c h, Loc. cit.; P i c k e r i n g, Loc. cit.

[7] P i c k e r i n g, Trans. Chem. Soc. **63**, 1072 (1893).

dissoziiert sein, noch bei der Mischung einer wesentlichen Assoziation fähig werden. Wenn also eine Änderung der Molekularassoziation der einzige Grund für eine abnormale Viscosität von Gemischen wäre, so müßten diese Flüssigkeiten der Mischungsregel folgen. Die Tatsache, daß sie es nicht tun, kann entweder durch die Annahme einer geringen Dissoziation und Assoziation erklärt werden, oder durch irgend einen anderen Einfluß, den wir noch nicht kennen. Vorläufig erscheint die erstere Annahme genügend und kann vielleicht eine Stütze in der Tatsache finden, daß an der Stelle, an der die größte Abweichung von dem berechneten Werte statthat, oft ein leichter Knickpunkt in der Kurve, entsprechend einer definierten Molekularverbindung der Flüssigkeit, vorhanden ist.

Ganz allgemein bewirkt Steigerung der Temperatur eine Abnahme der Viscosität von Mischungen; weiter scheint es, daß der Unterschied zwischen beobachteten und berechneten Werten mit steigender Temperatur geringer wird. Dieses Verhalten läßt auf den Zerfall von Molekularverbindungen beim Erhitzen der Flüssigkeit schließen. In Mischungen der zweiten Gruppe werden die großen Komplexe zerlegt; die Viscosität fällt mit steigender Temperatur. Gleichzeitig muß aber auch der berechnete Wert wegen der Abnahme der Viscosität der reinen Substanzen in viel geringerem Grade fallen; daher nähert sich der berechnete Wert langsam dem experimentell gefundenen. Ebenso vermindert die Erwärmung bei den Mischungen mit ausgesprochenem Minimum der Viscosität die Molekularkomplexität, und die gefundene Viscosität nimmt ab; der berechnete Wert fällt aber noch stärker, da die reinen Stoffe stärker assoziiert sind, als deren Mischung. Auch in diesem Falle streben also die beiden Werte darnach, sich einander zu nähern; tatsächlich ist es sehr einleuchtend, daß bei genügend hoher Temperatur die beiden Werte übereinstimmen.[1]

O. Faust[2] bestimmte die Dichten nnd Viscositäten der folgenden Gemische, für die von Zawidski die Dampfdruckkurve gemessen war: Benzol-Äthylenchlorid bei 0^0, $+19{,}4^0$ und $+50'$; Chloroform-Aceton bei -13^0, 0^0, $+19^0$, $+39^0$; Pyridin-Essigsäure bei $+18{,}4^0$, $+40^0$, $+70'$, $+99^0$; Pyridin-Wasser bei 0^0, $+18{,}3^0$, $+25{,}1^0$, $+55{,}5^0$, $+77^0$, $+100^0$; Essigsäureanhydrid-Wasser bei 0^0, $+18^0$, $+73^0$; Essigsäure-Anilin bei $+18^0$, $+59^0$, $+100^0$; Aceton-Schwefelkohlenstoff bei -13^0, -10^0, 0^0, $+15^0$, $+32^0$,

---

[1] Vgl. auch Beck und Treitschke, Zeitschr. f. phys. Chem. **58**, 425 (1907).
[2] Zeitschr. f. phys. Chem. **79**, 97 (1912); ds. Literatur.

$+35^{\circ}$; Aceton-Äthyläther bei 0°, $+14^{\circ}$, $+32^{\circ}$; Pyridin-Anilin bei $+19^{\circ}$, $+58,6^{\circ}$, $+100^{\circ}$; Essigsäure-Aceton bei 0°, $+18^{\circ}$, $+42^{\circ}$; Anilin-Aceton bei $+18^{\circ}$, $+41^{\circ}$. Nach dem Verlauf der Viscositätskurven können wieder drei verschiedene Typen unterschieden werden, nämlich Reibungen, welche gleich, größer oder — der häufigste Fall — kleiner sind, als sie sich nach der Mischungsregel aus den Viscositäten der Komponenten berechnen lassen. Gemische mit kleinerem Dampfdruck, als nach der Mischungsregel zu erwarten ist, hatten eine größere Viscosität, als erwartet werden konnte, u. z. Pyridin-Essigsäure, Anilin-Essigsäure, Essigsäureanhydrid-Wasser und Chloroform-Aceton. Ein Gemisch mit größerem Dampfdruck und kleinerer Viscosität ist Schwefelkohlenstoff-Aceton; bei tieferer Temperatur tritt bei der Viscosität ein Minimum auf. Bei Pyridin-Wasser zeigt sowohl die Dampfdruck- als auch die Viscositätskurve ein Maximum; wahrscheinlich bildet sich im flüssigen Zustande eine Verbindung, die im Dampfzustand dissoziiert. Das Maximum verschiebt sich mit steigender Temperatur nach der Seite des Stoffes mit größerer Viscosität, im Aceton-Chloroformgemisch z. B. nach der Seite des Chloroforms. Das Minimum verschiebt sich nach der Seite des Stoffes mit kleinerer Viscosität. Der Temperaturkoeffizient der inneren Reibung ist am größten bei den Gemischen, deren Viscosität am höchsten über dem nach der Mischungsregel berechneten Werte liegt, und am kleinsten für die Gemische, deren innere Reibung am meisten unter dem nach der Mischungsregel berechnetem Werte liegt, d. h. die Viscosität eines binären Flüssigkeitsgemisches nähert sich mit steigender Temperatur allmählich den nach der Mischungsregel berechneten Werten. Das Verhalten der Gemische spricht dafür, daß die innere Reibung mit der Assoziation wächst und mit der Dissoziation abnimmt. Wo die Viscosität von der Mischungsregel stark abweicht, tut dies auch die Dichte in demselben Sinne.

Die innere Reibung kristallinisch-flüssiger Gemische von p-Azoxyanisol und p-Azoxyphenetol hat Hans Pick[1]) untersucht und gefunden, daß die Viscosität der Gemische kleiner ist, als nach der Mischungsregel zu erwarten war, Die Reibungskurve verläuft schwach konkav nach oben.

Im ganzen ergibt sich, daß der Zusammenhang zwischen Viscosität und Zusammensetzung qualitativ in befriedigender Weise geklärt ist.

---

[1]) Zeitschr. f. phys. Chem. **77**, 577 (1911).

Isomorphe Verbindungen. — Dibenzyl, Stilben, Azobenzol, Benzylanilin und Benzalanilin sind isomorph. Aus den Arbeiten Becks[1]) geht hervor, daß ihre Viscositäten beim Schmelzpunkte nahe gleich sind, während die des Hydrazobenzols, dessen Struktur den genannten Substanzen sehr ähnelt, das aber nicht isomorph mit ihnen ist, völlig abweicht.

Tabelle XVII.

Viscositäten bezogen auf Benzol als Einheit.

Substanz	Schmelzpunkt	Viscosität	bei Temperatur von
Dibenzyl	52°	2,5214	53°
Azobenzol	68°	2,5078	69°
Benzalanilin	49°	2,5034	50°
Stilben	124°	2,5103	125°
Benzylanilin	32°	2,5106	33°
Hydrazobenzol	131°	2,9184	132°

Die Untersuchung von Mischungen dieser Substanzen hat gezeigt, daß entsprechend der Theorie die Schmelzpunktkurven immer kontinuierlich verlaufen: einige — entsprechend der Mischungsregel — ungefähr als gerade Linien, während andere ein schwaches Minimum aufweisen. Die Viscositäten dieser Gemische wurden bei ihrem Schmelzpunkte bestimmt. Die Viscositätskurven ähneln sehr den Schmelzpunktkurven; entweder sind beide linear oder die eine weist dort ein Minimum auf, wo die andere ein Maximum besitzt. Der Verlauf einiger Kurven ist in Fig. 8 wiedergegeben.

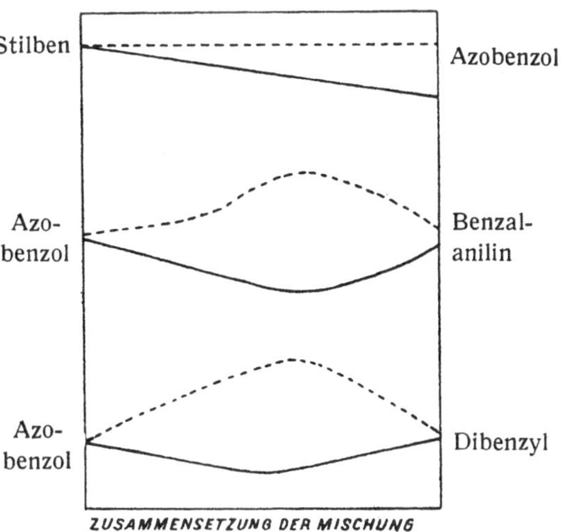

Fig. 8.   Die gestrichelten Kurven beziehen sich auf den Schmelzpunkt, die ausgezogenen auf die Viscositäten.

---

[1]) Zeitschr. f. phys. Chem. **48**, 652 (1904); auch Beck, Treitschke und Ebbinghaus, Zeitschr. f. phys. Chem. **58**, 425 (1907).

Wenn in dem letzteren Falle die Messungen bei Temperaturen gemacht werden, welche der Mischungsregel entsprechen, so wird die Viscositätskurve linear. Bei nicht isomorphen Verbindungen können derartige Regelmäßigkeiten nicht beobachtet werden. Daraus wurde das Gesetz gefolgert, daß die Viscosität isomorpher Verbindungen eine lineare Funktion ihrer Zusammensetzung ist.

Quantitative Beziehungen. — Bevor wir uns mit der Viscosität von Elektrolytlösungen befassen, muß noch die Untersuchung von Sv. Arrhenius[1] über die Viscosität verdünnter Lösungen von Nichtelektrolyten in Wasser Erwähnung finden. Arrhenius hat gezeigt, daß man die Beziehungen zwischen der Viscosität einer Lösung und ihrer Zusammensetzung durch den Ausdruck

$$\eta = A^x B^y$$

ausdrücken kann, in welchem x und y die Prozentgehalte und A und B zwei Konstanten der betreffenden Flüssigkeiten sind. Die nahe Übereinstimmung zwischen den beobachteten Werten und den berechneten[2] nach dieser Formel zeigt die Tabelle XVIII.

Tabelle XVIII.

%	Substanz in wässeriger Lösung	Spezifische η bezogen auf Wasser als Einheit			
		bei 0°		bei 25°	
		beob.	ber.	beob.	ber.
5	Methylalkohol	1,159	1,155	1,114	1,112
5	Äthylalkohol	1,241	1,247	1,167	1,161
5	Isobutylalkohol	1,279	1,275	1,178	1,176
2	Aceton	1,111	1,118	1,103	1,095
5	Äthylacetat	1,067	1,063	1,044	1,044
2	Methylacetat	—	—	1,035	1,036
4,4	Glycerin	1,167	1,163	—	—
5	Äthyläther	—	—	1,146	1,144
3,8	Dextrose.	—	—	1,153	1,162
3,8	Mannit	—	—	1,161	1,173

Der Wert von A — die relative Viscosität einer einvolumenprozentigen Lösung — ist ebenfalls berechnet worden; die Werte

---

[1] Zeitschr. f. phys. Chem. 1, 288 (1887).
[2] Wenn man gegen Wasser, mit η als 1 mißt, so wird $\eta = A^x$.

für eine Anzahl Substanzen sind in der folgenden Tabelle wiedergegeben.

Tabelle XVIII a.

A			A		
Substanz	bei 0°	bei 25°	Substanz	bei 0°	bei 25°
Methylalkohol . .	1,029	1,021	Aceton	1,022	1,019
Äthylalkohol . . .	1,045	1,030	Methylformiat . .	1,011	1,010
Propylalkohol . . .	1,050	1,032	Äthylformiat . . .	1,019	1,015
Butylalkohol . . .	1,045	1,030	Propylformiat . .	1,026	1,017
Isobutylalkohol . .	1,050	1,033	Methylacetat . . .	1,026	1,018
Isoamylalkohol . .	1,043	1,031	Äthylacetat . . .	1,031	1,022
Trimethylcarbinol .	1,057	1,040	Propylacetat . . .	1,037	1,020
Dimethyläthylcar-			Glycerin	1,035	1,023
binol	1,059	1,040	Rohrzucker . . .	1,068	1,046
Glycol	1,030	1,026	Mannit	1,051	1,043
Äthyläther	1,040	1,026	Dextrose	1,044	1,040
Allylalkohol . . .	1,041	1,026			

Aus diesen Zahlen ergibt sich, daß viele Nichtelektrolyte die
Viscosität des Wassers erhöhen, sogar dann, wenn sie für sich allein
niedrigere Viscositätskoeffizienten haben. Auch gewisse Einflüsse
konstitutioneller Natur machen sich bemerkbar; A ist bei den normalen Alkoholen kleiner als bei den sekundären, und bei diesen
wieder geringer als bei den tertiären Carbinolen. Thorpe und
Rodger hatten ähnliche Folgerungen gezogen.

Die Genauigkeit, mit der diese Formel die Viscosität von Gemischen wiedergibt, ist später nachgeprüft worden.[1]) Reyher[2])
hat Lösungen verschiedener Konzentration untersucht und gefunden, daß die Beziehung selbst bei mäßig hoher Konzentration
versagt; tatsächlich ist dies auch aus den Resultaten von Arrhenius zu ersehen.

Auch auf die von A. Einstein[3]) gegebene Beziehung sei hier hingewiesen. Ist k^* der Reibungskoeffizient der Lösung, k derjenige

---

[1]) R. Abegg, Zeitschr. f. phys. Chem. **11**, 248 (1893); Lauenstein,
Zeitschr. f. phys. Chem. **9**, 417 (1892); ferner Rudorf.

[2]) Reyher, Zeitschr. f. phys. Chem. **2**, 744 (1888); vgl. Fawsitt, Proc.
Roy. Soc. Edin. **25**, 51 (1905); Zeitschr. f. phys. Chem. **48**, 585 (1904); Trans.
Chem. Soc. **93**, 1004 (1908).

[3]) Diss. (Bern. 1905), Ann. de Phys. [4] **19**, 303 (1906). Vgl. auch Zeitschr.
f. Elektrochem. **14**, 237 (1908).

des Lösungsmittels und φ das Gesamtvolumen der in Lösung befindlichen Moleküle pro Volumeneinheit, so ist

$$\frac{k^*}{k} = 1 + 2{,}5\,\varphi.$$

A. Einstein[1]) hat auch den Zusammenhang zwischen Viscosität und Diffusionskoeffizient (D) abgeleitet:

$$D = \frac{RT}{6\pi N} \cdot \frac{1}{\eta\rho}$$

(R die Gaskonstante, N die Avogadrosche Zahl, ρ der hydrodynamisch wirksame Molekularradius, T die Temperatur abs.).

Ersetzt man[2]) ρ durch $\sqrt[3]{\dfrac{3MV}{4\pi N}}$, so folgt die Konstanz von $D\eta\sqrt[3]{MV}$, während empirisch[3]) $D\eta\sqrt{M}$ konstant gefunden wurde. Ferner ergibt sich aus der Gleichung von Einstein die Konstanz von $D\cdot\eta$ für denselben Stoff, die ebenfalls empirisch aufgefunden wurde.[4])

§ 7. Lösungen von Elektrolyten.

Allgemeine Beziehungen. — Arrhenius[5]) hat zuerst gezeigt, daß der Einfluß der Elektrolyte auf die Viscosität verschieden groß ist; einige, wie Kaliumjodid und Ammoniumchlorid erniedrigen die Viscosität des Wassers, während andere Salze, besonders solche mit zweiwertigen Ionen, eine Erhöhung bewirken. Durch gleichzeitige Beobachtung der Viscosität und der Leitfähigkeit normaler Salzlösungen fand Arrhenius, daß diejenigen Salze, die eine Erniedrigung hervorrufen[6]), die größte Leitfähigkeit zeigen. Er schloß daraus, daß die Ionisation in wässerigen Lösungen die Viscosität des Lösungsmittels herabsetzt, daß aber dieser Einfluß

---

[1]) dass., vgl. v. Smoluchowski, Ann. de Phys. [4] 21, 756 (1906).

[2]) von Wogau, Ber. d. Dtsch. Phys. Ges. 6, 542 1908). J. Perrin, Die Brownsche Bewegung und die wahre Existenz der Moleküle (Dresden 1910). R. O. Herzog, Zeitschr. f. Elektrochem. 16, 1003 (1910). A. Mozzucchelli, Atti R. Accad. dei Lincei, Roma [5] 20, II, 124 (1911).

[3]) P. Walden, Zeitschr. f. Elektrochem. 12, 77 (1906).

[4]) Vgl. R. O. Herzog l. c. Pissarjewsky u. Karp, Z. f. phys. Chem. 63, 257 (1908).

[5]) Zeitschr. f. phys. Chem. 1, 208 (1887).

[6]) Man bezeichnet dieses Verhalten als „negative Viscosität"; vgl. Taylor, Proc. Edin. Roy. Soc. 25, 227 (1905).

durch den der undissoziierten Moleküle, welche die Viscosität erhöhen, verdeckt werden kann.

Auf Grund der neueren Forschungen erscheint das Problem jedoch viel verwickelter. Im nachfolgenden wird gezeigt werden, daß die Viscosität einer vollkommen dissoziierten Lösung der Hauptsache nach von der Viscosität des Lösungsmittels und von der Größe der Ionenhüllen abhängig ist. Um den Einfluß der Ionisation auf die Viscosität einer nicht ionisierten Lösung vorherzusagen, ist mindestens die Kenntnis des Molekularzustandes der undissoziierten Bestandteile sowie des Durchmessers der „Ionenhüllen" des Lösungsmittels unbedingt erforderlich.

Da diese Größen bei den verschiedenen Salzen verschieden sind, so ist es bisher unmöglich, eine allgemeine Regel für den Einfluß der Ionisation aufzustellen.

In zahlreichen Arbeiten[1]) vor und nach Arrhenius ist der Versuch gemacht worden, eine Beziehung zwischen der Viscosität und der Konzentration des gelösten Stoffes zu finden; da jedoch die Frage nach dem Dissoziationsgrade vernachlässigt worden ist, so haben diese Bemühungen nur wenig Erfolg gehabt.

Die Lösung eines Elektrolyten kann bei irgend einer Temperatur und Konzentration als Mischung zweier Lösungen betrachtet werden:

    1. einer Lösung undissoziierter Moleküle und Molekülaggregate und

    2. einer Lösung der Ionen.

Wenn die Viscosität jeder dieser Komponenten bekannt wäre, würde sich die Viscosität einer Lösung auf Grund der Mischungsregel unter der Voraussetzung berechnen lassen, daß beide Ursachen unabhängig voneinander zur Wirkung gelangen. Euler[2]) hat gezeigt, daß man die Viscosität einer Salzlösung mit Hilfe der Formel von Arrhenius berechnen kann. Wie erwähnt, galt $\eta = A^x B^y$ für die Mischungen zweier Flüssigkeiten, wenn ihre Viscositätskoeffizienten A und B waren und x und y die bezüglichen Konzentrationen bedeuten. Betrachtet man nun eine Lösung eines binären Elektrolyten als Mischung dreier Flüssigkeiten:

---

[1]) Sprung, Pogg. Ann. **159**, 1 (1876); Hubner, Pogg. Ann. **150**, 248 (1873); Slotte, Wied. Ann. **20**, 257 (1883); Beiblätter Wied. Ann. **16**, 182 (1882); Brückner, Wied. Ann. **42**, 287 (1891); Wagner, Wied. Ann. **18**, 259 (1883); Zeitschr. f. phys. Chem. **5**, 31 (1890); **46**, 867 (1903).

[2]) Zeitschr. f. phys. Chem. **25**, 536 (1898).

1. der Lösung des undissoziierten Salzes,
2. der Lösung des Anions und
3. der Lösung des Kations,

so erhält man:

$$\eta = S^x A^y K^y,$$

worin S, A und K die Viscositäten der Salzlösung, der Lösung des Anions und der des Kations sind; bezeichnet man mit a den Dissoziationsgrad, so ergibt sich weiter:

$$\eta = S^{(1-a)} A^a K^a.$$

Daraus ergibt sich, daß die Viscosität einer Salzlösung von dem Dissoziationsgrade des gelösten Salzes abhängig ist. Daher steht zu erwarten, daß zwischen der Viscosität und der Leitfähigkeit einer Salzlösung eine Beziehung besteht. Quantitative Untersuchungen[1] bestätigen dies.

Viscosität und Leitfähigkeit. — Man kann die Beziehungen zwischen Leitfähigkeit und Viscosität an der Hand der Größenänderungen verfolgen, welche diese Eigenschaften bei geänderter Konzentration und Temperatur erleiden. Es hat sich ergeben, daß Fluidität und Viscosität mit der Verdünnung zunehmen und die Kurven, welche den Zusammenhang der Leitfähigkeit bzw. der Fluidität mit der Konzentration darstellen, denselben Verlauf zeigen. Mit der Temperaturerniedrigung einer Salzlösung fallen Leitfähigkeit und Viscosität; die Temperaturkurven dieser beiden Eigenschaften sind einander sehr ähnlich. H. Kohlrausch fand durch Extrapolation aus der Leitfähigkeits-Temperaturkurve, daß bei etwa −35° C die Leitfähigkeit einer wässerigen Salzlösung gleich Null wird; indem er die Fluiditäts-Temperaturkurve in gleicher Weise benützte, fand sich, daß die Fluidität den Nullpunkt bei etwa −34° C erreicht.[2]

---

[1] G. Wiedemann, Pogg. Ann. **99**, 177 (1856); Wied. Ann. **20**, 537 (1883); Grotrian, Pogg. Ann. **157**, 130 (1875); **160**, 238 (1887); Reyher, Zeitschr. f. phys. Chem. **2**, 744 (1888); Stephan, Wied. Ann. **17**, 673 (1882); Großmann, Wied. Ann. **18**, 119 (1883); Wöllmer, Wied. Ann. **52**, 347 (1894); Schlamp, Zeitschr. f. phys. Chem. **14**, 284 (1894); Pissarjewski und Lemcke, Zeitschr. f. phys. Chem. **52**, 479 (1905); Massoulier, Compt. rend. **130**, 173 (1900); **143**, 218 (1906); Kohlrausch, Proc. Roy. Soc. **71**, 338 (1903); Jahrbuch der Elektrochemie 8, 156 (1901); **10**, 196 (1903); Lauenstein, Zeitschr. f. phys. Chem. **9**, 417 (1892).

[2] Hosking, Phil. Mag. [6] **7**, 469 (1904); Hechler, Drud. Ann. **15**, 157 (1904); Bousfield und Lowry, Proc. Roy. Soc. **74**, 280 (1905); Taylor und Ranken, Proc. Roy. Soc. **25**, 231 (1905).

Lauenstein hat darauf aufmerksam gemacht, daß eine bestimmte Änderung der Konstitution einer organischen Säure auf Leitfähigkeit und Viscosität eine gleichgerichtete Wirkung hervorbringt. Z. B.:

Tabelle XIX.

	Mol. Leit-fähigkeit	η
o-Oxybenzoesäure	0,102	1,5157
m-Oxybenzoesäure	0,0087	1,5787
p-Oxybenzoesäure	0,0028	1,7022
o-Phthalsäure	0,121	1,5052
m-Phthalsäure	0,028	1,4790
p-Phthalsäure	0,015	1,4649

Beim Übergang von der ortho- zur meta- und para-Oxybenzoesäure fällt die Leitfähigkeit, während die Viscosität zunimmt; in den Phthalsäuren nehmen beide zusammen ab. Eine ähnliche Abstufung findet sich bei den Brom-, Chlor- und Cyanbenzoesäuren:

Tabelle XIXa.

Säuren	Mol. Leitfähigkeit	η
m-Brombenzoesäure	0,0137	1,744
m-Chlorbenzoesäure	0,0155	1,713
m-Cyanbenzoesäure	0,0199	1,645

Ganz allgemein verlaufen Leitfähigkeit und Fluidität parallel.

Viscosität und Ionenbeweglichkeit. — Das Studium der Beziehungen zwischen Viscosität und Leitfähigkeit hat gezeigt, daß letztere von der inneren Reibung des Lösungsmittels abhängt. Walden[1]) hat Lösungen eines „Normalelektrolyten" — Tetraäthylammoniumjodid — in einer großen Anzahl organischer Lösungsmittel untersucht und gefunden, daß bei vollständiger Dissoziation

$$\lambda_\infty \eta_\infty = \text{konstant};$$

in welchem Ausdruck λ_∞ der Grenzwert der Leitfähigkeit ist, und η_∞ die Viscosität des reinen Lösungsmittels bedeutet. In der

---

[1]) Zeitschr. f. phys. Chem. **55**, 244 (1906).

Tabelle XX sind in der ersten Kolonne die untersuchten Lösungsmittel, in der zweiten die Viscositätskoeffizienten bei $0°$ C, in der dritten λ_∞ bei $0°$ C und in der vierten der Wert der Konstanten angegeben.

Tabelle XX.
Bei $0°$ C.

I.	II.	III.	IV.
Lösungsmittel	η_∞^0	λ_∞^0	$\lambda_\infty^0 \cdot \eta_\infty^0$
Aceton	0,00397	177	0,703
Propionsäurenitril	0,00541	129	0,618
Nitromethan	0,00829	93,5	0,775
Methylalkohol	0,00846	90	0,761
Äthylisothiocyanat	0,00846	82	0,694
Methylthiocyanat	0,0101	70	0,707
Acetylaceton	0,0115	57	0,656
Sym. Äthylsulfit	0,0119	55	0,655
Acetanhydrid	0,0130	52,5	0,683
Epichlorhydrin	0,0156	43,2	0,674
Äthylalkohol	0,0179	37	0,662
Benzonitril	0,0194	35	0,679
Furfurol	0,0248	30	0,744
Diäthylsulfat	0,0264	26	0,686
Dimethylsulfat	0,0270	28	0,756
Nitrobenzol	0,0307	25	0,768
Benzylcyanid	0,0338	19	0,642
Asym. Äthylsulfit	0,0440	14,4	0,634
Citraconsäureanhydrid	0,0740	10,5	0,777
			0,700

Bei dieser Temperatur ist also der Mittelwert der Konstanten gleich 0,700.

Die nächste Tabelle (XXa) enthält die Werte bei $25°$ C.

Tabelle XXa.
$25°$ C.

Lösungsmittel	η_∞^{25}	λ_∞^{25}	$\eta_\infty^{25} \cdot \lambda_\infty^{25}$
Aceton	0,00316	225	0,711
Acetonitril	0,00346	200	0,692
Acetylchlorid	0,00387	172	0,666
Propionsäurenitril	0,00413	165	0,682
Äthylnitrat	0,00497	138	0,686
Methylalkohol	0,00580	124	0,719

Lösungsmittel.	η_∞^{25}	λ_∞^{25}	$\eta_\infty^{25} \cdot \lambda_\infty^{25}$
Nitromethan	0,00619	120	0,743
Äthylisothiocyanat	0,00618	106	0,655
Methylthiocyanat	0,00719	96	0,690
Äthylthiocyanat	0,00775	84,5	0,655
Acetylaceton.	0,00780	82	0,640
Acetanhydrid	0,00860	76	0,654
Epichlorhydrin	0,0103	66,8	0,688
Äthylalkohol.	0,0108	60	0,648
Benzonitril	0,0125	56,5	0,706
Benzaldehyd	0,0140	42,5?	(0,595)
Furfurol.	0,0149	50	0,745
Diäthylsulfat	0,0160	43	0,688
Dimethylsulfat	0,0176	43	0,757
Nitrobenzol	0,0182	40	0,728
Benzylcyanid	0,0193	36	0,695
Milchsäurenitril	0,0215	(40)	(0,860)
Asym. Äthylsulfit	0,0238	26,4	0,628
Äthylcyanacetat	0,0250	28,2	0,705
Salicylaldehyd	0,0281	25	0,703
Formamid	0,0321	ca. 25	0,802
Citraconsäureanhydrid	0,0338	22,5	0,760
Anisaldehyd	0,0422	16,5	0,696
Äthylbenzoylacetat	0,0805	ca. ? 8	0,644
Wasser	0,00891	112,5	1,00

Auch hier ist. wieder die mittlere Konstante, wenn man vom
Wasser absieht, fast konstant = 0,700. Formamid und Milchsäure-
nitril zeigen die größten Abweichungen vom mittleren Werte; doch
ist es schwer, λ_∞ in diesen Substanzen zu messen, da die Eigen-
leitfähigkeit sehr hoch ist. Wasser fällt aus der Reihe; man
weiß aber, daß dieses Lösungsmittel zahlreiche Besonderheiten
aufweist.[1]

Die gefundene Beziehung ist also von der Temperatur unabhängig,
und es ergibt sich daher:

$$\eta_\infty^t \, \lambda_\infty^t = \eta_\infty^{t'} \, \lambda_\infty^{t'} = 0,700$$

oder

$$\frac{\eta_\infty^t}{\eta_\infty^{t'}} = \frac{\lambda_\infty^t}{\lambda_\infty^{t'}}.$$

---

[1] P. Walden und Centnerzwer, Zeitschr. f. phys. Chem. **39**, 529, 547,
580, 592, 596 (1902).

Jones[1]) und seine Mitarbeiter machten dieselbe Beobachtung ungefähr gleichzeitig mit Walden. Sie prüften die Leitfähigkeit verschiedener anorganischer Salze in Methyl- und Äthylalkohol und fanden, daß diese Eigenschaft bei vergleichbaren Lösungen binärer Elektrolyte der Viscosität des Lösungsmittels umgekehrt proportional ist und in direktem Verhältnis zu dem Dissoziationsfaktor des gelösten Salzes steht. Es ist also:

$$\frac{\lambda_v \eta}{a} = \text{konstant},$$

wo λ_v und η die übliche Bedeutung haben und a der Dissoziationsfaktor ist.

Zu dem Ergebnis, daß das Produkt aus der Ionenbeweglichkeit des Gelösten und der Viscosität des Lösungsmittels für einen gelösten Stoff in verschiedenen Solventien konstant ist, kommt man auch durch Kombination der oben angegebenen Diffusionsformel von Einstein mit dem Ausdruck für den Diffusionskoeffizienten von Nernst

$$D = \frac{2UV}{U + V} \cdot RT,$$

oder noch einfacher nach Pellat[2]) direkt mittels des Stokesschen Satzes. Für irgend einen gegebenen Elektrolyten ist also in einem organischen Lösungsmittel das Produkt aus Viscosität und dem Grenzwert der Leitfähigkeit von der Natur des Lösungsmittels und der Temperatur unabhängig. Diese Beziehung gibt einen Anhaltspunkt für den Zustand der Ionen in gelöster Form. Die Geschwindigkeit der Ionen muß von der Reibung zwischen ihnen und den angrenzenden Teilen des Lösungsmittels abhängig sein; dementsprechend ergibt sich, daß dasselbe Ion in verschiedenen Lösungsmitteln sich verschieden schnell fortbewegt. Da jedoch, wie bereits erwähnt, die Temperaturkoeffizienten der Ionenbeweglichkeit (λ_∞) und der inneren Reibung des Lösungsmittels gleich sind, so folgt, daß die Reibung zwischen Ionen und Lösungsmittel von derselben Natur ist, als die zwischen den Teilen des Lösungsmittels selbst. Daraus schließt man weiter, daß sich die Ionen nicht frei

---

[1]) Amer. Chem. Journ. **32**, 521 (1904); Zeitschr. f. phys. Chem. **56**, 162 (1906).

[2]) Traité d'Electricité **3**, 56; s. auch die Berechnung von Poynting bei Bousfield, Zeitschr. f. phys. Chem. **53**, 302 (1905).

in der Lösung bewegen, sondern von Hüllen aus dem Lösungsmittel umgeben sind, so daß der Reibungswiderstand, den sie erleiden, nur von Teilen des Lösungsmittels herrührt.[1]

An dieser Stelle muß auch auf die Untersuchungen von Wm. Sutherland[2] hingewiesen werden, der auf Grund theoretischer Erwägungen gezeigt hat, daß

$$a_v = \frac{\lambda_v \eta}{\lambda_\infty \eta_\infty}$$

ist, wobei a der Dissoziationsfaktor des Elektrolyten bei der Verdünnung v ist, λ_v und λ_∞ die molekularen Leitfähigkeiten und η und η_∞ die Viscositäten der Lösung bzw. des reinen Lösungsmittels sind.

Caroll[3] hat bewiesen, daß die Geschwindigkeit, mit welcher sich ein Ion in der Lösung bewegt, in bestimmter Beziehung zu seinem Volumen und zu seiner Wertigkeit steht, sowie zu der Dielektrizitätskonstante und der Viscosität des Lösungsmittels. Die Beziehung kann durch die Formeln

$$\frac{c\eta}{n_1 E V_c^{\frac{1}{3}}} = K_c \quad \text{und} \quad \frac{a\eta}{n_2 E V_a^{\frac{1}{3}}} = K_a$$

ausgedrückt werden, in denen c und a = Geschwindigkeiten von Kation und Anion, n_1 und n_2 = Wertigkeiten von Kation und Anion, V_c und V_a = Volumen der Ionen, E = Dielektrizitätskonstante und η = Viscosität des Lösungsmittels und K_c und K_a Konstanten für die beiden Ionen sind.

In der folgenden Tabelle XXI sind die Werte der Konstanten für verschiedene Anionen und Kationen in Wasser und Methylalkohol als Lösungsmitteln angegeben. Wie man sieht, sind die Werte für Anionen und Kationen verschieden, aber die Werte innerhalb der beiden Gruppen stimmen ungefähr überein.

Der mittlere Wert für Kationen beträgt 220×10^5, der für Anionen 297×10^5.

---

[1] Zeitschr. f. phys. Chem. **55**, 707 (1906).

[2] Phil. Mag. [6] **3**, 167 (1902); auch Bousfield, Zeitschr. f. phys. Chem. **53**, 257 (1905).

[3] Amer. Chem. Journ. **36**, 594 (1906). Vgl. R. Lorenz, Zeitschr. f. phys. Chem. **73**, 252 (1910), J. Perrin, l. c. 70, R. O. Herzog, Zeitschr. f. Elektrochem. 1910, S. 1004.

Tabelle XXI.

H_2O $\eta = 0,01054$ bei $18°$[1]) $E = 80,8$ bei $18°$[2])				CH_3OH $\eta = 0,00553$ bei $25°$[1]) $E = 31,7$ bei $25°$[2])	
	Ion.-Vol.[3])	Ion.-Geschw.[4])	$k \times 10^5$	Ion.-Geschw.	$k \times 10^5$
Li	11,9	33,4	191	27,8	212
Na	23,7	43,6	198	37,3	227
K	45,5	64,7	236	45,9	224
Rb	56,3	68,0	231	—	—
Cs	70,6	68,0	215	—	—
Ca	25,3	51,8	230	—	—
Sr	34,5	51,7	207	—	—
Ba	36,5	55,5	218	—	—
Cl	25,4	65,4	290	49,5	294
Br	25,6	67,6	299	50,2	297
J	25,6	66,4	294	52,4	310

Eine weitere Prüfung dieser Beziehung ist möglich, wenn man die Gleichungen für Anion und Kation zusammenzieht. Man erhält dann den Ausdruck:

$$\frac{(c + a)\eta}{E(n_1 V_c^{\frac{1}{3}} + \frac{K_a}{K_c} n_2 V_a^{\frac{1}{3}})} = \text{Konst.}$$

In dieser Formel ist $c + a$ die Summe der Geschwindigkeiten von Anion und Kation; der Ausdruck bleibt konstant, wenn man an deren Stelle den experimentell gefundenen Wert von λ_∞ setzt. Durch die folgenden Zahlen wird dies für eine Anzahl von Elektrolyten in wässeriger Lösung bewiesen.

Tabelle XXII.

$K \times 10^5$ in wässeriger Lösung.

	Cl	Br	J	$- NO_3$	$= SO_4$
Li	208	—	—	200	—
Na	209	219	216	201	204
K	226	230	228	215	224
Rb	222	—	—	—	—

[1]) Thorpe und Rodger, Phil. Trans. **185** A (1894).
[2]) P. Drude, Wied. Ann. **59**, 49 (1896).
[3]) Wi. Ostwald, Lehrbuch **1**, 855 (Leipzig 1891).
[4]) H. Kohlrausch, Sitzungsber. d. Kgl. Preuß. Akad. **26**, 572 (1895).

	Cl	Br	J	$- NO_3$	$= SO_4$
Cs	216	—	—	—	—
Ca	219	—	—	205	218
Sr	217	—	—	202	—
Ba	216	—	—	191	—
Zn	236	—	—	—	229
Mg	226	—	—	—	205
Tl	237	237	—	224	—
Cd	220	—	—	—	213

$K \times 10^5$ in CH_3OH

NaCl bei 25⁰ 227		KCl bei 25⁰ 227
NaBr bei 25⁰ 253		KBr bei 25⁰ 229
NaJ bei 18⁰ 230		KJ bei 18⁰ 217

Caroll zeigte auch, daß man diese Beziehung theoretisch ableiten kann. Unter der Voraussetzung, daß 1. das Ion sphärisch gebaut ist und daß 2. seine Ladung gleichmäßig über die ganze Oberfläche verteilt ist, kann gezeigt werden, daß

$$v = \frac{E V^{\frac{1}{3}}}{\eta} K,$$

wobei v = der Geschwindigkeit des Ions ist. Diese Beziehung stimmt jedoch nicht immer; sie trifft ungefähr zu, wenn die Hülle des Lösungsmittels im Vergleich zur Größe des Ions so dick ist, daß letzteres vernachlässigt werden kann. Möglich ist auch, daß die Abweichungen der Werte von K_c und K_a in den Tabellen XXI und XXII auf Änderungen der Dicke der Hülle zurückzuführen sind, welche die verschiedenen Ionen umgeben.

Diese Arbeiten führen also zu dem Schlusse, daß die Größe der Beweglichkeit eines Ions von der mechanischen Reibung der Teile des Lösungsmittels abhängt. Man erhält so die Gewißheit — welche übrigens auch durch andere physikalische Eigenschaften nahegelegt wird —,[1] daß die Ionen mit einer Hülle umgeben sind, mit welcher sie sich durch die Masse der Flüssigkeit hindurchbewegen. Der Zustand, in welchem sich die in Lösung vorhandenen Ionen befinden, wird

---

[1] Vgl. Morgan und Kanolt, Amer. Chem. Journ. **28**, 572 (1902); Buchbock, Zeitschr. f. phys. Chem. **55**, 563 (1906); Washburn, Zeitschr. f. phys. Chem. **66**, 513 (1909); Jahrb. f. Radioaktivität **1908**, 49 und **1909**, 69; Reinhold, Diss. (Freiburg i. B. 1910); Roth, Zeitschr. f. phys. Chem. **79**, 599 (1912).

am besten durch einen Ausspruch Kohlrauschs[1]) charakterisiert: „Um jedes Ion befindet sich eine Hülle des Lösungsmittels, deren Dimensionen von den individuellen Kennzeichen des Ions bestimmt sind ... Der elektrische Widerstand eines Ions ist ein Reibungswiderstand, der mit der Dicke dieser Hülle wächst. Die direkte Einwirkung des Ions auf die weiteren Teile des Lösungsmittels nimmt ab, je größer die Dicke dieser Schicht wird." Wege zur Ermittlung dieser Wasserhülle haben Nernst[2]), Riesenfeld und Reinhold[3]), sowie Reinhold[4]) angegeben.

Viscosität der Elektrolyte und ihre Konstitution. — Lauenstein[5]) und Reyher[6]) haben die Viscosität organischer Säuren in wässeriger Lösung untersucht. Die Viscosität der gelösten Säuren oder Salze wurde aus der Viscosität der Lösungen mit Hilfe der Formel $\eta = A^x B^y$ berechnet. Die Resultate enthält Tabelle XXIII; bei der Betrachtung der Zahlen darf nicht vergessen werden, daß sie nicht streng vergleichbar sind, da der Dissoziationsgrad nicht berücksichtigt ist. In Wahrheit geben die Zahlen die Viscosität eines Gemisches von undissoziiertem Salz und von Ionen in verschiedenem Verhältnis wieder.

Tabelle XXIII.

Relative Viscosität (Wasser = 1) bei 25° C. Berechnet nach der Formel von Arrhenius aus der Viscosität wässeriger Lösungen.

Substanz	η	Substanz	η
Malonsaures Natrium . .	1,2277	Phenylessigsaures Natrium	1,7532
Bernsteinsaures Natrium .	1,3914	Phenylglycolsaur. Natrium	1,7490
Methylmalonsaur. Natrium	1,3965	o-Toluylsaures Natrium .	1,8214
Methylbernsteinsaures		m-Toluylsaures Natrium .	1,6098
Natrium	1,5102	p-Toluylsaures Natrium .	1,7723
Adipinsaures Natrium . .	1,5447	o-Oxybenzoesaur. Natrium	1,5157
Korksaures Natrium . . .	1,6744	m-Oxybenzoesaur. Natrium	1,5787
Azelainsaures Natrium . .	1,9905	p-Oxybenzoesaur. Natrium	1,7022
Essigsaures Natrium . . .	1,3954	Fumarsaures Natrium . .	1,3371
Glycolsaures Natrium . .	1,3492	Maleinsaures Natrium . .	1,2390

[1]) Proc. Roy. Soc. **71**, 338 (1903).
[2]) Göttinger Nachr. Math. phys. Kl. 1900. 1.
[3]) Zeitschr. f. phys. Chem. **66**, 672 (1909).
[4]) Zeitschr. f. Elektrochem. **14**, 766 (1908).
[5]) Zeitschr. f. phys. Chem. **9** (1892).
[6]) Zeitschr. f. phys. Chem. **2**, 744 (1888). Vgl. z. B. auch noch Jones und Veazey, Zeitschr. f. phys. Chem. **61**, 641 (1908); **62**, 44 (1908) u. a.

Substanz	η	Substanz	η
Citraconsaures Natrium .	1,4320	Benzoesaures Natrium . .	1,6425
Mesaconsaures Natrium .	1,4187	o-NitrobenzoesauresNatrium	1,7040
Acetylendicarbonsaures		m-Nitrobenzoesaur. Natrium	1,6816
Natrium	1,7116	p-Nitrobenzoesaur. Natrium	1,4390
Apfelsaures Natrium . .	1,3680	Phthalsaures Natrium . .	1,5052
Weinsaures Natrium . . .	1,3262	Isophthalsaures Natrium .	1,4790
Zimtsaures Natrium . . .	1,8107	Terephthalsaures Natrium	1,4649
Hydrozimtsaures Natrium	1,8685	Phenoxylessigsaur. Natrium	1,7411

Aus diesen Versuchen ergeben sich folgende Schlüsse.

1. Die Addition einer $-CH_2$ Gruppe bringt einen Anstieg in der Viscosität hervor.

2. Beim Eintritt einer $-COOH$-Gruppe wächst ebenfalls die Viscosität.

3. Der Verlust von H_2 unter Bildung einer doppelten Bindung erniedrigt die Viscosität; ein weiterer Verlust von H_2, der zu einer Acetylenbindung führt, bringt hingegen wieder eine Steigerung hervor.

4. Die Fumarsäure besitzt eine größere Viscosität als die Maleinsäure; Citraconsäure hingegen ist viscoser als Mesaconsäure.

5. Die Einführung von Hydroxylgruppen erniedrigt die Viscosität.

6. Isomere Benzolderivate haben verschiedene Viscositäten.

Auf die Viscosität der kolloiden Lösungen soll hier nicht näher eingegangen werden, zumal die Verhältnisse mit dem hier zu behandelnden Thema vorerst nicht in enge Beziehung gebracht werden können und sie außerdem in Spezialwerken eingehend behandelt sind.

§ 8. Anwendungen der Viscositätsbeziehungen.

Die Bildung komplexer Salze und sog. Molekularverbindungen. — Die Viscosität kann verwendet werden, um die Existenz unstabiler Verbindungen, welche mit Hilfe der gewöhnlichen Laboratoriumsmethoden nicht isoliert werden können, nachzuweisen. Die Methode ergibt sich aus dem über die Viscosität von Gemischen Gesagten. Wenn beim Mischen zweier Stoffe Verbindungen entstehen, so wird die Viscosität des Gemisches sehr stark von dem Werte abweichen, der sich aus den Viscositäten der reinen Substanzen nach der Mischungsregel berechnet.

Komplexe Salze und Hydrate. — Kanitz[1] hat die Viscositäten von Salzgemischen in wässeriger Lösung untersucht und in vielen Fällen sichere Anzeichen für die Bildung von kom-

---

[1] Zeitschr. f. phys. Chem. **22**, 336 (1897).

plexen Salzen gefunden, da die gefundene Viscosität größer war, als die theoretisch berechnete. Tabelle XXIV enthält die experimentellen Daten (Wasser gleich 1 gesetzt) und die Werte der Viscositäten, die sich für die Gemische aus den für die Lösungen der einzelnen Bestandteile geltenden Zahlen auf Grund der Arrheniusschen Formel ergeben.

Tabelle XXIV.

Volum der Lösung in l	$KNO_3 + \frac{1}{2}Pb(NO_3)_2$		$KNO_3 + \frac{1}{2}Sr(NO_3)_2$		$NaNO_3 + \frac{1}{2}Pb(NO_3)_2$		$NaNO_3 + \frac{1}{2}Sr(NO_3)_2$	
	η (beob.)	η (ber.)	η (beob.)	η (ber.)	η (beob.)	η (ber.)	η (beob.)	η (ber.)
2	1,0760	1,0233	1,0470	1,0304	1,0797	1,0688	1,0470	1,0764
4	1,0210	1,0042	1,0302	1,0107	1,0502	1,0502	1,0302	1,0365
8	1,0034	0,9986	1,0115	1,0034	1,0200	1,0145	1,0211	1,0211

Der Schluß, daß sich in diesen Mischungen komplexe Salze befinden, wird durch die von Le Blanc und Noyes[1] gemachten Gefrierpunktsmessungen bestätigt. Die Zahlen zeigen auch, daß die Komplexe bei Verdünnung zerfallen.

Die Tatsache, daß Mischungen von Ammonium- oder Natriumsulfat mit Aluminiumsulfat normale Viscositäten besitzen, zeigt, daß die Aluminate in wässeriger Lösung in ihre Bestandteile zerfallen sind; und auch dies wird durch andere Untersuchungsmethoden bestätigt.[2]

In einigen Fällen ist die Viscosität des Gemisches geringer, als der aus den Bestandteilen berechnete Wert; dieses Verhalten findet sich in Mischungen, welche definierte komplexe Ionen enthalten. So hat eine Mischung von $2\,HCl \cdot HgCl_2$ in 4 l Wasser die Viscosität 1,0440, während der berechnete Wert 1,0578[3] beträgt. Weiterhin hat Blanchard[4] gezeigt, daß die Viscosität einer wässerigen Lösung von Kupferchlorür oder -nitrat durch Hinzufügung von Ammoniak erniedrigt wird. Wird das Ammoniak langsam zugesetzt, so fällt die Viscosität, bis die Mischung die Zusammensetzung $CuX_2 \cdot 4NH_3$ besitzt; weiterer Zusatz von Ammoniak erhöht die Viscosität, wie in rein wässeriger Lösung. Auf diese Weise kann man die Viscosität anwenden, um die Zusammensetzung eines gebildeten Komplexes zu bestimmen.

[1] Zeitschr. f. phys. Chem. **6**, 385 (1890).
[2] Kistjakowsky, Zeitschr. f. phys. Chem. **6**, 119 (1890).
[3] Kanitz, Zeitschr. f. phys. Chem. **22**, 351 (1897).
[4] Journ. Amer. Chem. Soc. **26**, 1315 (1904).

Viscositätsbestimmungen, die sich mit der Umwandlung verschiedener Hydrate befassen, sind sehr spärlich. D'Arcy[1]) hat die Viscosität von grünen und violetten Lösungen von Chromalaun untersucht. Die grünen Lösungen wurden aus den violetten durch Erhitzen erhalten; die Viscositäten wurden beim Abkühlen der Lösung gemessen, bevor noch die Rückverwandlung eingetreten war. Dabei wurden die nachfolgenden Resultate erhalten:

Temperatur	Violette Lösung	Grüne Lösung
16°	1,245	1,132
29,8	0,896	0,826
49,3	0,620	0,579
58,8	—	0,528
69,4	—	0,452

(Violette Lösung: Bei der Erwärmung; Grüne Lösung: Farbänderung nach grün, Bei der Abkühlung)

Die Viscosität der grünen Lösung ist geringer als die der violetten bei derselben Temperatur; doch ist es nicht möglich, festzustellen, ob dieser Unterschied auf einen geringeren Grad von Hydratation in der grünen Lösung oder auf die Gegenwart von neuen komplexen Ionen zurückzuführen ist. Auf die strittigen Fälle von Kupfer- und Kobaltsalzen angewandt, könnte diese Methode wertvolle Ergänzungen zu den auf anderen Wegen gefundenen Tatsachen ergeben.

Molekularverbindungen. — Diese Verbindungen können als Spezialfälle der vorher erwähnten betrachtet werden, sie sollen aber, weil es sich um Nichtelektrolyte handelt, für sich besprochen werden. Philip[2]) hat auf Grund von Gefrierpunktsbestimmungen an Gemischen gezeigt, daß p-Toluidin und Phenol, p-Toluidin und α-Naphthol, und α-Naphthylamin und Phenol zu Verbindungen zusammentreten, welche er auch in festem Zustand isolieren konnte. Treitschke[3]) hat die Viscosität der geschmolzenen Mischungen untersucht und ist zu demselben Schluß gelangt. Seine Resultate zeigen, daß die Verbindungen in flüssigem Zustande bestehen, aber in hohem Grade dissoziiert sind. Der Zerfall dieser Verbindungen in ihre Bestandteile kann an der Hand von Viscositätsmessungen bei verschiedenen Temperaturen verfolgt werden. Mit steigender Temperatur nähert sich die Viscositätskurve der auf Grund der Mischungsregel aus den Viscositäten der Bestandteile

---

[1]) Phil. Mag. [5] **28**, 230 (1889).
[2]) Trans. Chem. Soc. **83**, 814 (1903).
[3]) Zeitschr. f. phys. Chem. **58**, 425 (1907); Kremann und Ehrlich, Monatshefte f. Chem. **28**, 831 (1907), haben Mischungen von Anilin und m-Kresol und von Schwefelsäure und Wasser mit gleichem Erfolg untersucht.

berechneten. Ist die Temperatur hoch genug, so stimmen die gefundenen und die berechneten Werte überein; an diesem Punkte ist die Verbindung vollkommen gespalten. So kann z. B. die Verbindung p-CH$_3$ · C$_6$H$_4$NH$_2$ + C$_6$H$_5$OH nicht über einer Temperatur von 75° bestehen, und der aus α-Naphthylamin und Phenol gebildete Komplex zerfällt bei 85°.

Die Existenz flüssiger Racemate. — Die Frage, ob es Racemate in flüssigem Zustande gibt, ist bereits seit langem erörtert worden, aber noch nicht lange[1]) sind Viscositätsdaten zu ihrer Lösung herbeigezogen worden. Die Methode besteht in dem Vergleiche der Viscositäten der aktiven Bestandteile und der inaktiven Flüssigkeit, welche man durch Mischung der beiden Antipoden erhält. Wird ein Racemat gebildet, so muß die Viscosität der inaktiven Flüssigkeit von der der beiden Isomeren abweichen.

Es sollen zuerst die Substanzen besprochen werden, welche bei gewöhnlicher Temperatur fest sind, und zwar Beispiele aus der Gruppe der Mischkristalle, der Pseudoracemate und der wahren Racemate.

Das inaktive Kampferoxim zeigt sich auf Grund der Gefrierpunktkurven der Mischungen der Rechts- und Linksisomeren als Mischkristall dieser beiden Formen. Die nachfolgende Tabelle gibt die Viscosität des inaktiven Gemisches und die der aktiven Bestandteile wieder. Da dieselben gleich sind, ergibt sich, daß die Mischkristalle beim Schmelzen eine flüssige Mischung der Isomeren ergeben. Es wird kein flüssiges Racemat gebildet.

Tabelle XXV.

d-Kampferoxim, Schmelzpunkt 115°. l-Kampferoxim, Schmelzpunkt 115°. Viscositäten, bezogen auf d-Kampferoxim bei 115,8° als Einheit.

Mischung von	Schmelzpunkt	η bei 115,8°
100 Mol. d-Oxim . . . . 0 Mol. l-Oxim	115,0	1,00
50 Mol. d-Oxim . . . . 50 Mol. l-Oxim	115,0	1,00
0 Mol. d-Oxim . . . . 100 Mol. l-Oxim	115,0	1,00

[1]) Beck, Zeitschr. f. phys. Chem. **48**, 670 (1904); Dunstan, Trans. Chem. Soc. **93**, 1815 (1908); Ranke und Taylor, Proc. Roy. Soc. Edin. **27**, 172 (1907).

Der Schmelzpunkt von d- und l-Carvoxim liegt bei 70,0°; das äquimolekulare Gemisch schmilzt jedoch bei 93,4°. Die Kurve, welche den Zusammenhang der Konzentrationen mit dem Schmelzpunkt wiedergibt, zeigt, daß die höherschmelzende inaktive Form ein Pseudoracemat ist. Aus der Tabelle XXVI ersieht man, daß die Viscositäten der Mischungen beider Komponenten dieselben sind, wie die der reinen Stoffe bei derselben Temperatur. Die inaktive Form zerfällt also beim Schmelzen in eine flüssige Mischung der beiden Antipoden.

Tabelle XXVI.

Viscosität, bezogen auf d-Carvoxim bei 73° als Einheit.

Mischung	η	bei A°	η für die reine aktive Isomere bei derselben Temperatur
70 Mol. l-Oxim 30 Mol. d-Oxim	0,658	88,3°	0,658
50 Mol. l-Oxim 50 Mol. d-Oxim	0,521	94,4°	0,521
30 Mol. l-Oxim 70 Mol. d-Oxim	0,659	88,2°	0,659

Die Viscosität von geschmolzenem Dimethylracemat ist dieselbe wie die des d-Dimethyltartrates und auch die Mischungen dieser beiden Substanzen haben dieselbe Viscosität.

Tabelle XXVII.

Viscosität, bestimmt bei 86°, bezogen auf Wasser von 25° als Einheit.

Mischung	Spez. Gew.	η bei 85°	Schmelzpunkt
Dimethyl d-Tartrat	1,270	14,023	48°
95 Teile aktiver Ester 5 Teile Racemat	1,268	14,251	67°
80 Teile aktiver Ester 20 Teile Racemat	1,273	13,971	81°
50 Teile aktiver Ester 50 Teile Racemat	1,273	14,580	84°
Dimethyl-Racemat	1,277	14,464	85°

Die geringen Schwankungen in den Werten für η sind wohl auf Versuchsfehler zurückzuführen, da beim Zufügen größerer Mengen des inaktiven Esters kein Gang in den Werten der Viscosität bemerkbar ist.

Methyldiacetylracemat zeigt dasselbe Verhalten.

Tabelle XXVIII.

Viscosität bestimmt bei 104°, bezogen auf Wasser von 25° als Einheit.

Mischung	Spez. Gew.	η bei 104°	F. P.
Reines Racemat	1,153	6,764	84°
90 Teile Racemat . . . . 10 „ aktiver Ester	1,144	6,666	83,5°
60 „ Racemat . . . . 40 „ aktiver Ester	1,144	6,912	90,5°
Reiner aktiver Ester	1,151	6,933	103,0°

Aus beiden Versuchsreihen geht hervor, daß das Racemat beim Schmelzen in ein flüssiges Gemisch der beiden aktiven Formen übergeht.

Dunstan hat eine Reihe von inaktiven Substanzen untersucht, die bei gewöhnlicher Temperatur flüssig sind, und Anzeichen für das Vorhandensein flüssiger Racemate gefunden. So ist die Viscosität des inaktiven Amylalkohols verschieden von der der linksisomeren Form. Die beiden Limonene zeigten verschiedene Viscosität für die d- und l-Modifikation, wahrscheinlich infolge einer Verunreinigung; die Viscosität der aus ihnen hergestellten inaktiven Verbindung wich jedoch von dem aus den für die Komponenten geltenden Zahlen auf Grund der Mischungsregel berechneten Werte ab.

$$\eta$$

l-Amylalkohol	0,04476
d- und l-Amylalkohol	0,04115
d-Limonen	0,00923
l-Limonen	0,01806
d- und l-Limonen (beob.)	0,01223
d- und l-Limonen (ber.)	0,01365

Es muß jedoch darauf hingewiesen werden, daß in diesen Fällen die Viscosität der racemischen Flüssigkeiten kleiner ist als die der aktiven Formen. Wenn der Racemkörper aus komplexen Molekülen besteht, so sollte man erwarten, daß die Viscosität umgekehrt eine Erhöhung erfährt. Dieser Umstand kann jedoch auf das Vorhandensein von Assoziation in den aktiven Flüssigkeiten zurückgeführt werden, was beim l-Amylalkohol sehr wahrscheinlich ist. Weitere Untersuchungen werden diese Frage entscheiden. Zu beachten ist, daß die Viscositäten der Traubensäurelösungen kleiner zu sein scheinen, als die der d- und l-Weinsäuren.

Dunstan[1] hat gezeigt, daß man mit Hilfe von Viscositätsbestimmungen bei verschiedenen Temperaturen den Umwandlungspunkt von Natrium-Ammoniumracematlösungen bestimmen kann; diese Methode hat bisher jedoch nur wenig andere Anwendungen gefunden.

Das dritte isomere Oxim des Benzaldehyds und des Anisaldehyds. — Bis vor wenigen Jahren kannte man nur zwei isomere Formen der Oxime des Benzaldehyds und des Anisaldehyds; diese sind nach Hantzsch und Werner[2] stereoisomer und können durch die Formeln

$$\begin{array}{ccc} R \cdot CH & & R \cdot CH \\ \| & und & \| \\ HO \cdot N & & N \cdot OH \end{array}$$

α oder Benzantialdoxim   β oder Benzsynaldoxim

dargestellt werden.

Später ist eine dritte Modifikation, die α'-Form aufgefunden worden.[3] Sie entsteht, wenn man feste Kohlensäure in die stark gekühlte Lösung des Natriumsalzes des Oxims einträgt. Diese Modifikation ist nicht sehr beständig; beim Stehen bei gewöhnlicher Temperatur geht sie in die höher schmelzende α-Form über; doch kann man sie aus dieser durch Schmelzen und darauf folgende Unterkühlung wieder erhalten.

Die Schmelzpunkte der Isomeren sind in der folgenden Tabelle wiedergegeben.

Oxim von	α'	α	β
Benzaldehyd.	16°	34,5°	126°
Anisaldehyd	45°	63,5°	128°

[1] Trans. Chem. Soc. **93**, 1820 (1908).
[2] Ber. d. Dtsch. chem. Ges. **23**, 11 (1890).
[3] Beckmann und Lommel, Dissertation (Leipzig 1902).

Beck[1]) hat in der Absicht, die Natur der niedrigschmelzenden Form kennen zu lernen, die Viscositäten der drei Isomeren gemessen. Einige der dabei erhaltenen Resultate sind unten angeführt.

Tabelle XXIX.

Benzaldoxime.

η gemessen bei 126,5° C und bezogen auf das α'-Oxim als Einheit.

Oxim	Spez. Gew.	η
α'	1,0245	1,000
α (anti).	1,0449	1,306
β (syn)	1,1142	1,669

Anisaldoxime.

η gemessen bei 129,5° C und bezogen auf das α'-Oxim als Einheit.

α'	1,0820	1,000
α (anti).	1,1051	1,280
β (syn)	1,1498	1,589

α-Oxime bei derselben Temperatur.

	Benzaldoxim	Anisaldoxim
	η	η
α'-Oxim	5,462 } bei 36°	4,516 } bei 65°
α-Oxim	12,477 }	8,470 }

Man sieht, daß die Syn- und Antiformen verschiedene Viscositäten besitzen, und daß die Viscosität der α'-Form von denen der beiden anderen abweicht. Aus der Tatsache, daß man die α- und die α'-Formen durch Erhitzen und Abkühlen ineinander überführen kann, möchte man schließen, daß dies zwei polymorphe Modifikationen derselben Substanz sind. Dies kann jedoch nicht der Fall sein, da die Viscositäten von geschmolzenen monotropen Formen unter denselben Umständen dieselben sind,[2]) während die α- und die α'-Isomeren bei derselben Temperatur nicht die gleichen Werte zeigen (vgl. die Tabelle).

Es scheint jedoch, daß die α'-Modifikation, welche sehr un-

---

[1]) Zeitschr. f. phys. Chem. **48**, 674 (1904).
[2]) Vgl. Beck, Über die Viscosität des monotropen Jodmonochlorids, Zeitschr. f. phys. Chem. **48**, 678 (1904).

beständig ist, nur schwer frei von Wasser erhalten werden kann. Dies führte Beck dazu, den Einfluß geringer Wassermengen auf die Viscosität der Oxime zu messen. Er fand beim Zusatz wachsender Mengen von Wasser zu α-Anisaldoxim ein langsames Abfallen der Viscosität. Wenn Wasser und Oxim in molekularem Verhältnis vorhanden sind, ist die Viscosität dieselbe, wie die der α'-Modifikation. Dies geht aus den folgenden Zahlen hervor.

Tabelle XXX.

Viscosität von α-Anisaldoximen mit Wasser.

Zusammensetzung der Mischung	η bei 65°	η bei 46,5°
3,13 g Oxim + 0 cm³ H_2O	8,47	—
3,13 ,, ,, + $^1/_{18}$ cm³ H_2O	8,1	—
3,13 ,, ,, + $^2/_{18}$ cm³ H_2O	7,19	—
3,13 ,, ,, + $^4/_{18}$ cm³ H_2O	6,45	—
3,13 ,, ,, + $^6/_{18}$ cm³ H_2O	4,85	—
3,13 ,, ,, + $^7/_{18}$ cm³ H_2O (1 mol.) . .	4,60 ($\alpha' = 4,52$)	11,00 ($\alpha' = 10,93$)
3,13 ,, ,, + $^8/_{18}$ cm³ H_2O	4,19	—

Man kann daher vermuten, daß die α'-Form nur ein Hydrat des Oxims ist.

Motoisomerie und Viscosität. — Es gibt viele organische Stoffe, welche in zwei oder mehr Formen mit verschiedenem Schmelzpunkt auftreten,[1] deren Vorhandensein aber durch keine der üblichen Hypothesen der Stereoisomerie oder Tautomerie erklärt werden kann. Knoevenagel[2] hat die Hypothese aufgestellt, daß viele dieser Isomeriefälle auf Verschiedenheiten in der Richtung zurückzuführen sind, in der die Atome rotieren; daher stammt der Name Motoisomerie.

Wie zu erwarten, sind die Unterschiede der Motoisomeren sehr gering; tatsächlich ist außer dem Schmelzpunkt kein Kriterium vorhanden, auf Grund dessen man sie unterscheiden kann. Dabei muß erwähnt werden, daß erst nachzuweisen ist, daß die verschiedenen Formen tatsächlich chemische Isomere sind und nicht nur polymorphe Formen derselben Substanz.

Viscosität von Legierungen. — Dunstan hat die Viscosität des Bleis in Legierungen untersucht. Der Dehnungskoeffizient wurde

---

[1] O. Lehmann, Molekularphysik (Leipzig 1889).

[2] Ber. d. Dtsch. chem. Ges. **36**, 2803 (1903); **40**, 508 (1907); Ann. **311**, 194 (1900).

nach der Methode von Trouton gemessen und daraus der Wert von η berechnet. Die Viscosität der Legierung ist größer als die jedes Komponenten, es muß also bei der Mischung eine Zunahme der Molekularkomplexe stattfinden. Weiter ergibt sich, wenn man die Viscositäts-Konzentrationskurve betrachtet, ein Maximum, das der Zusammensetzung Sn_4Pb entspricht. Dies ist interessant, weil für diese Legierung ein eutektisches Gemenge mit dem Schmelzpunkt $180°$ gefunden wurde,[1]) das die Zusammensetzung $4Sn \cdot 1Pb$ besitzt.

Zusammenfassung.

Die Viscosität der geschmolzenen und gelösten Verbindungen ist ein wesentliches Kriterium, um Veränderungen in der Molekulargröße, Assoziation, Bildung unstabiler Additionsprodukte, Hydratbildung und Zerfall zu erkennen. Auch die gegenseitigen Umwandlungen labiler Stoffe können mit Hilfe der Viscosität erkannt werden. In dieser Beziehung ist sie umso wichtiger, als sie durch Verknüpfung mit molekulartheoretischen Erwägungen Aufschlüsse über den Zustand der gelösten Substanzen verspricht.

Insbesondere ist dies bei der Betrachtung der Elektrolyte der Fall, wo die Werte der Leitfähigkeiten sehr stark von der Viscosität der Lösung abhängen, so daß alle Berechnungen, welche sich auf die Leitfähigkeiten stützen, und dies sind sämtliche Betrachtungen der Dissoziationstheorie, den Viscositätsfaktor enthalten.

Hingegen ist die Bedeutung der inneren Reibung zur Behandlung rein chemischer Konstitutionsfragen gering.

Thermische Eigenschaften.

Kapitel IV. Spezifische Wärme.

§ 1. Einleitung.

Erwärmt man einen Körper von der Temperatur t' auf die Temperatur t, so bedarf es hierzu einer Wärmemenge Q, die mit der Temperaturerhöhung $(t - t')$, der Masse des Körpers m und

---

[1]) Robert Austen, Engineering **63**, 233 (1897). Über die Viscosität der Metalle s. Guye und Mintz, Arch. sc. phys. et nat. Genève [4] **26**, 136 (1908); sowie Guye und Freederickcz, C. R. **149**, 1066 (1909).

einem Proportionalitätsfaktor C in folgender Weise zusammenhängt:

$$Q = m\,(t - t')\cdot C.$$

Der Proportionalitätsfaktor ist von der Natur des Körpers abhängig und wird als dessen **Kapazitätskonstante für Wärme** oder kurz als **Wärmekapazität** bezeichnet.

Die **spezifische Wärme** eines Stoffes ist die Wärmekapazität der Einheitsmasse; also

$$C = \frac{Q}{(t - t')\,m};$$

die spezifische Wärme kann somit als diejenige Wärmemenge definiert werden, welche nötig ist, um die Masseneinheit um einen Grad zu erwärmen.[1]) Als Einheit der Wärmemenge benützt man im allgemeinen die Grammkalorie oder jene Menge, welche die Temperatur eines Gramms Wasser um einen Grad erhöht. Die **spezifische Wärme** ist dann das Verhältnis der Wärmemengen, die nötig sind, um einerseits die Masseneinheit der betreffenden Substanz, andererseits die Masseneinheit Wasser um einen Grad zu erhitzen.

Die **Molekularwärme**, eine beim Vergleich der Wärmekapazitäten viel gebrauchte Größe, ist die Wärmemenge, durch welche ein Grammolekül eines Stoffes um einen Grad erwärmt wird:

$$C_M = M \cdot C.$$

Ebenso wird die **Atomwärme** ausgedrückt durch die Gleichung:

$$C_A = A \cdot C.$$

Da Wasser als Einheit gewählt ist, so ist die genaue Bestimmung seiner spezifischen Wärme von großer Wichtigkeit. Die ersten Untersuchungen zeigten, daß die spezifische Wärme dieses Stoffes sich mit der Temperatur ändert, doch waren die von verschiedenen Beobachtern erhaltenen Resultate anfangs nicht übereinstimmend. Die neueren Messungen von Griffiths,[2]) Callendar und Barnes[3])

---

[1]) Da die spezifische Wärme sich mit der Temperatur ändert, ist der obige Ausdruck für spezifische Wärme nur der Mittelwert dieser Konstanten in dem Intervall $t - t'$. Die wahre spezifische Wärme wird durch die Formel $C = \dfrac{1}{m}\dfrac{dQ}{dt}$ ausgedrückt. Praktisch ändert sich die spezifische Wärme im Bereiche eines Grades nur wenig, so daß die mittlere spezifische Wärme für das Intervall eines Grades der wahren spezifischen Wärme bei der betreffenden Temperatur gleichgesetzt werden kann. So gilt für Wasser $C_{15°}$ bis $C_{16°} = C_{15°}$.

[2]) Phil. Mag. [5] **40**, 431 (1895).

[3]) Physical Review **10**, 202 (1899).

und Rowland[1]) stimmen sehr gut überein und können, da sie mit Hilfe verschiedener Methoden gefunden wurden, als Grundlage für genaue Bestimmungen genommen werden. Einige der von diesen Forschern erhaltenen Werte sind in Tabelle I enthalten.

Tabelle I.

Mittlere spezifische Wärme des Wassers.

Temperatur	Rowland	Griffiths	Callendar und Barnes
10° C	1,0019	—	1,0021
12	1,0010	—	1,0011
14	1,0003	1,0003	1,0003
15	1,0000	1,0000	1,0000
16	0,9996	0,9997	0,9997
17	0,9993	0,9994	0,9994
18	0,9990	0,9991	0,9990
19	0,9986	0,9988	0,9988
20	0,9983	0,9985	0,9985
21	0,9981	0,9982	0,9983
24	0,9974	0,9973	0,9975

Wegen des Einflusses der Temperatur auf die spezifische Wärme des Wassers ist es notwendig, bei Anwendung dieser Substanz als Vergleichskörper die spezifische Wärme bei einer bestimmten Temperatur zu wählen; leider hat man sich nicht immer für dieselbe Temperatur entschieden. Die Mehrzahl der Beobachter haben eine Temperatur zwischen 15° und 18° C gewählt, da die spezifische Wärme in diesem Intervall genau bekannt ist; Griffiths[2]) hat gezeigt, daß es zweckmäßig ist, 17° bis 18° C zu nehmen, weil bei dieser Temperatur die spezifische Wärme gleich der mittleren spezifischen Wärme zwischen 0 und 100° ist. Auch wurde Anilin wegen der Leichtigkeit, es rein zu erhalten, und wegen des geringen Temperaturganges der spezifischen Wärme als Normalsubstanz vorgeschlagen.[3]) Eine Betrachtung der Tabelle I lehrt indessen, daß innerhalb gewöhnlicher Temperatur die Änderung der spezifischen Wärme des Wassers nicht sehr groß ist, so daß für die hier in Betracht kommenden Zwecke die Wahl einer Standardtemperatur für das Wasser nicht von großer Bedeutung ist.

---

[1]) Proc. Roy. Soc. **61**, 479 (1897).
[2]) Phil. Mag. [5] **40**, 431 (1895).
[3]) Griffiths, Phil. Mag. [5] **39**, 47 (1895).

Etwas anders steht es bei höheren Temperaturen, wie die folgende Tabelle nach Dieterici[1]) zeigt (C_m mittlere, C_w wahre spezifische Wärme):

Tabelle Ia.

Mittlere und wahre spezifische Wärme des Wassers bei höherer Temperatur.

Temperatur	C_m	C_w	Temperatur	C_m	C_w
50° C	0,9974	0,9983	200	1,0155	1,0605
100	1,0000	1,0086	240	1,0256	1,0928
140	1,0046	1,0244	280	1,0380	1,1318
180	1,0113	1,0468	300	1,0449	1,1538

Viel wichtiger ist die Frage nach der richtigen Temperatur, bei der Vergleiche zwischen den verschiedenen Stoffen angestellt werden sollen. Auch hier fehlt Einigkeit in den Messungen der verschiedenen Beobachter; so verglich beispielsweise Reis[2]) die mittleren spezifischen Wärmen zwischen 20° C und dem Siedepunkt, während de Heen[3]) dieselben zwischen 10° und 50° C maß.

Am richtigsten wäre wohl die Beziehung auf vergleichbare Temperaturen, wie das Lämmel[4]) für die Elemente vorgeschlagen hat; nach diesem Autor können die Schmelzpunkte oder gleiche Bruchteile der absoluten Schmelztemperatur als vergleichbare Temperaturen angesehen werden.

§ 2. Der Einfluß der Temperatur auf die spezifischen Wärmen von festen Stoffen und Flüssigkeiten.

Bei fast allen Stoffen steigt die spezifische Wärme mit der Temperatur; doch bestehen einige Ausnahmen. Die spezifische Wärme des einatomigen Quecksilbers nimmt mit steigender Temperatur ab, ein Verhalten, das, wie Heilborn[5]) gezeigt hat, mit der Theorie in Übereinstimmung ist. Auch Sohncke[6]) wurde auf Grund theoretischer Erwägungen zu dem Schluß geführt, daß die spezifische Wärme eines Stoffes, der aus einatomigen Molekülen besteht, mit der Temperatur nicht steigen kann. Eine Stütze dieser

---

1) Ann. d. Phys. [4] **16**, 593 (1905).
2) Wied. Ann. **13**, 447 (1881).
3) Essai de Physique Comparée (Bruxelles 1883).
4) Ann. d. Phys. [4] **23**, 61 (1907).
5) Zeitschr. f. phys. Chem. **7**, 85 (1891).
6) Wied. Ann. **66**, 111 (1898).

Theorie bildet die von Schüz[1]) gefundene Tatsache, daß die spezifische Wärme des Cadmiums[2]) zwischen $-78°$ und $+20°$ größer ist, als zwischen $+20°$ und $+100°$ C.

Andere Ausnahmen können durch eine Änderung in der Komplexität des Moleküls erklärt werden. So fällt die spezifische Wärme des Wassers mit steigender Temperatur bis etwa $30°$ C und steigt dann wieder. Auch die spezifische Wärme des Eisens steigt bis etwa $700°$ C, um dann plötzlich zu fallen; dies ist deshalb besonders bemerkenswert, weil das Metall bei dieser Temperatur auch seine magnetischen Eigenschaften verliert.

In den meisten Fällen ist jedoch die spezifische Wärme eine lineare Funktion der Temperatur:

$$C_t = A + B \cdot t.$$

Bede[3]) hat zuerst die Aufmerksamkeit auf diesen Umstand bei den Metallen gelenkt, während Schiff[4]) ihn als allgemeine Regel für organische Flüssigkeiten erwiesen hat. Tabelle II enthält die Konstanten für eine Anzahl von Elementen.

Tabelle II.

Metalle.

	A	B
Quecksilber (0—200°)	0,033266	$-0,0000092\,t$
Platin	0,0317	$+0,000012\,t$
Iridium	0,0317	$+0,000012\,t$
Palladium	0,05820	$+0,00002\,t$
Silber (0—907°)	0,05758	$+0,0000088\,t$
Silber (907—1100°)	0,0748	
Nickel (0—230°)	0,10836	$+0,000044\,t$
Nickel (230—400°)	0,18349	$-0,00056\,t$
Nickel (400—1150°)	0,099	$+0,0000675\,t$
Gold (100—900°)	0,0324	
Eisen (0—660°)	0,11012	$+0,0000209\,t$
Eisen (660—720°)	0,57803	$-0,002872\,t$
Eisen (720—1000°)	0,218	
Kobalt (0—890°)	0,10584	$+0,0000457\,t$

[1]) Wied. Ann. **45**, 184 (1892).
[2]) Dieses Metall ist, in Natrium gelöst, einatomig.
[3]) Mémoires Couronnés de l'Académie de Belg. **27** [2], 1 (1855).
[4]) Ann. **234**, 300 (1886); vgl. hingegen Kurbatow, Chem. Zentralbl. I, 571, 1114 (1903).

Von den Elementen besitzt der Kohlenstoff und zwar als Diamant die stärkste Abhängigkeit der spezifischen Wärme von der Temperatur.

Bei sehr tiefen Temperaturen (vgl. § 4) nimmt die spezifische Wärme rapid ab, wie die Versuche von Nernst und seinen Schülern[1] zeigen. Die folgenden Tabellen geben Beispiele hierfür:

Tabelle II a.

Diamant		Kupfer	
t	C (pro Grammatom) bzw. mittlere Atomwärme	t	C (pro Grammatom) bzw. mittlere Atomwärme
— 53	0,72	— 185	0,72
— 64	0,66	— 186	3,33
— 68	0,62	— 239,6	0,538
— 181	0,03	— 245,3	0,324
— 186,5	0,03	— 249,5	0,223
— 234 bis — 227	0,00		

Tabelle II b.

Silber			KCl		
T abs.	Atomwärme bei konstantem Druck		T abs.	Atomwärme bei konstantem Druck	
	ber.	beob.		ber.	beob.
35,0	1,59	1,58	22,8	0,61	0,58
39,1	1,92	1,90	26,9	0,70	0,76
42,9	2,22	2,26	30,1	1,23	0,98
45,5	2,44	2,47	33,7	1,53	1,25
51,4	2,82	2,81	39,0	1,98	1,83
53,8	2,98	2,90	48,3	2,66	2,85
77,0	4,11	4,07	52,8	2,97	2,80
100	4,77	4,86	57,6	3,26	3,06
200	5,77	5,78	63,2	3,59	3,36
273	6,02	6,00	70,0	3,87	3,79
331	6,12	6,01	76,6	4,13	4,11
535	6,45	6,46	86,0	4,43	4,36
589	6,57	6,64	137	5,33	5,25
			235	5,86	5,89
			331	6,06	6,16
			416	6,21	6,36
			550	6,36	6,54

[1] Ann. d. Phys. **36**, 295 (1911) vgl. Eucken, Phys. Zeitschr. **10**, 586 (1909). W. Nernst, Sitzungsber. Akad. d. Wiss. **247**, 262 (Berlin 1910).

Besonders bemerkenswert ist das Verhalten organischer Flüssigkeiten, deren spezifische Wärmen später angeführt sind. Schiff[1])
hat gezeigt, daß der Einfluß der Temperatur auf die spezifische
Wärme bei allen Substanzen von demselben chemischen Charakter
derselbe ist. Die einzige Ausnahme bilden die Fettsäuren, von
denen Ameisensäure einen Wert von B besitzt, der genau halb so
groß ist als der für die anderen Fettsäuren gefundene.

Theoretisches. — Bei der Erwärmung einer Substanz sind folgende Arbeiten zu leisten:

1. Arbeit gegen den äußeren Druck Q_a.

2. Arbeit gegen die gegenseitige Anziehung der Moleküle Q_g.

3. Arbeit infolge der Erhöhung der Geschwindigkeit der Mole-
   kularbewegung.

Diese Arbeit zerfällt in zwei Teile:

a) Erhöhung der kinetischen Energie der Moleküle Q_k.

b) Durch die Erhöhung der Molekulargeschwindigkeit hervorgerufene intramolekulare Zustandsänderung innerhalb des
   Moleküls Q_i.

Bei festen und flüssigen Stoffen, deren Ausdehnungskoeffizient
erfahrungsgemäß gering ist, also wo die bei der Erwärmung auftretende
Volumvermehrung gegenüber der gesamten zugeführten Energie
nur einen kleinen Energiebetrag bedeutet, kann Q_a in erster Annäherung vernachlässigt werden.

Die wahre spezifische Wärme ergibt sich als $Q_g + Q_k + Q_i$. —
Falls eine Substanz eine unveränderliche chemische Konstitution
hat, d. h., wenn bei zunehmender Temperatur in den Beziehungen
der Atome zueinander keine wesentliche Änderung eintritt, so wird
Q_i in erster Annäherung sich proportional verhalten zu Q_k oder,
mit anderen Worten, die intramolekularen Bewegungen werden den
molekularen Bewegungen angenähert proportional verlaufen. Da
Q_k nach der kinetischen Gastheorie der Temperatur proportional
ist, so wird demgemäß auch das Glied $Q_k + Q_i$ der Temperatur
proportional verlaufen. Betrachten wir des weiteren ein Temperaturintervall, in dem die gegenseitige Anziehung der Moleküle, wie
man sie z. B. aus der Oberflächenspannung entnehmen kann, sich
gleichmäßig verändert, so wird in diesen Bereichen die spezifische
Wärme sich als eine nicht sehr stark von der Temperatur abhängende

---

[1]) Lieb. Ann. **234**, 300, (1886); Zeitschr. f. phys. Chem. **1**, 376 (1887).

Größe darstellen und einen ziemlich linearen Verlauf zeigen. Ist hingegen eine Substanz assoziiert, so läßt sich folgendes Verhalten ableiten. Bei niedrigen Temperaturen, wo noch nicht Dissoziation in erheblichem Maße stattfindet, wo also die Anordnung der Atome noch keine Veränderung erleidet, ist Q_i wie vorhin proportional zu Q_k; die Substanz verhält sich, als ob sie unveränderlich wäre. Gelangt man mit zunehmender Erwärmung in den Bereich der Dissoziation, so verändert sich die Lage der Atome im Molekül, indem z. B. ein Komplex in zwei zerfällt oder einzelne Atome abgespalten werden. In diesem Temperaturbereiche nimmt somit Q_i stark zu, wesentlich mehr als der normalen Zunahme von Q_k entspricht, und daher ergibt sich eine Zunahme der gesamten spezifischen Wärme. Steigert man die Temperatur so hoch, daß die Hauptmenge der Substanz zerfallen ist, so wird von diesem Punkt an die Arbeit Q_i wieder proportional zu Q_k werden, da sich ja von diesem Moment an keine weitere Veränderung innerhalb des Moleküls vollzieht. Die spezifische Wärme wird nunmehr wieder den normalen Wert annehmen. Assoziierte Substanzen, die innerhalb eines bestimmten Temperaturbereiches zerfallen, müssen somit ein Maximum in der spezifischen Wärme aufweisen; im Bereiche der Dissoziation wird der Temperaturkoeffizient der spezifischen Wärme erhöht sein; einige Daten enthält Tabelle III.

Tabelle III.

Substanz	C_{20}	$\dfrac{dc}{dt}$	Substanz	C_{20}	$\dfrac{dc}{dt}$
Heptan	0,490	0,0010	Methylalkohol. . .	0,600	0,0016
Chloroform	0,234	0,0001	Äthylalkohol . . .	0,593	0,0024
Kohlenstofftetra-			Propylalkohol . .	0,579	0,0024
chlorid	0,207	0,00018	Isobutylalkohol . .	0,579	0,0021
Anilin	0,491	0,0004	Isoamylalkohol . .	0,554	0,0024
Pyridin	0,405	0,0006	Essigsäure	0,487	0,0014
Essigsäureäthylester	0,478	0,001			

Ferner kann man aus dem Umstand, daß in festen Substanzen die Molekularbewegungen gegenüber dem flüssigen Zustande gehemmt sind, schließen, daß beim Übergang vom festen in den flüssigen Aggregatzustand die spezifische Wärme zunehmen muß. Dies ist aus Tabelle IV ersichtlich.

Tabelle IV.

Substanz	Fest		Flüssig	
	Temp.	Spez. Wärme	Temp.	Spez. Wärme
Eis und Wasser . .	$-78-0°$	0,474	$15°$	1,00
$CaCl_2 \cdot 6H_2O$	$0°$	0,345	$33-80°$	0,535
Benzol	$5,4°$	0,2032	$6°$	0,3350
Chloralhydrat	$17-44°$	0,206	$51-88°$	0,470
Naphthalin	$60-70°$	0,334	$80°$	0,396
Nitronaphthalin . .	$40-45°$	0,274	$56-60°$	0,360
Thymol	$50°$	0,462	$50°$	0,566

Bedeutung von Umwandlungspunkten. — Beim Übergang von einem Zustand in den anderen ist jene Arbeit zu leisten, welche der Veränderung in der gegenseitigen Anziehung der Moleküle entspricht; beim Verdampfen sind beispielsweise die Kräfte zu überwinden, welche ein Teilchen der Substanz innerhalb der flüssigen Phase zurückhalten. Es ist also beim Umwandlungspunkt eine endliche Wärmemenge zuzuführen, um die Gesamtmenge von einem Zustand in den anderen überzuführen. Da bei einheitlichen Substanzen das Temperaturintervall der Umwandlung gegen Null konvergiert, ergibt sich für den Umwandlungspunkt eine scheinbare spezifische Wärme vom Betrage unendlich, wenn man die Formel $\dfrac{dQ}{dT}$ anwendet. Die Umwandlungspunkte sind also singuläre Punkte in der Kurve der spezifischen Wärmen und müssen bei der Betrachtung der spezifischen Wärmen sorgfältig ausgeschaltet werden. Findet in der Nähe des Umwandlungspunktes keine Dissoziationserscheinung statt, so zeigen die Kurven vor und nach dem Umwandlungspunkte angenähert linearen Verlauf. Findet hingegen im Bereich des Umwandlungspunktes eine Dissoziation statt, so superponiert sich die Dissoziationswärme in der vorhin ausgeführten Weise auf einen oder beide Teile der Kurve der spezifischen Wärme. Es ist daher ungemein wichtig, sich bei der Messung spezifischer Wärmen zu überzeugen, ob nicht im untersuchten Intervall eine Umwandlung stattfindet; diesbezüglich sei auf die gründlichen Untersuchungen von Tammann über thermische Analyse[1]) hingewiesen. Aus den Tammannschen

---

[1]) Tammann, Kristallisieren und Schmelzen. (Leipzig 1903.) Bakhuis Roozeboom, Die heterogenen Gleichgewichte I. (Braunschweig 1901.)

Arbeiten ergibt sich insbesondere, daß Umwandlungspunkte fester Körper eine viel häufigere Erscheinung sind, als gewöhnlich angenommen wird. Eine sehr große Anzahl von Stoffen, z. B. sehr viele Salze, wandeln sich bei höherer Temperatur in Modifikationen von anderem Energieinhalt um. Da diese Umwandlungen häufig Verzögerungserscheinungen unterliegen, kann durch Unkenntnis dieses Umstandes die Messung der spezifischen Wärme in einem sehr weiten Bereiche falsch ausfallen.

§ 3. Dichte und spezifische Wärme.

Boltzmann[1]) und Richarz[2]) haben wichtige Beiträge zur kinetischen Theorie der festen Körper geliefert. Der erstere bewies, daß die Hälfte der Wärme, welche einem festen Stoffe zugeführt wird, zur Leistung innerer Arbeit dient. In den Arbeiten von Richarz wird gezeigt, daß die Atomwärmen der festen Elemente aus der kinetischen Theorie abgeleitet werden können. Wird ein Element erwärmt, so wird die Wärme nicht nur zur Erhöhung der mittleren kinetischen Energie der Atome (Q_K) benutzt, sondern auch zur Überwindung von Anziehungskräften (Q_i), d. h. um die Atome aus ihrer Gleichgewichtslage zu bewegen. An der Hand des von Clausius entwickelten Virials läßt sich zeigen, daß, falls die Strecke, durch welche sich ein Atom bewegt, im Verhältnis zur gegenseitigen Entfernung derselben klein ist, die zur Bewegung der Atome nötige Arbeit der zur Erhöhung der kinetischen Energie nötigen ungefähr gleich ist. Dies ist derselbe Schluß, den auch Boltzmann gezogen hat. Wird ein einatomiges Gas bei konstantem Volumen erhitzt, so ist die gegen die Anziehung der Atome geleistete Arbeit sehr gering, und die gesamte zugeführte Wärme wird zur Erhöhung der kinetischen Energie des Gases verwendet. Die Atomwärme eines einatomigen Gases bei konstantem Volumen ist etwa 3, daher muß diejenige eines festen Elementes etwa $3 + 3 = 6$ betragen. Dieser Schluß stimmt mit dem empirischen Gesetze von Dulong und Petit überein, nach dem die Atomwärmen der Elemente konstant sind und etwa diese Größe besitzen.

---

[1]) Wien. Ber. **63** [2], 731 (1871).
[2]) Wied. Ann. **48**, 708 (1893); **67**, 704 (1899); Naturwissenschaftl. Rundschau **15**, 221 (1900); **9**, 221, 237 (1894); Zeitschr. f. anorg. Chem.; Streintz, Drud. Ann. **8**, 847 (1902).

Der größte Unterschied zwischen der gefundenen Atomwärme eines Elementes und ihrem theoretischen Werte findet sich bei Elementen mit niedrigem Atomgewicht und Atomvolumen; die beim Versuch erhaltenen Werte sind stets zu niedrig. Als Beweis dienen die Zahlen in der Tabelle V.

Tabelle V.

Substanz	Modifikation	Spez. G.	Spez. Wärme	Versuchstemp.
Kohlenstoff . . .	Diamant	3,518	0,1128	10,7°
,, . . .	Graphit	2,25	0,1604	10,8°
,, . . .	Gaskohle	1,885	0,2040	24—68°
,, . . .	Kristallisiert	2,535	0,2518	0—100°
Bor	Amorph	2,45	0,3066	0—100°
,, ...	Kristallisiert	2,49	0,165	21°
Phosphor	Rot	2,296	0,1829	0—51°
,, ...	Gelb	1,828	0,202	13—36°
Schwefel.	Rhombisch	2,06	0,1728	0—54°
,, ...	Monoklin	1,96	0,1809	0—52°
,, ...	Amorph (unlöslich in CS_2)	1,89	0,1902	0—53°
,, ...	Amorph (löslich in CS_2) .	1,86	0,2483	0—50°
Arsen	Grau	5,87	0,0822	0—100°
,, ...	Schwarz	4,78	0,0861	0—100°
Selen	Kristallinisch	4,8	0,0840	22—62°
,, ...	Amorph	4,3	0,1125	21—57°
Tellur	Kristallinisch	6,3	0,0483	15—100°
,, ...	Amorph	6,0	0,0525	15—100°
Zinn	Weiß	7,3	0,0542	0—21°
,, ...	Grau	5,85	0,0589	0—18 °

Richarz zeigte, wie die Ausnahmen vom Gesetze von Dulong und Petit zu erklären sind; in der eben angeführten Theorie sind zwei Annahmen gemacht, welche beide nicht streng richtig sind.

1. Daß beim Erwärmen des Stoffes keine äußere Arbeit geleistet wird.

2. Daß der Abstand zwischen den Atomen im Verhältnis zur Bewegung jedes Atoms sehr groß ist.

Zur ersten Annahme ist zu bemerken, daß sich die Substanz beim Erwärmen ausdehnt und daher etwas Wärme, die äußere Arbeit leistet, verloren geht; der dadurch bedingte Fehler ist jedoch so gering, daß er gegen die Versuchsfehler verschwindet. Als Beispiel diene Kupfer. Bei Erhitzung eines Gramms dieser Substanz um einen Grad werden 0,00000015 Wärmeeinheiten zur Überwindung des äußeren Druckes angewandt, während die insgesamt verbrauchte Wärmemenge 0,094 Einheiten beträgt.

Die aus der zweiten Annahme stammenden Fehler sind bei weitem größer, und zwar werden sie um so größer sein, je kleiner das Atomvolumen und das Atomgewicht des Elementes ist. Bei kleinem Atomvolumen ist der Zwischenraum zwischen den Atomen klein, während bei kleinem Atomgewicht die Bewegung der Atome für die gleiche angewandte Kraft größer sein wird als bei höherem Atomgewicht. Bei einem solchen Elemente streben also die Zwischenräume zwischen den Atomen und die Strecke, über die sich ein Atom bewegt, dahin, einander gleich zu werden.

Die neueren Überlegungen Lindemanns führen aber zu dem Schluß, daß für die Nichtübereinstimmung gewisser Elemente mit dem Dulong-Petitschen Gesetz nicht nur ihr niedriges Atomgewicht verantwortlich zu machen ist, sondern daß niedriges Atomgewicht in Verbindung mit hohem Schmelzpunkt die Ursache der Abweichung bilden.

Durch Druck erzielte Verringerung des Atomvolumens führt, wie Regnault[1]) zeigte, zur Verkleinerung der spezifischen Wärme.

Wigand[2]) dehnte diese Betrachtungen auf die allotropen ·Formen der Elemente aus. Die Modifikation, die das geringste Atomvolumen (größtes spezifisches Gewicht) besitzt, muß auch die kleinste spezifische Wärme haben. Wieder bestätigt der Versuch die Theorie, wie die Zahlen der Tabelle V beweisen.

Behn[3]) fand, daß die spezifische Wärme von Elementen mit niedrigem Atomgewicht beim Abkühlen schneller abnimmt als diejenige der Elemente mit höherem Atomgewicht. Richarz betrachtet dies als weitere Stütze seiner Theorie. Um den Einfluß der Dichte auf die spezifische Wärme zu zeigen, seien auch einige Messungen von Regnault[4]) angeführt.

---

[1]) Ann. Chim. phys. **73**, 5 (1890).

[2]) Drud. Ann. [4] **22**, 64—98 (1907); vgl. Bettendorf und Wallner, Pogg. Ann. **133**, 293 (1868), wo weitere Messungen der spezifischen Wärme allotroper Modifikationen angeführt sind.

[3]) Wied. Ann. **66**, 225 (1898); das. **48**, 708 (1893); vgl. auch Tilden, Proc. Roy. Soc. **66**, 244 (1900), und Dewar, Proc. Roy. Soc. **76**, 325 (1905), wegen anderer Messungen spezifischer Wärmen bei tiefer Temperatur. Zeitschr. f. anorg. Chem. **58**, 356 (1908).

[4]) Ann. Chim. Phys. [3] **9**, 322 (1843).

Substanz	Dichte	Spez. Wärme
Stahl, weich.	7,8609	0,1165
Stahl, hart	7,7982	0,1175
Kupfer, weich	8,93	0,0950
Kupfer, gehämmert	8,92—8,96	0,0936

In diesem Zusammenhang ist auch auf den interessanten Versuch de Heens hinzuweisen, der sich bemühte, zu zeigen, daß die geleistete innere Arbeit bei Substanzen ähnlichen chemischen Charakters gleich ist. De Heen schließt sich der von Clausius gemachten Annahme an, daß „die wahre spezifische Wärme" für alle Atome dieselbe ist. Die spezifische Wärme des Wasserstoffes bei konstantem Volumen beträgt 2,4; diese Zahl wird als Einheit der Atomwärme gewählt. Die Molekularwärme einer Substanz ist daher die Summe der wahren Atomwärmen und der Wärme, die zur Leistung innerer Arbeit verbraucht wird. Es gilt also:

$$M \cdot C = n \times 2,4 + Q_m,$$

worin M das Molekulargewicht und n die Anzahl der Atome pro Molekül sind. De Heen findet, daß die auf diese Weise berechneten Werte von Q_m in jeder Klasse von Substanzen ziemlich gleich sind. Tabelle VI enthält einige Beispiele.[1]

Tabelle VI.

Substanz	M. C.	Q_m	Substanz	M. C.	Q_m
Methylacetat . . .	37,5	11,2	Isobuttersäure . .	44,37	10,8
Äthylacetat	43,7	10,1	Isovaleriansäure .	51,5	10,7
Propylacetat . . .	51,0	9,8	Phenetol	57,95	12,3
Amylacetat	67,1	11,7	Phenylpropyläther	64,74	11,9
Caprylacetat . . .	88,8	12,6	Anisol	48,9	10,5
Ameisensäure . . .	24,4	12,4	Kresylmethyläther.	55,06	9,46
Essigsäure	30,9	11,7	Kresyläthyläther .	64,74	12,07
Propionsäure . . .	38,1	11,7	Xylenylmethyläther	63,24	10,4
Buttersäure	45,1	11,5			

[1] Essai de Physique Comparée (Brüssel 1883); Wi. Ostwald, Lehrbuch der allgemeinen Chemie, 2. Aufl. 1, 586 (Leipzig 1891); De Heen, Bull. Acad. Belg. [3] 12, 416 (1886).

§ 4. Spezifische Wärme anorganischer Stoffe.[1]

Elemente. — Das Gesetz von Dulong und Petit. — Im Jahre 1819 fanden Dulong und Petit[2], daß das Produkt aus spezifischer Wärme und Atomgewicht (Atomwärme) bei verschiedenen Elementen fast dasselbe ist; sie schlossen daraus, daß alle Atome dieselbe Wärmekapazität besitzen. Da die Untersuchungen von Dulong und Petit nur mit 13 Elementen ausgeführt worden waren, von denen einige sicher unrein waren, so ergab sich die Notwendigkeit einer Nachprüfung, um das Gesetz auf eine feste Basis zu stellen. Die Hauptfortschritte in dieser Beziehung wurden von Regnault[3] und von Kopp[4] gemacht. Ohne auf die wichtige Rolle dieses Gesetzes bei der Annahme der gegenwärtigen Atomgewichte einzugehen, läßt sich auf Grund der späteren Untersuchungen sagen, daß es im allgemeinen bestätigt wurde, daß es sich aber nicht als streng richtig erwies. Die Tabelle VII enthält die Werte der spezifischen und der Atomwärmen der meisten Elemente.

Tabelle VII.

Atomwärmen und spezifische Wärmen der Elemente.

Element	At. Wärme	Spez. Wärme	Versuchs-temperatur
Lithium	6,5	0,9408	$27-99°$
Beryllium	4,6	0,506	$0-300°$
Bor (kristallisiert) 1.	2,1	0,1915	$-39,6°$
2.	4,0	0,3663	$233°$
Kohlenstoff (kristallisiert) 1. . . .	0,76	0,0635	$-50,5°$
2. . . .	5,5	0,459	$985°$
Natrium	6,5	0,283	$-78-+17°$
Magnesium	6,1	0,251	$75°$
Aluminium	6,4	0,2356	$15-435°$
Silicium (kristallisiert) 1.	3,9	0,1360	$-39,8°$
2.	5,8	0,203	$232°$
Phosphor	5,5	0,1788	$-21-+7°$
Schwefel	5,7	0,1764	$15-97°$
Kalium	6,5	0,1662	$-78-+23°$
Calcium	7,2	0,1804	$0-100°$
Titan	6,2	0,1288	$0-211°$

[1] Die spez. Wärme der Gase ist hier nicht behandelt.
[2] Ann. Chim. Phys. [2] **10**, 395 (1819).
[3] Ann. Chim. Phys. [2] **73**, 5 (1840).
[4] Ann. Suppl. **3**, I, 289 (1864).

Element	At. Wärme	Spez.Wärme	Versuchs-temperatur
Vanadin	5,9	0,1153	$0-100°$
Chrom	6,3	0,1208	$0-100°$
Mangan	6,7	0,1217	$14-97°$
Eisen	6,5	0,1162	$23-100°$
Nickel	6,4	0,109	$18-100°$
Kobalt	6,3	0,1067	$9-97°$
Kupfer	6,0	0,0936	$20-100°$
Zink	6,1	0,0935	$0-100°$
Gallium	5,6	0,0802	bis $119°$
Germanium	5,6	0,0773	$0-200°$
Arsen (kristallisiert)	6,2	0,083	$21-68°$
Selen (kristallisiert)	6,6	0,084	$22-62°$
Zirkon	6,0	0,0660	$0-100°$
Molybdän	6,3	0,0659	$5-75°$
Ruthenium	6,2	0,0611	$0-100°$
Rhodium	6,0	0,0580	$10-97°$
Palladium	6,3	0,0592	$0-100°$
Silber	6,0	0,0559	$0-100°$
Cadmium	6,2	0,0548	$0-100°$
Indium	6,5	0,0569	$0-110°$
Zinn	6,6	0,0559	$0-100°$
Antimon	6,1	0,0508	$17-92°$
Jod	6,0	0,0541	$9-98°$
Tellur	6,7	0,0525	$15-100$
Caesium	6,4	0,0481	$0-20°$
Lanthan	6,2	0,0448	$0-100°$
Cer	6,3	0,0448	$0-100°$
Wolfram	6,2	0,0336	$0-100°$
Osmium	5,9	0,0311	$19-98°$
Iridium	6,2	0,0323	$0-100°$
Platin	6,3	0,0323	$0-100°$
Gold	6,2	0,0316	$0-100°$
Quecksilber	6,4	0,0319	$-78--40°$
Thallium	6,7	0,0326	$20-100°$
Blei	6,4	0,0310	$18-100°$
Wismut	6,3	0,0304	$17-99°$
Thor	6,4	0,02757	$0-100°$
Uran	6,7	0,0280	$0-98°$

Man sieht, daß die Atomwärmen nur nahezu konstant sind. Für die Mehrzahl der Elemente liegt der Wert etwa bei 6, und zwar im allgemeinen etwas darüber. Als Mittel aller Werte mit Ausnahme von Beryllium, Kohlenstoff, Bor und Silicium ergibt sich der Wert von 6,3. Zu erwähnen ist, daß die größeren Abweichungen sich bei den Elementen mit geringem Atomgewicht finden. Eine Zeit lang hielt man Kohlenstoff, Silicium, Bor für anormal; die Untersuchungen von Weber[1]) haben jedoch gezeigt, daß die Werte ihrer spezifischen Wärme mit denen der anderen Elemente in Übereinstimmung gebracht werden können, wenn man sie bei genügend hoher Temperatur mißt. Die interessanten Messungen Webers sind in Tabelle VIIa wiedergegeben.

Tabelle VII a.

Substanz	Temperatur	Spez. Wärme	At. Wärme
Diamant	$-50,5°$	0,0635	0,76
,,	$-10,6°$	0,0955	1,1
,,	$+10,7°$	0,1128	1,3
,,	$33,4°$	0,1318	1,6
,,	$58,3°$	0,1532	1,8
,,	$85,5°$	0,1765	2,1
,,	$140,0°$	0,2218	2,6
,,	$206,1°$	0,2733	3,3
,,	$247,6°$	0,3026	3,6
,,	$606,7°$	0,4408	5,3
,,	$806,5°$	0,4489	5,4
,,	$985,0°$	0,4589	5,5
Bor (kristallisiert) [2])	$-39,6°$	0,1915	2,1
,, ,,	$+26,6°$	0,2382	2,6
,, ,,	$125,8°$	0,3069	3,4
,, ,,	$177,2°$	0,3378	3,7
,, ,,	$233,2°$	0,3663	4,0
Silicium (kristallisiert)	$-39,8°$	0,1360	3,9
,, ,,	$21,6°$	0,1697	4,8
,, ,,	$138,7°$	0,1964	5,6
,, ,,	$184,3°$	0,2011	5,71
,, ,,	$232,4°$	0,2029	5,76

Zu erwähnen ist noch daß Dewar[3]) für die spezifische Wärme des Diamanten in dem Temperaturbereich von $-188°$ bis $-252°$ den niedrigen Wert von 0,0043 gefunden hat.

[1]) Ber. d. Dtsch. chem. Ges. **5**, 303 (1872); Jahresberichte für Chemie (1874), 64; vgl. auch Dewar, Phil. Mag. [4] **44**, 461 (1872).

[2]) Moissan und Gautier haben ebenfalls den Einfluß der Temperatur auf die spez. Wärme des Bors bestimmt, Ann. Chim. Phys. [7] **7**, 568 (1896).

[3]) Proc. Roy. Soc. **76**, 325 (1905).

Th. W. Richards und Fr. G. Jackson[1]) haben die spezifische Wärme der Elemente bei tiefer Temperatur gemessen, indem sie sie mittels flüssiger Luft auf $-188°$ abkühlten und dann in das auf $20°$ gehaltene Kalorimeter brachten. Die Resultate waren in Kalorien:

Tabelle VIII.

Element	Spez. Wärme	Atomwärme	Element	Spez. Wärme	Atomwärme
C(Graphit)	0,0959	1,15	As	0,0705	5,29
Mg	0,208	5,06	Mo	0,0555	5,33
Al	0,1748	4,73	Pd	0,0517	5,51
Si	0,118	3,34	Ag	0,0511	5,51
P	0,169	5,24	Cd	0,0515	5,79
S	0,131	4,20	Sn	0,0502	5,97
Cr	0,0794	4,14	Sb	0,0469	5,62
Mn	0,0931	5,12	Pt	0,0279	5,45
Fe	0,0859	4,78	Au	0,0297	5,86
Ni	0,0869	5,09	Th	0,0296	6,04
Co	0,0828	4,88	Pb	0,0300	6,21
Cu	0,0789	5,01	Bi	0,0284	5,91
Zn	0,0846	5,53			

Das Dulong-Petitsche Gesetz stimmt etwas weniger gut als bei Zimmertemperatur, die Konstante ist etwas kleiner.

H. Barschall[2]) findet zwischen $-75°$ bis $-183°$ die mittleren Atomwärmen:

Tabelle VIII a.

Pb	6,08	Hg	6,32
Ag	5,31	Br	5,84
Cd	5,64	Cl[3])	5,13
S	3,84		

Beim Anstieg von tiefen Temperaturen an ändert sich die Atomwärme rasch. Wie diese Änderung vor sich geht, ist auf Grund der von M. Planck entwickelten Quantentheorie von Einstein[4])

<hr>

[1]) Zeitschr. f. phys. Chem. **70**, 414 (1910).

[2]) Zeitschr. f. Elektrochem. **17**, 341 (1911).

[3]) Estreicher u. Stanieswki, Anz. Ak. Wiss. Krakau, **1910**, Reihe A. 349. — Vgl. weiteres bei Koref, Ann. d. Phys. [4] **36**, 49 (1911).

[4]) Vgl. Einstein, Ann. d. Phys. **22**, 185 (1907). Magnus und Lindemann, Zeitschr. f. Elektrochem. **16**, 269 (1910). Lindemann, Phys. Zeitschr. **11**, 609 (1910). W. Nernst, Ann. d. Phys. **36**, 295 (1911). Nernst und A. Lindemann, Zeitschr. f. Elektrochem. **17**, 817 (1911). Sitzungsber. d. Preuß. Akad. d. Wiss. 1911. 347.

theoretisch abgeleitet worden. Nernst und seine Schüler haben eingehendes experimentelles Material zur Prüfung der Theorie geliefert und fanden sie qualitativ bestätigt; um die Übereinstimmung auch quantitativ zu gestalten, gaben Nernst und Lindemann eine neue (empirische) Formel an. Wie Tabelle IIb zeigt, stimmt die Rechnung mit den gefundenen Werten vorzüglich überein; besonders interessant ist dies bei Chlorkalium, bei welchem die Atomwärmen aus den von Rubens gemessenen optischen Schwingungszahlen ohne Bezugnahme auf kalorische Messungen berechnet sind. Die in die Formel eingehenden Eigenfrequenzen der Atome sind durch die Formel Lindemanns (Kap. V § 1) leicht zugänglich.

G. N. Lewis[1]) hat abgeleitet, wie man die der Messung unzugängliche spezifische Wärme fester Verbindungen bei konstantem Volumen berechnet, und weiters gezeigt, daß dieser Wert für alle Elemente von größerem Atomgewicht als Kalium $5{,}9 \pm 0{,}1$ ist. Das Dulong-Petitsche Gesetz würde also für diese Größe genauer zutreffen als für die gemessene spezifische Wärme bei konstantem Druck.

Verbindungen. — Die Gesetze von Neumann und Kopp. — Nachdem das Gesetz von Dulong und Petit allgemein anerkannt war, wurden die Untersuchungen auf die Elemente in gebundenem Zustande ausgedehnt. F. E. Neumann[2]) fand zuerst im Jahre 1831 eine Beziehung zwischen der spezifischen Wärme und der Zusammensetzung. Das von ihm aufgestellte Gesetz kann in moderner Ausdrucksweise folgendermaßen formuliert werden:

„Stoffe mit ähnlicher chemischer Zusammensetzung und Struktur haben dieselbe Molekularwärme.“

Einige Angaben, auf welche dieser Schluß aufgebaut ist, sind in der Tabelle IX wiedergegeben.

Tabelle IX.

Substanz	Formel	Spez. Wärme	Mol.-Wärme
Schwerspat	$BaSO_4$	0,1068	24,9
Gips (Anhydrit)	$CaSO_4$	0,1854	25,2
Cölestin	$SrSO_4$	0,130	23,87
Kalkspat	$CaCO_3$	0,204	20,4

[1]) Zeitschr. f. anorg. Chem. **55**, 200 (1907).
[2]) Pogg. Ann. **23**, 32 (1831).

Substanz	Formel	Spez.Wärme	Mol. Wärme
Magnesit	$MgCO_3$	0,227	19,1
Eisencarbonat	$FeCO_3$	0,182	21,1
Zinkspat	$ZnCO_3$	0,171	21,4
Zinkblende	ZnS	0,112	10,9
Zinnober	HgS	0,052	12,0
Realgar.	AsS	0,130	$13,9 \times 2$
Schwefelblei	PbS	0,053	12,6
Magnesia	MgO	0,276	11,1
Quecksilberoxyd	HgO	0,049	10,6
Zinkoxyd	ZnO	0,132	10,7
Kupferoxyd	CuO	0,137	10,9

Die Übereinstimmung zwischen den Molekularwärmen ist nicht allzu groß, doch sind die Unterschiede mit Rücksicht darauf, daß die meisten untersuchten Stoffe Mineralien und daher unrein waren, nicht besonders groß. Regnaults[1]) Messungen waren genauer und wurden mit reineren Substanzen ausgeführt. Er untersuchte eine große Anzahl von Verbindungen, hauptsächlich Oxyde, Halogene, Sulfide, Carbonate, Sulfate und Nitrate; die erhaltenen Resultate bestätigten das von Neumann aufgestellte Gesetz noch besser. Die Zahlen für die Oxyde von der Formel RO sind in Tabelle X enthalten.

Tabelle X.

Substanz	Mol. Gew.	Spez.Wärme	Mol.Wärme
Bleioxyd PbO	222,9	0,0512	11,4
Kupferoxyd CuO	63,6	0,1420	11,3
Magnesia MgO	40,4	0,2439	9,8
Manganoxyd MnO	71,0	0,1570	11,1
Nickeloxyd NiO	74,7	0,1588	11,9
Quecksilberoxyd HgO	216,3	0,0518	11,2
Zinkoxyd ZnO	81,4	0,1248	10,26

Im Jahre 1844 bewies Joule[2]) und nach ihm Woestyn[3]), daß die Molekularwärme einer Verbindung gleich der Summe der Atomwärmen der Atome ist, aus welchen sie besteht. So wäre z. B. die molekulare Wärme eines Sulfids von der Formel RS_2 gleich der

---

1) Ann. Chim. Phys. [3] **1**, 129 (1841); Pogg. Ann. **53**, 60, 243 (1841).
2) Phil. Mag. [3] **25**, 334 (1844).
3) Ann. Chim. Phys. [3] **23**, 295 (1848).

Summe der Atomwärmen von R und zweimal der des Schwefels. Die Untersuchungen von Kopp[1]) haben am meisten zur Annahme dieser Regel beigetragen, weshalb sein Name allgemein mit ihr in Verbindung gebracht wird.

Neumann fand, wie schon erwähnt, daß die molekulare Wärme von Gliedern derselben Klasse von Verbindungen ungefähr gleich ist. Der Mittelwert derselben kann als mittlere Molekularwärme dieser Gruppe von Verbindungen angesehen werden. Wie nun Kopp zeigte, erhält man, wenn man diesen Wert durch die Anzahl der im Molekül enthaltenen Atome dividiert, eine Zahl, die im allgemeinen der mittleren Atomwärme 6,4 sehr nahe liegt. Die Tabellen XI und XII geben den Beweis dafür.

Tabelle XI.

Chloride RCl. Mittlere Molekularwärme = 12,8.			Chloride RCl_2. Mittlere Molekularwärme = 18,5.		
Substanz	Spez. Wärme	Mol. Wärme	Substanz	Spez. Wärme	Mol. Wärme
AgCl	0,0911	13,1	$BaCl_2$	0,902	18,8
CuCl	0,1383	13,7	$CaCl_2$ . . . · . .	0,1642	18,2
HgCl	0,0520	12,3	$HgCl_2$	0,0689	18,7
KCl	0,1730	12,9	$MgCl_2$	0,1946	18,5
LiCl	0,2821	12,0	$MnCl_2$	0,1425	17,9
NaCl	0,2140	12,5	$PbCl_2$	0,0664	18,5
RbCl	0,112	13,5	$SnCl_2$	0,1016	19,3
			$SrCl_2$	0,1199	19,0
Jodide RJ_2. Mittlere Molekularwärme = 19,4.			$ZnCl_2$	0,1362	18,6
HgJ_2	0,0420	19,1	Jodide RJ. Mittlere Molekularwärme = 13,4.		
PbJ_2	0,0427	19,7			
Doppel-Chloride R'_2RCl_6. Mittlere Molekularwärme = 54,8.			AgJ	0,0616	14,5
			CuJ	0,0687	13,1
			HgJ	0,0395	12,9
K_2SnCl_6	0,133	54,5	KJ	0,0819	13,6
K_2PtCl_6	0,113	54,9	NaJ	0,0868	13,0

[1]) Ann. Suppl. **3**, I, 289 (1864).

Tabelle XII.

Empirische Formel	Mittlere Mol.-Wärme	Zahl der Atome (n)	$\dfrac{\text{Mol.-Wärme}}{n}$
RCl	12,8	2	6,4
RCl$_2$	18,5	3	6,2
R$'_2$RCl$_6$	54,8	9	6,1
RJ	13,4	2	6,7
RJ$_2$	19,4	3	6,5
RBr	13,9	2	6,8
RBr$_2$	19,6	3	6,5

Die Tabelle XI zeigt die ungefähre Gleichheit der Molekularwärmen bei Verbindungen, welche derselben Körperklasse angehören, und in Tabelle XII findet sich in der rechtsstehenden Kolonne der mittlere Wert der Atomwärme, wie er sich aus der Molekularwärme berechnet.

H. Schimpff[1]) fand, daß Metallegierungen bei fast der Hälfte der untersuchten Fälle innerhalb der Fehlergrenzen die spezifische Wärme zeigten, die sich nach der Mischungsregel berechnen ließ; in der anderen Hälfte der Fälle waren die Abweichungen geringer.

Einige Verbindungen geben allerdings für die mittleren Atomwärmen Werte, welche bedeutend kleiner sind als 6; alle diese Verbindungen enthalten jedoch Elemente, die der Regel von Dulong und Petit nicht folgen, wie Bor, Kohlenstoff, Silicium, Phosphor, Schwefel, Sauerstoff, Stickstoff, Wasserstoff und Fluor. Die ersten fünf dieser Elemente haben, wie nachgewiesen ist, in freiem Zustande niedrige Atomwärmen, während man von den anderen dasselbe annehmen muß, da sie ein niedriges Atomgewicht haben. Einige Beispiele sind in Tabelle XIIa enthalten.

Tabelle XIIa.

Typus	Mittlere Mol.-Wärme	Mittlere Atomwärme	Typus	Mittlere Mol.-Wärme	Mittlere Atomwärme
RO	11,1	5,6	RCO$_3$	20,7	4,1
R$_2$O$_3$	27,2	5,4	RSO$_4$	26,1	4,3
RO$_2$	13,7	4,6	RSiO$_3$	20,5	4,1
RO$_3$	18,8	4,7	RNO$_3$	23,0	4,6
RS	11,9	5,9	RN$_2$O$_6$	38,1	4,2
R$_2$S	18,8	6,2	B$_2$O$_3$	16,6	3,3
KClO$_3$	24,8	4,9	SiO$_2$	11,3	3,8
KClO$_4$	26,3	4,4	H$_2$O	8,6	2,9

[1]) Zeitschr. f. phys. Chem. **71**, 257 (1910).

Daraus schloß Kopp, daß die Atomwärmen der Elemente in gebundenem und in freiem Zustande dieselben bleiben. Eine weitere Stütze dieser Annahme bilden die folgenden Tatsachen:

1. Die Molekularwärmen von Verbindungen, welche verhältnismäßig die gleichen Mengen eines anormalen Elementes enthalten, sind ungefähr gleich; ist das Verhältnis, in dem das anormale Element vorhanden ist, größer, so ist auch die Abweichung der mittleren Atomwärme vom Normalwerte eine größere. So ist in der folgenden Reihe die Molekularwärme ungefähr 27.

$$R : O = 2 : 4$$

$$R_2O_4 \ldots \ldots \ldots \ldots 27{,}4$$
$$CaWO_4 \ldots \ldots \ldots \ldots 27{,}9$$
$$KClO_4 \ldots \ldots \ldots \ldots 26{,}3$$
$$KMnO_4 \ldots \ldots \ldots \ldots 28{,}3$$

und in der folgenden Serie nimmt die mittlere Atomwärme mit steigendem Sauerstoffgehalte ab.

Typus	Mittlere Atomwärme
R_2O_2	5,6
R_2O_3	5,4
R_2O_4	4,6
R_2O_6	4,7

2. Die aus den Verbindungen errechneten Atomwärmen der anormalen Elemente sind fast stets die gleichen, wie die Atomwärmen in freiem Zustande. Berechnet man z. B. für Schwefel die Atomwärme aus der Verbindung RS, so ergibt sich folgendes. Diese Verbindungen haben die mittlere Molekularwärme 11,9, und zieht man von diesem Werte $R = 6{,}4$ ab, so erhält man für gebundenen Schwefel die Zahl 5,5. Die Atomwärme des Elementes liegt zwischen 5,2 und 5,6 je nach der Temperatur und der Kristallform.

Auf Grund seiner Rechnungen fand Kopp, daß die folgenden Elemente sich normal verhalten:

Ag, Al, As, Au, Ba, Bi, Br, Ca, Co, Cr, Cu, Fe, Hg, J, Ir, K, Li, Mg, Mn, Mo, Na, Ni, Os, Pb, Pd, Pt, Rb, Rh, Sb, Se, Sn, Sr, Te, Th, Ti, W, Zn, Zr.

Die abnormalen Elemente wiesen die folgenden Werte auf:

$$C = 1{,}8; \quad H = 2{,}3; \quad B = 2{,}7; \quad Si = 3{,}8; \quad O = 4{,}0; \quad F = 5{,}0; \quad P = 5{,}4;$$
$$S = 5{,}4.$$

Kristallwasser ergab als Molekularwärme den Wert 8, fast ebenso viel als Eis (8,3).

Die meisten seiner Messungen machte Kopp zwischen gewöhnlicher Temperatur und 50° C; Tilden[1]) hat die Gültigkeit des Gesetzes über ein weites Temperaturintervall geprüft. So erhielt er beispielsweise für das Nickeltellurid die folgenden Werte:

Nickeltellurid	Absolute Temperatur						
	100°	200°	300°	400°	500°	600°	700°
Molekularwärme	9,2	11,08	12,22	13,0	13,49	13,85	14,11
Summe der Atomwärmen .	8,38	11,35	12,41	12,92	13,15	13,28	13,35

A. S. Russel[2]) hat untersucht, wie weit das Gesetz von der Additivität der Atomwärme bei Temperaturen gültig bleibt, bei welchen der Wert der Atomwärme erheblich von dem Werte 6 des Dulong-Petitschen Gesetzes abweicht. Hierbei ergaben sich die in Tabelle XIII reproduzierten Werte. Die neben den beobachteten angeführten Molekularwärmen sind berechnet auf Grund der Formel von Einstein bzw. von Nernst und Lindemann und der Gleichung von Lindemann für die Eigenschwingungszahlen der Atome (vgl. Kap. V § 1).

Es zeigt sich, daß Übereinstimmung im allgemeinen vorhanden ist, am besten in den Verbindungen von Blei, Wolfram und Quecksilber, Elementen mit kleinen Schwingungszahlen, am kleinsten bei den Oxyden von Elementen mit kleinem Atomgewicht (Cr_2O_3, Al_2O_3, MgO). Man kommt zu dem Ergebnis, daß die Eigenfrequenzen der Atome in den Verbindungen nicht erhalten bleiben. Man kann aber die Frequenz eines Atoms in einer Verbindung aus deren Schmelzpunkt und Molekularvolumen sowie dem Atomgewicht und Atomvolumen des Elementes berechnen.[3]) Es sei noch darauf hingewiesen, daß das Verhalten des Sauerstoffes in den untersuchten Verbindungen gleichmäßig ist, und daß die Molekularwärme für Siliciumcarbid bei 138° abs. bedeutend kleiner als die Atomwärme von Silicium ist.

---

1) Proc. Roy. Soc. **73**, 226 (1904).
2) Phys. Zeitschr. **13**, 59 (1912).
3) Koref, Phys. Zeitschr. **13**, 183 (1912).

Tabelle XIII.

Substanz	Mittlere Temperatur Abs.	Mittlere spezifische Wärme	Molekularwärme beob.	ber.
CuO	137	0,0703	5,60	6,37
	235	0,1152	9,17	9,00
	295	0,1306	10,39	9,81
PbO	137	0,0348	7,75	7,66
	236	0,0460	10,26	9,52
	296	0,0519	11,57	10,16
MgO	138	0,1006	4,06	6,27
	234	0,1933	7,80	8,92
	298	0,2385	9,62	9,80
HgO	137	0,0355	7,66	7,73
	236	0,0449	9,70	9,54
	296	0,0502	10,85	10,17
Fe_2O_3	137	0,0726	11,59	13,49
	236	0,1318	21,05	21,15
	297	0,1600	25,53	23,58
Cr_2O_3	137	0,0711	10,81	13,59
	235	0,1474	22,40	21,16
	299	0,1805	27,40	23,65
As_4O_6	136	0,0643	25,46	33,20
	235	0,1008	39,60	44,92
	295	0,1204	47,66	48,80
Al_2O_3	137	0,0789	8,06	14,01
	234	0,1560	15,94	21,30
	299	0,2003	20,47	23,79
Sc_2O_3	137	0,0851	11,58	—
	238	0,1428	19,45	—
	295	0,1824	24,84	—
CeO_2	138	0,0494	8,50	9,42
	235	0,0778	13,39	13,07
	299	0,0918	15,79	14,40
ThO_2	141	0,0338	8,94	9,44
	235	0,0519	13,73	13,03
	298	0,0608	16,10	14,38
PbO_2	139	0,0398	9,52	9,57
	235	0,0570	13,65	13,11
	297	0,0648	15,50	14,41
MnO_2	140	0,0978	8,50	8,09
	234	0,1407	12,23	12,43
	298	0,1642	14,27	14,01
U_3O_8	139	0,0429	36,15	31,37
	234	0,0616	51,96	47,98
	295	0,0710	59,85	51,28

Substanz	Mittlere Temperatur Abs.	Mittlere spezifische Wärme	Molekularwärme	
			beob.	ber.
WO$_3$	138	0,0442	10,25	10,57
	235	0,0678	15,73	16,39
	297	0,0783	18,16	18,46
HgS	139	0,0391	9,07	9,76
	236	0,0487	11,32	10,99
	297	0,0515	11,95	11,30
CuS	138	0,0853	8,16	8,39
	234	0,1109	10,60	10,44
	298	0,1243	11,89	10,96
Sb$_2$S$_3$	137	0,0627	21,13	22,83
	236	0,0800	26,93	26,90
	298	0,0850	28,62	27,89
CdS	138	0,0600	9,53	9,53
	234	0,0840	12,13	10,90
	299	0,0908	13,12	11,27

Tabelle XIII a.

Substanz	Mittlere Temperatur Abs.	Mittlere Atomwärme
Thallium	137	5,87
	236	6,20
Silicium krist.	138	2,44
	234	4,10
	397	4,84
Silicium amorph.	138	2,58
	234	4,26
	300	5,08
Quecksilber flüssig	252	6,70
		Mittlere Molekularwärme
Siliciumcarbid	138	2,07
	235	4,82
	298	6,53

Obwohl sowohl Neumanns als auch Kopps Gesetz nicht absolut genau ist, zeigen sie deutlich den additiven Charakter der spezifischen Wärme. Wären die Messungen genau genug, und würden sie für jede Substanz bei korrespondierenden Temperaturen vorgenommen sein, so würde man zweifellos konstitutive Einflüsse finden; in den verhältnismäßig einfachen anorganischen Stoffen, die betrachtet wurden, ist jedoch der additive Charakter viel mehr vorherrschend als bei organischen Verbindungen.

§ 5. Organische Verbindungen.

Flüssigkeiten. — Bei dem ziemlich großen Einfluß der Temperatur auf die spezifische Wärme der Flüssigkeiten ist die Wahl einer geeigneten Vergleichstemperatur notwendig. Am besten ist zweifellos die von Schiff[1]) vorgeschlagene Methode. Sie besteht darin, daß die spezifischen Wärmen bei Temperaturen verglichen werden, die gleiche Teile der kritischen Temperatur sind, bei welchen sich also die Flüssigkeiten in korrespondierenden Zuständen befinden. Die meisten Forscher haben die spezifischen Wärmen in einem bestimmten Temperaturgebiet untersucht, das sie dann in ihrer ganzen Arbeit beibehielten. Unglücklicherweise ist jedoch das gewählte Temperaturgebiet nicht in jedem Falle dasselbe, so daß es beinahe nutzlos ist, Daten aus verschiedenen Quellen zu vergleichen. Trotzdem findet sich genug Material, um den allgemeinen Charakter der spezifischen Wärme organischer Stoffe festzustellen.

Vor der Betrachtung der Daten ist es jedoch geboten, den Einfluß der Temperatur auf die spezifische Wärme der Flüssigkeit zu prüfen. Die einzige Arbeit von Bedeutung auf diesem Gebiete ist die von Schiff, auf die schon vorhin Bezug genommen wurde. Schiff fand, daß die mittlere spezifische Wärme eines Stoffes in dem Intervall $t-t'$ ausgedrückt werden kann durch die Gleichung:

$$C_{(t-t')} = A + b(t-t')$$

und die wahre spezifische Wärme bei irgend einer Temperatur durch:

$$C_t = A + 2bt.$$

Er zeigte an der Hand von etwa 90 Verbindungen, daß der Wert von b für Substanzen mit gleicher chemischer Natur derselbe ist; hierbei fand sich nur eine Ausnahme: die Ameisensäure. Die Resultate sind in Tabelle XIV enthalten, welche beide Konstanten A und b enthält.

---

[1]) Ann. **234**, 300, 331 (1886); Zeitschr. f. phys. Chem. **1**, 376 (1887).

Tabelle XIV.

Substanz	$C = A + 2bt$
Alkylester einbasischer Fettsäuren . . .	$0{,}4416 + 0{,}0_388\,t$
Allylacetat . . . . ⎱ Allylisobutyrat . . . . ⎰	$0{,}4305 + 0{,}0_388\,t$
Allylpropionat . . . . ⎱ Allylbutyrat . . . . ⎰ Allylvalerat	$0{,}4330 + 0{,}0_388\,t$
Äthyloxalat . . . . Propyloxalat . . . . Äthylmalonat . . . . Propylmalonat	$0{,}4199 + 0{,}0_366\,t$
Allyloxalat	$0{,}4122 + 0{,}0_366\,t$
Isobutyloxalat	$0{,}2274 + 0{,}0_366\,t$
Methylbenzoat	$0{,}363 \ \ + 0{,}0_375\,t$
Äthylbenzoat	$0{,}374 \ \ + 0{,}0_375\,t$
Propylbenzoat	$0{,}383 \ \ + 0{,}0_375\,t$
Allylbenzoat	$0{,}373 \ \ + 0{,}0_375\,t$
Methylchloracetat	$0{,}3747 + 0{,}0_338\,t$
Äthylchloracetat	$0{,}390 \ \ + 0{,}0_338\,t$
Propylchloracetat	$0{,}4067 + 0{,}0_338\,t$
Allylchloracetat	$0{,}3888 + 0{,}0_338\,t$
Methyldichloracetat	$0{,}3032 + 0{,}0_338\,t$
Äthyldichloracetat	$0{,}3215 + 0{,}0_338\,t$
Propyldichloracetat	$0{,}3335 + 0{,}0_338\,t$
Allyldichloracetat	$0{,}3244 + 0{,}0_338\,t$
Methyltrichloracetat	$0{,}2592 + 0{,}0_338\,t$
Äthyltrichloracetat	$0{,}2778 + 0{,}0_338\,t$
Propyltrichloracetat	$0{,}2892 + 0{,}0_338\,t$
Allyltrichloracetat.	$0{,}2806 + 0{,}0_338\,t$
Benzol . . . . Toluol . . . . m-Xylol . . . . p-Xylol	$0{,}3834 + 0{,}0_21043\,t$
Äthylbenzol . . . . Pseudocumol . . . . Mesitylen	$0{,}3929 + 0{,}0_21043\,t$
Propylbenzol . . . . Cymol	$0{,}4000 + 0{,}0_21043\,t$
Anisol . . . . Methylkresyläther	$0{,}405 \ \ + 0{,}0_386\,t$
Methylxylenyläther	$0{,}417 \ \ + 0{,}0_386\,t$
Phenetol . . . . Propylphenyläther . . . . Äthylkresyläther	$0{,}4288 + 0{,}0_386\,t$

Substanz	$C = A + 2bt$
Essigsäure . . . . ⎫ Propionsäure . . . . ⎬ Buttersäure . . . . ⎭	$0{,}444 + 0{,}0_2 1418\,t$
Isobuttersäure . . . . ⎫ Valeriansäure . . . . ⎭	$0{,}4352 + 0{,}0_2 1418\,t$
Ameisensäure	$0{,}4966 + 0{,}0_3 709\,t$
Isoamylalkohol	$0{,}5012 + 0{,}0_2 27\,t$

Es scheint also, daß die spezifische Wärme organischer Flüssigkeiten, wie die der meisten Metalle, eine lineare[1]) Funktion der Temperatur ist.

Im folgenden werden die Molekularwärmen verglichen.

Isomere. — Das Studium der isomeren Verbindungen zeigt sowohl den additiven als auch den konstitutiven Charakter der Molekularwärme. Isomere mit gleicher Struktur haben fast dieselbe Molekularwärme, während die verschieden konstituierten verschiedene Molekularwärmen besitzen. Von Reis[2]) hat als erster darauf die Aufmerksamkeit gelenkt, seine Schlüsse wurden im allgemeinen von allen späteren Beobachtern bestätigt. Einige Beispiele zeigt Tabelle XV.

Tabelle XV.

Isomere mit ähnlicher Struktur.

Substanz	Spez. Wärme	Beobacht.- temperatur	Mol.- Wärme	Formel
Buttersäure	0,5152	$20-100°$[3])	45,34 ⎫ 45,28 ⎭	$C_4H_8O_2$
Isobuttersäure	0,5146	,,		
Propylaldehyd	0,5794	,,	33,6 ⎫ 33,1 ⎭	C_3H_6O
Aceton	0,5706	,,		
Butyrylchlorid	0,3983	,,	42,2 ⎫ 41,4 ⎭	C_4H_7OCl
Isobutyrylchlorid	0,3911	,,		
Propylbromid	0,2560	,,	31,5 ⎫ 31,7 ⎭	C_3H_7Br
Isopropylbromid	0,2580	,,		
Propylacetat	0,4880	,,	49,8 ⎫ 51,0 ⎭	$C_5H_{10}O$
Isovaleriansäure	0,5000	,,		

[1]) Eine Ausnahme bildet Anilin; vgl. Kurbatow, Journ. Russ. Phys. Chem. Soc. **34**, 119; **35**, 766 (1902).

[2]) Wied. Ann. **13**, 447 (1881).

[3]) Von Reis, Wied. Ann. **13**, 447 (1881).

Substanz	Spez. Wärme	Beobacht.-temperatur	Mol.-Wärme	Formel
p-Xylylendibromid	0,180	15—60°[1])	47,5	$C_8H_8Br_2$
o-Xylylendibromid	0,183	,,	48,3	
m-Xylylendibromid	0,184	,,	48,5	
p-Xylylidentetrachlorid . . .	0,242	,,	59,0	$C_8H_6Cl_4$
o-Xylylidentetrachlorid . . .	0,240	,,	58,5	

Isomere mit verschiedenartiger Struktur.

Substanz	Spez. Wärme	Beobacht.-temperatur	Mol.-Wärme	Formel
Allylalkohol	0,6441	20—100°[2])	37,35	C_3H_6O
Propylaldehyd	0,5794	,,	33,6	
Propyloxalat	0,4503	10,1—82°[3])	78,3	$C_8H_{14}O_4$
Äthylsuccinat	0,4696	10,0—82,2°	81,7	
Isobutyloxalat	0,4570	8—82°	92,3	$C_{10}H_{18}O_4$
Propylsuccinat	0,4676	9—83°	94,4	
Isoamyloxalat	0,4637	9,3—81,5°	106,6	$C_{12}H_{22}O_4$
Isobutylsuccinat	0,4721	9,8—82,1°	108,5	
Chlortoluol	0,3480	8,7—81,5°	43,8	C_7H_7Cl
Benzylchlorid	0,3555	7,3—81,6°	44,7	
Methylkresyläther	0,4914	*	59,9	C_8H_{18}
Phenetol	0,5148	*	62,8	

*) Für 100° berechnet aus $C_t = A + Bt$.

Die obigen Vergleiche sind bei willkürlichen Temperaturen angestellt, doch erhält man dieselben Resultate, wenn korrespondierende Temperaturen gewählt werden.

Tabelle XVI.

	T° 0,6 der abs. krit. Temp.	Spez. Wärme bei T°	Molekular-wärme
Methylvalerat	69,6	0,5028	58,3
Äthylbutyrat	71,4	0,5044	58,4
Propylpropionat	73,8	0,5065	58,7
Isobutylacetat	70,2	0,5034	58,4
Isoamylformiat	74,4	0,5070	58,7
Äthylvalerat	80,7	0,5126	66,6
Propylisobutyrat	81,0	0,5129	66,6
Propylbutyrat	86,4	0,5177	67,3
Isobutylpropionat	82,2	0,5139	66,9
Isoamylacetat	85,2	0,5165	67,2

[1]) Colson, Comptes rend. **104**, 428 (1887).
[2]) Von Reis, Wied. Ann. **13**, 447 (1881).
[3]) Schiff, Zeitschr. f. phys. Chem. **1**, 376 (1887).

Fast vollkommen fehlen noch Beziehungen zwischen der Molekularwärme und besonderen Typen von Isomerien. Der einzige Versuch in dieser Richtung wurde von Mabery und Goldstein[1]) gemacht, welche aus dem Vergleich von Isoheptan mit normalem Heptan und von Isodekan mit n-Dekan folgerten, daß die Verzweigung der Kohlenstoffkette einen Einfluß auf die spezifische Wärme hat. Dies ist wahrscheinlich richtig, ob es aber aus ihren Messungen mit Sicherheit hervorgeht, ist zweifelhaft. Ein überzeugenderer Fall ist der der Butylalkohole, deren Molekularwärmen in der folgenden Tabelle zusammengestellt sind. Die spezifische Wärme von Trimethylcarbinol wäre ohne Zweifel bedeutend höher, wenn sie in demselben Intervall gemessen wäre, wie die der anderen Alkohole. In zwei anderen Fällen werden die Molekularwärmen beim Siedepunkte verglichen.

Tabelle XVIa.

Substanz	Spez. Wärme	Gemessen bei	Mol.-Wärme
Isoheptan	0,5005	0—50°	50,0
n-Heptan	0,5074	0—50°	50,7
Isodecan	0,4951	0—50°	70,3
n-Decan.	0,5021	0—50°	71,3
n-Buttersäure	0,6751	163° (S.P.)	59,3
Isobuttersäure	0,6637	155° (S.P.)	58,3
n-Butylalkohol	0,689 [2])	20—114°	51,0
Isobutylalkohol	0,716 [2])	21—119°	53,0
Trimethylcarbinol	0,722 [3])	25—45°	53,4
Allyl-n-butyrat	0,5588	143° (S.P.)	71,5
Allylisobutyrat.	0,5484	134° (S.P.)	70,2

Tabelle XVII.
Normale Kohlenwasserstoffe.
Spez. Wärme gemessen bei 0—50° C.

Substanz	Spez. Wärme	Mol.-W.	Diff.	Substanz	Spez. Wärme	Mol.-W.	Diff.
C_6H_{14}	0,5272	45,3	5,4	$C_{11}H_{24}$	0,5013	78,1	6,9
C_7H_{16}	0,5074	50,7	6,8	$C_{12}H_{26}$	0,4997	85,0	6,6
C_8H_{18}	0,5052	57,5	6,9	$C_{13}H_{28}$	0,4986	91,6	6,9
C_9H_{20}	0,5034	64,4	6,9	$C_{14}H_{30}$ . . .	0,4973	98,5	6,8
$C_{10}H_{22}$	0,5021	71,3	6,8	$C_{15}H_{32}$	0,4966	105,3	6,7
$C_{11}H_{24}$	0,5013	78,1		$C_{16}H_{34}$	0,4957	112,0	

[1]) Amer. Chem. Journ. **28**, 66 (1902).
[2]) Longuinine, Ann. Chim. Phys. [7] **13**, 289 (198).
[3]) De Forcrand, Comptes rend. **136**, 1034 (1903).

Normale Alkohole.

Spez. Wärme gemessen zwischen 20° und dem Siedepunkt.

Substanz	Spez. Wärme	Mol. W.	Diff.	Substanz	Spez. Wärme	Mol. W.	Diff.
CH_3OH . . .	0,6544	20,9	9,4	C_4H_9OH . . .	0,6873	50,9	9,6
C_2H_5OH . . .	0,6587	30,3	10,2	$C_5H_{11}OH$ . .	0,6877	60,5	$3 \times 9,6$
C_3H_7OH . . .	0,6748	40,5	10,4	$C_8H_{17}OH$ . .	0,6876	89,4	
C_4H_9OH . . .	0,6873	50,9					

Spez. Wärme gemessen zwischen 10—50°.

Substanz	Spez. Wärme	Mol. W.	Diff.	Substanz	Spez. Wärme	Mol. W.	Diff.
CH_3OH. . . .	—	21,6	8,3	C_4H_9OH . . .	—	47,0	8,5
C_2H_5OH . . .	—	29,9	9,7	$C_5H_{11}OH$ . .	—	55,5	$3 \times 7,1$
C_3H_7OH . . .	—	39,6	7,4	$C_8H_{17}OH$ . .	—	76,8	
C_4H_9OH . . .	—	47,0					

Ester der Fettsäuren.

Spez. Wärme beim Siedepunkt berechnet nach der Formel
$C = 0,4416 + 0,0_388\,t.$

Substanz	Spez. Wärme	Mol. W.	Diff.	Substanz	Spez. Wärme	Mol. W.	Diff.
$C_2H_5COOCH_3$.	0,5115	45,0	8,9	$C_2H_5COOC_4H_9$	0,5621	73,0	10,8
$C_2H_5COOC_2H_5$	0,5285	53,9	9,7	$C_2H_5COOC_5H_{11}$	0,5824	83,8	10,7
$C_2H_5COOC_3H_7$	0,5488	63,6	9,4	$C_3H_7COOC_5H_{11}$	0,5982	94,5	10,8
$C_2H_5COOC_4H_9$	0,5621	73,0		$C_4H_9COOC_5H_{11}$	0,6123	105,3	

Aromatische Kohlenwasserstoffe.

Spez. Wärme beim Siedepunkt berechnet nach der Formel $C = A + bt.$

Substanz	Spez. Wärme	Mol. W.	Diff.	Substanz	Spez. Wärme	Mol. W.	Diff.
C_6H_6.	0,4672	36,4	9,4	$C_6H_5C_2H_5$ . .	0,5347	56,8	11,0
$C_6H_5CH_3$ . . .	0,4984	45,8	11,0	$C_6H_5C_3H_7$ . .	0,5653	67,8	8,6
$C_6H_5C_2H_5$ . .	0,5347	56,8		$C_6H_3(CH_3)_3$[135]	0,5702	76,4	

Fettsäuren.

Spez. Wärme beim Siedepunkt.

Substanz	Spez. Wärme	Mol. W.	Diff.	Substanz	Spez. Wärme	Mol. W.	Diff.
HCOOH . . .	0,5675	26,1	10,6	C_2H_5COOH .	0,6424	47,4	12,0
CH_3COOH . .	0,6113	36,7	10,7	C_3H_7COOH. .	0,6751	59,4	12,7
C_2H_5COOH. .	0,6424	47,4		C_4H_9COOH. .	0,7077	72,1	

Allylester.

Spez. Wärme beim Siedepunkt.

Substanz	Spez. Wärme	Mol. W.	Diff.	Substanz	Spez. Wärme	Mol. W.	Diff.
$CH_3COOC_3H_5$.	0,5220	52,2	9,5	n-$C_3H_7COOC_3H_5$	0,5588	71,5	9,8
$C_2H_5COOC_3H_5$	0,5412	61,7		n-$C_4H_9COOC_3H_5$	0,5694	80,8	9,3

Homologe. — Die in der Tabelle XVII angeführten Werte, welche ein Bild der Molekularwärmen in homologen Serien geben, stammen aus den Beobachtungen von v. Reis,[1] de Heen,[2] Schiff[3] und von Mabery und Goldstein.[4] Eine Betrachtung der Tabelle lehrt, daß der Hinzutritt einer CH_2-Gruppe eine Zunahme der Molekularwärme bedingt, welche in jeder der angeführten Reihen ungefähr konstant ist. Unsicher ist jedoch, ob die Zunahme für alle Reihen dieselbe ist. In vier dieser Reihen ist der Vergleich beim Siedepunkte vorgenommen und hier scheint der Wert für CH_2 ungefähr konstant zu sein; doch sind die Daten zu wenig zahlreich, um dem daraus gezogenen Schlusse Gewicht zu verleihen. Es scheint jedoch, daß bei Homologen die additive Natur der spezifischen Wärme deutlich in Erscheinung tritt.

Schiff fand, daß die spezifischen Wärmen der Fettsäureester bei allen Temperaturen einander gleich sind (Tabelle XIV). Es folgt daraus, daß homologe Ester eine ziemlich konstante Differenz der Molekularwärmen zeigen müssen, gleichviel ob der Vergleich bei ein und derselben Temperatur, beim Siedepunkt oder bei Temperaturen gemacht wird, die gleiche Teile der kritischen Temperatur sind.[5] Schiff berechnete, wie bereits erwähnt, die spezifischen Wärmen bei gleichen Teilen (0,6) ihrer kritischen Temperaturen. Er berechnete auch die Dichten bei denselben Temperaturen und zeigte, daß das Produkt aus spezifischer Wärme und Dichte konstant ist. Allgemein ausgedrückt, heißt dies, daß gleiche Volumina der Ester bei Temperaturen, die gleiche Teile ihrer kritischen Temperatur in absoluter Zählung sind, dieselbe Wärmekapazität besitzen.

Ungesättigte Verbindungen und Substitution. — Von Reis, Schiff und Mabery und Goldstein haben den Einfluß der Nichtsättigung studiert. Im allgemeinen besitzt eine ungesättigte Verbindung eine geringere spezifische und Molekularwärme als die gesättigte Verbindung, die sich durch ein H_2 von ihr unterscheidet. Einige Beispiele sind in Tabelle XVIII angeführt, um zu zeigen, daß die Wirkung des Verlustes von H_2 je nach der Konstitution des Körpers sehr verschieden ist. Hierin ist der konstitutive Charakter der Molekularwärme deutlich erkennbar.

---

[1] Wied. Ann. **13**, 447 (1881).

[2] Essai de physique comparée (Bruxelles 1883).

[3] Ann. **234**, 300 (1886); Zeitschr. f. phys. Chem. **1**, 376 (1887).

[4] Amer. Chem. Journ. **28**, 66 (1902).

[5] Die Siedepunkte und kritischen Temperaturen in homologen Reihen sind additive Eigenschaften.

Tabelle XVIII.

Nichtsättigung.

Spezifische Wärme gemessen zwischen 20—100° C.[1])

Substanz	Spez. Wärme	Mol.-Wärme	Diff. für H_2
Diallyl	0,4975	40,8	$2 \times 5,4$
Hexan	0,6000	51,6	
Allylalkohol	0,6441	37,4	3,3
Propylalkohol	0,6786	40,7	
Allylacetat	0,4791	47,9	1,8
Propylacetat	0,4880	49,7	
Benzol	0,433	33,8	$2 \times 3,5$
Diallyl	0,4975	40,8	

Spezifische Wärme berechnet[2]) für 0° C.

Substanz	Spez. Wärme	Mol.-Wärme	Diff. für H_2
Valeriansäurepropylester	0,4416	63,6	2,1
Valeriansäureallylester	0,4330	61,5	
Benzoesäureallylester	0,3732	60,5	3,8
Benzoesäurepropylester	0,3830	64,3	
Allylsuccinat	0,4323	85,5	$1,5 \times 2$
Propylsuccinat	0,4391	88,6	
Allylchloracetat	0,3888	52,3	3,2
Propylchloracetat	0,4067	55,5	

Der Ersatz von Wasserstoff durch Chlor führt eine Erhöhung der Molekularwärme herbei, welche bei den acht nachstehend angeführten Beispielen ungefähr dieselbe bleibt.

Tabelle XIX.

Ersatz von H durch Cl.

Spezifische Wärme berechnet[3]) bei 0° C.

Substanz	Spez. Wärme	Mol.-Wärme	Differenz
$CH_2ClCOOCH_3$	0,3747	40,6	2,7
$CHCl_2COOCH_3$	0,3032	43,3	2,7
CCl_3COOCH_3	0,2592	46,0	
$CH_2ClCOOC_3H_7$	0,4067	55,5	2,5
$CHCl_2COOC_3H_7$	0,3335	57,0	2,4
$CCl_3COOC_3H_7$	0,2892	59,4	

[1]) v. Reis, Wied. Ann. **13**, 447 (1881).

[2]) Berechnet aus den Schiffschen Daten nach der Formel $C_t = A + 2\,b\,t$.

[3]) Aus den Schiffschen Zahlen mit Hilfe der Formel $C_t = A + 2\,b\,t$ berechnet.

Substanz	Spez. Wärme	Mol. Wärme	Diff. für H_2
$CH_2ClCOOC_2H_5$	0,390	47,7	2,7
$CHCl_2COOC_2H_5$	0,3215	50,4	2,7
$CCl_3COOC_2H_5$	0,2778	53,1	
$CH_2ClCOOC_3H_5$	0,3888	52,2	2,6
$CHCl_2COOC_3H_5$	0,3244	54,8	2,3
$CCl_3COOC_3H_5$	0,2806	37,1	

Der Ersatz von Wasserstoff durch Sauerstoff bringt ebenfalls
eine Erhöhung der Molekularwärme hervor.

§ 6. Mischungen von Nichtelektrolyten.

Da die spezifische Wärme einfacher Verbindungen der Summe
der Atomwärmen der sie bildenden Atome gleich ist, läßt sich
erwarten, daß Mischungen dasselbe Verhalten zeigen. Wenn man
also annimmt, daß die spezifischen Wärmen der Bestandteile einer
Mischung dieselben sind wie in freiem Zustande, so kann man die
spezifische Wärme der Mischung der Summe der spezifischen Wärmen
der Bestandteile gleichsetzen

$$C P = c_1 p_2 + c_2 p_2 + \text{usw.,}$$

worin C und P die spezifische Wärme und die Masse der Mischung
und $c_1 c_2$ usw., $p_1 p_2$ usw. die spezifischen Wärmen und Massen
der Bestandteile sind. Da

$$P = p_1 + p_2 + \text{usw.,}$$

kann man schreiben:

$$C = \frac{c_1 p_1 + c_2 p_2 + \text{usw.}}{p_1 + p_2 + \text{usw.}}$$

Bei den meisten flüssigen Gemischen wird diese Gleichung gut
erfüllt, doch gibt es Fälle, bei denen eine Abweichung stattfindet.
In allen diesen kann die Abweichung durch Assoziation der Flüssigkeit oder durch die Bildung eines instabilen Komplexes, der beim
Erhitzen zerfällt, erklärt werden.

Gemische organischer Verbindungen. — Bussy und
Buignet[1] haben zuerst gezeigt, daß bei vielen flüssigen Gemischen
die beobachtete spezifische Wärme größer ist als der aus den spezifischen Wärmen der Bestandteile berechnete Wert. Ihre Beob-

---

[1] Ann. Chim. Phys. [4] **4**, 5 (1865).

achtungen bestätigte Schuller[1]), der feststellte, daß Mischungen, welche Alkohole enthalten, immer dieses abnorme Verhalten zeigen. Die flüssigen Gemische lassen sich in drei Gruppen einteilen.

1. Normale Gemische. — Bei diesen stimmt die beobachtete spezifische Wärme mit dem Werte überein, der sich auf Grund der Mischungsregel berechnet:

$$C = \frac{c_1 p_1 + c_2 p_2}{p_1 + p_2}.$$

Die wichtigsten Mischungen dieser Art, welche untersucht wurden, sind

Chloroform und Schwefelkohlenstoff,[2]) [3])
Benzol und Schwefelkohlenstoff,[2]) [3]) [4])
Benzol und Chloroform,[2]) [3])
Heptan und Chloroform,[3])
Heptan und Schwefelkohlenstoff,[3])
Heptan und Essigsäureäthylester.[3])

2. Mischungen, deren spezifische Wärmen kleiner sind als die jeder der beiden Komponenten:

Benzol und Anilin,[3])
Benzol und Essigsäureäthylester,[3])
Benzol und Essigsäure[3])

mögen als typische Vertreter erwähnt werden.

3. Mischungen, deren spezifische Wärmen größer sind als die jeder der beiden Komponenten,[5]) z. B.

Methylalkohol und Wasser,[6]) [7]) [8]) [9]) [10]) [11]) [12]) [13])

[1]) Pogg. Ann. **144**, Ergänzungsbd. **5**, 116, 192 (1871).
[2]) Schuller, Pogg. Ann. Ergänzungsbd. **5**, 116, 192 (1871).
[3]) Timofejew, Chem. Zentralbl. **2**, 429 (1905).
[4]) Winkelmann, Pogg. Ann. **150**, 592 (1873).
[5]) Andere Beispiele für die 3 Mischungstypen findet man bei Timofejew (loc. cit.).
[6]) Timofejew, Chem. Zentralbl. **2**, 429 (1905).
[7]) Lecher, Wien. Ber. **76**, 2, 937 (1877).
[8]) Pagliani, Nuovo Cimento [3] **12**, 229 (1882).
[9]) Dupré, Proc. Roy. Soc. **20**, 336 (1872).
[10]) Zettermann, Journ. de Phys. **10**, 312 (1881).
[11]) Bose, Zeitschr. f. phys. Chem. **58**, 585 (1906).
[12]) Muller und Fuchs, Comptes rend. **140**, 1639 (1905).
[13]) Doroszewsky, Journ. Russ. Phys. Chem. Ges. **41**, 958 (1909); Chem. Zentralbl. I 156 (1910).

Äthylalkohol und Wasser,[1] [2] [3] [5] [6] [7] [9] [10] [11] [12] [13]
Propylalkohol und Wasser,[2] [4] [5] [7] [11] [13]
Isopropylalkohol und Wasser,[13]
Isobutylalkohol und Wasser,[14]
Essigsäure und Wasser,[8] [11]
Äthylalkohol und Benzol,[1] Chloroform [1] oder Schwefelkohlen-
　　stoff,[1]
Glycerin und Alkohol.[10]

Eine Betrachtung dieser Listen zeigt, daß zu den normalen Gemischen Flüssigkeiten gehören, welche nur wenig oder gar nicht assoziiert sind. Man kann annehmen, daß bei Mischung derselben keine
Änderung der Molekülkomplexe stattfindet; daher ist die spezifische
Wärme des Gemisches gleich dem Mittel aus den spezifischen Wärmen
der Bestandteile. Um das Verhalten der zur zweiten Gruppe gehörigen Stoffe zu erklären, muß angenommen werden, daß die
Zahl der Molekülkomplexe der Bestandteile bei der Mischung
abnimmt. Die zur Leistung innermolekularer Arbeit verwandte
Wärme ist dann geringer als bei den ungemischten Flüssigkeiten,
daher ist auch die spezifische Wärme niedriger. Die dritte Gruppe
enthält schließlich Flüssigkeiten, wie die Alkohole, von denen nicht
nur bekannt ist, daß ihre Moleküle stark assoziiert sind, sondern
welche auch besonders leicht Molekülverbindungen bilden. Dementsprechend zeigt sich, daß die spezifische Wärme der Gemische
größer ist als der berechnete Wert. Die Abweichung vom normalen

---

[1] Schuller, Pogg. Ann. Ergänzungsbd. 5, 116, 192 (1871).
[2] Timofejew, Chem. Zentralbl. 2, 429 (1905).
[3] Winkelmann, Pogg. Ann. 150, 592 (1873).
[4] Pagliani, Nuovo Cimento [3] 12, 229 (1882).
[5] Dupré, Proc. Roy. Soc. 20, 336 (1872).
[6] Zettermann, Journ. de Phys. 10, 312 (1881).
[7] Dupré und Page, Phil. Mag. [4] 38, 158 (1869).
[8] Bose, Zeitschr. f. phys. Chem. 58, 585 (1906).
[9] Von Reis, Wied. Ann. 10, 291 (1880).
[10] Jamin und Amaury, Comptes rend. 70, 1237 (1870).
[11] Physical Review 9, 65 (1899).
[12] Muller und Fuchs, Comptes rend. 140, 1639 (1905).
[13] Doroszewsky, Journ. Russ. Phys. Chem. Ges. 41, 958 (1909); Chem. Zentralbl. 1910, I 156.
[14] Doroszewski, Journ. Russ. Phys. Chem. Ges. 40, 860; Chem. Zentralbl. 1908, II 1568.

Wert ist verhältnismäßig groß und wechselt je nach der Zusammensetzung der Flüssigkeit. Die folgenden, den Arbeiten Boses entnommenen Werte zeigen dies. Die rechtsstehende Kolonne enthält die Differenz zwischen beobachtetem und berechnetem Werte.

Tabelle XX.

Spez. Wärmen von Gemischen von Methylalkohol und Wasser.

Prozente Alkohol	Spez. Wärme bei 0,5—5,1° C	Spez. Wärme ber. n. d. Mischungsregel	Differenz: beob. und ber.
0	1,006	—	—
5	1,023	0,984	0,039
10	1,019	0,962	0,057
15	0,999	0,941	0,058
20	0,973	0,919	0,054
25	0,947	0,897	0,050
30	0,921	0,875	0,046
35	0,894	0,853	0,041
40	0,869	0,832	0,037
45	0,844	0,810	0,034
50	0,818	0,788	0,030
55	0,793	0,766	0,027
60	0,768	0,744	0,024
65	0,744	0,723	0,021
70	0,720	0,701	0,019
75	0,696	0,679	0,017
80	0,673	0,657	0,016
85	0,649	0,635	0,014
90	0,625	0,614	0,011
95	0,600	0,592	0,008
100	0,570	—	—

Äthylalkohol und Wasser.

	bei 0,5—5,0°C		
0	1,005	—	—
5	1,026	0,982	0,044
10	1,042	0,958	0,084
15	1,045	0,936	0,109
20	1,037	0,913	0,124
25	1,019	0,890	0,129
30	0,998	0,867	0,131
35	0,971	0,844	0,127
40	0,934	0,821	0,113
45	0,896	0,798	0,098
50	0,863	0,774	0,089

Prozente Alkohol	Spez. Wärme bei 0,5—5,1° C	Spez. Wärme ber. n. d. Mischungsregel	Differenz: beob. und ber.
55	0,832	0,751	0,081
60	0,802	0,728	0,074
65	0,772	0,705	0,067
70	0,741	0,682	0,059
75	0,710	0,659	0,051
80	0,679	0,636	0,043
85	0,648	0,613	0,035
90	0,615	0,590	0,025
95	0,582	0,567	0,015
100	0,544	—	—

Aus dem oben Gesagten geht hervor, daß der Unterschied der berechneten und der beobachteten Werte der spezifischen Wärme ein Maß für die Wärmemenge ist, welche zur Zerstörung der Molekülkomplexe dient. Es wird also in einer Reihe von Mischungen zweier Stoffe jene, welche die größte Abweichung aufweist, wahrscheinlich am meisten assoziiert sein. Zeichnet man für die Methylalkohol-Wassergemische diese Abweichung als Ordinate über den Prozentgehalt an Alkohol als Abszisse, so findet man das Maximum der Abweichung nahe bei 15 %. Die Flüssigkeit hat dann die Zusammensetzung $CH_3OH \cdot 11\,H_2O$.

Für Äthylalkohol liegt das Maximum bei einem Verhältnis, das der Zusammensetzung $C_2H_5OH \cdot 6\,H_2O$ entspricht. Essigsäure-Wassergemische zeigen zwei Maxima, wovon eines die Zusammensetzung $CH_3COOH \cdot H_2O$ aufweist. Andere physikalische Eigenschaften dieser Lösungen stimmen mit dem Verhalten der spezifischen Wärme überein. Dupré und Page[1]) sowie Bose[2]) haben gezeigt, daß die beim Mischen von Alkohol und Wasser entbundene Wärme für die Mischung mit der größten spezifischen Wärme ein Maximum erreicht. Außerdem behaupten Jamin und Amaury[3]), daß die Maxima von spezifischer Wärme und Dichte zusammenfallen; es scheint dies jedoch keine allgemeine Regel zu sein.[4])

Marignacs[5]) Beobachtungen der spezifischen Wärmen der

---

[1]) Pogg. Ann. Ergänzungsbd. **5**, 221 (1871); Proc. Roy. Soc. **20**, 336 (1872).
[2]) Zeitschr. f. phys. Chem. **58**, 592 (1906).
[3]) Compt. rend. **70**, 1237 (1870).
[4]) Wüllner, Pogg. Ann. **140**, 478 (1870); Pagliani, Nuovo Cimento [3] **12**, 229 (1882).
[5]) Ann. Chim. Phys. [4] **22**, 385 (1871).

Lösungen von Brom, Jod, Schwefel und Phosphor in Schwefelkohlenstoff zeigen, daß sich diese Lösungen normal verhalten. Am interessantesten ist der Fall des Schwefels. Es zeigt sich, daß, während konzentrierte Lösungen sich normal verhalten, verdünnte Lösungen anormal sind, indem die spezifische Wärme des Schwefels mit wachsender Verdünnung abnimmt. Wenn n Grammoleküle CS_2 ein Atom Schwefel enthalten, so kann man $S + nCS_2$ als Molekulargewicht der Lösung betrachten. Schreibt man dafür P, so ist die Molekularwärme der Lösung

$$PC = Sc' + n \cdot CS_2c'',$$

wobei c' die spezifische Wärme des Schwefels und c'' diejenige des Schwefelkohlenstoffes ist. Der Wert c'' ist dem Werte für das reine Lösungsmittel gleich gesetzt, so daß CS_2c'' die Molekularwärme des Schwefelkohlenstoffes in der Lösung darstellt, welche gleich 18,1 ist. Die Atomwärme des Schwefels ist dann

$$Sc' = PC - 18,1\, n.$$

Die von Marignac für verschiedene Verdünnungsgrade erhaltenen Werte sind:

Spezifische Wärme von Schwefellösungen in Schwefelkohlenstoff.

n	PC	PC — 18,1 n
1	24,7	6,6
2	42,8	6,6
4	77,9	5,5
10	186,0	5,0

Die letzten Werte für die Atomwärme des Schwefels stimmen ziemlich gut mit dem für das feste Element gefundenen Werte überein.

In einer theoretischen Abhandlung[1] über die spezifische Wärme von Lösungen glaubt Magie beweisen zu können, daß das verschiedene Verhalten derselben auf Unterschiede in bezug auf den osmotischen Druck zurückzuführen ist. Er zeigt, daß sich die Lösung, wenn der osmotische Druck der gelösten Substanz der absoluten Temperatur proportional ist, normal verhält und der Mischungs-

---

[1] Physical Review **9**, 65 (1899); **13**, 91 (1901); **16**, 381 (1903); **17**, 105 (1903); vgl. auch Tammann, Zeitschr. f. phys. Chem. **18**, 625 (1885), und Puschl, Wien. Ber. **109**, 981 (1901) und Monatshefte f. Chem. **22**, 77 (1901).

regel folgt. Lösungen, die elektrolytisch leiten, und solche, bei denen das Lösungsmittel sich mit dem gelösten Stoff verbindet, müssen sich anormal verhalten. Auch die experimentellen Arbeiten Magies sind von großem Interesse. Er bestimmte die Molekularwärme verschiedener fester organischer Stoffe in wäßrigen und anderen Lösungen. Viele der untersuchten wässerigen Lösungen zeigten ein normales Verhalten, indem Lösungsmittel und gelöster Stoff bei allen Verdünnungen dieselbe Molekularwärme beibehielten. Die Molekularwärme der gelösten Substanz wurde mit Hilfe einer Methode berechnet, die der von Marignac und anderen benützten ähnlich war. Es wird angenommen, daß die spezifische Wärme des Lösungsmittels von der Gegenwart des gelösten Stoffes unabhängig ist. Auf Grund der Beziehung

$$Mc' = PC - 18\,n,$$

in der P = das mittlere Molekulargewicht der Lösung,

    C = die gefundene spezifische Wärme der Lösung,

    n = die Anzahl der Grammoleküle Lösungsmittel pro Grammolekül des gelösten Stoffes,

   18 = die Molekularwärme des Wassers,

M und c' = Molekulargewicht und spezifische Wärme des gelösten Stoffes

sind, kann man die scheinbare Molekularwärme der gelösten Substanz berechnen (Mc').

Als Beispiel sei die wässerige Lösung des Rohrzuckers angeführt; man erkennt, daß die Molekularwärme bei allen Verdünnungen konstant ist.

Rohrzucker in wässeriger Lösung.

n.	C.	Mc'.
50	0,8479	153,1
100	0,9115	152,5
150	0,9375	150,0
250	0,9609	152,7

Mittlere Molekularwärme des Rohrzuckers = 152,6.

Die Werte der Molekularwärme des Glycerins in Äthylalkohol und des Äthylalkohols in Wasser wechseln je nach der Konzentration; diese Lösungen sind anormal. Die allgemeinen Ergebnisse der Untersuchung waren:

1. Die Molekularwärme eines Stoffes ist verschieden in festem und gelöstem Zustand.

2. Die Molekularwärme eines Stoffes ist verschieden in verschiedenen Lösungsmitteln.

3. Isomere Stoffe können verschiedene Molekularwärmen haben.

Der zuletzt angeführte Schluß läßt die konstitutive Natur der Molekularwärme erkennen. Einige Beispiele für diese Schlußfolgerungen enthält die Tabelle XXI.

Tabelle XXI.

Molekularwärme fester Stoffe.

Substanz	In freiem Zustand	In wässeriger Lösung
Rohrzucker	103	152,6
Maltose	116	143,0
Dextrose	56,5	78,8
Mannit	57,5	108,0
Resorcin	29,2	63,5

Molekularwärmen in verschiedenen Lösungsmitteln.

Substanz	Wasser	Alkohol
Resorcin	63,5	56,7
Hydrochinon	63,4	56,7

Molekularwärmen isomerer Stoffe in wässeriger Lösung.

Lävulose	56,5	Dulcit	97,5
Dextrose	89,6	Mannit	108,0
Maltose	142,7	Brenzcatechin	63,5
Milchzucker	144,5	Resorcin	75,5

Zu erwähnen ist, daß der Einfluß der Temperatur auf die spezifische Wärme der wässerigen Lösungen sehr gering ist.[1]

---

[1] Magie, Phys. Rev. **9**, 65 (1899). Wegen des Temperatureinflusses auf die spez. Wärme von Elektrolytlösungen vgl. Teudt, Beiblätter **24**, 1104 (1900); Marignac, Amer. Chim. Phys. [5] **8**, 410 (1876).

§ 7. Wässerige Lösungen von Elektrolyten.

Die Resultate, welche bezüglich der spezifischen Wärmen von Elektrolyten erhalten wurden, stehen leider in keinem Verhältnis zu der Mühe, die zu ihrer Erforschung aufgewandt wurden. Die ersten Untersuchungen von Schüller, Thomsen und Marignac enthalten die wichtigsten Daten. Schüller[1]) zeigte, daß der gefundene Wert der spezifischen Wärme einer Salzlösung geringer ist als der nach Mischungsregel berechnete. Ist k die spezifische Wärme des festen Salzes und enthält die Lösung p Gramme des Salzes auf 100 g Wasser, so verlangt die Mischungsregel, daß

$$c = \frac{100 + pk}{100 + p}.$$

Schüller brachte seine Resultate in die Form:

$$c = \frac{100 + pk}{100 + p} \cdot r,$$

wo r eine Konstante ist, die in den untersuchten Fällen kleiner als 1 war. Diese Art, die spezifische Wärme einer Salzlösung auszudrücken, ist ungenau, da — wie Thomsen erwähnte — r sich der Einheit nähern muß, wenn die Menge des Salzes abnimmt und daher für sehr verdünnte Lösungen nicht konstant bleiben kann. Thomsens[2]) Versuche waren umfassender. Er bewies nicht nur, daß die spezifische Wärme einer Salzlösung meist kleiner ist, als der berechnete Wert, sondern konnte auch den Einfluß der Verdünnung zeigen. Thomsen berechnete für verschiedene Konzentrationen den Wert PC, die Molekularwärme der Lösung, und aus PC — 18 × n die Molekularwärme des gelösten Salzes. PC kann auch als der Wasserwert der Lösung bezeichnet werden. In Tabelle XXII sind drei typische Fälle angeführt. Man sieht, daß der Wert PC — 18 · n — die scheinbare Molekularwärme des Salzes — mit steigender Verdünnung abnimmt; in den stärkeren Lösungen hat sie manchmal einen positiven Wert, in den verdünnteren ist sie jedoch stets negativ. Die unter PC stehenden Zahlen sind der Wasserwert der Lösung, d. h. dasjenige Gewicht an Wasser, das dieselbe Wärmekapazität besitzt

---

[1]) Pogg. Ann. **136**, 70 (1869).

[2]) Zeitschr. f. phys. Chem. 729 (1870); Pogg. Ann. **142**, 337 (1871); Winkelmann, Pogg. Ann. **140**, 1 (1873), hat die Daten von Schüller und Thomsen mit denen verglichen, die sich aus den Lösungswärmen bei verschiedenen Temperaturen berechnen lassen.

wie ein Grammolekül der Lösung. In verdünnten Lösungen ist der Wasserwert kleiner als die Molekularwärme des vorhandenen Wassers.

Tabelle XXII.

Spezifische Wärme von Natriumchlorid $+ nH_2O$.

n = Anzahl der Wassermoleküle auf 1 Mol. gelösten Stoff.

n	Spez. Wärme	Mol.-Gewicht der Lösung	Mol.-Wärme PC.	PC $-18\,n$
10	0,791	58,5 + 180	188,5	+ 8,5
20	0,863	58,5 + 360	361,0	+ 1,0
30	0,895	58,5 + 540	536,0	− 4
50	0,931	58,5 + 900	892,0	− 8
100	0,962	58,5 + 1800	1788	−12
200	0,978	58,5 + 3600	3578	−22

Kaliumhydroxyd $+ nH_2O$.

30	0,876	56 + 540	522	−18
50	0,916	56 + 900	876	−24
100	0,954	56 + 1800	1770	−30
200	0,975	56 + 3600	3565	−35

Natriumnitrat $+ nH_2O$.

10	0,769	85 + 180	203,8	+23,8
25	0,863	85 + 450	461,7	+11,7
50	0,918	85 + 900	904,0	ǀ 4
100	0,950	85 + 1800	1791	− 9
200	0,975	85 + 3600	3593	− 7

Die ausgedehnten Versuche von Marignac[1]) zeigten dasselbe Resultat. Er prüfte auch die Frage, ob der Ersatz der Anionen oder Kationen in einem Salze durch ein Äquivalent eines anderen Anions oder Kations immer denselben Unterschied der spezifischen Wärme hervorruft. In einigen wenigen Fällen fand er einen ungefähr konstanten Wert; von diesen Salzen kann man sagen, daß ihre spezifische Wärme in Lösung sich aus zwei Faktoren zusammensetzt, einem Anteil der Base und einem Anteil der Säure. Doch kann dies nicht als allgemeine Regel gelten, da die Ausnahmen fast ebenso zahlreich sind als die der Regel folgenden Fälle. Zu erwähnen ist, daß sowohl Thomsen als auch Marignac fanden, daß gewisse Salze größere

---

[1]) Ann. Chim. Phys. [4] **22**, 385 (1871); [5] **8**, 410 (1876).

Werte für die spezifische Wärme zeigen als sich aus der Mischungsregel ergibt. In diesen ist der Wert $PC - 18 \cdot n$ stets positiv. Acetate und Salze anderer organischer Säuren verhalten sich so.

Zwei Formeln sind vorgeschlagen worden, um die spez. Wärme verdünnter Salzlösungen auszudrücken. Die von Mathias[1] aufgestellte drückt eine Beziehung zwischen der spez. Wärme und der Konzentration der Lösungen aus. Sie lautet:

$$C = \frac{a + n}{b + n} \cdot c,$$

worin C = spezifische Wärme der Lösung,

$\quad\quad c$ = spezifische Wärme des Lösungsmittels,

$\quad\quad n$ = Anzahl der Moleküle Lösungsmittel pro ein Molekül gelöster Stoff,

a und b = konstant sind.

Die nach dieser Formel berechnete spezifische Wärme einer Salzlösung stimmt recht gut mit der experimentell gefundenen überein; noch etwas besser ist in dieser Beziehung die Formel von Magie; sie kann außerdem auch theoretisch abgeleitet werden. Sowohl Tammann[2] als auch Magie[3] haben betont, daß die Arbeiten von Thomsen und Marignac zeigen, daß in Salzlösungen die Gegenwart des Salzes die Gesamtwärmekapazität des vorhandenen Wassers herabsetzt. Dies geht deutlich daraus hervor, daß der Wasserwert der Lösung unter den Gesamtwert des vorhandenen Wassers fällt. Zur Erklärung kann man annehmen, daß jedes Molekül undissoziierten Salzes und jedes Ion eine Gruppe von Wassermolekülen an sich bindet. Weiter muß man annehmen, daß diese lose gebundenen Wassermoleküle eine andere spezifische Wärme besitzen als jene, welche die Hauptmasse der Lösung bilden. Die Wärmekapazität einer Lösung muß dann gleich sein der Summe der Wärmekapazitäten von

1. dem Wasser außerhalb der Komplexe,
2. den Gruppen, welche aus einem undissoziierten Molekül und einer darum befindlichen Wasserhülle bestehen,
3. den Ionen und ihren Wasserhüllen.

---

[1] Compt. rend. **107**, 524 (1888); Journ. de Phys. **8**, 204 (1889); auch Cattaneo, Nuovo Cimento [3] **26**, 50 (1889).

[2] Zeitschr. f. phys. Chem. **18**, 625 (1885).

[3] Bull. Amer. Phys. Soc., April 27 (1901); Physical Review **25**, 17 (1907). Vgl. auch A. Bakowski, Zeitschr. f. phys. Chem. **65**, 729 (1909).

Bezeichnet man mit

M, S, N Molekulargewicht, spezifische Wärme und Gesamtzahl der
vorhandenen Wassermoleküle,

m, n Molekulargewicht und Anzahl der Moleküle des gelösten Stoffes,

a, α Zahl der Wassermoleküle, welche von einem Grammole des
undissoziierten bzw. des dissoziierten gelösten Stoffes festgehalten
werden,

s, σ spezifische Wärme der Gruppen, welche undissoziierte bzw.
dissoziierte Moleküle des gelösten Stoffes einschließen, und

p Anzahl der dissoziierten Grammoleküle,

so ergibt sich die gesamte Wärmekapazität der Lösung als die
Summe der Wärmekapazitäten der Bestandteile zu

$$H = S[MN - a(n - p)M - \alpha pM] + s(m + aM)(n - p)$$
$$+ \sigma(m + \alpha M)p$$

daraus

$$H = SMN + (sm + saM - SaM)(n - p) + (\sigma m + \sigma \alpha M - S\alpha M)p.$$

Setzt man den Ausdruck $(sm + saM - SaM) = A$ und $(\sigma m
+ \sigma \alpha M - S\alpha M) = B$, so ergibt sich weiter

$$H = SMN + A(n - p) + Bp.$$

In diesem Ausdruck ist SMN die Gesamtwärmekapazität des Wassers,
wenn es allein vorhanden wäre; A und B hängen von den undissoziierten Molekülen, von den Ionen und von der Art und Weise ab,
in der diese die anhängenden Wassermoleküle beeinflussen. Bei
Nichtelektrolyten oder bei nichtdissoziierten Elektrolyten gilt

$$H = SMN + An$$

und bei vollständiger Dissoziation

$$H = SMN + Bn.$$

Sind nun in einer Lösung auf N Moleküle Wasser n Moleküle
des gelösten Stoffes enthalten, so wird p der Ionisationsgrad und

$$H = SMN + A - Ap + Bp.$$

Setzt man für

$$A + C = B,$$

so folgt

$$H = SMN + A + Cp.$$

Der letzte Ausdruck gibt ein genaues Maß der Molekularwärme
einer Salzlösung. Zum Beweise der Übereinstimmung von Theorie
und Praxis diene die folgende Tabelle.

Tabelle XXIII.

Natriumchlorid.

$A = 39. \quad C = -70.$

N	NaCl + N . H_2O	p	Mol.-Wärme (beobachtet)	Mol.-Wärme. (berechnet)
10	58,5 + 180	0,42	188,5 (Thomsen)	189,6
20	58,5 + 360	0,544	361	361
30	58,5 + 540	0,613	536	536,1
50	58,5 + 900	0,668	892	892,2
100	58,5 + 1800	0,729	1788	1788
200	58,5 + 3600	0,780	3578	3584,4

Natriumhydroxyd.

$A = 32. \quad C = -65,6.$

N	NaOH + N . H_2O	p	H (beob.)	H (ber.)
30	40 + 540	0,602	533	533
50	40 + 900	0,696	815	886
100	40 + 1800	0,775	1711	1781
200	40 + 3600	0,824	3578	3578

In der ursprünglichen Gleichung bedeutet B die Wärmekapazität eines Grammols dissoziierten Salzes mit dem mit ihm verbundenen Wasser minus der Wärmekapazität dieser Wassermenge, wenn sie nicht mit den Ionen in Verbindung stände. In der folgenden Liste sind einige Werte für B aus der Gleichung $A + C = B$ gegeben. Man erkennt, daß der Ersatz eines Ions durch ein anderes stets ungefähr dieselbe Wertdifferenz hervorbringt.

Ersatz von Na durch K			Ersatz von Cl durch NO_3		
Salz	B.	Diff.	Salz	B.	Diff.
NaCl	−31	22	KCl	−53	11
KCl	−53		KNO_3	−42	
NaOH	−33,6	17,4	NaCl	−31	11
KOH	−51		$NaNO_3$	−20	
$NaNO_3$	−20	22	$^1/_2BaCl_2$	−55	10
KNO_3	−42		$^1/_2Ba(NO_3)_2$	−45	

Nimmt man an, daß die Wärmekapazität eines Ions gleich der des Atoms oder der Gruppe in festem Zustande ist, so erhält man, wenn man diese Werte für jedes Ion von dem Werte von B abzieht, die Wärmemenge, um welche die Wärmekapazität der mit den Ionen verbundenen Wassermoleküle verkleinert ist. Die Berechtigung zu dieser Annahme folgt daraus, daß für diese Abnahme ein konstanter Wert erhalten wird. Immerhin ist bemerkenswert, daß die Salze in zwei Gruppen zerfallen.

Tabelle XXIV.

Salz	B.	h.	B − h.	Salz	B.	h.	B − h.
NaCl	−31	12,5	−43,5	KCl	−53	12,8	−65,8
NH_4Cl	−23,1	20,9	−44	KNO_3	−42	24,1	−66,1
$NaNO_3$	−20	23,6	−43,6	KOH	−51	13,3	−64,3
NaOH	−33,6	13,3	−46,9	$1/_2BaCl_2$	−55	9,4	−64,4
HCl	−37	8,8	−45,8	$1/_2SrCl_2$	−59,4	9,5	−68,9
				$1/_2Ba(NO_3)_2$	−45	19,9	−64,9

Magie hat gezeigt, daß es möglich ist, aus den Werten von B−h eine Schätzung der kleinsten Zahl von Wassermolekülen vorzunehmen, die mit einem Ion verbunden sind.

Wenn alle Ionen die spezifische Wärme ihrer Wasserhüllen in gleicher Weise beeinflussen, so folgt, daß die verschiedenen Ionen von Hüllen verschiedener Größe umgeben sind. In diesem Zusammenhange sei auf die Arbeit von Caroll über die Viscosität der Elektrolyte hingewiesen.[1]

Auch Kalikinsky[2] hat den Zusammenhang von Ionisation und spezifischer Wärme studiert. Er fand, daß bei starker Verdünnung äquivalente Mengen von Elektrolyten die spezifische Wärme des Lösungsmittels in gleicher Weise herabsetzen; außerdem stellte er fest, daß die spezifische Wärme mit steigender Leitfähigkeit abnimmt. Diese Schlüsse scheinen jedoch wegen des Gegensatzes, in dem sie zu den Magieschen Arbeiten stehen, nicht allgemein richtig zu sein.

§ 8. Anwendungen der spezifischen Wärme.

In erster Linie ist die spezifische Wärme zur Bestimmung der Atomgewichte angewandt worden. Regnault fand, indem er die zu seiner Zeit allgemein angenommenen Atomgewichte zu-

---

[1] Vgl. Kap. VI § 7.
[2] Journ. Russ. Phys. Chem. Soc. **35**, 1215 (1904); und Chem. Zentralbl. **1**, 1121 (1904).

grunde legte, daß die Atomwärme der meisten Elemente gleich drei sei. Doch gab es drei Ausnahmen: Natrium, Kalium und Silber, deren Atomwärmen beiläufig 6 waren. Er wollte daher das Atomgewicht dieser Stoffe halb so groß wählen, um sie mit der Mehrzahl in Übereinstimmung zu bringen. Dieser Vorschlag konnte aus vielen Gründen von den Chemikern nicht angenommen werden. Cannizzaro hingegen wollte den Regnaultschen Vorschlag umdrehen und die Atomgewichte der Elemente, welche die niedrigere spezifische Wärme ergaben, verdoppeln. Auch dieser Vorschlag begegnete zuerst starkem Widerspruch; er wurde jedoch langsam überwunden und die Neuerung angenommen. Man erkannte also, daß die Atomwärme eines Elementes ungefähr gleich 6 ist. Diese Tatsache wurde oft angewandt, um das Atomgewicht eines Elementes zu bestimmen, wenn auf chemischem Wege eine Entscheidung unmöglich war.

Thallium zeigt bedeutende Ähnlichkeit mit dem Blei; daraus kann man schließen, daß seine Salze eine analoge Zusammensetzung besitzen. Das Chlorid müßte dann die Formel $TlCl_2$ haben; da das Äquivalentgewicht des Metalles 203 ist, wäre das Atomgewicht 406. Andererseits zeigt aber das Thallium eine große Ähnlichkeit mit den Alkalimetallen; aus diesem Grunde müßte die Formel des Chlorids $TlCl$ lauten, und das Atomgewicht wäre dann 203. Die Bestimmung der spezifischen Wärme zu 0,0300 nach Schmitz[1]) spricht zugunsten der letzteren Möglichkeit, da der Quotient von 6,3 durch 0,03 etwa gleich 210 ist.

Für das Uran nahm man anfangs wegen seiner scheinbaren Ähnlichkeit mit dem Eisen das Atomgewicht 120 an. Mendelejeff[2]) hingegen setzte das Element in die Chromgruppe des periodischen Systems und legte ihm das Atomgewicht 240 bei. Die ersten Bestimmungen der spezifischen Wärme waren unentschieden; schließlich erhielt aber Zimmermann[3]) den Wert 0,027 und bewies so die Richtigkeit der Mendelejeffschen Annahme. Das Äquivalentgewicht des Indiums beträgt 37,8. In gewisser Beziehung ähnelt dieses Metall dem Zink und dem Cadmium; seine Salze erhielten daher die Formel $In''R_2$, woraus sich das Atomgewicht zu 75,6

---

[1]) Proc. Roy. Soc. **77**, 177 (1903); vgl. auch Regnault, Ann. de Chim. [3] **67**, 427 (1863), der 0,033 fand.
[2]) Ann. Suppl. **8**, 178 (1872).
[3]) Ber. d. Dtsch. chem. Ges. **15**, 847 (1882).

ergibt. R. Bunsen[1]) fand für die spezifische Wärme den Wert 0,057, und das Atomgewicht wurde demzufolge auf 113,4 umgeändert. Auch über den Wert der Atomgewichte von Cer, Lanthan und Didym wurde auf diese Weise entschieden. Die alten Atomgewichte waren Ce = 92, Di = 95 und La = 92. Wegen der Stellung dieser Elemente, die Mendelejeff[2]) ihnen im periodischen System geben wollte, hielt er die Gewichte Ce = 138, Di = 138 und La = 180 für richtig. Dieser Änderung widersprach andererseits Rammelsberg[3]) wegen der kristallographischen Eigenschaften der Salze, welche mit denen des Yttriums und Cadmiums isomorph sind. Hildebrands[4]) Bestimmung der spezifischen Wärme entschied diese Meinungsverschiedenheit. Die von ihm gefundenen Werte waren

$$Ce = 0,04479; \quad Di = 0,04563; \quad La = 0,04485,$$

woraus folgt, daß die Atomgewichte einundeinhalbmal so groß sind als die allgemein angenommenen Werte, nämlich

$$Ce = 138; \quad Di = 144,8 \text{ und } La = 139.$$

Auf Fragen anderer Art ist die spezifische Wärme nicht viel angewandt worden. Sie könnte vielleicht Anwendung finden, um das Vorhandensein unstabiler Verbindungen in Mischungen von Nichtelektrolyten festzustellen, da die spezifische Wärme von Mischungen, die derartige Verbindungen enthalten, anormal ist. Magie konnte, wie wir gesehen haben, auf diese Weise den bestimmten Beweis für die Hydratation der Ionen liefern.

Aus der weitgehenden Additivität der Atomwärmen ist von vornherein ersichtlich, das für Schlußfolgerungen konstitutiver Art nicht viel Spielraum bleiben kann. Tatsächlich sind auch bisher aus den spezifischen Wärmen keine wesentlichen Resultate für Konstitutionsprobleme erhalten worden. Hingegen zeigt das Wärmetheorem von Nernst den Weg, auf welchem die spezifischen Wärmen zur Behandlung von chemischen Fragen und insbesondere der Reaktionsgleichgewichte verwendet werden können, und in dieser Beziehung ist von der Betrachtung der spezifischen Wärmen vor allem bei tiefen Temperaturen noch viel zu erwarten.

---

[1]) Pogg. Ann. **141**, 1 (1870).
[2]) Ann. Suppl. **8**, 186 (1872).
[3]) Ber. d. Dtsch. chem. Ges. **6**, 84 (1873).
[4]) Pogg. Ann. **158**, 71 (1876).

Kapitel V. Schmelzpunkt.

§ 1. Einleitung.

Während bei den amorphen Stoffen der Übergang vom flüssigen zum festen Zustande stetig verläuft, sind die kristallinischen Substanzen durch das Schmelzen gekennzeichnet, wobei der Schmelzpunkt eine für einen reinen Stoff charakteristische Temperatur darstellt. Nur bei der Schmelztemperatur können der feste und der flüssige Aggregatzustand eines Stoffes nebeneinander existieren, da nur bei diesem Punkt der Dampfdruck der festen und der flüssigen Phase gleich ist. Identisch mit dem Schmelzpunkt der festen ist der Erstarrungspunkt der flüssigen Substanz. Während das Schmelzen aber stets präzise eintritt, kann das Erstarren verzögert werden. Besonders bei in bezug auf Suspensionen sehr reinen Flüssigkeiten, die sich erschütterungsfrei in Gefäßen mit glatter Oberfläche befinden, kann die „Unterkühlung" oder „Überschmelzung" oft beobachtet werden. Besonders leicht durch Impfung mit einem Kristallkeim kann die Störung behoben, der Schmelzpunkt wieder erreicht werden.

Der Schmelzpunkt ist abhängig vom Druck, und zwar im Sinne der Gleichung von Clausius:

$$\frac{dT}{dp} = -\frac{T(v_2 - v_1)}{L},$$

worin T die absolute Temperatur, p den Druck, v_1 und v_2 die spezifischen Volumina beider Aggregatzustände und L die Schmelzwärme bedeutet. Eine Bestätigung dieser Gleichung geben die Messungen von Johnston und Adams.[1]

Metall	T	L pro g	$v_1 - v_2$	$\triangle t$ für 1000 Atm.	
				ber.	gef.
Sn	273 + 231	14,25	0,003 894	+ 3,34	+ 3,28
Cd	273 + 320	13,7	0,005 64	+ 5,91	+ 6,29
Pb	273 + 271	5,37	0,003 076	+ 8,32	+ 8,03
Bi	273 + 327	12,6	0,003 42	— 3,56	— 3,55

[1] Zeitschr. f. anorg. Chem. **72**, 11 (1911).

Den Einfluß hoher Drucke zeigen z. B. die Versuche von Amagat[1]) an Tetrachlorkohlenstoff:

Druck in Atm.:	1	210	620	900	1160
F. P.:	-30^0	$-19,5^0$	0^0	$+10^0$	$+19,5^0$

Johnston und Adams fanden für Blei bei einem

Druck von Atm.:	150	500	1000	1490	2000
den Schmelzpunkt:	$326,53^0$	$329,26^0$	$333,38^0$	$337,35^0$	$341,38^0$

Daß es einen „kritischen Punkt" zwischen der festen und der flüssigen Phase — entsprechend jenem zwischen der flüssigen und der Gasphase — nicht gibt, hat Tammann[2]) experimentell bewiesen.

Abgesehen vom äußeren Drucke ist der Schmelzpunkt noch von der Korngröße abhängig; z. B. fand Pawlow,[3]) daß die Schmelztemperatur des Salols mit Abnahme der Korngröße fällt. Der Grund ist darin zu suchen, daß die Oberflächenspannung zwischen der festen und dampfförmigen Phase verschieden ist von der zwischen flüssig-dampfförmig. Ganz ähnlich hat man auch Unterschiede in der Löslichkeit gefunden, die durch Korngröße bedingt sind.

Von großem Interesse ist die Vorstellung Lindemanns[4]), daß das Schmelzen dadurch zustande kommt, daß die Schwingungen der Atome bei der betreffenden Temperatur so groß werden, wie ihre Abstände; sie treffen dann aufeinander, und damit verliert der feste Kristall sein Gefüge. Die von der Temperatur unabhängige Schwingungszahl, auch Eigenfrequenz des Atoms genannt, (ν) berechnet sich aus

$$\nu = 2,80 \cdot 10^{12} \sqrt{\frac{T_s}{a \cdot V_a^{\frac{2}{3}}}}$$

(T_s Schmelzpunkt bei abs. Temperaturgraden, a Atomgewicht, V_a Atomvolumen beim Schmelzpunkt).

Wie O. Lehmann gefunden hat, bildet eine Anzahl von Stoffen „flüssige Kristalle"; in diesem Zustande ist die Substanz trüb-

---

[1]) C. R. **105**, 165 (1887). Vgl. weiteres Material bei G. Tammann, Kristallisieren und Schmelzen 1903.

[2]) Ann. d. Phys. **36**, 1027 (1911).

[3]) Zeitschr. f. phys. Chem. **74**, 562 (1910).

[4]) Phys. Zeitschr. **11**, 609 (1910); Diss. (Berlin 1911).

flüssig anisotrop. Das Temperaturintervall, in dem die flüssigen Kristalle existenzfähig sind, wird von dem Schmelzpunkt als unterer Grenze (zwischen dem anisotropen festen und anisotropen flüssigen Zustand) und dem Klärungspunkt als oberer Grenze (zwischen dem anisotropen trübflüssigen und isotropen durchsichtigen Zustand) gebildet. Einige Beispiele gibt die folgende Tabelle:

Tabelle I.

Name	Formel	Schmelz-punkt	Klärungs-punkt
Cholesterylbenzoat . .	$C_{27}H_{45} \cdot C_7H_5O_2$	$145,5°$	$178,5°$
Cholesterylpropionat .	$C_{27}H_{45} \cdot C_3H_5O_2$	$98°$	$114°$
Cholesterylacetat . . .	$C_{27}H_{45} \cdot C_2H_3O_2$	114 bis $114,4°$ (isotrop)	zw. 90 u. $100°$
p-Azoxyanisol	$CH_3O \cdot C_6H_4 - N - N \cdot C_6H_4 \cdot CH_3O$, verbunden über O	$116°$	$134°$
p-Azoxyphenetol . . .	$C_2H_5O \cdot C_6H_4 - N - N \cdot C_6H_4 \cdot C_2H_5O$, verbunden über O	$137,5°$	$168°$
p-Azoxyanisolphenetol.	$CH_3O \cdot C_6H_4 - N - N \cdot C_6H_4 \cdot C_2H_5O$, verbunden über O	$93,5°$	$149,6°$
Azin des p-Oxäthylbenz-aldehyds.	$C_2H_5O \cdot C_6H_4 \cdot \underset{H}{C} = N$ — $C_2H_5O \cdot C_6H \cdot \underset{H}{C} = N$	$172°$	$199°$
Anisaldazin	$CH_3 \cdot O \cdot C_6H_4 \cdot C_H = N$ — $CH_3 \cdot O \cdot C_6H_4 \cdot C_H = N$	$160°$	$180°$
p-Methoxyzimtsäure .	$CH_3 \cdot O \cdot C_6H_4 \cdot \underset{H}{C} = \underset{H}{C} - COOH$	$170°$	$185,7°$
p-Azoxybenzoesäure-äthylester	$O\begin{cases} N \cdot C_6H_4 \cdot COOC_2H_5 \\ N \cdot C_6H_4 \cdot COOC_2H_5 \end{cases}$	$113,5°$	$120,5°$
p-Diacetoxylstilben-chlorid	$C_2H_3O \cdot O \cdot C_6H_4 - CH \parallel C_2H_3O \cdot O \cdot C_6H_4 - CH$	$124°$	$138°$

Vorländer[1] hat wasserklare flüssige Kristalle aufgefunden. Er nimmt an, daß die Anisotropie der Flüssigkeiten bedingt wird

---

[1] B. B. **41**, 2033 (1908).

durch eine lineare molekulare Gestalt. „Das Molekül muß eine möglichst lange Struktur haben, um kristallinisch-flüssig zu sein." Auch sonst zeigen sich gewisse konstitutive Bedingungen, welche auf das kristallinisch-flüssige Existenzgebiet Einfluß nehmen.[1])

Schmelzwärme. — Die Wärmemenge, die man dem festen Körper beim Schmelzpunkt zuführen muß, um ihn in den flüssigen Zustand (von der Schmelztemperatur) überzuführen, wird als Schmelzwärme[2]) bezeichnet. Die folgende Tabelle enthält die bekannten Schmelzwärmen (w) der Elemente in kg-Kalorien für 1 kg.

Tabelle II.

	w		w		w
Al	239,4	Cu	41,6	S	9,4
Pb	5,37	Na	17,75	Ag	21,1
Br	16,2	Ni	4,6	Bi	12,4
Cd	13,7	Pd	36	Zn	28,1
Fe	6,0	P	4,75	Sn	14,0
J	11,7	Pt	27,2		
K	13,6	Hg	2,82		

Die Schmelzwärmen einiger Verbindungen (in kg-Kalorien pro 1 kg) sind in der folgenden Übersicht wiedergegeben:

	w		w
Wasser	80	Azobenzol	28
Äthylenbromid	13	Benzophenon	23,5
Ameisensäure	52,6	Betol	18
Myristinsäure	47,5	p-Dibrombenzol	20,4
Benzol	30,1	Naphthalin	35,6

Allgemeinere Beziehungen. — Schmelzwärme und Schmelzpunkt sind mit verschiedenen anderen Eigenschaften der Körper mehrfach in Beziehung gebracht worden; so der Schmelzpunkt von Guldberg[3]) mit dem Elastizitäts- und dem kubischen Ausdehnungskoeffizienten, von Pictet[4]) mit dem Molekularvolumen

---

[1]) l. c. S. 2041. B. B. **39**, 803 (1906); **40**, 1415, 1966 (1907). Zeitschr. f. phys. Chem. **57**, 357 (1906).

[2]) Über Umwandlungswärmen bei organischen Verbindungen s. bei Roth, Zeitschr. f. Elektrochem. **16**, 654 (1910).

[3]) In Ostwalds Klassikern Nr. 139.

[4]) C. R. **88**, 855 (1879). Vgl. auch Rüdorf, Das periodische System (Hamburg 1904). Stein, Zeitschr. f. anorg. Chem. **73**, 270 (1911). F. Haber, Verh. d. Dtsch. phys. Ges. XIII, 1129 (1911).

(MV) und dem linearen Ausdehnungskoeffizienten, von Wiebe[1]) mit dem kubischen Ausdehnungskoeffizienten und der Atomwärme. Crompton[2]) fand für nichtassoziierte Stoffe, daß

$$\frac{w \cdot d}{T_s} = \text{Konst.}$$

(w Schmelzwärme, T_s abs. Schmelztemperatur, d Dichte). Für Flüssigkeiten mit einatomigen Molekülen (A Atomgewicht) gab derselbe Autor[3]) an:

$$\frac{w \cdot A}{T_s} = \text{Konst.}$$

Walden[4]) zeigte, daß für viele nichtassoziierte organische Verbindungen (M Molekulargewicht):

$$\frac{w \cdot M}{T_s} = 13,5 \text{ (im Mittel),}$$

und daß man damit über ein Mittel verfügt, bei nichtassoziierten Stoffen die Schmelzwärme rechnerisch zu ermitteln, bei assoziierten aus der Schmelzwärme auf den Assoziationsgrad zu schließen.[5])

Den meisten dieser Regeln liegt die Erfahrung von Clarke[6]) zugrunde, daß die Schmelzpunkte — ähnlich wie die Siedepunkte — als korrespondierende Temperaturen $\left(\dfrac{T_K}{T_s} = 2 \text{ ungefähr}\right)$ anzusehen sind.

Von großer theoretischer und praktischer Bedeutung ist die von van't Hoff[7]) abgeleitete Gleichung für die Gefrierpunktserniedrigung (K):

$$K = \frac{T_s^2}{50w},$$

auf welche aber auch hier nicht näher einzugehen ist.

<hr>

[1]) B. B. **13**, 1258 (1880); Ann. d. Phys. (4) **19**, 1076 (1906). Vgl. Panayeff, Ann. d. Phys. (4) **18**, 210 (1905), Weber, das. **18**, 868 (1905).

[2]) Journ. Chem. Soc. **71**, 925 (1897). Vgl. auch das. **67**, 315 (1895); B. B. **28**, 148 (1895).

[3]) Chem. News **88**, 237 (1903). Vgl. auch T. B. Robertson, Journ. Chem. Soc. **81**, 1233 (1902).

[4]) Zeitschr. f. Elektrochem. **14**, 713 (1908).

[5]) Vgl. auch Baud, C. R. **152**, 1480 (1911).

[6]) Amer. Chem. Journ. **18**, 618 (1896). Vgl. Matthias, Le point critique 59 (1904). Kurbatow, Journ. Chim. Phys. **6**, 339 (1908).

[7]) Zeitschr. f. phys. Chem. **1**, 481 (1887).

§ 2. Anorganische Stoffe.

Bei anorganischen Verbindungen sind die verläßlichen Daten erst neueren Datums; allgemein schmelzen anorganische Verbildungen bei relativ höheren Temperaturen, für welche noch nicht lange Methoden zur genauen Bestimmung zugänglich sind.

Wie viele andere Eigenschaften ist auch der Schmelzpunkt der Elemente eine periodische Funktion des Atomgewichtes.[1] Werden die Elemente nach dem periodischen System angeordnet, so findet man, daß die Schmelzpunkte in den verschiedenen Gruppen den Atomgewichten parallel gehen. Bei den Alkalimetallen und in der ersten Gruppe der Schwermetalle fällt der Schmelzpunkt mit wachsendem Atomgewicht.

Tabelle III.

Element	F.-P. (abs.)	Element	F.-P. (abs.)
Lithium	459°	Magnesium	905°
Natrium	370°	Zink	693°
Kalium	335°	Cadmium	594°
Rubidium	311°	Quecksilber	234°
Caesium	299°		

Bei den Nichtmetallen gilt das Entgegengesetzte, die Schmelzbarkeit nimmt mit steigendem Atomgewicht ab.

Element	F.-P. (abs.)	Element	F.-P. (abs.)
Stickstoff	63°	Tellur	719°
Phosphor	317°	Fluor	50°
Arsen	631°	Chlor	171°
Antimon	998°	Brom	266°
Wismuth	542°	Jod	387°
Sauerstoff	73°	Argon	85°
Schwefel	388°	Krypton	104°
Selen	490°	Xenon	133°

Bei den dazwischenliegenden Gruppen ist das Verhalten ein wechselndes.

Carnelley hat auch bei den Halogenderivaten der verschiedenen Gruppen Regelmäßigkeiten gefunden.

---

[1] Carnelley, Phil. Mag. [5] **8**, 315 (1879); Phil. Mag. [5] **18**, 1 (1884).

§ 3. Organische Verbindungen. — Homologe Reihen.

Trotz der häufig bequemen experimentellen Zugänglichkeit des Schmelzpunktes und des infolgedessen reichlich vorliegenden Zahlenmaterials sind nicht allzuviele hierher gehörige Zusammenhänge bekannt geworden.

Die Genauigkeit, mit der im allgemeinen die Schmelzpunktsbestimmung organischer Stoffe erfolgt, mag nicht allzu groß sein, doch genügt sie, um den Einfluß der chemischen Konstitution erkennen zu lassen.

Die Schmelzpunkte der Glieder einer homologen Reihe zeigen allgemein das Bestreben, mit steigendem Molekulargewicht sich kontinuierlich zu ändern, und zwar in den weitaus meisten Fällen zu steigen. Die Zunahme der Schmelztemperatur, die durch den Eintritt einer Methylengruppe hervorgerufen wird, ist jedoch meist nicht regelmäßig; allgemein kann man sagen, daß der Einfluß der Homologie bei den höheren Gliedern abnimmt.

In wenigen Reihen hat es den Anschein, als würde der Einfluß einer neu hinzutretenden Methylengruppe bei den höheren Gliedern konstant werden; bei anderen scheint dieser Hinzutritt eine immer kleinere Wirkung auszuüben und schließlich ganz zu verschwinden. Manchmal findet man, daß die Größe des Homologieeffektes bei den aufeinanderfolgenden Gliedern einer Reihe alterniert; in diesen Fällen bilden die alternierenden Glieder je eine Reihe für sich, die untereinander Regelmäßigkeiten aufweisen. Dieser alternierende Effekt ist die bemerkenswerteste Eigenheit, die der Schmelzpunkt homologer Reihen aufweist, und soll aus Mangel eines besseren Einteilungsprinzips der Betrachtung zugrunde gelegt werden.

Nichtalternierende Reihen. — Als Beispiele für diese Gattung seien die Alkohole, Ketone und Fettsäureamide angeführt. Die Betrachtung der folgenden Tabellen lehrt, daß bei Alkoholen und Ketonen die Schmelzbarkeit abnimmt, je weiter man in der Reihe fortschreitet; auch geht deutlich hervor, daß der Einfluß einer Methylengruppe in den niedrigeren Gliedern ein viel größerer ist, als in den höheren Gliedern; die einfachen Ketone zeigen eine Unregelmäßigkeit, die vielleicht auf ungenaue Beobachtung zurückzuführen ist. In beiden Reihen strebt der Einfluß der CH_2-Gruppe bei den höheren Gliedern einem konstanten Werte zu.

Der Schmelzpunkt der Fettsäureamide wird, abgesehen von den ersten drei oder vier Gliedern, die sich ganz unregelmäßig verhalten, von C_6 etwa angefangen ziemlich konstant. In dieser Reihe hat der Hinzutritt einer CH_2-Gruppe nur wenig oder keinen Einfluß auf die Schmelzbarkeit; es ist jedoch schwer zu entscheiden, ob der Schmelzpunkt wirklich konstant ist oder nicht, da die Zahlen aus Beobachtungen verschiedener Autoren stammen, die bei ein und derselben Substanz meist nicht übereinstimmen. Außerdem ist nur selten angegeben, ob die Temperaturen „korrigierte Werte" sind oder nicht. Diese Unsicherheit haftet selbstverständlich vielen Angaben des Schmelzpunktes an.

Tabelle IV.[1])

Alkohole			Ketone		
Substanz	F.-P.	Diff. für CH_2	Substanz	F.-P.	Diff. für CH_2
CH_3OH	$-94°$	-18	$CH_3COC_6H_{13}$ . . .	$-16°$	$+1$
CH_3CH_2OH . . .	$-112°$	-15	$CH_3COC_7H_{15}$ . . .	$-15°$	$18,5$
$CH_3CH_2CH_2OH$ . .	$-127°$	$+5$	$CH_3COC_8H_{17}$ . . .	$+3,5°$	$11,5$
$CH_3(CH_2)_2CH_2OH$.	$-122°$		$CH_3COC_9H_{19}$ . . .	$+15°$	6
$CH_3(CH_2)_5CH_2OH$.	$-36,5°$	18	$CH_3COC_{10}H_{21}$ . . .	$21°$	7
$CH_3(CH_2)_6CH_2OH$.	$-17,9°$	13	$CH_3COC_{11}H_{23}$ . . .	$28°$	$5,5$
$CH_3(CH_2)_7CH_2OH$.	$-5°$	12	$CH_3COC_{12}H_{25}$ . . .	$33,5°$	$5,5$
$CH_3(CH_2)_8CH_2OH$.	$+7°$	12	$CH_3COC_{13}H_{27}$ . . .	$39°$	4
$CH_3(CH_2)_9CH_2OH$.	$19°$	6	$CH_3COC_{14}H_{29}$ . . .	$43°$	5
$CH_3(CH_2)_{10}CH_2OH$.	$25°$	$5,5$	$CH_3COC_{15}H_{31}$ . . .	$48°$	$3,5$
$CH_3(CH_2)_{11}CH_2OH$.	$30,5°$	$7,5$	$CH_3COC_{16}H_{33}$ . . .	$51,5°$	4
$CH_3(CH_2)_{12}CH_2OH$.	$38°$	7	$CH_3COC_{17}H_{35}$ . . .	$55,5°$	
$CH_3(CH_2)_{13}CH_2OH$.	$45°$	$4,5$			
$CH_3(CH_2)_{14}CH_2OH$.	$49,5°$				

Normale Fettsäureamide.

Substanz	F.-P.	Substanz	F.-P.
$HCONH_2$	$-1°$	$C_{11}H_{23}CONH_2$	$110°$
CH_3CONH_2	$82°$	$C_{12}H_{25}CONH_2$	$98,5°$
$C_2H_5CONH_2$	$79°$	$C_{13}H_{27}CONH_2$	$102°$
$C_3H_7CONH_2$	$115°$	$C_{14}H_{29}CONH_2$	$108°$
$C_4H_9CONH_2$	$114–116°$	$C_{15}H_{31}CONH_2$	$106—7°$
$C_5H_{11}CONH_2$	$100°$	$C_{16}H_{33}CONH_2$	
$C_6H_{13}CONH_2$	$95°$	$C_{17}H_{35}CONH_2$	$108—9°$
$C_7H_{15}CONH_2$	$97—8°$	$C_{18}H_{37}CONH_2$	
$C_8H_{17}CONH_2$	$99°$	$C_{19}H_{39}CONH_2$	$108°$
$C_9H_{19}CONH_2$	$108°$	$C_{21}H_{43}CONH_2$	$111°$
$C_{10}H_{21}CONH_2$	$103°$	$C_{25}H_{51}CONH_2$	$109°$

[1]) Blau, Monatshefte f. Chem. **26**, 89 (1905). Carrara und Coppadero, Gazz. Chim. Ital. **1**, 329 (1903).

Alternierende Reihen. — Die normalen Paraffine, die ein- und zweibasischen Fettsäuren, die Diamine und die Glycole können als Beispiele für Reihen mit alternierendem Charakter dienen (vgl. Tabelle V).

Tabelle V. [1][2][3][4)

Normale Paraffine.

Substanz	F.-P.	Differenz für CH_2	Diff. zweier ungerader Glieder	Diff. zweier gerader Glieder
CH_4	$-184°$	12		
C_2H_6	-172			
C_9H_{20}	-51	19		
$C_{10}H_{22}$	-32	6	25	
$C_{11}H_{24}$	-26	14		20
$C_{12}H_{26}$	-12	6	20	
$C_{13}H_{28}$	-6	11,5		17,5
$C_{14}H_{30}$	$+5,5$	4,5	16	
$C_{15}H_{32}$	10	8		12,5
$C_{16}H_{34}$	18	4,5	12,5	
$C_{17}H_{36}$	22,5	5,5		10
$C_{18}H_{38}$	28	4	9,5	
$C_{19}H_{40}$	32	4,7		8,7
$C_{20}H_{42}$	36,7	3,7	8,4	
$C_{21}H_{44}$	40,4	4,0		7,7
$C_{22}H_{46}$	44,4	3,3	7,3	
$C_{23}H_{48}$	47,7	3,4		6,7
$C_{24}H_{50}$	51,1			
$C_{31}H_{64}$	68,1	1,9		
$C_{32}H_{66}$	70,0			

Glycole.

Substanz	F.-P.	Differenz für CH_2	Diff. zweier gerader Glieder
$(CH_2)_2(OH)_2$	$-12°$	-43	
$(CH_2)_3(OH)_2$	-55	$+71$	$+28$
$(CH_2)_4(OH)_2$	$+16$		$+25$
$(CH_2)_6(OH)_2$	41		$+22$
$(CH_2)_8(OH)_2$	63	-20	$+8,5$
$(CH_2)_9(OH)_2$	43,5	$+28$	
$(CH_2)_{10}(OH)_2$	71,5		

[1) Henry, Bull. Acad. Belg. **1904**, 1142.
[2) Kaufler, Chemiker-Ztg. **25**, 133 (1901).
[3) Baeyer, Ber. d. Dtsch. chem. Ges. **10**, 1286 (1877).
[4) Baeyer, Ber. d. Dtsch. chem. Ges. **10**, 1287 (1877).

Diamine.

Substanz	F.-P.	Differenz für CH_2	Diff. zweier gerader Glieder
$(CH_2)_2(NH_2)_2$	$+8,5°$		
$(CH_2)_3(NH_2)_2$	flüssig	—	19,5
$(CH_2)_4(NH_2)_2$	$+27°$	—	
$(CH_2)_5(NH_2)_2$	flüssig	—	13
$(CH_2)_6(NH_2)_2$	$40°$	—	
$(CH_2)_7(NH_2)_2$	$28°$	-12	11
$(CH_2)_8(NH_2)_2$	$51°$	$+23$	
$(CH_2)_9(NH_2)_2$	$37°$	-14	10
$(CH_2)_{10}(NH_2)_2$	$61°$	$+24$	

In der Reihe der Paraffine verursacht die Addition von CH_2 eine Zunahme, deren Wert erst ein alternierendes Verhalten zeigt und dann bei den höheren Gliedern konstant wird; so wechselt die Zunahme des Schmelzpunktes von Nonan, Decan, Undecan, Dodecan von 19—6° zu 14—6°, während späterhin von C_{18} zu C_{24} die Zunahme etwa 4° beträgt. (Man ersieht daraus, daß die S. 183 gewählte Einteilungsmethode unvollkommen ist, da nach ihr die Paraffine, falls zufällig nur die höheren Glieder bekannt wären, unter die nichtalternierenden Reihen eingereiht worden wären.)

Normale Fettsäuren (zweibasisch).

Säure	F.-P.	Differenz für CH_2	Diff. zwischen ungeraden Gliedern	Diff. zweier gerader Glieder
Oxalsäure, C_2	$189°$			
Malonsäure, C_3 ...	132	-57		-4
Bernsteinsäure, C_4 ..	185	$+53$	-35	
Glutarsäure, C_5 ...	97	-88		-37
Adipinsäure, C_6 ...	148	$+51$	$+8$	
Pimelinsäure, C_7 ...	105	-43		-8
Korksäure, C_8	140	$+35$	$+1$	
Azelainsäure, C_9 ...	106	-34		-7
Sebacinsäure, C_{10}...	133	$+27$	$+4$	
Nonandicarbonsäure, C_{11}	110	-23		-6
Decandicarbonsäure, C_{12}	127	$+17$	$+4$	
Brassylsäure, C_{13} ...	114	-13		

Normale Fettsäuren (einbasisch).

Säure	F.-P.	Differenz für CH_2	Diff. zwischen ungeraden Gliedern	Diff. zweier gerader Glieder
HCOOH.	+8,6			
		+8		
CH_3COOH	+16,7		−30,6	
		−38,7		
C_2H_5COOH	−22			−24,5
		+14		
C_3H_7COOH	−7,9		−36,5	
		−50,5		
C_4H_9COOH	−58,5			+16
		+66,5		
$C_5H_{11}COOH$	+8		+48	
		−18,5		
$C_6H_{13}COOH$	−10,5			+8,5
		+27		
$C_7H_{15}COOH$	+16,5		+23	
		−4		
$C_8H_{17}COOH$	12,5			+15
		+19		
$C_9H_{19}COOH$	31,4		+16	
		−3		
$C_{10}H_{21}COOH$	28,5			+12
		+15		
$C_{11}H_{23}COOH$	43,5		+12	
		−3		
$C_{12}H_{25}COOH$	40,5			+10,3
		13,3		
$C_{13}H_{27}COOH$	53,8		+10,5	
		−2,8		
$C_{14}H_{29}COOH$	51			+8,8
		+11,6		
$C_{15}H_{31}COOH$	62,6		+9	
		−2,6		
$C_{16}H_{33}COOH$	60			+6,7
		+9,3		
$C_{17}H_{35}COOH$	69,3		+6,5	
		−2,8		
$C_{18}H_{37}COOH$	66,5			

Nach Tsakalotos[1]) lassen sich die Schmelzpunkte der normalen Paraffine $C_{16}H_{34}$ bis $C_{60}H_{122}$ nach der Formel

$$\triangle = \frac{85 - 0.01\,882\,(n-1)^2}{(n-1)}$$

berechnen.

Indes zeigen die Paraffine das alternierende Verhalten nur in einem geringen Grade, und sie bilden darin eigentlich eine Ausnahme; bei den anderen erwähnten Reihen ist ein sehr deutlicher Wechsel bemerkbar, wenn man die aufeinanderfolgenden Glieder verfolgt. Bei den Säuren, Glycolen und Diaminen kann man beobachten, daß der Schmelzpunkt beim Übergange von einem Gliede mit einer geraden Anzahl von Kohlenstoffatomen zu dem benachbarten mit einer ungeraden Zahl derselben sogar abnimmt; bei den Paraffinen war der Einfluß nur gering und gerade genügend, um die der CH_2-Gruppe zuzuschreibende Erhöhung zu verkleinern. Soweit sich aus den vorhandenen Daten folgern läßt, scheint es eine allgemeine

---

[1]) Compt. rend. **143**, 1235 (1900).

Regel zu sein, daß der Schmelzpunkt der Glieder mit ungerader Kohlenstoffanzahl verhältnismäßig niedriger ist als der der Glieder mit gerader Kohlenstoffzahl. Die geraden und ungeraden Glieder können in je eine Reihe gebracht werden, deren einzelne Glieder sich um zwei CH_2-Gruppen unterscheiden. Bei den einbasischen Säuren bewirkt der Zutritt zweier CH_2-Gruppen in jeder Serie einen Anstieg des Schmelzpunktes, doch nimmt dieser bei den höheren Gliedern ab. Bei den zweibasischen Säuren fällt der Schmelzpunkt der geraden Glieder durch Zutritt von $2\,CH_2$, während die ungeraden Glieder das umgekehrte Verhalten zeigen.

Die Tabellen ergeben, daß der Effekt, je höher man in der Reihe ansteigt, umso kleiner wird; so verschwindet er bei den Paraffinen gänzlich und nimmt bei den anderen Reihen deutlich ab.

§ 4. Substitution.

Franchimont[1]) hat Daten gesammelt, um den Einfluß des Wasserstoffersatzes durch verschiedene Gruppen festzustellen, aber das Studium dieser Substitutionen hat nicht zu wichtigen Konsequenzen geführt. Der Eintritt von Sauerstoff in eine Verbindung ist fast allgemein von einer Erhöhung des Schmelzpunktes begleitet. Die folgenden Zahlen beweisen dies:

Tabelle VI.

Ersatz von H_2 durch $=O$.

Substanz	F.-P.	F.-P.	Substanz
$C_{11}H_{23}CH_3$	$-12°$	$44,5°$	$C_{11}H_{23}CHO$
$C_{13}H_{27}CH_3$	$+5,4$	$52,5$	$C_{13}H_{27}CHO$
$C_{15}H_{31}CH_3$	$18,2$	$58,5$	$C_{15}H_{31}CHO$
$C_{17}H_{35}CH_3$	$28,0$	$63,5$	$C_{17}H_{35}CHO$
$C_{11}H_{23}CH_2CH_3$	$-6,2$	28	$C_{11}H_{23}COCH_3$
$C_{13}H_{27}CH_2CH_3$	$+10$	39	$C_{13}H_{27}COCH_3$
$C_{15}H_{31}CH_2CH_3$	$22,5$	48	$C_{15}H_{31}COCH_3$
$C_{17}H_{35}CH_2CH_3$	32	$55,5$	$C_{17}H_{35}COCH_3$
$C_6H_5CH_2CH_2C_6H_5$	52	60	$C_6H_5CH_2COC_6H_5$
$C_6H_5CH_2C_6H_5$	26	46	$C_6H_5COC_6H_5$
$C_6H_5CH_2CH_3$	flüssig	20	$C_6H_5COCH_3$
$(C_5H_{11})_2CH_2$	$26,5$	$14,6$	$(C_5H_{11})_2CO$

[1]) Rec. Pays Bas. **16**, 126 (1897). Zahlreiche andere Substitutionen sind auch behandelt von Marckwald in Graham-Otto, Lehrbuch der Chemie; **1**, 3 (Braunschweig 1897). S. ferner Nernst u. Hesse, Siede- und Schmelzpunkt (Braunschweig 1893).

Substanz	F.-P.	F.-P.	Substanz
$(C_6H_{13})_2CH_2$	$-6{,}2$	30	$(C_6H_{13})_2CO$
$(C_7H_{15})_2CH_2$	$+10$	40	$(C_7H_{15})_2CO$
$(C_9H_{19})_2CH_2$	32	58	$(C_9H_{19})_2CO$
$(C_{11}H_{23})_2CH_2$	47,7	69	$(C_{11}H_{23})_2CO$
$(C_{13}H_{27})_2CH_2$	59,5	77	$(C_{13}H_{27})_2CO$
$(C_{15}H_{31})_2CH_2$	68,1	83	$(C_{15}H_{31})_2CO$
$(C_{17}H_{35})_2CH_2$	74,7	88,4	$(C_{17}H_{35})_2CO$

Ersatz von H durch OH.

Substanz	F.-P.	F.-P.	Substanz
$(C_6H_{13})_2CH_2$	$-6{,}7$	42	$(C_6H_{13})_2CHOH$
$(C_{11}H_{23})_2CH_2$	$+47{,}7$	76	$(C_{11}H_{23})_2CHOH$
$(C_{15}H_{31})_2CH_2$	68,1	85	$(C_{15}H_{31})_2CHOH$
$C_6H_5CH_2C_6H_5$	26	68	$C_6H_5CHOHC_6H_5$
$C_6H_5COCH_2C_6H_5$	60	134	$C_6H_5COCHOHC_6H_5$

Addition von Sauerstoff.

Substanz	F.-P.	F.-P.	Substanz
$(C_6H_5)_2S$	flüssig	70	$(C_6H_5)_2SO$
$(CH_3OC_6H_4)_2S$		115	$(C_6H_4OCH_3)_2SO$
$(C_6H_5)_2SO$	70	128	$(C_6H_5)_2SO_2$
$(C_6H_5)_3P$	75	143	$(C_6H_5)_3PO$
$C_6H_5N(CH_3)_2$	0,5	153	$C_6H_5N(CH_3)_2O$
C_6H_5I	-30	210	C_6H_5IO
$(CH_3CO)_2O$	flüssig	30	$(CH_3CO)_2O_2$

Der entgegengesetzte Einfluß findet sich meist, wenn an die
Stelle des Wasserstoffs eine Methylgruppe tritt, welche an Sauerstoff, Stickstoff oder Schwefel gebunden ist.

Tabelle VI a.

Substanz	F.-P.	F.-P.	Substanz
C_6H_5OH	$43°$	flüssig	$C_6H_5OCH_3$
$C_6H_4OH \cdot CH_3(1{,}4)$	36	flüssig	$(1{,}4)C_6H_4OCH_3 \cdot CH_3$
CH_3COOH	16,7	$-101{,}2°$	CH_3COOCH_3
$HCONH_2$	-1	flüssig	$HCONHCH_3$
CCl_3CONH_2	154	91	$CCl_3CONHCH_3$
$C_6H_5CONH_2$	128	78	$C_6H_5CONHCH_3$
$CO(NH_2)_2$	132	102	$NH_2CONHCH_3$
$C_6H_5CH_2CONH_2$	155	58	$C_6H_5CH_2CONHCH_3$
$C_6H_5SO_2NH_2$	149	31	$C_6H_5SO_2NHCH_3$
$C_6H_5CHOHCOOH$	118	52	$C_6H_5CHOHCOOCH_3$

Als bemerkenswerte Tatsache mag erwähnt werden, daß der
Schmelzpunkt im allgemeinen mit steigendem Atomgewicht fällt,

wenn sich die Elemente einer Gruppe des periodischen Systems in einer organischen Verbindung vertreten. Dieses Verhalten ist dem bei den Halogenderivaten der Elemente früher erwähnten entgegengesetzt. Die zur Verfügung stehenden Daten sind zu wenig zahlreich, um diese Beziehung als allgemeine Regel gelten zu lassen; überdies bilden, wie die folgenden Beispiele zeigen, die Halogene eine Ausnahme.

Tabelle VI b.

Substanz	F.-P.	Substanz	F.-P.
$(C_6H_5)_2O$	$28°$	$(C_6H_5)_4C$	$282°$
$(C_6H_5)_2S$	flüssig	$(C_6H_5)_4Si$	$228°$
$(C_6H_5)_3N$	$127°$	$(C_6H_5)_4Sn$	$226°$
$(C_6H_5)_3P$	$75°$	$(C_6H_5)_4Pb$	$224°$
$(C_6H_5)_3As$	$58°$	$C_6H_4F_2(1,4)$	flüssig
$(C_6H_5)_3Sb$	$48°$	$C_6H_4Cl_2(1,4)$	$53°$
$(C_6H_5)_3Bi$	$78°$	$C_6H_4Br_2(1,4)$	$89°$
C_6H_5COOH	$121°$	$C_6H_4I_2(1,4)$	$129°$
C_6H_5SiOOH	$92°$		

Aus diesen Beispielen homologer Reihen und substituierter Verbindungen erkennt man, in wie hohem Grade der Schmelzpunkt eine konstitutive Eigenschaft ist. Es scheint unmöglich, eine quantitative Beziehung zwischen dieser Eigenschaft und der Zusammensetzung aufzustellen, und selbst die erwähnten qualitativen Beziehungen sind unregelmäßig oder auf ein enges Gebiet beschränkt. Noch deutlicher macht die konstitutive Natur die Betrachtung isomerer Verbindungen.

§ 5. Isomere Verbindungen.

Man findet nur selten zwei isomere Verbindungen mit demselben Schmelzpunkt; aber allgemein verursacht dieselbe isomere Änderung dieselbe qualitative Änderung der Schmelzbarkeit. Quantitative Beziehungen aufzustellen, welche die verschiedenen Isomerietypen mit dem Schmelzpunkt verbinden, ist ebenso schwer wie bei der Substitution. Es sei daher nur auf qualitative Beziehungen im Falle von Struktur- und von Stereoisomerie hingewiesen.

Strukturisomerie. — Zwei allgemeine Regeln gelten für die Beziehungen zwischen Strukturisomeren und ihren Schmelzpunkten.

1. Von zwei isomeren Verbindungen hat diejenige mit mehr symmetrischer Struktur den höheren Schmelzpunkt.

2. Von zwei isomeren Verbindungen hat diejenige, deren Kohlenstoffkette stärker verzweigt ist, den höheren Schmelzpunkt.

Die erste dieser Beziehungen wurde von Carnelley[1]) zuerst erwähnt, die zweite von Markownikoff[2]). Um den Einfluß der Symmetrie in der Struktur darzutun, sei die folgende Reihe aliphatischer Verbindungen angeführt (vgl. Tabelle VII).

Tabelle VII.

Substanz	F.-P.	Substanz	F.-P.
$(COOHCH_2)_2CHOH$	155°	$(CH_3)_3C \cdot CH_2OH$	49°
$COOH(CH_2)_2CHOHCOOH$.	72,3°	$(CH_3)_2(C_2H_5)COH$	−12°
$(C_2H_5)_2SO_2$	70°	$CO(C_6H_{13})_2$	30°
$C_2H_5SO \cdot OC_2H_5$	flüssig	$CH_3COC_{11}H_{23}$	28°
$C_2H_5CHCOOH$ . . . . . . $\vert$ $C_2H_5CHCOOH$	190°	$CH_2(CH(CH_3)COOH)_2$ . . .	127°
$CH_3 CHCOOH$ . . . . . . $\vert$ $C_3H_7CHCOOH$	174°	$CH_2\Big\langle{}^{CH_2COOH \ . \ . \ . \ .}_{C(CH_3)_2COOH \ . \ . \ .}$	85°
γ-Methylpimelinsäure . . .	56°	β-Äthylglutarsäure	67°
β-Methylpimelinsäure . . .	49°	α-Äthylglutarsäure	60°
α-Methylpimelinsäure . . .	54°		

Als weitere Belege für diese Regel sei auf die zwei- und mehrsubstituierten Benzolderivate hingewiesen, deren Schmelzpunkte von Carnelley und von Marckwald bestimmt worden sind. In den meisten bisubstituierten Verbindungen schmilzt die Paraverbindung höher als die weniger symmetrischen Ortho- und Metaverbindungen; wegen der numerischen Daten zur Stütze dieser Regel und wegen der wenigen vorhandenen Ausnahmen muß auf die Originalliteratur verwiesen werden.

Bei Substanzen, welche zwei oder mehrere aneinander gebundene Benzolkerne enthalten, sind die Beziehungen komplizierter, besonders bei jenen Stoffen, welche kondensierte Ringsysteme ent-

---

[1]) Carnelly, Phil. Mag. [5] **13**, 116 (1882); vgl. auch Watts, Dictionary of Chemistry, 3. Suppl.; Marckwald, Lehrbuch der Chemie; Graham-Otto I, 3, 305; Franchimont, Rec. Pays Bas. **16**, 142 (1897).

[2]) Markownikoff, Ann. **182**, 340 (1876), und Marckwald, loc. cit.

halten. Selbst bei einer so einfachen Substanz, wie dem Diphenyl, kann der Einfluß der Symmetrie nicht mehr klar verfolgt werden. Die folgende Tabelle VIII zeigt, daß die Diparasubstitutionsprodukte dieser Gruppe bei höherer Temperatur schmelzen als die anderen Isomeren; dies ist auch zu erwarten, da bei diesen Verbindungen die Substitution in jedem Benzolkern so symmetrisch als möglich erfolgt.

Tabelle VIII.

Substanz	F.-P.	Substanz	F.-P.
2,4′-Dinitrodiphenyl ...	93,5°	2,4′-Dioxydiphenyl	160°
2,2′ ,, ...	124,0	2,2′ ,, ...	109
4,4′ ,, ...	233	4,4′ ,, ...	272
3,3′ ,, ...	197	3,3′ ,, ...	123
2,4′-Diaminodiphenyl ...	45	2,4′-Dicarboxydiphenyl ..	251
2,2′ ,, ...	81	2,2′ ,, ...	229
4,4′ ,, ...	122	4,4′ ,, ...	zerfällt
3,3′ ,, ...	flüssig		bei hoher
			Temp.

An anderen Derivaten findet man, daß die Symmetrieregel versagt. Bei Ortho-Paraverbindungen

$$X\left\langle\bigcirc\right\rangle\overset{X}{\bigcirc}$$

ist der eine Benzolkern symmetrisch substituiert (para) und der Schmelzpunkt dieser Verbindungen sollte zwischen dem der Dipara- und der Diorthoverbindung liegen. Dieser Schluß stimmt bei den Phenolen und Carboxylsäuren, versagt aber bei den Amino- und Nitroverbindungen.

Bei der Beurteilung der relativen Symmetrie dieser Verbindungen müßte vielleicht ein anderer Standpunkt eingenommen werden, indem die Symmetrie des ganzen Moleküls in Betracht gezogen würde. Die Ortho-Paraverbindungen müßten dann als die unsymmetrischsten den niedrigsten Schmelzpunkt haben; doch würde auch dann die Übereinstimmung zwischen Theorie und Praxis keine bessere sein. Damit ist zur Genüge darauf hingewiesen, wie eng man die Gültigkeitsgrenzen für die Symmetrieregel ziehen muß.

Die folgende Tabelle IX soll zeigen, inwieweit diese Regel auf heterocyclische Verbindungen Anwendung finden kann.   Beim Pyridin führt eine

$$\begin{array}{c} CH_\gamma \\ CH \diagup \diagdown CH_\beta \\ CH \diagdown \diagup CH_\alpha \\ N \end{array}$$

Substitution in der γ-Stellung zu den symmetrischsten Verbindungen, und diese schmelzen bei höheren Temperaturen als die α- und β-Verbindungen.

Tabelle IX.

Substanz	F.-P.	Substanz	F.-P.
α-Phenylpyridin	flüssig	α-Pyridon	106°
β-Phenylpyridin	flüssig	β-Oxypyridin.	124
γ-Phenylpyridin	77°	γ-Pyridon ($+H_2O$) . . .	148
α-Aminopyridin.	56	Picolinsäure	135—6
β-Aminopyridin.	64	Nicotinsäure	229
γ-Aminopyridin.	155	Isonicotinsäure	304

Von Beispielen für die zweiten zu Beginn dieses Abschnittes angeführten Gesetzmäßigkeiten sei auf folgende hingewiesen.

Markownikoff[1]) machte die Beobachtung, daß von den Säuren der Formel $(COOH)_2C_3H_6$ die Säure mit der stärker verzweigten Kohlenstoffkette den höchsten Schmelzpunkt besitzt; seitdem haben zahlreiche Beobachter an einem ausgedehnten Material die Gültigkeit dieser Regel bestätigt.   Die folgende Tabelle X enthält dafür einige Beispiele.

Tabelle X.

Substanz	F.-P.
$CH_3CH_2CH(OH)COOH$	44°
$(CH_3)_2C(OH)COOH$	79
$COOHCH_2CH_2CH_2COOH$	97,5
$COOHCH(CH_3)CH_2COOH$	112
$CH_3CH_2CH(COOH)_2$	111,5
$(CH_3)_2C(COOH)_2$	170

[1]) Lieb. Ann. **182**, 340 (1876).

Substanz	F.-P.
$CH_3(CH_2)_3COOH$	$-58,5$
$(CH_3)_2CHCH_2COOH$	-51
$(C_2H_5)(CH_3)CHCOOH$	flüssig
$(CH_3)_3CCOOH$	35
$COOH(CH_2)_4COOH$	148
$COOHCH(CH_3)CH(CH_3)COOH$	192
$(CH_3CH_2CH_2)C(COOH)_2$	96
$(CH_3)(C_2H_5)C(COOH)_2$	118
$COOH(CH_2)_5COOH$	105
$COOHCH(CH_3)CH_2CH(CH_3)COOH$	127
$COOHCH(CH_3)C(CH_3)_2COOH$	151
$CH_3CH_2CH_2CH_2C(COOH)_2$	101
$(CH_3)(CH_3CH_2CH_2)C(COOH)_2$	107
$(CH_3)\left(\genfrac{}{}{0pt}{}{CH_3}{CH_3}>CH\right)C(COOH)_2$	124

Es soll nicht behauptet werden, daß sowohl die Symmetrieregel,
als auch die Verzweigungsregel ohne Ausnahme gelten. Einige
Abweichungen von der ersten Regel sind schon erwähnt worden
und die Tabelle XI enthält Stoffe, welche der zweiten dieser Regeln
nicht folgen. Aus den drei Paaren von Beispielen ersieht man deutlich, daß die Isoverbindungen einen niedrigeren Schmelzpunkt
haben.

Tabelle XI.

Substanz	F.-P.	Substanz	F.-P.

Hydrozimtsäure
    $C_6H_5CH_2CH_2COOH$ . . .
	$47°$	β-Phenylisobuttersäure
		    $C_6H_5CH_2CH(CH_3)COOH$.
			$37°$

Hydratropasäure
    $C_6H_5CH(CH_3)COOH$ . .
	flüssig	Buttersäure
		    $CH_3CH_2CH_2COOH$ . . .
			$-7,9$

γ-Phenylbuttersäure
    $C_6H_5CH_2CH_2CH_2COOH$
	51,7	Isobuttersäure
		    $(CH_3)_2CHCOOH$ . . . .
			-79

Bei einigen isomeren Stoffen treffen beide Regeln zusammen,
und es entstehen infolgedessen Ausnahmen. In Tabelle XII sind
einige Beispiele für dieses Zusammentreffen erwähnt. Die Glieder
in jeder Gruppe von Isomeren sind nach der Verzweigtheit der

Kohlenstoffketten geordnet; zuerst kommen die einfachsten Stoffe, während am Ende jeder Reihe die isomere Substanz mit der am meisten verzweigten Kohlenstoffkette steht.

Tabelle XII.

Substanz	F.-P.
Adipinsäure, $COOH(CH_2)_4COOH$	148°
α-Methylglutarsäure, $COOH \cdot CH(CH_3)CH_2CH_2COOH$ . .	76
β-Methylglutarsäure, $COOH \cdot CH_2CH(CH_3)CH_2COOH$ . .	86
Sym. Dimethylbernsteinsäure, $COOH \cdot CH(CH_3)CH(CH_3)COOH$	193
As. Dimethylbernsteinsäure, $COOH \cdot C(CH_3)_2CH_2COOH$ . .	140
Pimelinsäure, $COOH(CH_2)_5COOH$	105
$\alpha\alpha'$-Dimethylglutarsäure $COOH \cdot CH(CH_3)CH_2CH(CH_3)COOH$	127 und 140
$\alpha\alpha$-Dimethylglutarsäure, $COOH \cdot C(CH_3)_2CH_2CH_2COOH$	85
$\beta\beta$-Dimethylglutarsäure, $COOH \cdot CH_2CH(CH_3)_2CH_2COOH$	104
Trimethylbernsteinsäure, $COOH \cdot C(CH_3)_2CH(CH_3)COOH$.	151
Korksäure, $COOH(CH_2)_6COOH$	140
α-Methylpimelinsäure, $COOH \cdot CH(CH_3)CH_2CH_2CH_2CH_2COOH$	54
$\beta\beta$-Dimethyladipinsäure, $COOH \cdot CH_2C(CH_3)_2CH_2CH_2COOH$	102
$\alpha\alpha\alpha'$-Trimethylglutarsäure, $COOH \cdot C(CH_3)_2CH_2CH(CH_3)COOH$	97
$\alpha\beta\beta$-Trimethylglutarsäure, $COOH \cdot CH(CH_3)C(CH_3)_2CH_2COOH$	88
Tetramethylbernsteinsäure, . . $COOH \cdot C(CH_3)_2C(CH_3)_2COOH$	190

Eine Betrachtung dieser Tabelle lehrt, daß der Einfluß der Verzweigung der Kette geringer ist als der der Symmetrie; so sind z. B. α-Methylglutarsäure und die asymmetrische Dimethyl-bernsteinsäure leichter schmelzbar als Adipinsäure, α, α- und β, β-Dimethylglutarsäure schmelzen leichter als n-Pimelinsäure, die substituierten Pimelin-, Adipin- und Glutarsäuren schmelzen bei niedrigerer Temperatur als Korksäure. Wenn hingegen die Verzweigung eine weitere ist, so kann umgekehrt die Wirkung der Symmetrie aufgehoben werden; dies würde das Verhalten von Trimethylbernsteinsäure und Pimelinsäure erklären. Wenn eine weitverzweigte Kohlenstoffkette mit einem sehr symmetrischen Bau zusammentrifft, so schmilzt die Substanz bei einer verhältnismäßig hohen Temperatur; so haben z. B. die symmetrischen Dimethyl- und Tetramethylbernsteinsäuren die höchsten Schmelzpunkte von den jeweiligen Isomeren.

Tabelle XIII.

Substanz	Aktiv	Außen kompensiert	Innen kompensiert
Malonsäure	100°	130,5°	—
Camphersäure	187	204	—
Mandelsäure	132,8	118,0	—
Isocamphersäure	171	191	—
Brombernsteinsäure	173	160	—
Tropinsäure	128	117	—
Stycerinsäure	167	141	—
Benzoylalanin	297	162	—
Benzoyltyrosin	162	192	—
Campher	175	178	—
Borneol	203	210,5	—
Methyläthylphenacylsulphonium-pikrat	125	116	—
Methyläthylphenylbenzyl-ammoniumbromid	155—6	55—6	—
Erythrit.	88	72	126°
Tetraacetylerythrit	flüssig	53	85
Weinsäure	170°	205	140—3
Dimethyltartrat	43,3	89,4	111
Diäthyltartrat	flüssig	flüssig	54
Hydrobenzoin	—	119	134
Diphenyloxäthylamin	—	129	163
Diphenyläthylendiamin	—	91	120
Xylotrioxyglutarsäure	127°	154	152
Hexahydrophthalsäure	179—183	215	192

Stereoisomere.

1. Optische Isomerie.[1]) — In Tabelle XIII sind die Schmelzpunkte einiger optisch aktiver Verbindungen mit den Schmelzpunkten der inaktiven Isomeren verglichen; man sieht, daß zwischen

---

[1]) Walden, Ber. d. Dtsch. chem. Ges. **29**, 1692 (1896).

der Schmelzbarkeit der aktiven Stoffe und derjenigen der infolge extramolekularer Kompensation inaktiven Isomeren kein einfacher Zusammenhang besteht. In vielen Fällen ist nicht sicher, ob die inaktive Substanz ein Racemkörper ist, ob Mischkristalle oder ein einfaches Gemisch vorliegen, und solange dies nicht festgestellt ist, hat die weitere Erörterung keinen Zweck. Auch beim Vergleich der aktiven Substanzen mit den intramolekular kompensierten Isomeren ist keine einfache Beziehung erkennbar.

2. Geometrische Isomerie. — Michael[1]) hat die allgemeine Regel aufgestellt, daß die maleinoide Form der ungesättigten Verbindungen niedriger schmilzt und leichter löslich und flüchtig ist als die entsprechende Fumarform. Einige Beispiele enthält die Tabelle XIV.

Tabelle XIV.

Maleine Form			Fumaroide Form
Substanz	F.-P.	F.-P.	Substanz
Maleinsäure	130°	200°	Fumarsäure
Citraconsäure	91	202	Mesaconsäure
Äthylmaleinsäure	100	194	Äthylfumarsäure
Propylmaleinsäure	94	174	Propylfumarsäure
Isocrotonsäure	15,5	72	Crotonsäure
Angelicasäure	45	64,5	Tiglinsäure
Ölsäure	14	51,0	Elaidinsäure
Allo-α-Chlorzimtsäure .	111	137	α-Chlorzimtsäure

3. Stereoisomere des Oximtypus. — Im allgemeinen schmelzen die Synformen der Aldoxime bei höheren Temperaturen als die entsprechenden Antiformen. Diese Regel darf jedoch nicht auf die Derivate der Oxime ausgedehnt werden, da man bei den Estern und den Carbanilidoderivaten meist die entgegengesetzte Beziehung findet. Bei Ketoximen und Hydroximsäuren scheint es unmöglich, eine allgemein gültige Regel für die Schmelzpunkte der Isomeren aufzustellen. Die Beispiele der Tabelle XV mögen als Belege für das gelten, was über die Kohlenstoff-Stickstoff-Verbindungen im Vorangehenden gesagt wurde.

---

[1]) Journ. f. prakt. Chem. [2] **52**, 345 (1895).

Tabelle XV.

Aldoxime und Derivate.

Name	F.-P. Syn.	F.-P. Anti.
Benzaldoxim	128°	34°
Mesitylaldoxim	179	124
Anisaldoxim	130,5	61
Benzaldoximcarbanilid	94	74
Zimtaldoxim	138,5	64
p-Nitrobenzaldoxim	174	129
Anisaldoximmethyläther	flüssig	243

§ 6. Substitution für präparative Zwecke.

Zur Reindarstellung oder Untersuchung von Verbindungen ist
es sehr oft notwendig, den Schmelzpunkt und die mit ihm eng zusammenhängenden Löslichkeitseigenschaften in bestimmter Weise
zu verändern, beispielsweise wird man aus flüssigen oder sehr niedrig
schmelzenden Substanzen zum Zweck der Reinigung durch Kristallisation und der Identifikation durch den Schmelzpunkt Derivate
herzustellen wünschen, die höher schmelzen als die Ausgangs-
substanz. Umgekehrt wird man aus hoch schmelzenden, unlöslichen
Substanzen aus demselben Grund niedriger schmelzende Stoffe her-
stellen; außerdem braucht man für die Molekulargewichtsbestimmung Stoffe, die eine erhebliche Löslichkeit besitzen. Man wird
also auch für diesen Zweck leichter lösliche, d. h. niedriger schmelzende Derivate anstreben.

1. Mittel zur Erhöhung des Schmelzpunktes. — Bei
Aminen wirkt in der Regel der Ersatz eines Wasserstoffes durch
die Acetylgruppe. Stärker wirkt die Benzoylgruppe, deren
Schmelzpunkterhöhung noch durch die Einführung von Brom oder
der Nitrogruppe in die Parastellung verstärkt werden kann. Auch
die Einführung des Restes der Naphthalinsulfosäure oder der
p-Toluolsulfosäure wirkt in ähnlicher Weise.

Ein vollkommen sicheres Mittel zur Erhöhung des Schmelzpunktes einer Base ist die Überführung in ein Salz, wovon wieder
den Salzen der komplexen Säuren eine besondere Wichtigkeit zukommt (Platinchlorwasserstoffsäure, Quecksilberchlorwasserstoff-
säure, Goldchlorwasserstoffsäure usw.). Einige Beispiele mögen
hier folgen:

	Schmelzpunkt
Anilin	—8°
Acetanilid.	112°
Benzanilid	161°
p-Brombenzanilid	197°
p-Nitrobenzanilid	204°
p-Toluolsulfoanilid	103°
α-Naphthalinsulfoanilid	112°
β-Naphthalinsulfoanilid	132°
Anilinchlorhydrat	200°

Bei **Alkoholen** und **Phenolen** steigt in der Regel der Schmelzpunkt durch Einführung von Benzoylgruppen, stärker durch p-Brom- oder p-Nitrobenzoylgruppen. Ein anderes sehr sicheres Mittel ist der Ersatz des Hydroxylwasserstoffes durch den Rest der Phenylcarbaminsäure oder der Phthalsäure.

	Schmelzpunkt
Glycerin	17°
Glycerintribenzoat	76°
Phenol	43°
Phenolbenzoat	71°
Phenol-p-nitrobenzoat	117°
Phenylcarbaminsäurephenylester . .	124°

Säuren kann man in ihre Salze überführen; in vielen Fällen schmelzen auch die Anilide höher als die Säuren.

Aldehyde und **Ketone**: Durch Ersatz des Carbonylsauerstoffes durch die Oximidogruppe (NOH), noch besser durch Überführung in die Hydrazone, steigt der Schmelzpunkt. Falls die Steigerung durch Bildung des Phenylhydrazons nicht ausreicht, kann der gewünschte Effekt durch substituierte Phenylhydrazine (p-Brom-, p-Nitro-, Benzoylphenylhydrazin, Diphenylhydrazin) erfolgen.

	Schmelzpunkt
Benzaldehyd	flüssig
Benzaldoxim	syn 115
„	anti 35°
Benzalphenylhydrazon	155°
Acetaldehyd.	flüssig
Acetaldehydphenylhydrazon.	α 99° β 63°
Acetaldehyd-p-bromphenylhydrazon .	87°
Acetaldehyd-p-nitrophenylhydrazon .	128,5°

Ungesättigte Verbindungen: Die Addition von Brom oder Jod an die Äthylenbindung bewirkt fast immer Steigen des Schmelzpunktes; die Addition von Nitrosylchlorid NOCl hat denselben Effekt.

$$
\begin{array}{ll}
\text{Äthylen} & -160° \\
\text{Äthylenbromid} & 9° \\
\text{Äthylenjodid} & 82° \\
\text{Styrol } C_6H_5CH{=}CH_2 & \text{flüssig} \\
\text{Styrolbromid } C_6H_5{-}CHBrCH_2Br & 14°
\end{array}
$$

2. Mittel zur Erniedrigung des Schmelzpunktes. — Bei Hydroxyl- und Aminoverbindungen bewirkt Ersatz des Wasserstoffes durch die Methylgruppe ein starkes Sinken des Schmelzpunktes. Noch stärker wirkt diesbezüglich die Äthylgruppe, und, soweit es das verhältnismäßig geringe Versuchsmaterial beurteilen läßt, die Propylgruppe und die höheren Alkyle. — Bei den Säuren gilt dasselbe; außerdem kann ihr Schmelzpunkt durch Austausch von Hydroxyl gegen Chlor stark erniedrigt werden.

§ 7. Zusammenfassung.

Aus dem kurzen Überblick über den Zusammenhang der Schmelzbarkeit mit der chemischen Konstitution erkennt man deutlich, daß diese Eigenschaft sehr stark konstitutiver Natur ist; tatsächlich machen sich additive Beziehungen wenig bemerkbar. Keine der aufgestellten Regeln ist darum ohne Ausnahme gültig. Die bemerkenswerteste Eigenheit der Schmelzbarkeit ist vielleicht die Art, in welcher der Schmelzpunkt von der Symmetrie des Molekülbaues abhängig ist; dies legt sogleich den Schluß nahe, daß die Eigenschaft von sterischen Einflüssen abhängig ist. Es scheint weiterhin, daß sich sterische Einflüsse auch noch in anderer Weise bemerkbar machen; man kann nämlich mit großer Wahrscheinlichkeit annehmen, daß unter sonst gleichen Umständen steigende Disposition zu intramolekularen Wechselwirkungen den Schmelzpunkt der Verbindung erniedrigt; so sind z. B. die Cisformen der Polymethylenderivate leichter schmelzbar, als die Cis-Transderivate. In Tabelle XVI sind hierfür einige Beispiele angeführt.

Tabelle XVI.

Substanz	F.-P. Cisform	F.-P. Cistransform
Trimethylen, 1·2-Dicarbonsäure	139°	175°
Trimethylen, 1·2·3-Tricarbonsäure . . .	150—3	220
Capronsäure	176	213
Hexahydrophthalsäure	192	215
Hexahydroisophthalsäure	162	188
Hexahydroterephthalsäure	161	200
$\triangle^2$·Tetrahydroterephthalsäure	150	300
Diäthylsuccinylbernsteinsäureester . . .	flüssig	65
Dipropylsuccinylbernsteinsäureester . . .	flüssig	86

Die Beziehungen der alloisomeren Stoffe können in gleicher Weise erklärt werden, da auch hier die Cisform die leichter schmelzbare ist. Erwähnenswert ist überdies, daß in einigen homologen Reihen, die ein alternierendes Verhalten zeigen, z. B. den ein- und zweibasischen Fettsäuren, das Glied mit fünf Kohlenstoffatomen das am niedrigsten schmelzende ist, und daß nach der stereochemischen Theorie diese Substanzen eine deutliche Neigung zu intramolekularer Wechselwirkung besitzen.

Zweifellos ist die merkwürdigste Eigenschaft des Schmelzpunktes das in homologen Reihen auftretende alternierende Verhalten. Biach[1]) nimmt als Ursache hierfür an, daß die Abwechslung eine Folge der Änderungen der Restaffinitäten der aufeinander folgenden Kohlenstoffatome der Kette ist.

Es sei hier noch kurz auf die häufige Parallelität zwischen Löslichkeit und Schmelzpunkt bei chemisch einander nahestehenden Stoffen hingewiesen. Die Löslichkeit in homologen Reihen ist von Henry[2]) untersucht worden. Das interessanteste Ergebnis ist der Nachweis, daß bei den Löslichkeiten ähnliche Oscillationserscheinungen eintreten wie bei den Schmelzpunkten (Vgl. Tabelle V). Für die Löslichkeit isomerer Substanzen haben Carnelley und Thomson[3]) u. a. folgende Gesichtspunkte aufgestellt, die sie an einem großen statistischen Material abgeleitet haben.

a) Für eine Gruppe isomerer organischer Verbindungen haben

---

[1]) Zeitschr. f. phys. Chem. **50**, 43 (1905).
[2]) Compt. rend. **99**, 1157 (1884).
[3]) Journ. Chem. Soc. **1888**, 782. Vgl. Vaubel, Journ. f. prakt. Chem. **59**, 30 (1899).

die Löslichkeiten dieselbe Reihenfolge wie die Schmelzpunkte, derart, daß die höher schmelzenden die schwerer löslichen sind.

b) Bei isomeren Säuren gilt dies nicht nur für die Säuren selbst, sondern auch für ihre Salze.

Tabelle XVII.

Löslichkeit der normalen Dicarbonsäuren in Wasser.

Name	Formel	Löslichkeit in 100 Teilen Wasser von $15°$
Oxalsäure	$COOHCOOH$	8,8
Malonsäure	$COOHCH_2COOH$	139
Bernsteinsäure	$COOH(CH_2)_2COOH$	6,9
Glutarsäure	$COOH(CH_2)_3COOH$	83
Adipinsäure	$COOH(CH_2)_4COOH$	1,44
Pimelinsäure	$COOH(CH_2)_5COOH$	4,5
Korksäure	$COOH(CH_2)_6COOH$	1,14
Azelainsäure	$COOH(CH_2)_7COOH$	0,12
Sebacinsäure	$COOH(CH_2)_8COOH$	0,01
Undecandicarbonsäure	$COOH(CH_2)_8COOH$	0,014
Dodecandicarbonsäure	$COOH(CH_2)_8COOH$	0,003
Brassylsäure	$COOH(CH_2)_8COOH$	0,004

Der Einfluß von Substituenten, insbesondere in aromatischen Verbindungen, drückt sich in der Löslichkeit meist ebenso aus wie im Schmelzpunkt; Substituenten, welche den Schmelzpunkt erhöhen, vermindern die Löslichkeit in organischen Lösungsmitteln, ebenso bewirkt Vermehrung von Benzolkernen oder ähnlichen cyclischen Komplexen eine Abnahme der Löslichkeit. Bezüglich des Einflusses des Ortes, an dem die Substitution stattfindet, muß bemerkt werden, daß zwar der starke Einfluß der Parasubstitution mit den Schmelzpunktregelmäßigkeiten gut übereinstimmt, daß hingegen der Vergleich von o- und m-Derivaten hier ebensowenig wie dort zu einheitlichen Ergebnissen geführt hat.

Kapitel VI. Siedepunkt.

§ 1. Einleitung.

Die Beziehungen zwischen chemischer Konstitution und Siedepunkt hat zuerst Kopp[1] 1842 einem Studium unterzogen. Der
erste allgemeine Gesichtspunkt war, daß eine bestimmte Änderung
der Zusammensetzung immer dieselbe Änderung des Siedepunktes
zur Folge hat. In Verfolgung dieses Gedankens berechnete er den
Einfluß, den Kohlenstoff und Wasserstoff in homologen Reihen auf
den Siedepunkt ausüben. Später folgerte er weiter, daß isomere
Verbindungen mit gleicher Dampfdichte (Metamere) bei derselben
Temperatur sieden. Schröder[2], neben Kopp einer der ersten,
die diesen Gegenstand bearbeitet haben, versuchte, den mittleren
Effekt zu berechnen, den Kohlenstoff, Wasserstoff und Sauerstoff
hervorbringen. Trotzdem über die Brauchbarkeit der von Schröder
angewandten Berechnungsweise zwischen diesen beiden Chemikern
eine Meinungsdifferenz[3] entstand, so scheint doch ihre Annahme
über das Wesen des Siedepunktes dieselbe gewesen zu sein. Wenn
auch beide das Hauptgewicht auf den additiven Charakter der
Eigenschaft legten, so nahmen doch beide an, daß sie nicht nur additiv sei; in der Tat betonte Schröder ausdrücklich, daß die Konstitution den Siedepunkt beeinflußt. Löwig[4] und Gerhard[5] hingegen betrachteten ihn als rein additive Eigenschaft. Neuere Untersuchungen haben gezeigt, daß die von diesen ersten Forschern[6] gezogenen
Schlüsse in mancher Hinsicht unrichtig sind; ihre Besprechung ist
jedoch gerechtfertigt, da sie einen starken Einfluß auf die weitere
Forschung ausgeübt haben. Viele Schwierigkeiten, mit denen
Kopp und Schröder zu kämpfen hatten, wurden mit der Ver-
besserung der Arbeitsmethodik überwunden; z. B. waren genaue
Methoden zur Bestimmung des Siedepunktes unbekannt, so daß
Kopp gezwungen war, seine Methode genau zu prüfen, bevor er
auf seine Resultate Gewicht legen konnte. Auch war die Menge des
vorhandenen Materials beschränkt und homologe Reihen waren nur

---

[1] Ann. **41**, 79, 169 (1842).
[2] Ann. **76**, 176 (1850).
[3] Pogg. Ann. **81**, 374 (1850).
[4] Pogg. Ann. **66**, 250 (1845).
[5] Journ. f. prakt. Chem. **35**, 300 (1845).
[6] Eine sehr gute Darstellung der ersten Untersuchungen findet sich in
Gmelins Chemie **7**, 55 (Heidelberg 1852).

ungenau bekannt. Berücksichtigt man diese und andere Umstände, so ist es erstaunlich, daß Kopp so gute Erfolge erzielen konnte.

Bevor wir die gegenwärtig zugänglichen Daten betrachten, seien die Fehler erwähnt, mit denen sie behaftet sein können. Meist muß aus den Angaben verschiedener Beobachter der richtige Wert erschlossen werden; dies kann einen Fehler bedingen, da nicht immer angegeben wird, ob der Siedepunkt mit Rücksicht auf die aus dem Dampf herausragende Quecksilbersäule korrigiert ist oder nicht. Außerdem ist in vielen Fällen die Menge der zur Verfügung stehenden Substanz nur klein, und wenn diese auch genügend gereinigt ist, um richtige Analysenresultate zu geben, so kann sie doch innerhalb mehrerer Grade sieden. Ferner wird bei den gewöhnlichen Siedepunktsbestimmungen der Druck selten genau gemessen; auch die Höhe der Dampfsäule und ev. Siedeverzüge können Fehler herbeiführen.

Die verlässigsten Daten verdankt man jenen Untersuchungen, die speziell zur Feststellung der Beziehungen zwischen Dampfdruck und Temperatur angestellt sind, wie diejenigen von Ramsay und Young, Naumann u. a.; doch umfassen diese Arbeiten leider nicht das für unsere Zwecke nötige ausgedehnte Material.

§ 2. Anorganische Stoffe.

Carnelley hat gezeigt, daß der Siedepunkt eines Elementes ebenso wie der Schmelzpunkt mit seiner Stellung im periodischen System zusammenhängt. Die Vertikalreihen des periodischen Systems zeigen ein charakteristisches Verhalten. Während im allgemeinen in den Reihen der Nichtmetalle der Siedepunkt mit steigendem Atomgewicht steigt (Tab. I) und die Gruppe des Argons dasselbe Verhalten zeigt, findet man das Gegenteil bei den Alkali- und Schwermetallen.

Tabelle I.

	S.-P. (abs.)		S.-P. (abs.)		S.-P. (abs.)
Stickstoff . .	78°	Sauerstoff . .	90°	Fluor . .	86°
Phosphor . .	563	Schwefel . .	717	Chlor. . .	240
Arsen	700	Selen . . .	963	Brom . .	336
Antimon . . .	1713	Tellur . . .	1663	Jod . . .	457
Wismuth . . .	1708				

Helium . . . . . 4,5° (abs.)
Argon . . . . . . 86,9° „
Krypton . . . . 121,3° „
Xenon . . . . . 164° „

	S.-P. (abs.)		S.-P. (abs.)
Natrium	1013°	Magnesium	1373°
Kalium	940°	Zink	1200°
		Cadmium	1045°
		Quecksilber	630°

Bei den Elementen steigt der Siedepunkt in den einzelnen Perioden zuerst zu einem Maximum an, das etwa in der Mitte der Periode liegt, und nimmt dann nach einem plötzlichen Fall langsam weiter ab.

§ 3. Organische Verbindungen. — Isomere Stoffe.

Kopp[1]) behauptete zuerst, daß isomere Verbindungen bei derselben Temperatur sieden. Gegen diese nur auf wenigen Vergleichen aufgebaute Ansicht wurden, als mehr Material zur Verfügung stand, zahlreiche Einwendungen erhoben. Man fand bald, daß die chemische Konstitution einen größeren Einfluß auf den Siedepunkt hat, als man zuerst angenommen hatte. Dittmars[2]) sorgfältige Untersuchung der Dampfspannungen von Äthylformiat und Methylacetat zeigten deutlich, daß diese beiden Isomeren keineswegs denselben Flüchtigkeitsgrad besitzen.

Temperaturen gleichen Dampfdruckes.

| Äthylformiat . . . . | 20,0° | 26° | 33° | 43° | 53° |
| Methylacetat . . . . | 21,7° | 27,8° | 34,7° | 44,5° | 54,4° |

Wanklyn[3]) hat auch gezeigt, daß Äthylvalerat und Amylacetat bei verschiedenen Temperaturen sieden, und Neumann[4]) fand einen ähnlichen Unterschied des Siedepunktes bei anderen Isomeren. Diese und andere Beobachtungen[5]) ähnlicher Art zwangen Kopp, seinen ursprünglichen Schluß zu modifizieren, der gegen-

---

[1]) Ann. **50**, 142 (1844).
[2]) Ann. Suppl. **6**, 313 (1868).
[3]) Ann. **137**, 38 (1866).
[4]) Ber. d. Dtsch. chem. Ges. **7**, 173, 206 (1874); Ber. d. Dtsch. chem. Ges. **1**, 30 (1898).
[5]) Dobriner, Ann. **243**, 1 (1888); Schumann, Wied. Ann. **12**, 40 (1881); Linnemann, Ann. **162**, 39 (1872); Schreiner, Ber. d. Dtsch. chem. Ges. **11**, 179 (1878); vgl. auch den Einfluß der Seitenketten und der Symmetrie.

wärtig höchstens in der Form ausgesprochen werden kann, daß „isomere Stoffe, die einander chemisch und insbesondere in der Struktur ähnlich sind, naheliegende Siedepunkte besitzen".

Aus dieser Verallgemeinerung folgt schon der additiv-konstitutive Charakter der Eigenschaft. Da Isomere mit sehr verschiedener chemischer Natur sehr verschieden hoch sieden, so ist klar, daß die Eigenschaft bis zu einem gewissen Grade konstitutiv ist. Andererseits kann auf die additive Seite aus der Nähe der Siedepunkte von Isomeren geschlossen werden, die einander chemisch nahe stehen. Die folgenden Tabellen zeigen die Siedepunkte einiger Isomeren, von denen die der Tabelle II eine sehr ähnliche Struktur haben. In der Tabelle III sind Substanzen mit vollkommen verschiedener Konstitution verglichen.

Tabelle II.

Ketone.

Substanz	S.-P.	Substanz	S.-P.
$(C_2H_5)_2CO$	103° ⎫	$C_2H_5COCH(CH_3)_2$	114° ⎫
$CH_3COC_3H_7$	102 ⎭	$CH_3COCH_2CH(CH_3)_2$	115 ⎭
$(C_5H_{11})_2CO$	226 ⎫	$C_2H_5COC_3H_7$	122–4 ⎫
$CH_3COC_9H_{19}$	225 ⎭	$CH_3COC_4H_9$	127 ⎭
$(C_6H_{13})_2CO$	263 ⎫	$(C_3H_7)_2CO$	144 ⎫
$CH_3COC_{11}H_{23}$	263 ⎭	$CH_3COCH_2CH_2CH(CH_3)_2$ . . .	144 ⎭

Äther.[1]

Substanz	S.-P.	Substanz	S.-P.
$CH_3OC_3H_7$	38,9 ⎫	$(C_4H_9)_2O$	141 ⎫
$(C_2H_5)_2O$	35 ⎭	$CH_3OC_7H_{15}$	150 ⎬
$(C_3H_7)_2O$	86,0 ⎫	$C_2H_5OC_6H_{13}$	134–7 ⎭
$C_2H_5OC_4H_9$	91,4 ⎬	$C_4H_9OC_7H_{15}$	205,7 ⎫
$CH_3OC_5H_{11}$	91,3 ⎭	$C_3H_7OC_8H_{17}$	207 ⎭
$(C_2H_5)_2S$	93 ⎫		
$CH_3SC_3H_7$	93–5 ⎭		

Phenoläther.[2]

Substanz	S.-P.	S.-P.	Substanz
$C_6H_5OC_2H_5$	172°	175°	$CH_3C_6H_4OCH_3(1,4)$
$C_6H_5OC_3H_7$	190,5	189,8	$CH_3C_6H_4OC_2H_5(1,4)$
$C_6H_5OC_4H_9$	210,3	210,4	$CH_3C_6H_4OC_3H_7(1,4)$
$C_6H_5OC_8H_{17}$	282,8	283,3	$CH_3C_6H_4OC_7H_{15}(1,4)$

[1]) Dobriner, Ann. **243**, 1 (1888).
[2]) Pinnette, Ann. **243**, 32 (1888).

Ester.

Substanz	S.-P.	Substanz	S.-P.
Methylacetat	57,5°	Butylformiat	107°
Äthylformiat	54,4	Propylacetat	102
		Propionsäureäthylester	98,8
Propylformiat	81	Buttersäuremethylester	102,3
Äthylacetat	77		
Propionsäuremethylester	79,5	Octylacetat	210
		Propionsäureheptylester	208
Hexylformiat	153,6	Buttersäurehexylester .	205
Amylacetat	148	Valeriansäureamylester	204
Propionsäurebutylester	146	Hexylsäurebutylester .	204,3
Buttersäurepropylester	143	Heptylsäurepropylester	206,4
Valeriansäureäthylester	144	Octylsäureäthylester .	206
Hexylsäuremethylester	149,6		

Aldehyde und Ketone.

Substanz	S.-P.	S.-P.	Substanz
C_2H_5CHO	49°	56,5°	CH_3COCH_3
$n\text{-}C_3H_7CHO$	75	81	$CH_3COC_2H_5$
$n\text{-}C_4H_9CHO$	103	102	$CH_3COC_3H_7$
$n\text{-}C_5H_{11}CHO$	128	127	$CH_3COC_4H_9$
$n\text{-}C_6H_{13}CHO$	155	151,2	$CH_3COC_5H_{11}$

Tabelle III.

Substanz	S.-P.	S.-P.	Isomere Substanzen
C_2H_5OH	78,3°	$-23°$	CH_3OCH_3
$CH_3(CH_2)_4CH_2OH$	157	86	$n\text{-}C_3H_7OC_3H_7$
C_4H_9SH	98	91	$C_2H_5SC_2H_5$
CH_3CHO	20,8	12,5	CH_2CH_2 mit O-Brücke
C_2H_5CHO	49	35	$CH_3-CH-CH_2$ mit O-Brücke
$(CH_2CH_2CH_2)O$	50	49	C_2H_5CHO
$(CH_2CH_2CH_2CH_2)O$ . . .	57	75	C_3H_7CHO
$(CH_2CH_2CH_2CH_2CH_2)O$.	82	103	C_4H_9CHO
CH_3NO_2	101	-12	CH_3ONO
$C_2H_5NO_2$	113	$+16$	C_2H_5ONO
$C_2H_5SO_2OC_2H_5$	213	161	$(C_2H_5O)_2SO$
CH_3CN	81,6	59	CH_3NC
C_2H_5CN	98	79	C_2H_5NC

Substanz	S.-P.	S.-P.	Isomere Substanz
$CH_3CH=CHCOOH$. . . .	180	87–9	$CH_3COCOCH_3$
$CH_2=CH(CH_2)_2COOH$ . .	187	108	$CH_3COCOC_2H_5$
$CH_3COCH_2COCH_3$	137	108	$CH_3COCOC_2H_5$
$CH_3COCH_2CH_2COCH_3$.	194	158	$CH_3COCH_2COC_2H_5$
$(CH_3)_2C \cdot OHCHO$	137	155	$(CH_3)_2CH \cdot COOH$
$CH_3 \cdot C{\equiv}C \cdot CH_3$.	27	—5	$CH_2=CH—CH=CH_2$
$CH_2CH_2CH_2CH_2CH_2$ . . .	50	39	$CH_3CH_2CH_2CH=CH_2$
$CH_2OH(CH_2)_2CH_2OH$. . .	202	65	$CH_3CH_2OOCH_2CH_3$
CH_2ClCH_2COCl	143–5	120	$CH_3COCHCl_2$
$CH_2OH \cdot CH_2Cl$	128	60	CH_3OCH_2Cl

Die letzten drei Beispiele der Aldehyde und Ketone ergeben
ziemlich gut stimmende Werte, die ersten Glieder dieser Reihe
beträchtliche Unterschiede. Auch bei den Estern stimmen die der
Ameisensäure nicht gut mit den höheren Gliedern überein. Der-
artige Abweichungen findet man übrigens auch bei den sonstigen
Eigenschaften der ersten Glieder der Reihen und man hat alle
Ursache, sie auf das Vorhandensein von Assoziation zurückzuführen.
Ist die chemische Natur zweier Isomeren verschieden, so zeigen die
Siedepunkte meist große Unterschiede.

Isoverbindungen. — Es sind nur wenige Versuche angestellt
worden, um den Einfluß wechselnder Struktur auf die Flüchtigkeit
isomerer Verbindungen festzustellen. Es ist nachgewiesen, daß der
Siedepunkt ebenso wie der Schmelzpunkt von der Art der Atom-
verkettung im Molekül abhängig ist. Die Untersuchungen von
Hinrichs,[1] Naumann[2] und Menschutkin[3] haben klar bewiesen, daß „von zwei isomeren Stoffen der mit stärker verzweigter
Atomkette der flüchtigere ist".

Es gibt allerdings Ausnahmen von dieser Regel; die wichtigsten
sind die Benzolderivate, in welchen eine Erhöhung der Substitution
eine Abnahme der Flüchtigkeit zur Folge hat. Tabelle IV enthält
einige aufs Geratewohl aus verschiedenen Klassen von Verbindungen ausgewählte Beispiele.

---

[1] Jahresbericht **1868**, 80.
[2] Ber. d. Dtsch. chem. Ges. **7**, 173, 206; **31**, 30 (1898).
[3] Ber. d. Dtsch. chem. Ges. **30**, 2784 (1898); **31**, 313 (1899).

Tabelle IV.

Substanz	Siedepunkt
$CH_3(CH_2)_2CH_2OH$	116,8°
$(CH_3)_2CHCH_2OH$	108,4
$(CH_3)(C_2H_5)CH \cdot OH$	99
$(CH_3)_3C \cdot OH$	83
$CH_3(CH_2)_2CH_2NH_2$	76
$(CH_3)_2CHCH_2NH_2$	68
$(CH_3)_3CNH_2$	43
$CH_2{=}CH{-}CH{=}CH{-}CH_3$	42
$CH_2{=}CH{-}\underset{\underset{CH_3}{\vert}}{C}{=}CH_2$	35
$(CH_3CH_2CH_2)_2CO$	144
$\left(\underset{CH_3}{\overset{CH_3}{>}}CH\right)_2 CO$	124
$CH_3(CH_2)_4COOH$	205
$(CH_3)_2CH(CH_2)_2COOH$	198
$(CH_3)_2(C_2H_5)C \cdot COOH$	187
$\underset{\vert\!\rule{2em}{0pt}O\!\rule{2em}{0pt}\vert}{CH_2CH_2CH_2CH_2CH_2}$	82
$\underset{\vert\!\rule{1.5em}{0pt}O\!\rule{1.5em}{0pt}\vert}{CH_2CH_2CH_2CH \cdot CH_3}$	77
$(C_2H_5)_2CHJ$	145
$\underset{C_3H_7}{\overset{CH_3}{>}}CHJ$	144
$\underset{(CH_3)_2CH}{\overset{CH_3{-}\!\!-}{>}}CHJ$	138
$CH_3(CH_2)_4CH_3$	71
$CH_3CH(C_2H_5)_2$	64
$CH_3CH_2CH_2CH(CH_3)_2$	62
$(CH_3)_2CHCH(CH_3)_2$	58
$CH_3CH_2C(CH_3)_3$	49
$CH_3CO(CH_2)_3CH_3$	127
$CH_3COC(CH_3)_3$	106
$CH_3(CH_2)_5COOH$	223
$CH_3(C_4H_9)CHCOOH$	210
$CH_3(C_2H_5)_2C \cdot COOH$	208
$CH_3(CH_2)_3CH_2Br$	128
$(CH_3)_2CH \cdot CH_2 \cdot CH_2Br$	120
$C_2H_5NH{-}NHC_2H_5$	97
$(C_2H_5)_2N \cdot NH_2$	85

Symmetrie. — Earp[1]) hat weiterhin behauptet, daß die Flüchtigkeit einer Flüssigkeit von der Symmetrie des Molekülbaues beeinflußt wird, so zwar, daß Substanzen mit mehr unsymmetrischen Molekülen bei höheren Temperaturen sieden als die mehr symmetrischen Isomeren. Dies ist wahrscheinlich richtig, doch ist das dafür vorhandene Beweismaterial nur sehr klein und kann häufig auch anders gedeutet werden. Naumann fand beim Vergleich verschiedener isomerer Sauerstoffverbindungen, daß die Stellung des Sauerstoffs im Molekül einen Einfluß auf den Siedepunkt hat. Stoffe, welche den Sauerstoff am Ende der Kette enthalten, sieden höher als Isomere, bei denen er mehr in der Mitte liegt. Naumann benützte dies sowie seine Untersuchungen an verzweigten Kohlenstoffketten ursprünglich nur, um das von Kopp aufgestellte Gesetz, daß Isomere mit gleicher chemischer Natur denselben Siedepunkt haben, zu bekämpfen. Hier können die Daten dazu dienen, um den Einfluß der Symmetrie zu zeigen. Die in Tabelle V angeführten Beispiele lehren, daß Stoffe, in welchen der Sauerstoff eine symmetrische Stellung[2]) besitzt, bei niedrigerer Temperatur sieden, als die Isomeren mit unsymmetrischem Typus.

Tabelle V.

Substanz	Siedepunkt
$CH_3CH_2CH_2CH_2OH$	$116,8°$
$CH_3CH_2CHOH.CH_3$	99
$CH_3CH_2CH_2CH_2CH_2OH$	137
$CH_3CH_2CH_2CH(OH)CH_3$	118
$CH_3CH_2CH(OH)CH_2CH_3$	112
$CH_3CH_2CH_2OCH_3$	37
$CH_3CH_2OCH_2CH_3$	35,5
$CH_3CH_2CH_2CH_2OCH_2CH_3$.	92
$CH_3CH_2CH_2OCH_2CH_2CH_3$.	86
$CH_3(CH_2)_5CH_2OCH_3$	149,8
$CH_3(CH_2)_2CH_2OCH_2(CH_2)_2CH_3$.	141

Marckwald[3]) hat die Aufmerksamkeit auf ein ähnliches Verhalten der Halogenderivate gelenkt. Derselbe Forscher hat fest-

---

[1]) Phil. Mag. [5] **35**, 462 (1893).

[2]) Vgl. auch Dobriner, Ann. **243**, 1 (1888).

[3]) Beziehungen zwischen dem Siedepunkte und der Zusammensetzung (Berlin 1888). Ferner in Graham-Otto, Lehrb. 3. Aufl. **3**, 535 (Braunschweig 1898); vgl. auch Nernst u. Hesse, Siede- und Schmelzpunkt (Braunschweig 1893).

gestellt, daß bei Anwesenheit mehrerer Halogenatome der Siedepunkt von deren gegenseitiger Stellung abhängt; je näher sie beieinander liegen, desto niedriger ist der Siedepunkt. Dieselbe Erscheinung tritt bei anderen substituierenden Gruppen, wie bei Hydroxyl, Carbonyl und Carboxyl auf.

Tabelle VI.

Substanz	Siedepunkt
$CH_3CH(OH)CH(OH)CH_3$	184°
$CH_3CH_2CH(OH)CH_2OH$	192
$CH_3CH(OH)CH_2CH_2OH$	207
$CH_2(OH)CH_2CH_2CH_2OH$	202
$CH_3C(COOC_2H_5)_2CH_3$	195
$CH_3CH_2CH(COOC_2H_5)_2$	200
$CH_3CH(COOC_2H_5)CH_2(COOC_2H_5)$	218
$CH_2(COOC_2H_5)CH_2CH_2(COOC_2H_5)$	237
$CH_3COCOC_2H_5$	108
$CH_3COCH_2COCH_3$	137
$CH_3COCOC_3H_7$	128
$CH_3COCH_2COC_2H_5$	158
$CH_3COCH(CH_3)COCH_3$	169
$CH_3COCH_2CH_2COCH_3$	194
$CH_3CH(OH)CH_2OH$	188
$CH_2(OH)CH_2CH_2OH$	216
$CH_3CH(OH)CH_2CH(OH)CH_3$	177
$CH_3CH_2CH(OH)CH(OH)CH_3$	187
$CH_3CH(OH)CH_2CH_2CH_2OH$	219
$CH_2OHCH_2CH_2CH_2CH_2OH$	260
$CH_3CHNH_2CH_2NH_2$	119
$NH_2CH_2CH_2CH_2NH_2$	135
$CH_3CCl_2CH_3$	70
$CH_3CH_2CHCl_2$	98
$CH_2ClCH_2CH_2Cl$	119

Einige der in der obigen Tabelle angeführten Beispiele lassen erkennen, wie der Einfluß der Symmetrie von dem der mehrfachen Substitution übertroffen werden kann. So siedet Propylidenchlorid trotz seines unsymmetrischen Baues bei einer niedrigeren Temperatur als das symmetrische Trimethylenchlorid, und das unsymmetrische 3,4 Dihydroxypentan ist flüchtiger als 1,5 Pentylenglycol. Ist die Substitution dieselbe, so tritt der Einfluß der Symmetrie klar auf, wie z. B. beim 2,2-Dichlorpropan und beim Propylidenchlorid oder bei den Dimethyl- und Äthylmalonsäureestern.

Die Beispiele hierfür sind aus den einfacheren Verbindungen der Fettsäuren ausgewählt. Betrachtet man höher zusammengesetzte Substanzen, so findet man viele Ausnahmen, so daß die angegebenen Regeln nur einen sehr begrenzten Geltungsbereich beanspruchen dürfen. Zum Schlusse mag erwähnt werden, daß nach Michael[1] die maleïnoide Form bei geometrisch isomeren Stoffen immer flüchtiger ist als die fumaroide.

Nach dieser Betrachtung der konstitutiven Seite der Eigenschaft sei die additive Seite besprochen. Sie tritt am besten bei den Homologen hervor.

§ 4. Homologe Reihen.

Kopp war ursprünglich der Ansicht,[2] daß der Unterschied des Siedepunktes zwischen zwei aufeinander folgenden Gliedern einer homologen Reihe im Mittel 19° beträgt. Als Beispiele führte er die Alkohole, Säuren, einige Ester und Nitrile an, Schmidt und Fieberg[3] fügten später noch die Ketone der Paraffinreihe hinzu. Kopps[4] spätere Untersuchungen zeigten, daß die Differenz in vielen Fällen größer als 19° ist; er änderte infolgedessen seine Anschauungen. In Übereinstimmung mit Kopp fand Church,[5] daß die Differenz für eine CH_2-Gruppe in einer bestimmten Reihe konstant ist; er stellte jedoch fest, daß ihre Größe in den verschiedenen Reihen wechselt. Mit der zunehmenden Entwicklung der organischen Chemie wurden mehr homologe Reihen bekannt und die von Kopp aufgestellte Regel umgestoßen. Schorlemmer[6] fand, daß bei den aliphatischen Kohlenwasserstoffen und ihren

[1]) Journ. f. prakt. Chem. [2] 52, 345 (1895).

[2]) Ann. 41, 86, 169 (1842).

[3]) Ber. d. Dtsch. chem. Ges. 6, 498 (1873).

[4]) Ann. 50, 71 (1844); 55, 166 (1845); 64, 212 (1847); 67, 356 (1848); 76, 180 (1850); 94, 251 (1855); 95, 121, 307 (1855); 96 I, 153, 303, 330 (1855); 78, 265, 367 (1856); 100, 19 (1856).

[5]) Chem. News 1, 205 (1859).

[6]) Ann. 161, 281 (1872); 170, 150 (1878); Chem. News. 25, 101 (1872); Ber. d. Dtsch. chem. Ges. 4, 359, 564 (1871); 7, 1131 (1874).

Derivaten der Wert für eine CH_2-Gruppe kontinuierlich abnimmt, wenn man in den homologen Reihen ansteigt; Zwicke und Franchimont[1]) stellten dieselbe Erscheinung bei den Fettsäuren und ihren Estern fest.[2]) Tabelle VII enthält Beispiele zum Beweise dieser Abnahme; sie enthält aber auch einige Reihen, in denen die Differenz nahezu konstant bleibt.

Tabelle VII.

Aldehyde.

Substanz	S.-P.	Diff.	Substanz	S.-P.	Diff.
CH_3CHO	20,8°		n-C_4H_9CHO	103°	
C_2H_5CHO	49	28,2	n-$C_5H_{11}CHO$. . . .	128	25
n-C_3H_7CHO	75	26	n-$C_6H_{13}CHO$. . . .	155	27
n-C_4H_9CHO	103	28			

Symmetrische Ketone.

Substanz	S.-P.	Diff.	Substanz	S.-P.	Diff.
CH_3COCH_3	56,5°		n-$C_4H_9COC_4H_9$ . .	182°	
$n_2H_5COC_2H_5$ . . .	103	2×23,2	n-$C_5H_{11}COC_5H_{11}$ . .	226	2×22
n-$C_3H_7COC_3H_7$ . .	144	2×20,5	n-$C_6H_{13}COC_6H_{13}$ . .	263	2×18,5
C-$C_4H_9COC_4H_9$ . .	182	2×19			

Methylketone.

Substanz	S.-P.	Diff.	Substanz	S.-P.	Diff.
CH_3COCH_3	56,5°		$CH_3COC_6H_{13}$ . . .	171°	
$CH_3COC_2H_5$	81	24,5	$CH_3COC_7H_{15}$ . . .	193	22
$CH_3COC_3H_7$	102	21	$CH_3COC_8H_{17}$ . . .	211	18
$CH_3COC_4H_9$ . . .	127	25	$CH_3COC_9H_{19}$ . . .	225	14
$CH_3COC_5H_{11}$ . . .	151	24	$CH_3COC_{10}H_{21}$ . . .	247	22
$CH_3COC_6H_{13}$ . . .	171	20	$CH_3COC_{11}H_{23}$ . . .	263	16

Halogenderivate.

Substanz	S.-P.	Diff.	Substanz	S.-P.	Diff.
CH_3J	42,5°		CH_3Br	‧4,5°	
C_2H_5J	72	29,5	C_2H_5Br	38	33,5
C_3H_7J	102	30	C_3H_7Br	71	33
C_4H_9J	131	29	C_4H_9Br	101	30
$C_5H_{11}J$	155,4	24,4	$C_5H_{11}Br$	129	28
$C_6H_{13}J$	181,4	26	$C_6H_{13}Br$	156	27
$C_7H_{15}J$	203,8	22,4	$C_7H_{15}Br$	178	22
$C_8H_{17}J$	225,5	21,7	$C_8H_{17}Br$	199	21

---

[1]) Ann. **164**, 333 (1872).
[2]) Auch Linnemann, Ann. **162**, 39 (1872).

Kohlenwasserstoffe.

CH_4	$-162°$	78	$C_{10}H_{22}$	$173°$	21,5
C_2H_6	-84	39	$C_{11}H_{24}$	$194,5$	19,5
C_3H_8	-45	46	$C_{12}H_{26}$	214	20
C_4H_{10}	$+1$	37	$C_{13}H_{28}$	234	18,5
C_5H_{12}	38	33	$C_{14}H_{30}$	$252,5$	18
C_6H_{14}	71	27,4	$C_{15}H_{32}$	$270,5$	17
C_7H_{16}	$98,4$	27,1	$C_{16}H_{34}$	$287,5$	15,5
C_8H_{18}	$125,5$	24	$C_{17}H_{36}$	303	14
C_9H_{20}	$149,5$	23,5	$C_{18}H_{38}$	317	13
$C_{10}H_{22}$	173		$C_{19}H_{40}$	330	

Amine.

CH_3NH_2	$-6°$	24	$C_7H_{15}NH_2$	$155°$	25
$C_2H_5NH_2$	18	21	$C_8H_{17}NH_2$	180	15
$C_3H_7NH_2$	49	27	$C_9H_{19}NH_2$	195	23
$C_4H_9NH_2$	76	27	$C_{10}H_{21}NH_2$	218	12
$C_5H_{11}NH_2$	103	27	$C_{11}H_{23}NH_2$	233	16
$C_6H_{13}NH_2$	130	25	$C_{12}H_{25}NH_2$	249	16
$C_7H_{15}NH_2$	155		$C_{13}H_{27}NH_2$	265	

Cycloparaffine.

C_3H_6	$-35°$	46	C_6H_{12}	$81°$	36
C_4H_8	$+11$	38	C_7H_{14}	117	31
C_5H_{10}	49	32	C_8H_{16}	148	23
C_6H_{12}	81		C_9H_{18}	171	

Dieser stets kleiner werdende Einfluß einer CH_2-Gruppe findet sich auch noch in vielen anderen Reihen und gilt als das normale Verhalten von Homologen.

Quantitative Beziehungen. — Es sind zahlreiche Versuche gemacht worden, um die Beziehungen zwischen den Siedepunkten der Glieder einer homologen Reihe zahlenmäßig auszudrücken. Einige der vorgeschlagenen Formeln[1]) bringen den Siedepunkt mit der Anzahl der Atome des Moleküls in Beziehung, doch sind diese nicht sehr brauchbar. Walker[2]) empfiehlt die Formel

$$T = aM^b,$$

---

[1]) Goldstein, Journ. Russ. Chem. Soc. **11**, 154 (1879); Ber. d. Dtsch. chem. Ges. **12**, 689, 851 (1879); Mills, Phil. Mag. [5] **17**, 180 (1884); Groshans, Ber. d. Dtsch. chem. Ges. **5**, 625, 689 (1872); **6**, 519, 523, 1079 (1873); 1296, 1355 (1873); vgl. auch Pictet, Compt. rend. **88**, 1315 (1879); Burden, Phil. Mag. [4] **41**, 528 (1872) u. v. a.

[2]) Journ. Chem. Soc. **65**, 193 (1894).

in der T der Siedepunkt in absoluter Zählung, M das Molekulargewicht und a und b für eine gegebene Reihe konstante Werte sind.
Sie gibt gute Resultate bei den Äthern, Fettsäuren, Kohlenwasserstoffen und bei den normalen Alkylchloriden, besonders bei den
Äthern, bei denen die mittlere Abweichung des berechneten Wertes
vom gefundenen nur etwa 1% beträgt. Boggio-Lera[1] befürwortet den Ausdruck

$$T = a\sqrt{M} + b,$$

worin T wieder die absolute Temperatur, M das Molekulargewicht
und a und b Konstanten sind. Er behauptet, daß diese Formel für
alle homologe Reihen vom normalen Typus $CH_3—(CH_2)_2—R$ paßt.

Eine ähnliche Formel wendet Ramage[2] an:

$$T = a[M(1 - 2^{-n})]^{1/3},$$

worin a eine Konstante und n die Anzahl der Kohlenstoffatome
im Molekül ist. S. Young[3] hat gefunden, daß der Unterschied
des Siedepunktes zwischen zwei einander folgenden Gliedern einer
homologen Reihe als eine Funktion der absoluten Temperatur
dargestellt werden kann, so zwar, daß

$$\triangle = \frac{144{,}86}{T^{0.0148\sqrt{T}}},$$

wobei $\triangle$ der Unterschied zwischen dem Siedepunkt T eines Stoffes
und dem des nächsten Gliedes der Reihe ist. Die Tabelle VIII zeigt
die Genauigkeit, mit der die Siedetemperaturen der Paraffine mit
Hilfe dieser Formel berechnet werden können.

Tabelle VIII.

Substanz	Absolute Siedetemperatur		
	beobachtet	berechnet	Differenz beob. u. ber.
CH_4	108,3	106,75	−1,55
C_2H_6	180,0	177,7	−2,3
C_3H_8	228,0	229,85	+1,85
C_4H_{10}	274,0	272,6	−1,4
C_5H_{12}	309,3	309,4	+0,1

[1] Gazz. Chim. Ital. **29**, 1, 441 (1899).
[2] Proc. Camb. Phil. Soc. **12**, 445 (1904).
[3] Vortrag von der chemischen Sektion der Brit. Ass. (1904); auch Phil.
Mag. **9**, 1—19 (1905).

Substanz	Absolute Siedetemperatur		
	beobachtet	berechnet	Differenz beob. u. ber.
C_6H_{14}	341,95	341,95	0
C_7H_{16}	371,4	371,3	−0,1
C_8H_{18}	398,6	398,1	−0,5
C_9H_{20}	422,5	422,85	+0,35
$C_{10}H_{22}$	446,0	445,85	−0,15
$C_{11}H_{24}$	467,0	467,35	+0,35
$C_{12}H_{26}$	487,5	487,65	+0,15
$C_{13}H_{28}$	507,0	506,8	−0,2
$C_{14}H_{30}$	525,5	525,0	−0,5
$C_{15}H_{32}$	543,5	542,3	−1,2
$C_{16}H_{34}$	560,5	558,85	−1,65
$C_{17}H_{36}$	576,0	574,7	−1,3
$C_{18}H_{38}$	590,0	589,9	−0,1
$C_{19}H_{40}$	603,0	604,5	+1,5

Tabelle IX.

Nichtassoziierte Flüssigkeiten.

Körperklasse	Anzahl der Werte von Δ.	Mittlere Diff. ber.− beob.	Körperklasse	Anzahl der Werte von Δ.	Mittlere Diff. ber.− beob.
Alkylchloride . . .	5	−1,04	Paraffine	17	−0,22
Alkylbromide . . .	5	−1,25	Isoparaffine	2	+0,57
Alkyljodide	3	−1,0	Toluol usw. . . .	3	+0,68
Olefine			Äther.	13	+1,12
$CH_2{=}CHR$ . . .	3	−2,35	Aldehyde	4	+1,3
$RHC{=}CHR'$ . .	3	+0,5	Hydrosulfid . . .	1	−0,5
Polymethylene. . .	2	−3,85	Amine	4	+1,7
			Ester	67	+1,53

Assoziierte Substanzen.

Körperklasse	Anzahl der Werte von Δ.	Mittlere Diff. ber.− beob.	Körperklasse	Anzahl der Werte von Δ.	Mittlere Diff. ber.− beob.
Cyanide.	4	+2,9	Ketone	3	+2,85
Nitromethan usw. .	1	+3,85	Fettsäuren	7	+1,58
			Alkohole d. Fettreihe	5	+5,24

Zeichnet man für andere homologe Reihen die Werte von $\triangle$ in
ihrer Abhängigkeit von der absoluten Temperatur, so erhält man
fast dieselbe Kurve, wie für die Paraffine. Die niedrigeren Glieder
der Reihen zeigen (vgl. S. 208) stärkere Abweichungen der berechneten Werte von den gefundenen; dies kann entweder durch As-

soziation der Moleküle oder durch die Tatsache erklärt werden, daß die einfacheren Verbindungen nicht die Gruppe $-CH_2-CH_2-CH_2-$ enthalten und daher eigentlich nicht Glieder der Reihe sind. Tabelle IX zeigt, wie dieser Ausdruck zur Berechnung der Siedepunkte in einer Reihe von homologen Reihen dienen kann. Die angegebenen Zahlen gelten nur für Derivate, die mindestens C_3 enthalten. In der ersten Hälfte der Tabelle sind die Werte für nicht-assoziierte Substanzen angeführt, in der zweiten Hälfte für assoziierte Stoffe. Man erkennt, daß die Abweichungen zwischen Theorie und Versuch bei der letzteren Körperklasse viel größer ist.

Man kann also die Formel von Young zur Berechnung des Siedepunktes irgendeiner nichtassoziierten organischen Verbindung verwenden, die mehr als 3 Kohlenstoffatome enthält, vorausgesetzt, daß der Siedepunkt des nächst niedrigen homologen Stoffes bekannt ist. Die Unsicherheit beträgt im allgemeinen einen Grad.

§ 5. Substitution.

Auf der von Kopp aufgestellten Regel fußend, daß derselbe Wechsel der Konstitution auch stets dieselbe Änderung des Siedepunktes hervorruft, wurden von vielen Seiten eine große Menge von Substitutionen studiert und mehrfach versucht, quantitative Beziehungen abzuleiten. Einige dieser Substitutionen sind in Tabelle X angeführt. In der ersten Kolonne stehen die Elemente, die sich gegenseitig ersetzen, die zweite enthält ein typisches Beispiel, in der dritten ist die Wirkung der Substitution auf den Siedepunkt angegeben.

Tabelle X.

Ersatz von	Beispiel	Wirkung auf den Siedepunkt
Wasserstoff einer Methylgruppe durch Chlor.[1]	$CH_3COOH \rightarrow$ $\quad CH_2ClCOOH \rightarrow$ $\quad CHCl_2COOH \rightarrow$ $\quad CCl_3COOH$	Kontinuierlicher Anstieg, der mit steigender Halogenzahl kleiner wird.
Wasserstoff durch Chlor in einer Methylgruppe eines Chlorderivates.[2]	$CCl_3CH_3 \rightarrow$ $\quad CCl_3CH_2Cl \rightarrow$ $\quad CCl_3CHCl_2 \rightarrow$ $\quad CCl_3CCl_3$	Kontinuierlicher Anstieg, der mit steigender Halogenzahl abnimmt.

[1] Henry, Ber. d. Dtsch. chem. Ges. **6**, 734, 962 (1873).
[2] Städel, Ber. d. Dtsch. chem. Ges. **11**, 746 (1878); **13**, 839 (1880); **15**, 2550 (1882).

Ersatz von	Beispiel	Wirkung auf den Siedepunkt
In Nitrilen[1]	$CH_3CN \rightarrow CH_2ClCN \rightarrow CHCl_2CN \rightarrow CCl_3CN$	Anstieg bei der ersten Substitution, dann kontinuierlicher Abfall.
Wasserstoff durch Brom in Halogenderivaten d. Äthans oder Äthylens[2]	$CH_3-CHBrCl \rightarrow CH_3-CBr_2Cl$	
Chlor durch Brom[3] in aliphatischen und aromatischen Verbindungen	$CH_3CH_2CH_2Cl \rightarrow CH_3CH_2CH_2Br$	Anstieg; am größten, wenn das Brom neben dem Halogen eintritt.
		Stets ein Anstieg von etwa 24°.
Chlor durch Jod[4]	—	Ein Anstieg von etwa 30°.
Chlor durch Fluor[5]	—	Abfall.
Wasserstoff durch Hydroxyl[6]: in Paraffinen in Alkoholen	$(CH)_3CH \rightarrow (CH_3)_3COH$ $CH_3.CH_2OH \rightarrow CH_2-OH.CH_2OH$	
in Aldehyden in Halogenverbindungen	$CH_3CHO \rightarrow CH_3COOH$ $CH_2BrCH_3 \rightarrow CH_2Br-CH_2OH$	Anstieg um etwa 100°.
H_2 durch Sauerstoff[7]: in Kohlenwasserstoffen	$CH_3CH_2C_2H_5 \rightarrow CH_3-COC_2H_5$	Anstieg um etwa 70°.
in Alkoholen	$C_6H_5CH_2OH \rightarrow C_6H_5-COOH$	Anstieg um etwa 45°.
in Äthern	$CH_3CH_2OCH_2CH_3 \rightarrow CH_3CH_2OCOCH_3$	Anstieg um etwa 45°.
in Alkylhalogenen	$C_2H_5CH_2Br \rightarrow C_2H_5CO-Br$	Anstieg um etwa 30°.
in Nitrilen	$CH_3CH_2CN \rightarrow CH_3CO-CN$	Abfall.

[1] Henry, Ber. d. Dtsch. chem. Ges. **6**, 734, 962 (1873).

[2] Denzel, Ann. **195**, 215 (1879).

[3] Denzel (loc. cit.); Marckwald, Beziehungen zwischen den Siedepunkten und der Zusammensetzung (Berlin 1888); vgl. hingegen Kopp, Ann. **98**, 265 (1856); Berthelot, Ann. Chim. Phys. [3] **48**, 323 (1856).

[4] J. C. Earl, Chem. News **100**, 245 (1909).

[5] Swarts, Chem. Zentralbl. **1903** I, 14.

[6] Marckwald (loc. cit.); vgl. auch Cohn, Journ. prakt. Chem. **50**, 38 (1894), wegen des Einflusses von OH in Alkoholen.

[7] Henry, Ber. d. Dtsch. chem. Ges. **6**, 734 (1873).

Ersatz von	Beispiel	Wirkung auf den Siedepunkt
H durch CH_3[1]:		
in Pyridinen[2]	Picolin in Lutidin	Anstieg um etwa 20°.
in Aminen[2]	$C_6H_5NHCH_3 \rightarrow C_6H_5-NHC_2H_5$	Anstieg um etwa 11°.
in Säureamiden[3]	$CH_3CONH_2 \rightarrow CH_3CO-NHCH_3$	Abfall um 30°.
in α-Diketonen[4]	$CH_3COCOCH_3 \rightarrow CH_3COCOC_2H_5$	Anstieg um 20°.
in aromatischen Kohlenwasserstoffen[5]	$C_6H_4(CH_3)_2 \rightarrow C_6H_3-(CH_3)_3$	Anstieg um etwa 26°.
O durch S:		
in Carbonaten[6]	$CO(OC_2H_5)_2 \rightarrow CO(OC_2H_5)(SC_2H_5)$	Anstieg.
in anderen Schwefelverbindungen[6]	—	Anstieg.
OH durch SH:		
in Alkoholen[7]	$CH_3CH_2CH_2OH \rightarrow CH_3CH_2CH_2SH$	Abfall.
Nichtsättigung:		
bei Halogenderivaten[7]	$CH_2Cl-CH_2Cl \rightarrow CHCl=CHCl$	Abfall.
bei Kohlenwasserstoffen[8]	$C_4H_{10} \rightarrow C_4H_6$	Anstieg.
OH durch NH_2:		
in aromatischen Verbindungen[9]	—	Kaum eine Änderung.
C durch Si[10]:		
in Kohlenstoffverbindungen	$C(CH_3)_4 \rightarrow Si(CH_3)_4$	Anstieg.
in Chlorverbindungen	$CCl_4 \rightarrow SiCl_4$	Abfall.

[1] Siehe § 4.
[2] Church, Chem. News 1, 205 (1859).
[3] Schmidt, Ber. d. Dtsch. chem. Ges. 36, 2459 (1903).
[4] Cohn, Journ. f. prakt. Chem. 50, 38 (1894).
[5] Kopp, Ann. Suppl. 5 (1867).
[6] Carnelley, Phil. Mag. 1867, (1879).
[7] Earp, Phil. Mag. [5] 35, 458 (1893).
[8] Sabanejeff, Journ. Russ. Chem. Soc. 12, 48.
[9] Marckwald (loc. cit.).
[10] Henry, Bull. Acad. Belg. 1906, 187.

Bei Betrachtung dieser Tabelle muß berücksichtigt werden, daß ebenso wie Kopps Gesetz nur eine erste Annäherung bedeutet, dasselbe auch für die daraus gezogenen Folgerungen gilt. Es wurde erwähnt, daß in homologen Reihen beim Ersatz des Wasserstoffes durch die Methylgruppe der Effekt mit steigendem Molekulargewicht immer kleiner wird, ein Verhalten, das auch bei anderen Substitutionen auftritt.[1])

Der Unterschied der Differenzen, die durch Substitution bedingt sind, wird bei den höheren Gliedern der Reihen kleiner, so daß anzunehmen ist, daß dieser Wert bei sehr hohen Gliedern schließlich konstant wird. Der Einfluß der Substitution hängt nicht nur von der Anzahl der vorhandenen Kohlenstoffatome ab, sondern auch von der Zahl der substituierenden Gruppen, welche bereits in das Molekül eingetreten sind. Dieser Einfluß erhellt besonders dann, wenn die Substitution an demselben Kohlenstoffatom stattfindet. Auf diese Beziehungen haben besonders Henry,[2]) Städel[2]) und Denzel[2]) hingewiesen; einige der von ihnen erhaltenen Resultate sind in der Tabelle XII angeführt.

Tabelle XI.

Ersatz von Wasserstoff durch Brom.

Paraffine	Siedepunkt	Differenz	Siedepunkt	n-Alkyl-bromide
CH_4	$-162°$	166,5	$4,5°$	CH_3Br
C_2H_6	-84	122	38	C_2H_5Br
C_3H_8	-45	116	71	C_3H_7Br
C_4H_{10}	$+1$	100	101	C_4H_9Br
C_5H_{12}	38	91	129	$C_5H_{11}Br$
C_6H_{14}	71	85	156	$C_6H_{13}Br$
C_7H_{16}	98,4	80,6	179	$C_7H_{15}Br$
C_8H_{18}	125,5	78,5	204	$C_8H_{17}Br$

Ersatz von Wasserstoff durch NH_2.

Paraffine	Siedepunkt	Differenz	Siedepunkt	n-Alkyl-amine
CH_4	$-162°$	156	$-6°$	CH_3NH_2
C_2H_6	-84	102	18	$C_2H_5NH_2$
C_3H_8	-45	94	49	$C_3H_7NH_2$

[1]) Vgl. Young, Brit. Ass. Rep. (1904).
[2]) Vgl. die Anmerkungen zur Tabelle X.

Paraffine	Siedepunkt	Differenz	Siedepunkt	n-Alkyl-bromide
C_4H_{10}	$+1°$	75	$76°$	$C_4H_9NH_2$
C_5H_{12}	38	65	103	$C_5H_{11}NH_2$
C_6H_{14}	71	59	130	$C_6H_{13}NH_2$
C_7H_{16}	98,4	56,6	155	$C_7H_{15}NH_2$
C_8H_{18}	125,5	54,5	180	$C_8H_{17}NH_2$
C_9H_{20}	145,5	45,5	195	$C_9H_{19}NH_2$
$C_{10}H_{22}$	173	45	218	$C_{10}H_{21}NH_2$
$C_{11}H_{24}$	194,5	39,5	234	$C_{11}H_{23}NH_2$
$C_{12}H_{26}$	214	35	249	$C_{12}H_{25}NH_2$
$C_{13}H_{28}$	234	31	265	$C_{13}H_{27}NH_2$

Ersatz von Wasserstoff durch OH.

Alkohole	Siedepunkt	Siedepunkt des entspr. Paraffins	Differenz
CH_3OH	$67°$	$-162°$	229
C_2H_5OH	78,3	-84	162,3
C_3H_7OH	97,4	-45	142,4
C_4H_9OH	116,8	$+1$	115,8
$C_5H_{11}OH$	137	38	99
$C_6H_{13}OH$	157	71	86
$C_7H_{15}OH$	175	98,4	76,6
$C_8H_{17}OH$	199	125,5	73,5

Tabelle XII.

Substanz	S.-P.	Diff.	Substanz	S.-P.	Diff.
$C_6H_5CH_3$	$111°$	65	$CHCl_2COOH$ . .	$194°$	1
$C_6H_5CH_2Cl$	176	32	CCl_3COOH . . .	195	
$C_6H_5CHCl_2$	208	9	$CHCl_2CH_3$ . . .	58	56
$C_6H_5CCl_3$	217		$CHCl_2CH_2Cl$ . .	114	33
CH_3COOH	118	67	$CHCl_2CHCl_2$ . .	147	11
$CH_2ClCOOH$ . . .	185	9	$CHCl_2CCl_3$	158	
$CHCl_2COOH$ . . .	194				

In diesen Fällen ist der Einfluß des dritten Chloratoms im Verhältnis zu dem des ersten außerordentlich klein. Eine allgemeine Regel scheint zu sein, daß die Ringbildung eine Erhöhung des

Siedepunktes hervorruft. Die Cycloparaffine sind weniger flüchtig als die entsprechenden Paraffine; doch ist der Unterschied zwischen den entsprechenden Gliedern der beiden Reihen kein konstanter.

Cycloparaffine	S.-P.	Δ	S.-P.	Paraffine
C_3H_6	$-35°$	10	$-45°$	C_3H_8
C_4H_8	$+11$	10	$+1$	C_4H_{10}
C_5H_{10}	49	11	38	C_5H_{12}
C_6H_{12}	81	10	71	C_6H_{14}
C_7H_{14}	117	18,6	98,4	C_7H_{16}
C_8H_{16}	148	22,5	125,5	C_8H_{18}
C_9H_{18}	171	21	149,5	C_9H_{20}

Bedenkt man, daß der Einfluß der Substitution mit der Anzahl der Kohlenstoffatome, mit der Zahl der bereits vorhandenen gleichen Substituenten und mit der Symmetrie des gebildeten Produktes variiert, so wird es begreiflich, daß es nicht möglich ist, eine allgemeine Regel für denselben aufzustellen.

Außer den in Tabelle X angeführten Substitutionen sind noch zahlreiche andere Fälle verwickelter Natur untersucht worden, ohne daß ihnen aber eine größere Bedeutung zukäme. Z. B. fand Berthelot,[1] daß bei der Vereinigung zweier organischer Stoffe unter Wasseraustritt der Siedepunkt der entstandenen Verbindung gleich der Summe der Siedepunkte der Komponenten vermindert um 100—120° sei. Z. B.

	S.-P.			S.-P.
Essigsäure	118°	n-Hexylsäure	205°
n-Propylalkohol	97,4	Äthylalkohol	78,3
Summe =	215,4	Summe =	283,3
n-Essigsäurepropylester =	101,0	n-Hexylsäureäthylester =	167,0
	114,4		116,3

[1] Ann. Chim. Phys. [3] **48**, 323 (1856); vgl. auch Persoz, Compt. rend. **60**, 1126 (1865); Mendelejeff, Jahresbericht über die Fortschritte der Chemie **1858**, 29; Flavitzky, Ber. d. Dtsch. chem. Ges. **20**, 1948 (1887); Cohn, Journ. prakt. Chem. **50**, 38 (1894).

$$\begin{array}{lr}
 & \text{S.-P.} \\
\text{Propylalkohol} \ldots \ldots & 97,4° \\
\text{Methylalkohol} \ldots \ldots & 67,0 \\
\hline
\text{Summe} = & 164,4 \\
\text{Methylpropyläther} \quad = & 37,0 \\
\hline
 & 127,4
\end{array}$$

Gräbe[1]) zeigte, daß der Siedepunkt bei der Umwandlung zweier Phenylgruppen in die Phenylengruppe einer cyclischen Verbindung um etwa 40° steigt.

Tabelle XIII.

Phenylderivat	S.-P.	Differenz	S.-P.	Phenylenderivat
$\begin{array}{l}C_6H_5\diagdown\\ \qquad \diagup NH \ldots\\ C_6H_5\end{array}$	310°	41	354°	$\begin{array}{l}C_6H_4\diagdown\\ \ \mid \quad \diagup NH\\ C_6H_4\end{array}$
$\begin{array}{l}C_6H_5\diagdown\\ \qquad \diagup O \ldots\\ C_6H_5\end{array}$	252	36	287—8	$\begin{array}{l}C_6H_4\diagdown\\ \ \mid \quad \diagup O\\ C_6H_4\end{array}$
$\begin{array}{l}C_6H_5\diagdown\\ \qquad \diagup S \ldots\\ C_6H_5\end{array}$	292,5	41	333	$\begin{array}{l}C_6H_4\diagdown\\ \ \mid \quad \diagup S\\ C_6H_4\end{array}$
$\begin{array}{l}C_6H_5\diagdown\\ \qquad \diagup CH_2 \ldots\\ C_6H_5\end{array}$	261—262	42	304	$\begin{array}{l}C_6H_4\diagdown\\ \ \mid \quad \diagup CH_2\\ C_6H_4\end{array}$

Schröder[2]) hat aufmerksam gemacht, daß die Siedepunkte der Methylketone, Methylester und der entsprechenden Säurechloride ungefähr gleich hoch sind. Es gilt:

$C_2H_5COCH_3$ . . . 79,5—81° $C_6H_5COCH_3$ . . . . 199—200°

$C_2H_5COOCH_3$ . . . . . . 79,9 $C_6H_5COOCH_3$ 199,2

C_2H_5COCl . . . . 79,5 C_6H_5COCl 198,7

§ 6. Die Anwendungen der Siedepunktsbeziehungen.

Die Benutzung des Siedepunktes zur Lösung chemischer Probleme ist eine sehr beschränkte; doch hat Vernon[3]) gezeigt, wie es möglich

---

[1]) Ber. d. Dtsch. chem. Ges. **7**, 1629 (1874).

[2]) Ber. d. Dtsch. chem. Ges. **16**, 1312 (1883); auch Cohn, Journ. f. prakt. Chem. **50**, 38 (1894).

[3]) Chem. News **64**, 54 (1891).

ist, die Eigenschaft zum Nachweise der Assoziation[1]) einer Verbindung anzuwenden. Ist der Siedepunkt einer Flüssigkeit anormal hoch, so kann man annehmen, daß Assoziation vorhanden ist. So findet man, wenn man die Reihe der Halogensäuren verfolgt,

HJ	HBr	HCl	HF
$-34°$	$-73°$	$-80°$	$+19,4°$

daß die Siedepunkte bei den ersten drei Gliedern der Reihe fallen. Der extrapolierte Wert des Siedepunktes der Fluorwasserstoffsäure müßte jedenfalls unter $-80°$ liegen, während der Versuch $+19,4°$ ergibt. Daraus folgt, daß diese Säure assoziiert ist.[2]) Bei den Merkaptanen bringt der Austritt einer CH_2-Gruppe einen Abfall des Siedepunktes hervor; die Differenz zwischen Methylmerkaptan und dem letzten Gliede der Reihe — der Schwefelwasserstoff — beträgt sogar 70°. Unter den Hydroxylverbindungen ist die Stellung des Wassers vollkommen anormal, woraus wieder folgt, daß es assoziiert ist.

C_2H_5OH	78°	C_2H_5SH		$+36°$
CH_3OH	67°	CH_3SH		$+6°$
H_2O	100°	H_2S		$-64°$

Einen Beweis dafür, daß die ganze Klasse der Alkohole assoziiert ist, bildet der Umstand, daß beim Übergang von einem Alkohol zu dem entsprechenden Merkaptan ein Sinken des Siedepunktes eintritt, während sonst der Austausch von Sauerstoff durch Schwefel[3]) stets eine Erhöhung hervorbringt. Die folgende Tabelle XIV zeigt dieses Verhalten.

Tabelle XIV.

Substanz	S.-P.	Substanz	S.-P.
CH_3OCH_3	$-23°$	CH_3SCH_3	$37,5°$
$CH_3OC_2H_5$	$+11$	$CH_3SC_2H_5$	67
$C_2H_5OC_2H_5$	35	$C_2H_5SC_2H_5$	91
$n\text{-}C_3H_7OH$	97,4	$n\text{-}C_3H_7SH$	68
C_2H_5OH	78	C_2H_5SH	36
CH_3OH	67	CH_3SH	$+6$

Diese Schlüsse werden im großen und ganzen durch andere Methoden bestätigt.

---

[1]) Der Einfluß der Assoziation ist auch von Henry, Bull. Acad. Belg. **1907**, 842 untersucht worden.

[2]) Vgl. Thorpe und Hambly, Trans. Chem. Soc. **55**, 163 (1889).

[3]) Vgl. auch Earp, Phil. Mag. [5] **35**, 458 (1893).

Longuinescu[1]) hat eine Beziehung zwischen dem Siedepunkt einer Flüssigkeit und der Anzahl der Atome des Moleküls gefunden. Er beobachtete, daß für irgend zwei nicht assoziierte Flüssigkeiten die folgenden Beziehungen gelten, in denen T und T′ die Siedetemperaturen in absoluter Zählung, D und D′ die Dichten bei 0° und n und n′ die Anzahl der Atome im Molekül bedeuten:

$$\frac{T}{T'} = \frac{D}{D'}\sqrt{\frac{n}{n'}},$$

oder $\qquad \dfrac{T}{D\sqrt{n}} = \dfrac{T'}{D'\sqrt{n'}} = \text{konst. (K)} = 100 \text{ (ca.)}$

Bei assoziierten Flüssigkeiten stimmt die Regel nicht, der Wert von K ist stets größer als 100. Nimmt man an, daß der Normalwert für monomolekulare Flüssigkeiten 100 ist, so läßt sich die Beziehung in der Form

$$\left(\frac{T}{100 \times D}\right)^2 = n$$

zur Berechnung der Anzahl der Atome im Molekül verwenden, woraus ein ungefährer Schluß auf den Grad der Assoziation gezogen werden kann. In Tabelle XV ist eine kleine Auswahl aus den zahlreichen von Longuinescu zum Beweise seiner Schlüsse gesammelten Daten wiedergegeben. Die mittlere Kolonne gibt die Anzahl der Atome im Molekül wieder, die sich auf diese Weise berechnet; rechts davon sind die Atomzahlen enthalten, die sich ergeben, wenn die Stoffe als monomolekular angenommen werden.

Tabelle XV.

Substanz	n. (ber.)	n. (theoret.)	Substanz	n. (ber.)	n. (theoret.)
Methylendichlorid .	5	5	Zimtsäureäthylester	26	25
Acetylchlorid . . .	8	7	Methyldiphenylamin	28	27
Furfuran	12	11	Menthol	28	29
Chlorbenzol . . .	12	12	Decan	33	32
Propionsäureäthylester	16	17	Octyläther	49	51
Fluorwasserstoffsäure	9	2	Wasser	14	3
Schwefelkohlenstoff	6	3	Schwefelwasserstoff	5	3
Siliciumtetrachlorid	5	5	Phosphorchlorid .	5	5
Cyanwasserstoffsäure	18	3	Tetrachloräthan .	6	6
Ammoniak	14	4	Schwefeldioxyd . .	3	3

---

[1]) Journ. de Chim. Phys. **1**, 288, 296, 391 (1903); **6**, 552 (1908).

§ 7. Der Einfluß des Druckes.

Die Frage, ob die Koppschen Gesetze bei allen Drucken Gültigkeit besitzen, ist oft diskutiert worden,[1] ohne erledigt zu werden; erst die ausführlichen Untersuchungen von Ramsay und Young[2] über die Dampfspannungen von Flüssigkeiten brachten Aufklärung. Besitzt eine Substanz A bei zwei verschiedenen Drucken P und P' die in absoluter Zählung gemessenen Siedetemperaturen T_A und T_A', und eine andere Substanz B bei denselben Drucken die Siedepunkte T_B und T_B', so gilt die Beziehung:

$$\frac{T_A'}{T_B'} = \frac{T_A}{T_B} + c\,(T_B' - T_B)$$

Die Konstante c ist im allgemeinen sehr klein und bei vielen Stoffen — z. B. den Estern der Fettsäuren — Null. In diesen Fällen kann man schreiben:

$$\frac{T_A'}{T_B'} = \frac{T_A}{T_B} \quad \text{oder} \quad \frac{T_A' - T_A}{T_B' - T_B} = \frac{T_A}{T_B} = q$$

Daraus ergibt sich, daß für dieselbe Druckdifferenz Änderungen des Siedepunktes zweier Flüssigkeiten im konstanten Verhältnis stehen.[3] Die qualitativen Beobachtungen, die für die Siedepunkte von Isomeren und Homologen gefunden wurden, gelten also für alle Drucke, naturgemäß aber nur für jene Flüssigkeiten, bei denen c in der angeführten Gleichung gleich Null ist.

Im übrigen gilt hier, ähnlich wie bei den Raumverhältnissen, daß man ähnliche, nur vielleicht einfachere Verhältnisse als beim Siedepunkt für die kritische Temperatur erwarten kann.[4]

Die Regeln, welche Siedepunkt und chemische Konstitution in Beziehung zueinander bringen, gelten naturgemäß nur an-

---

[1] Landolt, Zeitschr. f. Chem. **1868**, 359; Winkelmann, Wied. Ann. **1**, 430 (1877); Schumann, Wied. Ann. **12**, 40 (1881); Schmidt, Zeitschr. f. phys. Chem. **7**, 466 (1891); **8**, 628 (1891); Kahlbaum, Studien über Dampfspannkraftmessungen (Basel 1893); Ber. d. Dtsch. chem. Ges. **27**, 3366 (1894); **28**, 1675 (1895); Dühring, Wied. Ann. **11**, 163 (1880); **51**, 223 (1894); **52**, 536 (1894); Mangold, Wien. Ber. **102**, 1095 (1863).

[2] Phil. Mag. [5] **20**, 515; **21**, 23, 135; **22**, 32 (1887); Journ. Chem. Soc. **49**, 790 (1886); auch Young, Phil. Mag. [5] **34**, 510 (1892).

[3] Über den Einfluß des Druckes auf den Siedepunkt der Metalle s. H. C. Greenwood, Proc. Roy. Soc. London **83**, 483 (1910).

[4] Vgl. auch E. Matthias, Points critiques. S. 152; Pawlewski, B. B. **1882**, 460 u. 2460 u. a.

näherungsweise. Nernst[1]) hat darauf hingewiesen, daß der Vergleich der Dampfdruckkurven bessere Resultate ergeben würde, als der der Siedepunkte bei atmosphärischem Druck. Bingham[2]) hat die Frage näher untersucht und gefunden, daß sich die Konstanten der Kurven für verschiedene Stoffe additiv aus Werten berechnen lassen, die den einzelnen zusammentretenden Atomen zugehören.

Zusammenfassung.

Die Bedeutung des Siedepunkts für Konstitutionsbestimmungen ist nicht wesentlich, am ehesten kann ihm noch in homologen Reihen oder zur Entscheidung zwischen Isomeren nach Analogien eine solche zukommen. Dagegen vermag er ein bequem zugängliches Kriterium für Assoziation und Polymerisation abzugeben.

Kapitel VII. Die latente Verdampfungswärme.

Als Verdampfungswärme einer Flüssigkeit bezeichnet man die Wärmemenge, welche nötig ist, um ein Gramm bei der Temperatur von T und unter dem Drucke p in Dampf von derselben Temperatur und demselben Drucke umzuwandeln. Nennt man diese Wärmemenge L, so ist die molekulare Verdampfungswärme oder die Wärme, die verbraucht wird, um ein Grammolekül der Flüssigkeit in Dampf unter denselben Verhältnissen umzuwandeln, gleich ML.

Wird eine Flüssigkeit verdampft, so wird ein Teil der Wärme für die Leistung innerer Arbeit zur Überwindung der molekularen Kohäsion verbraucht, während ein anderer Teil äußere Arbeit leistet. Der letztere Teil kann ausgedrückt werden durch die Formel:

$$\frac{P(V - V_L)}{J}$$

in der P = der äußere Druck,

V und V_L = die Volumina von Dampf bzw. Flüssigkeit

und J = das mechanische Wärmeäquivalent sind.

---

[1]) Theoretische Chemie (Stuttgart 1898) 315.
[2]) Journ. Amer. Chem. Soc. **28**, 717 (1906).

Die gesamte Verdampfungswärme ist dann

$$L = L_m + \frac{P(V - V_L)}{J},$$

wo L_m die wahre Verdampfungswärme darstellt.

Der Wert von $P\dfrac{V - V_L}{J}$ ist auf jeden Fall ziemlich klein und für verschiedene Stoffe ungefähr gleich.

Die folgenden Reihen von Isomeren und Homologen sind aus verschiedenen Quellen zusammengestellt, doch sind zum Vergleiche immer nur die Daten eines und desselben Autors herangezogen.

Man kann aus diesen Zahlen schließen, daß isomere Stoffe mit einer ähnlichen Struktur und chemischen Natur ungefähr dieselben molekularen Verdampfungswärmen besitzen.   Auch scheint es, daß Seitenketten die Verdampfungswärme erniedrigen.   In den beiden angeführten homologen Reihen ist die Differenz für ein CH_2 konstant, mit Ausnahme des Intervalls zwischen Äthyl- und Propylalkohol.

Tabelle I.

Isomere Ester.

Substanz	$\dfrac{ML}{100}$	Substanz	$\dfrac{ML}{100}$
Äthylformiat [2]	68,2	Essigsäurepropylester [1] .	84,8
Methylacetat	69,5	Propionsäureäthylester. .	83,4
Propylformiat [1]	79,3	Buttersäuremethylester .	81,3
Äthylacetat	77,5	Buttersäureäthylester [2] .	82,9
Propionsäuremethylester .	78,5	Propionsäurepropylester .	82,9
Isobuttersäureäthylester [2]	80,2	Isobuttersäuremethylester	77,3
Essigsäureisobutylester .	81,0	Ameisensäureisobutylester	78,5

Isomere Alkohole.

n-Propylalkohol [3]	99,8	n-Butylalkohol [3]	106
Isopropylalkohol	96,6	Isobutylalkohol	102,4
Octylalkohol [3]	126,6	Sec. Butylalkohol . . .	100,8
Sec. Octylalkohol	123,5	Tert. Butylalkohol . . .	96,5

[1] Marshall und Ramsay, Phil. Mag. [5] **41**, 38 (1896).
[2] Schiff, Ann. **234**, 338 (1886).
[3] Brown, Trans. Chem. Soc. **83**, 987 (1903).

Isomere Ester.[1]

Isovaleriansäuremethylester	83,9	Isovaleriansäureäthylester	88,1
Isobuttersäureäthylester	83,4	Buttersäurepropylester	88,8
Buttersäureäthylester	85,3	Essigsäureisoamylester	89,7
Propionsäurepropylester	85,5	Isobuttersäureisobutylester	91,3
Essigsäurebutylester	85,7	Isobuttersäurebutylester	93,0
Essigsäureisobutylester	83,9	Propionsäureisoamylester	94,0
Isoamylformiat	85,5		

Homologe.

Substanz	$\dfrac{ML}{100}$	Diff. für CH_2
Methylalkohol[4]	83,8	
Äthylalkohol	89,5	5,7
n-Propylalkohol	99,8	10,3
n-Butylalkohol	105,9	6,1
n-Heptylalkohol	121,8	$5,3 \times 3$
n-Octylalkohol	126,6	4,8
Äthylformiat[3]	68,2	
Essigsäureäthylester	73,1	4,9
Propionsäureäthylester	78,6	5,5
Buttersäureäthylester	82,9	4,3
Valeriansäureäthylester	84,1	1,2

Die nachfolgenden Daten sollen den Effekt veranschaulichen, den der Ersatz von Wasserstoff durch Chlor hervorruft. Ebenso wie beim Siedepunkt wird der Einfluß auch hier mit steigender Zahl der Halogene kleiner.

Tabelle II.

Substanz	$\dfrac{ML}{100}$	Differenz
Methylchlorid[2]	48,6	
Methylenchlorid[3]	64	15,4
Chloroform[4]	70	6
Kohlenstofftetrachlorid[4]	71	1

[1] Brown, Trans. Chem. Soc. **83**, 987 (1903).
[2] Berthelot und Ogier, Compt. rend. **92**, 771 (1881).
[3] Chappuis, Ann. Chim. Phys. [6] **19**, 517 (1888).
[4] Marshall, Phil. Mag. [5] **43**, 27 (1897).

Bevor man annehmen darf, daß diese Beziehungen allgemeiner Natur sind, erscheinen noch zahlreiche Untersuchungen notwendig.

Die Abhängigkeit der Verdampfungswärme von Temperatur (T) und Druck (p) wird durch die Gleichung

$$\frac{ML}{T} = R\,\frac{d\ln p}{d\ln T}$$

(R = Gaskonstante) bei normalen Flüssigkeiten bestimmt.[1] Mit steigender Temperatur nimmt die Verdampfungswärme ab, bis sie bei der kritischen Temperatur $= 0$ wird. Nach der Theorie der übereinstimmenden Zustände müßte der Quotient $\dfrac{d\ln p}{d\ln T}$ bei korrespondierenden Zuständen, also z. B. bei der Siedetemperatur T_σ, für alle normalen Stoffe konstant sein. Dies ist die von Trouton aufgefundene Regel, die besagt, daß die Siedetemperatur in absoluter Zählung der molekularen Verdampfungswärme bei dieser Temperatur proportional ist. Das Gesetz ist nicht absolut genau, da das Verhältnis

$$\frac{ML}{T_\sigma}\ (T_\sigma = \text{absolute Siedetemperatur})$$

bei den verschiedenen Stoffklassen etwas wechselt. Für die meisten Substanzen liegt der Wert nahe bei 21, doch ist er bei assoziierten Stoffen besonders hoch, wie bei den Alkoholen, bei denen $\dfrac{ML}{T_\sigma}$ etwa gleich 26 ist. Trotzdem stimmt die Regel sehr gut für Stoffe mit ähnlicher chemischer Natur. Man muß daher schließen, daß man beim Vergleich der Verdampfungswärmen zu ähnlichen Gesetzmäßigkeiten gelangen muß, wie beim Vergleich der Siedepunkte.

Nernst[2] hat die Troutonsche Regel durch die ein wesentlich größeres Temperaturintervall umfassende Formel

$$\frac{M\lambda}{T_\sigma} = 9{,}5 \log T_\sigma - 0{,}007\,T_\sigma$$

ersetzt.

Für die Abweichungen assoziierter Stoffe von der Nernstschen Formel gilt im übrigen dasselbe, was für die Abweichungen von der Troutonschen Formel gesagt wurde.

---

[1] Vgl. bei Ramsay und Joung, l. c.

[2] Gött. Nachr. 1906, s. auch Lehrbuch. Vgl. auch Kurbatow, Journ. Russ. Phys. chem. Ges. **40**, 1493 (1909); J. H. Cederberg, Zeitschr. f. phys. Chem. **77**, 498 (1911).

Tabelle III.

Substanz	T_σ	λ	$\dfrac{\lambda}{T_\sigma}$	$9{,}5 \log T_\sigma - 0{,}007\,T_\sigma$
Helium	4,29	ca. 22	5,1	6,0
Wasserstoff	20,4	248	12,2	12,3
Stickstoff	77,5	1362	17,6	17,4
Methan	108	1951	18,0	18,6
Äthyläther	307	6466	21,1	21,5
Benzol	353	7497	21,2	21,7
Methylsalicylat	497	11000	22,2	22,1

D. Tyrer[1] gibt an, daß zwischen molekularer Verdampfungswärme (ML) und Molekularvolumen (MV) beim Siedepunkt die empirische Gleichung besteht:

$$ML = 1583\sqrt[3]{MV},$$

die aber — abgesehen von den assoziierten Stoffen — nicht gilt für aliphatische Kohlenwasserstoffe und Äther. J. E. Mills[2] hat die Sutherlandsche Formel $ML = K\left(\sqrt[3]{d} - \sqrt[3]{D}\right)$ geprüft, J. P. Montgomery,[3] Steinhaus[4] u. a. haben andere Beziehungen mitgeteilt.

Vor kurzem hat C. Mc. C. Lewis,[5] worauf schon im Zusammenhang mit der Kompressibilität hingewiesen wurde, abgeleitet, daß die Verdampfungswärme (L) mit der Temperatur (T), dem Ausdehnungskoeffizienten der Flüssigkeit (α), deren Kompressibilitätskoeffizienten (β) und Dichte (d) zusammenhängt im Sinne der Gleichung:

$$L = -\frac{T\alpha}{d\beta}.$$

Die Beziehung hat für normale Flüssigkeiten Geltung und ist zur Erkennung der Assoziation sehr geeignet, wie die folgende Tabelle zeigt.

---

[1] Phil. Mag. [6] **20**, 522.
[2] Journ. Phys. Chem. **13**, 512; Phil. Mag. [6] **20**, 629; Journ. Amer. Chem. Soc. **31**, 1099 (1909).
[3] Amer. Chem. Journ. **46**, 298 (1911).
[4] Diss. (Kiel 1910).
[5] Zeitschr. f. phys. Chem. **78**, 24 (1911).

Tabelle IV.

Normale Flüssigkeiten.

Substanz	L gef.	L ber.
Äthylenchlorid	85,4	89,3
Methylacetat	113,9	94,7
Benzol	106	98
Äther	93,7	91,2
Tetrachlorkohlenstoff	52	48,6

Assoziierte Flüssigkeiten.

Substanz	L gef.	L ber.
Methylalkohol	290	123,6
Äthylalkohol	225	117
Essigsäure	84,9	163
Wasser	annähernd 600	um 0

Kapitel VIII. Bildungswärmen und Verbrennungswärmen.[1]

§ 1. Allgemeines.

Die Bildungswärme einer Substanz ist jene Energiemenge, welche abgegeben wird, wenn ein Grammolekül der Verbindung aus den Elementen entsteht. Die Messung der Bildungswärme bildet eine der Hauptaufgaben der Thermochemie; ihre Methodik ist in den Werken über Thermochemie und Calorimetrie eingehend beschrieben. Falls bei der Entstehung der Verbindung aus dem Element Volumensveränderungen vor sich gehen, so tritt zur eigentlichen Bildungswärme noch die nach außen abgegebene bzw. von außen empfangene Volumensenergie als zu berücksichtigender Faktor hinzu. Solange es sich nur um feste oder flüssige Stoffe handelt, sind die Volumens-

---

[1] Berthelot, Thermochemie (Leipzig 1897); Jahn, Grundsätze d. Thermochemie (Wien 1882); Naumann, Lehrb. d. Thermochemie (Braunschweig 1882); Thomson, Thermochem. Untersuchungen (Leipzig 1882/86); Stohmann, Mitteilungen im Journ. f. prakt. Chem. u. a.

veränderungen so gering, daß die Arbeiten gegen den äußeren Druck kleine positive oder negative Werte haben und vernachlässigt werden können. Bei Reaktionen hingegen, wo Gase entstehen oder verschwinden, ist der Einfluß der äußeren Arbeit schon beträchtlich; in diesem Falle rechnet man die Bildungswärme auf konstantes Volumen, d. h. auf Wegfall äußerer Arbeit um. Beim Arbeiten in der calorimetrischen Bombe, die für organische Verbindungen meistens angewendet wird, erhält man direkt die Werte für konstantes Volumen.

Die Bildungswärmen der Verbindungen sind eine deutlich periodische Funktion der Stellung der Elemente im System der Atomgewichte.[1]) So ist dies besonders für die Oxyde und Chloride konstatiert worden, ebenso zeigt sich bei den Metalloiden eine regelmäßige Abnahme der Verbindungswärmen in der Reihenfolge F, Cl, Br, J. Genaue quantitative Gesetze zur Vorausberechnung von Bildungswärmen anorganischer Verbindungen haben sich trotz vielfacher Bemühungen nicht finden lassen. Es liegt dies zum Teil sicher auch daran, daß der Vorgang der Bildung einer Verbindung aus den Elementen aus zwei Prozessen besteht. Die Elemente, wie sie bei gewöhnlicher Temperatur vorliegen, sind nur zum geringen Teil einatomig, infolgedessen wäre zu der zu beobachtenden Bildungswärme noch jener Wert hinzuzuzählen, der für die Trennung der Moleküle des Elementes in die Atome erforderlich ist. Dieser Wert ist aber unbekannt. Ebenso ist die Frage, bei welcher Temperatur und für welche der verschiedenen allotropen Modifikationen der Elemente die Bildungswärmen miteinander verglichen werden sollen, ungelöst.

§ 2. Bildungswärmen und Verbrennungswärmen der organischen Verbindungen. Allgemeines.

Die Bildungswärme organischer Verbindungen läßt sich direkt nicht bestimmen. Mit Ausnahme der Bildung von CO_2 und von Tetrafluorkohlenstoff läßt sich eine direkte und im Calorimeter verfolgbare Reaktion, bei der organische Verbindungen aus den Elementen entstehen, nicht realisieren. Man ist daher gezwungen, die Bildungswärme auf einem Umwege zu bestimmen, indem man die fragliche Verbindung mit einem Überschusse von Sauerstoff zu CO_2 und H_2O verbrennt, die freiwerdende Energie mißt und hieraus mit

---

[1]) L. Meyer, Moderne Theorien der Chemie (Breslau 1883).

Hilfe der Kenntnis der Bildungswärmen des Kohlendioxyds und des Wassers die Bildungswärme berechnet. Z. B. entwickelt ein Grammmolekül Methan bei der Verbrennung (bei konstantem Volumen) 212,40 Cal., d. i. bei konstantem Druck, wie sich aus einer leicht anzustellenden Rechnung[1]) ergibt: 213,56 Cal.

$$CH_4 + 2O_2 = CO_2 + 2H_2O + 212{,}40 \text{ Cal.}$$
$$CO_2 + 94{,}3 \text{ Cal.} = C + O_2$$
$$2(H_2O) + 137{,}0 \text{ Cal.} = 2(H_2 + O).$$

Zieht man diese drei Gleichungen, von denen die erste die Verbrennung des Methans, die beiden folgenden die Verbrennung der entsprechenden Mengen Kohlenstoff und Wasserstoff ausdrücken, durch Addition zusammen, so ergibt sich nach Elimination der auf beiden Seiten vorkommenden Größen

$$CH_4 + 18{,}9 = C + H_4$$

Die Bildungswärme einer organischen Verbindung ist somit aus ihrer Verbrennungswärme ableitbar. In eben derselben Weise findet man

Äthan . . + 23,3 Cal.
Äthylen . . — 14,6 Cal.
Acetylen . — 51,4 Cal.

(Die Doppelbindung ist also keineswegs mit größerer Bildungswärme verbunden als die einfache Bindung; die dreifache Bindung ist noch stärker endotherm.) Da die Bildungswärme organischer Verbindungen experimentell nicht zugänglich ist, bezieht man sämtliche Angaben auf die bestimmbaren Verbrennungswärmen.

Hierbei muß jedoch bemerkt werden, daß für die Betrachtung feinerer Strukturunterschiede die Messungen mit außerordentlicher Genauigkeit durchgeführt werden müssen. Wie schon aus dem Beispiel des Methans ersichtlich, ist die Bildungswärme nur ein kleiner Teil der Verbrennungswärme. Beim Methan z. B. würde ein Fehler in der Verbrennungswärme für die Bildungswärme prozentuell das Zehnfache betragen. Noch ungünstiger wird das Verhältnis bei komplizierten Verbindungen. Beispielsweise ergibt sich für die Verbrennungswärme des Propylalkohols 480,3 Cal., für den Isopropylalkohol 478,3 Cal. Die Differenz beträgt also in diesem verhältnismäßig groben Fall von Strukturverschiedenheit bloß etwa $^1/_2\%$ und würde durch kleine Fehler in den einzelnen Messungen

---

[1]) Für jedes Mol. entwickeltes Gas 0,002 T Cal.

bereits sehr stark beeinflußt werden. Besonders tritt diese Empfindlichkeit der thermochemischen Daten hervor, wenn Angaben verschiedener Beobachter miteinander verglichen werden. Einigermaßen ist dieser Übelstand durch die von E. Fischer und Wrede[1]) ausgearbeitete Methodik der elektrischen Eichung der Calorimeter behoben worden, da ja elektrische Maßeinheiten leicht reproduzierbar sind und in Form von Normalelementen und Widerständen zur Verfügung stehen. Immerhin ist bei exakten thermochemischen Untersuchungen die Zahl der Korrekturen so groß, daß es in jenen Fällen, wo kleine Unterschiede gemessen werden sollen, derzeit die zu vergleichenden Versuche unbedingt mit ein und derselben Apparatur und womöglich vom gleichen Beobachter vorgenommen werden müssen.

Streng vergleichbar sind, wie Roth[2]) hervorhebt, nur die Verbrennungswärmen von Gasen, mit geringer Unsicherheit solche von Flüssigkeiten mit naheliegendem Siedepunkt, deren Verdampfungswärmen also wenig differieren. Bei festen Stoffen ist immer die freilich nur selten genau bekannte Schmelzwärme in Rechnung zu bringen. Weiter ist bei Messungen, bei denen die Eichung auf elektrischem Wege stattgefunden hat, der Faktor für die Umrechnung der Wattsekunden auf Calorien — der sehr verschieden gewählt werden kann — anzugeben.

§ 3. Isomerie.

Asymmetrieisomere (Spiegelbildisomere) haben die gleiche Verbrennungswärme.

Bei den geometrischen (cis-trans) Isomeren ergeben sich zwischen beiden Formen ziemlich erhebliche Differenzen.

		Verbrennungswärme bei konst. Druck
Angelikasäure	$\left.\right\}C_5H_8O_2$	$\left\{\begin{matrix}635,1\\626,6\end{matrix}\right.$
Tiglinsäure		
Fumarsäure	$\left.\right\}C_4H_4O_4$	$\left\{\begin{matrix}320,1\\326,3\end{matrix}\right.$
Maleinsäure		

---

[1]) Sitzungsber. d. Kgl. Preuß. Akad. **1904**, 687; **1908**, 129; Zeitschr. f. phys. Chem. **69**, 219 (1909).

[2]) Zeitschr. f. Elektrochem. **16**, 654 (1910). — Weiteres zur Methodik s. bei Th. W. Richards, Journ. Amer. Chem. Soc. **32**, 268 (1909).

Hingegen zeigt sich, daß die cis-trans-Isomerie in gesättigten Ringen nur einen minimalen Einfluß auf die Verbrennungswärme hat. Als Grund hierfür ist aller Wahrscheinlichkeit nach anzunehmen, daß die Fixierung der Lage der Kohlenstoffvalenzen in einem Ringgebilde eine viel festere ist als in einem Körper von Äthylenstruktur. Dies ergibt sich ja auch aus der leichten Umlagerbarkeit der Äthylenisomeren. Infolgedessen kann die stabile Form der Äthylenverbindungen sich auf einen ziemlich vollständigen Ausgleich der Valenzreste einstellen, während dies bei cyclischen Gebilden in geringerem Grade möglich sein wird.

§ 4. Die Verbrennungswärme in homologen Reihen.

Die Verbrennungswärmen der Glieder einiger homologer Reihen sind im nachstehenden zusammengefaßt. Man ersieht aus der Tabelle, daß der Eintritt einer Methylgruppe an Stelle eines Wasserstoffes, die Verbrennungswärme bei konstantem Druck um 154—158 Cal. vermehrt. Diese Regel würde reine Additivität besagen. Daß diese nicht in allen Fällen exakt zutrifft, ist bereits aus dem Faktum ersichtlich, daß der Isopropylalkohol eine vom Propylalkohol verschiedene Verbrennungswärme hat, daß es also nicht ganz gleichgültig ist, welches Wasserstoffatom des Äthylalkohols durch die Methylgruppe ersetzt wird. Nichtsdestoweniger ist die angeführte Regelmäßigkeit für die Kohlenwasserstoffe mit sehr großer Annäherung erfüllt. Ein Beispiel für den Einfluß der Kettenisomerie mögen die Oktane nach den sehr genauen Bestimmungen von W. Richards und R. H. Jesse[1]) geben:

n-Oktan	5256	3, 4-Dimethylhexan . .	5252
Diisobutan	5250	2-Äthylhexan	5247
2-Methylheptan . . .	5261		

Den Einfluß der Kernisomerie lehren folgende Messungen derselben Untersucher kennen:

o-Xylol . . .	4570
m-Xylol . . .	4570
p-Xylol . . .	4554

[1]) Journ. Amer. Chem. Soc. 32, 268 (1910).

Tabelle I.

		Verbr.-Wärme bei konst.Druck	Differenz
Methan	CH_4	213,5	158,8
Äthan	C_2H_6	372,3	156,1
Propan	C_3H_8	528,4	154,3
Hexan	C_6H_{14}	991,2	$3 \times 161,1$
Heptan	C_7H_{16}	1152,3	
Methylalkohol	CH_3OH	170,6	155,1
Äthylalkohol	C_2H_5OH	325,7	155,6
Propylalkohol	C_3H_7OH	480,3	$4 \times 156,4$
Caprylalkohol	$C_8H_{17}OH$	1262,1	
Essigsäure	CH_3COOH	209,4	158,0
Propionsäure	C_2H_5COOH	367,4	157,0
Buttersäure	C_3H_7COOH	524,4	12×154
Palmitinsäure	$C_{15}H_{31}COOH$	237,2	

Bei den Dicarbonsäuren beobachtet man bei den Verbrennungswärmen eine wenn auch nicht sehr stark ausgeprägte Oscillation der Werte zwischen geraden und ungeraden Gliedern der Reihe:

		Verbr.-Wärme bei konst.Druck	$\triangle$
Malonsäure	$COOHCH_2COOH$	207,3	149,5
Bernsteinsäure	$COOH(CH_2)_2COOH$	356,8	158,2
Glutarsäure	$COOH(CH_2)_3COOH$	515	153,9
Adipinsäure	$COOH(CH_2)_4COOH$	668,9	160,0
Pimelinsäure	$COOH(CH_2)_5COOH$	828,9	154,4
Korksäure	$COOH(CH_2)_6COOH$	953,3	158,0
Azelainsäure	$COOH(CH_2)_7COOH$	1141,3	152,1
Sebacinsäure	$COOH(CH_2)_8COOH$	1193,4	

Da die Oscillation in homologen Reihen beim Schmelzpunkt eine fast allgemeine Regel ist, so ist wahrscheinlich, daß man bei Besitz genauerer Daten über die Verbrennungswärmen derartige Oscillationen auch bei anderen Körperklassen finden kann; das derzeit vorliegende Messungsmaterial gibt zwar hierfür mehrfache Andeutungen, jedoch sind noch zu viele Unsicherheiten vorhanden.

§ 5. Substitution.

Phenylgruppe. — Ebenso wie die Methylgruppe bewirkt auch der Eintritt einer Phenylgruppe an Stelle eines Wasserstoffes eine nahezu konstante Erhöhung der Verbrennungswärme.

Tabelle II.

		Differenz
Methan	213,5 Cal.	720,3 Cal.
Toluol	933,8 ,,	726,1 ,,
Diphenylmethan	1659,9 ,,	727,4 ,,
Triphenylmethan	2387,3 ,,	716,8 ,,
Tetraphenylmethan	3104,1 ,,	

Hydroxylgruppe. — Wird ein Wasserstoffatom durch die Hydroxylgruppe ersetzt, so sinkt die Verbrennungswärme um etwa 45 Cal.

Tabelle III.

		Differenz
Methan	213,5	42,9
Methylalkohol	170,6	
Äthan	372,3	46,6
Äthylalkohol	325,7	2 × 44,5
Glycol	283,3	
Propan	518,3	48,1
Propylalkohol	480,3	2 × 48,6
Propylenglycol	431,2	3 × 43,7
Glycerin	397,2	
Butan	687,2	4 × 46,1
Erythrit	502,6	
Pentan	837	5 × 45
Arabit	612	
Hexan	991,2	6 × 43,8
Mannit	728,3	
Benzol	784,1	38,1
Phenol	736,0	2 × 46,8
o-Dioxybenzol	683,4	2 × 45,7
m-Dioxybenzol	685,5	2 × 45,9
p-Dioxybenzol	685,2	3 × 47,9
1-, 2-, 3-Trioxybenzol	633,3	

Carboxylgruppe. — Tritt an Stelle eines Wasserstoffes eine Carboxylgruppe, so wird die Verbrennungswärme nur um ganz unwesentliche Beträge geändert.

Tabelle IV.

		Differenz
Wasserstoff	68,4 Cal.	6,7 Cal.
Ameisensäure	61,7 ,,	
Methan	213,5 ,,	4,1 ,,
Essigsäure	209,4 ,,	
Äthan	372,3 ,,	1,9 ,,
Propionsäure	367,4 ,,	
Benzol	784,1 ,,	11,3 ,,
Benzoesäure	772,8 ,,	

Dieser Befund steht mit der chemischen Erfahrung in guter Übereinstimmung, daß Carboxylgruppen — wenigstens in Systemen, die leicht bewegliche Wasserstoffatome enthalten — leicht einzuführen und auch leicht abzuspalten sind. Führt man eine zweite Carboxylgruppe ein, so zeigt sich eine deutliche Abnahme der Verbrennungswärme. So z. B.:

		Differenz
Äthan	372,3	1,5
Bernsteinsäure	356,8	
Benzol	784,1	12,5
Phthalsäure	771,6	

Die Differenzen zwischen den drei isomeren Phthalsäuren sind sehr gering.

Esterbildung. — Die Verbrennungswärmen der Ester entsprechen fast genau der Summe der Verbrennungswärmen aus Alkohol und Säure.

Mit dieser „Thermoneutralität" der Esterbildung stimmt gut überein, daß das Esterifikationsgleichgewicht von der Temperatur nahezu unabhängig ist, und ebenso auch die absolute Lage des Esterifikationsgleichgewichtes; dieses Verhalten entspricht dem bekannten thermodynamischen Theorem. (Daß immerhin Verschiedenheiten vorliegen, die von der Konstitution der Bestandteile abhängen, geht aus den Arbeiten von Menschutkin hervor.)[1]

Tabelle V.

Ester	Ester	Säure	Alkohol	Summe	Diff.
	Verbrennungswärmen				
Essigsäureäthylester	537,1	209,4	325,7	535,1	—2
Buttersäuremethylester	693,4	524,4	170,6	695,0	+1,6
Buttersäureäthylester	851,3	524,4	325,7	850,1	—1,2
Oxalsäureäthylester	703,6	60,2	2×315,7	711,4	+7,8
Malonsäureäthylester	860,6	207,2	2×325,7	858,6	—2
Kohlensäuremethylester . . .	339,7	0	2×170,6	341,2	+1,5
Kohlensäureäthylester	642,2	0	2×325,7	651,4	9,2
Benzoesäuremethylester . . .	944,0	772,9	170,6	943,5	—0,5
o-Phthalsäuremethylester . .	1113,9	771,6	2×170,6	1112,8	—1,1
m-Phthalsäuremethylester . .	1111,7	768,8	2×170,6	1110,0	—1,7
p-Phthalsäuremethylester . . .	1112,5	770,9	2×170,6	1112,1	—0,4
Benzoesäurephenylester . . .	1511,3	772,9	736,0	1508,9	—2,4

Carbonylgruppe. — Werden zwei Wasserstoffe durch ein Sauerstoffatom ersetzt, entsteht also eine Carbonylgruppe, so wird die Verbrennungswärme um 90—100 Cal. erniedrigt.

Tabelle VI.

	Verbrennungs- wärme bei kon- stantem Druck	Differenz
Äthan	372,3	102,8
Acetaldehyd	269,5	
Pentan	837	94,8
Valeraldehyd	742,2	100,1
Diäthylketon	736,9	
Toluol	933	91,3
Benzaldehyd	841,7	
Diphenylmethan	1659,9	101,8
Benzophenon	1558,1	

[1] Ann. Chim. phys. (5) **20**, 229 (1880); **23**, 14 (1881); **30**, 81 (1883).

§ 6. Ungesättigte Bindung.

Wie schon bei der Verbrennungswärme des Acetylens und Äthylens angedeutet, entspricht den ungesättigten Verbindungen eine geringere Bildungswärme, somit eine größere Verbrennungswärme. Mit Hilfe der Größe, die sich aus den homologen Reihen für die CH_2-Gruppe ergeben hat, kann dies besonders scharf bewiesen werden. Die Einführung einer CH_2-Gruppe entspricht einem Zuwachs der Verbrennungswärme von rund 156 Cal. Demgemäß sollte man für das Äthylen, dessen empirische Zusammensetzung $2 CH_2$ ist, eine Verbrennungswärme von $2 \times 156 = 312$ Cal. erwarten. Tatsächlich beobachtet man 341 Cal. Der Umstand, daß die CH_2-Gruppen hier nicht in der gleichen Weise wie bei gesättigten, aliphatischen Verbindungen miteinander verbunden sind, d. h. der Eintritt der Äthylenbindung bewirkt diese starke Zunahme der Verbrennungswärme. In ähnlicher Weise kann man die dreifache Bindung mit der einfachen Bindung vergleichen und findet, daß hier die Verbrennungswärme eine weitere Steigerung erfährt. Das Acetylen ist demgemäß stark endotherm. Das Bild der doppelten oder dreifachen Bindung ist also vom energetischen Standpunkte aus vollkommen unberechtigt. Die Doppelbindung entspricht nicht etwa einer größeren Anziehung zwischen den beiden Kohlenstoffen, wie es sein müßte, wenn die zweite der abgesättigten Valenzen einen wenn auch kleinen Beitrag zur gegenseitigen Bindung der Kohlenstoffatome geliefert hätte. Für die dreifache Bindung ist diese Argumentation noch in weitergehendem Maße gültig, denn durch Addition und gegenseitige Unterstützung anziehender Kräfte, als welche die Valenzen aufgefaßt werden, kann die Entstehung eines von selbst zerfallenden Gebildes, wie es das Acetylen ist, nicht ungezwungen erklärt werden. Die chemische Erfahrung bestätigt ausnahmslos den thermochemischen Befund. Ungesättigte Verbindungen werden bei chemischen Eingriffen immer an den Stellen der mehrfachen Bindungen angegriffen und aufgespalten. Es ist also hier die Stelle im Molekül, wo die meiste Anziehung nach außen ausgeübt wird (Anlagerungsreaktionen), und wo die Kohlenstoffkette den geringsten Zusammenhalt hat. Die übliche Beziehungsweise der Äthylen- und Acetylenbindung als doppelte oder dreifache Bindung und die analoge Schreibweise in den Formeln ist also in jeder Beziehung ungerechtfertigt und entspringt nur dem formalen Bedürfnis, die Vierwertigkeit des Kohlenstoffes unangetastet zu lassen.

§ 7. Konjugierte Doppelbindungen.

Aus der allgemeinen Formel für die Verbrennungswärme der Kohlenwasserstoffe könnte man schließen, daß mehrere ungesättigte Bindungen innerhalb eines Moleküls sich in ihrem Einflusse auf die Verbrennungswärme additiv verhalten sollten. Bei genauer Durchführung vergleichender Versuche mit ungesättigten Verbindungen, die sich nur durch relative Lage der Äthylenbindungen unterschieden, gelangten Auwers, Roth und Eisenlohr[1]) zu dem wichtigen Resultat, daß auch ein Einfluß der gegenseitigen Stellen der ungesättigten Gruppen zu bemerken ist. Die Richtung dieses Einflusses stimmt vollkommen mit der Thieleschen Theorie der Partialvalenzen[2]) überein. Falls die beiden Doppelbindungen zueinander im Verhältnisse der Konjugation stehen, d. h. voneinander durch zwei Kohlenstoffe getrennt sind, so besitzen die Kohlenwasserstoffe eine geringere Verbrennungswärme als ihre Isomeren ohne Konjugation. Das System $-C{=}C-C{=}C$ bzw. nach der Thieleschen Schreibweise $-C-C-C-C$ stellt somit ein Gebilde geringerer chemischer Energie, also größerer Sättigung dar. Der Begriff der Konjugation erstreckt sich nicht nur auf Äthylenbindungen, sondern gilt ebenso für alle anderen ungesättigten Gruppen oder Ringsysteme. Infolgedessen ist auch ein Benzolkern mit einer ungesättigten Seitenkette in entsprechender Stellung als konjugiertes System aufzufassen. Die Unterschiede in den Verbrennungswärmen, die durch die Konjugation hervorgerufen werden, sind verschieden groß. In der Reihe der Terpene kommen Werte bis zu zwei und drei Prozent des Gesamtwertes der Verbrennungswärme vor, so daß daran die gegenseitige Lage der Doppelbindungen mit Sicherheit erkannt werden kann. In der Reihe der Styrole bzw. Propenylverbindungen betragen die Unterschiede etwa 0,7 %. Es sind also diesbezügliche Schlüsse auf die Konstitution nur dann zulässig, wenn Reinheit der Substanz und Exaktheit der calorimetrischen Bestimmung zu großer Vollkommenheit gebracht werden können. Tritt an die Kohlenstoffatome eines konjugierten Systems eine Seitenkette, so wird der Ausgleich der Partialvalenzen gestört, die Sättigung ist also vermindert, und demgemäß steigt die Verbrennungswärme.

---

[1]) Ber. d. Dtsch. chem. Ges. **43**, 1063 (1910). Ann. d. Chem. **373**, 239. 249, 267 (1910).
[2]) Ann. d. Chem. **306**, 98 (1899).

§ 8. Einfluß des Ringschlusses.

Der Einfluß der Ringbildung auf die Verbrennungswärme läßt sich besonders gut bei den gesättigten Ringsystemen vom Polymethylentypus verfolgen, da hier keinerlei Komplikationen durch ungesättigte Bindung stattfinden. Die cyclischen Polymethylenverbindungen sind als eine geschlossene Kette von CH_2-Gruppen aufzufassen; man sollte demgemäß ihre Verbrennungswärme aus der bereits mehrfach benutzten Größe von 156 Cal. für jede CH_2-Gruppe verausberechnen können. Nachstehende Tabelle gibt einen Vergleich zwischen gefundener und berechneter Größe:

Tabelle VII.

		Verbrennungswärme bei konstantem Druck	
		berechnet	gefunden
Trimethylen	$\begin{matrix} & CH_2 & \\ CH_2 & — & CH_2 \end{matrix}$	468	507
Hexamethylen	$\begin{matrix} CH_2 — CH_2 — CH_2 \\ \mid \qquad\qquad \mid \\ CH_2 — CH_2 — CH_2 \end{matrix}$	936	933

Gegen diese Zahlen spricht nur das Bedenken, daß die Kohlenwasserstoffe schwer in reinem Zustande gewonnen werden können. Hingegen liegt ein experimentell vollkommen verläßliches Material in den Dicarbonsäuren vor. Es wurde bereits früher gezeigt, daß die Einführung zweier Carboxylgruppen in eine offene oder geschlossene Kette die Verbrennungswärme um rund 12 Cal. herabsetzt. Berechnet man hieraus die Werte, die sich für die Verbrennungswärme der Polymethylendicarbonsäuren ergeben, und vergleicht sie mit den experimentell gefundenen, so ergibt sich folgende Tabelle:

Tabelle VIII.

	Verbrennungswärme berechnet	Verbrennungswärme gefunden	Differenz
Trimethylendicarbonsäure	456 Cal.	484 Cal.	28
Tetramethylendicarbonsäure . . .	612 ,,	642 ,,	30
Pentamethylendicarbonsäure. . . .	768 ,,	776 ,,	8
Hexamethylendicarbonsäure . . .	924 ,,	929 ,.	5

16*

Man sieht hieraus, daß der Trimethylen- und Tetramethylenring eine verhältnismäßig hohe Verbrennungswärme haben, während der Penta- und Hexamethylenring Werte ergeben, die sich mit der Annahme einer Aneinanderreihung von unveränderten CH_2-Gruppen in Übereinstimmung befinden. Für dieses Verhältnis hat Baeyer[1] seine „Spannungstheorie" aufgestellt. Nach den Ergebnissen der Stereochemie muß man annehmen, daß die Valenzen des Kohlenstoffs in der Richtung vom Schwerpunkte eines Tetraeders nach dessen vier Ecken gerichtet sind. Da man bei einer Verbindung zweier Kohlenstoffe miteinander die sie verbindende Valenz in der Richtung der Geraden von einem Kohlenstoff zum anderen auffaßt, so ergibt sich die Frage, inwieweit die verschiedenen Ringsysteme mit der Tetraederformel übereinstimmen. Aus der geometrischen Betrachtung des gleichseitigen Tetraeders ergibt sich als Winkel, den zwei Kohlenstoffvalenzen miteinander einschließen, 109° 28′. Um also zu erkennen, inwieweit die Ringsysteme mit der Lage der freien Kohlenstoffvalenzen übereinstimmen, ist nachstehendes Schema zu betrachten.

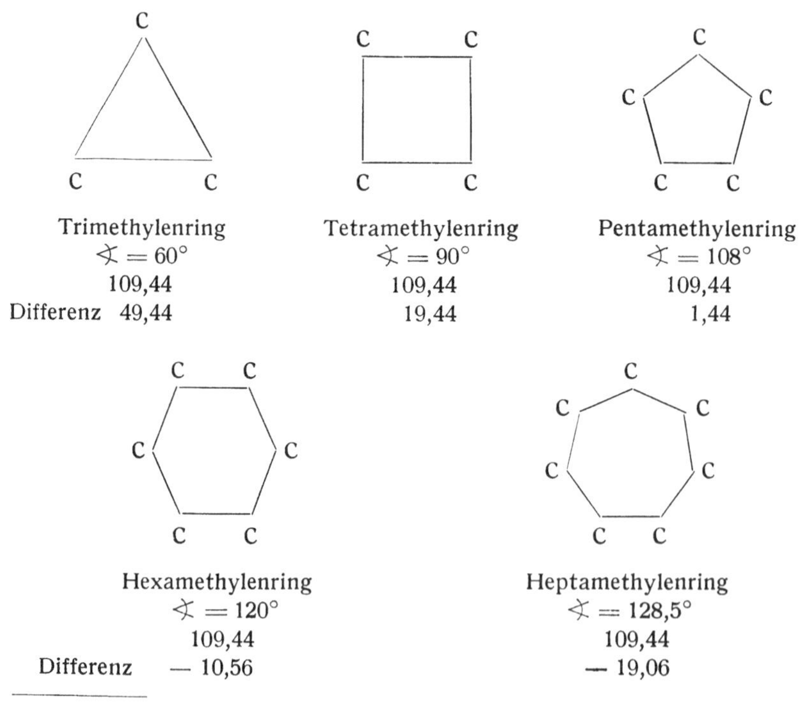

[1] Ber. d. Dtsch. chem. Ges. **18**, 2277 (1885).

Für die Ablenkungen der Einzelvalenz aus ihrer Ruhelage ergeben sich die halben Werte, d. h. beim Trimethylenring ist jede Valenz um nahezu 20° abgelenkt, beim Tetramethylenring um etwa 10°, beim Pentamethylenring um 0,52°, beim Hexamethylenring um etwa 5°, beim Heptamethylenring um fast 10°. Man ersieht hieraus, daß die natürliche Lage der Valenzen in den Penta- und Hexamethylenderivaten am meisten erhalten ist, während das Trimethylen einem sehr starken Zwangs- bzw. Spannungszustande entspricht und sich auch das Tetramethylen ebenso wie das Heptamethylen und die höheren Ringe ebenfalls in gespanntem Zustande befinden. Die Verbrennungswärme bestätigt also die Schlüsse aus der räumlichen Vorstellung des Kohlenstoffatoms. Mit der chemischen Erfahrung herrscht insofern Übereinstimmung, als dem gespannten Zustande des Trimethylens sein nahezu ungesättigter Charakter gut entspricht. Hingegen muß bemerkt werden, daß die stereochemisch berechnete Differenz zwischen Penta- und Hexamethylenverbindung weder in den thermochemischen Messungen noch im chemischen Verhalten einen klaren Ausdruck findet. Die Verbrennungswärmen sind in beiden Fällen angenähert die vorausberechneten und die chemische Stabilität der Penta- und Hexamethylenderivate ist beiläufig gleich, wie man auch aus den verschiedenen gegenseitigen Umwandlungen einer Reihe in die andere erkennen kann. Die Baeyersche Spannungstheorie ist also nur der Hauptsache nach experimentell bestätigt, hingegen scheint es, daß sekundäre Einflüsse, wie gegenseitige Anziehung mehrerer Ringkohlenstoffe, kleine Unterschiede in der Spannung verwischen können.

Auf Grund des besprochenen Unterschiedes zwischen den Verbrennungswärmen der verschiedenen Polymethylene konnte die erste richtige Formel für den Campher aufgestellt werden. Bei der Oxydation des Camphers entsteht Camphersäure $C_8H_{14}(COOH)_2$, deren Konstitution strittig war. Aus der Formel ergibt sich, daß die Camphersäure entweder eine Äthylenbindung oder einen Polymethylenring enthalten muß. Da aus chemischen und physikalischen Gründen die Äthylenbindung ausgeschlossen war, blieb nur die Möglichkeit eines Ringes, wobei aber die Frage offen war, wie viele Kohlenstoffe an der Ringbildung teilnehmen, und wie viele sich in den Seitenketten befinden. Es ergaben sich also folgende Möglichkeiten für die Camphersäure:

I. Tetramethyltetramethylendicarbonsäure,
II. Trimethylpentamethylendicarbonsäure,
III. Dimethylhexamethylendicarbonsäure,
IV. Methylheptamethylendicarbonsäure.

Da aus chemischen Gründen die Anwesenheit mehr als zweier Methylgruppen feststand, waren Formel III und IV auszuschließen. Es war also noch die Frage, ob der der Camphersäure zugrunde liegende Ring ein Trimethylen- oder ein Tetramethylenring ist. Als molekulare Verbrennungswärme der Camphersäure wurden 1244,8 Cal. gemessen. Nach Formel I berechnet sich:

$$
\begin{array}{lll}
\text{I. Tetramethylendicarbonsäure } C_4H_6(COOH)_2 & \ldots & 642 \text{ Cal.} \\
+\,4\,CH_2 & 4 \times 156 & 624 \text{ ,,} \\
\hline
& \text{Summe} & 1266 \text{ Cal.}
\end{array}
$$

$$
\begin{array}{lll}
\text{II. Pentamethylendicarbonsäure } C_5H_8(COOH)_2 & \ldots & 780 \text{ Cal.} \\
+\,3\,CH_2 & 3 \times 156 & 468 \text{ ,,} \\
\hline
& \text{Summe} & 1248 \text{ Cal.}
\end{array}
$$

$$
\begin{array}{lll}
\text{III. Hexamethylendicarbonsäure } C_6H_{10}(COOH)_2 & \ldots & 929 \text{ Cal.} \\
+\,2\,CH_2 & 2 \times 156 & 312 \text{ ,,} \\
\hline
& \text{Summe} & 1241 \text{ Cal.}
\end{array}
$$

Man sieht hieraus, daß für die Camphersäure auf Grund der Verbrennungswärme Formel I ausgeschlossen ist und nur Formel II und III in Betracht kommen. Da Formel III, wie erwähnt, aus chemischen Gründen wegfällt, bleibt als einzige mögliche Formel der Camphersäure die einer Trimethylpentamethylendicarbonsäure übrig. Die Verbrennungswärme hat also zu dem ersten Beweis geführt, daß in der Camphersäure und somit im Campher ein Ringsystem aus fünf Kohlenstoffen vorhanden ist.

§ 9. Versuche zur Berechnung der Verbrennungswärmen.

In Anbetracht der weitgehenden Additivität der Verbindungswärme hat man verschiedene Versuche angestellt, Bildungs- und Verbrennungswärmen organischer Stoffe durch Summenformeln auszudrücken, welche als Summanden die dem Kohlenstoff, Wasserstoff, Sauerstoff und den verschiedenen Bindungsarten zukommenden Teilbeträge der Verbindungswärme enthalten. Beispielsweise wurde von Thomsen[1]) für Kohlenwasserstoffe von der Zusammensetzung C_aH_b folgende Formel aufgestellt:

$$Q_{C_aH_b} = 106{,}9 \cdot a + 51{,}6 \cdot b + 15{,}2 \cdot p_2 + 42{,}7 \cdot p_3.$$

Hierin bedeutet: Q die Verbrennungswärme, a die Anzahl der Kohlenstoff-, b der Wasserstoffatome, p_2 die Zahl der doppelten, p_3 die der dreifachen Bindungen.

W. Swientoslawski[2]) geht davon aus, daß die Voraussetzung Thomsens, die Bildungswärmen der genannten Arten von Kohlenstoffbindungen ließen sich durch eine Konstante darstellen, ungenügend sei. Er verwendet daher Gleichungen mit einer größeren Anzahl von Konstanten. So wird für die Verbrennungswärme von Methan die Reaktionsgleichung angewandt:

$$C\equiv H_4 + 2(O{=}O) = C{\Large\diagup}\!\!\!\!{}^{O}_{O} + 2(H{-}O{-}H);$$

es ergeben sich also die Atombindungen: (C—H), (O=O), (O=C=O) und (H—O—H). Bei der Verbrennung von Äthan kommt noch die Bindung (C—C), bei der von Äthylen (C=C), von Acetylen (C≡C) in Frage. Für jede dieser Bindungen wird eine Konstante eingeführt, also werden ihrer 7 an Stelle von 4 bei Thomsen erhalten. Werden nun die aus den molekularen Verbrennungswärmen von Methan und Äthan erhaltenen Konstanten zur Berechnung anderer gesättigter Kohlenwasserstoffe verwendet, so ergibt sich eine ausreichende Übereinstimmung und es folgt der Schluß, daß die Bildungswärmen (C—H) und (C—C) tatsächlich konstant und von der Struktur der Kohlenwasserstoffe (fast) nicht abhängig sind. Es zeigt sich aber, daß dies von der Äthylen- und Acethylenbindung nicht gilt; die Bildungswärmen der ungesättigten Bindungen erweisen sich von dem Molekulargewicht wie von der Struktur abhängig. In diesem Sinne sind aber „völlig gesättigt" nur die Bindungen (C—C) und (C—H), ziemlich gesättigt (C=O) in der Carbonylgruppe der Säuren und Ester und (O—H) in den Alkoholen und Säuren. Ungesättigt sind die Bindungen (C=C), (C≡C), (C—O) der Alkohole, Säuren, Anhydride, (C—O—C) der Äther und (C=O) der

---

[1]) Thomsen, Thermochemische Untersuchungen. IV. Bd. (Leipzig 1886). Zeitschr. f. anorg. Chem. **40**, 184 (1904).
[2]) Zeitschr. f. phys. Chem. **65**, 513 (1909); **67**, 78 (1909); **72**, 49 (1910).

Aldehyde. Bei den aromatischen Verbindungen ergibt die Bindung ($C\!=\!C$) eine doppelt so große Bildungswärme wie ($C\!-\!C$) und vollständige Sättigung, ebenso $C\!-\!H$. In der Naphthenreihe C_nH_{2n} ist ($C\!=\!C$) ungesättigt. Alle Bindungen des Stickstoffs mit Kohlenstoff sowie mit Sauerstoff sind ungesättigt.

Es zeigt sich also, daß auch durch Einführung der größeren Anzahl von Konstanten eine Auflösung der Verbrennungswärmen in additive Bildungswärmen gewisser Bindung nicht gelingt, sondern daß die konstitutiven Einflüsse sich den additiven merklich überlagern. Damit fehlt bisher die Anwendungsmöglichkeit dieser Berechnungen auf konstitutive Probleme.

Zusammenfassung.

Obzwar die Verbrennungswärme in manchen Fällen, wie z. B. in jenem des Camphers, zur Konstitutionsbestimmung im eigentlichen Sinne gedient hat, so liegt ihre hauptsächliche Bedeutung nicht in derartigen Spezialanwendungen, sondern in den Einblicken, die sie in die Energieverhältnisse der Verbindungen gewährt. Insbesondere bei der Diskussion der ungesättigten Bindungen und ihrer gegenseitigen Beeinflussung und bei der Betrachtung der Ringgebilde sind die Schlüsse aus den Verbrennungswärmen wichtig, weil sich aus ihnen direkt ergibt, inwieweit ein bestimmter Konstitutionstypus zu seiner Entstehung Energie verbraucht. Wenngleich die Differenzen, auf die sich die Schlüsse stützen, viel kleiner sind, als etwa die optischen Anomalien, so kommt ihnen doch eine weit größere Evidenz zu, da hier eben direkt Energiedifferenzen zur Messung gelangen und keine Hilfsvorstellungen benutzt werden.

Es ist daher von dem weiteren Ausbau des Gebietes, insbesondere durch Entwicklung der Präzisionscalorimetrie, ein wesentlicher Fortschritt der Vorstellungen über den Valenzausgleich, speziell der ungesättigten und der cyclischen Verbindungen, zu erwarten.

Optische Eigenschaften.

Kapitel IX. Das Brechungs- und Zerstreuungs-vermögen.[1]

§ 1. Der Brechungsindex.

Die Geschwindigkeit, mit welcher sich Ätherschwingungen einer bestimmten Periode fortpflanzen, hängt vom Medium ab; sie ist am größten im Vakuum und nimmt in einem teilweise von Materie erfüllten Raume ab. Wenn Licht aus dem Vakuum in ein anderes Medium tritt, wird der Strahl an der Grenzfläche aus seiner Richtung abgelenkt; diese Richtungsänderung wird Brechung oder Refraktion genannt. Mittels des Huyghens'schen Prinzips kann gezeigt werden, daß das Verhältnis zwischen dem Sinus des Einfalls- zu dem des Austrittswinkels konstant und gleich dem Verhältnis der Geschwindigkeiten des Lichtes in den zwei Medien ist. Wenn i der Einfallswinkel, r der Brechungswinkel und v_1 und v_2 die Lichtgeschwindigkeiten in den zwei betreffenden Medien sind, so gilt die Formel

$$\frac{\sin\ i}{\sin\ r} = \frac{v_1}{v_2} = n.$$

Dieses Verhältnis wird mit n bezeichnet und in dem erwähnten Falle, in welchem Licht aus dem Vakuum in die Substanz eintritt, absoluter Brechungsindex oder abs. Brechungsexponent genannt. Fällt Licht von einem Medium in ein anderes, so ist n der relative Brechungsindex bezogen auf den ersten Stoff. Als solcher dient im allgemeinen Luft.

Im folgenden soll das Brechungsvermögen verschiedener Stoffe und besonders der Einfluß der chemischen Konstitution auf diese Eigenschaft betrachtet werden.

Die Geschwindigkeit des Lichtes in einem mit Materie erfüllten Raume hängt von der Wellenlänge ab, so daß bei gegebenem Einfallswinkel Strahlen verschiedener Wellenlänge verschieden gebrochen werden. Ein zusammengesetzter Lichtstrahl zerfällt hierbei in homogene Strahlen verschiedener Wellenlänge; diese

---

[1] Vgl. Eisenlohr, Spektrochemie organischer Verbindungen (Stuttgart 1912).

Zerlegung des Lichtes bei der Brechung ist als Farbenzerstreuung oder Dispersion bekannt.

Um vergleichbare Resultate zu erhalten, werden die Brechungsindizes der Substanzen für eine bestimmte Wellenlänge gemessen. Gebräuchlich ist die Benutzung von Licht mit einer Wellenlänge, die einer der drei Hauptlinien des Wasserstoffes H_α (C), H_β (F), H_γ (G') oder der Natriumlinie Na (D) entspricht. Zur Berechnung des Brechungsindex für irgend eine beliebige Wellenlänge hat zumeist die Cauchysche Formel

$$n = A + \frac{B}{\lambda^2} + \frac{C}{\lambda^4} + \text{etc.}$$

gedient, welche eine Beziehung zwischen Wellenlänge und Brechungsindex (n) für Substanzen mit normaler Dispersion liefert. A ist der Brechungsindex für unendlich lange Wellen. In der Praxis benutzt man auch die abgekürzte Form

$$n = A + \frac{B}{\lambda^2}.$$

Man kann den Brechungsindex für eine bestimmte Wellenlänge auch durch Interpolation aus den Werten für zwei andere Wellenlängen berechnen, doch nur für nahe beieinander gelegene Werte. Auf weitere Strecken des Spektrums und zur Berechnung des Wertes von A ist die Formel nicht benutzbar;[1]) vollständig versagt sie bei Substanzen mit abnormaler Dispersion.[2])

Der Brechungsindex wechselt sehr stark mit dem physikalischen Zustande des Stoffes, wobei die Dichte der wichtigste Faktor ist. Man hat verschiedene Gleichungen in Vorschlag gebracht, um den Brechungsindex einer Substanz mit der Dichte in Beziehung zu setzen; die erste derselben

$$\frac{n^2 - 1}{d} = R' = \text{konst.}$$

war auf der Emissionstheorie des Lichtes aufgebaut. Sie ist von Newton und später von Laplace[3]) aufgestellt worden. Die Formel

---

[1]) Gladstone, Trans. Chem. Soc. **45**, 251 (1884); Langley, Wied. Ann. **22**, 598 (1884); Brühl, Ann. **235**, 233 (1886); **236**, 240 (1886); Eykman, Chem. Weekblad **3**, 657 (1906).

[2]) Helmholtz, Pogg. Ann. **154**, 582 (1875); Wied. Ann. **48**, 389 (1893); von Ketteler, Theor. Optik S. 540 (Braunschweig 1885). Vgl. auch Christiansen, Pogg. Ann. **141**, 479 (870); Nasini, Rend. Linc. [3] **8**, 308 (1884).

[3]) Mécanique Céleste [4] **10**, 237 (1805).

blieb viele Jahre in Gebrauch, trotzdem sie nicht gut mit den experimentell gefundenen Daten [1]) übereinstimmte. Auch nachdem die Emissionstheorie der Schwingungstheorie Platz gemacht hatte, wurden Versuche gemacht, die Formel mit dieser Theorie in Übereinstimmung zu bringen, [2]) zuletzt im Jahre 1861 von S c h r a u f, [3]) der vorschlug, n durch A zu ersetzen, d. h. durch den aus der C a u c h y schen Formel abgeleiteten Brechungsindex für Wellen mit unendlich großer Wellenlänge. Dies brachte jedoch keinen Vorteil, so daß diese Formel zugunsten der einfacheren, im Jahre 1858 auf empirischem Wege von G l a d s t o n e und D a l e [4]) aufgestellten, verworfen wurde. Diese hat die Form

$$\frac{n-1}{d} = R'' = \text{konst.}$$

D u f e t [5]) und S u t h e r l a n d [6]) haben später eine theoretische Stütze für den G l a d s t o n e schen Ausdruck gefunden.

Im Jahre 1880 wurde fast gleichzeitig eine dritte Formel von L o r e n t z [7]) in Leyden und von L o r e n z [8]) in Kopenhagen aufgestellt:

$$\frac{n^2-1}{n^2+2} \cdot \frac{1}{d} = R''' = \text{konst.}$$

Der erstere leitete sie aus der M a x w e l l schen elektromagnetischen Lichttheorie ab, während der letztere zeigte, daß sie sich aus der Schwingungstheorie ergibt, wenn man annimmt, daß das Volumen einer Substanz nicht völlig von Materie ausgefüllt wird, sondern daß Zwischenräume zwischen den sphärischen Molekülen vorhanden sind, in denen das Licht sich mit derselben Geschwindigkeit fortpflanzt

---

[1]) A r a g o und P e t i t, Ann. Chim. Phys. **1**, 1 (1816); G l a d s t o n e und D a l e, Phil. Trans. **153**, 321 (1865).

[2]) H o c k, Pogg. Ann. **112**, 347 (1861).

[3]) Pogg. Ann. **119**, 461 (1863).

[4]) Phil. Trans. **148**, 887 (1858); **153**, 820 (1863). Vgl. auch B e e r, Einleitung in die höhere Optik (Braunschweig 1853) 53.

[5]) Bull. Soc. Minéral. **6**, 261 (1885).

[6]) Phil. Mag. **27**, 141 (1889). Vgl. auch L e B l a n c und R o h l a n d, Zeitschr. f. phys. Chem. **19**, 261 (1896).

[7]) Wied. Ann. **9**, 641 (1880).

[8]) Wied. Ann. **11**, 70 (1880); **20**, 1 (1883). Vidensk. Selsk. Skrifter [5] **8**, 205 (1869) und **10**, 485 (1875).

wie im Vakuum. Noch andere Beziehungen[1]) sind vorgeschlagen worden; da sie jedoch nicht in ausgedehnter Weise auf den Gegenstand angewandt worden sind, können wir uns auf die Betrachtung der Gladstoneschen und der Lorentz-Lorenzschen Formeln beschränken.

Die Frage, welche dieser beiden Formeln am besten die Beziehungen zwischen Brechungsindex und Dichte wiedergibt, ist viel diskutiert und sowohl die n- als auch die n^2-Formel sind vielfach geprüft worden. Die Mehrzahl der zu besprechenden Daten sind bei Flüssigkeiten erhalten worden; für diese geben beide Ausdrücke befriedigende Übereinstimmung.[2]) Die englischen Chemiker haben meist die Gladstone-Dalesche Formel angewendet, während Deutsche und Italiener die theoretisch hergeleitete Lorentz-Lorenzsche Formel vorziehen. Wiener[3]) entwickelt, daß die Gültigkeit letzterer Formel für kugelförmige Moleküle beim flüssigen und festen Aggregatszustand zu erwarten ist; für den Übergang in Gasform sowie für nichtkugelförmige Moleküle ist dagegen eine Abweichung von der Formel vorauszusehen.

Die Temperaturkorrektionen sind für beide Formeln sehr gering. Nach Eykmann nimmt die Konstante der n-Formel bei Steigerung der Temperatur um $10°$ C um 0,0012 ab; für die n^2-Formel steigt der Wert um 0,0003 pro $10°$. $\dfrac{dn}{dt}$ ändert sich pro $1°$ etwa um — 0,00044.

§ 2. Spezifisches und molekulares Brechungsvermögen.

Die Beziehung zwischen Brechungsindex und Dichte einer Substanz bezeichnet man als ihr **spezifisches Brechungsvermögen**.

---

[1]) Johst, Wied. Ann. **20**, 47 (1883); von Ketteler, Wied. Ann. **33**, 356 (1888); **35**, 662 (1888) empfiehlt $(n^2 — 1)(v — \beta) = c(1 — ac^{-kt})$ worin β den Teil des spez. Volumen (v) angibt, der gerade von Materie erfüllt ist; Edwards, Amer. Chem. Journ. **16**, 625 (1894); **17**, 473 (1895) gibt $\dfrac{n — 1}{nd}$.
Weiter siehe Zecchini, Gazz. Chim. Ital. **25**, 269 (1895); Hibbert, Phil. Mag. [5] **40**, 268 (1895); Eykmann, Rec. Pays-Bas. **14**, 185 (1895); **15**, 52 (1896).
[2]) Weegmann, Zeitschr. f. phys. Chem. **2**, 257 (1888); Eykmann, Rec. Pays-Bas. **12**, 163 (1893); Landolt, Pogg. Ann. **123**, 595 (1864); Rühlman, Pogg. Ann. **132**, 202 (1867); Gladstone und Dale, Phil. Trans. **317** (1863); Perkin, Trans. Chem. Soc. **61**, 309 (1892); Quincke, Wied. Ann. **19**, 401 (1883); Zehnder, Wied. Ann. **34**, 117 (1888).
[3]) Ber. d. Sächs. Ges. d. Wiss., math.-phys. Kl. **62**, 256 (1910).

$$\left.\begin{array}{l} \dfrac{n-1}{d}=R \\[2ex] \dfrac{n^2-1}{n^2+2}\cdot\dfrac{1}{d}=r \end{array}\right\} \text{spezifisches Brechungsvermögen.}$$

Das Produkt dieses und des Molekulargewichtes der Substanz wird
molekulares Brechungsvermögen genannt.

$$\left.\begin{array}{l} \dfrac{n-1}{d}\,m = M \\[2ex] \dfrac{n^2-1}{n^2+2}\cdot\dfrac{m}{d} = \mathfrak{M} \end{array}\right\} \text{molekulares Brechungsvermögen.}$$

Man kann innerhalb gewisser Grenzen jedem Atom im Molekül
einen bestimmten Anteil an dem Gesamtbrechungsvermögen zu-
schreiben, dieser Wert heißt Atomrefraktion. Die Molekularrefraktion kann dann als Summe der von den Atomen her-
rührenden Effekte dargestellt werden. Man hat allgemein angenommen, daß der Einfluß eines Atoms auf das Brechungsvermögen für alle Stoffe, in denen es gleichartig gebunden ist, ein konstanter sei; ändert sich jedoch die Valenz oder die Stellung des
Atoms, so ändert sich damit auch der Einfluß auf das Brechungsvermögen. Unter Berücksichtigung dieser Grenzen des additiven
Verhaltens kann man die Molekularrefraktion einer Verbindung
folgendermaßen schreiben:

$$M = x'R' + x''R'' + \text{etc. (Gladstone-Dale)}$$

oder

$$\mathfrak{M} = x'r' + x''r'' \text{ etc. (Lorentz-Lorenz),}$$

worin x', x'' usw. die Anzahl jeder Art von Atomen bedeutet, die
sich in gleicher Stellung befinden, und R', R'' usw. die entsprechenden
Brechungseffekte (Refraktionsäquivalente). Da später die Daten für
jede der beiden Formeln zu betrachten sind, so muß die verschiedene
Schreibweise beachtet werden.

Das spezifische Brechungsvermögen einer Flüssigkeit wird durch
Messung ihrer Dichte und ihres Brechungsindex gefunden; feste
Substanzen werden meist in Lösung geprüft. Man nimmt allge-

mein an, daß das Brechungsvermögen von Mischungen[1]) der Nichtelektrolyte genau gleich ist der Summe der Brechungen der einzelnen Komponenten. Unter diesen Umständen kann das spezifische Brechungsvermögen des gelösten Stoffes aus dem der Lösung mit Hilfe der Mischungsregel berechnet werden:

$$W\frac{N-1}{D} = w_1\frac{n_1-1}{d_1} + w_2\frac{n_2-1}{d_2},$$

worin W, N und D die Gewichte, Brechungsindizes und Dichten der Mischung, w_1, n_1, d_1 usw. die entsprechenden Werte für eine jede der Komponenten sind. Die Methode liefert nicht stets befriedigende Resultate. Allgemein gilt, daß die Mischungsregel dann zutrifft, wenn das Lösungsmittel und der gelöste Stoff nahezu dieselben Brechungsindizes haben; sind diese sehr verschieden, so wird die Formel unverläßlich. Ebenso zeigt sich ein Einfluß der Konzentration,[2]) der Dissoziation und Assoziation.[3])

Auch von der Wahl des Lösungsmittels hängt die Refraktion erheblich ab.[4]) Schulze[5]) hat in Anlehnung an die Arbeit von Dolezalek über die Dampfdrucke quantitativ nachgewiesen, daß es sich hierbei um Assoziationsvorgänge zwischen Lösungsmittel und Gelöstem handelt.

§ 3. Direkte Messungen des Brechungsvermögens der Elemente.

Cuthbertson[6]) hat eine bemerkenswerte Beziehung zwischen der Refraktion gasförmiger Elemente und ihrer Stellung im pe-

---

[1]) Landolt, Pogg. Ann. **122**, 545 (1863); **123**, 595 (1864); Wüllner, ibid. **133**, 1 (1868); Johst, Wied. Ann. **28**, 56 (1885); Pulfrich, Zeitschr. f. phys. Chem. **4**, 561 (1889); Schütt, ibid. **9**, 349 (1892); Forch, Drud. Ann. **8**, 675 (1900); Kowalski, Compt. rend. **133**, 33 (1901); Rudolphi, Zeitschr. f. phys. Chem. **37**, 426 (1901); Berghoff, Zeitschr. f. phys. Chem. **15**, 422 (1894); Leduc, Compt. rend. **134**, 645 (1902); v. Aubel, Arch. de Genève [4] **15**, 78 (1903); Verschaffelt, Bull. Soc. Roy. Belg. **27**, 3 (1904); Homfray, Trans. Chem. Soc. **87**, 1430 (1905).

[2]) Zoppellari, Gazz. Chim. Ital. **35**, I, 355 (1905).

[3]) Vgl. § 4 c).

[4]) Duval, Bull. Soc. Chim. [4] **11**, 54 (1912); Hentzsch und Meisenburg, B. B. **43**, 101 (1910).

[5]) Zeitschr. f. phys. Chem. **64**, 727 (1908); **71**, 191 (1910).

[6]) Cuthbertson, Phil. Trans. **204**, 323 (1905); Science Progress **10**, 1 (1908); Cuthbertson und Prideaux, Phil. Trans. **205**, 319 (1905); Cuthbertson und Metcalfe, Phil. Trans. **207**, 135 (1907); C. und M. Cuthbertson, Proc. Roy. Soc. **1909**, 81.

riodischen System der Elemente gefunden. In den Gruppen des Stickstoffes, Sauerstoffes, Fluors und Neons steigt das Brechungsvermögen $(n - 1)$ in einfachen ganzzahligen Vielfachen beim Übergang zu den Elementen mit höherem Atomgewicht. Überdies ist das Verhältnis dieses Anstieges in den entsprechenden Gliedern dieser Gruppen das gleiche. Soweit sich bis jetzt auf Grund der vorhandenen Daten beurteilen läßt, ist die Regel nicht streng richtig und auf einen gewissen Teil des periodischen Systems beschränkt. Die untenstehende Tabelle enthält charakteristische Beispiele für diese Beziehung.

Tabelle I.

Werte von $(n - 1)\ 10^6$ für einige Elemente in gasförmigem Zustand

				He
—	—	—	—	$144 \times 0{,}5$
	N	O	F	Ne
—	297	270	192	137
	P	S	Cl	Ar
—	299×4	275×4	192×4	142×4
Zn	As	Se	Br	Kr
243×6	258×6	261×6	187×6	142×6
Cd	Sb	Te	I	Xe
267×10	—	249×10	192×10	138×10

In diesem Zusammenhange sei erwähnt, daß die Brechungsindizes einiger Metalle direkt gemessen worden sind. Kundt[1] hat dünne keilförmige Platten geschliffen, deren brechender Winkel manchmal nur 11″ betrug. Drude[2] hat außerdem die Reflexionsmethode angewandt, um die Brechungsindizes der Metalle zu messen. Die Resultate dieser beiden Untersuchungen sind in Tabelle II. wiedergegeben; es ist ersichtlich, daß sie gar nicht übereinstimmen.

Tabelle II.

Kundt: n gemessen mit Natrium- oder weißem Licht.

Metall	n	Metall	n
Silber	0,27	Platin	1,64
Gold	0,58	Eisen	1,73
Kupfer	0,65	Nickel	2,01

[1] Wied. Ann. **34**, 469 (1888); **36**, 824 (1889).

[2] Wied. Ann. **34**, 523 (1888); **36**, 548 (1889); **39**, 537 (1890); **42**, 189 (1891); **64**, 159 (1898).

Drude: n gemessen für die D-Linie.

Metall	n	Metall	n
Natrium	0,0045	Silber	0,18
Magnesium	0,37	Cadmium	1,13
Aluminium	1,44	Zinn	1,48
Eisen	2,36	Antimon	3,04
Gold	0,36	Blei	2,01
Nickel	1,79	Kupfer	0,64
Quecksilber	1,73	Zink	2,12

Besonders merkwürdig erscheint, daß die Brechungsindizes einiger Metalle kleiner als eins sind.

§ 4. Berechnung der Refraktionsäquivalente aus Verbindungen.

a) Gase. — Versucht man, die Molekularrefraktion einer gasförmigen Verbindung aus den Werten der sie bildenden Elemente oder gasförmigen Verbindungen zu berechnen, so stimmt in den meisten Fällen das Resultat nicht gut mit dem experimentell gefundenen Wert[1] überein. Einige Beispiele hierfür sind in Tabelle III angeführt.

Tabelle III.

Substanz	$\mathfrak{M}$ (beob.)	$\mathfrak{M}$ (ber.)	Differenz %
Chlorwasserstoff	6,70	$H + Cl = 6,83$	$+2$
Blausäure	6,63	$H + CN = 7,21$	$+8,7$
Wasser	3,82	$H_2 + O = 4,14$	$+8,4$
Kohlenstoffoxychlorid	17,32	$CO + Cl_2 = 16,59$	$-4,4$
Ammoniak	5,63	$N + 3H = 5,36$	-5
Kohlendioxyd.	6,71	$CO + O = 7,08$	$-5,5$
Stickoxydul	7,58	$N_2 + O = 6,45$	$-17,5$
Stickoxyd	4,46	$N + O = 4,25$	-5
	$(n_D-1)10^6$		
Schwefelhexafluorid	783	$S + 6F = 1140$	$+32,0$
Selenhexafluorid	896	$Se + 6F = 1367$	$+34,5$
Tellurhexafluorid	991	$Te + 6F = 1832$	$+45,0$
Phosphorwasserstoff	786	$P + H_3 = 811$	$+3,8$
Phosphortrichlorid.	1730	$P + 3Cl = 1755$	$+1,4$

In der letzten Kolonne ist die prozentuelle Abweichung des gefundenen Wertes vom berechneten angegeben; man erkennt, daß die einfache Summenregel nicht zum Ziel führt. Daraus ergibt sich

---

[1] Brühl, Zeitschr. f. phys. Chem. **7**, 1 (1891); Cuthbertson, Science Progress **10**, 17 (1908); Dulong, Ann. Chim. Phys. [2] **31**, 154 (1826).

deutlich die konstitutive Natur der Eigenschaft. Brühl hat wohl darauf aufmerksam gemacht, daß das Brechungsvermögen von gasförmigem Wasserstoff, Chlor und Brom ungefähr das gleiche ist, wie die Atomrefraktion dieser Elemente, die sich aus organischen Verbindungen berechnet. Es ist jedoch sehr zweifelhaft, ob diese Beziehung auch für Elemente mit höherem Atomgewicht und besonders bei wechselnder Valenz gültig bleibt. Wie später gezeigt werden wird, sind in der Tat die Refraktionswerte derartiger Elemente in organischen Verbindungen gar nicht konstant.

b) Kristallisierte, feste Stoffe. — Die optischen Daten für feste anorganische Salze sind aus einer großen Anzahl von Quellen von Pope[1]) zusammengestellt worden, welcher aus ihnen die Atomrefraktionen der Elemente[2]) berechnet hat. Die erhaltenen Zahlen zeigen, daß das Brechungsvermögen der Elemente in jeder Vertikalreihe des periodischen Systems kontinuierlich mit steigendem Atomgewicht ansteigt; doch läßt sich keine einfache Beziehung erkennen.

Tabelle IV.

Element	R_D	Element	R_D
Lithium	4,45	Magnesium	8,81
Natrium	4,1	Zink	12,40
Kalium	7,64	Cadmium	16,53
Rubidium	10,31	Strontium	13,95
Cäsium	15,25	Barium	18,94
Chlor	10,99	Aluminium	14,61
Brom	17,26	Gallium	16,52
Jod	29,04	Blei	30,02

Bei der Rückberechnung aus den Popeschen Werten auf die Refraktionsdaten findet sich oft ausgezeichnete Übereinstimmung, mitunter aber auch starke Abweichung.

Bei der Untersuchung organischer fester Körper durch Heidryck[3]) ergab sich nur ein geringer Einfluß der Anordnung der Moleküle, während sich bei Isomeren dieselben Regelmäßigkeiten zeigten wie bei Flüssigkeiten, z. B.

---

[1]) Trans. Chem. Soc. **69**, 1530 (1896); Tutton, Trans. Chem. Soc. **69**, 344, 507 (1896).

[2]) Dufet, Bull. Soc. Minéral. **10**, 77 (1887).

[3]) Zeitschr. f. Krist. u. Min. **48**, 243 (1911); vgl. Barvés, dass. **42**, 410 (1906); Taubert, dass. **44**, 313 (1908).

$$\frac{n-1}{d}$$

Resorcin	rhombisch	0,4686
Hydrochinon	rhombisch	0,4683
Brenzkatechin	monoklin	0,4674
o-Dinitrotoluol	monoklin	0,3998
p-Dinitrotoluol	rhombisch	0,4009

c) In Wasser gelöste Elektrolyte. — Das äquivalente Brechungsvermögen einer großen Anzahl von Elementen ist aus Messungen wässeriger Salzlösungen abgeleitet worden; bevor diese Daten einer Prüfung unterzogen werden, soll jedoch der Einfluß festgestellt werden, den Verdünnung auf den Brechungsindex des gelösten Salzes hervorbringt.[1]) Man hat den Brechungsindex n einer wässerigen Elektrolytlösung durch einen Ausdruck von der Form

$$n = n_0 + ap + bp^2 + cp^3$$

wiedergegeben, in der n_0 der Brechungsindex des Lösungsmittels und p das Salzgewicht auf 100 Teile Wasser ist. Dieser Ausdruck ist naturgemäß nicht ganz genau und kann auch nicht auf alle Salze mit gleich gutem Erfolg angewendet werden. Die umfassenden Untersuchungen von Gladstone und Hibbert zeigen, daß der Einfluß des Lösungszustandes auf Salze sehr kompliziert ist. In den meisten Fällen wird die Molekularrefraktion eines festen Elektrolyten durch die Auflösung in Wasser ein wenig geändert. Das Verhalten verschiedener Salze ist nicht gleich; bei manchen steigt, bei anderen fällt die Molekularrefraktion beim Auflösen. Wie immer jedoch die Änderung auch sei, so geht sie in derselben Richtung (wenn auch in viel geringerem Grade) beim Verdünnen weiter. Der Einfluß der

---

[1]) Nachstehend die wichtigsten Literaturstellen über den Brechungsindex von Salzlösungen: Pogg. Ann. **101**, 133 (1857); Hofmann, ibid. **133**, 155 (1868); Le Blanc, Zeitschr. f. phys. Chem. **4**, 553 (1889); **19**, 264 (1896); Schutt, ibid. **5**, 349 (1890); Hallwachs, Wied. Ann. **47**, 380 (1892); **50**, 577 (1893); **53**, 1 (1894); **68**, 1 (1899); **55**, 282 (1895); Bender, ibid. **38**, 89 (1890); **68**, 343; **69**, 676 (1899); Drud. Ann. **2**, 186 (1900); **8**, 109 (1902); Gladstone und Hibbert, Trans. Chem. Soc. **67**, 831 (1895); **71**, 822 (1897); Dijken, Zeitschr. f. phys. Chem. **24**, 81 (1897); Zoppellari, Gazz. Chim. Ital. **25**, 269 (1895); **35**, 65 (1905); Zecchini, ibid. **35**, 355 (1905); Bary, Compt. rend. **114**, 327 (1892); **118**, 17 (1894); Wallot, Drud. Ann. **11**, 593 (1905); Chèneveau, Ann. Chim. Phys. [8] **12**, 145, 289 (1907); Walden, Zeitschr. f. phys. Chem. **59**, 385 (1907); Getman und Wilson, Amer. Chem. Journ. **40**, 468 (1908).

Verdünnung tritt deutlicher bei konzentrierten Lösungen hervor; mit steigender Verdünnung strebt die Molekularrefraktion einem konstanten Werte zu. Das Verhalten steht in sehr naher Beziehung zu dem bei der magnetischen Drehung des polarisierten Lichtes beobachteten; die gewöhnliche Theorie der elektrolytischen Dissoziation genügt nicht völlig zur Erklärung. Waldens Versuche mit seinem Normalsalz — Tetraäthylammoniumjodid — in verschiedenen organischen Lösungsmitteln scheinen zu zeigen, daß der Einfluß der Dissoziation auf das Brechungsvermögen noch nicht abgeschätzt werden kann. In der Tat wechselt, wie vorauszusehen, die Molekularrefraktion des Salzes von einem Lösungsmittel zum anderen; es besteht aber keine allgemeine Beziehung zwischen der dissoziierenden Kraft des Lösungsmittels und dem Einfluß auf das Brechungsvermögen des gelösten Salzes. Überdies ist die Molekularrefraktion dieses Salzes in ziemlich verdünnter Lösung unabhängig von der Konzentration.

In einzelnen Fällen wird das Brechungsvermögen eines gelösten Elektrolyten deutlich von der Dissoziation beeinflußt. So haben z. B. Le Blanc und Rohland gefunden, daß das molekulare Brechungsvermögen vieler organischer Säuren in wässeriger Lösung mit der Verdünnung wächst; sie schließen daraus, daß der Wasserstoff in ionisiertem Zustande einen größeren Einfluß auf das Brechungsvermögen ausübt als das nicht ionisierte Element.

Trotz der Unsicherheit über die Wirkung des Lösungszustandes und der Verdünnung ist das äquivalente Brechungsvermögen vieler Elemente aus der Brechung der Salzlösungen berechnet[1]) worden. Benutzt man Lösungen bekannter Konzentration, so kann man die Molekularrefraktion des gelösten Salzes nach der einfachen Mischungsregel berechnen. Um die Atomrefraktion des Elementes zu finden, zieht man von diesem Werte die Brechung des einen Ions ab. Die von verschiedenen Beobachtern gefundenen Werte sind nicht gleich; es sollen daher nur die Gladstoneschen Arbeiten in Diskussion gezogen werden, die zu den interessantesten Resultaten geführt haben. In Tabelle V sind die spezifischen $\dfrac{(n-1)}{d}$ und die

---

[1]) Gladstone, Proc. Roy. Soc. **1868**, 439; **60**, 140 (1896); Gladstone und Hibbert, Trans. Chem. Soc. **67**, 831 (1895); **71**, 822 (1897); Kannonikow, Journ. f. prakt. Chem. [2] **31**, 321 (1885); Le Blanc, Zeitschr. f. phys. Chem. **4**, 553 (1884); **19**, 261 (1896); Hauke, Wien. Ber. **105**, II A, 749 (1896); Bromer, Wien. Ber. **110**, II A, 929 (1901); Dinkhauser, Wien. Ber. **114**, II A, 1001 (1905).

Atomrefraktionen einiger Elemente für die Frauenhofersche A-Linie des Sonnenspektrums enthalten. Man kann nicht erwarten, daß die äquivalenten Brechungsvermögen konstant sind, da der Wert von der Art der Bindung des Elementes abhängt. Die in der Tabelle angegebenen Zahlen sind aus Verbindungen abgeleitet, in denen das betreffende Element der elektropositive Teil ist; besitzt ein Element in Verbindung mit Sauerstoff einen elektronegativen Charakter, so ändert sich der Wert vollkommen. Weiter muß darauf aufmerksam gemacht werden, daß das Brechungsäquivalent mit der Wertigkeit des Elementes wechselt. Gladstone hat die Aufmerksamkeit auf eine sehr interessante Beziehung zwischen dem Brechungsvermögen eines Metalles und seinem Äquivalentgewicht gelenkt. Es ist nämlich das Produkt aus spezifischer Refraktion und der Quadratwurzel des Äquivalentgewichtes konstant:

$$SE^{1/2} = \text{konstant.}$$

Bei einwertigen Metallen ist diese Konstante etwa gleich 1,30, für zwei-, drei-, vier- und fünfwertige Elemente ist sie durchaus gleich, und zwar 1,01. Dies zeigt deutlich, daß zwischen dem Brechungsvermögen und der Wertigkeit eines Atoms Beziehungen bestehen; eine weitere Stütze hierfür ergab sich bereits aus den Beziehungen zwischen Wertigkeit und Volumen.

Tabelle V.

Element	Spezifische Refraktion	Atomrefraktion	Element	Spezifische Refraktion	Atomrefraktion
Wasserstoff .	1,488	1,5	Kalium . . .	0,205	8,0
Lithium . .	0,514	3,6	Calcium . .	0,252	10,1
Beryllium . .	0,733	6,7	Titan	0,522	25,1
Bor.	0,436—0,317	4,8 ca.	Vanadin . .	0,481	24,6
Kohlenstoff .	0,383	4,6	Chrom . . .	0,296	15,4
Stickstoff . .	0,343 usw.	4,8 ca.	Mangan . .	0,208	11,5
Sauerstoff . .	0,203 usw.	3,25 ca.	Eisen . . .	0,209 usw.	11,7 ca.
Fluor	0,031	0,6?	Nickel . . .	0,186	10,9
Natrium . .	0,202	4,66	Kobalt . . .	0,183	10,8
Magnesium .	0,287	6,99	Kupfer . . .	0,184	11,7
Aluminium .	0,352	9,5	Zink	0,151	9,9
Silicium . .	0,250 usw.	7,1 ca.	Gallium . .	0,214	15,0
Phosphor . .	0,594	18,4 ca.	Arsen . . .	0,200	15,0
Schwefel . .	0,422 usw.	13,5 ca.	Selen . . .	0,339	26,8
Chlor	0,282 usw.	10,0 ca.	Brom . . .	0,190 usw.	15,2

Element	Spezifische Refraktion	Atomrefraktion	Element	Spezifische Refraktion	Atomrefraktion
Rubidium .	0,133	11,4	Caesium. . .	0,117	15,6
Strontium .	0,152	13,3	Barium . . .	0,117	16,1
Yttrium. . . .	0,197	17,6	Lanthan . .	0,143	19,9
Zirkon . . .	0,242	21,9	Cer	0,143	20,1
Rhodium . .	0,232	23,9	Iridium . . .	0,165	31,9
Palladium .	0,213	22,7	Platin . . .	0,172	33,5
Silber . . .	0,121	13,1	Gold	0,127	25,1
Cadmium . .	0,124	13,9	Quecksilber .	0,107 usw.	21,5 ca.
Iridium . . .	0,153	17,4	Thallium . .	0,106	21,6
Zinn	0,232 usw.	27,6 ca.	Blei	0,129 usw.	26,7 ca.
Antimon . .	0,204 usw.	24,5 ca.	Wismut . .	0,154	32,0
Jod.	0,192 usw.	24,4 ca.	Thorium . .	0,123	28,7

Hauke hat die Beziehungen zwischen dem Brechungsvermögen eines Elementes und seiner Stellung im periodischen System der Elemente studiert. Er findet, daß die Atomrefraktion in der Mitte jeder Periode zu einem Maximum ansteigt und dann gegen das Ende wieder fällt. In den einzelnen Gruppen steigt das Brechungsvermögen mit steigendem Atomgewicht.

§ 5. Brechungsvermögen organischer Verbindungen. — Historisches.

Das Brechungsvermögen hat sowohl additiven als auch konstitutiven Charakter, aber ebenso wie in anderen Fällen waren auch hier die ersten Bemühungen darauf gerichtet, additive Beziehungen zu finden. Die ersten Versuche in dieser Richtung wurden in den Jahren 1805—06 von Biot und Aragot[1]) ausgeführt, welche gezeigt zu haben glaubten, daß die Brechung gasförmiger Verbindungen gleich ist der Summe der Brechungen der gasförmigen Komponenten. Danach wäre das Brechungsvermögen eine rein additive Eigenschaft; allein die Gase, welche Biot und Arago untersuchten, hatten Brechungsindizes, die sehr nahe bei der Einheit liegen, so daß die Genauigkeit der angewandten Bestimmungsmethoden zu einer definitiven Sicherheit über die erhaltenen Resultate nicht ausreichte. Etwa zwanzig Jahre später veröffentlichte Dulong[2]) sehr genaue Messungen, aus denen sich die Unrichtigkeit der Annahme von

---

[1]) Mém. de l'Instit. de France **7**, 301 (1806); Gilb. Ann. **25**, 345; **26**, 36 (1807); Arago und Petit, Ann. Chim. Phys. **1**, 1 (1816).

[2]) Ann. Chim. Phys. [2] **31**, 154 (1826).

Biot und Arago ergab; er fand, daß Gemische von Gasen der Mischungsregel folgten, daß aber für den Fall einer Verbindung das Produkt manchmal ein größeres und manchmal ein kleineres Brechungsvermögen als die Summe der Bestandteile besaß. Isomere Stoffe wurden zuerst von Deville[1]) und von Becquerel und Cahours[2]) untersucht; sie fanden, daß flüssige isomere Ester mit gleicher Dichte auch dieselben Brechungsindizes besitzen. Zehn Jahre später untersuchten Delffs[3]) und Berthelot[4]) einige homologe Reihen. Besonders die Arbeiten des letzteren sind erwähnenswert, da er der erste war, welcher einer Atomgruppe einen bestimmten Betrag des Brechungsvermögens zuschrieb. Berthelot fand, daß das molekulare Brechungsvermögen in steigenden homologen Reihen anwächst; er berechnete aus den wenigen ihm zur Verfügung stehenden Daten, daß die durch die Hinzufügung einer Methylengruppe verursachte Steigerung der Brechung ungefähr 18 Einheiten ausmacht (Laplacesche Formel).

Diese Untersuchungen ebneten den Weg für die klassischen Arbeiten von Gladstone und Dale[5]) und von Landolt.[6]) Im Jahre 1863 veröffentlichten Gladstone und Dale die Zahlen für eine Anzahl isomerer Verbindungen. Als Resultat ergab sich, daß diese nur dann dasselbe Brechungsvermögen besitzen, wenn sie den gleichen chemischen Charakter haben. Die Verfasser sagen, daß „jede Flüssigkeit ein spezifisches Brechungsvermögen besitzt, das sich aus den spezifischen Brechungsvermögen der sie bildenden Elemente zusammensetzt, beeinflußt durch die Art der Bindung"

Gladstone und Dale fanden auch, daß das Brechungsvermögen in homologen Reihen mit steigendem Molekulargewicht zunimmt, und bestätigten auf diese Weise die Messungen von Delffs und Berthelot. Landolts Beobachtungen wurden im darauffolgenden Jahre veröffentlicht.[7]) Seine Messungen waren genauer als die früheren. Er zeigte, daß die Molekularrefraktion isomerer Fettsäuren und Ester dieselbe ist. Weiter fand er, daß bei Homo-

---

[1]) Compt. rend. **11**, 865 (1840); Pogg. Ann. **51**, 433 (1840).
[2]) Compt. rend. **11**, 867 (1840); Pogg. Ann. **51**, 427 (1840).
[3]) Pogg. Ann. **81**, 470 (1850).
[4]) Ann. Chim. Phys. [3] **48**, 342 (1856).
[5]) Phil. Trans. **153**, 217 (1863).
[6]) Pogg. Ann. **123**, 595 (1864).
[7]) Pogg. Ann. **122**, 535; **123**, 595 (1864).

logen das spezifische Brechungsvermögen beim Hinzutritt einer CH_2-Gruppe zunimmt, daß aber der Effekt in den höheren Gliedern der Reihen etwas kleiner wird; die Molekularrefraktion nimmt um einen nahezu konstanten Wert für jede Methylengruppe zu, und zwar ergibt sich als mittlerer Wert dieser Zunahme — nach der Formel von Gladstone und Dale berechnet — 7,6. Landolt benutzte diesen Wert, um aus den empirischen Formeln einer Reihe von Substanzen die Atomrefraktion von Kohlenstoff, Wasserstoff und Sauerstoff zu berechnen; die von ihm erhaltenen Werte waren jedoch infolge konstitutiver Einflüsse, die er damals nicht erkennen konnte, entstellt.

In der nächsten Zeit wurde auch der Einfluß der Konstitution beachtet. Im Jahre 1870 zeigte Gladstone[1]), daß das molekulare Brechungsvermögen einer ungesättigten Verbindung größer ist, als sich auf Grund der von Landolt berechneten Werte der Elemente ergäbe. 1880 begann Brühl seine Untersuchungen. Er war der erste, der das Brechungsvermögen eines Elementes unter verschiedenen Strukturbedingungen berechnete[2]) und für Hydroxyl- und Carbonylsauerstoff voneinander unabhängige Werte fand; später[3]) berechnete er, beeinflußt durch die Untersuchungen von Conrady[4]), besondere Werte für Sauerstoff in Äthern und in Estern. Von da an machte die Erforschung des Gegenstandes rasche Fortschritte. Die Anwendung dieser Methode auf Strukturprobleme der organischen Chemie ist hauptsächlich Brühl zu verdanken.

§ 6. Der allgemeine Charakter des Brechungsvermögens.

Beim Vergleich isomerer Verbindungen findet man, daß Isomere mit ähnlicher chemischer Natur und Struktur fast das gleiche, Isomere von erheblicher Konstitutionsverschiedenheit unter Umständen sehr verschiedenes molekulares Brechungsvermögen besitzen. Beispiele dafür finden sich in Tabelle VI.

---

[1]) Trans. Chem. Soc. **23**, 147 (1870).
[2]) Ann. d. Chem. **203**, 1 (1880); Ber. d. Dtsch. chem. Ges. **13**, 1119 (1880); Zeitschr. f. phys. Chem. **7**, 167 (1891).
[3]) Zeitschr. f. phys. Chem. **7**, 172 (1891).
[4]) Zeitschr. f. phys. Chem. **3**, 210 (1889).

Tabelle VI.

Substanz	$\mathfrak{M}\alpha$	Substanz	$\mathfrak{M}\alpha$
Propylisovalerat	40,80	Isoamylnitrit	31,44
Isopropylisovalerat . . .	40,90	Anilin	30,27
Butylisovalerat	45,31	Methylpyridin	28,66
Isobutylisovalerat	45,30	Nitrooctan	44,58
Sec. Butylisovalerat . . .	45,48	Nitrodiisobutyl	44,78
Butylcapronat	54,49	Benzylcyanid	34,94
Isobutylcapronat	54,36	o-Tolunitril	36,06
Sec. Butylcapronat . . .	54,10	Phenylhydrazin	33,71
Äthylenchlorid	20,95	Dimethylpyrazin	31,93
Äthylidenchlorid	21,08	Menthol	47,52
Äthylenbromid	26,84	Allyldipropylcarbinol . .	48,85
Äthylidenbromid.	27,31	Terpineol	46,95
Angelicasäure	26,95	Diallylpropylcarbinol . .	48,27
Tiglinsäure	26,96	Aldehyd	11,50
Methylcitraconat.	37,84	Paraldehyd	$3 \times 10,80$
Methylitaconat	38,03	Ar. tetrahydro-β-Naphthyl-	
Acrolein	16,01	amin	45,88
Propargylalkohol	14,83	Ac.Tetrahydro-β-Naphthyl-	
Diäthylallylcarbinol . . .	39,72	amin	46,66
Methylhexylketon	39,07	Propylaldehyd	15,93
Allyläthyläther	26,39	Allylalkohol	16,85
Valeraldehyd	25,31	Propionsäure	28,57[1])
Isobutylmercaptan . . .	28,32	Methylacetat	29,36[1])
Diäthylsulfid	28,14	Äthylformiat	29,18[1])
Nitropropan	21,30	Capronsäure	51,61[1])
Propylnitrit	22,10	Methylvalerat	51,71[1])
Nitroisopentan	30,57	Äthylbutyrat	51,32[1])
		Amylformiat	52,09[1])

Dieses Material genügt, um sowohl den additiven als auch den konstitutiven Charakter der Eigenschaft zu demonstrieren. Gladstone und Dale wiesen wohl auf den additiven Charakter des Brechungsvermögens hin, klar gezeigt wurde dieser aber erst von Landolt. Es ist schon erwähnt worden, daß er aus der Betrachtung homologer Reihen der Fettsäuren, der Alkohole und Ester den Wert 7,6 für die CH_2-Gruppe erhielt. Als Beweis dafür sind in Tabelle VII einige Beispiele angeführt.

---

[1]) Diese Werte beziehen sich auf $M\alpha$ (Gladstone-Dale); vgl. Landolt, Pogg. Ann. **123**, 595 (1864).

Tabelle VII.

Substanz	$\mathfrak{M}\alpha$	$\triangle$	Substanz	$\mathfrak{M}\alpha$	$\triangle$
Essigsäure	21,11		Methylacetat . . .	24,36	
Propionsäure . . .	28,57	7,46	Äthylacetat . . .	31,17	6,81
Buttersäure	36,22	7,65	Methylbutyrat . .	43,97	
Valeriansäure . . .	44,05	7,83	Äthylbutyrat . . .	51,32	7,35
Capronsäure . . .	51,61	7,56	Methylvalerat . .	51,71	
Önanthsäure . .	59,40	7,79	Äthylvalerat . . .	59,20	7,49

Zieht man den Wert von n-CH_2-Gruppen von der Molekularrefraktion der Säuren $C_nH_{2n}O_2$ ab, so erhält man einen ziemlich konstanten Wert für O_2. Das Mittel dieser Werte ist $= 6$, also $O = 3$. Aus dem Brechungsvermögen der Alkohole $C_2H_{2n+2}O$ berechnet sich nach Abzug von n-CH_2 und O der Wert für $H_2 = 2,6$. Daraus $H = 1,3$. Zieht man 2,6 (H_2) von dem Werte für CH_2 (7,6) ab, so erhält man $C = 5$. Landolt prüfte diese Werte, indem er mit ihrer Hilfe das molekulare Brechungsvermögen einer Substanz aus ihrer empirischen Formel berechnete. So ergab sich in dem Falle des Propylalkohols C_3H_8O die berechnete Molekularrefraktion zu $3 \times 5 + 8 \times 1,3 + 3 = 28,4$. Das Experiment ergibt hingegen 28,3. Setzt man in die Gleichung

$$\frac{(n-1)\,m}{d} = M \qquad \text{oder} \qquad n = 1 + \frac{M}{m} \cdot d$$

für M den berechneten Wert der Molekularrefraktion, so erhält man den Brechungsindex; im allgemeinen ist die Übereinstimmung zwischen gerechnetem und gefundenem Werte sehr gut, wie die Beispiele der Tabelle VIII zeigen.

Tabelle VIII.

Substanz	n_α (beob.)	n_α (ber.)
Essigsäure	1,370	1,371
Propionsäure	1,385	1,388
Methylacetat	1,359	1,352
Äthylacetat	1,371	1,373
Aldehyd	1,330	1,326
Aceton	1,357	1,353
Äthylalkohol	1,361	1,362
Propylalkohol	1,379	1,381

Landolt schloß daher, daß die Molekularrefraktion einer Verbindung gleich der Summe der konstanten Effekte der Atome ist.

welche die Verbindung bilden. Eine weitere Bestätigung dieser Regel wurde darin gesehen, daß Mischungen, welche dieselben Mengen von Kohlenstoff, Wasserstoff und Sauerstoff enthielten, dieselbe Brechung aufwiesen.

Spätere Arbeiten, insbesondere die von Gladstone und Brühl haben die konstitutive Seite des Brechungsvermögens klar gestellt. Man weiß nunmehr, daß das Brechungsvermögen eines Atoms nicht konstant ist, sondern mit seiner Wertigkeit, der Art seiner Bindung und mit der Natur der Gruppen wechselt, mit denen es zusammenhängt. Ein Hinweis darauf wurde bereits bei einigen Vergleichen isomerer Verbindungen gefunden. Zunächst soll der Einfluß der CH_2-Gruppe in homologen Reihen einer Betrachtung unterzogen werden, da der Wert dieser Gruppe als Grundlage für die Berechnung aller anderen dient.

§ 7. Homologe Reihen.

Betrachtet man die optischen Daten einer homologen Reihe, so springt die Tatsache in die Augen, daß der Wert des spezifischen Brechungsvermögens mit dem Molekulargewicht ansteigt; doch ist der Zuwachs für jede CH_2-Gruppe nicht konstant, sondern er fällt mit der Zunahme der Kohlenstoffatomzahl. Andererseits ergibt sich der Zuwachs der Molekularrefraktion als konstant. Für die Alkohole[1] der Fettreihe sind die Daten in Tabelle IX enthalten.

Tabelle IX.

Substanz	r_a	$\triangle$	$\mathfrak{M}_a$	$\triangle$	
Methylalkohol.	0,2550		8,16		CH_4O
Äthylalkohol	0,2762	0,0212	12,71	4,55	C_2H_6O
Propylalkohol	0,2903	0,0141	17,42	4,71	C_3H_8O
Butylalkohol	0,2974	0,0071	22,01	4,59	$C_4H_{10}O$
Isobutylalkohol	0,2967		21,96		$C_4H_{10}O$
Isoamylalkohol	0,3025	0,0058	26,62	4,66	$C_5H_{12}O$
Isopropylalkohol	0,2907		17,44		C_3H_8O
Trimethylcarbinol	0,2985	0,0078	22,09	4,65	$C_4H_{10}O$
Methylhexylcarbinol . . .	0,3104	(0,0040)5	40,35	(4,58)5	$C_8H_{18}O$
	Mittel . . .			$+4,616$	

Der mittlere Wert des Einflusses der CH_2-Gruppe auf die Brechung ist aus homologen Reihen von zahlreichen Forschern berechnet

---

[1] Brühl, Zeitschr. f. phys. Chem. 7, 159 (1891).

worden. Landolt erhielt[1]) aus den Fettsäuren, Alkoholen und Estern den Wert

$$CH_2, \quad R_\alpha = 7,60 \quad und \quad r_\alpha = 4,56.$$

Brühl[2]) berechnete diesen und andere Werte aus einer großen Zahl von Beobachtungen, im ganzen aus 150 Substanzen. In jeder homologen Reihe wurde der Wert für CH_2 so bestimmt, daß von dem Werte des letzten Gliedes der des ersten, von dem vorletzten der des zweiten und so weiter abgezogen wurde. Die erhaltenen Differenzen wurden mit der Anzahl der CH_2-Gruppen multipliziert, um die sich die betreffenden Substanzen unterscheiden. Die Summe der so erhaltenen Zahlen wurde dann durch die Gesamtzahl der CH_2-Gruppen dividiert. Bei den Alkyljodiden z. B. erhält man:

	$\mathfrak{M}_\alpha$
Methyljodid, CH_3J . . .	19,25
Äthyljodid, C_2H_5J . . .	24,09
Propyljodid, C_3H_7J . .	28,73
Butyljodid, C_4H_9J . . .	33,25

Differenz zwischen	CH_2-Gruppen im Intervall	Produkt	CH_2-Gruppen im Produkt
1. und 4. 14,00	3	42,00	9
2. und 3. 4,64	1	4,64	1
		46,64	10

	Intervall	Differenz	Durchschnitt
Alkohole	17	78,48	4,616
Aldehyde	29	131,72	4,542
Ketone	5	23,02	4,60
Säuren	48	219,20	4,566
Äther	10	45,82	4,582
Ester	60	272,46	4,541
Oxychloride	5	22,56	4,512
Bromide	9	42,09	4,677
Jodide	10	46,64	4,664
	193	881,99	4,570

Die gesamte Differenz für ein Intervall von 10 CH_2-Gruppen beträgt somit 46,64, woraus sich der Mittelwert für eine CH_2-Gruppe

---

[1]) Landolt, Pogg. Ann. **123**, 611 (1864); Ann. d. Chem. **213**, 75 (1882).
[2]) Brühl, Zeitschr. f. phys. Chem. **7**, 140 (1891).

zu 4,664 ergibt. Ähnlich wurde bei anderen homologen Reihen verfahren und gefunden, daß der Mittelwert jeder ungefähr konstant ist.

Das Brechungsvermögen der CH_2-Gruppe für die α-Linie des Wasserstoffes beträgt somit im Mittel $r_\alpha = 4{,}570$ in der Lorentz-Lorenzschen Formel. Conrady[1] hat für die D-Linie des Natriums ebenfalls diesen Wert berechnet. Zur Berechnung des Mittelwertes benutzte er die Methode der kleinsten Quadrate und erhielt als Resultat den Wert:

$$r_D = 4{,}60 = CH_2.$$

Zweifellos hängt der Einfluß der CH_2-Gruppe von der Natur der Verbindung ab, in der sie sich befindet. Versuche von Eykman[2]) und von Landolt[3]) haben gezeigt, daß die niedrigsten Glieder der Reihen im allgemeinen abnormal sind; dies hat wohl seinen Grund darin, daß die Methylengruppe, die allein steht oder nur an ein Kohlenstoffatom gebunden ist, einen anderen Charakter hat als in den höheren Gliedern, wo sie an mehrere Kohlenstoffatome gebunden ist. Conrady beobachtete dies auch bei der Berechnung des Wertes für Kohlenstoff. Die erwähnte Unregelmäßigkeit wird in Tabelle X für die Fettsäuren gezeigt.

Tabelle X.

Substanz		M_α	$\triangle$	$\mathfrak{M}_\alpha$	$\triangle$
Ameisensäure	CH_2O_2	13,91		8,52	
Essigsäure	$C_2H_4O_2$	21,11	7,20	12,93	4,41
Propionsäure	$C_3H_6O_2$	28,71	7,60	17,42	4,49
Buttersäure	$C_4H_8O_2$	36,50	7,79	22,05	4,63
Isovaleriansäure	$C_5H_{10}O_2$	44,05	7,55	26,72	4,67
Isocapronsäure	$C_6H_{12}O_2$	51,61	7,56	31,22	4,50
Heptylsäure	$C_7H_{14}O_2$	59,40	7,79	35,85	4,63
Nonylsäure	$C_9H_{18}O_2$	75,19	2(7,89)	45,13	2(4,64)
Laurinsäure	$C_{12}H_{24}O_2$	98,29	3(7,70)	59,27	3(4,71)
Palmitinsäure	$C_{16}H_{32}O_2$	129,19	4(7,71)	77,68	4(4,60)
Stearinsäure	$C_{18}H_{36}O_2$	144,64	2(7,72)	86,92	2(4,62)
Cerotinsäure	$C_{27}H_{54}O_2$	214,03	9(7,71)	128,34	9(4,60)

Bemerkenswert ist, daß dasselbe unregelmäßige Verhalten der niedersten Glieder sich auch bei anderen Eigenschaften, wie bei

<hr>

[1]) Zeitschr. f. phys. Chem. **3**, 210 (1889).
[2]) Rec. Pays-Bas. **12**, 160, 248 (1893); **13**, 13 (1894); **14**, 185 (1895); **15**, 32 (1896).
[3]) Pogg. Ann. **123**, 595 (1864).

der magnetischen Drehung, beim Siedepunkt und Schmelzpunkt wiederfindet.

Eykman hat betont, daß der Wert für die CH_2-Gruppe in verschiedenen Klassen von Verbindungen geringe Schwankungen aufweist; dies geht auch aus den Versuchen von Brühl hervor. Das beste Beispiel hierfür sind vielleicht die Ester der Oxal- und Malonsäure, bei denen der Wert für CH_2 wechselt, je nachdem die Gruppe zwischen beide Carbonylgruppen oder in das Alkoholradikal eintritt.

Tabelle XI.

Substanz	M_a	△	Substanz	M_a	△
Methylmalonat . .	47,14	2×7,68	Methyloxalat . . .	39,76	7,38
Äthylmalonat . . .	62,51		Methylmalonat . .	47,14	
Methyloxalat . . .	39,76	2×7,73	Äthyloxalat. . . .	55,22	7,29
Äthyloxalat	55,22		Äthylmalonat . .	62,51	

Nichtsdestoweniger ist der Einfluß der Konstitution auf den Wert des Brechungsvermögens der CH_2-Gruppe meist sehr gering. Eykman findet im Mittel für CH_2 für die α-Linie des Wasserstoffes, gemessen nach der Gladstone-Daleschen Formel,[1] den Wert

$$R_\alpha = 7,587$$

ganz in Übereinstimmung mit Landolt. Aus Kohlenwasserstoffen, bei denen die Fehlerquellen auf ein Minimum reduziert sind, ergibt[2] sich

$$R_\alpha = 7,772 \quad \text{und} \quad r_\alpha = 4,613.$$

Die letzte und wohl einwandfreieste Berechnung stammt von Eisenlohr.[3] Für CH_2 wurden folgende Werte ermittelt:

	r_α	r_D	$r_\beta - r_\alpha$	$r_\gamma - r_\alpha$
Kohlenwasserstoffe	4,605	4,625	0,073	0,118
Aldehyde und Ketone	4,606	4,627	0,069	0,113
Säuren	4,591	4,614	0,071	0,116
Alkohole	4,614	4,634	0,071	0,112
Ester	4,586	4,606	0,070	0,111
Mittelwert	4,598	4,618	0,071	0,113

<hr>

[1] Vgl. auch Perkin, Trans. Chem. Soc. **77**, 267 (1900).
[2] Chem. Weekblad **3**, 657 (1906).
[3] Zeitschr. f. phys. Chem. **75**, 585 (1910).

§ 8. Kohlenstoff, Wasserstoff und Sauerstoff.

Wie schon früher erwähnt, wurden die älteren Werte für diese Elemente von Landolt[1]) aus dem Werte für CH_2 unter der Annahme berechnet, daß der Sauerstoff in allen diesen Verbindungen denselben Wert besitzt. Dagegen fand jedoch Brühl[2]) für das Brechungsvermögen des Sauerstoffes in Aldehyden einen anderen Wert als für den Hydroxylsauerstoff in den Säuren. Der Einfluß des doppelt gebundenen Sauerstoffes (O'') wurde erhalten, indem man von der Molekularrefraktion der Aldehyde ($C_nH_{2n}O''$) den Effekt von n-CH_2-Gruppen abzog. Nimmt man dann R_a (Gladstone) $= 7,6$ bzw. r_a (Lorentz) $= 4,57$ für CH_2, so erhält man:

Tabelle XII.

Substanz	Subtrahiert	M_a	$R_a(O'')$	$\mathfrak{M}_a$	$r_a(O'')$ [3])
Acetaldehyd	$2\,CH_2$	18,61	3,41	11,50	2,36
Propionaldehyd	$3\,CH_2$	26,00	3,20	15,93	2,22
Aceton	$3\,CH_2$	26,16	3,36	16,05	2,34
Butyraldehyd	$4\,CH_2$	33,68	3,28	20,52	2,24
Isobutyraldehyd	$4\,CH_2$	33,64	3,24	20,56	2,28
Isovaleraldehyd	$5\,CH_2$	41,60	3,60	25,31	2,46
Önanthol	$7\,CH_2$	56,82	3,62	34,20	2,21
Methylhexylketon . . .	$8\,CH_2$	—	—	39,07	2,51
		Mittel .	3,4		2,328

Es ergibt sich daraus $R_a(O'') = 3,4$ und $r_a(O'') = 2,328$.

Aus den Molekularrefraktionen der Fettsäuren ($C_nH_{2n}O''O'$) wurde entweder durch Subtraktion der Molekularrefraktion des entsprechenden Aldehydes ($C_nH_{2n}O''$) oder des berechneten Wertes $n(CH_2)O''$ der Wert für den Hydroxylsauerstoff gefunden. In Tabelle XIII sind einige Beispiele für diese und eine andere ähnliche Methode angeführt.

Der Mittelwert von r_aO' wurde zu 1,506 gefunden.

---

[1]) Pogg. Ann. **123**, 595 (1864).
[2]) Brühl, Ann. d. Chem. **203**, 1 (1880).
[3]) Brühl, Zeitschr. f. phys. Chem. **7**, 166 (1891).

Tabelle XIII.

Substanz	M_α	$R_\alpha O'$	$\mathfrak{M}_\alpha$	$r_\alpha O'$
Essigsäure	21,15	2,54	12,93	1,43
Acetaldehyd	18,61		11,50	
Propionsäure	28,62	2,62	17,42	1,49
Propionaldehyd . . .	26,00		15,93	
Buttersäure	36,33	2,65	22,05	1,53
Butylaldehyd . . .	33,68		20,52	
Isobuttersäure . . .			22,03	1,47
Isobutylaldehyd . . .			20,56	
Isovaleriansäure . .	44,12	2,52	26,72	1,41
Isovaleraldehyd . . .	41,60		25,31	
Önanthsäure	59,50	2,68	35,85	1,65
Önanthol	56,82		34,20	
Glycol			14,33	1,62
Äthylalkohol			12,71	
Milchsäure	31,87	3,25	19,09	1,67
Propionsäure	28,62		17,42	
Glycerin			20,41	$2 \times 1{,}50$
Propylalkohol . . .			17,42	
	Mittel	2,80 ungefähr	Mittel	1,518

Der Effekt für Äthersauerstoff (O<) wurde durch Subtraktion
des berechneten Wertes $n(CH_2)O''$ von der Molekularrefraktion
der Ester der Fettsäuren $C_nH_{2n}O''O<$ erhalten; das Mittel aller
Werte betrug 1,665 für $r_\alpha O<$. Durch Kombination dieser für Sauerstoff erhaltenen Werte mit dem der Methylengruppe wurde das
äquivalente Brechungsvermögen des Wasserstoffes auf verschiedenen
Wegen berechnet. Für einige derselben sind in Tabelle XIV Beispiele angeführt.

Tabelle XIV.

Substanz	Formel	Subtrahierter Wert		$\mathfrak{M}_\alpha$	$\triangle = r_\alpha H_2$
Äthylalkohol	C_2H_6O'	$2\,CH_2O'$	10,65	12,71	2,06
Methylhexylcarbinol . .	$C_8H_{18}O'$	$8\,CH_2O'$	38,07	40,35	2,28
Glycol	$C_2H_6O'_2$	$2\,CH_2O'_2$	12,15	14,33	2,18
Glycerin	$C_3H_8O'_3$	$3\,CH_2O'_3$	18,23	20,41	2,18
Äthyläther	$C_4H_{10}O<$	$4\,CH_2O<$	19,94	22,31	2,37
Methylal	$C_3H_8O_2<$	$3\,CH_2O_2<$	17,02	19,10	2,08
Hexan	C_6H_{14}	$6\,CH_2$	27,42	29,70	2,28

Auf diese Weise wurde der Mittelwert von $r_\alpha H_2$ zu 2,205 gefunden, woraus sich $r_\alpha H = 1{,}103$ und daraus der Wert für Kohlen-

stoff ($r_a CH_2 = 4{,}57$) zu $r_a C = 2{,}365$ ergibt. Conrady[1]) wiederholte die Berechnung für die D-(Natrium)-Linie und fand

$$r_D O' = 1{,}521 \qquad r_D H = 1{,}051$$
$$r_D O'' = 2{,}287 \qquad r_D C^\circ = 2{,}592$$
$$r_D O< = 1{,}683 \qquad r_D C' = 2{,}501$$

Die Werte von C° und C' beziehen sich auf alleinstehenden Kohlenstoff wie im Methylalkohol bzw. auf solchen, der mit anderen Kohlenstoffatomen in Verbindung steht.

Homfray[2]) fand bei Versuchen über das Brechungsvermögen von Salzen und anderen Derivaten des γ-Pyrons den Brechungswert von Oxoniumsauerstoff $r_a O^{IV}$ zu etwa 2,7.

Eykman[3]) hat das Brechungsvermögen des Wasserstoffes nach einer ähnlichen Methode bestimmt wie Brühl. Der Wert von CH_2 wurde durch Subtraktion des Brechungsvermögens von n-Octan von dem des Ditriacontans ($C_{32}H_{66}$) erhalten, indem diese Differenz durch 24 dividiert wurde. Es ergab sich

$$R_a CH_2 = 7{,}7717 \text{ und } r_a CH_2 = 4{,}6122.$$

Von dem Brechungsvermögen des n-Octans (C_8H_{18}) wurde dann der achtfache Wert von CH_2 abgezogen; der Rest ergab das äquivalente Refraktionsvermögen der beiden endständigen Wasserstoffatome

$$R_a H_2 = 2{,}144$$
$$R_a H = 1{,}072$$

und

$$r_a H_2 = 2{,}120$$
$$r_a H = 1{,}060$$

Eisenlohr findet:

		r_a	r_D	r_β	r_γ
Kohlenstoff	C	2,413	2,418	2,438	2,466
Wasserstoff	H	1,092	1,100	1,115	1,122
Carbonylsauerstoff	O''	2,189	2,211	2,247	2,267
Äthersauerstoff	$O<$	1,639	1,643	1,649	1,662
Hydroxylsauerstoff	O'	1,522	1,525	1,531	1,541

[1]) Zeitschr. f. phys. Chem. **3**, 210 (1889).
[2]) Trans. Chem. Soc. **87**, 1443 (1905).
[3]) Chem. Weekblad **3**, 656 (1906).

Die Berechnung der Molekularrefraktion einer Substanz setzt voraus, daß die Bindungsweise der einzelnen Elemente des Stoffes im Sinne der früheren Darlegungen bekannt ist, oder daß man von einer bekannten Verbindung desselben Typus ausgeht.

Beispiel:

Milchsäure.

$CH_3CHOHCOOH$ oder $C_3H_6O'_2O''$

$R_\alpha C_3 = 15{,}00$

$H_6 = 7{,}80$

$O'_2 = 5{,}60$

$O'' = \underline{3{,}40}$

M_α (ber.) $= 31{,}87$

M_α (beob.) $= 31{,}87$

Bei der Berechnung des molekularen Brechungsvermögens einer Verbindung mit hohem Molekulargewicht vervielfacht sich der bei dem Atomwert jedes Elementes gemachte Fehler, so daß das Endresultat selbst um ganze Einheiten von dem gefundenen Werte abweichen kann.

§ 9. Nichtgesättigter Kohlenstoff.

Bei der Untersuchung aromatischer Verbindungen fand Gladstone[1]) 1870, daß deren molekulares Brechungsvermögen stets höher war, als der auf Grund der Landoltschen Zahlen empirisch berechnete Wert. Er nahm an, daß dies vielleicht mit dem gegenüber den aliphatischen Derivaten verhältnismäßig größeren Gehalt an Kohlenstoff zusammenhinge. Bald darauf wurde dieses anormale Verhalten von Brühl[2]) auf die Anwesenheit von ungesättigtem Kohlenstoff zurückgeführt. Durch Vergleich von aliphatischen gesättigten, ungesättigten und aromatischen Verbindungen stellte er fest, daß der Unterschied zwischen berechnetem und gefundenem Wert proportional der Zahl der doppelten Bindungen zunimmt. Ist eine Doppelbindung vorhanden, so ist der Unterschied:

M_α (beob.) $- M_\alpha$ (berech.) $= 2{,}4$

bei zweien

M_α (beob.) $- M_\alpha$ (berech.) $= 4{,}5$

und bei aromatischen Verbindungen, in denen er drei doppelte Bindungen annahm,

M_α (beob.) $- M_\alpha$ (berech.) $= 7{,}2$

---

[1]) Trans. Chem. Soc. **23**, 147 (1870).
[2]) Ann. d. Chem. **200**, 139 (1879).

Der Einfluß der Doppelbindung $\models$ wurde daher im Mittel zu $R_a\models = 2{,}4$[1]) angenommen.

Beispiel:

Maleinsäureäthylester.

$$H_5C_2OOCCH{=}CHCOOC_2H_5 \text{ oder } C_8H_{12}O_2{''}O_2{<}\models$$

$$R_a \quad C_8 = 40{,}00$$
$$H_{12} = 15{,}60$$
$$O_2{<} = 5{,}60$$
$$O''_2 = 6{,}80$$
$$\models = 2{,}40$$
$$M_a \text{ (ber.)} = \overline{70{,}40}$$
$$M_a \text{ (beob.)} = 70{,}43$$

Brühl[2]) und Conrady[3]) berechneten den Wert für $r_a\models$ später an der Hand eines größeren Materials auf Grund der Formel von Lorenz-Lorentz. Einige der Brühlschen Daten zeigt die Tabelle XV.

Tabelle XV.

Substanz	$\mathfrak{M}_a$ (beob.)	$\mathfrak{M}_a$ (ber.)	Differenz
Allylalkohol	16,85	15,22	1,63
Amylen	24,64	22,86	1,78
Acrolein	16,01	13,84	2,17
Crotonsäureäthylester	31,49	29,21	2,28
Octylen	38,61	36,57	2,04
Allyldimethylcarbinol	30,84	28,93	1,91
Allyldiäthylcarbinol	39,72	38,07	1,65
Allyldipropylcarbinol	48,85	47,22	1,63
Allyläthyläther	26,39	24,51	1,88
Valerylen	24,16	20,65	$2\times 1{,}76$
Diallyl	28,77	25,22	$2\times 1{,}78$
Diallylcarbinol	34,88	31,30	$2\times 1{,}79$
Diallylmethylcarbinol	39,29	35,87	$2\times 1{,}71$
Diallylpropylcarbinol	48,27	45,01	$2\times 1{,}63$
Benzol	25,93	20,81	$3\times 1{,}73$
Chlorbenzol	30,90	25,72	$3\times 1{,}75$
Brombenzol	33,76	28,57	$3\times 1{,}76$
Toluol	30,79	25,38	$3\times 1{,}83$
Benzylalkohol	32,23	26,89	$3\times 1{,}80$

[1]) Vgl. auch Kannonikow, Ber. d. Dtsch. chem. Ges. **14**, 1697 (1881), und Landolt, Ann. d. Chem. **213**, 78 (1882).

[2]) Zeitschr. f. phys. Chem. **7**, 179 (1891); **1**, 307 (1887).

[3]) Zeitschr. f. phys. Chem. **3**, 210 (1889).

Der Mittelwert berechnet sich hieraus zu $r_a = 1{,}836$.

Später hat Eykman[1]) den Wert für die Doppelbindung sehr sorgfältig untersucht und gefunden, daß er keineswegs bei allen Klassen von Verbindungen konstant ist, sondern von der Anzahl der Kohlenstoffatome abhängt, welche an den Äthylenkohlenstoff gebunden sind. Der Einfluß der Nichtsättigung wurde durch Vergleich der gesättigten Verbindungen mit den entsprechenden nichtgesättigten Derivaten bestimmt. So fand sich:

Ohne Seitenketten.[2])

Äthan CH_3-CH_3	$\mathfrak{M}_a =$	11,35
Äthylen $CH_2=CH_2$	$\mathfrak{M}_a =$	10,75
	Doppelbindung $=$	$-0{,}61$

Eine Seitenkette.

Hexan C_6H_{14}	$\mathfrak{M}_a =$	29,80
Diallyl $CH_2=CH-CH_2-CH_2-CH=CH_2$	$\mathfrak{M}_a =$	28,79
	Doppelbindung $= -1{,}01 \times 0{,}5 =$	$-0{,}50$
n-Valeriansäure $CH_3CH_2CH_2CH_2COOH$	$\mathfrak{M}_a =$	26,72
Δ^3-Allylessigsäure $CH_2=CH-CH_2-CH_2COOH$	$\mathfrak{M}_a =$	26,19
	Doppelbindung $=$	$-0{,}53$
	Mittelwert $=$	$-0{,}52$

Zwei Seitenketten.

Hexan C_6H_{14}	$\mathfrak{M}_a =$	29,80
Hexylen $CH_3CH=CH(CH_2)_2CH_3$	$\mathfrak{M}_a =$	29,44
	Doppelbindung $=$	$-0{,}36$
Octan C_8H_{18}	$\mathfrak{M}_a =$	39,03
Octylen $CH_3CH=CH(CH_2)_4CH_3$	$\mathfrak{M}_a =$	38,64
	Doppelbindung $=$	$-0{,}39$
	Mittelwert $=$	$-0{,}37$

Drei Seitenketten.

Methylhexylketon $CH_3COC_6H_{13}$	$\mathfrak{M}_a =$	39,08
Methylheptenon $CH_3COCH_2CH_2CH=C(CH_3)_2$	$\mathfrak{M}_a =$	38,84
	Doppelbindung $=$	$-0{,}24$

Stellt man diese Daten zusammen und addiert dazu den Brechungseinfluß von 2 H, so erhält man den der Doppelbindung entsprechenden Wert.

---

[1]) Eykman, Chem. Weekblad **3**, 706 (1906).

[2]) Eykman findet als Mittelwert für die Abnahme des Nichtsättigungswertes für jede weitere Substitution 0,14. Daraus ergibt sich für den Fall einer Nichtsättigung ohne Seitenkette durch Extrapolation 0,66.

Einfluß der Nichtsättigung	+ Wert von 2H	= Doppelbindung		
Unsubstituiert	$-0,61 + 2,12$	=	1,51	$r^{(0)}$
Einfach substituiert	$-0,52 + 2,12$	=	1,60	$r^{(1)}$
Doppelt substituiert	$-0,37 + 2,12$	=	1,75	$r^{(2)}$
Dreifach substituiert	$-0,24 + 2,12$	=	1,88	$r^{(3)}$
Vierfach substituiert	$-0,1\ + 2,12$	= ca.	2,0	$r^{(4)}$

Der Wert für die vierfach substituierte Doppelbindung ist extrapoliert. Es wird späterhin gezeigt werden, wie Eykman diese Daten angewandt hat, um die Stelle der Doppelbindung in einer Kette von Kohlenstoffatomen zu finden.

Auch der Einfluß der Acetylenbindung[1] $\equiv$ ist untersucht worden.

Substanz	$\mathfrak{M}_a$ (beob.)	$\mathfrak{M}_a$ (ber.)	$\triangle$
Propargylalkohol	14,83	13,01	1,82
Propargyläthyläther	24,54	22,30	2,24
Propargylacetat	24,57	22,43	2,14
Heptiden	32,46	29,79	2,67

Als Mittelwert folgt aus diesen Zahlen $r_a{\equiv} = 2,22$. Moureu[2] hat bei seinen Untersuchungen über Acetylenderivate eine Reihe von Substanzen geprüft. Er beobachtete, daß die Anwesenheit von ungesättigten oder sauren Gruppen einen sehr starken Einfluß auf den Wert der Acetylenbindung hat; er empfahl daher, als Normalwert den aus Kohlenwasserstoffen abgeleiteten zu wählen. Aus den Zahlen für Amyl- und Hexylacetylen fand Moureu diesen Wert zu etwa 2,49.

Normalwert ungefähr 2,49.

	$\mathfrak{M}_a$ (beob.)	$\mathfrak{M}_a$ (beob.) $-\ \mathfrak{M}_a$ (ber.) $=r_a{\equiv}$
n-Amylacetylen $CH_3(CH_2)_4C{\equiv}CH$	32,289	2,498
n-Hexylacetylen $CH_3(CH_2)_5C{\equiv}CH$	36,838	2,476

Mittelwert von $r{\equiv} = 2,487$.

---

[1] Brühl, Ann. d. Chem. **200**, 139 (1879); **235**, 82 (1886); Zeitschr. f. phys. Chem. **1**, 6 (1887); **7**, 2, 191 (1891).

[2] Ann. Chim. Phys. [8] **7**, 536 (1906).

Eisenlohr hat berechnet:

	r_α	r_D	r_β	r_γ
Äthylenbindung . . ⌐	1,686	1,733	1,824	1,893
Acetylenbindung . . ⌐̳	2,328	2,398	2,506	2,538

Hier mag im voraus bemerkt werden, daß das Brechungsvermögen einer Substanz abnorm hoch wird, wenn eine Äthylen- oder Acetylenbindung mit einer ungesättigten Gruppe verbunden ist.

§ 10. Berechnung des Brechungsvermögens verschiedener Elemente aus ihren organischen Verbindungen.

Bei der Betrachtung des Brechungsvermögens des Sauerstoffs und des Kohlenstoffs wurde bereits bemerkt, daß die Werte der Refraktion eines Elementes sich je nach dem Grade der Sättigung und nach den Elementen ändern, mit denen es in Verbindung steht; bei vielen anderen Elementen hat sich dieser Schluß voll bestätigt. Einwertige Elemente, besonders solche, welche wenig Tendenz haben, diese Wertigkeit zu wechseln, ändern ihr Brechungsvermögen nur wenig. Ein typisches Beispiel dafür ist der Wasserstoff; weitere sind Fluor, Chlor und Brom. Andererseits wechseln mehrwertige Elemente, wie Stickstoff und Schwefel, die mit verschiedener Valenz auftreten und leicht von einem geringeren in einen höheren Sättigungsgrad übergehen, ihr Brechungsvermögen sehr stark. In der Tat ist es häufig nicht möglich, für solche Elemente ebenso einen halbwegs genauen Mittelwert der Atomrefraktion zu berechnen, wie z. B. für den Sauerstoff und den Kohlenstoff. Brühl hat die Atomrefraktion von Stickstoff und Nasini die des Schwefels berechnet, doch können diese Werte nur auf jene speziellen Klassen von Verbindungen angewandt werden, aus denen sie abgeleitet sind. Die in den späteren Tabellen wiedergegebenen Beispiele zeigen, daß das Brechungsvermögen dieser Elemente mit den Elementen variiert, an die sie gebunden sind, und daß die aus anorganischen Stoffen abgeleiteten Werte oft sehr weit von den aus Kohlenstoffverbindungen berechneten abweichen.

In den folgenden Tabellen sind die molekularen Brechungsvermögen von Substanzen angeführt, welche verschiedene Elemente enthalten. Die Atomrefraktionen sind in der üblichen Weise berechnet, indem für Kohlenstoff, Wasserstoff und Sauerstoff die Normalwerte genommen wurden. Die ersten so erhaltenen Werte waren die des Chlors und Broms; da sie als ungefähr konstant befunden wurden, sind sie seither zusammen mit den ursprünglich festgelegten Werten für das Brechungsvermögen des Kohlenstoffes, Wasserstoffes und Sauerstoffes zur Bestimmung der Werte der anderen Elemente verwendet worden. Die Anwendung dieser Methode auf kompliziert zusammengesetzte Verbindungen ist von sehr zweifelhaftem Werte, da ja die Werte der als Grundlage dienenden Elemente unter, verschiedenen Bedingungen wechseln. Die dadurch entstehenden Fehler treffen die Elemente, deren Werte berechnet werden sollen.

Tabelle XVI.

Fluor.[1]

Substanz	n_D	$\mathfrak{M}_D$	r_D
$CBr_3-CHBrF$	1,59707	42,109	0,997
$CH_2F-COOCH_3$	1,36987	17,828	1,130
CCl_3F	1,3856	21,598	1,249
$CHClBrF$	1,42209	19,256	0,95
$CBrF=CBrF$	1,45345	25,923	0,37
$CHF=CBr_2$	1,49533	25,855	0,66
C_6H_5F	1,46773	25,926	0,68

Chlor.[2]

Substanz	$\mathfrak{M}_a$	r_a	Substanz	$\mathfrak{M}_a$	r_a
CCl_4	26,40	$4\times6,01$	$CH_2ClCOOC_2H_5$ . .	26,79	5,62
$CHCl_3$	21,31	$3\times5,95$	$CHCl_2COOC_2H_5$ . .	32,03	$2\times5,99$
CH_2Cl-CH_2Cl . .	20,92	$2\times5,89$	$CCl_3COOC_2H_5$ . .	37,08	$3\times6,04$
CH_3-CHCl_2 . . .	21,08	$2\times5,97$	C_3H_7COCl	25,66	6,15
CH_3COCl	16,74	6,37	CCl_3CHO	26,37	$3\times6,07$
$CH_3CH_2CH_2Cl$ . . .	20,75	5,93	$C_3H_6ClCOOC_2H_5$.	36,39	6,08

$$r_a = 6,014.$$

[1] Swarts, Chem. Zentralbl. II, 1897, 1042. Swarts glaubt, daß der Wert für Fluor wechselt, je nachdem die Verbindung gesättigt ist oder nicht. Im ersteren Falle ist der Mittelwert für $r_D = 1,082$, im letzteren $r_D = 0,775$. Jedenfalls ist bemerkenswert, daß Fluor ein beinahe so kleines Brechungsvermögen, wie der Wasserstoff hat, und daß das Atomvolumen entsprechend klein ist.

[2] Haagen, Pogg. Ann. **131**, 117 (1867); Weegman, Zeitschr. f. phys. Chem. **2**, 218, 257 (1888); Brühl, Ber. d. Dtsch. chem. Ges. **13**, 1128 (1880); Zeitschr. f. phys. Chem. **7**, 176 (1891); Conrady, Zeitschr. f. phys. Chem. **3**, 210 (1889). Die Beispiele stammen aus Brühls späteren Arbeiten.

Brom.[1])

Substanz	$\mathfrak{M}_a$	r_a	Substanz	$\mathfrak{M}_a$	r_a
C_2H_5Br	18,98	8,64	Iso-C_3H_7Br	23,88	9,06
C_3H_7Br	23,56	8,74	Iso-$C_5H_{11}Br$	33,01	9,05
CH_2Br-CH_2Br . .	26,83	$2 \times 8,85$			

$$r_a = 8,863.$$

Jod.[1])[2])[3])

Substanz	$\mathfrak{M}_a$	r_a	Substanz	$\mathfrak{M}_a$	r_a
CH_3J	19,25	13,58	C_4H_9J	33,25	13,86
C_2H_5J	24,09	13,84	Iso-C_4H_9J	33,24	13,85
C_3H_7J	28,73	13,91			

$$r_a = 13,808.$$

Schwefel.[4])

Substanz	$\mathfrak{M}_a$	r_a	Substanz	$\mathfrak{M}_a$	r_a
SCl_2	20,55	8,51	$(C_2H_5S)_2$	36,33	8,00
S_2Cl_2	29,05	8,50	$(C_2H_5)_2S_4$	53,79	8,37
C_2H_5SH	19,00	7,80	C_4H_4S	24,16	6,52
C_4H_9SH	28,14	7,82	$(C_6H_5)_2S$	58,97	9,31
$C_5H_{11}SH$	32,72	7,84	Acetalsulfid . . .	71,61	8,05
$(C_2H_5)_2S$	28,32	8,00	$C_6H_5N:CS$	36,33	8,00
$(C_3H_5)_2S$	36,73	7,94	$SO(OC_2H_5)_2$ . . .	31,62	5,49
$(C_7H_7)_2S$	67,42	8,04	$SO_2(OC_2H_5)_2$ . . .	31,79	3,34

Selen.[5])

Substanz	$(\mathfrak{M}_D)$	(r_D)	Substanz	$(\mathfrak{M}_D)$	(r_D)
C_2H_5SeH	22,12	10,81	$CH_3SeC_3H_7n$ . . .	31,46	10,81
n-C_3H_7SeH	26,68	10,76	$CH_3SeC_4H_9n$ . . .	36,01	10,90
n-C_4H_9SeH	31,26	10,75	$C_3H_7SeC_3H_7n$ . . .	40,72	11,0
$CH_3SeC_2H_5$	26,76	10,85	$C_3H_7SeSeC_3H_7$ . . .	52,38	11,33

[1]) Haagen, Pogg. Ann. **131**, 117 (1867); Weegmann, Zeitschr. f. phys. Chem. **2**, 218, 257 (1888); Brühl, Ber. d. Dtsch. chem. Ges. **13**, 1128 (1880); Zeitschr. f. phys. Chem. **7**, 176 (1891); Conrady, Zeitschr. f. phys. Chem. **3**, 210 (1889). Die Beispiele stammen aus Brühls späteren Arbeiten.

[2]) Eykman, Rec. Pays-Bas. **12**, 157, 268 (1893).

[3]) Sullivan, Zeitschr. f. phys. Chem. **28**, 523 (1899).

[4]) Wiedemann, Wied. Ann. **17**, 577 (1882); Nasini, Gazz. Chim. Ital. **12**, 296 (1883); Nasini und Scala, Atti. R. Acc. dei Linc. **1886**, 617; Gazz. Chim. Ital. **20**, 367 (1890); vgl. auch Nasini in Nuova Enciclopedia di Chimica I, 792 (1906); Clarke und Smiles, Trans. Chem. Soc. **95**, 902 (1909).

[5]) Zopellari, Atti. R. Acc. dei Linc. [5] **3**, 330 (1894); insbesondere Tschugaeff, Ber. d. Dtsch. chem. Ges. **42**, 49 (1909).

Stickstoff.[1])

Primäre aliphatische Amine.

Substanz	$\mathfrak{M}_a$	r_a	Substanz	$\mathfrak{M}_a$	r_a
Propylamin	19,31	2,29	Isoamylamin . . .	28,53	2,37
Isopropylamin . .	19,47	2,45	Allylamin	18,81	2,16
Sec.-Butylamin . .	23,95	2,36	Äthylendiamin . .	18,12	2,28
Isobutylamin . . .	23,87	2,28	Camphylamin . .	48,86	2,42

Sekundäre aliphatische Amine.

Substanz	$\mathfrak{M}_a$	r_a	Substanz	$\mathfrak{M}_a$	r_a
Diäthylamin. . . .	24,07	2,48	Piperidin	26,52	2,56
Dipropylamin . . .	33,49	2,61	α-Methylpiperidin .	31,16	2,63
Diisobutylamin . .	42,63	2,75	β-Methylpiperidin .	31,12	2,59
Diisoamylamin . .	51,85	2,83	β-Äthylpiperidin .	35,50	2,40

Primäre aromatische Amine.

Substanz	$\mathfrak{M}_a$	r_a	Substanz	$\mathfrak{M}_a$	r_a
Anilin	30,27	2,85	o-Toluidin	34,98	2,99
m-Chloranilin . . .	35,32	2,99	m-Toluidin	34,97	2,98
m-Bromanilin . . .	38,21	3,03	m-Xylidin . . .	39,68	3,12

Sekundäre aromatische Amine.

Substanz	$\mathfrak{M}_a$	r_a	Substanz	$\mathfrak{M}_a$	r_a
Dibenzylamin . . .	62,92	2,25	Methylanilin . . .	35,30	3,31
Tetrahydrochinolin .	42,37	3,44	Äthylanilin	40,03	3,47

Die wenigen Beispiele der Tabelle sollen zeigen, daß das Brechungsvermögen des Stickstoffes je nach den chemischen Funktionen dieses
Elementes sich ändert; doch scheint die Refraktion in jeder homologen Reihe konstant zu sein. Brühl hat den Wert des Brechungsvermögens in mehreren Verbindungsklassen berechnet; die wichtigeren Resultate enthält Tabelle XVII.

---

[1]) Gladstone, Proc. Roy. Soc. **1881**, 330; Trans. Chem. Soc. **45**, 257 (1884);
59, 298 (1891); Brühl, bes. in Zeitschr. f. phys. Chem. **16**, 193, 226, 497, 512
(1895); **22**, 373 (1897); **25**, 576 (1898); Eykman, Ber. d. Dtsch. chem. Ges.
25, 3069 (1892); Kannonikow, Ber. d. Dtsch. chem. Ges. **17**, ref. 157 (1884);
Konowaloff, Bull. Soc. Chim. de France **16**, 660 (1884); Löwenherz, Zeitschr.
f. phys. Chem. **6**, 552 (1890); Perkin, Trans. Chem. Soc. **55**, 750 (1889); **69**, 1152
(1896); Schmidt, Zeitschr. f. phys. Chem. **58**, 513 (1907); Trapesonzjanz,
Ber. d. Dtsch. chem. Ges. **26**, 1428 (1893); Zecchini, Atti. R. Acc. dei Linc.
[5] **21**, 491 (1893).

Tabelle XVII.

Brechungsvermögen des Stickstoffes.

Substanz	r_α	r_D	Substanz	r_α	r_D
Ammoniak	2,32	2,50	Tertiäre arom. Amine	4,10	4,36
Hydroxylamin . .	2,35	2,51	Aliphatische Nitrile	3,17	3,05
Hydrazin	2,32	2,47	Arom. Nitrile . .	3,82	3,79
Prim. aliph. Amine .	2,31	2,45	Sek. aliph. Amide .	2,23	2,27
Sek. aliph. Amine .	2,60	2,65	Tert. aliph. Amide .	2,63	2,71
Tert. aliph. Amine .	2,92	3,00	Aliphatische Aldoxi-		
Prim. arom. Amine	3,01	3,21	me u. Ketoxime .	3,92	3,93
Sek. arom. Amine .	3,40	3,59	Aliph. Nitrogruppen	6,65	6,71[1])

Auch von zahlreichen anderen Elementen sind die Werte des Brechungsvermögens studiert worden, doch hat bei der Unvollständigkeit der Resultate ihre Wiedergabe wenig Zweck. Wegen des Brechungsvermögens von Verbindungen des Phosphors,[2]) Tellurs,[3]) Siliciums,[4]) Zinns,[5]) Bleis,[5]) Bors,[6]) Antimons[7]) und Quecksilbers[7]) sei auf die Originalliteratur verwiesen.

Die folgende Tabelle enthält eine Auswahl aus den im allgemeinen zur Berechnung der Molekularrefraktion dienenden Daten.

Tabelle XVIII.

Element	n-Formel		n²-Formel	
	R_α	R_D	r_α	r_D
Einfach gebundener Kohlenstoff .				2,592
alleinstehend und in Kohlenstoff-	5,00	4,71	2,365	
ketten				2,501
Wasserstoff, H	1,30	1,47	1,103	1,051
Hydroxylsauerstoff, O′	2,80	2,65	1,506	1,521
Äthersauerstoff, O<			1,655	1,683
Ketonsauerstoff, O″	3,40	3,33	2,328	2,287
Äthylenbindung, ⊦	2,40	2,64	1,836	1,707
Acetylenbindung, ⊧	—	—	2,27 oder 2,48	2,10

<hr>

[1]) Diese Zahlen beziehen sich auf die ganze Gruppe.

[2]) Zecchini, Zeitschr. f. phys. Chem. **12**, 505 (1893); **16**, 242 (1895).

[3]) Pellini und Menin, Gazz. Chim. Ital. **30**, II, 45 (1900).

[4]) Abati, Gazz. Chim. Ital. **27**, II, 437 (1897); Zeitschr. f. phys. Chem. **25**, 253 (1898).

[5]) Ghira, Atti. R. Accad. d. Lincei [5] **3**, 1, 322 (1894).

[6]) Ghira, Atti. R. Accad. d. Lincei [5] **2**, 1, 312 (1890).

[7]) Ghira, Atti. R. Accad. d. Lincei [5] **3**, 1, 297 (1894).

Element	n-Formel		n^2-Formel	
	R_α	R_D	r_α	r_D
Chlor	9,79	10,05	6,014	5,998
Brom	15,38	15,34	8,863	8,927
Jod	24,87	25,01	13,808	14,12
Schwefel, S<	—	—	8,0	—

Tabelle XVIII a.

Refraktions- und Dispersionsäquivalente nach Eisenlohr.

	r_α	r_D	r_β	r_γ	$r_\alpha{-}r_\beta$	$r_\gamma{-}r_\alpha$	
CH_2	4,598	4,618	4,668	4,710	0,071	0,113	CH_2
Kohlenstoff	2,413	2,418	2,438	2,466	0,025	0,056	C
Wasserstoff	1,092	1,100	1,115	1,122	0,023	0,029	H
Carbonylsauerstoff .	2,189	2,211	2,247	2,267	0,057	0,078	O''
Äthersauerstoff . . .	1,639	1,643	1,649	1,662	0,012	0,019	O<
Hydroxylsauerstoff .	1,522	1,525	1,531	1,541	0,006	0,015	O'
Chlor	5,933	5,967	6,043	6,101	0,107	0,168	Cl
Chlor in Säurechloriden	6,310	6,336	6,430	6,508	0,131	0,203	Cl>O
Brom	8,803	8,865	8,999	9,152	0,211	0,340	Br
Jod	13,757	13,900	14,224	14,521	0,482	0,775	J
Äthylenbindung . .	1,686	1,733	1,824	1,893	0,138	0,200	|=
Acetylenbindung . .	2,328	2,398	2,506	2,538	0,139	0,171	|≡
Stickstoff in prim. Aminen	2,309	2,322	2,368	2,397	0,059	0,086	$H_2N{-}C$
Stickstoff in sek. Aminen	2,478	2,502	2,561	2,605	0,086	0,119	HN—(C)
Stickstoff in tert. Aminen	2,808	2,840	2,940	3,000	0,133	0,186	N—(C)₃
Stickstoff in Imiden tert.	3,740	3,776	3,877	3,962	0,139	0,220	C—N=C
Stickstoff in Nitrilen .	3,102	3,118	3,155	3,173	0,052	0,060	N≡C
Gruppe NO_2 in Nitrokörper [1])	6,605	6,638	6,750	6,835	0,145	0,264	NO_2
Gruppe NO_2 in Nitriten [1])	7,292	7,351	7,446	7,669	0,204	0,332	NO_2
Gruppe NO_3 in Nitraten [1])	8,952	9,004	9,125	9,289	0,198	0,309	NO_3

[1]) Solange sie nicht mit aromatischen und sonstigen in α-Stellung ungesättigten Resten verknüpft sind.

Andere Rechnungsweisen stammen von Eykman, Schröder und J. Traube. Eykman[1]) schlug vor, daß die Werte des Brechungsvermögens für die ganzen Gruppen benutzt werden sollten, statt der Refraktionen der Elemente. In Tabelle XIX sind die Werte von M_α (Gladstone-Dale für die häufiger vorkommenden Gruppen angeführt. Erwähnt muß werden, daß sie nur für den Fall Anwendung finden dürfen, wenn es sich um Substanzen vom Typus $R'(CH_2)_nR''$ handelt, wobei R' und R'' zwei der angeführten Gruppen sind. Ist R' und R'' direkt verbunden, so sind die Werte abnormal.

Tabelle XIX.

Gruppe	M	Gruppe	M_α
$-CH_2-$	7,754	$-CO-$	8,07
$-CH_3$	8,81	$-CONH_2$	16,06
$-C_6H_5$	43,62	$-CH=NOH$	17,25
$-COOH$	12,15	$-NH_2$	7,41
$-COOC_2H_5$	27,33	$-OH$	4,30
$-COOCH_3$	19,58	$-OC_6H_5$	47,19
$-COCH_3$	17,20	$-CN$	9,07
$-Br$	14,92	$-I$	24,56

Einige Beispiele sollen die Methode erläutern und zum Vergleich mit der Landoltschen Methode dienen.

Stearinsäure, $CH_3(CH_2)_{16}COOH$.

Eykmans Methode.		Landolts Methode.
$CH_3(CH_2)_{16}COOH$	oder	$C_{18}H_{36}O'O''$
$CH_3 = 8,81$		$18\,C = 90,00$
$16\,CH_2 = 124,06$		$36\,H = 46,8$
$COOH = 12,15$		$O' = 2,8$
		$O'' = 3,4$
$M_\alpha = \overline{145,02}$		$M_\alpha = \overline{143,00}$

$$M_\alpha \text{ (beob.)} = 145,00$$

$$\triangle = 0,02 \qquad\qquad \triangle = 2,00$$

---

[1]) Rec. Pays-Bas. **12**, 160, 248 (1893); **13**, 13 (1894); **14**, 185 (1895); **13**, 52 (1896).

Lävulinsäure.

$CH_3CO(CH_2)_2COOH$	oder	$C_5H_8O'O''_2$
$CH_3CO = 17{,}20$		$5\,C = 25{,}0$
$2\,CH_2 = 15{,}508$		$8\,H = 10{,}4$
$COOH = 12{,}15$		$O' = 2{,}8$
		$2\,O'' = 6{,}8$
$M_a = \overline{44{,}86}$		$M_a = \overline{45{,}0}$

M_a (beob.) $= 44{,}86$

$\triangle = 0{,}0$ $\qquad\qquad$ $\triangle = 0{,}14$

Sebacinsäurediäthylester.

$(CH_2)_8(COOC_2H_5)_2$	oder	$C_{14}H_{26}O'_2O''_2$
$8\,CH_2 = 62{,}032$		$14\,C = 70{,}00$
$2\,COOC_2H_5 = 54{,}66$		$26\,H = 33{,}8$
		$2\,O'' = 6{,}8$
		$2\,O' = 5{,}6$
$\overline{116{,}69}$		$\overline{116{,}2}$

M_a (beob.) $116{,}69$

$\triangle = 0{,}0$ $\qquad\qquad$ $\triangle = 0{,}49$

Phenylessigsäure.

$C_6H_5CH_2COOH$	oder	$C_8H_8O''O'\;\models_3$
$C_6H_5 = 43{,}62$		$8\,C = 40{,}00$
$CH_2 = 7{,}75$		$8\,H = 10{,}40$
$COOH = 12{,}15$		$O'' = 3{,}4$
		$O' = 2{,}8$
		$3\,\models = 7{,}20$
$M_a = \overline{63{,}52}$		$M_a = \overline{63{,}80}$

M_a (beob.) $= 63{,}41$

$\triangle = 0{,}11$ $\qquad\qquad$ $\triangle = 0{,}39$

Manchmal wird der theoretische Wert für eine sehr kompliziert zusammengesetzte Substanz gebraucht. Es ist dann am besten, den experimentellen Wert einer in ihrer Struktur möglichst nahestehenden Verbindung zu nehmen und diesen in der notwendigen Weise zu modifizieren.

In ähnlicher Weise wie bei den Raumbeziehungen (vgl. Kap. I, §7) hat Schröder[1] auch die Verhältnisse bei der Lichtbrechung darzustellen gesucht, indem er ein variables Refraktionsmaß annahm. Er fand, daß der Refraktionswert mit dem Molekulargewicht steigt, daß den Gruppen CH_2, CO, O_2 (in Carboxyl von Säure und Ester) und $CHOH$ (der Alkohole) ein gleicher Einfluß, der Hydroxylgruppe ein drittel so großer Einfluß zukäme. Daraus ergibt sich in den gesättigten Verbindungen ein gleicher Wert für die Atomrefraktionen von C, H und einwertig verkettetem O; dieser Wert wird als Refraktionsstere bezeichnet. Der Wert der Stere liegt zwischen 2,3—2,4 mit der n-, zwischen 1,4—1,5 mit der n^2-Formel; er wächst mit dem Molekulargewicht. Die Doppelbindung entspricht zwei Steren. Zu einer weiteren Anwendung sind die Schröderschen Beziehungen — von den durch ihn selbst gezogenen Schlüssen abgesehen — nicht gelangt.

Traube[2] definiert die Reaktionssteren anders als Schröder, und zwar als Quotienten der Molekularrefraktion durch die Anzahl der in der Substanz vorhandenen Valenzen; z. B. Pentan:

$$C_5H_{12} = 5 \times 4 + 12 \times 1 = 32 \text{ (Valenzenzahl)};$$

$$\text{Reaktionsstere} = \frac{\text{Molekularrefraktion}}{\text{Valenzenzahl}} = \frac{25,32}{32} = 0,791.$$

In homologen Reihen fällt der Sterenwert mit steigendem Molekulargewicht; durch Ringbildung verringert er sich; Veränderungen, die zu theoretischen Schlüssen benutzt werden.

Zu den Atomrefraktionen kommt Traube[3] durch Kombination seiner Kovolumsformel (Kap. I § 6) mit dem Ausdruck für die spezifische Refraktion nach Gladstone oder nach Lorentz-Lorenz. Er findet z. B. im letzteren Falle konstant

$$\frac{\Sigma V_a}{V_m \dfrac{n^2 - 1}{n^2 + 2}}.$$

Für r_a beträgt die Konstante bei der n^2-Formel 3,460, bei der n-Formel 2,086. Den Quotient aus Atomvolumen (Kap. I, § 6, Tabelle X) als Zähler und der angeführten Konstanten als Nenner

---

[1] Wied. Ann. **15**, 636 (1882) und **18**, 148 (1883).
[2] Ber. d. Dtsch. chem. Ges. **40**, 130 und 723 (1907).
[3] Ber. d. Dtsch. chem. Ges. **29**, 2732 (1896) **30**, 39 (1897); vgl. auch Brühl, Zeitschr. f. phys. Chem. **25**, 591 Anm. (1898).

bezeichnet Traube nun Atomrefraktion und erhält so für r_a die folgenden Werte:

Tabelle XX.

Atomrefraktionen nach Traube.

C	2,86	Br	8,80
H	0,90	I	13,76
O	1,59	F'	1,40
Cl	6,07	F''	1,59

§ 11. Dispersion und Konstitution.

Die Ansicht, daß eine Beziehung zwischen dem Dispersionsvermögen und der Konstitution bestehen müsse, wurde zuerst von Schrauf[1]) angedeutet, doch führten seine Bemühungen, einen Zusammenhang nachzuweisen, nicht zum Ziele. Viele Jahre später griff Gladstone[2]) das Problem mit Erfolg an. Er stellte das Dispersionsvermögen durch den Ausdruck

$$\frac{n_H - n_A}{d}$$

dar und die Molekulardispersion durch die Formel

$$\frac{(n_H - n_A)\,M}{d},$$

in der M = Molekulargewicht, d = Dichte ist, und fand Belege für die additive Natur dieser Eigenschaft. Durch Vergleich des Dispersionsvermögens organischer Stoffe fand Gladstone, daß sich für die Dispersionswirkungen des Wasserstoffs, Kohlenstoffs, Sauerstoffs und der Halogene ungefähr konstante Werte angeben lassen und daß die Summe der Dispersionen der Atome einer Verbindung der Molekulardispersion etwa gleich ist. Brühl[3]) konnte auf Grund seiner umfangreichen Messungen diese Beziehungen genauer umgrenzen und auch die konstitutive Seite der Eigenschaft feststellen. Bei allen seinen Untersuchungen benutzt Brühl die Formel von Lorentz-Lorenz für das Brechungsvermögen und bezeichnet daher die spezifische Dispersion mit dem Ausdruck

$$\frac{n_x{}^2 - 1}{(n_x{}^2 + 2)\,d} - \frac{n_y{}^2 - 1}{(n_y{}^2 + 2)\,d}$$

und die Molekulardispersion mit der Formel

$$\left(\frac{n_x{}^2 - 1}{n_x{}^2 + 2} - \frac{n_y{}^2 - 1}{n_y{}^2 + 2}\right)\frac{M}{d} = \mathfrak{M}_x - \mathfrak{M}_y$$

---

1) Pogg. Ann. **116**, 193 (1862); **119**, 461 (1863).
2) Proc. Roy. Soc. **42**, 401 (1887); Trans. Chem. Soc. **50**, 609 (1886).
3) Zeitschr. f. phys. Chem. **7**, 140 (1891).

Brühl hat den Dispersionseffekt vieler Atome und Bindungsarten auf dieselbe Weise berechnet, die er zur Bestimmung der Atomrefraktionen benutzte. Die erhaltenen Werte sind in Tabelle XXI angeführt.

Tabelle XXI.

Atomdispersionen zwischen der α- und γ-Wasserstofflinie.

	$r_\gamma - r_\alpha$	Symbol		$r_\gamma - r_\alpha$	Symbol
Kohlenstoff	0,039	C	Chlor	0,176	Cl
Wasserstoff	0,036	H	Brom	0,348	Br
Hydroxylsauerstoff	0,019	O′	Jod	0,774	I
Äthersauerstoff . .	0,012	O<	Äthylenbindung .	0,23	⊨
Carbonsauerstoff .	0,086	O″	Acetylenbindung .	0,19	⊯

Hieraus kann man das molekulare Dispersionsvermögen eines Stoffes ungefähr berechnen, wenn man die Dispersionseffekte der zusammengetretenen Atome addiert, wobei auf die in der Tabelle angeführten Bindungsverhältnisse Rücksicht genommen werden muß. Die folgenden Beispiele sollen den erreichbaren Genauigkeitsgrad anzeigen.

Äthylpropionat.

$$C_5H_{10}O''O< \qquad \begin{aligned} 5\,C &= 0,195 \\ 10\,H &= 0,360 \\ O'' &= 0,086 \\ O< &= \underline{0,012} \\ \mathfrak{M}_\gamma - \mathfrak{M}_\alpha \text{ (ber.)} &= 0,653 \\ \mathfrak{M}_\gamma - \mathfrak{M}_\alpha \text{ (beob.)} &= \underline{0,64} \\ \triangle &= +0,01 \end{aligned}$$

Äthylbutyrat.

$$C_6H_{12}O''O< \qquad \begin{aligned} 6\,C &= 0,234 \\ 12\,H &= 0,432 \\ O< &= 0,012 \\ O'' &= \underline{0,086} \\ \mathfrak{M}_\gamma - \mathfrak{M}_\alpha \text{ (ber.)} &= 0,764 \\ \mathfrak{M}_\gamma - \mathfrak{M}_\alpha \text{ (beob.)} &= \underline{0,75} \\ \triangle &= +0,01 \end{aligned}$$

Äthyläther.

$$C_4H_{10}O <$$

$$\mathfrak{M}_\gamma - \mathfrak{M}_\alpha \text{ (ber.)} = 0{,}528$$
$$\mathfrak{M}_\gamma - \mathfrak{M}_\alpha \text{ (beob.)} = \underline{0{,}55}$$
$$\triangle = -0{,}02$$

Isoamylalkohol.

$$C_5H_{12}O'$$

$$\mathfrak{M}_\gamma - \mathfrak{M}_\alpha \text{ (ber.)} = 0{,}646$$
$$\mathfrak{M}_\gamma - \mathfrak{M}_\alpha \text{ (beob.)} = \underline{0{,}64}$$
$$\triangle = \pm 0{,}00$$

Önanthylsäure.

$$C_7H_{14}O''O'$$

$$\mathfrak{M}_\gamma - \mathfrak{M}_\alpha \text{ (ber.)} = 0{,}875$$
$$\mathfrak{M}_\gamma - \mathfrak{M}_\alpha \text{ (beob.)} = \underline{0{,}89}$$
$$\triangle = -0{,}02$$

Acetylchlorid.

$$C_2H_3O''Cl$$

$$\mathfrak{M}_\gamma - \mathfrak{M}_\alpha \text{ (ber.)} = 0{,}448$$
$$\mathfrak{M}_\gamma - \mathfrak{M}_\alpha \text{ (beob.)} = \underline{0{,}48}$$
$$\triangle = -0{,}03$$

Diese wenigen willkürlich aus den zahlreichen Daten Brühls ausgewählten Beispiele zeigen, daß die Übereinstimmung zwischen berechnetem und gefundenem Wert, trotzdem die ausgewählten Substanzen ein verhältnismäßig geringes Molekulargewicht besitzen, nicht so gut ist als beim Brechungsvermögen. Tatsächlich wird das Dispersionsvermögen durch die Konstitution stärker beeinflußt als das Brechungsvermögen, so daß die in der Tabelle XXIII angeführten Atomwerte nur als grobe Annäherung betrachtet werden können. Abgesehen von der stärker konstitutiven Natur des Dispersionsvermögens sind die von dieser Eigenschaft gezeigten Beziehungen den beim Brechungsvermögen beschriebenen sehr ähnlich. Aus der folgenden Tabelle[1]) ergibt sich übersichtlich, wie das Zerstreuungsvermögen einer Verbindung durch Äthylenverbindungen, Halogene, Schwefel beeinflußt wird.

---

[1]) Roth-Eisenlohr, Refraktiometrisches Hilfsbuch (Leipzig 1911).

Tabelle XXII.

Dispersion der Wasserstofflinien r_γ und r_α.

Aliphat. Verbindungen		Olefinische Verbindungen		Aromat. Verbindungen	
Äthylalkohol	0,0096	—		—	
n-Propylalkohol	0,0103	Allylalkohol	0,0150	Phenol	0,0315
Hexan	0,0102	Hexylen	0,0140	Benzol	0,0269
Äthylbromid	0,0153	Allylbromid	0,0213	Brombenzol	0,0319
Äthylmerkaptan	0,0168	Allylsulfid	0,0225	Thiophenol	0,0471

Da, wie bereits angedeutet, weder die Cauchysche noch eine andere Formel die Berechnung der Molekularrefraktion auf einen dispersionsfreien Index gestattet, und da andererseits eine enge Beziehung zwischen Refraktion und Dispersion besteht, so sucht man neuerdings sowohl die Ergebnisse der Brechung wie diejenigen der Zerstreuung zu verwerten. Aus diesem Grunde hat Eisenlohr auch die Werte für die Dispersionsäquivalente neu berechnet; die Zahlen sind neben den neuen Refraktionsäquivalenten in Tabelle XVIIIa angeführt. Im folgenden wird bei der Mitteilung neuerer Ergebnisse neben der Refraktion stets die Dispersion berücksichtigt werden.

Es sei hier noch darauf hingewiesen, daß die Dispersion Maxima und Minima aufweist, die allerdings zumeist, wenigstens bei nicht stark gefärbten Stoffen, im nicht sichtbaren Teil des Spektrums liegen. Diese anormale Dispersion widerspricht natürlich den Kurven, welche sich aus den in § 1 angeführten Formeln berechnen lassen.

Eine wichtige theoretische Grundlage für die Dispersionserscheinungen läßt sich aus der Corpusculartheorie der Materie ableiten, die von J. J. Thomson aufgestellt worden ist. Dieser Theorie nach ist die Valenz als ein elektrisches Phänomen aufzufassen. Die Affinität eines Atoms wird durch die Instabilität des Corpuscularsystems hervorgerufen, von dem es gebildet ist. Um ein stabiles Gleichgewicht zu erhalten, müssen ein oder mehrere „Elektronen" aus dem System ausgeschleudert werden, die Anzahl dieser Elektronen (oder Gruppen von Elektronen), die auf diese Weise beweglich gemacht sind, bestimmt die Wertigkeit des Elementes. Die mathematische Durchführung dieser Theorie ist so weit gediehen, daß es möglich ist, eine Beziehung zwischen vielen optischen Eigenschaften der Materie und der Anzahl der beweglichen Elektronen abzuleiten.

Drude hat gezeigt, wie es möglich ist, aus der Dispersion eines Stoffes die geringste Zahl beweglicher Elektronen zu berechnen, welche eine freie Schwingungsperiode besitzen, und hat gefunden, daß die Molekularwerte dieser Zahlen sich als die Summe von Atomwerten ergeben, die ungefähr konstant sind. Einige dieser Atomwerte sind in der folgenden Tabelle enthalten; man wird erkennen, daß sie ungefähr mit der Valenzzahl der Elemente übereinstimmen.

Element	P	Element	P
Wasserstoff	1,5	Kohlenstoff	3,7
Calcium	1,5	Silicium	3,9
Sauerstoff	2,7	Chlor	6,2

P = die Anzahl der Elektronen, welche die Dispersion beeinflussen.

Daraus ergibt sich die nahe Beziehung zwischen der Valenz und den Dispersionselektronen. Es muß bemerkt werden, daß eine größere Übereinstimmung zwischen den Werten von P und der Wertigkeit kaum erwartet werden kann, da bei der Berechnung eine Reihe von Vereinfachungen vorgenommen werden mußte. Überdies hat Erfle gezeigt, daß die Atomwerte von P von der Konstitution beeinflußt werden. Nach der von Brühl angewandten Methode zur Berechnung der Atombrechungen hat Erfle[1] die folgenden Werte für $P \cdot \dfrac{e}{m} \cdot 10^{-7}$ erhalten:[2]

Tabelle XXIII.

	$P\dfrac{e}{m}10^{-7}$		$P\dfrac{e}{m}10^{-7}$
CH_2	5,65	Chlor	6,25
O= (in >CO)	2,01	Brom	5,92
O— (in —OH)	2,51	Jod	3,73
O< (in Estern)	3,53	Fluor	2,2
O (in Äthern)	2,11	Benzolring	—7,61
Wasserstoff	1,60	Äthylenbindung	—5,03
Kohlenstoff	2,45	Acetylenbindung	—1,82

[1] Optische Eigenschaften und Elektronentheorie, Inauguraldissertation (Leipzig 1907).

[2] Der Wert von $\dfrac{e}{m}$ ist konstant und stellt das Verhältnis der Ladung zur Masse des Elektrons dar. Das zur Berechnung angewandte Dispersionsintervall reichte von H_β bis H_γ.

Die Molekularwerte von $P \cdot \dfrac{e}{m} \cdot 10^{-7}$ für eine Substanz kann man aus diesen Atomwerten berechnen, doch stimmt das Resultat nicht immer sehr gut mit der Zahl überein, die man direkt aus der Dispersion der Substanz erhält, z. B.

Tabelle XXIV.

	$P\dfrac{e}{m}10^{-7}$	
	beobachtet	berechnet
Acetaldehyd	13,21	13,31
Acetylchlorid	17,64	17,96
Propylchlorid	24,72	24,80
Äthylbromid	18,33	18,82
Pentan	30,98	31,45
Allyläthyläther	26,18	25,33
Allylacetat	26,51	25,56
Allylalkohol	15,93	14,43

Bemerkenswert sind die negativen Werte für die ungesättigten Bindungen; in der Sprache der Wertigkeit heißt dies, daß Nichtsättigung entweder die Anzahl der Valenzelektronen vermindert oder ihre freie Schwingungsperiode so sehr ändert, daß sie aufhören, auf die Dispersion in der betreffenden Gegend des Spektrums einen Einfluß auszuüben.

Zu erwähnen ist auch, daß die Nebeneinanderstellung ungesättigter Gruppen den Wert von $P \cdot \dfrac{e}{m} \cdot 10^{7}$ beeinflußt; dies geht aus dem folgenden Vergleich der gefundenen und berechneten Werte hervor.

Tabelle XXV.

	$P\dfrac{e}{m}10^{-7}$	
	beobachtet	berechnet
Crotonsäureäthylester	29,98	31,21
$CH_3CH = CH - C - OC_2H_5$		
$\quad\quad\quad\quad| $		
$\quad\quad\quad\quad O$		

---

[1]) Unter der Annahme dreier Äthylenbindungen.

	$P\dfrac{e}{m}10^{-7}$	
	beobachtet	berechnet
Aconitsäureäthylester	56,3	69,8
Benzol	16,7	9,2[1]

$$C_2H_5OOC\cdot CH_2\text{---}C{=\!=}CH\text{---}C\text{---}OC_2H_5$$
$$COOC_2H_5O$$

$$CH\text{---}CH$$
$$CH\qquad CH$$
$$CH{=}CH$$

§ 12. Die Bildung gesättigter Ringsysteme.

Der Einfluß der Ringbildung auf das Brechungsvermögen wurde zuerst von Brühl studiert. Aus Messungen der Refraktion von Dichlortrimethylen,[1] Paraldehyd[2] und Epichlorhydrin[3] wurde geschlossen, daß die Ringbildung das Brechungsvermögen nicht beeinflußt; doch sind die Daten nicht zahlreich, und bei den Trimethylenderivaten scheint der Unterschied zwischen gefundenen und berechneten Werten zu groß, um diese Folgerung zu stützen. In der folgenden Zusammenstellung sind die gefundenen Daten wiedergegeben.

Tabelle XXVI.

	$\mathfrak{M}_\alpha$ (beob.)	$\mathfrak{M}_\alpha$ (ber.)	$\triangle$
Dichlortrimethylen $CCl_2{<}^{CH_2}_{CH_2}$	24,05	23,54	0,51
Paraldehyd	32,40	32,10	0,30
Epichlorhydrin	20,47	20,28	0,19

Die Versuche von Eykman[4] mit Derivaten des Piperidins und Pyrrolidins sind überzeugender.

---

[1] Brühl, Ber. d. Dtsch. chem. Ges. **12**, 2146 (1879).
[2] Brühl, Ann. d. Chem. **203**, 43 (1880).
[3] Brühl, Ber. d. Dtsch. chem. Ges. **24**, 657 (1891).
[4] Ber. d. Dtsch. chem. Ges. **25**, 3071 (1892).

Tabelle XXVII.

		$\mathfrak{M}_\alpha$ (beob.)	$\mathfrak{M}_\alpha$ (ber.)[1]
Piperidin	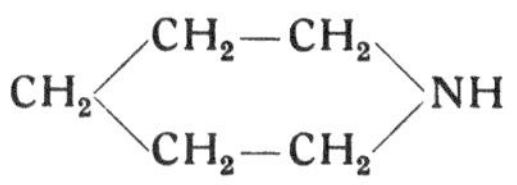 $CH_2\!\!<\!\!\begin{array}{c}CH_2\!-\!CH_2\\ CH_2\!-\!CH_2\end{array}\!\!>\!NH$	26,57	26,56
N-methylpiperidin . . .	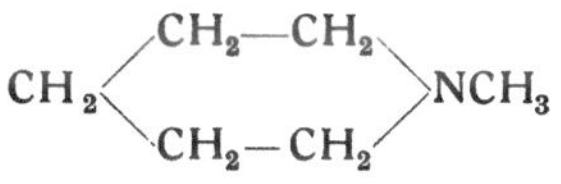 $CH_2\!\!<\!\!\begin{array}{c}CH_2\!-\!CH_2\\ CH_2\!-\!CH_2\end{array}\!\!>\!NCH_3$	31,66	31,45
N-methyl-α-pipecolin . .	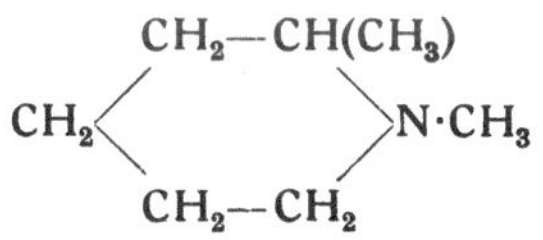 $CH_2\!\!<\!\!\begin{array}{c}CH_2\!-\!CH(CH_3)\\ CH_2\!-\!CH_2\end{array}\!\!>\!N\!\cdot\!CH_3$	36,07	36,16
N-methyl-α-methyl-pyrrolidin	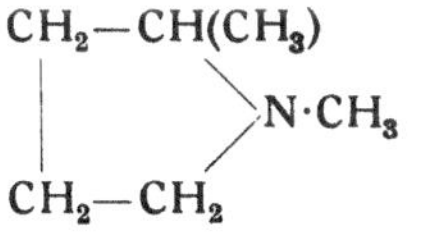 $\begin{array}{c}CH_2\!-\!CH(CH_3)\\ \mid\qquad\\ CH_2\!-\!CH_2\end{array}\!\!>\!N\!\cdot\!CH_3$	31,59	31,45
N-methyl-α,α′-dimethyl-pyrrolidin	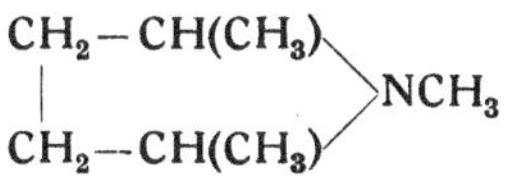 $\begin{array}{c}CH_2\!-\!CH(CH_3)\\ \mid\qquad\\ CH_2\!-\!CH(CH_3)\end{array}\!\!>\!NCH_3$	36,07	36,16
α,α′-Dimethyl-pyrrolidin	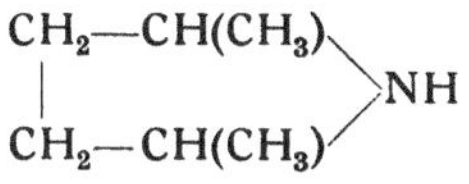 $\begin{array}{c}CH_2\!-\!CH(CH_3)\\ \mid\qquad\\ CH_2\!-\!CH(CH_3)\end{array}\!\!>\!NH$	31,34	31,13

Erst allmählich sind genügend Daten gefunden worden, um den Einfluß der Ringbildung in homocyclischen Systemen einem Studium unterziehen zu können. Wallach[2]) und Willstätter[3]) haben die Zahlen für die cyclischen Ketone und Kohlenwasserstoffe zusammengestellt. Sie sind in Tabelle XXVIII angeführt.

---

[1]) Aus den Brühlschen Werten für C, H und N.
[2]) Wallach, Ann. d. Chem. **353**, 331 (1907).
[3]) Willstätter, Ber. d. Dtsch. chem. Ges. **40**, 3982 (1907); **41**, 1480 (1908).

Tabelle XXVIII.

Substanz	t	$\mathfrak{M}_a$ (beob.)	$\mathfrak{M}_a$ (ber.)	$\triangle$
Cyclobutan	0°	18,22	18,41	—0,19
Cyclopentan	16,0	23,09	23,01	+0,08
Cyclohexan	19,5	27,67	27,62	+0,05
Cycloheptan	20	32,18	32,22	—0,04
Cyclooctan	20	36,58	36,82	—0,24
Cyclononan	16	42,36	41,61	+0,75
Cyclopentanon	—	23,19	23,20	—0,01
Cyclohexanon	—	27,82	27,80	+0,02
Cycloheptanon	—	32,32	32,40	—0,08
Cyclooctanon . . .	—	36,64	37,00	—0,36

Die berechneten Werte wurden aus der Summe der Brechungsvermögen der Bestandteile erhalten. Da der Unterschied zwischen ihnen und den beobachteten Werten in den meisten Fällen kleiner als 0,10 Einheiten ist, so folgt, daß die Bildung dieser cyclischen Systeme ohne Einfluß auf das Brechungsvermögen bleibt. Etwas anormal scheint das Cyclononan zu sein, doch ist es zweifelhaft, ob die Substanz ganz rein war.[1] Das Brechungsvermögen des Stammkohlenwasserstoffes der Trimethylenreihe ist nicht gemessen. Tschugaeff[2] hat indes die interessante Beobachtung gemacht, daß die Refraktion von Trimethylenderivaten[3] im allgemeinen größer ist, als der aus der Summe der Elemente berechnete Wert, und zwar für r_D um 0,67 im Mittel. Der optische Charakter des Trimethylenringes ist demnach ähnlich dem der Äthylenbindung, wie denn überhaupt zwischen den beiden eine starke chemische Ähnlichkeit besteht, die sich in dem Additionsbestreben und in dem Verhalten gegenüber oxydierenden Substanzen zeigt. Die Daten sind aus den Beobachtungen von Brühl,[4] Tschugaeff[5] zusammengestellt; die Zahlen von Zelinsky und Zelikow[6] lassen unreine Präparate vermuten.

---

[1] Willstätter und Kametaka, Ber. **40**, 4876 (1907).

[2] Ber. d. Dtsch. chem. Ges. **33**, 2122 (1900).

[3] Die kürzlich von Prileschajeff, Ber. d. Dtsch. chem. Ges. **42**, 4811 (1909) gemachten Messungen scheinen darauf hinzuweisen, daß die Bildung eines Äthylenoxydringes von einem geringen Anstieg des Brechungsvermögens begleitet ist.

[4] Ber. d. Dtsch. chem. Ges. **25**, 1954 (1892); **32**, 1228 (1899).

[5] Ber. d. Dtsch. chem. Ges. **33**, 2122 (1900).

[6] Ber. d. Dtsch. chem. Ges. **34**, 2859, 2867 (1901).

Tabelle XXIX.

Substanz	$\mathfrak{M}_D$ (beob.)	$\mathfrak{M}_D$ (ber.)	$\triangle$
Trimethylencarbonsäure	20,68	20,12	+0,66
1 · 1-Dimethyltrimethylen	23,74	23,02	+0,72
Dichlortrimethylen	24,18	23,70	+0,48

Beim Caron

$$
\begin{array}{c}
CH_3\ \ CH_3 \\
\diagdown\ \diagup \\
C \\
| \\
CH \\
\diagup\ \ \ \diagdown \\
CH_2\ \ \ \ \ \ CH \\
\ \ \ \ \ \ \ \ \ | \\
CH_2\ \ \ \ \ \ CO \\
\diagdown\ \ \diagup \\
CH \\
| \\
CH_3
\end{array}
$$

beträgt die Zunahme wegen der Ringbildung etwa 0,88 Einheiten, während sie für das ähnlich konstituierte Thujon etwas geringer ist.

$$
\begin{array}{c}
CH_3\ \ CH_3 \\
\diagdown\ \diagup \\
CH \\
| \\
CH \\
\diagup\ \ \ \diagdown \\
CH_2\ \ \ \ \ \ CH_2 \\
|\ \ \ \ \ \ \ \ \ | \\
CH\ \ \ \ \ \ CO \\
\diagdown\ \ \diagup \\
CH \\
| \\
CH_3
\end{array}
$$

$$
\begin{aligned}
\text{Thujon} - \mathfrak{M}_D \ (\text{beob.}) &= 44{,}78 \\
\mathfrak{M}_D \ (\text{ber.}) &= 44{,}11 \\
\triangle &= +0{,}67
\end{aligned}
$$

Weitere Daten gibt die folgende Übersicht nach Eisenlohr:

$$\mathfrak{M}_D \text{ (beob.)} - \mathfrak{M} \text{ (ber.)}$$

Thujylalkohol — 0,65

Thujylmethyläther — 0,73

Thujen (α) — 0,67

Thujylamin (Wallach, Semmler) — 0,61 / 0,67 / im Mittel 0,67

Das Caron enthält die ungesättigte Carbonylgruppe an den Trimethylenring angrenzend, während im Thujon diese Gruppe durch die gesättigte Methylengruppe getrennt ist. Bei den optischen Anomalien wird darauf näher eingegangen, daß Substanzen, welche die Carbonylgruppe unmittelbar neben einer Äthylenbindung oder neben irgend einer anderen ungesättigten Gruppe enthalten, bei denen also die Carbonylgruppe mit der Äthylenbindung oder dem Trimethylenring „konjugiert" ist, eine ähnliche Erhöhung aufweisen. Ähnlich verhält sich Sabinen, bei dem die Äthylenbindung mit dem Trimethylenring konjugiert ist.

Bei den Substitutionsprodukten anderer Polymethylene findet man keine so gute Übereinstimmung zwischen gefundenem und berechnetem Werte des Brechungsvermögens wie bei den Stammkohlenwasserstoffen. Die Beispiele für dieses Verhalten sind verschiedenen Quellen entnommen.

Es ist zu beachten, daß der Unterschied geringer ist als bei den Trimethylenderivaten und am kleinsten bei den Pentamethylenverbindungen wird. Wahrscheinlich entspricht die Zunahme für Ringbildung in diesen Systemen der „Spannung" des cyclischen Systems, wofür bereits der Gang von $\triangle$ in Tabelle XXVIII spricht. Eine Stütze hierfür bilden weitere Untersuchungen von Eykman. Der Wert einer nichtcyclischen Methylengruppe in den Alkylderivaten des Pentamethylens ist normal.

$$
\begin{array}{lr}
\text{Hydrocampholen} & 41,44 \\
\text{Cyclopentan} & 23,01 \\
\hline
4\,CH_2 & 18,43 \\
CH_2 = & 4,61
\end{array}
$$

$$
\begin{array}{lr}
\text{Hydroisolaurolen} & 36,78 \\
\text{Cyclopentan} & 23,01 \\
\hline
3\,CH_2 & 13,77 \\
CH_2 = & 4,59
\end{array}
$$

In den **Cyclohexanen** ist er hingegen etwas höher:

$$
\begin{array}{lr}
\text{Methylcyclohexan} & 32,33 \\
\text{Cyclohexan} & 27,54 \\
\hline
CH_2 = & 4,79
\end{array}
$$

$$
\begin{array}{lr}
\text{Dimethylcyclohexan} & 37,04 \\
\text{Cyclohexan} & 27,54 \\
\hline
\end{array}
$$

$$
CH_2 = \frac{9,50}{2} = 4,75
$$

Nasini und Carrara[1]) haben beobachtet, daß das Brechungsvermögen einiger heterocyclischer Verbindungen, welche ungesättigten Kohlenstoff und andere Elemente enthalten, oft niedriger ist als der berechnete Wert; doch ist dies auf die gemeinsame Wirkung ungesättigter Gruppen und nicht auf die Ringbildung zurückzuführen.

---

[1]) Zeitschr. f. phys. Chem. **17**, 539 (1895).

Tabelle XXX.[1][2][3][4]

Substanz	Formel	$\mathfrak{M}a$ (beob.)	$\mathfrak{M}a$ (ber.)	$\triangle$
Tetramethylen-carbonsäure .	C_4H_7COOH	25,01	24,48	$+0,53$
Hydroisolauro-len	$CH_2-CH\big\langle{}^{CH_3}_{C(CH_3)_2}$ mit CH_2-CH_2	36,78	36,56	$+0,22$
Hydrocampho-len	$CH_3\ CH_3$ / $CH-CH$ / $C(CH_3)_2$ / CH_2-CH_2	41,44	41,14	$+0,30$
Menthan . . .	$CH_3-CH\langle{}^{CH_2-CH_2}_{CH_2-CH_2}\rangle CH-CH(CH_3)_2$	46,15	45,71	$+0,44$
1·3-Dimethyl-cyclohexan .	$CH_3.CH\langle{}^{CH_2-CHCH_3}_{CH_2-CH_2}\rangle CH_2$	37,04	36,56	$+0,48$
1·1-Dimethyl-cyclohexan .	$(CH_3)_2C\langle{}^{CH_2-CH_2}_{CH_2-CH_2}\rangle CH_2$	36,80	36,56	$+0,24$
Methylcyclo-hexan. . . .	$CH_3-CH\langle{}^{CH_2-CH_2}_{CH_2-CH_2}\rangle CH_2$	32,33	32,0	$+0,33$

Semmler[5] hat gefunden, daß viele Substanzen mit poly-cyclischen Systemen eine ähnliche Unregelmäßigkeit zeigen wie die Trimethylenderivate.

---

[1] Brühl, Ber. d. Dtsch. chem. Ges. **32**, 1222 (1899).
[2] Crossley und Renouf, Trans. Chem. Soc. **89**, 1 (1906); Eykman, Chem. Weekblad **4**, 50 (1907).
[3] Eykman, Chem. Weekblad **3**, 690 (1906).
[4] Perkin, Trans. Chem. Soc. **91**, 835 (1907).
[5] Ber. d. Dtsch. chem. Ges. **40**, 1120 (1907).

Tabelle XXXI.[1][2][3])

Substanz		$\mathfrak{M}$ (beob.)	$\mathfrak{M}$ (ber.)	$\triangle$
Bicyclononan		(α) 39,26	39,03	+0,23
Tricyclodecan		(α) 41,65	41,30	+0,35
Cyclen		(α) 42,46	41,30	+1,16

Bei der Berechnung der theoretischen Werte ist auf die ungesättigten Gruppen Rücksicht genommen worden. Eine Betrachtung der Tabelle lehrt, daß der Wert von $\triangle$ am größten ist für Substanzen, welche den Trimethylenring enthalten; doch muß erwähnt werden, daß er auch hier dem Werte für die Äthylenbindung nicht nahekommt. Dieser Umstand ist, wie später gezeigt werden wird, zur Aufklärung der Konstitution einiger Terpene benutzt worden.

Messungen von Eykman[4]) an gesättigten und heterocyclischen Ringen, und zwar an Pyridin, Methyl-α-Pyrrolidin und Methyl-α-Pipecolin haben ergeben, daß die Ringbildung sich in dem Refraktionswert nicht ausdrückt.

§ 13. Optische Anomalie.[5])

Aus dem im vorigen Gesagten geht hervor, daß das Brechungsvermögen eines Elementes von seiner Valenzbetätigung abhängt, und daß es bei einigen wenigen Elementen möglich ist, einen bestimmten Wert der Refraktion für gewisse spezielle Sättigungsbedingungen festzulegen; in fast allen Fällen steigt der Wert des Brechungsvermögens mit dem Grade der Nichtsättigung. Dreifach gebundener Kohlenstoff besitzt ein höheres Brechungsvermögen, als doppelt gebundener, und dieser wieder hat einen größeren

---

[1]) Eykman, Chem. Zentralbl. II **1907**, 1205.
[2]) Kannonikow, Journ. f. prakt. Chem. [2] **32**, 594 (1885).
[3]) Aus „Die ätherischen Öle" (Semmler) Bd. **2** u. **3**, (Leipzig 1906/07).
[4]) Ber. d. Dtsch. chem. Ges. **25**, 3069 (1892).
[5]) Brühl, Ber. d. Dtsch. chem. Ges. **46**, 878, 1153 (1907); **41**, 3712 (1908).

Wert als einfach gebundener Kohlenstoff. Auch der Carbonyl-sauerstoff hat einen höheren Wert als der Äthersauerstoff.

Es besteht jedoch kein Zweifel darüber, daß das Brechungs-vermögen nicht nur von dem Grade der Sättigung abhängig ist, sondern auch von der relativen Lage der ungesättigten Gruppen im Molekül. Enthält ein Molekül nur eine ungesättigte Gruppe, so kann man sein Brechungsvermögen als normal bezeichnen und es mit ziemlicher Genauigkeit aus dem Brechungsvermögen der Elemente berechnen, wenn man auf die ungesättigte Gruppe ent-sprechend Rücksicht nimmt. Wenn aber eine zweite ungesättigte Gruppe in eine unmittelbar benachbarte Stellung eingeführt wird, so wird das molekulare Brechungsvermögen anormal. In diesem Falle weicht der wahre Wert sehr stark von dem unter Berück-sichtigung der ungesättigten Gruppen berechneten Werte ab. Dieser Unterschied zwischen beobachtetem und berechnetem Werte sei als „optische Anomalie" bezeichnet.

Wenn, wie es meist der Fall ist, der Wert durch Einführung der zweiten ungesättigten Gruppe steigt, so nennt man dies optische Erhöhung oder Exaltation;[1]) wenn er unter den berechneten Wert fällt, so wird dies als optische Depression bezeichnet. In den meisten Fällen verschwindet die Anomalie, wenn die beiden ungesättigten Gruppen durch eine gesättigte getrennt sind; die ungesättigten Gruppen sind dann isoliert. Daraus geht hervor, daß zwei benachbarte ungesättigte Gruppen sich in einem be-sonderen Zustand befinden; sie sind konjugiert. Brühl hat den Ausdruck „konjugiert" auf irgend welche Anordnung ungesättig-ter Gruppen angewandt, welche einen gegenseitigen Einfluß auf-einander ausüben.

Es ist nicht notwendig, daß der anormale Zustand zweier benach-barter ungesättigter Gruppen chemisch augenscheinlich wird. Thiele[2]) hat hervorgehoben, daß sich viele Substanzen mit zwei benachbarten Äthylenbindungen häufig so verhalten, als ob die Restaffinitäten der ungesättigten Gruppen sich an den Enden des Systems befänden. So geben viele Stoffe mit der Gruppe

$$-CH{=}CH{-}CH{=}CH-$$

bei der Reduktion

$$-CH_2{-}CH{=}CH{-}CH_2-$$

und nicht

$$-CH_2{-}CH_2{-}CH{=}CH-,$$

---

[1]) Nasini, Gazz. Chim. Ital. **37**, II, 55 (1907).
[2]) Thiele, Ann. d. Chem. **306**, 89 (1899); **311**, 248 (1900); **319**, 129 (1901).

wie man auf Grund der Sättigung einer einzelnen Doppelbindung
erwarten sollte. Um dieses besondere Verhalten zu erklären, nimmt
Thiele an, daß jedes ungesättigte Kohlenstoffatom noch Restaffinitäten betätigt und die Restaffinitäten der Kohlenstoffatome beider Doppelbindungen sich gegenseitig absättigen. Man
pflegt dies graphisch darzustellen, indem man die Formel schreibt:

$$X-\overset{.}{C}H=\overset{.}{C}H-\overset{.}{C}H=\overset{.}{C}H-Y,$$

wobei die gestrichelten Linien die Restaffinitäten oder (wie Thiele
sie nennt) die Partialvalenzen vorstellen. Es erscheinen daher
die Endkohlenstoffatome der Gruppe als Hauptsitz der Nichtsättigung, so daß sich irgendwelche andere Atome, die sich dem
System anschließen, dort addieren.[1]) Sind die ungesättigten Gruppen
isoliert, so sind die Additionsreaktionen normal. Abnormales Verhalten wurde auch bei den α-β ungesättigten Ketonen beobachtet,[2])
welche eine mit einer Doppelbindung konjugierte Carbonylgruppe
enthalten, wie

$$-CH=CH-CO-CH_2-.$$

In diesen Verbindungen ist die Reaktionsfähigkeit der Äthylenbindung besonders gesteigert, während die der Carbonylgruppe
sehr verringert ist. Reagentien, welche sich in normalen Ketonen
mit der Carbonylgruppe verbinden, greifen nun die Äthylenbindung
an. So geht z. B. die Reduktion von Benzalaceton[3]) mit Alumi-
niumamalgam in ätherischer Lösung nach folgendem Schema vor
sich:

$$2C_6H_5-CH=CH-CO-CH_3 \rightarrow \begin{array}{l} C_6H_5-CH-CH_2-CO-CH_3 \\ \qquad\quad | \\ C_6H_5-CH-CH_2-CO-CH_3. \end{array}$$

Andere Reagentien, wie Cyanwasserstoff, Ammoniak, Hydroxylamin und Mercaptan wirken in ähnlicher Weise. Phoron und
Ammoniak[4]) vereinigen sich in folgender Weise:

$$(CH_3)_2C=CH-CO-CH=C(CH_3)_2+2NH_3= \begin{array}{l} (CH_3)_2C-CH_2-CO-CH_2-C(CH_3)_2, \\ \quad\;\; | \qquad\qquad\qquad\qquad | \\ \quad\; NH_2 \qquad\qquad\qquad\; NH_2 \end{array}$$

---

[1]) Es wurde gefunden, daß die Reaktion normal vor sich geht, wenn die
Gruppen X und Y oder die beiden eintretenden Elemeute voneinander sehr verschieden sind.

[2]) Harries, Ann. d. Chem. **330**, 185 (1904).

[3]) Harries und Eschenbach, Ber. d. Dtsch. chem. Ges. **29**, 383 (1896).

[4]) Heintz, Ann. d. Chem. **203**, 336 (1880).

indem sie Triacetondiamin bilden. Mesityloxyd verbindet sich mit Cyanwasserstoff nach dem Schema:[1]

$$(CH_3)_2C=CH-COCH_3 + HCN \quad \rightarrow \quad (CH_3)_2-\underset{\underset{CN}{|}}{C}-CH_2-CO-CH_3$$

mit Hydroxylamin[2]) unter gewissen Bedingungen zu

$$(CH_3)_2\underset{\underset{NHOH}{|}}{C}-CH_2-CO-CH_3.$$

und mit Natriumbisulfit[3]) zu dem Sulfonat

$$(CH_3)_2\underset{\underset{SO_3Na}{|}}{C}-CH_2-CO-CH_3.$$

Sind die Carbonylgruppe und die Doppelbindung getrennt, wie in den $\beta-\gamma$-Ketonen $CH_2=CH-CH_2-CO-CH_3$, Allylmethyl-keton, oder den $\gamma-\delta$-Ketonen $CH_2=CH-CH_2-CH_2-CO-CH_3$, Allylaceton, so zeigen die Gruppen ihre normale Aktivität. $\beta-\gamma$-sowie $\gamma-\delta$-Ketone können zu den entsprechenden ungesättigten sekundären Alkoholen reduziert werden, während diese Reaktion bei den $\alpha-\beta$-Ketonen unbekannt ist. Auch Hydroxylamin reagiert mit den $\beta-\gamma$-[4]) und den $\gamma-\delta$-[5]) Ketonen normal unter Bildung von Oximen.

Die beiden Systeme

$$-CH=CH-CH=CH-$$

und

$$-CH=CH-C=O$$

zeigen starke optische Anomalie, so daß der physikalische Befund die chemische Erfahrung unterstützt.

---

[1]) Lapworth, Trans. Chem. Soc. **85**, 1218 (1904).
[2]) Kerp und Müller, Ann. d. Chem. **299**, 213, 217 (1898).
[3]) Pinner, Ber. d. Dtsch. chem. Ges. **16**, 592 (1892).
[4]) Blaise, Bull. Soc. Chim. [3] **33**, 39—43 (1905).
[5]) Harries, Ann. d. Chem. **330**, 185—279 (1904).

Tabelle XXXII.

Äthylenbindungen.
Konjugiert.

Substanz	$\mathfrak{M}_\alpha$ (beob.)	$\mathfrak{M}_\alpha$ (ber.)	$\triangle$	$\mathfrak{M}_\gamma-\mathfrak{M}_\alpha$ (beob.)	$\mathfrak{M}_\gamma-\mathfrak{M}_\alpha$ (ber.)	$\triangle$
Isodiallyl[1] $CH_3CH=CH-CH=CHCH_3$	29,87	28,89	+0,98	1,46	1,05	0,41
Hexatrien[4] $CH_2=CH-CH=CH-CH=CH_2$	30,58	28,52	+2,06	—	—	—
Tropiliden[1]	31,57	30,89	+0,68	1,62	1,25	0,37
$\triangle$ 1,5 m-Menthadien[2]	(D) 45,94	45,24	+0,70	—	—	—
$\triangle$ 1,3 p-Menthadien[2]	(D) 46,17	45,24	+0,93	—	—	—
$\triangle$ 3,8 (9) p-Menthadien[2]	(D) 46,98	45,24	+1,74	—	—	—
	(α) 45,80[3]	44,97	+0,83	—	—	—

[1] Brühl, Ber. d. Dtsch. chem. Ges. **40**, 881 (1907).
[2] Auwers, Ber. d. Dtsch. chem. Ges. **39**, 3748 (1906).
[3] Perkin, Trans. Chem. Soc. **89**, 839 (1906), und Brühl, ibid. **91**, 115 (1907).
[4] W. Perkin, Trans. Chem. Soc. **91**, 806 (1907).

Nicht konjugiert.

Substanz	$\mathfrak{M}_a$ (beob.)	$\mathfrak{M}_a$ (ber.)	$\triangle$	$\mathfrak{M}_\gamma - \mathfrak{M}_a$ (beob.)	$\mathfrak{M}_\gamma - \mathfrak{M}_a$ (ber.)	$\triangle$
Diallyl[1] . . . . $CH_2=CHCH_2CH_2CH=CH_2$[1])	28,77	28,89	−0,12	—	—	—
l-Limonen[3])	45,26	44,97	+0,29	1,45	1,43	0,02
d-Limonen[3])	45,26	44,97	+0,29	1,45	1,43	0,02
Dipenten[3])	45,27	44,97	+0,30	1,45	1,43	0,02
Carvestren[2])	(D) 45,10	45,24	−0,14	—	—	—
Sylvestren[2])	(D) 45,22	45,24	−0,02	—	—	—

Äthylenbindung und Carbonylgruppe.
Konjugiert.

Substanz	$\mathfrak{M}_a$ (beob.)	$\mathfrak{M}_a$ (ber.)	$\triangle$	$\mathfrak{M}_\gamma - \mathfrak{M}_a$ (beob.)	$\mathfrak{M}_\gamma - \mathfrak{M}_a$ (ber.)	$\triangle$
Mesityloxyd[4]) . . . . $(CH_3)_2C=CH-CO(CH_3)$	30,13	29,39	+0,74	1,27	0,91	0,36
Phoron[4]) . . . . . . $(CH_3)_2C=CH-C-CH=C(CH_3)_2$	45,39	42,73	+2,66	—	—	—
Äthylcrotonat[5]) . . . . $CH_3CH=CH-CO(OC_2H_5)$	31,49	31,05	+0,44	1,11	0,93	0,18
Angelicasäure[6]) . . . . . . $CH_3CH=C(CH_3)COOH$	26,95	26,32	+0,63	—	—	—
α-β-Hexensäure[6]) . . . . . $CH_3CH_2CH_2CH=CHCOOH$	31,56	30,88	+0,68	—	—	—

Äthylfumarat[7]) . . . . $COOC_2H_5CH=CHCOOC_2H_5$	42,90	41,95	+0,95	—	—	—
Pulegon[8])	(D) 46,51	45,81	+0,70	—	—	—
Carvenon[8])	(D) 46,92	45,81	+1,11	—	—	—
Carvotanaceton[8])	(D) 46,84	45,81	+1,03	—	—	—

[1]) Brühl, Ber. d. Dtsch. chem. Ges. **40**, 881 (1907).
[2]) Auwers, Ber. d. Dtsch. chem. Ges. **39**, 3748 (1906).
[3]) Perkin, Trans. Chem. Soc. **89**, 839 (1906), und Brühl, ibid. **91**, 115 (1907).
[4]) Brühl, Ber. d. Dtsch. chem. Ges. **40**, 882 (1907).
[5]) Brühl, Ber. d. Dtsch. chem. Ges. **40**, 882 (1907).
[6]) Eykman, Rec. Pays-Bas. **12**, 161, 260 (1893); Chem. Zentralbl. II **1907**, 1205.
[7]) Knops, Ann. d. Chem. **248**, 175 (1888).
[8]) Berechnet nach den Daten in Beilstein.

Substanz	$\mathfrak{M}_\alpha$ (beob.)	$\mathfrak{M}_\alpha$ (ber.)	$\triangle$	$\mathfrak{M}_\gamma - \mathfrak{M}_\alpha$ (beob.)	$\mathfrak{M}_\gamma - \mathfrak{M}_\alpha$ (ber.)	$\triangle$
Citral[1] $(CH_3)_2C=CH(CH_2)_2-C=CHCHO$, CH_3	(D) 48,56	47,52	+1,04	—	—	—
Benzalcampher[2]	76,35	71,94	+4,41	—	—	—
Chinon[3] $CO\langle \substack{CH=CH \\ CH=CH} \rangle CO$	27,98	26,93	+1,05	—	—	—
Nicht konjugiert.						
Methylheptanon[4] $CH_3COCH_2CH_2CH=C(CH_3)_2$	38,83	35,53	+0,30	—	—	—
γ-δ-Pentensäure[4] $CH_2=CH-CH_2CH_2COOH$	26,18	26,32	−0,14	—	—	—
β-γ-Hexensäure[4] $CH_3-CH_2-CH=CH-CH_2COOH$	30,99	30,88	+0,11	—	—	—

[1]) Berechnet nach den Daten in Beilstein.
[2]) Haller, Compt. rend. **128**, 1370 (1899).
[3]) Anderlini, Gazz. Chim. Ital. **24**, 1, 157 (1894).
[4]) Eykman, Chem. Zentralbl. II **1907**, 1205.

	$\mathfrak{M}_\alpha$ (beob.)	$\triangle$	$\mathfrak{M}_\alpha$ (beob.)			
γ-δ-Hexensäure[1] . . . . CH₃CH=CH—CH₂CH₂COOH	30,98	30,88	+0,10	—	—	—
Dihydrocarvon[2]	(D) 45,84	45,81	+0,03	—	—	—

Tabelle XXXIII.
Vergleich Isomerer.

Konjugiert	$\mathfrak{M}_\alpha$ (beob.)	$\triangle$	$\mathfrak{M}_\alpha$ (beob.)	Nicht konjugiert
Isodiallyl . . . . CH₃CH=CH—CH=CHCH₃	29,87	1,10	28,77	Diallyl CH₂=CH—CH₂CH₂CH=CH₂
α-β-Hexensäure . . . . CH₃CH₂CH₂CH=CHCOOH	31,56	0,57	30,99	β-γ-Hexensäure CH₃CH₂CH=CHCH₂COOH
Carvenon	(D) 46,92	1,08	(D) 45,84	Dihydrocarvon
Angelicasäure . . . . CH₃CH=CCOOH	26,95	0,77	26,18	γ-δ-Pentensäure CH₂=CH—CH₂—CH₂COOH
△ 1,5 m-Menthadien	(D) 45,94	0,72	(D) 45,22	Sylvestren

[1] Eykman, Chem. Zentralbl. II **1907**, 1205. [2] Berechnet nach den Daten in Beilstein.

20*

Die Betrachtung der Tabellen XXXII und XXXIII lehrt, daß eine Substanz, welche zwei ungesättigte Gruppen nebeneinander enthält, ein bei weitem größeres Brechungsvermögen aufweist, als es sich aus den „normalen" Werten der Elemente berechnet; in den meisten Fällen ist der Unterschied etwa eine Einheit. Weiter erkennt man deutlich, daß die beobachtete Refraktion sich dem berechneten Werte nähert, wenn die Gruppen isoliert sind; die Maximaldifferenz beträgt hier 0,30 Einheiten bei den Limonenen und bei Methylheptenon. Diese Exaltation infolge der Konjugation ist insbesonders deutlich zu erkennen, wenn die Werte von Isomeren verglichen werden, von denen das eine konjugierte Gruppen, das andere keine enthält. Einige derartige Vergleiche sind in Tabelle XXXIII enthalten; die Kolonne unter $\triangle$ enthält die Differenzen zwischen den Molekularrefraktionen der Isomeren.

Einige der angeführten Stoffe enthalten ungesättigte Gruppen in mehrfacher Konjugation, d. h., es sind mehr als zwei Gruppen direkt miteinander verbunden, wie im Hexatrien

$$\overset{(1)}{CH_2}=CH-\overset{(3)}{CH}=CH-\overset{(5)}{CH}=CH_2,$$

bei welchem die doppelten Bindungen bei 1 und 5 jeweils mit der bei 3 befindlichen konjugiert sind. Man erkennt, daß solche Verbindungen im allgemeinen eine stärkere Steigerung aufweisen, als die einfach konjugierten, wenn auch die Zunahme keinesfalls der Anzahl der konjugierten Gruppen proportional ist. So ist beispielsweise die Steigerung für Mesityloxyd 0,73, während die des zweimal konjugierten Phorons 2,66 beträgt, also nahezu dreimal so groß ist; andererseits ist die Steigerung für Hexatrien (2,06) nur doppelt so groß als für Diallyl (0,98).

Einige weitere Beispiele aliphatischer Verbindungen sind in Tabelle XXXIV zusammengestellt. Der Gegensatz zwischen isolierter und nicht isolierter Konjugation konnte nur in einem Beispiele gezeigt werden, bei der Acetylen-Carbonylgruppe

$$-C\equiv C-C=O.$$

Die ganz rechts stehende Reihe enthält die Werte der Dispersionsanomalie.

Tabelle XXXIV.

Substanz	$\mathfrak{M}_\alpha$(beob.)	$\mathfrak{M}_\alpha$ (ber.)	$\triangle$	$\triangle\,\mathfrak{M}_\alpha\text{–}\mathfrak{M}_\gamma$
Propiolsäureäthylester[1) $CH{\equiv}CCOOC_2H_5$	25,12	24,62	+0,50	—
Äthyl-$\triangle\gamma$-Butinencarboxylat[1) $HC{\equiv}C-CH_2CH_2COOC_2H_5$ . . .	33,82	33,79	+0,03	—
Amylpropiolsäure[2) $CH_3(CH_2)_4C{\equiv}C \cdot COOH$	39,86	38,48	+1,38	—
Amylpropiolsäurenitril[2) $CH_3(CH_2)_4C{\equiv}C-C{\equiv}N$	38,40	36,71	+1,69	+0,28
Methylglyoxalaldoxim[3) $CH_3CO-CH{=}NOH$	21,39	20,39	+1,00	+0,54
Mesityloxim[4) $(CH_3)_2C{=}CH-C(CH_3){=}NOH$.	34,49	33,59	+0,90	+0,39
Cyan[4) $N{\equiv}C-C{\equiv}N$	12,26	11,08	+1,18	+0,08

Besonders interessant ist der Befund, daß bei zweien von diesen konjugierten Systemen eine Beziehung zwischen der Größe der Steigerung und der chemischen Natur der Substanz gefunden wurde. Moureu[5) hat gezeigt, daß bei den Acetylenderivaten die Anomalie mit dem negativen Charakter der substituierenden Gruppe wächst. Die folgenden Substanzen sind Beispiele hierfür.

Tabelle XXXV.

Substanz	$\mathfrak{M}_\alpha$(beob.)	$\mathfrak{M}_\alpha$ (ber.)	$\triangle$	$\triangle\,\mathfrak{M}_\alpha\text{–}\mathfrak{M}_\gamma$
Amylacetylen $CH_3(CH_2)_4C{\equiv}CH$	32,29	32,28	0,01	0,017
Amylpropiolacetal $CH_3(CH_2)_4C{\equiv}C-CH(OC_2H_5)_2$.	58,89	58,44	0,45	0,084
Amylpropiolsäuremethylester $CH_3(CH_2)_4C{\equiv}C-COOCH_3$ . . .	44,14	43,20	0,94	0,221
Amylpropiolsäure $CH_3(CH_2)_4C{\equiv}C \cdot COOH$	39,86	38,48	1,38	0,26
Amylpropiolsäurenitril $CH_3(CH_2)_4C{\equiv}C \cdot C{\equiv}N$	38,40	36,71	1,69	0,282
Phenylpropiolsäurenitril $C_6H_5C{\equiv}C \cdot C{\equiv}N$	41,92	37,97	3,95	1,672

[1) Perkin, Trans. Chem. Soc. **91**, 835 (1907).

[2) Moureu, Ann. Chim. Phys. [8] **7**, 536 (1906). In den berechneten Werten ist für die Acetylenbindung der aus Capryliden und Önanthyliden gefolgerte Wert eingesetzt.

[3) Muller und Bauer, Journ. de Chim. Phys. **1**, 190 (1903).

[4) Brühl, Ber. d. Dtsch. chem. Ges. **40**, 884 (1907).

[5) Moureu, Ann. Chim. Phys. [8] **7**, 536 (1906).

Als Normalwert für die Acetylenbindung ist hier 2,487 angenommen; dieser Wert wurde, wie erinnerlich, als Mittel aus den Bestimmungen für Amyl- und Hexylacetylen erhalten. Amylacetylen zeigt somit keine Steigerung. Der negative Charakter der substituierenden Gruppen wächst in der Reihenfolge der Tabelle, und man erkennt, daß die Steigerung ($\triangle$) der Molekularrefraktion und die Dispersionsanomalie ($\triangle M_\alpha - M_\gamma$) in derselben Reihenfolge zunimmt. Weiter ist darauf hinzuweisen, daß beim Ersatz der Amylgruppe im Amylpropiolnitril durch Phenyl die Anomalie um mehr als das Doppelte wächst.

Muller und Bauer[1] haben eine Reihe von Oximinoverbindungen untersucht, welche die schwach saure Gruppe $>C=NOH$ enthalten. Diese Stoffe bilden, wenn man sie nach steigender Anomalie ordnet, annähernd eine Reihe mit steigender Acidität. Auch hier scheinen optische Anomalie und Nichtsättigung parallel zu verlaufen. Muller und Bauer erhielten die folgenden Zahlen:

Tabelle XXXVI.

Substanz	$\mathfrak{M}_\alpha$(beob.)	$\mathfrak{M}_\alpha$ (ber.)	$\triangle$	$\triangle\,\mathfrak{M}_\gamma - \mathfrak{M}_\alpha$
CH_3-C-CH_3 . . . . $\quad\ \parallel$ $\quad\ NOH$	20,21	20,27	−0,06	—
$CH_3-C-COOC_2H_5$ . . . . $\quad\ \parallel$ $\quad\ NOH$	31,50	31,19	0,31	0,35
$CH_3-C-COOH$ . . . . $\quad\ \parallel$ $\quad\ NOH$	22,45	21,90	0,55	0,20
$CH_3CO-CH=NOH$	21,39	20,39	1,00	0,54
$CH_3CO-C-CH_3$ . . . . $\quad\qquad \parallel$ $\quad\qquad NOH$	25,93	24,97	0,96	0,37
$H_5C_2OOC-C-COOC_2H_5$ . . . . $\quad\qquad \parallel$ $\quad\qquad NOH$	34,09	32,97	1,12	0,20

[1] Journ. de Chim. Phys. 1, 190 (1903).

Substanz	$\mathfrak{M}_\alpha$(beob.)	$\mathfrak{M}_\alpha$ (ber.)	$\triangle$	$\triangle\,\mathfrak{M}_\gamma$–$\mathfrak{M}_\alpha$
$(HOOC)_2C=NOH$	25,28	23,53	1,75	0,54
$CH_3CO-C-COOC_2H_5$ . . . . . $\quad\ \ \\|$ $\quad\ NOH$	37,37	35,88	1,48	0,39
$CN-C-COOC_2H_5$ . . . . $\quad\ \\|$ $\quad NOH$	32,83	31,06	1,77	1,02
$CN-C-COOH$ . . . . $\quad\ \\|$ $\quad NOH$	23,78	21,77	2,01	—

Die Substanzen sind nach steigender Anomalie angeordnet. Die Tabelle ist in vier Gruppen eingeteilt, von denen jede Stoffe mit ähnlicher Steigerung und ähnlicher Acidität enthält. Die erste Gruppe enthält Acetoxim, eine neutrale Substanz mit normalem Brechungsvermögen. Die Verbindungen der zweiten Gruppe zeigen eine geringe Anomalie, ungefähr 0,5 Einheiten; sie sind sehr schwache Säuren, deren Natronsalze durch Wasser so stark hydrolisiert werden, daß die Lösungen die Ester gewöhnlicher Fettsäuren glatt verseifen. In der dritten Abteilung finden sich Stoffe, die etwa so sauer sind wie Phenol; ihre Steigerung ist größer als in der vorhergehenden Klasse und beträgt etwa eine Einheit. Die Stoffe der letzten Gruppe sind Säuren mäßiger Stärke zwischen Kohlensäure und Essigsäure. Hier ist die Acidität und die Steigerung am stärksten.

§ 14. Ausnahmen. — Der Benzolring.

Wenn auch in der Mehrzahl der Fälle dort, wo ungesättigte Gruppen direkt miteinander verbunden sind, eine Steigerung des Brechungsvermögens stattfindet, so ist es doch keine allgemeine Regel. So hat Brühl[1]) gezeigt, daß einige Verbindungen, welche nebeneinander befindliche ungesättigte Gruppen enthalten, optische Depression zeigen, während andere normal zu sein scheinen. Am deutlichsten wird die Depression bei einigen heterocyclischen Verbindungen, wie Thiophen, Furfuran und Pyrrol.

---

[1]) Brühl, Ber. d. Dtsch. chem. Ges. **4**, 1157 (1907).

Tabelle XXXVII.

Substanz	$\mathfrak{M}_\alpha$(beob.)	$\mathfrak{M}_\alpha$(ber.)	$\triangle$	$\triangle\mathfrak{M}_{\gamma-\alpha}$
Furfuran	18,42	19,21	−0,79	—
Pyrrol	20,75	21,12	−0,37	−0,04
Thiophen.	24,14	25,40	−1,26	−0,04

Furfuran:
$$O\underset{CH=CH}{\overset{CH=CH}{\big<}}$$

Pyrrol:
$$NH\underset{CH=CH}{\overset{CH=CH}{\big<}}$$

Thiophen:
$$S\underset{CH=CH}{\overset{CH=CH}{\big<}}$$

Als Beispiele für normale Substanzen, die konjugierte Doppelbindungen enthalten, führte Brühl die α-Diketone und das Benzol mit einigen seiner einfacheren Substitutionsprodukten an.

Tabelle XXXVIII.[1][2]

Substanz	$\mathfrak{M}_\alpha$(beob.)	$\mathfrak{M}_\alpha$(ber.)	$\triangle$	$\triangle\mathfrak{M}_{\gamma-\alpha}$
Diacetyl . . . . $CH_3COCOCH_3$	20,84	20,73	+0,11	+0,02
Acetylpropionyl . . . . $CH_3COCOCH_2CH_3$	25,30	25,31	+0,01	+0,02
Dipropionyl . . . . $CH_3CH_2COCOCH_2CH_3$	29,96	29,87	+0,09	—
Glyoxal . . . . $CHOCHO$	11,86	11,68	+0,18	—
Brenztraubensäure . . . . $CH_3COCOOH$	17,86	17,67	+0,19	+0,04
Toluol . . . . $C_6H_5 \cdot CH_3$	30,79	30,81	−0,10	−0,11
Benzol . . . . C_6H_6	25,93	26,31	−0,38	—

In dem Falle des Benzols und des Toluols versucht Brühl eine Erklärung für das neutrale optische Verhalten zu geben. Es ist wohlbekannt, daß sich Benzol nicht wie eine gewöhnliche ungesättigte Verbindung verhält; so ist es gegen oxydierende und additiv wirkende

---

[1] Anderlini, Gazz. Chim. Ital. **24**, 1, 157 (1894).
[2] Brühl, Zeitschr. f. phys. Chem. **1**, 349 (1887).

Reagentien widerstandsfähiger und überhaupt nicht so reaktionsfähig oder ungesättigt als die entsprechende Verbindung mit offener Kohlenstoffkette, das Hexatrien: $CH_2=CH-CH=CH-CH=CH_2$.

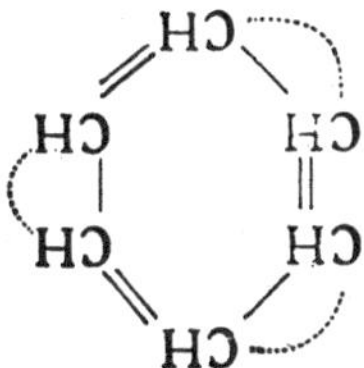

Da die sechs Kohlenstoffatome völlig gleichwertig sind, so gleichen sich die Partialvalenzen vollständig aus; dies betrachtet Brühl[1]) als die Ursache des Verschwindens der Steigerung. Er nennt diese Art Konjugation neutral, zum Unterschiede von der gewöhnlichen, von einer Steigerung begleiteten, die er „aktiv" benennt.

Ein gutes Beispiel eines neutral konjugierten Ringes bildet auch das Cyclooctatetraen von Willstätter und Waser,[2])

$$\begin{array}{c} CH-CH \\ CH \qquad CH \\ CH \qquad CH \\ CH-CH \end{array}$$

ein dem Benzol sehr ähnlich gebauter Achtring, der aber Brom addiert und bei gewöhnlicher Temperatur von Kaliumpermanganat angegriffen wird. r_D gef. 35,20, ber. 35,24. Die Verschiedenheit im Verhalten kann durch die verschiedene Spannung der Ringe erklärt werden.

Erwähnenswert ist, daß die Restaffinitäten der obengenannten Substanzen mit optischer Depression in einem dem Benzol ähnlichen Zustand existieren können. Wird das Thiophen- oder das Pyrrolmolekül mit Berücksichtigung der Partialvalenzen graphisch dargestellt, so erhält man die folgenden Formeln:

[1]) Ber. d. Dtsch. chem. Ges. **40**, 888 (1907).
[2]) Ber. d. Dtsch. chem. Ges. **44**, 3423 (1911).
[3]) Vgl. Ciamician, Ber. d. Dtsch. chem. Ges. **36**, 4200 (1904).

In Übereinstimmung mit dieser Formulierung steht die Tatsache, daß das Schwefelatom des Thiophens und die Iminogruppe im Pyrrol sehr viel weniger reaktionsfähig sind, als in den entsprechenden gesättigten Verbindungen mit offener Kette. So bilden beispielsweise die aliphatischen Sulfide durch Addition von Alkyljodid direkt Sulfoniumjodide und geben mit oxydierenden Reagentien Sulfoxyde und Sulfone. Thiophen hingegen reagiert nicht mit Alkyljodid und wird beim Angriff oxydierender Stoffe zertrümmert. Ähnliches gilt für das Pyrrol.[1]) Man kann annehmen, daß in diesen Stoffen die Restaffinitäten wie im Benzol ein geschlossenes System bilden. Sowohl Thiophen als auch Pyrrol zeigen optische Depression, auch beim Benzol findet sich eine geringe optische Depression von etwa 0,35 Einheiten; dies ist etwa derselbe Wert wie der für das Pyrrol, das Brühl zu den Stoffen mit optischer Depression zählt. Eisenlohr findet für Benzol $r_a = -0,10$, für $r_D = -0,11$. Toluol ist fast normal, doch ist hier ein Substituent, die CH_3-Gruppe, eingeführt und dies führt zu einer Steigerung. Auch bei den α-Diketonen, welche nicht die gewöhnliche Steigerung zeigen, ist Grund zu der Annahme, daß die Restaffinitäten ein geschlossenes System bilden.

Wenn in diesen cyclischen Verbindungen das Gleichgewicht des neutralen Systems der Restaffinitäten gestört wird, so tritt jene Steigerung wieder in Erscheinung, welche gewöhnlich die Folge zweier konjugierter ungesättigter Gruppen ist. Man kann dies auf zwei verschiedenen Wegen erreichen; entweder durch Einfügung eines weiteren Gliedes in den Ring oder durch Anlagerung eines ungesättigten Substituenten an eines der ungesättigten Atome des Systems. Ein Beispiel für den ersten Vorgang bildet Tropiliden im Vergleich mit Benzol. Durch die Einführung der Methylengruppe in das cyclische System des Benzols wird die neutrale Konjugation des letzteren gestört, aus der geringen Depression des Benzols wird eine Steigerung.

$$\Delta = -0,38 \qquad\qquad \Delta = +0,68$$

Benzol   Tropiliden.

---

[1]) Ciamician ibid.

Wird eine ungesättigte Gruppe an ein Molekül mit optischer Depression angelagert, so wird das Gleichgewicht der Affinitäten des cyclischen Systems gestört; die Substanz zeigt dann die gewöhnliche Steigerung. An dem Beispiel der Substitution des Wasserstoffes im Benzol durch die Vinylgruppe kann der entstehende Wechsel gezeigt werden:

$$\Delta = -\,0{,}38 \qquad\qquad \Delta = +\,0{,}90$$

Benzol $\qquad\qquad\qquad$ Styrol

Es geht daraus deutlich hervor, daß im Styrol die Vinylgruppe und der aromatische Kern konjugiert sind.

Weitere Beispiele für den Einfluß der Substitution ergeben sich aus der Reihe der heterocyclischen Verbindungen; man erkennt, daß die optische Depression der Stammsubstanzen durch die Substitution in eine Steigerung übergeht.

Tabelle XXXIX.

Substanz	$\mathfrak{M}_a$(beob.)	$\mathfrak{M}_a$ (ber.)	$\triangle$	$\triangle\,\mathfrak{M}_{\gamma-a}$
Furfurol	25,12	23,89	+1,23	+0,94
α,α'-Dimethylfuransäureäthylester .	44,33	43,83	+0,50	+0,31

§ 15. Aromatische Verbindungen.

Das geschlossene System der Restaffinitäten des Benzolkernes wird gestört, wenn eine ungesättigte Gruppe oder ein ähnlich wirkendes Atom angelagert wird, wie aus dem Beispiel des Styrols hervorgeht. Es ist daher zu erwarten, daß die Störung nur gering sein wird, wenn die Restaffinität des Substituenten nur klein ist, und daß stark ungesättigte Substituenten große Störungen hervorrufen werden. Die optischen Daten bestätigen diese Folgerung. In der folgenden Tabelle sind die Verbindungen nach wachsender Steigerung angeordnet; man sieht, daß der Sättigungsgrad der Gruppen ungefähr in derselben Reihenfolge fällt. Am Beginne der Liste steht die Carbomethoxylgruppe ($\triangle = +0{,}32$) und am Ende die Acetylengruppe ($\triangle = +0{,}93$), während die Aldehydgruppe ($\triangle = +0{,}66$) eine mittlere Stellung einnimmt. Auch die Stellungen der Amino- und Dimethylaminogruppen zeigen die relative Stärke ihrer chemischen Aktivität an, wie denn auch Dimethylamin eine stärkere Base als Ammoniak ist.

Tabelle XL.[1][2][3][4]

Substanz	Formel	$\mathfrak{M}_\alpha$(beob.)	$\mathfrak{M}_\alpha$ (ber.)	$\triangle$
Benzoesäuremethylester .	$C_6H_5COOCH_3$ . .	37,55	37,23	+0,32
Acetophenon.	$C_6H_5COCH_3$ . .	36,00	35,58	+0,42
Anilin	$C_6H_5NH_2$ . . .	30,27	29,72	+0,55
Benzonitril	$C_6H_5C\equiv N$ . . .	31,32	30,75	+0,57
Nitrobenzol	$C_6H_5NO_2$	(D)82,69	(D)32,10	+0,59
Benzaldehyd.	$C_6H_5CH{=}O$. . .	31,77	31,01	+0,76
Dimethylanilin	$C_6H_5N(CH_3)_2$ . .	40,38	39,48	+0,90
Phenylacetylen.	$C_6H_5C\equiv CH$ . .	34,46	33,53	+0,93
Styrol.	$C_6H_5CH{=}CH_2$.	35,98	35,08	+0,90

W. H. Perkin[5] hat den Einfluß der Sättigung des Substituenten folgendermaßen sehr deutlich nachgewiesen. Der Wert von M_α für Dimethylanilin ergab sich zu 69,86 und der des Chlorwasserstoffes zu 11,17. Die Molekularrefraktion von chlorwasserstoffsaurem Dimethylanilin berechnet sich aus diesen beiden Werten zu 81,03, während der Versuch 79,25 ergab. Die Anomalie wird also deutlich durch Absättigung der Dimethylamingruppe verkleinert.

[1] Brühl, Zeitschr. f. phys. Chem. **7**, 181 (1891).
[2] Brühl, Zeitschr. f. phys. Chem. **16**, 220 (1895).
[3] Moureu, Ann. Chim. Phys. [8] **7**, 536 (1906).
[4] Brühl, Journ. f. prakt. Chem. [2] **50**, 858 (1894).
[5] Trans. Chem. Soc. **69**, 1152 (1896).

Geht man zu Derivaten über, die nur gesättigte Gruppen enthalten, wie Methyl oder Äthyl oder einwertige Elemente, welche nicht leicht eine höhere Valenz annehmen, so bleibt das optische Verhalten des Benzolringes ungestört, wie dies folgende Beispiele zeigen:

Toluol . . . . . . $\triangle = -0{,}10$ Chlorbenzol . . . $\triangle = -0{,}32$

Äthylbenzol . . . $\triangle = -0{,}02$ Brombenzol . . . $\triangle = -0{,}31$

Phenol . . . . . $\triangle = -0{,}07$ Jodbenzol . . . . $\triangle = -0{,}24$

Nichtsdestoweniger ist, wenn die Zahl dieser Gruppen vermehrt wird, eine Neigung zur Steigerung vorhanden. Als Beispiel dafür sei die Methylgruppe gewählt.

Tabelle XLI.[1][2])

Substanz	$\mathfrak{M}_\alpha$ (beob.)	$\mathfrak{M}_\alpha$ (ber.)	$\triangle$
Toluol	30,79	30,89	−0,10
m-Xylol	35,73	35,45	+0,28
Mesitylen	40,33	40,03	+0,28
ψ-Cumol	40,35	40,03	+0,30
Tetraäthylbenzol	(D) 63,92	(D) 63,26	+0,66

Dieses Verhalten scheint anzudeuten, daß selbst die Methylgruppe unter gewissen Bedingungen schwache Restaffinitäten besitzt. Als weiteres Beispiel kann die Beobachtung von Eykman[3]) angeführt werden, daß der optische Wert der Äthylenbindung durch Kombination mit der Methyl- oder Methylengruppe eine geringe Steigerung erfährt.

Falls bei aromatischen Verbindungen die ungesättigte Gruppe nicht direkt mit dem Benzolkern in Verbindung steht, sondern an eine gesättigte Seitenkette angelagert ist, sind die ungesättigte Gruppe und der Phenylring nicht mehr direkt aneinander gekettet, und es findet deshalb keine optische Steigerung statt. Die in der folgenden Tabelle angeführten Daten zeigen den Einfluß, den die Trennung des Benzolringes von dem ungesättigten Substituenten zur Folge hat.

---

[1]) Brühl, Journ. f. prakt. Chem. **50**, 151 (1894).
[2]) Perkin, Trans. Chem. Soc. **77**, 267 (1900).
[3]) Chem. Zentralbl. II, 1205 (1907).

Tabelle XLII.

Substanz	Formel	$\mathfrak{M}_\alpha$ (beob.)	$\mathfrak{M}_\alpha$ (ber.)	$\triangle$
Benzonitril	$C_6H_5C\equiv N$	31,32	30,75	$+0,57$
Benzylcyanid . . .	$C_6H_5CH_2C\equiv N$	34,94	35,32	$-0,38$
Anilin	$C_6H_5NH_2$	30,27	29,72	$+0,55$
Benzylamin . . .	$C_6H_5CH_2NH_2$	34,12	34,30	$-0,18$
Benzoesäureäthyl-ester	$C_6H_5COOC_2H_5$	42,20	41,80	$+0,40$
Hydrozimtsäure-äthylester . . .	$C_6H_5CH_2CH_2COOC_2H_5$ . .	50,85	50,95	$-0,10$
Anethol	$CH_3O \cdot C_6H_4CH=CHCH_3$.	48,1	46,2	$+1,9$
Methylchavicol [1]) .	$CH_3OC_6H_4CH_2-CH=CH_2$	46,0	46,2	$-0,2$
Isosafrol [1])	$CH_2O_2C_6H_3CH=CHCH_3$.	47,6	45,8	$+1,8$
Safrol [1])	$CH_2O_2C_6H_3CH_2-CH-CH_2$	45,9	45,8	$+0,1$
Diphenyl [2])	$C_6H_5-C_6H_5$	51,93	50,42	$+0,51$
Diphenylmethan [3]).	$C_6H_5CH_2C_6H_5$	55,13	55,00	$+0,13$
Dibenzyl [2])	$C_6H_5CH_2CH_2C_6H_5$	59,60	59,64	$-0,04$

In einigen Fällen ist also ein Wechsel in der chemischen Natur des Substituenten von optischer Exaltation begleitet. Am deutlichsten ist dies bei der Aminogruppe zu erkennen. In dem optisch normalen Benzylamin ähnelt die Aminogruppe der eines primären aliphatischen Amins; im Anilin hingegen nimmt sie einen ganz anderen Charakter ein, und gleichzeitig zeigt die Substanz Exaltation. Ein anderes Beispiel bilden die Reduktionsprodukte von α- und β-Naphthylamin. Das alicyclische Tetrahydro-β-Naphthylamin (Formel I) besitzt

ein molekulares Brechungsvermögen von 45,88[1]), während das isomere aromatische Tetrahydronaphthylamin (II) $\mathfrak{M}_\alpha = 46,66$ hat. Der berechnete Wert von $\mathfrak{M}_\alpha$ ist 45,80. In dem optisch anormalen

[1]) Eykman, Ber. d. Dtsch. chem. Ges. **22**, 2736 (1889); **23**, 855 (1890).
[2]) Eykman, Rec. Pays-Bas. **12**, 157 (1893).
[3]) Perkin, Trans. Chem. Soc. **69**, 1152 (1895). Der Wert 55,38 ist bei 99° C gefunden und mit Hilfe der Eykmanschen Temperaturkorrektion korrigiert.
[4]) Brühl, Zeitschr. f. phys. Chem. **16**, 237 (1895).

,,aromatischen" Isomeren zeigt die Aminogruppe das anormale Verhalten wie im Anilin, während die normale alicyclische Verbindung in ihrer chemischen Natur dem Benzylamin gleichkommt. Es sei daran erinnert, daß eine ähnliche Beziehung zwischen chemischen und optischen Eigenschaften beim Äthylen- und Diäthylen-carbonylsystem beobachtet wurde. Aus dem optischen Verhalten von Benzylcyanid, Benzylamin und dem ähnlicher Substanzen läßt sich schließen, daß zwei voneinander getrennte ungesättigte Gruppen einander keineswegs in stärkerem Maße beeinflussen. Zu erwähnen ist jedoch, daß bei Anordnung von drei ungesättigten Gruppen um ein gesättigtes Zentralatom in einigen Fällen eine geringe Steigerung stattfindet, welche zeigt, daß trotz der dazwischen liegenden gesättigten Gruppen Konjugation eintritt. Dieses Verhalten kann beim Triphenylmethan und bei den Alkylderivaten des Cyanmalonsäureesters beobachtet werden.

Tabelle XLIII.

Substanz	$\mathfrak{M}_\alpha$ (beob.)	$\mathfrak{M}_\alpha$ (ber.)	$\triangle$
Benzol	25,93	26,31	−0,38
Toluol	30,79	30,89	−0,10
Diphenylmethan[1])	55,13	55,00	+0,13
Triphenylmethan[1])	79,57	79,11	+0,46
Diäthylmalonat[2]).	62,51 (M_α)	62,41 (M_α)	+0,10
Diäthylcyanmethylmalonat[3]) . . .	47,18	46,77	+0,41

$$CN-C(COOC_2H_5)_2$$
$$|$$
$$CH_3$$

Zum Schlusse dieser Betrachtungen über die aromatischen Verbindungen seien einige Beispiele für den Einfluß mehrfacher Konjugation in Tabelle XLIV angeführt. Die erste Abteilung enthält Beispiele mehrfacher Substitution im Benzolring; sie werden womöglich mit ähnlichen Substanzen, die nur einen Substituenten enthalten, verglichen. Die Verbindungen der zweiten Abteilung zeigen den Einfluß mehrfacher Konjugation außerhalb des Benzolkernes.

---

[1]) Aus den von Perkin bei 99° bestimmten Werten berechnet, Trans. Chem. Soc. **69**, 1152 (1895), mit der Eykmanschen Temperaturkorrektion; vgl. auch Smedley, Trans. Chem. Soc. **93**, 376 (1908).

[2]) Eykman, Rec. Pays-Bas. **12**, 276 (1893). Die angeführten Daten beziehen sich auf die Formel von Gladstone-Dale.

[3]) Vgl. dazu Haller, Compt. rend. **138**, 440 (1904).

Tabelle XLIV.

Substanz	Formel	$\mathfrak{M}_\alpha$ (beob.)	$\mathfrak{M}_\alpha$ (ber.)	$\triangle$
Salicylaldehyd[1]	$C_6H_4 \cdot OH \cdot CHO$	34,03	32,52	+1,51
Benzaldehyd[1]	C_6H_5CHO	31,77	31,01	+0,76
Phenol	C_6H_5OH	27,75	27,82	−0,07
Phthalylchlorid[2]	$C_6H_4(COCl)_2$	46,81	45,53	+1,28
Benzoylchlorid[2]	C_6H_5COCl	36,79	35,92	+0,87
Äthylphthalat[3]	$C_6H_4(COOC_2H_5)_2$	58,20	57,30	+0,90
Äthylbenzoat[1]	$C_6H_5COOC_2H_5$	42,20	41,80	+0,40
Methylsalicylsäure[1]	$C_6H_4(OCH_3)COOH$	39,80	38,74	+1,06
Anisol[9]	$C_6H_5OCH_3$	32,71	32,54	+0,17
Styrol[1]	$C_6H_5CH=CH_2$	35,98	35,08	+0,90
Phenylbutadien[4]	$C_6H_5CH=CH-CH=CH_2$	48,00	43,86	+4,16
Stilben[5]	$C_6H_5CH=CHC_6H_5$	65,65	59,20	+6,45
Diphenylbutadien[6]	$C_6H_5-CH=CH-CH=CHC_6H_5$	82,9	68,0	+14,9
Diphenyldiacetylen	$C_6H_5C\equiv C-C\equiv C-C_6H_5$	74,86	64,86	+10,0
Diphenylhexatrien[6]	$C_6H_5CH=CH-CH=CH-CH=CHC_6H_5$	100,9	76,74	+24,16
Zimtsäureäthylester[1]	$C_6H_5CH=CHCOOC_2H_5$	53,62	50,58	+3,04
Zimtaldehyd[1]	$C_6H_5CH=CHCH=O$	43,51	39,78	+3,73
Phenylpropiolaldehyd[7]	$C_6H_5C\equiv C \cdot CH=O$	41,50	38,22	+3,28
Cinnamylidenessigsäure[8]	$C_6H_5 \cdot CH=CH-CH=CH-COOH$	60,42	50,06	+10,36

[1] Brühl, Zeitschr. f. phys. Chem. 7, 181 (1891). [2] Brühl, Ann. d. Chem. 231, 1 (1886). [3] Brühl, Journ. f. prakt. Chem. [2] 49, 241 (1894). [4] Klages, Ber. d. Dtsch. chem. Ges. 40, 1768 (1907). [5] Chilesotti, Gazz. Chim. Ital. 30, 1, 149 (1900). [6] Smedley, Trans. Chem. Soc. 93, 376 (1908). [7] Moureu, Ann. Chim. Phys. [8] 7, 536 (1906). [8] Brühl, Zeitschr. f. phys. Chem. 21, 385 (1896). [9] Nasini und Bernheimer, Gazz. Chim. Ital. 15, 84 (1886).

Eine besondere Erwähnung verdient die enorme Steigerung beim Diphenylhexatrien.

Schließlich seien einige Beispiele von Substanzen angeführt, die aneinandergereihte cyclische Systeme enthalten.

Tabelle XLV.

Substanz	Temperatur	$\mathfrak{M}_\alpha$ (beob.)	$\mathfrak{M}_\alpha$ (ber.)
Naphthalin	98,4°	43,93	41,65
α-Naphthol	99	45,69	43,16
Bromnaphthalin	16,5	50,78	49,41
Anthracen	213	61,15	55,15
Phenanthren	99	61,59	56,99
Fluoren	113	55,28	52,79
Reten	98	80,64	75,27

Diese Stoffe zeigen ohne Ausnahme eine Erhöhung des Brechungsvermögens über den aus der gewöhnlichen Formel berechneten Wert.

Ida Smedley[1] hat Exaltationen bei der Konjugation des Benzolringes mit der Carboxylgruppe beobachtet. Das molekulare Brechungsvermögen der Cis- und Transformen von Dibenzoyläthylen ist verschieden; das der Transform ist niedriger und nähert sich mehr dem berechneten Werte.

Dibenzoyläthylen.

$$CH-COC_6H_5 \qquad\qquad CH-COC_6H_5$$
$$\|\qquad\qquad\qquad\qquad\quad \|$$
$$CH-COC_6H_5 \qquad\qquad C_6H_5COCH$$

Cisform. F. P. 111°   Transform. F. P. 134°
$\mathfrak{M}_\alpha = 74,0$ $\mathfrak{M}_\alpha = 71,8$
$$\mathfrak{M}_\alpha \text{ (ber.)} = 70,8$$

Die Steigerung des Brechungsvermögens der Cisform scheint eine Folge der Stellung der Affinitäten der beiden Carbonylgruppen zu sein. Nach Smedley stellt dies eine Tendenz der Verbindung vor, in der isomeren Peroxydform aufzutreten,

$$CH-COC_6H_5 \longrightarrow CH=C-C_6H_5$$
$$\|\qquad\qquad\qquad\qquad\qquad\quad |$$
$$CH-COC_6H_5 \longleftarrow \qquad\qquad O$$
$$|$$
$$O$$
$$|$$
$$CH=C-C_6H_5$$

Peroxydform
(ber.) $\mathfrak{M}_\alpha = 83,7$.

---

[1] Trans. Chem. Soc. **95**, 226 (1909).

wobei es sich um eine im Gleichgewicht befindliche Mischung der beiden Isomeren handeln soll.

Clarke und Smiles haben gezeigt[1]), daß in den cyclischen Thioxanderivaten zwischen dem Schwefel und dem Sauerstoff des Kernes eine Beziehung besteht:

$$O$$
$$C_2H_5OCH \quad CHOC_2H_5$$
$$CH_2 \quad CH_2$$
$$S$$

Diäthoxythioxan
$\triangle = + 0,40$

Diese Substanz zeigt eine geringe Erhöhung von etwa 0,4 Einheiten und das Additionsvermögen des Schwefels ist abnorm gering; tatsächlich sind die Bedingungen denen gleichartig, welche man in ungesättigten Schwefelverbindungen antrifft, in denen das Schwefelatom ungesättigten Gruppen benachbart ist. So besitzt z. B. das Diphenylsulfid eine unternormale Aktivität und eine Erhöhung von etwa 1,3 Einheiten.

$$C_6H_5—S—C_6H_5$$
Diphenylsulfid
$\triangle = + 1,31$

Wahrscheinlich liegen die Verhältnisse bei den N-Alkylderivaten des Morpholins ähnlich:

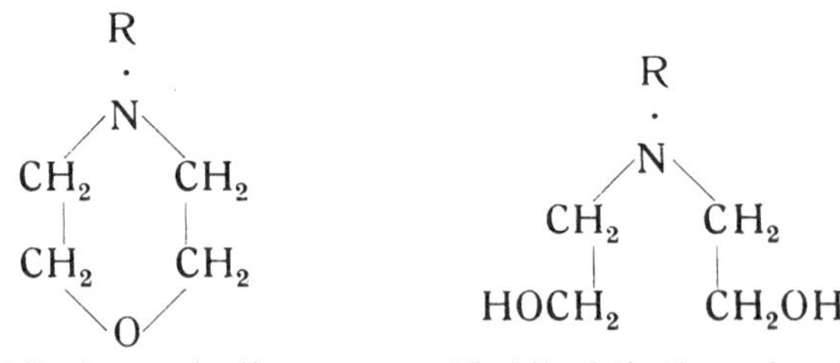

N-Alkylmorpholin.   N-Alkyldiäthanolamin.

Das Brechungsvermögen[2]) dieser Verbindungen ist anormal. Die optischen Daten für drei Glieder dieser Gruppe sind in der folgenden Tabelle vereinigt.

---

[1]) Trans. Chem. Soc. **95**, 992 (1909).

[2]) Knorr, Ber. d. Dtsch. chem. Ges. **30**, 918 (1897); **31**, 1071 (1898); Ann. d. Chem. **301**, 1 (1898).

Tabelle XLVI.

Substanz	$\mathfrak{M}_D$ (beob.)	$\mathfrak{M}_D$ (ber.)	$\triangle$
Morpholin	23,54	23,56	+0,02
N-Methylmorpholin	29,01	28,40	+0,61
N-Äthylmorpholin	33,75	32,91	+0,84
Diäthanolamin	27,02	—	
Methyldiäthanolamin	31,86	—	
Äthyldiäthanolamin	36,37	—	

Die berechneten Werte für $\mathfrak{M}_D$ wurden erhalten, indem von dem molekularen Brechungsvermögen der entsprechenden Diäthanolamine die Atomwerte für 2 H und O′ abgezogen und gleichzeitig auf die Umwandlung des Hydroxylsauerstoffes in Äthersauerstoff Rücksicht genommen wurde. Zu bemerken ist, daß Morpholin sich anscheinend optisch normal verhält. In diesem Zusammenhang sei auch erwähnt, daß das Additionsvermögen des Schwefels im Thiodiphenylamin (I) ungefähr dasselbe ist als in einfachen aromatischen Sulfiden.

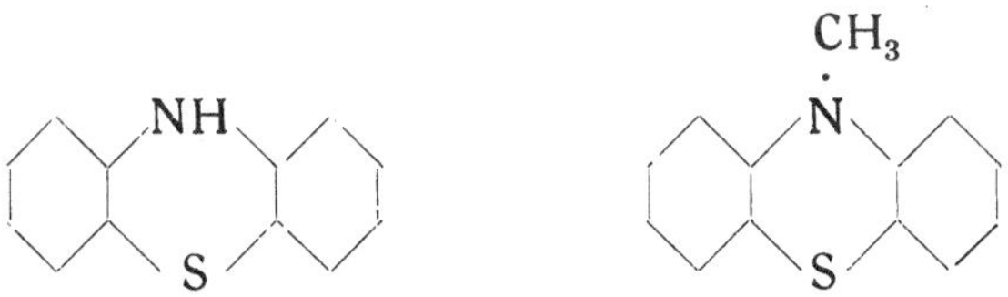

Wird jedoch die Basizität des dreiwertigen Stickstoffes durch Alkylierung wie in II erhöht, so nimmt die Reaktionsfähigkeit des Schwefels in bemerkenswerter Weise ab.

§ 16. Die Untersuchungen von Auwers und Eisenlohr.

Umfassend haben A u w e r s und E i s e n l o h r[1]) die konjugierten Systeme refraktometrisch untersucht. Dabei hat sich ergeben: „Ganz allgemein setzt der Zutritt von Seitenketten an ein zentrales Kohlenstoffatom eines konjugierten Systems (C_2 und C_3 im System $-C_1=C_2-C_3=C_4-$) dessen optische Wirksamkeit herab; der Zutritt von Seitenketten an ein seitliches Kohlenstoffatom (C_1 und C_4) bewirkte dasselbe in geringerem Maße, während hierfür eine starke Wirkung erst in Betracht kommt, wenn gleichzeitig Seitenketten an ein zentrales Kohlenstoffatom treten; Ring-

---

[1]) Journ. f. prakt. Chem. [2] **84**, 1 (1911). Ferner E i s e n l o h r, l. c.

bildungen spielen die Rolle von Seitenketten, und ferner addieren mehrere derartige Seitenketten ihre optische Wirkung."

Demgemäß sinkt der exaltierende Einfluß in folgender Richtung:

Konjugation von Äthylenbindungen:

$$-CH=CH-CH=CH- \nearrow \begin{array}{l} -CH=CR-CH=CH- \to -CH=CR-CR'=CH- \\[1em] \searrow \quad \begin{array}{l} -CH \\ \searrow C-CH=CH- \to \\ -CH \end{array} \quad \begin{array}{l} -CH \\ \searrow C-CR=CH- \\ -CH \end{array} \end{array}$$

Konjugation von Äthylen- und Carbonylbindungen:

$$-CH=CH-CH=O \nearrow \begin{array}{l} -CH=CH-CR=O \searrow \\[0.5em] -CH=CR-CR'=O \\[0.5em] \searrow -CH=CR-CH=O \nearrow \end{array}$$

Noch größer wird der Rückgang der Exaltation bei Systemen mit weiteren seitlichen Substituenten:

$$-\underset{R}{\overset{|}{C}}=\underset{R'}{\overset{|}{C}}-\underset{R''}{\overset{|}{C}}=O, \qquad -\underset{R}{\overset{|}{C}}=\underset{R'}{\overset{|}{C}}-\underset{R''}{\overset{|}{C}}=\underset{R'''}{\overset{|}{C}}-$$

Von Systemen mit mehrfach zusammenhängenden Konjugationen haben dieselben Autoren insbesondere die Typen der „gehäuften Konjugation"

$$-C=C-C=C-C=C-$$

und der „gekreuzten Konjugation"

$$-C=C-\underset{\underset{C=C-}{|}}{C}=C-$$

betrachtet. Die gehäuften Konjugationen haben eine sehr starke Exaltation in Refraktion und Dispersion zur Folge, die gekreuzte Konjugation wirkt wesentlich weniger.

Da sich gezeigt hat, daß die Höhe der Exaltation vom Molekulargewicht der Verbindung direkt abhängig ist, beziehen Auwers und Eisenlohr die Exaltation immer auf das Molekulargewicht 100 und erhalten in diesem 100 fachen Wert der spezifischen Exaltation — geschrieben $E\Sigma_n$ — ein vergleichbares Maß derselben.

Die Messungen haben erwiesen, daß ein gesetzmäßiger Zusammenhang zwischen der Struktur eines konjugierten Systems und der Höhe seiner Exaltation besteht, daß eine „Störung" der

Konjugation die Exaltation vermindert, ja sie zum Verschwinden bringen kann. Diese Regelmäßigkeiten haben dahin geführt, für Konstitutionsbestimmungen allgemein anwendbare „Normalwerte" aufzustellen. Die folgende Tabelle gibt solche Normalwerte.

Tabelle XLVII.

Normalwerte der Exaltationen von Auwers und Eisenlohr.

Körperklasse	Konjugiertes System	$E\Sigma_{Refr.}$	$E\Sigma_{Disp.}$
Aliphatische KW-Stoffe	$-CH=CH-CH=CH-$	1,90	50 %
	$-CH=CH-C(R)=CH-$	1,10	—
	$>C-CH=CH-$	1,10	45 %
Styrole	$>C-C(R)=CH-$	0,70	30 %
	$>C-C(R)=C(R)-$	0,45	20 %
Hydroaromatische KW-Stoffe	$CH-CH=C(R)$, $RC-CH_2-CH_2$; $CH_2-CH=CH-C=CH-$, $CH_2-CH_2-CH_2$; $(R)C=CH-C=CH-$, $CH_2-CH_2-CH_2$	0,8—1,2	40 %
	$CH=CH-C(R)$, CH_2-CH_2-CH	0,25	20 %
Acyclische Aldehyde	$-CH=CH-CH=O$	1,80	50 %
	$-C(R)=CH-CH=O$	1,25	45 %
	$-CH=C(R)-CH=O$		
Cyclische Aldehyde	$>C-CH=O$	1,00	45 %
Acyclische Ketone	$-CH=CH-C(R)=O$	0,90	30—40 %
Acyclische u. cyclische Ketone	$-C(R)=CH-C(R')=O$	0,85	
	$-CH=C(R)-C(R')=O$	0,5	—
Säuren	$-CH=CH-C(OH)=O$	1,10	40 %
	$-CH=C(R)-C(OH)=O$	0,80	—
Ester	$-CH=CH-C(OR)=O$	0,80	30 %
	$-CH=C(R)-C(OR')=O$	0,50	20 %

Für mehrfach konjugierte Systeme sind die folgenden
Normalwerte aufgestellt worden:

Tabelle XLVIII.

Körperklasse	Konjugiertes System	$E\Sigma_{Refr.}$	$E\Sigma_{Disp.}$
Kohlenwasserstoffe	$-CH=CR-CH=CH-CH=CH-$	3,4	130 %
	$\begin{array}{c}-CH\\ \\ -CH\end{array}\!\!\!>\!C-C-C\!<\!\!\!\begin{array}{c}CH-\\ \|\\ CH-\end{array}$ ($\|$C, $|$)	1,0	49 %
Aldehyde	$-CH=CR-CH=CH-CH=O$	3,3	150 %
Ketone	$-CH=CH-CH=CH-CR=O$	3,3	145 %
	$-CH=CR-CH=CH-CR'=O$	2,7	110 %
	$-CH=CR-CH=CR'-CR''=O$	2,1	95 %
	$\begin{array}{c}-CH\\ \\ -CH\end{array}\!\!\!>\!C-C-C\!<\!\!\!\begin{array}{c}CH-\\ |\\ CH-\end{array}$ ($|$O)	1,0	45 %
Ester	$-CH=CH-CH=CH-C=O$ (|OR)	2,4	120 %
	$-CH=CR'-CH=CH-C=O$ (|OR)	2,0	100 %
	$-CH=CR'-CH=CR''-C=O$ (|OR)	1,5	75 %
	$-CH=CH-C-C=O$ ($\|$, $|$CH OR)	0,5	25 %

Für den Dreiring hat sich ergeben:[1]

1. in unkonjugierter Stellung verbunden: Refraktionsinkrement:
   $r_a = 0{,}65$, $r_D = 0{,}70$; unabhängig vom Molekulargewicht;
2. in ungestört konjugierter Stellung zu einer doppelten Bindung: schwache Exaltation, abhängig vom Molekulargewicht (Dispersion abnormal).

Der Vierring zeigt in Nachbarschaft zu einer Doppelbindung
keine besondere Konjugationswirkung; er bewirkt eine Exaltation
von $r_a = 0{,}45$, $r_D = 0{,}48$.

---

[1] Oestling, Journ. Chem. Soc. **101**, 457 (1912).

Die semicyclische Doppelbindung[2]) besitzt ein Inkrement, das größer ist, als das der einfachen Äthylenbindung und abhängig vom Molekulargewicht; es wurde gefunden:

$$E\Sigma_{Refr} = +0{,}4; \quad E\Sigma_{Disp.} = +7 \text{ bis } 8\%.$$

Isolierte Doppelbindungen[3]) bewirken keine Abweichung von den normalen Werten.

§ 17. Nebenvalenzen.

Eisenlohr,[1]) der den Einfluß der Nebenvalenzen auf das Brechungs- und Dispersionsvermögen eingehend untersucht hat, stellt die gefundenen Gesetzmäßigkeiten in folgender Weise zusammen:

„Bei Elementen, welche in mehr als einer Valenzstufe in Verbindung treten, machen sich in optischer Beziehung die verfügbaren Nebenvalenzen geltend. Auf ihren Einfluß, d. h. ob sie stärker oder schwächer in Kraft treten, ist es zurückzuführen, daß einem und demselben Element mehrere Äquivalente zukommen können (z. B. Äther- und Hydroxylsauerstoff; primärer, sekundärer und tertiärer Amidostickstoff).

Der ungesättigte Charakter dieser Nebenvalenzen tritt dadurch besonders hervor, daß sie in konjugierter Stellung zu einer Doppelbindung und unter Umständen auch zu den Nebenvalenzen eines anderen derartigen Elementes optische Exaltationen zu bewirken vermögen.

Die Höhe dieser Exaltationen ist meist nicht groß, jedenfalls fast stets nicht mit solchen aus analogen Konjugationen von Doppelbindungen zu vergleichen. Sie schwankt je nach dem Grade, wie weit das betreffende Element abgesättigt ist.

Störungen, in solche Konjugationen eingeführt, schwächen die Exaltation. Dieser Einfluß geht so weit, daß bei gleichzeitiger Anwesenheit von zwei und mehr störenden Substituenten die Exaltation zur Depression geworden ist.

Gekreuzte Konjugationen, an denen Nebenvalenzen beteiligt sind, gestalten sich optisch nicht analog dem gleichen System

---

[1]) Auwers und Ellinger, Ann. **387**, 200 (1912).
[2]) Auwers und Moosbrugger, Ann. **387**, 167 (1912).
[3]) Ber. d. Dtsch. chem. Ges. **44**, 3188 (1911); s. auch Auwers, das. 3679 u. Eisenlohr, Spektrochemie (Stuttgart 1912), 150.

von Doppelbindungen. In dem ersteren System tritt eine sehr bedeutende Schwächung der Exaltation gegenüber der einfach konjugierten Doppelbindung ein.

Die optische Depression ist als solche nicht allein auf aromatische heterocyclische Körper beschränkt. Als Folge von Störungen kann sie auch in anderen Körperklassen, in acyclischen wie in alicyclischen Verbindungen auftreten.

Die optische Rolle der Nebenvalenzen eines nicht völlig abgesättigten Atoms zeigt sich ganz besonders in den Zahlenwerten für die Refraktion, zumeist weniger in denen der Dispersion."

Doppelbindung und ungesättigtes Element. — Der Einfluß, den Nebenvalenzen oder Residualaffinitäten ausüben, läßt sich z. B. an den verschiedenen Äquivalentwerten des Chlors erkennen, die für das an Alkyl und das an Carbonyl gebundene Chlor gefunden werden:

	r_α	r_D	$r_\beta - r_\alpha$	$r_\gamma - r_\alpha$
Chlor an Alkyl gebunden	5,933	5,967	0,107	0,168
Chlor an Carbonyl gebunden . . .	6,310	6,366	0,131	0,203

Die Wirkung der benachbarten Benzolringe mit dem Phosphoratom (Nebenvalenzen mit ⫶ angedeutet) gegenüber der Äthylgruppe zeigt sich bei den Phosphinen:

$$r_D$$

Triphenylphosphin   11,79

Triäthylphosphin $C_2H_5 - P - C_2H_5$ 9,47
$$C_2H_5$$

Bisher wurde gefunden, daß Sauerstoff, die Halogene (außer Fluor), Stickstoff, Phosphor und Schwefel Träger von Nebenvalenzen sein können, die in konjugierter Stellung zu Doppelbindungen optische Exaltationen zu bewirken vermögen. Man bemerkt, daß es bei denselben Elementen nötig war, mehr als eine Refraktions- (und Dispersions-)konstante zu ermitteln. Wie sich die Exaltationen nach dem Grade der Absättigung der Nebenvalenzen richten, zeigt die folgende Tabelle.

Tabelle XLIX.

		$E\Sigma_{Refr.}$	$E\Sigma_{Disp.}$
Anilin	$C-NH_2$	$+0{,}90$	$+35\%$
Thiophenol	$C-SH$	$+0{,}35$	$+20\%$
Anisol	$C-O-CH_3$	$+0{,}40$	$+17\%$
Phenol	$C-OH$	$+0{,}15$	$+16\%$
Chlorbenzol	$C-Cl$	$-0{,}02$	$+10\%$
Brombenzol	$C-Br$	$-0{,}02$	$+9\%$
Jodbenzol	$C-J$	$\pm0{,}00$	$+9\%$
Zum Vergleich: Toluol	$C-CH_3$	$+0{,}14$	$+12\%$

Ein konjugiertes System aus Doppelbindung und Nebenvalenzen eines nicht abgesättigten Elementes kann durch Störungen Verminderung der Exaltation erleiden, diese kann sogar zur Depression werden, wie die folgende Tabelle zeigt.

Tabelle L.

		$E\Sigma_{Refr.}$	Anzahl der Störungen
Formamid	$NH_2-C=O$, H	$+0{,}80$	0
Acetamid	$NH_2-C=O$, CH_3	$+0{,}35$	1
Isobutylformamid	$NH-C=O$, H, C_4H_9	$+0{,}24$	1
Dimethylformamid . . .	$N-C=O$, H, $CH_3\ CH_3$	$-0{,}16$	2
Dimethylacetamid	$N-C=O$, $CH_3\ CH_3\ CH_3$	$-0{,}43$	3

Konjugation ungesättigter Elemente untereinander. — Daß eine Wirkung solcher auftreten kann, zeigt die folgende kleine Tabelle.

		$E\varSigma_{Refr.}$	$E\varSigma_{Disp.}$
Isopropyldichloramin . .		$+0{,}75$	$+20\%$
Isobutyldichloramin . . .	$R{-}N\big\langle{}^{Cl:::}_{Cl:::}$	$+0{,}75$	$+19\%$
Isoamyldichloramin . . .		$+1{,}20$	$+16\%$

§ 18. Stereoisomere Stoffe.[1]

Da das Brechungsvermögen von der relativen Stellung des ungesättigten Bestandteiles in der Atomkette abhängig ist, ergibt sich die Frage, ob die Verteilung der ungesättigten Gruppen im Raume einen Einfluß auf das Brechungsvermögen ausübt.

Geometrische Isomerie. — Aus dem über die optische Anomalie Gesagten ist zu erwarten, daß dort, wo die Isomerie die gegenseitige Stellung der ungesättigten Gruppen beeinflußt, das Brechungsvermögen der beiden Formen verschieden ist; dort aber, wo alle diese Gruppen gesättigt sind, oder wo nur eine ungesättigte Gruppe vorhanden ist, das Brechungsvermögen für beide Formen dasselbe bleibt. Dieser Schluß wird von der Erfahrung gut bestätigt. Die in Tabelle LI angeführten Beispiele beziehen sich auf Isomere vom Typus

$$X{-}C{-}Y \qquad\qquad X{-}C{-}Y$$
$$\;\|\qquad\qquad\qquad\qquad\;\|$$
$$R{-}C{-}S \qquad\qquad S{-}C{-}R$$

Die erste Abteilung der Tabelle enthält drei Paare von Isomeren, bei denen nur eine der vier Gruppen XYRS ungesättigt ist; hinzugefügt ist ein Paar — die Butylenbromide —, bei dem alle vier Gruppen gesättigt sind. Die Werte des Brechungsvermögens dieser Substanzen liegen sehr nahe beieinander. In den Substanzen der zweiten Abteilung sind mindestens zwei von den Gruppen XYRS ungesättigt. In einigen Fällen sind es Carboxylgruppen, in anderen die Phenyl- oder Äthylengruppe. Man erkennt hier, daß dem Unterschied des Brechungswertes der Isomeren die Größe der Steigerung ungefähr entspricht. So ist beispielsweise die Differenz

---

[1] Gladstone, Ber. d. Dtsch. chem. Ges. **14**, 2544 (1881); Knops, Ann. d. Chem. **248**, 175 (1888); Eykman, Rec. Pays-Bas. **12**, 161, 268 (1893); Walden, Zeitschr. f. phys. Chem. **20**, 377, 569 (1896); Brühl, Zeitschr. f. phys. Chem. **21**, 385 (1896); Ber. d. Dtsch. chem. Ges. **29**, 2902 (1896).

zwischen den Äthylestern der Malein- und Fumarsäure $= 0{,}67$ und die Exaltation des letzteren $= 1{,}2$ Einheiten; Allozimtsäure und Zimtsäure unterscheiden sich um 1,1 und letztere zeigt eine Exaltation von 2,7 Einheiten.

Tabelle LI.

Substanz	Formel	$\mathfrak{M}_\alpha$(beob.)	$\mathfrak{M}_\alpha$ (ber.)
Angelicasäure	$CH_3CH{=}C(CH_3)COOH$	26,95	26,42
Tiglinsäure		26,96	
Oleinsäure	$C_8H_{17}CH{=}CH(CH_2)_7COOH$ ..	86,50	—
Elaidinsäure		86,67	
Erucasäure	$C_8H_{17}CH{=}CHC_{11}H_{22}COOH$ ..	105,00	—
Brassidinsäure		105,02	
α-Brombutylen	$CH_3CH{=}CBrCH_3$	27,71	27,88
β-Brombutylen		27,67	
Maleinsäureäthylester	$H_5C_2OOCCH{=}CHCOOC_2H_5$ ..	42,23	41,66
Fumarsäureäthylester		42,90	
Citraconsäureäthylester	$H_5C_2OOCCH{=}\overset{\displaystyle CH_3}{\overset{\displaystyle \mid}{C}}HCOOC_2H_5$ ..	46,48	46,23
Mesaconsäureäthylester		46,50	
Zimtsäure	$C_6H_5CH{=}CHCOOH$	44,03[1]	41,29
Allozimtsäure		42,93[1]	
Zimtsäuremethylester	$C_6H_5CH{=}CHCOOCH_3$	48,73	46,01
Allozimtsäuremethylester		47,91	
Cinnamylidenessigsäure	$C_6H_5{-}CH{=}CH{-}CH{=}CHCOOH$	58,16[1]	50,06
Allocinnamylidenessigsäure		57,25[1]	

Im allgemeinen gilt der Satz von Brühl, daß die stabilere, höher schmelzende und schwerer lösliche Form die größere Molekularrefraktion besitzt. Auch die wenigen Isomeren vom Kohlenstoff-Stickstoff und Diazotypus, die untersucht sind, scheinen dieser Regel zu folgen:

$$\mathfrak{M}_\alpha$$

	$\mathfrak{M}_\alpha$
Syn-anisaldoxim	44,85
Anti-anisaldoxim	45,03
α-Benzilmonoxim	65,91
β- „ „	66,22
Anti-m-Dibromdiazobenzolcyanid .	57,17
Syn- „ „ „ „ .	55,39

[1] In einer Lösung von Benzylalkohol.

Auwers und Eisenlohr[1]) fanden in der Fumar-Maleinreihe folgende Mittelwerte der spezifischen Exaltationen, in denen der Unterschied der Formen sich kennzeichnet:

		$E\Sigma_{Refr.}$	$E\Sigma_{Disp.}$
Labiles System (Maleinreihe)	$-C\!\!=\!\!=\!\!C-$ $\quad\mid\qquad\mid$ $RO-C\!\!=\!\!O\ O\!\!=\!\!C-OR'$	$+0,30$	$+13\%$
Stabiles System (Fumarreihe)	$O\!\!=\!\!C-OR'$ $\mid$ $-C\!\!=\!\!C-$ $\mid$ $RO\!\!=\!\!C\!\!=\!\!O$	$+0,55$	$+26\%$

Optische Isomerie. — Optisch isomere Stoffe besitzen das gleiche Brechungsvermögen. Von Walden ausgeführte Messungen zeigen, daß das Brechungsvermögen von Mesoamyltartrat und von d-l-Amyltartrat (Racemat) angenähert gleich ist.

$$\text{Mesoamyltartrat } \mathfrak{M}_\alpha = 73,54$$
$$\text{d- und l-Tartrat } \mathfrak{M}_\alpha = 73,26$$

In der folgenden Zusammenstellung ist ein Vergleich optischer Antipoden und äußerlich kompensierter Isomeren gegeben.

Tabelle LII.

Substanz	$\mathfrak{M}_\alpha$	$\mathfrak{M}_\gamma - \mathfrak{M}_\alpha$
l-Limonen	45,26	1,45
d-Limonen	45,26	1,45
Dipenten	45,27	1,45
d-Menthadien	45,80	—
d-l-Menthadien	45,31	—
Silvestren	(D) 45,22	—
Carvestren	(D) 45,10	—

§ 19. Die Anwendung des Brechungsvermögens auf chemische Probleme.[2])

Das Brechungsvermögen kann einen Hinweis auf das Vorhandensein von Äthylenbindungen in einem Stoffe liefern. Stimmt

---

[1]) Journ. f. prakt. Chem. **84**, 116 (1911).

[2]) Vgl. auch O. Aschan, Die alicyclischen Verbindungen (Braunschweig 1905); P. W. Semmler, Die ätherischen Öle, Bd. 1 (Leipzig 1906/7).

die Molekularrefraktion einer Kohlenstoffverbindung mit dem berechneten Werte überein, so kann man annehmen, daß die Verbindung gesättigt ist; wenn die Werte jedoch um etwa 1,8 Einheiten (r_a⊨) voneinander abweichen, so ist wahrscheinlich eine Äthylenbindung, bei einem Unterschied von 3,6 zwei solche und so weiter vorhanden. In derartigen einfachen Fällen, in denen ja im allgemeinen der chemische Befund eindeutig und höchstens der Grad der Nichtsättigung der Substanz fraglich ist, wendet man die Methode nicht in sehr ausgedehntem Maßstabe an. Bei manchen Verbindungstypen jedoch, wie bei den Terpenen, ist es oft sehr schwierig, ausschließlich auf chemischem Wege festzustellen, ob eine Verbindung eine Äthylenbindung oder ein zweites gesättigtes Ringsystem enthält; d. h. ob

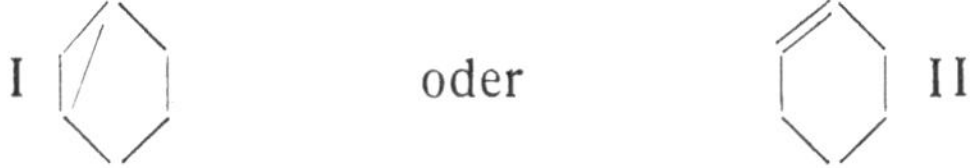

die richtige Formel ist. Bezüglich der Ringbildung sei erinnert, daß eine Verbindung, welche ein bicyclisches System (I) enthält, ein etwas größeres Brechungsvermögen haben kann als das berechnete, daß aber der Unterschied nie so groß wird als der durch eine Doppelbindung erzeugte (II). Bei Problemen dieser Art kann die Kenntnis des Brechungsvermögens sehr wertvolle Dienste leisten.

Das Brechungsvermögen kann weiter angewandt werden, um die relative Stellung ungesättigter Gruppen im Molekül festzustellen. In vielen Fällen kann der rein chemische Befund darüber keine Gewißheit geben. Man kann dann die Tatsache benutzen, daß direkt aneinander gebundene ungesättigte Gruppen eine Steigerung hervorbringen; es ist also nur notwendig, den berechneten und gefundenen Wert des Brechungsvermögens zu vergleichen; ist letzterer besonders hoch, so kann man schließen, daß die fraglichen Gruppen aneinander gebunden sind.

Nachstehend seien einige Beispiele für die Anwendung dieser Prinzipien betrachtet. Kannonikow[1]) hat bei der Messung des molekularen Brechungsvermögens des Camphers gefunden, daß sein Wert mit dem für ein gesättigtes Keton $C_{10}H_{16}O$ berechneten übereinstimmt; dadurch wird die Formel

---

[1]) Journ. f. prakt. Chem. (II) **32**, 504 (1885).

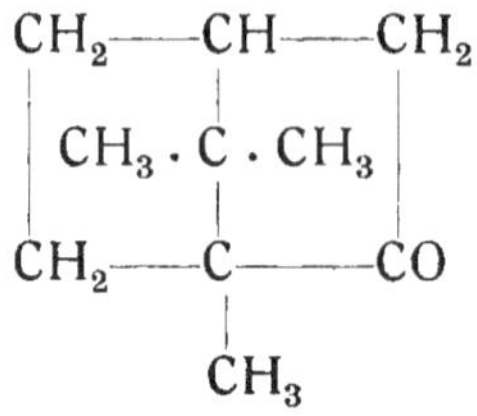

$$\begin{array}{ccc}
CH_2 & CH & CH_2 \\
& CH_3 \cdot C \cdot CH_3 & \\
CH_2 & C & CO \\
& CH_3 &
\end{array}$$

M_a (beob.) $= 74{,}4$

M_a für $C_{10}H_{16}O'' = 74{,}2$

bestätigt. Tschugaeff[1] zeigte, daß das molekulare Brechungsvermögen von Tanaceton $= 44{,}78$ ($\mathfrak{M}_D$) ist, während der berechnete Wert für ein gesättigtes Keton $C_{10}H_{16}O = 44{,}11$ und für eine Substanz mit einer Äthylenbindung $45{,}82$ beträgt. Tanaceton kann daher nicht ungesättigt sein und, da die Steigerung von $0{,}6$ Einheiten über den gesättigten Wert etwa der durch den Trimethylenring hervorgebrachten entspricht, so wird, in Übereinstimmung mit dem chemischen Befund,[2] die Formel

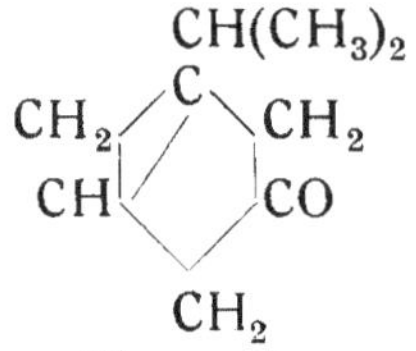

$\mathfrak{M}_{(D)}$ (beob.) $= 44{,}78$

$\mathfrak{M}_{(D)}$ für $C_{10}H_{16}O'' = 45{,}11$

$\mathfrak{M}_{(D)}$ für $C_{10}H_{16}O''| = 45{,}82$

Tanaceton.

bestätigt. In derselben Weise fand Semmler[3] eine Bestätigung der Strukturformel

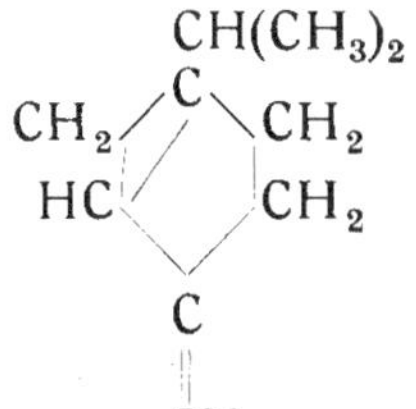

$\mathfrak{M}_{(D)}$ (beob.) $= 44{,}8$

$\mathfrak{M}_{(D)}$ für $C_{10}H_{16} = 41{,}8$

$\mathfrak{M}_{(D)}$ für $C_{10}H_{16}| = 43{,}5$

$\mathfrak{M}_{(D)}$ für $C_{10}H_{16}|_2 = 45{,}3$

Sabinen.

für das Sabinen. Der Unterschied zwischen dem beobachteten Brechungsvermögen und dem für diese Formel berechneten ist größer als die im allgemeinen durch einen bicyclischen Ring hervorgerufene Steigerung. Hier ist jedoch der ungesättigte Kohlenstoff der Äthylenbindung dem Trimethylenring benachbart, was eine Exaltation zur Folge hat.

---

[1] Ber. d. Dtsch. chem. Ges. **33**, 3122 (1900).

[2] P. W. Semmler, Ber. d. Dtsch. chem. Ges. **33**, 275 (1900); **36**, 4367 (1903).

[3] Ber. d. Dtsch. chem. Ges. **33**, 1464 (1900); **40**, 1121 (1907).

Weitere Beispiele für die Art, in der das Brechungsvermögen auf Konstitutionsprobleme angewandt werden kann, finden sich in der Arbeit von Auwers[1] über die Alkylidenderivate des Dihydrobenzols. Durch Einwirkung von Grignards Reagens auf gewisse Derivate des Ketodihydrobenzols (I) können die entsprechenden Chinole (II) erhalten werden.

$$I. \qquad\qquad II.$$

$$CH_3 \diagdown \diagup CHCl_2 \qquad\qquad CH_3 \diagdown \diagup CHCl_2$$

$$\xrightarrow{\ CH_3MgI\ }$$

$$OH\quad CH_3$$
$$CH_3\quad CHCl_2$$

$$CH_3 \qquad\qquad\qquad CH_3$$

$$\longleftarrow \qquad\qquad \text{oder} \qquad C \cdot Cl_2$$

$$CH_2 \cdot CHCl_2 \qquad\qquad CH_2 \qquad\qquad CH_3$$

$$IV. \qquad\qquad IIIA. \qquad\qquad IIIB.$$

Auwers beobachtete, daß diese Chinole leicht Wasser abgeben und instabile Substanzen ergeben, welche wieder leicht intramolekulare Umlagerungen in aromatische Chloride vom Typus IV erleiden. Daß die letztgenannten wahre aromatische Verbindungen sind, folgt sowohl aus ihrem chemischen wie aus dem optischen Verhalten. So ist bei der genannten Verbindung der berechnete Wert von $\mathfrak{M}_D = 50{,}56$, während der Versuch den Wert 50,14 ergibt. Für die intermediär gebildete unstabile Verbindung bleibt die Wahl zwischen den beiden Formeln IIIA und IIIB offen. Der chemische Befund weist auf die erste Alternative hin und wird durch die optischen Eigenschaften der Substanz gestützt.

$$\mathfrak{M}_D \text{ (beob.)} = 51{,}67$$
$$IIIA\ \mathfrak{M}_D \text{ (ber.)} = 50{,}14$$
$$IIIB\ \mathfrak{M}_D \text{ (ber.)} = 48{,}43$$

Die Exaltation ist zu erwarten, da in Formel IIIA drei Äthylenbindungen konjugiert sind.

---

[1] Ann. d. Chem. **352**, 219 (1907).

Dem Allylcyanid ist die Formel

$$(I) \qquad CH_3-CH=CH-C\equiv N$$

zugeschrieben worden, in der die Äthylenbindung sich in der α-β-Stellung befindet. Dementsprechend müßte die Substanz Exaltation aufweisen, da die Nitrilgruppe und die Äthylenbindung benachbart sind. Der berechnete Wert ist jedoch für $C_4H_5\vert\!\!-N$ $\mathfrak{M}_\alpha = 19,98$, während der Versuch 19,75 ergibt. Es scheint daher, daß die obige Formel unrichtig ist und durch die Formel

$$(II) \qquad CH_2=CH-CH_2-C\equiv N$$

ersetzt werden müsse.

Eykman[1]) ist zu demselben Schluß auf einem zweiten Wege gelangt. Er hat als erster gezeigt, daß der Einfluß der Nichtsättigung entsprechend der Zahl der Kohlenstoffketten wechselt, welche an das Äthylenkohlenstoffatom gebunden sind. Die Zahlen seien hier wiedergegeben:

Einfluß der Nichtsättigung auf $\mathfrak{M}_\alpha$:

$$\text{Bei einfacher Substitution} = -0,52$$
$$\text{Bei doppelter Substitution} = -0,37$$
$$\text{Bei dreifacher Substitution} = -0,24$$

Der Vergleich von

$$\text{Propylcyanid} \quad \ldots \ldots \ldots \ldots \quad \mathfrak{M}_\alpha = 20,28$$
$$\text{und} \quad \text{Allylcyanid} \ldots \ldots \ldots \ldots \quad \mathfrak{M}_\alpha = 19,75$$

zeigt, daß die Differenz infolge der Nichtsättigung $-0,53$ beträgt; es muß daher die Äthylenbindung im Allylcyanid die in II verzeichnete Stellung besitzen; entsprechend der Formel I wäre die Äthylengruppe zweimal substituiert. Ähnliche Überlegungen führen zur Entscheidung zwischen den beiden Formeln der Undecylensäure:

$$CH_2=CH(CH_2)_8COOH \qquad\qquad CH_3-CH=CH(CH_2)_7COOH$$
$$I \qquad\qquad\qquad\qquad\qquad II$$

die von Kraffts[2]) bzw. von Goldsobel[3]) vorgeschlagen wurden.

---

1) Chem. Weekblad **3**, 711 (1906).
2) Ber. d. Dtsch. chem. Ges. **21**, 2730 (1883).
3) Ber. d. Dtsch. chem. Ges. **27**, 3121 (1894).

$$\text{Undecylsäure } C_{11}H_{22}O_2 \ \ldots \ldots \ \mathfrak{M}_\alpha = 54{,}48$$
$$\text{Undecylensäure } C_{11}H_{20}O_2 \ \ldots \ldots \ \mathfrak{M}_\alpha = 54{,}13$$
$$\text{Einfluß der Nichtsättigung} \ \ldots \ldots \ \ = 0{,}35$$

Die Gruppe $>C=C<$ muß daher zweimal substituiert sein, wie in der Formel von Goldsobel.

Ebenso hat Wilsmore[1]) das Brechungsvermögen als Hilfsmittel benutzt, um die Konstitution von Acetylketen festzustellen (einer Flüssigkeit, die bei der Polymerisation von Keten enseht). Um zu entscheiden, ob die Flüssigkeit die cyclische Struktur (I) oder die normale Struktur (II) des Acetylketens hat,

$$\begin{array}{ccc}
CO\!-\!-\!CH_2 & & CH_3CO\!-\!CH\!=\!CO \\
| \quad\quad | \qquad I & & \qquad\qquad II \\
CH_2\!-\!\cdot CO & &
\end{array}$$

$$\mathfrak{M}_D \text{ (ber.)} = 18{,}78 \qquad\qquad \mathfrak{M}_D \text{(ber.)} = 20{,}49$$
$$\mathfrak{M}_D \text{ (beob.)} = 20{,}07$$

wurde das Brechungsvermögen gemessen. Der beobachtete Wert von $\mathfrak{M}_D = 20{,}07$ beweist deutlich, daß die Annahme der cyclischen Form zugunsten der Ketenstruktur verlassen werden muß. Es ist überdies wahrscheinlich, daß die Substanz die angeführte Keto-form besitzt, weil der für die Enolform $CH_2=C(OH)CH=CO$ berechnete Wert ohne Berücksichtigung einer Steigerung 21,43 beträgt.

Es besteht ein wesentlicher Unterschied in der Anwendung der Spektrochemie für Konstitutionsbestimmungen zu früherer Zeit und in den letzten Jahren. Während man früher aus der Übereinstimmung oder Differenz zwischen gefundenen und berechneten Werten ganz allgemein Schlüsse zog, benutzt man heute vorwiegend den Vergleich und die Vergleichswerte ähnlich konstituierter Verbindungen und verwendet darum weitgehende differenzierte „Normalwerte".

Als ein hierhergehöriges Beispiel sei noch die Feststellung der Konstitution eines Reaktionsproduktes von Methylmagnesium-halogen auf

---

[1]) Trans. Chem. Soc. **93**, 946 (1908).

$$CH_3-C\underset{CH_2-CH_2}{\overset{CH-CO}{<}}>CH_2$$

angeführt. Der Verbindung wurde zuerst[1]) die Konstitution

$$CH_3-C\underset{CH_2-CH_2}{\overset{CH-\overset{\displaystyle CH_3}{|}C}{<}}>CH$$

zugeschrieben. Für diese Formel berechnen sich die spezifischen Exaltationen $E\Sigma_D + 1{,}0$; $E\Sigma_\gamma - \Sigma_\alpha + 40\,\%$, die aber unverträglich erscheinen mit den gefundenen Werten: $E\Sigma_D + 0{,}3$; $E\Sigma_\gamma - \Sigma_\alpha + 15\,\%$. Diesen Werten entspricht aber eine Formel[2])

$$CH_3\underset{CH_2-CH_2}{\overset{CH-\overset{\displaystyle CH_2}{\|}C}{<}}>CH_2,$$

deren Richtigkeit auch auf chemischem Wege[3]) (durch Ozonaufspaltung) erwiesen wurde.

Tautomere Substanzen. — Die refraktometrische Methode zur Feststellung der Konstitution ist mit großem Erfolg auf das Studium tautomerer Stoffe angewandt worden.[4]) Brühl und Perkin haben zahlreiche Untersuchungen in dieser Richtung angestellt. Vergleicht man das gefundene Brechungsvermögen eines Stoffes mit dem für die Keto- bzw. für die Enolform berechneten Werte, so läßt sich feststellen, welche Struktur die Substanz unter den betreffenden Umständen besitzt. Die wichtigsten Resultate enthält die Tabelle LIII. Die Messungen wurden mit den reinen Substanzen bei gewöhnlicher Temperatur vorgenommen.

---

[1]) Klages, Ber. **40**, 2362 (1907).

[2]) Auwers u. Eisenlohr, Journ. f. prakt. Chem. (2) **82**, 104 (1910).

[3]) Auwers u. Peters, Ber. **43**, 3080 (1910).

[4]) Brühl, Ber. d. Dtsch. chem. Ges. **24**, 3393 (1891); **15**, 366 (1892); Ann. d. Chem. **291**, 217 (1896); Journ. f. prakt. Chem. [2] **50**, 144 (1894); Zeitschr. f. phys. Chem. **30**, 1 (1899); **34**, 1 (1900); Perkin, Trans. Chem. Soc. **828**, 859 (1892); Eykman, Ber. d. Dtsch. chem. Ges. **25**, 3074 (1892); Haller, Compt. rend. **138**, 440 (1904).

Tabelle LIII.

Substanz	Formel	$\mathfrak{M}_\alpha$ (beob.)	$\mathfrak{M}_\alpha$ (ber.) für		Vorwiegende Form
			Keton	Enol	
Brenztraubensäure	$CH_3COCOOH$	17,86	17,67	18,68	Keton
Acetessigsäureäthylester	$CH_3COCH_2COOC_2H_5$	31,89	31,53	32,55	Keton
Lävulinsäure	$CH_3COCH_2CH_2COOH$	26,79	26,81	27,83	Keton
Äthyl-α-Acetylpropionat	$CH_3COCH{-}COOC_2H_5$	35,55	36,10	37,12	Keton
Methyl-α-Acetylisobutyrat	$CH_3CO \cdot C{-}COOCH_3$ . . . . (oberhalb CH_3, unterhalb $(CH_3)_2$)	36,27	36,10	37,12	Keton
Acetyläthylmalonsäureester . . .	$CH_3COC(COOC_2H_5)_2$ . . . . (unterhalb C_2H_5)	56,22	56,16	57,18	Keton
Acetylmalonsäureester	$CH_3COCH(COOC_2H_5)_2$	48,60	47,02	48,04	Enol
Oxalessigsäureäthylester	$COOC_2H_5 \cdot COCH_2COOC_2H_5$.	43,38	42,45	43,46	Enol
Acetondicarbonsäureäthylester . .	$C_2H_5OOC \cdot CH_2COCH_2COOC_2H_5$	47,64	47,02	48,04	{ teilweise Enol
Diacetylmalonester	$(CH_3CO)_2C \cdot (COOC_2H_5)_2$ . . .	58,61	56,29	mono. 57,30 dienol. 58,31	Enol
Acetonoxalester	$CH_3COCH_2CO \cdot COOC_2H_5$ . .	39,08	36,22	mono. 37,24 dienol. 38,25	Enol
Acetylaceton	$CH_3COCH_2COCH_3$	27,45	25,31	mono. 26,32 dienol. 27,33	Enol

22*

Substanz	Formel	$\mathfrak{M}_\alpha$ (beob.)	$\mathfrak{M}_\alpha$ (ber.) für		Vorwiegende Form
			Keton	Enol	
Methylacetylaceton	$CH_3COCH-COCH_3$ . . . . . $\overset{\bullet}{C}H_3$	30,75	29,88	mono. 30,89 / dienol. 31,90	Enol
Diacetylaceton	$CH_3COCH_2COCH_2COCH_3$ . . .	64,40[1])	58,2[1])	mono. 59,9[1]) / dienol. 61,6 / trienol. 63,3	Enol
β-Aminocrotonsäureester	$CH_3C{=}CHCOOC_2H_5$ . . . . $\overset{\bullet}{N}H_2$	36,81	Aminoform. . . . . 34,48 / Iminoform weniger		Amin
α-Oxymethylenphenylessigester . .	$CHOH{=}C-COOC_2H_5$	53,06	51,07	52,08	Enol
Acetat von α-Oxymethylenphenyl- essigester	$\overset{\displaystyle C_6H_5}{\vert}$ $CH_3COOCH{=}C-COOC_2H_5$. $\underset{\displaystyle C_6H_5}{\vert}$	63,19	—	61,50	—
Cyanacetessigsäuremethylester .	$CH_3CO-CHCOOCH_3$ . . . . $\vert$ CN	33,80	31,40	32,41	Enol
Cyanpropionessigsäuremethylester	$C_2H_5COCHCOOCH_3$ . . . . . $\vert$ CN	38,32	35,97	36,98	Enol
Cyanacetessigsäurepropylester. . .	$CH_3COCHCOOC_3H_7$ . . . . . $\overset{\bullet}{C}N$	43,25	40,54	41,55	Enol

[1]) Wert bezogen auf M_α bei 60° C.

Lösungen.

Substanz	Lösungsmittel	$\mathfrak{M}a$ (beob.)	$\mathfrak{M}$ (ber.) Keton	$\mathfrak{M}a$ (ber.) Enol	Form
Oxymethylencampher . . . $C_8H_{14}{<}^{C=CHOH}_{\ \ \ \ |}_{CO}$	Chloroform, 10 %	50,89	45,32	46,33	Enol
	Methylalkohol . .	50,92	45,32	46,33	
Formylbromcampher . . . $C_8H_{14}{<}^{CBr\cdot CHO}_{\ \ \ \ |}_{CO}$	Chloroform, 5 % .	56,72	56,08	—	Keton
	Methylalkohol . .	56,32	56,08	—	

Bei den ersten Untersuchungen, welche Brühl und Perkin an
Stoffen mit zwei oder mehreren Carbonylgruppen in β-Stellung
ausgeführt hatten, wie in

$$-CO-CH_2-CO-CH_2-CO-,$$

ergab sich manchmal, daß das Brechungsvermögen größer war
als der für die Monoenolform berechnete Wert. Wie man aus der
Tabelle ersieht, kommt der Wert manchmal dem aus der Di- und
Trienolstruktur berechneten sehr nahe; dann wurde angenommen,
daß die Substanz in einer Polyenolform existiert. Diese Ansicht
ist nicht mehr aufrecht zu erhalten, da gefunden wurde, daß für
eine Enolform, bei der die Doppelbindung mit einer Carbonylgruppe oder mit einer anderen ungesättigten Gruppe konjugiert ist,
eine Steigerung des Brechungsvermögens eintritt. So ist bei der
Enolform des Acetylacetons:

$$CH_3CO-CH=C(OH)CH_3$$

die Carbonylgruppe und die Äthylenbindung konjugiert, und die
wahre Molekularrefraktion ist daher größer als die berechnete.
Dasselbe gilt von der Dienolform:

$$CH_2=C-CH=C\cdot CH_3$$
$$\quad\ \ OH\qquad OH$$

Selbst wenn also das Brechungsvermögen größer ist als das der
Monoenolform und beinahe gleich dem der Dienolform, genügt dies
nicht als Beweis für die Dienolform.

Da das Brechungsvermögen ein Mittel an die Hand gibt, festzustellen, welche isomere Form in Lösung vorhanden ist, so kann

man den Einfluß verschiedener Lösungsmittel auf die tautomere Umlagerung bestimmen.[1) Wislicenus[2]) hat gezeigt, daß der Äthylester der Oxymethylenphenylessigsäure zumindest in zwei isomeren Formen besteht: die flüssige Form

$$HOCH = C - COOC_2H_5$$
$$|$$
$$C_6H_5$$

α-Oxymethylenphenylessigester

und die feste Form, die wahrscheinlich der Aldehyd ist:

$$OCH - CH - COOC_2H_5$$
$$|$$
$$C_6H_5$$

β-Oxymethylenphenylessigester; Schmelzpunkt ca. 90°.

Das berechnete molekulare Brechungsvermögen für die beiden Formen ist $\mathfrak{M}_\alpha$ (ber.) = 52,08 (Enolform) und 51,07 (Aldoform).

Im reinen Zustand ergibt der flüssige Ester den Wert $\mathfrak{M}_\alpha = 53,22$, wodurch die aus chemischen Gründen wahrscheinliche Enolstruktur bestätigt wird. Wird der α-Ester jedoch in Äthylalkohol gelöst, so findet man den Wert $\mathfrak{M}_\alpha = 51,77$, der ungefähr dem für die Aldoform berechneten gleichkommt; es ist deshalb wahrscheinlich, daß in diesem Lösungsmittel zumindest eine teilweise Umwandlung in die Aldoform stattfindet. Chloroform hat nicht diesen Einfluß, da sich darin $\mathfrak{M}_\alpha$ zu 53,42 ergibt. Da die β-Modifikation fest ist und durch Schmelzen in die α-Modifikation übergeht, so ist es unmöglich, aus dem Brechungsvermögen Schlüsse auf die Natur der reinen Substanz zu ziehen; doch ist in alkoholischer Lösung das Brechungsvermögen dasselbe (51,77), wie das der α-Modifikation in demselben Lösungsmittel. Die isomeren Formen des Äthylesters der Mesityloxydoxalsäure[3]) sind nicht so leicht ineinander umwandelbar als die der Formylphenylessigsäure. Die Enolform

$$(CH_3)_2C = CH - C = CH - CO - COOC_2H_5$$
$$|$$
$$OH$$

---

[1]) B r ü h l, Zeitschr. f. phys. Chem. **30**, 1 (1899); **34**, 31 (1900).

[2]) Ber. d. Dtsch. chem. Ges. **20**, 2933 (1887); **28**, 767 (1895); Ann. d. Chem. **312**, 34 (1900).

[3]) C l a i s e n, Ann. d. Chem. **291**, 25 (1896).

muß längere Zeit auf 100° erhitzt werden, um völlig in die β-Keto-
form übergeführt zu werden.

$$(CH_3)_2C{=}CH-CO-CH_2-CO-COOC_2H_5$$

Die tautomerisierende Wirkung von Lösungsmitteln läßt sich daher
durch Untersuchung von Lösungen der Substanz in bestimmten
Intervallen nach der Lösung feststellen. Einige der von Brühl
erhaltenen Resultate sind in Tabelle LIV angeführt. Es zeigt
sich deutlich, daß Methylalkohol die Enolform in die Ketoform

Tabelle LIV.

Substanz	Angewandter Zustand	$\mathfrak{M}_\alpha$	Bemerkungen
α-Äthylester			
Schm.-P. 21—22°	direkt	56,22	—
,, ,,	in $CHCl_3$ 10 % gelöst	57,74	4 Tage alt
,, ,,	Dieselbe Lösung	57,91	16 Tage alt
,, ,,	Dieselbe Lösung	57,74	75 Tage alt
,, ,,	in CH_3OH 10 % gelöst	55,89	frisch
,, ,,	Dieselbe Lösung	55,11	7 Tage alt
,, ,,	Dieselbe Lösung	51,94	61 Tage alt
β-Äthylester			
Schm.-P. 60° . .	Direkt	50,09	—

umwandelt, doch ist der Vorgang langsam, da die Umwandlung in zwei Monaten noch nicht vollendet ist. Chloroform übt
keinen derartigen Einfluß aus, da die Lösung nach 75 Tagen denselben Wert ergab, wie die frisch bereitete, deren Brechungsvermögen
dem der reinen Enolform sehr nahe kommt.

Durch Vergleich der Geschwindigkeiten, mit der die Umwandlung in die Ketoform vor sich geht, suchte Brühl ein vergleichen-
des Maß für die Stärke der tautomerisierenden Wirkung verschiedener Lösungsmittel aufzustellen. Er sprach die allgemeine Regel aus,
daß Medien mit hoher Dielektrizitätskonstante oder ionisierender
Stärke eine größere tautomerisierende Kraft besäßen, als diejenigen mit kleiner Dielektrizitätskonstante; doch zeigen die Arbeiten
von Dimroth[1] und von Michael und Hibbert[2], daß sich
diese Ansicht nicht aufrechterhalten läßt.

---

[1] Ann. d. Chem. **335**, 1 (1904); **338**, 143 (1904).
[2] Ber. d. Dtsch. chem. Ges. **41**, 1080 (1908).

Ein schönes Beispiel, wie durch genaue Diskussion des Brechungsvermögens chemische Konstitutionsfragen behandelt werden können,
findet sich in der Arbeit von Auwers.[1]) Daselbst wird abgeleitet,
daß der reine homogene Acetessigester nicht, wie Brühl (s. o.)
meinte, aus der reinen Ketoform besteht, sondern etwa 8 %
Enolform enthält, was mit den chemischen Bestimmungen von
K. H. Meyer[2]) übereinstimmt. Bei diesen Untersuchungen über
die Spektrochemie der Enole hat sich herausgestellt, daß sauerstoffhaltige Substituenten wie OH, O · Alk, O · Ac, die an ein
seitliches Kohlenstoffatom einer Konjugation treten, deren exaltierende Wirkung verstärken und zwar vielfach recht bedeutend.
Auch hier hat die neuere Anwendungsweise der spektrochemischen
Untersuchung zu viel verläßlicheren Ergebnissen geführt.

Salzbildung. — Muller und Bauer[3]) beschrieben eine Methode
zur Erkennung von Pseudosäuren, d. h. von Säuren, deren Struktur sich
bei der Bildung von Salzen ändert. Le Blanc und Rohland[4]) haben
gezeigt, daß bei den gewöhnlichen Säuren der Ersatz des Wasserstoffes durch Natrium eine Steigerung des Brechungsvermögens um
ungefähr 1,64 Einheiten (n^2-Formel für die D-Linie) hervorruft.
Es ist klar, daß der Wert für diese Änderung bei den Pseudosäuren
nicht derselbe sein kann, da außer dem durch die Salzbildung
bedingten Effekt eine weitere Änderung des Brechungsvermögens
wegen der Änderung in der Struktur vor sich gehen muß.[5]) Muller
und Bauer untersuchten eine Reihe von Oximinoverbindungen.
Einige ihrer Resultate sind in Tabelle LV angeführt. Unter △
steht der Einfluß, den die Bildung des rechtsstehenden Salzes aus
der linksstehenden entsprechenden Säure ausübt. Da sich einige
dieser Substanzen wie zweibasische Säuren verhalten, so sind die
Salze der Bernsteinsäure mit aufgenommen; sie zeigen, daß in
normalen Säuren der Einfluß der Bildung des neutralen Salzes aus
dem sauren derselbe ist, als wenn aus der Säure das saure Salz
gebildet wird.

---

[1]) Ber. d. Dtsch. chem. Ges. **44**, 3515 (1911).
[2]) Ann. d. Chem. **380**, 220 (1911); Ber. d. Dtsch. chem. Ges. **44**, 2718
(1911).
[3]) Journ. de Chim. Phys. **1**, 203 (1903).
[4]) Zeitschr. f. phys. Chem. **19**, 261 (1896).
[5]) Kürzlich hat Hantzsch diese Methode zur Feststellung der Konstitution
der Nitrophenole und ihrer Salze angewandt, Ber. d. Dtsch. chem. Ges. **42**, 95
(1910).

Tabelle LV.

Säure			△	Salz	
Substanz		$\mathfrak{M}_D$		$\mathfrak{M}_D$	Substanz
Bernsteinsäure	CH_2-COOH | CH_2-COOH	23,97	1,54	25,51	CH_2COOH | CH_2COONa
Mononatriumsalz der Bern-steinsäure	$CH_2-COONa$ | CH_2-COOH	25,51	1,57	27,08	CH_2COONa | CH_2COONa
Acetoxim.	$(CH_3)_2C=NOH$	20,21	1,47	21,68	$(CH_3)_2C=NONa$
Brenztraubensäureoxim . .	$CH_3C-COOH$ $\\|$ NOH	22,45	1,20	23,65	$CH_3C-COONa$ $\\|$ NOH
Isonitrosomalonsäure . . .	$(HOOC)_2C=N\cdot OH$	25,28	$2\times 1,27$	27,81	$(NaOOC)_2C=NOH$
Isonitrosoaceton.	$CH_3COCH=NOH$	21,39	3,74	25,13	$CH_3COCH=N\cdot ONa$
Isonitrosomalonsäureester .	$(C_2H_5OOC)_2C=N\cdot OH$	34,09	3,10	37,19	$(C_2H_5OOC)_2C=N\cdot ONa$
Isonitrosocampher	$C_8H_{14}\langle\begin{smallmatrix}C=N\cdot OH\\CO\end{smallmatrix}$	49,14	4,01	53,15	$C_8H_{14}\langle\begin{smallmatrix}C=N\cdot ONa\\CO\end{smallmatrix}$
Isonitrosocyanessigester . .	$CN-C\cdot COOC_2H_5$ $\\|$ $N\cdot OH$	32,83	3,29	36,12	$NC-C-COOC_2H_5$ $\\|$ $N\cdot ONa$

Der Effekt der Salzbildung ist also bei Acetoxim, Oximinopropionsäure und Isonitrosomalonsäure ungefähr normal; daraus kann man schließen, daß diese Säuren dieselbe Struktur wie ihre Natriumsalze haben. Bei den übrigen Verbindungen ist die Änderung des Wertes bei der Salzbildung mehr als doppelt so groß als die bei der Bernsteinsäure gefundene; es folgt daraus, daß die Natriumsalze eine andere Struktur haben als die freien Säuren. Erwähnt sei, daß alle normalen Oximinoverbindungen farblose Natriumsalze geben, während die Salze der Pseudosäuren gelb gefärbt sind.

§ 20. Zusammenfassung.

Wie schon aus dem vorliegenden großen Versuchsmaterial ersichtlich, ist das Lichtbrechungsvermögen und die damit im Zusammenhang stehende Dispersion wohl die am genauesten untersuchte physikalische Konstante der chemischen Verbindungen. Der Grund für die intensive Bearbeitung dieses Gebietes ist einerseits in der leichten und dabei sehr exakten Meßmethode zu suchen, andererseits in den Erfolgen, welche die Refraktometrie nach den verschiedensten Richtungen ermöglicht hat.

Hierzu zählen vor allem der scharfe Nachweis ungesättigter Bindungen, die Erkennung der für das chemische Verhalten so wichtigen Konjugation ungesättigter Bindungen, die Konstitutionsbeweise bei Derivaten tautomerer Substanzen, die Beobachtung der Gleichgewichte zwischen in einander umwandelbaren Isomeren.

Beim Arbeiten mit Stoffen, die infolge ihres niedrigen Schmelzpunktes schlecht charakterisierbar sind, ist die refraktometrische Untersuchung nicht nur für die Reinigung, sondern auch für die Konstitutionsermittlung unentbehrlich, wie insbesondere aus der Chemie der Terpene ersichtlich ist.

In den letzten Jahren wurde die Konstitutionsermittlung aus dem Brechungsvermögen eifrig betrieben und die neuen Valenzvorstellungen herangezogen.

Für die allgemeine Methodik kommt Auwers zu folgenden Schlüssen. Bei Anwendung der refraktometrischen Methoden hat man scharf zu unterscheiden zwischen Bestimmungen, die an einheitlichen Substanzen angestellt wurden, und solchen, die sich auf Lösungen beziehen.

Lösungsmittel beeinflussen die molekulare Refraktion und Dispersion der gelösten Stoffe in einer vorläufig ganz unkontrollierbaren Weise. In vielen Fällen ergeben Bestimmungen an Lösungen für die gelösten Substanzen dieselben Werte der Molrefraktion, wie sie an den homogenen Verbindungen gefunden wurden. Ebenso häufig ist aber das Gegenteil der Fall; dabei liegen die Abweichungen bald nach der einen, bald nach der anderen Seite und sind bald unbedeutend, bald mäßig, bald außerordentlich groß. Alle Versuche, gesetzmäßige Beziehungen zwischen der Natur des Lösungsmittels, namentlich seiner Dielektrizitätskonstante oder seiner dissoziierenden Kraft und seinem spektrochemischen Einfluß aufzufinden, sind bis jetzt ergebnislos verlaufen. Ebensowenig besteht ein erkennbarer Zusammenhang zwischen der Konstitution der gelösten Stoffe und den refraktometrischen Anomalien, die man an ihren Lösungen beobachtet hat. Man kann daher auch bei konstitutiv unveränderlichen Substanzen niemals mit Sicherheit voraussagen, wie ihr refraktometrisches Verhalten in einem bestimmten Lösungsmittel sein wird, falls man nicht bereits entsprechende Versuche mit völlig analog gebauten Verbindungen angestellt hat.

Bei homogenen Substanzen hingegen hat die spektrochemische Methode der Konstitutionsbestimmung bereits einen solchen Grad von Zuverlässigkeit und Genauigkeit erreicht, daß sie den Vergleich mit anderen physikalischen und chemischen Methoden in vieler Beziehung nicht zu scheuen braucht. Namentlich seit der stärkeren Betonung ihrer quantitativen Seite kann die Methode nicht nur wie früher zur Ermittlung des Sättigungszustandes einer Verbindung dienen, sondern sie zeigt auch die Anwesenheit von Konjugationen, von semicyclischen Bindungen, von Drei- und Vierringen mit einer Sicherheit an, wie sie auf anderem Wege mitunter nicht erreicht wird.

Freilich gestalten sich die Verhältnisse immer verwickelter, besonders durch den neuerdings festgestellten Einfluß, den die Substituenten in einer ungesättigten Verbindung auf deren optisches Verhalten ausüben.

Dies gilt vor allen Dingen für die eigenartigen Verhältnisse, die bei den heterocyclischen Verbindungen zu herrschen scheinen. Daraus ergibt sich naturgemäß, daß wohl noch lange nicht in allen Fällen das spektrochemische Verhalten einer Verbindung von bestimmter Konstitution mit Bestimmtheit vorausgesagt werden kann, und ebenso ist umgekehrt gewiß nicht immer ein sicherer Schluß auf den Bau einer Substanz möglich, wenn man ihr refraktometrisches Verhalten kennt. Daß man daher bei der Verwertung der Spektrochemie für die Lösung von Konstitutionsfragen große Vorsicht üben muß, ist klar. Insbesondere läßt sich auch nicht verhehlen, daß in vielen Fällen noch Hilfshypothesen nötig sind, wie besonders auch § 14 erweist.

Kapitel X.   Die Absorption des Lichtes.

§ 1. Die Natur der Lichtabsorption.

Wenn Materie von weißem Licht durchstrahlt wird, so wird die Energie einiger Schwingungen absorbiert und der Rest durchgelassen. Der austretende Lichtstrahl, der um die von der Materie aufgenommenen Schwingungen ärmer geworden ist, gibt ein Spektrum, das Lücken oder schwarze Banden zeigt, die der Wellenlänge des absorbierten Lichtes entsprechen. Dieses Spektrum wird Absorptionsspektrum genannt. Das Phänomen der Absorption findet sowohl bei Flüssigkeiten wie bei festen Stoffen statt. Die letzteren sind häufig undurchsichtig und erlauben dem einfallenden Licht nicht den Durchgang, sondern reflektieren die Hauptmenge. Obwohl dieser reflektierte Teil nur eine sehr dünne Oberflächenschicht passiert hat, genügt diese dünne, vom Lichte durchlaufene Strecke meistens zur Beurteilung der Absorption. Bei Flüssigkeiten hingegen geht der größere Teil des Lichtes durch das Medium, in solchen Fällen wird die Absorption am besten im durchgegangenen Lichte bestimmt.

Man unterscheidet zwei verschiedene Arten von Lichtabsorption: kontinuierliche und selektive. Die erstere erscheint als schwächender Einfluß auf dem ganzen Gebiete des Spektrums des durchgegangenen Lichtes, d. h. die Schwächung auf den verschiedenen Spektralgebieten ist nur unerheblich verschieden; die selektive Absorption hingegen kennzeichnet sich dadurch, daß gewisse Spektralgebiete viel stärker geschwächt werden als die benachbarten; sie tritt in Form voneinander unabhängiger Banden verschiedener Breite in bestimmten Teilen des Spektrums auf. Oft kommen beide Arten der Absorption gleichzeitig im selben Teile des Spektrums vor und in diesen Fällen verdeckt zuweilen die kontinuierliche Absorption die selektive. Man kann jedoch die kontinuierliche Absorption schwächen, indem man die Zahl der absorbierenden Moleküle stufenweise verringert, wie durch Verdünnung mit einem inaktiven Lösungsmittel oder durch Verringerung der Dicke der durchstrahlten Schicht; die selektive Absorption bleibt hierbei länger bestehen.

Die Untersuchung der Absorption war in der ersten Zeit im wesentlichen darauf gerichtet, Beziehungen zwischen der Konstitution und dem Farbstoffcharakter ausfindig zu machen. Infolgedessen wurde im wesentlichen nur dem sichtbaren Teile des Spektrums Aufmerksamkeit geschenkt, da ja die Farbe nur durch die Absorption in diesem Gebiet bedingt wird.

Es ist das Verdienst von W. N. Hartley, darauf hingewiesen zu haben, daß für strukturchemische Betrachtungen die Einbeziehung der unsichtbaren Teile des Spektrums unbedingt notwendig ist. Ferner ist ihm zu danken, die Methodik zur Messung der ultravioletten Absorption entwickelt zu haben. Die Fruchtbarkeit dieser Ausdehnung der Untersuchung auf das ultraviolette Gebiet ist folgendermaßen begründet. Mit der Zunahme des Molekulargewichtes und der Kompliziertheit der chemischen Struktur verschiebt sich in der Regel die Absorption in der Richtung nach dem roten Ende. Es sind demgemäß die einfachsten bzw. leichtesten Glieder einer Gruppe von Substanzen farblos, die höheren absorbieren im Ultraviolett, noch höhere im Violett, Blau usf. Da die Farbe einer Substanz, d. h. jenes Licht, welches sie durchläßt, mit dem absorbierten Anteil komplementär ist, ergibt sich umgekehrt für eine Gruppe von steigendem Molekulargewicht und zunehmender Kompliziertheit als Reihenfolge der Farben: Farblosigkeit, gelb, rot, blau, violett usw. Als einfachstes Beispiel sei etwa an die Farbe der Halogene erinnert: Fluor farblos, Chlor gelbgrün, Brom rot, Jod violett; Sulfid von Zink weiß, von Cadmium gelb, von Quecksilber rot; P_2S_3 weiß, As_2S_3 gelb, Sb_2S_3 rot; oder an die dunklere Farbe der Naphthalinderivate gegenüber den Benzolderivaten. Die gewöhnlich als Farbstoffe bezeichneten Substanzen haben bereits eine recht komplizierte Konstitution. Will man auf die einfachen Grundsubstanzen derselben zurückgehen, so ist ersichtlich, daß diese im ultravioletten Teile absorbieren werden, und daß aus der Kenntnis der ultravioletten Absorptionsspektren erst jene Regeln abgeleitet werden können, von denen aus die komplizierteren Fälle verständlich sind. Als weiteres Argument für die Notwendigkeit, sich nicht mit dem sichtbaren Absorptionsspektrum zu begnügen, muß angeführt werden, daß unser Auge nur für einen geringen Bereich von Strahlung empfindlich ist. Das Auge empfindet nur Wellenlängen zwischen 0,4—0,8μ als Licht. Die Messungen im Gebiet des Ultravioletten erstrecken sich bis etwa 0,1μ, im Ultrarot bis gegen 60μ. In der Sprache der Akustik ausgedrückt, umfaßt also das Auge eine Oktave, das Ultraviolett zwei Oktaven, das Ultrarot 6 Oktaven. Falls an einer Substanz eine Veränderung der Konstitution vorgenommen wird und sich ihre Absorptionsbanden verschieben, würde eine Messung, welche nur die genannte mittlere Oktave berücksichtigt, zu falschen Schlüssen führen.

Der physikalische Vorgang bei der Absorption von Strahlung durch Materie besteht in der Aufnahme von strahlender Energie bestimmter Frequenz. Die Erklärung dieses Prozesses entspricht naturgemäß den Auffassungen über das Wesen der Strahlung. Solange die Strahlung als ein undulatorischer Vorgang im Äther aufgefaßt wurde, war es naheliegend, die Absorption als eine Art mechanischer Resonanz bestimmter Moleküle oder Atomgruppen auf bestimmte Schwingungsfrequenzen aufzufassen; derartige Betrachtungen sind in den früheren Arbeiten von Hartley angestellt worden. Nachdem die atomistische Auffassung der Elektrizität allgemein angenommen erscheint, wird die Absorption als ein Vorgang betrachtet, bei dem die Strahlung, die ja nach der Maxwell-Hertzschen Theorie ein elektromagnetischer Vorgang ist, vermittelst der in der Materie vorhandenen elektrischen Elementarquanten, der Elektronen, ihre Energie auf die Materie überträgt. Die Absorption wird dadurch als Elektronenphänomen gekennzeichnet und wurde unter diesem Gesichtspunkte in den letzten Jahren von einer Reihe von Physikern speziell durch Drude, Wien, Stark u. a. untersucht.

Für die Konstitutionsbestimmung kommt die Absorptionsmessung hauptsächlich bei organischen Verbindungen in Betracht, auf welche auch im folgenden hauptsächlich eingegangen ist.

§ 2. Die Messung der Absorption.

Die Methodik findet sich in den Werken von Kayser, Baly, Ley[1] u. a. beschrieben. Es sei hier nur angeführt, daß nicht nur im

---

[1] Kayser, Handbuch der Spektroskopie, 5. Bd. (Leipzig 1910); Baur, Spektroskopie und Kolorimetrie (Leipzig 1907); Baly, Spektroskopie, deutsch von Wachsmuth (Berlin 1908); Ley, Die Beziehungen zwischen Farbe und Konstitution (Leipzig 1911). Vgl. auch K. Schaum, Photochemie und Photographie (Leipzig 1908).

Gebiet des Ultraviolett, wo die photographische Methode ausschließlich herrscht, sondern auch im Gebiet des Sichtbaren die
subjektive Beobachtung immer mehr durch die photographische
Aufnahme ersetzt wird. Im Ultrarot ist die photographische Methode
zwar anwendbar, jedoch mit Schwierigkeiten verbunden und die
Anwendung des Bolometers ist hier am geeignetsten. Für mehr
qualitative Zwecke, wie sie bei der Analyse und Identifikation von
natürlichen oder synthetischen Farbstoffen recht häufig vorkommen,
sei auf die Entwicklung der Methodik durch Formanek[1]) hingewiesen.

Substanzen mit starker Absorption müssen in Lösung untersucht werden, wobei das Lösungsmittel in dem betrachteten Gebiet keine Absorption zeigen darf. Schwefelsäure, Wasser, Methylalkohol, Äthylalkohol, die niederen Paraffine (Petroläther) werden
meist angewendet.

Bei den meisten gefärbten Stoffen gilt das Gesetz von Beer,
wonach die Schichtdicken gleich stark absorbierender Lösungen
eines Stoffes deren Konzentrationen umgekehrt proportional sind.
Es ist also gleichgültig, ob eine einprozentige Lösung in einer Schicht
von 10 cm oder eine zehnprozentige Lösung in einer Schicht
von 1 cm beobachtet wird. Das Absorptionsspektrum ist in beiden
Fällen identisch, sowohl was die Lage als auch was die Intensität
des Absorptionsstreifens betrifft. Diese Form des Gesetzes ist ein
Spezialfall der allgemeinen Absorptionsgleichung:

$$I = I_o \cdot e^{-kd},$$

wo I_o die Intensität des einfallenden, I die des austretenden
Lichtes, d die Dicke der durchstrahlten Schicht und e die Basis
des Log. nat. ist; k ist ein Proportionalitätsfaktor, der meist in
folgender Weise definiert wird. Die obige Gleichung läßt sich
auch schreiben:

$$\lg \frac{I_o}{I} = kd;$$

setzt man

$$\frac{I}{I_o} = \frac{1}{10},$$

so wird

$$k = \frac{1}{d}$$

und ist der Extinktionskoeffizient, nach Bunsen und

[1]) Untersuchung und Nachweis künstl. organ. Farbstoffe auf spektroskop.
Wege (1908, 1911).

Roscoe[1] „der reziproke Wert derjenigen Schichtdicke, welche eine Substanz haben muß, um das durch dieselbe fallende Licht bis auf ein Zehntel der Intensität des auffallenden Lichtes durch Absorption abschwächen zu können." Gewöhnlich wird die Molekularextinktion, d. i. $\dfrac{k}{\text{Anzahl der Mole pro Liter}}$, bei verschiedenen Wellenlängen angeführt.

Von Interesse sind für die chemische Konstitutionsermittlung jene Fälle, wo das Beersche Gesetz nicht gilt; denn hier muß die absorbierende Substanz in ihren Eigenschaften eine Veränderung erleiden, die eine Funktion der Konzentration ist. Auf derartige Fälle haben Piccard,[2] Ley,[3] Stewart[4] und andere aufmerksam gemacht. Die Ungültigkeit des Beerschen Gesetzes bei vielen Kupfersalzen beweist, daß in konzentrierten Lösungen andersgeartete Verbindungen vorliegen müssen als in verdünnten. Dasselbe gilt auch für einige Kobaltsalze. Kupferchlorid ist in konzentrierten Lösungen grün, in verdünnten hingegen blau und mit verdünnten Kupfersulfatlösungen fast identisch gefärbt. Die Einwirkung des Lösungsmittels muß nicht im Sinne der Ionenbildung verlaufen; auch die Bildung von Additionsverbindungen an die gelöste Substanz bewirkt Abweichungen vom Beerschen Gesetz; denn die Bildung derartiger Additionsverbindungen unterliegt dem Massenwirkungsgesetz, ist also von den relativen Mengen des gelösten Körpers und des Lösungsmittels abhängig.

Im allgemeinen ist bei Ausschluß chemischer Veränderungen[5] die Absorption von der Dissoziation wie von der Assoziation unabhängig. Ein Beispiel für ersteres ist die optische Unveränderlichkeit von Permanganatlösungen in konzentrierter Lauge sowie konzentrierter Schwefelsäure, ein Beispiel für letzteres das ganz ähnliche Verhalten des Natriumsalzes des Oxalessigesters in Wasser und Chloroform, obwohl es dort mono- hier oktomolar gelöst ist.

Auch vom Lösungsmittel ist die Absorption häufig unabhängig,[5] wie die Lösungen von Permanganat in Wasser, Methylalkohol,

---

[1] Pogg. Ann. **86**, 78 (1852).
[2] Ann. d. Chem. **381**, 347 (1911).
[3] Ley, Farbe und Konstitution (Leipzig 1911) 61 Anm.
[4] Ber. d. Dtsch. chem. Ges. **43**, 1184 (1910); **44**, 2819 (1911).
[5] Vgl. Hantzsch, Zeitschr. f. Elektrochem. **18**, 471 (1912); ferner R. A. Houstoun u. Mitarbeiter, Edinb. Proc. **31**, 521; Th. R. Merton, Journ. Chem. Soc. **99**, 637.

Aceton, Eisessig, Pyridin oder von Kupfertetramin in Wasser und Alkoholen. Dagegen kennzeichnen sich Additionsprodukte zwischen Lösungsmittel und Gelöstem, wie bereits erwähnt.

Zu beachten ist, daß ein Lösungsmittel, wenn es auch in dem betreffenden Gebiete des Spektrums keine Absorption zeigt, doch einen physikalischen Einfluß auf das Absorptionsspektrum des gelösten Stoffes ausüben kann. Nach Kundt[1]) rücken die Absorptionsbanden des gelösten Stoffes gegen das ultrarote Ende des Spektrums, wenn der Brechungsindex des Lösungsmittels zunimmt. Auch kann natürlich eine chemische Einwirkung des Lösungsmittels auf den gelösten Stoff stattfinden.

Temperaturerhöhung verschiebt bei festen Stoffen die Absorption nach dem langwelligen Ende des Spektrums. Die Farbe vertieft sich, wie beim Bleijodid oder beim Schwefel, der bei tiefen Temperaturen dagegen weiß wird: Thermochromie.

Bei den Fulgiden tritt sehr stark Thermochromie auf, indem sie bei Wärmezufuhr wesentlich intensivere Farben annehmen, während sie bei niederer Temperatur schwächer gefärbt sind.

Nach Schaefer[2]) wird bei den Nitraten zwar die kontinuierliche, aber nicht die selektive Absorption durch die Temperatur verschoben. Im allgemeinen kann man aber bei Ausschluß chemischer Veränderungen von einer nur geringen Abhängigkeit der Absorption von der Temperatur sprechen.

Um bei verschiedenen Substanzen vergleichbare Resultate zu erhalten, schlug Hartley vor, das Molekulargewicht der Substanz in Milligrammen in einem bekannten Volumen des Lösungsmittels aufzulösen und die Lösung dann in Schichten abnehmender Dicke zu untersuchen, wobei das Spektrum in bestimmten Intervallen, etwa von je 1 mm, photographiert wird. Ist die Dicke von 1 mm erreicht, so wird die Flüssigkeit auf ein bestimmtes größeres Volumen verdünnt und eine neue Reihe von Spektren in derselben Weise aufgenommen; man setzt Verdünnung und Messung fort, bis sich keine Absorption mehr zeigt. Auf diesem Wege wird eine Serie von Spektren erhalten, welche die Absorption wiedergeben, wie sie bei abnehmender Molekülzahl erfolgt. Hartley hat gezeigt, daß man die Resultate graphisch am besten darstellt, wenn man

---

[1]) Wied. Ann. **4**, 34 (1878); eine theoretische Erklärung findet sich bei Knoblauch, Wied. Ann. **54**, 193 (1895).

[2]) Zeitschr. f. wiss. Photogr. **8**, 229; vgl. auch Kayser, Handb. III (Leipzig 1905), 106.

die Schwingungszahlen der Grenzlinien der Absorptionsbanden als
Abszissen und die entsprechenden Schichtdicken als Ordinaten
wählt. Die letzteren Werte bezieht man auf die dünnste Schicht,
welche man mit der verdünntesten Lösung untersucht hat. Verbindet man die auf diese Weise erhaltenen Punkte, so erhält man
die Absorptionskurve oder die „Kurve der molekularen Schwingungen" für die betreffende Substanz. Da die voll gezeichneten

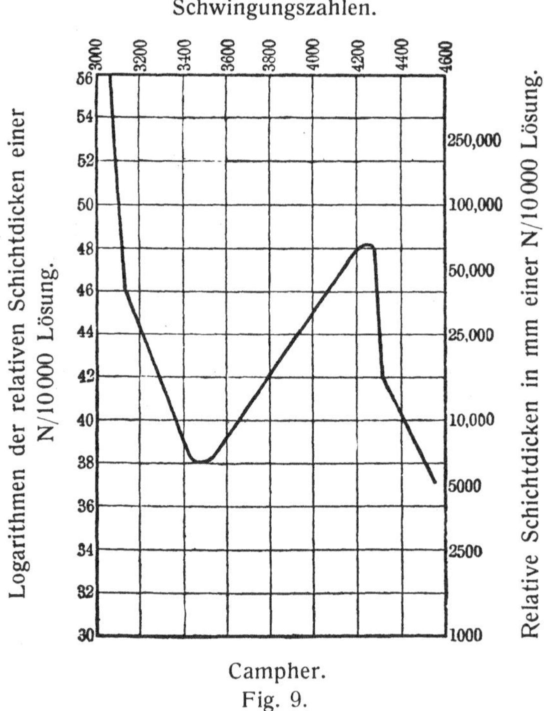

Campher.
Fig. 9.

Kurven oft sehr lang werden, haben Baly und Desch[1]) empfohlen,
die Logarithmen der relativen Schichtdicken an Stelle der Dicken
selbst zu verwenden, was sich auch aus anderen Gründen empfiehlt.
Diese Methode wird nun allgemein angewandt.

Fig. 9 zeigt eine auf diese Weise erhaltene Kurve. Der
Raum über der Kurve enthält die Wellenlängen des Lichtes und
die Verdünnungen, bei welchen Absorption stattfindet, die Kurve
selbst veranschaulicht die Grenzen der Absorption. Das Diagramm,
das durch Photographie einer Lösung von Campher in Alkohol

---

[1]) Baly und Desch, Trans. Chem. Soc. 85, 1029 (1904).

erhalten ist, zeigt die Gegenwart einer Bande. Um zwischen den Absorptionsbanden verschiedener Stoffe zu unterscheiden, ist es nötig, deren Dicke zu messen. Dies könnte mit einem gewöhnlichen Spektrographen einfach durch Messung der Grenzen der Lichtabsorption geschehen; der Vorteil, eine volle Absorptionskurve zu besitzen, springt jedoch in die Augen, da sie nicht nur die Grenzen der Lichtabsorption für verschiedene Verdünnungen angibt, sondern auch die Stärke der Absorption an verschiedenen Punkten innerhalb der Bande. Im Falle des Camphers (Fig. 9) findet die stärkste Absorption etwa bei 3500 Einheiten der Schwingungsfrequenz statt. Das Gebiet der Kurve, welches den Teil der Bande zeigt, der bei der stärksten Verdünnung bestehen bleibt, wird gewöhnlich als „Kopf" der Bande bezeichnet. Die „Beständigkeit" oder Persistenz mißt man durch die Tiefe der Bande, welche hier im vorliegenden Falle des Camphers 10 Einheiten beträgt, nämlich von 38 bis 48 Einheiten der logarithmischen Skala der relativen Dicke der Lösungen.

§ 3. Allgemeiner Charakter der Beziehungen.

Aus dem, was vorhin über die selektive Absorption im sichtbaren und ultravioletten Gebiet gesagt wurde, ergibt sich bereits die konstitutive Natur der Absorption. Mit Bezug auf die additive Seite ist nicht allzuviel bekannt. Hartley[1] untersuchte den Einfluß der Stellungsisomerie im Benzolkern, ohne aber eine allgemeine Regel aufstellen zu können, die diese mit der Absorption in Zusammenhang bringt. Man hat gefunden, daß in einfachen Substanzen, wie bei den Alkylnitraten,[2] Alkoholen[3] und Aminen[4] die Addition von Methylen eine Wanderung der Absorptionsbanden gegen das rote Ende zu bewirkt, doch läßt sich keine einfache quantitative Beziehung aufstellen.

Spring[5] meinte additive Beziehungen bei den sehr geringen selektiven Absorptionen im sichtbaren Gebiet gefunden zu haben, welche einige aliphatische Verbindungen zeigen. Nach Spring steht die Anzahl der Banden in diesem Spektrum in Zusammenhang mit der Zahl der Kohlenwasserstoffgruppen des Moleküls. Die

---

[1] Trans. Chem. Soc. **53**, 641 (1888).
[2] Soret und Rilliet, Compt. rend. **89**, 747 (1879).
[3] Hartley und Huntington, Proc. Roy. Soc. **1879**, 223.
[4] Russell und Lapraik, Trans. Chem. Soc. **39**, 168 (1881).
[5] Rec. Pays-Bas. **16**, 1 (1897).

Ester der Fettsäuren enthalten zwei Kohlenwasserstoffkerne und geben daher zwei Absorptionsbanden, von denen die eine dem Säureradikal, die andere dem Alkohol entspricht. So finden sich z. B. beim Äthylacetat zwei Banden, bei 632 und 615 (willkürliche Skala), während der Äthylalkohol allein eine Bande bei 633 und die Essigsäure eine andere bei 615 ergibt.

Von allgemeinen Resultaten sei erwähnt, daß die Wirkung in steigenden homologen Reihen eine ähnliche ist wie bei anderen konstitutiven Eigenschaften, z. B. dem Schmelzpunkt, wo der Effekt beim Ansteigen in den Reihen immer kleiner wird. Bei den einfachen Verbindungen kann der Einfluß auf das Absorptionsvermögen leicht beobachtet werden; bei Verbindungen mit hohem Molekulargewicht kann man ihn zuweilen nicht mehr finden; in der Tat haben Dobbie und Lauder[1]) gezeigt, daß homologe Alkaloide, wie Codein und Morphin, Chinin und Cuprein identische Absorptionskurven besitzen; bei den Farbstoffen hinwiederum ist ein ziemlich regelmäßiger Effekt der Methylierung zu beobachten (Formánek)[2]). Im allgemeinen ist allerdings der Effekt der Alkylierung recht gering (Hantzsch).

Nach den Untersuchungen von Dobbie und Lauder[3]) kann man die allgemeine Regel aufstellen, daß eine bestimmte Substitution einen um so geringeren Einfluß auf die Absorptionskurve ausübt, je höher der Stoff zusammengesetzt ist. So besitzen die einfachen Benzolverbindungen Piperonylsäure und Veratrumsäure

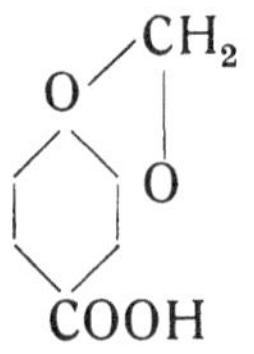

Piperonylsäure. 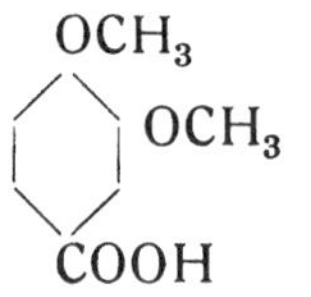   Veratrumsäure.

etwas verschiedene Absorptionsspektren, während die hoch zusammengesetzten Alkaloide

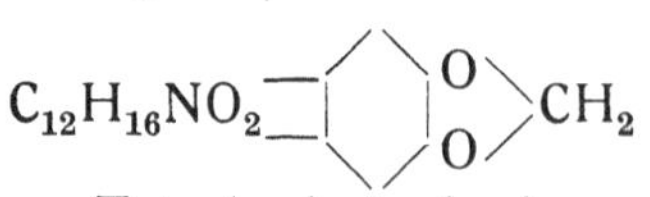

Tetrahydroberberin 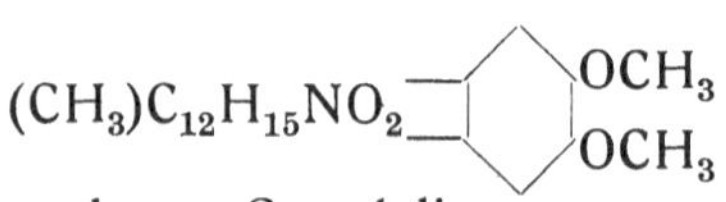   und   Corydalin,

---

[1]) Trans. Chem. Soc. **83**, 610 (1903).
[2]) Zeitschr. f. Farben- u. Textilchemie 1904 und folgende Jahre sowie l. c.
[3]) Loc. cit. 612.

welche zueinander fast in demselben Verhältnis stehen, etwa dieselben Absorptionskurven besitzen. Weiter zeigen Styrol und Benzoesäure sehr verschiedene Spektra, während die Absorptionsspektren von Cinchonin und Cinchotenin praktisch dieselben sind.

$$C_6H_5CH=CH_2 \qquad\qquad C_6H_5COOH$$
Styrol.   Benzoesäure.

$$C_{17}H_{19}N_2O \cdot CH=CH_2 \qquad\qquad C_{17}H_{19}N_2O \cdot COOH$$
Cinchonin.   Cinchotenin.

Es ist nicht möglich, den Einfluß eines einzelnen Elementes (von gefärbten Ionen abgesehen) festzustellen, da die Schwingungsperioden seiner Valenzelektronen (Stark) von den vielfachen Bedingungen beeinflußt werden, unter denen sich das Atom befindet. Dagegen ist die Aussicht, die Absorption einer Gruppe von Atomen, welche eine charakteristische Einheit des Moleküls bilden, festzustellen, eine größere. Aus der Anwesenheit gewisser Banden war es möglich, das Vorhandensein einer Enolketo-Tautomerie,[1] einer Dicarbonylgruppe[2] oder eines Benzolringes[3] festzustellen. Diese Beispiele sind nur Spezialfälle der allgemeinen von Hartley aufgestellten Regel, daß Substanzen mit nahe verwandtem Charakter Absorptionskurven ähnlicher Art besitzen.

Hartley[4] untersuchte den Zusammenhang zwischen der Art der Absorption im ultravioletten Gebiet und der Struktur der Verbindungen und fand, daß alle Verbindungen, welche selektive Absorption zeigen, aromatischen Charakter haben, wie Benzol, Pyridin, Pyrazin und deren Derivate.[5] Solche mit starker kontinuierlicher Absorption besitzen, wie die vorgenannten, eine cyclische Struktur, es fehlt ihnen jedoch der eigentliche aromatische Charakter. Beispiele hierfür sind: Furfuran,[6] Tiophen,[6] Pyrrol,[6] Piperidin,[7] Dihydrobenzol,[8] Cineol[8] und viele andere Terpene. Andererseits sind Verbindungen mit nur schwacher kontinuierlicher

---

[1] Baly und Desch, Trans. Chem. Soc. **85**, 1029 (1904); **87**, 766 (1905).
[2] Stewart und Baly, Trans. Chem. Soc. **69**, 502 (1906).
[3] Baly, Edwards und Stewart, Trans. Chem. Soc. **89**, 544 (1906).
[4] Brit. Ass. Rep. **1903**.
[5] Hartley und Dobbie, Trans. Chem. Soc. **73**, 695 (1898); **77**, 846 (1900).
[6] Trans. Chem. Soc. **77**, 846 (1900).
[7] Phil. Trans. **1885**, 471.
[8] Hartley und Huntington, Proc. Roy. Soc. **1881**, 1.

Absorption meist aus offenen Atomketten aufgebaut, wie die Alkohole der Fettreihe[1]) die Säuren,[1]) Ester,[1]) Nitrate[3]) und Amine,[1]) die Olefine,[4]) Acetylene,[4]) Cyanwasserstoffsäure[5]) und die mehrbasischen Alkohole.[2]) Die Absorption, welche diese letzten Verbindungsklassen zeigen, ist von jener der cyclischen Verbindungen deutlich unterschieden; sie erscheint in der Regel nur an dem stärker gebrochenen Ende des Spektrums und nimmt rasch ab, wenn die im Lichtwege befindliche Anzahl der Moleküle verringert wird.

Spätere Beobachtungen haben dargetan, daß diese Klassifizierung nicht streng richtig ist, sondern man hat gefunden, daß viele Ketone mit offenen Ketten, welche die Gruppen $-CH_2-CO-$[6]) oder $-CO-CO-$[7]) enthalten, in dem sichtbaren Teile des violetten Gebietes selektive Absorption zeigen. Immerhin muß erwähnt werden, daß die selektive Absorption in diesen Ausnahmefällen im allgemeinen nicht so intensiv ist als bei den wahren aromatischen Verbindungen. In bezug auf die kontinuierlich absorbierenden Stoffe hat sich die Einteilung bisher bewährt und es hat sich bestätigt, daß kontinuierliche Absorption auf gewöhnliche cyclische Struktur oder auf eine offene Kette hinweist. Die wenigen Nitroderivate des Benzols, welche intensive kontinuierliche Absorption[8]) besitzen, bilden zwar eine Ausnahme, doch scheint es, daß der Kern in diesen Verbindungen seinen wahren aromatischen Charakter verloren hat.

Beim Vergleich der Spektra der verschiedenen oben genannten Verbindungen kann man erkennen, daß die Zunahme an Kohlenstoffatomen in den homologen Reihen ein Anwachsen der kontinuierlichen Absorption und eine Ausbreitung derselben gegen das rote Ende zur Folge hat. Der Ersatz des Wasserstoffes durch Hydroxyl, Carboxyl und andere Sauerstoffkomplexe hat kaum Einfluß auf den allgemeinen Typus der Absorption, vergrößert aber meist

---

[1]) Hartley und Huntington, Phil. Trans. **170**, 257 (1879).

[2]) Hartley, Trans. Chem. Soc. **51**, 58 (1887).

[3]) Soret und Rilliet, Compt. rend. **89**, 747 (1879); Hartley, Trans. Chem. Soc. **81**, 556 (1902).

[4]) Hartley, Trans. Chem. Soc. **39** (1881).

[5]) Hartley, Trans. Chem. Soc. **41**, 45 (1882).

[6]) Baly und Desch, Trans. Chem. Soc. **85**, 1029 (1904); **87**, 766 (1905); Stewart und Baly, Trans. Chem. Soc. **89**, 489 (1906).

[7]) Baly und Stewart, Trans. Chem. Soc. **89**, 503 (1906).

[8]) Baly und Collie, Trans. Chem. Soc. **87**, 1344 (1905); Baly, Edwards und Stewart, Trans. Chem. Soc. **89**, 516 (1906).

die Stärke der Absorption.   Nichtsättigung[1]) verstärkt die kontinuierliche Absorption der Alkohole und Säuren der Fettreihe außerordentlich.

Stobbe und Ebert[2]) fanden, daß die Stoffe mit Doppelbindung stärker absorbieren als solche mit dreifacher Bindung. Nach Crymble, Stewart, Wright und Rea[3]) bewirkt eine mit dem Benzolring konjugierte Doppelbindung in der Seitenkette einer aromatischen Verbindung eine stärkere Absorption, als wenn die Doppelbindung durch eine indifferente Gruppe vom Benzolring getrennt ist.   Dasselbe Verhalten wird auch sonst bei der Konjugation gefunden.

Maleinsäure, Fumarsäure, Mesacon- und Citraconsäure, die Isomeren vom Äthylentypus[4]), besitzen verschiedenes allgemeines Absorptionsvermögen; bei beiden Paaren zeigt die Antiform die stärkere Absorption.

Wenn wir uns hier auch mit der allgemeinen Absorption befassen, so mag doch erwähnt werden, daß Hartley festgestellt hat, daß die selektive Absorption der beiden isomeren Benzaldoxime identisch ist.[5])

Dasselbe gilt nach Hantzsch[6]) für die Nitrobenzaldoxime und ihre Natriumsalze.   Dagegen sind die höher schmelzenden Verbindungen farblos, die tiefer schmelzenden gelb bei den Diäthoxynaphthostilbenen[7]), Benzaldesoxybenzoinen[8]) und Dibenzoyläthylenen[9]).

Optische Antipoden haben dasselbe Absorptionsvermögen; doch absorbiert in konzentrierten Lösungen die d-Weinsäure schwächer als die racemische Verbindung, und diese wieder besitzt ein schwächeres Absorptionsvermögen als die meso-Verbindung.[10])

---

[1]) Magini, Atti. R. Acc. dei Linc. Roma [5] **12**, II, 35 (1904); Stewart, Trans. Chem. Soc. **91**, 199 (1907).

[2]) Ber. **44**, 1289 (1911).   Vgl. auch Ley und v. Engelhardt, Zeitschr. f. phys. Chem. **74**, 1 (1910).

[3]) Journ. Chem. Soc. **99**, 451, 1174 (1911).

[4]) Magini, Journ. de Chim. Phys. **2**, 403 (1904); Stewart, Trans. Chem. Soc. **91**, 199, 1537 (1907).

[5]) Hartley und Dobbie, Trans. Chem. Soc. **77**, 509 (1900).

[6]) Ber. **43**, 1661 (1910).

[7]) Elbs, Journ. f. prakt. Chem. **47**, 72.

[8]) Stobbe u. Niedenzu, Ber. **34**, 3897 (1901).

[9]) Paal u. Schulze, Ber. **33**, 8795 (1900); **35**, 168 (1902).

[10]) Stewart, Trans. Chem. Soc. **91**, 1540 (1907); und Byk, Zeitschr. f. phys. Chem. **59**, 682 (1904).

Dobbie und Lauder[1]) fanden, daß die Absorptionskurven des inaktiven und d-Corydalins, sowie des Tetrahydroberberins und Canadins identisch sind; doch muß bemerkt werden, daß die Lösungen, in denen diese Untersuchungen stattfanden, verdünnter waren als diejenigen, welche im Falle der Weinsäuren angewandt wurden. In verdünnten Lösungen zeigen auch die letzteren dasselbe Verhalten, was ohne Zweifel in dem Zerfall des racemischen Komplexes seine Ursache hat. Auch wurde gefunden,[2]) daß die innen und außen kompensierten Formen des Dibenzoylbernsteinsäureesters

$$C_6H_5CO \cdot CH \cdot COO \cdot Alk.$$
$$|$$
$$C_6H_5CO \cdot CH \cdot COO \cdot Alk.$$

Dibenzoylbernsteinsäureester.

γ-Form F. P. 75°, β-Form F. P. 128°.

identische Absorptionskurven besitzen.

Die Farbe der Ionen. — Die Absorptionsspektren verdünnter Salzlösungen setzen sich aus den Absorptionsspektren der Ionen additiv zusammen; ist der eine Teil farblos, so stimmt die Farbe derartiger Salze vollkommen überein. So haben alle Permanganate, Chromate, Kupfertetramminsalze in verdünnten Lösungen die gleiche Farbe (Ausnahmen s. folg. S.).

Es mag hier auch angeführt werden, daß nur ein sehr geringer Unterschied in der Absorption zwischen den Säuren und ihren Alkalisalzen, sowie zwischen den Basen und ihren gewöhnlichen Salzen (außer Nitraten und Jodiden) besteht.

Auch die Hydrolyse eines Salzes hat nur geringen Einfluß auf die Absorption.

Eine weitere, viel untersuchte Frage ist die Beziehung zwischen der Farbe der nicht ionisierten Substanzen zu jener der ionisierten. Es gilt hier mit großer Annäherung, daß die Ionisation so lange keine wesentliche Farbänderung hervorruft, als sie mit keiner Änderung der Konstitution oder mit einer Verschiebung des Sättigungszustandes der Restvalenzen verbunden ist. Derartige vollständige oder wenigstens angenäherte Konstanz des Spektrums zeigt sich bei den Permanganaten, Chromaten, Bichromaten, den Salzen der Platinchlorwasserstoffsäure, ferner bei einer großen Anzahl der von Jörgensen und Werner dargestellten komplexen Verbindungen des Kobalts so-

---

1) Trans. Chem. Soc. **83**, 613 (1903).
2) Hartley und Dobbie, Trans. Chem. Soc. **77**, 498 (1900).

wie auch bei analogen Verbindungen des Chroms, Nickels, Kupfers, Eisens usw. Es sind dies solche Verbindungen, die als koordinativ gesättigt aufgefaßt werden müssen, und bei denen somit keine Veränderung bei der Ionisation mehr eintritt.

Bei einer großen Anzahl anderer Verbindungen hingegen treten bei der Ionisation Farbveränderungen auf. Man wird hier zweckmäßig folgende Unterscheidung machen können. Bei einer Anzahl von Substanzen ist nachgewiesenermaßen mit der Ionisation eine vollständige Verschiebung in der Konstitution verbunden. Derartige Substanzen werden als Pseudosäuren resp. Pseudobasen bezeichnet. Da hier die Konstitution der undissoziierten Substanzen mit jener der Ionen nicht übereinstimmt, fallen diese Substanzen aus dem Kreise der an dieser Stelle anzustellenden Betrachtungen weg.

Hingegen gibt es eine Reihe von Fällen, wo die Überführung in den ionisierten Zustand im Sinne unserer jetzigen Strukturauffassungen nicht als Konstitutionsveränderung aufzufassen sind, wo sich aber beim Vorgange der Ionisation doch die Absättigungsverhältnisse der Nebenvalenzen ändern. In diesem Falle treten Veränderungen im Absorptionsspektrum ein, jedoch sind diese in der Regel nicht sehr bedeutend. Zum Beispiel sind die Natriumsalze des Oxyazobenzols intensiver gefärbt als das freie Oxyazobenzol.

§ 4. Chromophor- und Auxochromtheorie.

Bei der großen Ausdehnung und Bedeutung der Farbstoffchemie ist es leicht verständlich, daß sich der Zusammenhang zwischen der physiologisch wirksamen Absorption, der „Farbe", und der Konstitution zu einem vielfältig bearbeiteten Problem entwickelte.

Die Beziehungen zwischen der Farbe und der Struktur des Moleküls wurden im Jahre 1867 zuerst von Gräbe und Liebermann systematisch betrachtet.[1] Sie studierten den Einfluß der Reduktion auf die Farbe organischer Verbindungen. Da Chinon, Rosanilin, Indigo, Azobenzol und andere gefärbte Stoffe durch nascierenden Wasserstoff in ungefärbte Verbindungen übergeführt werden, hoben sie hervor, daß alle gefärbten Verbindungen Elemente in ungesättigtem Zustande enthalten. Zehn Jahre später, als die Konstitution zahlreicher Farbstoffe bekannt war, gelang es O. N. Witt,[2]

[1] Ber. d. Dtsch. chem. Ges. 1, 106 (1867).
[2] Ber. d. Dtsch. chem. Ges. 9, 522 (1876).

eine präzisere Formulierung der Beziehungen zwischen der Struktur, der Farbe und den färbenden Eigenschaften organischer Verbindungen aufzustellen.

Chromophore. — Vergleicht man die Struktur ungefärbter Stoffe mit jener der gefärbten Derivate, so erkennt man deutlich, daß gewisse Gruppen die Ursache der Färbung sind. Witt bezeichnete diese die Farbe hervorrufenden Gruppen des farbigen Stoffes, des „Chromogens", mit dem Namen „Chromophore"; die folgende Zusammenstellung nennt einige der wichtigsten.[1]

1. $>C=C<$
Äthylengruppen
in gewisser Anordnung.

Z. B. im

$$\begin{array}{c} HC=C \\ | \quad\quad >C=CH_2 \\ HC=C \end{array}$$

Fulven

$$\begin{array}{cc} -C=CH & CH=C- \\ | \quad >O \text{ oder} & | \quad >O \\ HC=CH & CH=CH \end{array}$$

Furyl

und bei anderen konjugierten Systemen.

2. $>C=O$
Carbonylgruppe.

Nicht allein, aber in Konjugation mit
a) einer zweiten Carbonylgruppe z. B.

$$\begin{array}{c} -C-C- \\ \| \quad \| \\ O \quad O \end{array}$$

α-Dicarbonylgruppe.

Im Diacetyl, Benzil, Krokonsäure, Phenanthrenchinon usw.

b) einer Äthylengruppe z. B.

$$>C=C=O$$

Ketengruppe.

---

[1] Weiteres findet man bei Nietzki, Chemie der organischen Farbstoffe (Berlin 1901), 6; Kauffmann, Über den Zusammenhang von Farbe und Konstitution (Stuttgart 1904), 7.

c) Äthylen- u n d Carbonylgruppen z. B.

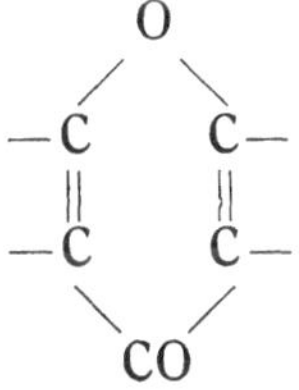

p-Chinongruppe.

Im Chinon, Anthrachinon, Indophenolen, Indaminen und vielen Farbstoffen.

o Chinongruppe.

Im Orthochinon, Safranin, Oxazin, Thiazinen, Pyroninen und anderen Farbstoffklassen.

γ-Pyrongruppe.

In den Flavon- und Xanthonfarbstoffen.

3. $>C-NO_2$

Nitrogruppe.

In aromatischen Nitroverbindungen.

4. $>C-NO$

Nitrosogruppe.

In aromatischen und aliphatischen Nitrosoverbindungen.

5. $>C-N=N-C<$

Azogruppe.

In aromatischen und aliphatischen Azoderivaten.

6. $>C=NX$

Azomethingruppe.

Bei aromatischen Substituenten, Benzilidenanilin u. dgl.

7. $>C=S$

Thiocarbonylgruppe.

Im Thioacetophenon, Thiobenzophenon usw.

Bei Anwesenheit mehrerer chromophorer Gruppen komplizieren sich die Verhältnisse; es kann hierbei in gewissen Fällen eintreten, daß durch Zusatz von Chromophoren die Farbintensität abnimmt; in der Regel jedoch ist eine Farbvertiefung zu konstatieren.

Nach Kauffmann[1]) unterscheidet man zwischen selbständigen und unselbständigen Chromophoren; zur ersteren Gruppe gehören die Azo- und die Nitrosogruppe, die bereits ohne Mitwirkung einer zweiten wirksamen Gruppe Farbstoffcharakter verleihen. Unselbständige Chromophore sind die Carbonyl- und Äthylengruppe, von denen mehrere vorhanden sein müssen, damit Farbe entsteht, ferner die NO_2-Gruppe.

Gruppen, welche die Farbe vertiefen (im Sinne $\rightarrow$ grüngelb, gelb, orange, rot, purpur, violett, indigo, blau, grünblau, grün), heißen bathochrom, die in der entgegengesetzten Richtung wirkenden hypsochrom.

Witt lenkte die Aufmerksamkeit auf den Umstand, daß keineswegs alle gefärbten Stoffe auch färbende Eigenschaften besitzen, und zeigte, daß ein Stoff erst ein Farbstoff wird, wenn er außer der chromophoren Gruppe noch eine salzbildende Gruppe enthält. So ist z. B. Azobenzol $C_6H_5N=NC_6H_5$, das die chromophore Azogruppe enthält, nur gefärbt; wenn aber Hydroxyl- oder Aminogruppen eingeführt werden, so entstehen Farben, wie Bismarckbraun $NH_2 \cdot C_6H_4 \cdot N=NC_6H_3(NH_2)_2$, Chrysoidin $C_6H_5N=NC_6H_3(NH_2)_2$ und Oxyazobenzol. Ähnlich verhalten sich manche Nitrophenole und Nitranilin als Farbstoffe im Gegensatze zu Nitrobenzol, welches nicht gefärbt ist. Substanzen, die nur die chromophore Gruppe ohne die salzbildende Gruppe enthalten, werden Chromogene genannt.

Die Ansicht von Witt über diese Frage kann in folgender Weise zusammengefaßt werden:

1. Die färbenden Eigenschaften aromatischer Stoffe hängen sowohl von der Anwesenheit chromophorer Gruppen als auch von der salzbildender Gruppen ab.

2. Die chromophore Gruppe übt ihren farberzeugenden Einfluß in den Salzen der Farbstoffe stärker aus als in den freien Substanzen. So ist z. B. die Farbe von Alizarin und Pikrinsäure nicht so intensiv als die ihrer Salze.

---

[1]) Ber. d. Dtsch. chem. Ges. **40**, 2344 (1907).

3. Von zwei Farbstoffen mit ähnlicher Struktur hat derjenige die stärkere Färbekraft, der die stabileren Salze bildet.

Auxochrome. — Etwas später fand Witt, daß viele dieser salzbildenden Gruppen, die das Chromogen in einen Farbstoff umwandeln, auch die Farbe der Substanz verstärken, und schlug daher vor,[1] diese Gruppen als Auxochrome zu bezeichnen. Die vom Azobenzol abgeleitete Carbonsäure und Sulfosäure

$$C_6H_5N{=}NC_6H_4COOH \qquad C_6H_5N{=}NC_6H_4SO_3H$$

verhalten sich wie Farbstoffe; die salzbildenden Gruppen, die Carboxyl- und die Sulfogruppe, sind jedoch keine Auxochrome, da die Farbe dieser Derivate der des Azobenzols selbst sehr ähnlich ist. Andererseits sind Oxyazobenzol und Aminoazobenzol

$$C_6H_5{-}N{=}NC_6H_4 \cdot OH \qquad C_6H_5N{=}NC_6H_4NH_2$$

intensiver gefärbt als die Chromogene, so daß die Hydroxyl- und Aminogruppen die Funktion von Auxochromen besitzen.

Die Farbe eines Stoffes wird von der Stellung der auxochromen Gruppe beeinflußt. Bei vielen Klassen von Verbindungen ist beobachtet worden, daß eine spezielle Stellung der auxochromen Gruppe für das Erscheinen der Farbe besonders günstig ist, während andere auxochrome Gruppen in derselben Stellung inaktiv zu sein scheinen. Ein Beispiel für dieses Verhalten findet sich in der großen Klasse der natürlichen Farbstoffe, welche sich vom Benzo-γ-pyron ableiten. In den Hydroxylderivaten dieser Gruppe scheinen drei Stellungen des Substituenten für die Farbbildung vorteilhaft. In erster Linie ist die Peristellung des Hydroxyls zum Carbonyl günstig, wie sich aus dem Vergleich der Oxyxanthone ergibt.

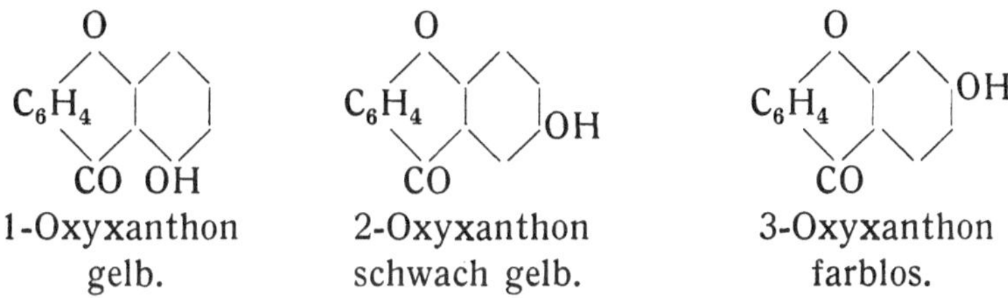

1-Oxyxanthon gelb.   2-Oxyxanthon schwach gelb.   3-Oxyxanthon farblos.

4-Oxyxanthon ist ebenfalls farblos.

Diese Anordnung des Hydroxyls ist jedoch nicht die aktivste, da die intensiver gefärbten Derivate des Flavons zwei Hydroxyl-

---

[1] Ber. d. Dtsch. chem. Ges. 21, 325 (1894).

gruppen in Orthostellung zueinander enthalten. So ist Luteolin stärker gefärbt als Apigenin.

$$
\begin{array}{cc}
\text{Apigenin.} & \text{Luteolin.} \\
\text{Schwach gelb in Alkalien.} & \text{Tief gelb in Alkalien.}
\end{array}
$$

Es sei erwähnt, daß diese Regel auch bei den Hydroxylderivaten des Anthrachinons gilt.

Kostanecki hat gezeigt,[1]) daß vielleicht der wichtigste Faktor für die Bestimmung der Farbe der Flavonfarbstoffe die Gegenwart der CO—C(OH)-Gruppe ist. Diese Struktur ist in allen intensiv gefärbten Farbstoffen der Flavonreihe vorhanden; Resomorin, das in der Färbekraft dem Morin und Fisetin sehr nahe kommt, enthält weder die Hydroxylgruppen in Orthostellung, noch die Anordnung

$$
\text{HO} \cdot \overset{|}{\underset{|}{C}} - \overset{|}{\underset{|}{C}} - \text{CO} - .
$$

$$
\begin{array}{cc}
\text{Resomorin.} & \text{Morin.}
\end{array}
$$

$$
\text{Fisetin.}
$$

Es soll schon hier nicht unerwähnt bleiben, daß die chromophoren wie die auxochromen Gruppen ungesättigter Natur sind.[2])

---

[1]) Kostanecki, Lampe und Triulzi, Ber. d. Dtsch. chem. Ges. **39**, 92 (1906).

[2]) Vgl. auch v. Georgievics, Z. f. Farben- u. Textilchemie **3**, H. 3 (1904).

§ 5. Die chinoide Struktur als Chromophor.

Die ortho- oder parachinoide Anordnung ist in Farbstoffen so häufig beobachtet worden, daß einige Chemiker das Auftreten von Farbe bereits als Beweis für die Gegenwart dieser Gruppe in einer Substanz angesehen haben. Die Strukturformeln dieser Stoffe werden nicht immer durch chemische Gründe sehr gut gestützt, so daß sich deswegen zahlreiche Meinungsverschiedenheiten erhoben haben. Hier seien nur kurz die wichtigsten Punkte betrachtet.

Vor allem befürwortete Armstrong[1]) die Annahme der chinoiden Struktur für gefärbte Stoffe. Er scheint ursprünglich der Ansicht gewesen zu sein, daß alle gefärbten Benzolderivate diese Struktur besitzen, und trat daher dafür ein, die Strukturformeln dieser Verbindungen in Übereinstimmung damit zu schreiben; danach wären Azobenzol und die Salze des Nitrophenols folgendermaßen gebaut:

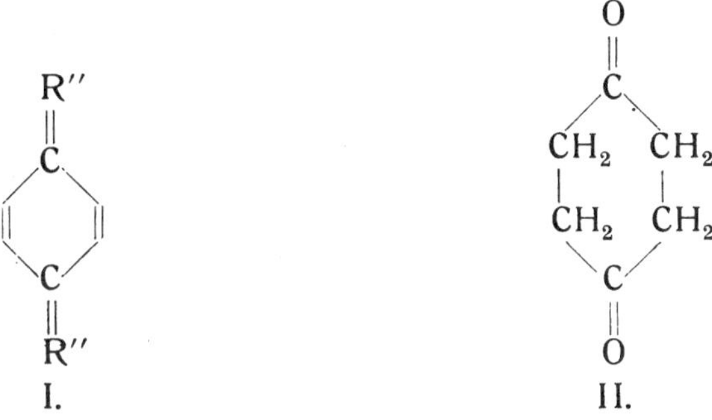

Azobenzol.   Natrium-p-nitrophenolat.

Später brachte Armstrong seine Ansichten in eine allgemeinere Form. Er nahm an, daß ungesättigte Gruppen und Atome als „lichtabsorbierende Zentren" fungieren könnten, und daß durch das Zusammenwirken dieser die Farbe entstände. In den meisten Fällen müssen mindestens drei derartige „Absorptionszentren"

I.   II.

---

[1]) Armstrong, Proc. Chem. Soc. **1882**, 27; **1892**, 101, 189, 195; **1893**, 53, 55, 63, 206; **1897**, 228; **1902**, 101; auch Encyclopaedia Britannica **26**, 746 (1902); Armstrong und Robertson, Trans. Chem. Soc. **87**, 1272 (1905).

vorhanden sein, um eine deutliche Färbung hervorzurufen. Bei der parachinoiden Struktur gibt es vier derartige Absorptionszentren, die beiden ungesättigten Gruppen $>C=R''$ und die Äthylenbindungen des cyclischen Kernes; der Stoff ist stark gefärbt; in dem 1·4-Diketohexamethylen (II) sind hingegen nur zwei solche Gruppen enthalten; der Stoff ist ungefärbt. Es gibt viele gefärbte Stoffe, die eine offene Kette von Atomen enthalten, in welchen die für die Lichtabsorption notwendigen ungesättigten Gruppen jedoch stets vorhanden sind. Armstrong nennt diese Klasse von Verbindungen pseudochinoide; Beispiele hierfür sind:

$$CH_3CO \cdot COCH_3 \qquad CHJ_3$$
Diacetyl Jodoform

Im Diacetyl wirken die Carbonylgruppen, im Jodoform die Jodatome als lichtabsorbierende Zentren und, wenn man deren Zahl erniedrigt, wie im

$$CH_3COCH_2CH_3 \qquad CH_2J_2$$
Methyläthylketon Methylenjodid,

so verschwindet die Farbe.

Die Unmöglichkeit, die chinoide Struktur auf alle gefärbten Verbindungen anzuwenden, ist von Baeyer und Villiger[1]) bei ihren Untersuchungen über die basischen Eigenschaften des Sauerstoffs und Kohlenstoffs nachgewiesen worden. Sie fanden, daß viele schwach gefärbte oder farblose Verbindungen, welche diese Elemente in basischer Form enthalten, stark gefärbte Salze bilden. Die besten Beispiele für diese sog. Halochromie finden sich bei den Stoffen vom Typus des Benzalacetons und bei den einfachen Derivaten des Triphenylmethans.

Tabelle I.

	Salz
Dibenzalaceton, hellgelb	Chlorhydrat: orange
$C_6H_5CH=CHCOCH=CHC_6H_5$	Jodhydrat: schwarz
Dianisalaceton, hellgelb	Chlorhydrat: blaurot
$CH_3OC_6H_4CH=CHCOCH=CHC_6H_4OCH_3$ . .	Jodhydrat: schwarz
Trianisylmethan, ungefärbt	
$(C_6H_4OCH_3)_3 \vdots CH$	Sulfat: rot
Trianisylcarbinol, ungefärbt	
$(C_6H_4OCH_3)_3 \vdots C \cdot OH$	Chlorhydrat: rot
Tri-p-Chlortriphenylcarbinol, ungefärbt	
$(C_6H_4Cl)_3 \vdots C \cdot OH$	Sulfat: rot

---

[1]) Ber. d. Dtsch. chem. Ges. **35**, 1189, 3015 (1902); **38**, 569 (1905); **40**, 3087 (1907).

Kehrmann[1]) hatte zuerst vorgeschlagen, die gefärbten Salze des Triphenylmethans durch die folgende chinoide Strukturformel auszudrücken:

$$C_6H_5 \diagdown \atop C_6H_5 \diagup \ C = C \diagup\diagdown \ C \diagup H \atop \diagdown Cl$$

Wenn diese Anschauung richtig wäre, so hätten die Methoxy- und Chlorderivate die folgenden Formeln:

$$(C_6H_4OCH_3)_2 : C = C \diagup\diagdown C \diagup OCH_3 \atop \diagdown Cl$$

Trianisylcarbinolchlorid.

$$(C_6H_4Cl)_2 : C = C \diagup\diagdown C \diagup Cl \atop \diagdown OSO_4H$$

Tri-p-chlorphenylcarbinolsulfat.

Entsprechend diesen Formeln müßten die Halogensalze der Metoxyderivate leicht das Methanhalogen abspalten und in dem Sulfat des Tri-p-chlortriphenylcarbinols müßte das eine Halogenatom so reaktionsfähig sein wie das des Triphenylchlormethans. Baeyer hat gezeigt, daß die Substanzen nicht in dieser Weise reagieren, und daß daher die Annahme einer chinoiden Struktur fallen ge- lassen werden muß.

Überdies haben Hantzsch und Leupold[2]) gefunden, daß die Farbe eines Stoffes durch Polymerisation beeinflußt werden kann. Die Farbe der halogenwasserstoffsauren Salze des n-Methylphenyl- acridoniums wechselt zwischen reinem Gelb und tiefem Braun. Es konnte gezeigt werden, daß sich die Salze in den gelben Lösungen in monomolekularem Zustande befinden, während sie in den braun- nen Lösungen trimolekular sind.

$$\begin{array}{c} C_6H_5 \\ | \\ C \\ C_6H_4 \diagup \ \diagdown C_6H_4 \\ \diagdown N \diagup \\ CH_3 \diagup \ \diagdown Cl \end{array}$$

	Chlorid	Jodid
Fester Stoff	gelb	schwarz
In $CHCl_3$ gelöst	gelb	braunschwarz
In Wasser gelöst	gelbgrün	gelbgrün.

Verdünnte Lösungen des Jodids in dissoziierenden Medien verhalten sich ähnlich wie die des Chlorids, da die komplexen Moleküle dann aufgespalten werden und das Salz dissoziiert, wobei die durch das Acridoniumion hervorgerufene Farbe zutage tritt.

Diese Ausnahmen genügen, um zu zeigen, daß man nicht einfach für alle Farbstoffe chinoide Struktur annehmen kann. Überdies haben die Arbeiten von Willstätter[1]) und seinen Schülern die Fundamentalfrage wieder aufgerollt, ob die starken Farbstoffe, für die die Chinoidtheorie ursprünglich geschaffen wurde, wirklich diese Struktur besitzen und nicht Chinhydrone sind.

Bei Anwendung von trockenem Silberoxyd in ätherischer Lösung als Oxydationsmittel gelang es Willstätter, die aromatischen Amine und Aminophenole in die entsprechenden Chinonimine überzuführen, z. B.:

$$\begin{array}{ccc}
\text{NH}_2 & & \text{NH} \\
\big| & \xrightarrow{\text{O}} & \big\| \\
\text{NH}_2 & & \text{NH}
\end{array}$$

Entgegen der gehegten Erwartung waren diese Stoffe farblos oder höchstens in Lösung schwach gefärbt. So ist z. B.:

Iminochinon $O=C_6H_4=NH$ . . . . farblos
Methyliminochinon $O=C_6H_4=NCH_3$ . . . . blaßgelb
Diiminochinon $NH=C_6H_4=NH$ . . . . farblos
Methyldiiminochinon $NH=C_6H_4=NCH_3$ . . . schwach gelb
sym. Dimethyldiiminochinon $CH_3N=C_6H_4=NCH_3$,, ,,

Mehrere Iminoverbindungen der Triphenylmethanreihe waren schon vorher untersucht worden. Die wichtigsten sind:

---

[1]) Ber. d. Dtsch. chem. Ges. **37**, 1494, 3761, 4605 (1904); **38**, 1232, 2244, 2348 (1905); **39**, 3474, 3482, 3765 (1906); **40**, 1406. 1432, 2665 (1907); **41**, 1458 (1908); **42**, 1902 (1909).

Imidbase in ätherischer Lösung:

$HN=C_6H_4=C(C_6H_5)(C_6H_9NH_2)$[1] gelb . . . . Döbners Violett.

$HN=C_7H_6=C(C_7H_6NH_2)_2$ orangegelb . . . . Neufuchsin.

$C_2H_5N : C_{10}H_6 : C(C_6H_4)N(CH_3)_2$ orangegelb . Viktoriablau R.

Diese Stoffe ähneln den einfachen Chinoniminen in der schwachen Farbe ihrer Lösungen, doch geben sie mit Säuren die stark gefärbten Farbsalze, während das Chinondiimin und das asymmetrische Dimethyldiiminochinon farblose Salze bilden. Nun hat Hantzsch[2] nachgewiesen, daß allgemein ein starker Wechsel der Farbe bei der Salzbildung auch mit einer Änderung der Struktur verbunden ist, so daß es den Anschein hat, als wäre die Struktur der Salze von der der wahren chinoiden Iminoverbindungen verschieden. Im Jahre 1879 erhielt Wurster[3] durch Einwirkung von Brom auf eine Lösung von p-Aminodimethylanilin einen roten Farbstoff, von welchem Bernthsen[4] später nachwies, daß er chinoider Struktur sei. Die für den Stoff angenommene empirische Formel war $C_8H_{11}N_2Br$ und die Strukturformel nach den Angaben von Nietzki[5].

$$(CH_3)_2N=\!\!\!\left\langle\!\!\!\bigcirc\!\!\!\right\rangle\!\!\!=NH.$$
$$Br$$

Willstätter und Piccard erhielten jedoch durch Oxydation von p-Aminodimethylanilin in alkoholischer Lösung mit Salpetersäure das Nitrat dieses Chinonimins:

$$(CH_3)_2N=\!\!\!\left\langle\!\!\!\bigcirc\!\!\!\right\rangle\!\!\!=NH \cdot HNO_3$$
$$NO_3$$

Asym. Dimethyldiiminochinonnitrat,

das sich als farblos erwies. Daraus folgt, daß die für das rote Wurstersche Salz angenommene Formel wahrscheinlich falsch war. Eine neuerliche Analyse des roten Salzes ergab die elementare Zusammensetzung $C_8H_{12}N_2Br$, und es wurde gefunden, daß sich dieses Salz als Zwischenprodukt bei der Oxydation des p-Aminodimethyl-

---

[1] Baeyer und Villiger, Ber. d. Dtsch. chem. Ges. **37**, 2848 (1904).
[2] Ber. d. Dtsch. chem. Ges. **39**, 1084, 3072 (1906).
[3] Ber. d. Dtsch. chem. Ges. **12**, 1803, 1807, 2071 (1879).
[4] Ann. d. Chem. **230**, 162 (1885); **251**, 11, 49, 82 (1889).
[5] Organische Farbstoffe, 5. Ausgabe (Berlin 1906) 199.

anilins zum Chinonimin bildet. Es folgt daraus, daß Wursters Rot kein reines Chinon ist, und dies wurde durch die Synthese aus den Salzen des reinen Iminochinons und der Leukobase bestätigt. Eine Prüfung der oxydierenden Wirkung des Wursterschen Salzes ergab, daß nur das halbe Molekül chinoid ist; die Konstitution des halbchinoiden Moleküls läßt sich nicht so leicht feststellen; da jedoch der Mittelpunkt der starken Restaffinitäten, welche die Chinonimine besitzen, bei den Stickstoffatomen zu vermuten ist, so ist anzunehmen, daß in dem roten Salz das Chinon und die Leukobase durch die Restaffinitäten dieser Atome verbunden sind. Die Substanz könnte dann durch folgende Formel dargestellt werden:

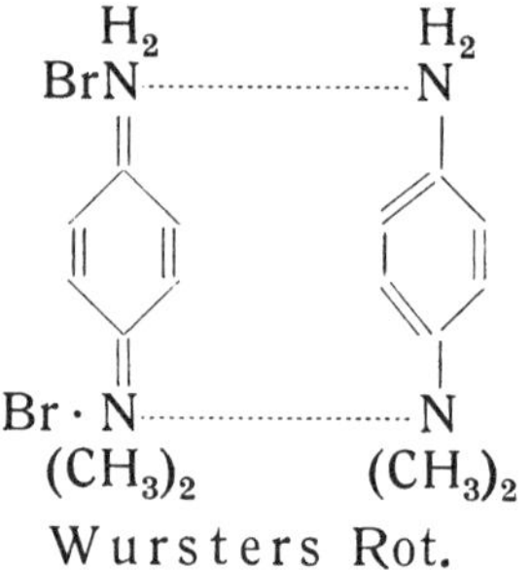

Wursters Rot.

Stoffe mit diesem teilweise chinoiden Typus werden Merichinone genannt, zum Unterschied von den farblosen Salzen der reinen Chinonimine, die Holochinone heißen. Der wirkliche Platz der Atome im Molekül der Merichinone kann durch eine gewöhnliche Formel nicht zum Ausdruck gebracht werden. Man nimmt an, daß zwischen den Restaffinitäten der vorhandenen Benzolkerne ein dynamisches Gleichgewicht besteht, so daß der chinoide Zustand auf beide in gleicher Weise verteilt ist.

Diese Gedanken können direkt auf die Farbsalze der Triphenylmethanreihe angewandt werden. Im Wursterschen Rot ist das Gleichgewicht intermolekular, während es in Farbstoffen wie im Döbnerschen Violett intramolekular, d. h. zwischen zweien der Benzolkerne des Triphenylmethansystems vorhanden wäre.

Hantzsch[1]) gelangt durch das Studium der Absorption zu dem Standpunkt, daß ganz allgemein den Farbstoffen chinoider

---

[1]) Zeitschr. f. Elektrochem. **18**, 478 (1912).

Charakter zukomme. „Der wahre Farbstoff-Chromophor ist nun allerdings nicht die einfache chemische Gruppe

$$=\!\!\left\langle\right\rangle\!\!=\!O$$

oder

$$=\!\!\left\langle\right\rangle\!\!=\!NR_2X,$$

denn einfache Chinone, Chinonimine und deren Salze absorbieren viel schwächer und viel einfacher. Der typische Farbstoffchromophor wird vielmehr erst durch Konjugation mit einer zweiten ungesättigten Gruppe, einem Anilin- oder Phenolrest erzeugt. Dies zeigt z. B. der große Unterschied zwischen dem gelben, relativ einfach absorbierenden Fuchson (1) und dem Tetramethyldiaminofuchson (2), in welch letzterem aber durch eine Nebenvalenzbindung das wahre Farbstoffchromophor erzeugt wird."

$$
\begin{array}{cc}
(1) & (2) \\
C_6H_5 & C_6H_4\text{—}N(CH_3)_2 \\
C\!=\!\!\left\langle\right\rangle\!\!=\!O & C\!=\!\!\left\langle\right\rangle\!\!=\!O \\
C_6H_5 & C_6H_4\text{—}N(CH_3)_2
\end{array}
$$

Im Verlaufe der neueren Forschungen sind die Schwächen der älteren Chromophortheorie immer mehr zutage getreten. Da die Wahrnehmung der Farbe nur von dem Vorhandensein einer Absorptionsbande einiger Tiefe im sichtbaren Teile des Spektrums abhängig ist, folgt, daß Chromophore nichts anderes als Atomgruppen sind, deren Schwingungsperiode zufälligerweise im sichtbaren Gebiet liegt. Die begrenzte Gültigkeit der Chromophortheorie erhellt weiter aus der Existenz ungefärbter Verbindungen, welche eine der bekannten chromophoren Gruppen enthalten. Diese Stoffe sind meist einfache Derivate der Chromophore; das Fehlen der Farbe rührt daher, daß die Absorptionsbanden in das ultraviolette Gebiet des Spektrums fallen, anstatt in das sichtbare. Werden die richtigen Gruppen eingeführt, so fällt die Schwingungsperiode des Chromophors in das für das Auge empfindliche Gebiet. Im allgemeinen wandert die Absorption der Stammsubstanz gegen das rote Gebiet zu. Dasselbe kann man bei wachsender Molekularkomplexität beobachten, wie man aus den folgenden Reihen erkennt:

$$\underset{C_6H_5}{\overset{C_6H_5}{>}} C=C \underset{C_6H_5}{\overset{C_6H_5}{<}}$$

Tetraphenyläthylen,
farblos.

$$\underset{C_6H_4}{\overset{C_6H_4}{>}} C=C \underset{C_6H_5}{\overset{C_6H_5}{<}}$$

Diphenylen-diphenyl-
äthylen, fest, farblos,
Lösungen gelb.

$$\underset{C_6H_4}{\overset{C_6H_4}{>}} C=C \underset{C_6H_4}{\overset{C_6H_4}{<}}$$

Bidiphenylenäthylen,
fest, rot.

oder

Pyrazin,
farblos.

Chinoxalin,
farblos.

Phenylchinoxalin,
schwach
gelb.

Diphenylchinoxalin,
stark gelb.

Beachtet man diesen Einfluß der Substitution, so kann man als Chromophore alle Gruppen betrachten, welche eine charakteristische Absorption hervorrufen, wobei diejenigen mit sichtbarer Schwingungsperiode „wirksame Chromophore" sind, während die mit ultravioletter Schwingungsperiode nur mittelbar wirksam sind. Bevor aber auf die neueren Theorien eingegangen wird, soll noch ein anderer Erklärungsversuch besprochen werden, der von dynamischen Hypothesen über den Zustand des Moleküls ausgeht.

§ 6. Die Isorropesis.

In § 1 wurde mitgeteilt, daß Hartley die Ursache der Absorption einer Schwingung intramolekularer Teilchen zugeschrieben hat, welche mit dem einfallenden Licht gleiche Schwingungsperiode besitzen; aus den Arbeiten Drudes geht weiter hervor, daß diese Teile subatomig sind und wahrscheinlich den Valenzelektronen entsprechen. Man sah sich daher veranlaßt, die Beziehungen zwischen Absorption und Konstitution in den dynamischen Bedingungen der Valenzen der absorbierenden Gruppen zu suchen.

Die Gruppe —CH_2—CO—. Baly und Desch[1] haben

---

[1] Trans. Chem. Soc. **85**, 1029 (1904); **87**, 766 (1905).

bei der Untersuchung der ultravioletten Absorptionsspektren von Stoffen, welche diese Gruppe enthalten, beobachtet, daß viele der Muttersubstanzen nur allgemeine Absorption aufweisen, während die Metallsalze alle deutliche selektive Absorption in diesem Gebiete zeigen.

Tabelle II.

Substanz	Absorption	Salz	Absorption
Acetonylaceton $CH_3COCH_2CH_2COCH_3$	allgemein	—	—
Acetessigester $CH_3COCH_2COOC_2H_5$	allgemein	Na und Al	selektiv
Äthylacetessigester $CH_3COCH(C_2H_5)COOC_2H_5$ . . .	allgemein	—	—
Oxalessigester $(COOC_2H_5)COCH_2(COOC_2H_5)$ . .	allgemein	Na	selektiv
Acetondicarbonsäureester $(COOC_2H_5)CH_2COCH_2COOC_2H_5$.	allgemein	Na	selektiv
Acetylbernsteinsäureester $(COOC_2H_5)CH(COCH_3)CH_2COOC_2H_5$	allgemein	Na	selektiv
Acetylaceton $CH_3COCH_2COCH_3$	selektiv	Na, Be, Al, Th	selektiv

Nun sind die Absorptionskurven von Acetylaceton und die seiner Metallderivate (Fig. 10) so ähnlich, daß ohne Zweifel die Metallsalze und die Stammsubstanz dieselbe Struktur haben müssen; da man ferner allgemein annahm, daß die ersteren Enolstruktur haben, so schloß man daraus, daß nur die Enolverbindungen selektive Absorption besitzen. Diese Ansicht wurde im Falle des Acetylacetons bestätigt, da sich aus Messungen des Brechungsvermögens und des magnetischen Rotationsvermögens ergibt, daß dieses zum großen Teil aus der Enolform besteht. Daraus folgerten Baly und Desch, daß Acetessigester sowie die anderen Ester, welche nur allgemeine Absorption zeigen, die reine Ketoform besitzen.

Diese Schulßfolgerungen stehen indessen im Widerspruch mit den von Hartley erhaltenen Resultaten, der viele Alkohole und Äthylenverbindungen der Fettreihe untersucht hat, aber nie eine selektive Absorption bei Verbindungen dieses Typus gefunden hat. Um diese Streitfrage zu lösen, wandten sich Baly und Desch zu den Äthyläthern der Enolverbindungen.

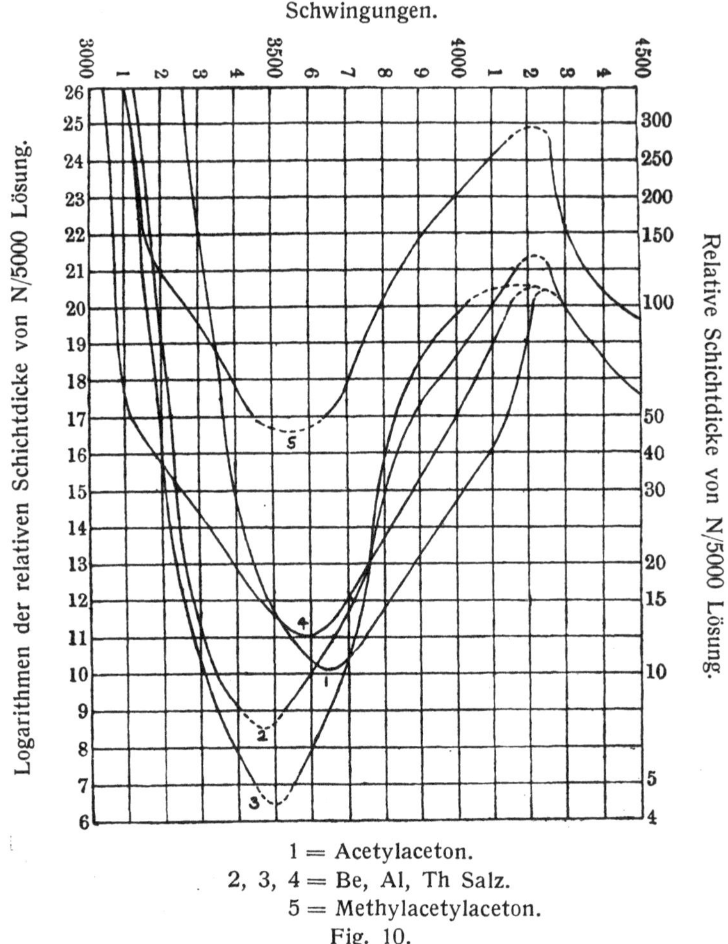

1 = Acetylaceton.
2, 3, 4 = Be, Al, Th Salz.
5 = Methylacetylaceton.
Fig. 10.

$$CH_3C=CHCOOC_2H_5$$
$$|$$
$$OC_2H_5$$
β-Äthoxycrotonsäureester (allgemeine Absorption).

$$H_5C_2OOC \cdot C=CHCOOC_2H_5$$
$$|$$
$$OC_2H_5$$
Äthoxyfumarsäureester (allgemeine Absorption).

Da bei diesen nur allgemeine Absorption gefunden wurde, so sahen sie sich zu dem Schlusse gezwungen, daß die selektive Absorption nicht auf die Enolform zurückzuführen ist. Sie kann weiterhin auch nicht auf einer Kombination der Enol- und Ketoisomeren beruhen, da Gemische der obigen Sauerstoffäther mit den C-alkylierten Derivaten, z. B.

$$CH_3C{=}CHCOOC_2H_5 \quad und \quad CH_3CO \cdot CHCOOC_2H_5$$
$$\underset{OC_2H_5}{|} \qquad\qquad\qquad\qquad \underset{C_2H_5}{|}$$

auch allgemeine Absorption aufweisen. Es wurde daher angenommen, daß die Absorptionsbanden mit dem Übergang der einen tautomeren Form in die andere in Beziehung stehen.

Für diese Ansicht sprach die Veränderung, welche die Absorptionskurven von Acetessigester beim Hinzufügen wechselnder Mengen von Alkalihydroxyd erleiden. Hierdurch wird bekanntlich die Geschwindigkeit der Umwandlung der beiden Tautomeren ineinander erhöht; mit anderen Worten, es wächst die Zahl der im Zustande der Umwandlung begriffenen Moleküle. Je größer die Zahl der Moleküle ist, die am Übergang teilnehmen, um so intensiver muß

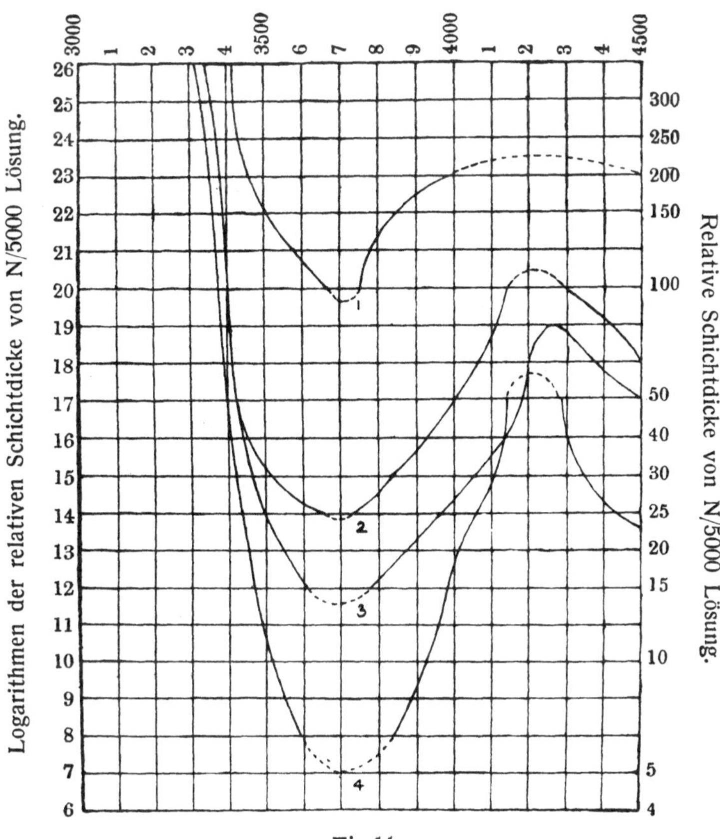

Fig. 11.

die Absorption und um so größer auch der Widerstand sein, den die Bande dem schwächenden Einfluß der Verdünnung entgegensetzt. Die Widerstandskraft gegen den Einfluß der Verdünnung wurde „Beständigkeit" genannt; ein relatives Maß für dieselbe wird erhalten, wenn man die Tiefen der Wellenzüge in den Absorptionskurven vergleicht. Baly und Desch haben gezeigt, daß die Hinzufügung wachsender Mengen Natriumhydroxyd zu der alkoholischen Lösung von Acetessigester die Beständigkeit der Bande stark erhöht. Die Absorptionskurven der untersuchten Lösungen sind in Fig. 11 dargestellt.

Kurve 1 zeigt die Absorption des Esters mit einem halben Äquivalent Alkali, Kurve 2 mit einem Äquivalent, Kurve 4 mit einem Überschuß von Alkalihydroxyd. Kurve 3 zeigt die Absorptionskurve des Aluminiumsalzes. Aus diesen Resultaten schloß man zunächst, daß die Absorptionsbande von der Umwandlung der beiden isomeren Formen ineinander herrührt, und weiterhin, daß die Metallderivate aus im Gleichgewicht befindlichen Mischungen der Isomeren bestehen. Andererseits sind die Verbindungen ohne Banden nur aus der einen Form aufgebaut. Interessant ist, daß Stewart und Baly[1]) bei der nochmaligen Untersuchung dieser Stoffe gefunden haben, daß in stärker konzentrierten Lösungen eine sehr schwache Absorptionsbande auftritt, woraus folgt, daß der tautomere Übergang, wenn auch sehr schwach, vorhanden ist. In Fig. 13 sind die Kurven für Äthylacetessigsäure, Äthyllävulinsäure und Acetylaceton wiedergegeben.

Demgemäß sollten die Absorptionsbanden von einer intramolekularen Schwingung herrühren, welche bei der Umwandlung einer Form in die andere

$$-CH_2-CO-\ \rightleftarrows\ -CH=C(OH)-$$

auftritt.

Die Verhältnisse beim Versetzen der wässerigen Lösungen von Acetessigester mit Alkali sind nach Hantzsch[2]) durch einfache Gleichgewichte zwischen dem Natriumsalz in der konjugierten Enolform und dem durch Hydrolyse entstehenden freien Acetessigester erklärbar. Die Mengenverhältnisse des Natriumsalzes, welches im Vergleich zum freien Acetessigester eine unvergleichlich stärkere Absorption besitzt und vor allem sehr stark

---

[1]) Trans. Chem. Soc. **89**, 493 (1906).
[2]) Ber. **43**, 3049 (1910).

selektiv absorbiert, werden nicht nur durch die Alkalimenge, sondern auch durch die Verdünnung beeinflußt. Die Steigerung der selektiven Absorption durch den Alkaliüberschuß ist also nichts anderes, als die Vervollständigung der Überführung des Acetessig-esters in das stark absorbierende Derivat.

Schwingungen.

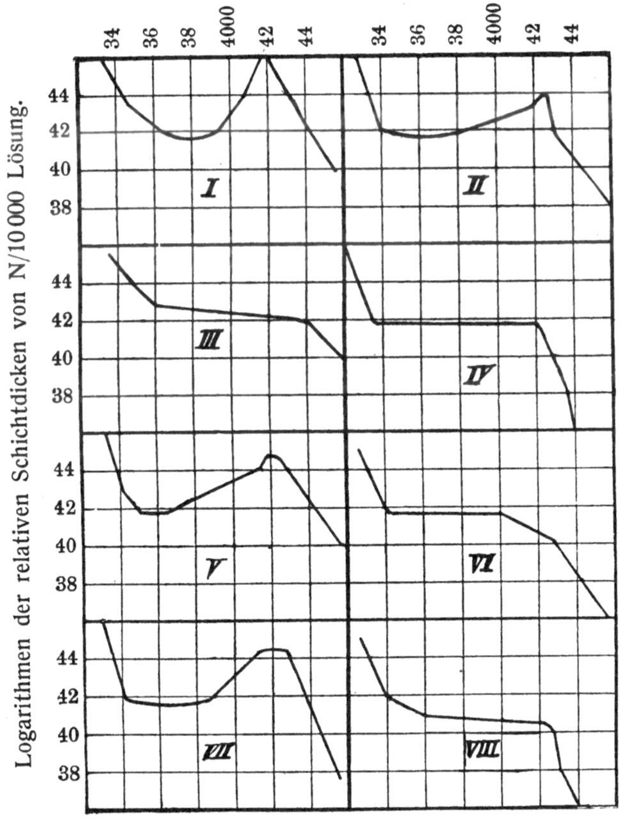

I. Aceton in Alkohol. II. Methylisopropylketon.
III. Aceton in Wasser. IV. Pinacolin.
V. Methyläthylketon. VI. Methylhexylketon.
VII. Methylpropylketon. VIII. Methylnonylketon.
Fig. 12.

Die Gruppe —CO—CO—. Die Untersuchungen[1] über dieses System begannen mit einer Arbeit von Stewart[2] über die Reak-

<hr>

[1] Stewart und Baly, Trans. Chem. Soc. **89**, 489, 502 (1906).
[2] Trans. Chem. Soc. **87**, 185 (1905); Proc. Chem. Soc. **21**, 28 (1905).

tionsfähigkeit der Carbonylgruppe in den aliphatischen Ketonen. Er fand, daß der Eintritt eines Alkylrestes in die α-Methylengruppe die Geschwindigkeit der Bildung von Oxim und Bisulfitverbindung verkleinert. So weit waren die Resultate in Übereinstimmung mit der Theorie der sterischen Hinderung. Als sich aber zeigte, daß die Carbonylgruppe im Acetessigester reaktionsfähiger ist als im Aceton,

	Prozent Bisulfitverbindung gebildet in	
	10 Min.	40 Min.
Aceton CH_3COCH_3.	28,5	53,6
Acetessigester $CH_3COCH_2COOC_2H_5$	37,4	60,0

wurde eine andere Hypothese zur Erklärung der Tatsachen herangezogen. Da es vom Acetessigester bekannt war, daß er tautomer reagiert, so drängte sich Stewart und Baly die Annahme auf, daß ein Zusammenhang zwischen diesem Phänomen und der Aktivität der Carbonylgruppe bestände. Die Absorptionskurven dieser Verbindungen (Fig. 12) wurden untersucht, und es zeigte sich, daß sie die ultraviolette Bande besitzen, die für den tautomeren Übergang der Keto- in die Enolgruppe charakteristisch ist. Überdies nimmt die Beständigkeit der Bande proportional mit der Abnahme der Reaktionsfähigkeit der —CO—-Gruppe in den Ketonen ab. Die folgenden Zahlen dienen zum Beweise dieser Tatsache:

	Prozent Oxim gebildet in 20 Min.
Tabelle III.	
Aceton	49,7
Methyläthylketon	39,2
Methylpropylketon	37,3
Methylisopropylketon	31,5
Pinacolin	17,0

Hier ist ferner anzuführen, daß V. Hâncu[1] auf Grund chemischen Befundes bewiesen hat, daß auch einfache Ketone den fraglichen tautomeren Übergang erleiden können. Die enge Beziehung zwischen der Reaktionsfähigkeit der Carbonylgruppe und der Tautomerie ist also nachgewiesen, und aus der Beständigkeit der Bande scheint hervorzugehen, daß die Aktivität der Gruppe annähernd dem vor sich gehenden Wechsel proportional ist. Ste-

---

[1] Ber. d. Dtsch. chem. Ges. **42**, 1052 (1909).

wart und Baly betonen weiter, daß sich in einem bestimmten Momente die Carbonylgruppe bei dem Übergang

$$-CH_2-C \overset{\rightarrow}{\underset{\leftarrow}{}} -CH=C- $$
$$\ \ \ \ $$
$$\ \ \ \ O HO$$

im nascierenden Zustande befinden muß und daher reaktionsfähiger sein wird, als die inerte Carbonylgruppe der einfachen Ketone.

Die Bildungsgeschwindigkeit der Bisulfitverbindung des Brenztraubensäureäthylesters wurde größer gefunden als die des Acetessigesters

	Prozent Bisulfitverbindung gebildet in		
	5 Min.	10 Min.	15 Min.
Aceton CH_3COCH_3	5	7	9
Acetessigester $CH_3COCH_2COOC_2H_5$	12	18	24
Brenztraubensäureäthylester $CH_3COCOOC_2H_5$	52	64	76

und man müßte schließen, daß, falls diese erhöhte Aktivität dieselbe Ursache hat wie im Acetessigester, die CH_3-CO--Gruppe noch in stärkerem Maße bestrebt sein muß, tautomere Änderungen zu erleiden. Dies steht aber im Widerspruch mit den chemischen Erfahrungen und mit den aus anderen physikalischen Eigenschaften zu ziehenden Schlüssen; außerdem ersieht man aus den folgenden Kurven, daß die Absorptionsbande des Brenztraubensäureäthylesters ihr Maximum bei 3100 Einheiten hat, während die Maxima der Banden der Ketone und des Acetessigesters bei 3700 Einheiten liegen. Die Bande des Brenztraubensäureesters ist also weiter nach dem roten Gebiet des Spektrums zu verschoben als die des Acetessigesters, was nicht mit der Masse des Moleküls zusammenhängen kann, da das Molekül des Brenztraubensäureesters leichter ist als das des Acetessigesters. Die Absorptionsbande muß daher die Folge eines Wechsels in der Bindung $-CO-COOC_2H_5$ sein, und aus der erhöhten Reaktionsfähigkeit des Carbonyls folgt, daß sich die Carbonylgruppe in einem bestimmten Momente während dieses Wechsels im nascierenden Zustande befinden muß. Eine Hypothese, die diesen Bedingungen zu entsprechen schien, war die, daß das Molekül des Brenztraubensäureesters zwischen den beiden Phasen

$$CH_3-C-C-OC_2H_5 \quad \rightarrow \quad CH_3-C=C-OC_2H_5$$
$$\ \ \ \ \ \ \ \| \ \ \| \leftarrow \ \ \ | \ \ \ |$$
$$\ \ \ \ \ \ \ O \ \ O O \ \ O$$

Schwingungen.

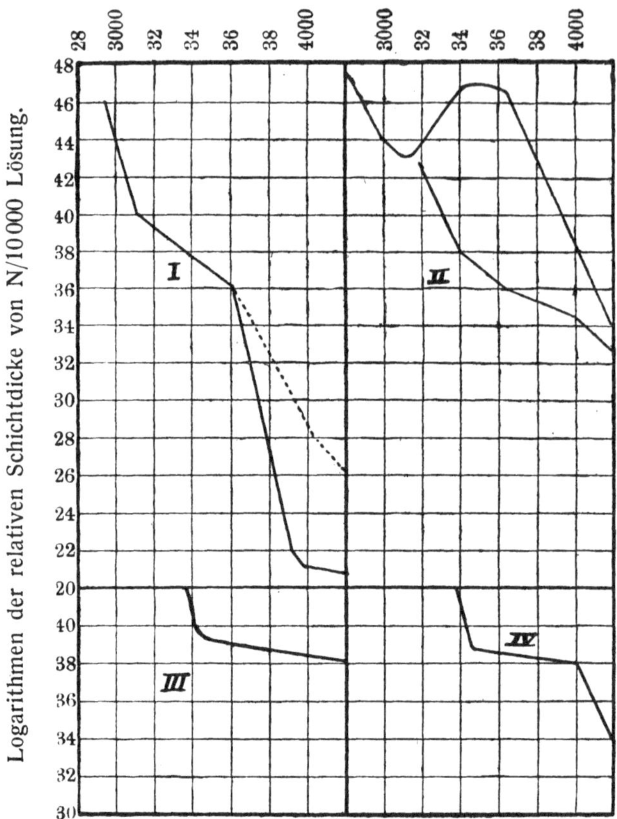

I. Acetessigsaures Äthyl in Alkohol (ausgezogene Linie).
Acetessigsaures Äthyl in Wasser (punktierte Linie).
II. Brenztraubensaures Äthyl.
Diäthylacetessigsaures Äthyl.
III. Lävulinsaures Äthyl.
IV. Acetonylaceton.

Fig. 13.

hin und her pendelt, wobei die CO-Gruppe in einem Zwischen-moment den nascierenden Zustand durchläuft. Dieser Vorgang unterscheidet sich von dem Tautomerie-Wechsel dadurch, daß das labile Atom fehlt; deshalb haben Stewart und Baly vor-geschlagen, darauf den Namen Isorropesis (Gleichgewicht) an-zuwenden.

Für die Annahme, daß die Absorptionsbande des Brenztraubensäureesters durch das Dicarbonylsystem hervorgerufen
wird, scheinen auch die Spektren anderer Substanzen zu sprechen,
welche diese Gruppe ebenfalls enthalten, z. B. Acenaphthen-
chinon, Phenanthrenchinon, Campherchinon, Benzil und Diacetyl.

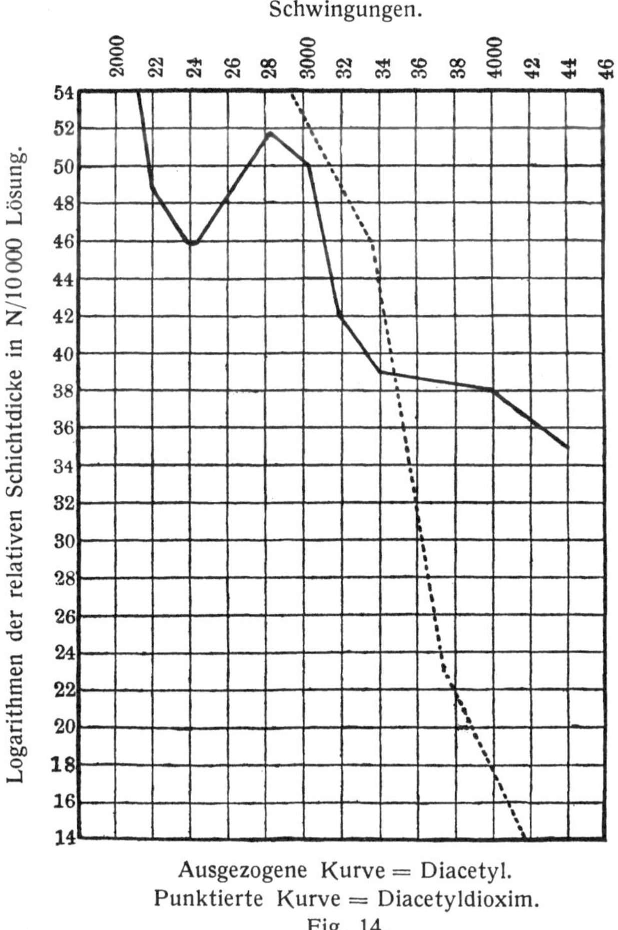

Ausgezogene Kurve = Diacetyl.
Punktierte Kurve = Diacetyldioxim.
Fig. 14.

Die letztgenannte Verbindung ist das beste Beispiel (Fig. 14),
da bei dieser die Struktur nicht durch die Anwesenheit des Benzolkernes kompliziert wird; die Absorptionsbande verschwindet, wenn das
Dicarbonylsystem durch Umwandlung in das Dioxim zerstört wird.
Bei diesen Stoffen liegt die Absorptionsbande näher zum roten

Gebiet des Spektrums als im Brenztraubensäureäthylester; sie erscheint im sichtbaren Gebiet bei 2100—2400 Einheiten, so daß die Verbindungen gefärbt sind. Die Dicarbonylgruppe fungiert als Chromophor, und man nahm an, daß diese „Isorropesis" die Ursache der Färbung organischer Verbindungen sein kann.[1]

D a s   c h i n o i d e   S y s t e m. — S t e w a r t und B a l y[2] entwickelten ihre Ideen auch bei dem p-Benzochinon und seinen einfachen Derivaten. Im p-Benzochinon sind zwei Carbonylgruppen in der 1,4-Stellung eines sechsgliedrigen Ringes. Man hatte für diese Stoffe schon lange die Annahme einer Peroxydstruktur ins Auge gefaßt, während man beim Diacetyl keinen Anhaltspunkt für diese Annahme hat, obzwar hier die Gruppen benachbart sind.

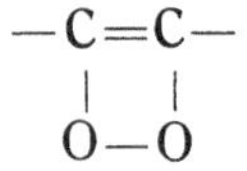

$$-C=C-$$
$$\quad | \quad |$$
$$\quad O-O$$

So schlug schon G r a e b e[3] vor, das Chinon als Peroxyd (I) zu schreiben, während F i t t i g[4] die Ketonformel (II) für richtig hielt.

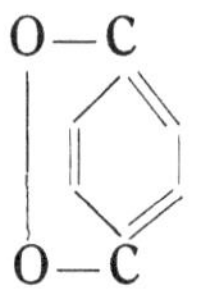

I. 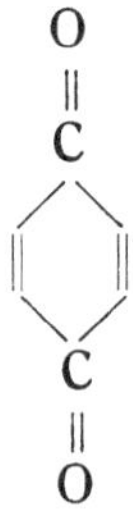   II.

Als typische Reaktionen, welche die alternative Formulierung empfehlen, sei die Einwirkung von Phosphorpentachlorid genannt, welches p-Dichlorbenzol (Peroxydstruktur) liefert, und die Reaktion mit Hydroxylamin, durch welches Chinondioxim (Ketostruktur) entsteht. Aus dieser Formulierung erkennt man, daß das Peroxyd als echte Benzolverbindung erscheint, während das Diketon als Derivat des Tetrahydrobenzols anzusehen ist.

---

[1] Die Hypothese der Isorropie ist auch auf Isonitrosoverbindungen $-C-C-$ der Fettsäureketone ausgedehnt worden; vgl. B a l y, M a r s d e n und S t e w a r t, Trans. Chem. Soc. **89**, 966 (1906).

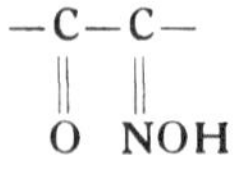

[2] Trans. Chem. Soc. **89**, 506 (1906); S t e w a r t und B a l y, Trans. Chem. Soc. **89**, 618 (1906).

[3] Zeitschr. f. Chem. **3**, 39 (1867).

[4] Ann. d. Chem. **180**, 23 (1876).

Das Verhalten der Absorptionskurven des Chinons entspricht dem chemischen Befunde, denn es zeigen sich zwei Banden, die eine im Ultraviolett bei etwa 4000 und die andere im sichtbaren Gebiet bei ca. 2300 Einheiten. Aus ihrer Stellung wurde gefolgert, daß die letztere durch die Schwingungen der Valenzen im Dicarbonylsystem

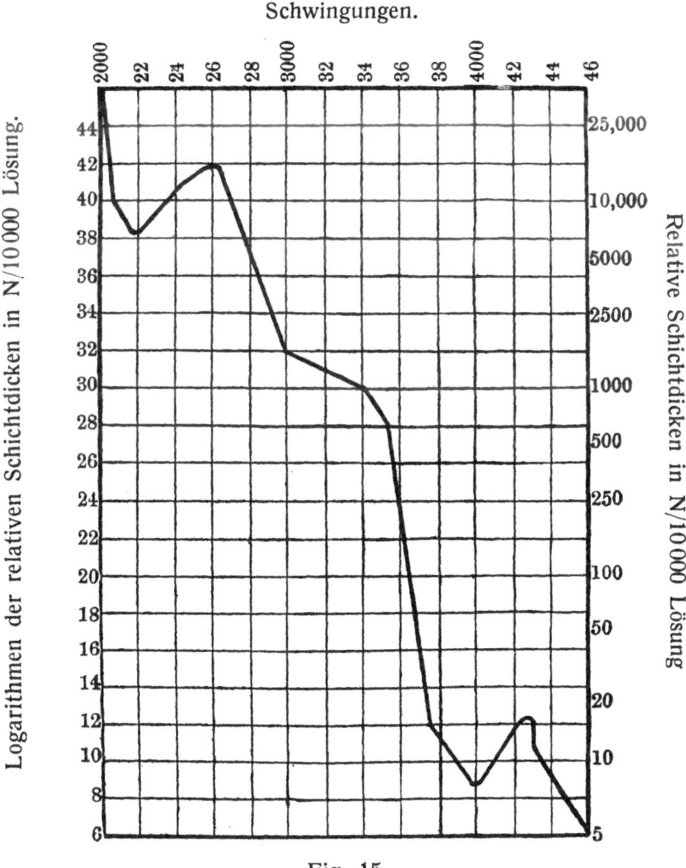

Fig. 15.

hervorgerufen wird, während die erste, die an der Stelle der charakteristischen Benzolbanden steht, von den Schwingungen herrührt, die dieser Struktur zugehören. Die Doppelnatur der Absorption der p-Benzochinone erhellt am besten aus der Absorptionskurve des Thymochinons, bei welchem sich die beiden charakteristischen Merkmale nahezu die Wage halten (Fig. 15).

Beim Chinon in alkoholischer Lösung scheinen die für die Dicarbonylgruppe charakteristischen Merkmale vorzuherrschen und die Benzolbande ist nicht sehr scharf ausgeprägt; doch ist zu erwähnen, daß, wie Hartley und Leonard[1]) gezeigt haben, in ätherischer Lösung beide Banden deutlich ausgebildet sind.

Kehrmann[2]) hat gefunden, daß die Reaktionsfähigkeit der Carbonylgruppen im p-Benzochinon verringert wird, wenn die Wasserstoffatome durch Methyl oder Halogen ersetzt werden. Ordnet man die substituierten Chinone nach fallender Reaktionsfähigkeit bei der Oximbildung an, so erhält man die folgende Reihe:

p-Benzochinon. . . . . bildet leicht Dioxim.

Monosubstituiert . . . . . . bildet weniger leicht Dioxim.

2,5-disubstituiert. . . . . . . bildet nur schwer Mono- u. Dioxim.

2,6-disubstituiert. . . . . . . bildet nur Monoxim.

Dreifach substituiert . . . . . bildet nur Monoxim.

Vierfach substituiert . . . . . bildet kein Oxim.

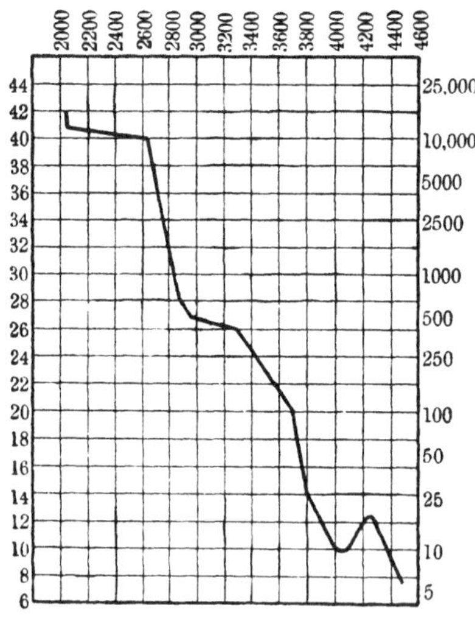

Chlorbenzochinon.

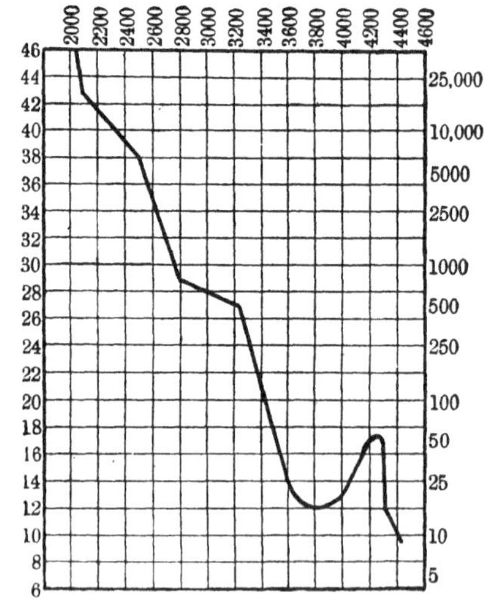

Dichlorbenzochinon.

[1]) Trans. Chem. Soc. 95, 45 (1909).
[2]) Ber. d. Dtsch. chem. Ges. 21, 3315 (1888); Journ. f. prakt. Chem. 39, 399; 40, 257 (1889).

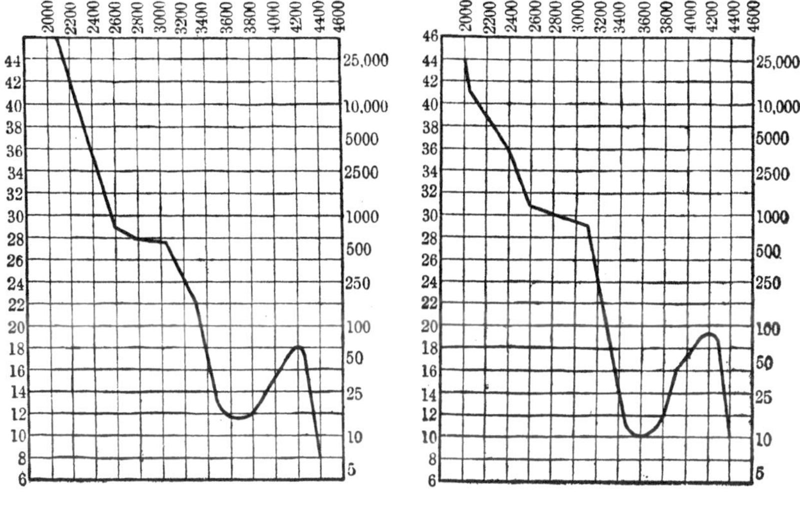

Trichlorbenzochinon. Trichlortoluchinon.

Fig. 16.

In der Fig. 16 sind die Absorptionskurven der folgenden Reihe von Chinonen in alkoholischer Lösung angegeben;

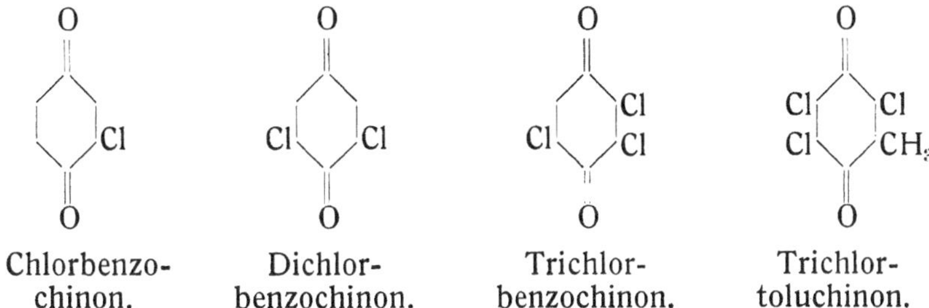

Chlorbenzo- Dichlor- Trichlor- Trichlorchinon. benzochinon. benzochinon. toluchinon.

die auf die Dicarbonylgruppe bezogene Bande wird bei der Substitution schwächer. Im Chlorbenzochinon ist die Bande zu einer schrägen Linie geworden, im Dichlorchinon liegt diese Linie bereits nahezu in der Richtung der Kurve, im Trichlorchinon und im Trichlortoluchinon kann man sie nicht mehr erkennen. Gleichzeitig steigt die Resistenz der Benzollinie dauernd, wie man aus den folgenden Zahlen erkennt:

Monochlorbenzochinon . . . . 42,0 %
2,6-Dichlorbenzochinon . . . . . 55,0 %
Trichlorbenzochinon . . . . 77,0 %
Trichlortoluchinon . . . . 88,0 %

25*

Nebenbei sei erwähnt, daß die Zunahme der Halogenatome die Lage der Bande in der Richtung des roten Spektrums verschiebt; doch ist dies der gewöhnliche Einfluß, den das Anwachsen des Molekulargewichtes mit sich bringt.

Nach der Auffassung von Stewart und Baly sollte die Farbe der Chinone von den Schwingungen herrühren, welche die wechselnden Valenzen in dem Gleichgewicht zwischen der Carbonyl- und der Peroxydstruktur auslösen. Von großem Interesse ist diesbezüglich die Entdeckung Willstätters[1]), daß o-Benzochinon in farbloser sowie in einer gefärbten Modifikation auftritt. Die farblose Verbindung besteht anscheinend nur aus der einen oder der anderen Form in reinem Zustande, während die gefärbte Isomere ein Gleichgewichtsgemisch der beiden darstellt.

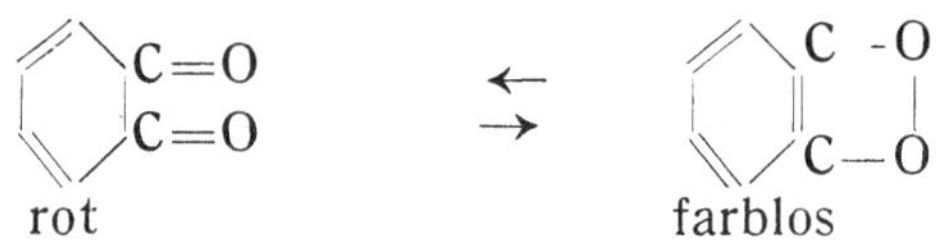

$$\text{rot} \quad \rightleftarrows \quad \text{farblos}$$

Alle Hydroxyl- und Aminoderivate von Triphenylcarbinol sind farblos, sie können aber in gefärbte Verbindungen übergeführt werden, wenn man ihnen die Bestandteile des Wassers entzieht, z. B.:

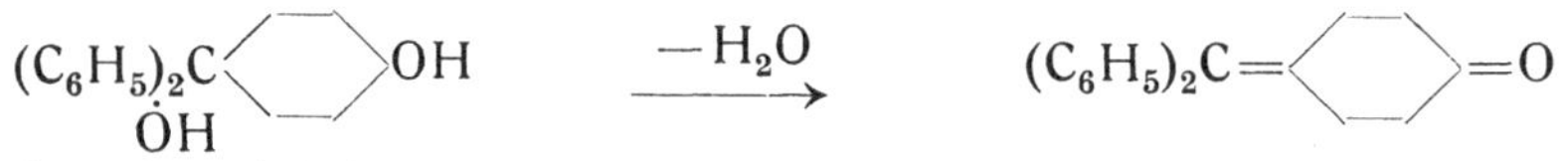

$$(C_6H_5)_2C\langle\rangle OH \quad \xrightarrow{-H_2O} \quad (C_6H_5)_2C=\langle\rangle=O$$

p-Oxyphenyldiphenyl-carbinol, farblos. $\qquad$ Fuchson, gelb.

Baeyer[2]) hat beobachtet, daß die Aminoverbindungen, welche nur eine Aminogruppe in der Parastellung zum Methankohlenstoffatom enthalten, schwach gefärbte Farbsalze geben; die charakteristische Farbe der Rosanilinfarben erhält man nur, wenn wenigstens zwei solche Aminogruppen vorhanden sind. Für diese Beziehungen geben die folgenden Formeln Beispiele:

---

[1]) Willstätter und Müller, Ber. d. Dtsch. chem. Ges. **41**, 2580 (1908); **44**, 2171 (1911).

[2]) Ann. d. Chem. **354**, 152 (1907); **372**, 80 (1910).

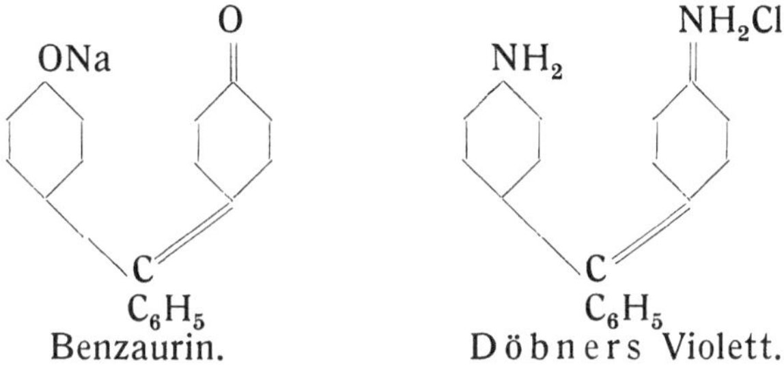

Fuchsonimonium-
chlorid. Orange.   Orange.   Döbners Violett.

Das Farbsalz der m-, p-Diaminoverbindung ist nur schwach gefärbt im Vergleich zu Döbners Violett, der Diparaverbindung. Die
gleichen Verhältnisse gelten für die Hydroxylverbindungen. Baeyer
untersuchte dann die Absorptionsspektra dieser Stoffe und fand,
wie zu erwarten, dieselben Beziehungen wie für die Farbe. Die
charakteristische Absorptionsbande der Triphenylmethanfarbstoffe[1])
wird erst gebildet, wenn mindestens zwei der Benzolkerne in Parastellung substituiert sind (OH oder NH_2). Außerdem werden,
wenn alle drei Benzolkerne in dieser Stellung substituiert sind, die
Absorptionsbanden intensiver und schärfer begrenzt.

Es zeigt sich nun, daß die Absorptionsspektra der Aminofarbsalze
und die der Alkalisalze der entsprechenden Oxyverbindungen gleich
sind. So ist das Spektrum des Natriumsalzes von Benzaurin mit dem
von Döbners Violett identisch.

Benzaurin.   Döbners Violett.

Daraus folgt, daß die Amino- und Hydroxylgruppen nicht selbst
die Absorption hervorrufen, sondern daß diese ihre Ursache in dem
Zustande des Benzolkernes haben muß. Weiterhin umfaßt der
Vorgang, der die Absorption hervorruft, mindestens zwei der aro-

---

[1]) Vgl. auch Hartley, Trans. Chem. Soc. **51**, 152 (1887) sowie in Kaisers
Handbuch. Bd. III. (Leipzig 1905.)

matischen Kerne. Baeyer glaubt, daß dieser Zustand am besten ausgedrückt wird, wenn man annimmt, daß die chinoide Struktur zwischen den beiden substituierten Kernen hin und her schwankt, und drückt dies durch die folgende Formel aus:

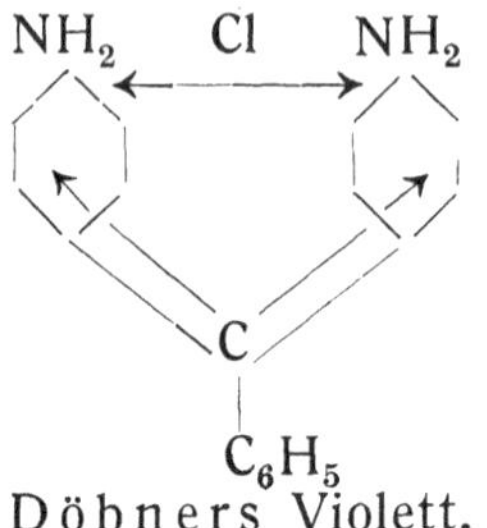

Hierin bedeuten die Pfeile die oscillierenden Valenzen.

Ganz kürzlich haben aber R. Meyer und O. Fischer[1] diese Hypothese auf spektrographischem Wege nachgeprüft, fanden sie aber durch die Messungen nicht bestätigt.

Aus ihren Untersuchungen über den Nitrocampher und seine Derivate folgern Lowry und Desch,[2] daß es einige Typen isomerer Umlagerung gibt, welche selektive Absorption nicht hervorrufen. Lowry[3] hat gezeigt, daß sich die Geschwindigkeit, mit der sich die Umwandlung zwischen normalem und pseudo-Nitrocampher vollzieht,

$$C_8H_{14}\begin{cases} CH-NO_2 \\ CO \end{cases} \quad \longleftarrow \atop \longrightarrow \quad C_8H_{14}\begin{cases} C=NO_2H \\ CO \end{cases}$$

Normaler Nitrocampher.   Pseudonitrocampher.

durch die Wahl des Lösungsmittels oder durch Hinzufügung geeigneter Reagenzien willkürlich beeinflussen läßt, so daß man auf diese Weise Lösungen untersuchen kann, in denen die Isomerisation entweder aufgehalten wird oder sich mit variabler Geschwindigkeit vollzieht. Dennoch fanden Lowry und Desch, daß die Absorptionskurven aller dieser Lösungen von Nitrocampher sehr nahe gleich sind und keine derselben selektive Absorption aufweist. Fügt man Alkali zu der Lösung, so entwickelt sich eine starke Bande, deren Spitze bei etwa 3100 Einheiten liegt. Diese kann aber nicht von einer isomeren Umlagerung herrühren, da bei

[1] Ber. d. Dtsch. chem. Ges. **44**, 1944 (1911); **45**, 70 (1913).
[2] Trans. Chem. Soc. **95**, 807 (1909).
[3] Trans. Chem. Soc. **75**, 219 (1899); **85**, 1541 (1904); **93**, 107 (1908).

Gegenwart von Alkali die Umwandlung des Nitrocamphers in das Natriumsalz der Pseudoform vollkommen ist und ein Überschuß des Reagens keinen Einfluß ausübt. Dies steht im Gegensatz zu dem Einfluß wachsender Alkalimengen auf die Absorptionsbande des Acetessigesters. Lowry und Desch halten die Bande in diesem Falle für eine Folge der Struktur des Natriumsalzes, welche von der normalen und der Pseudoform verschieden ist, und meinen, daß diese Verbindungen durch die folgenden Formeln dargestellt werden müßten:

$$C_8H_{14}\begin{cases}CH\cdot NO_2\\CO\end{cases} \quad \overset{\leftarrow}{\rightarrow} \quad C_8H_{14}\begin{cases}C\begin{cases}O\\N\cdot OH\end{cases}\\CO\end{cases} \quad \rightarrow \quad C_8H_{14}\begin{cases}C=N\cdot ONa\\C=O\end{cases}$$

Normale Form.   Pseudoform.   Natriumsalz (rot).

Man erkennt, daß danach das rote Salz ein konjugiertes System ungesättigter Bindungen enthält, und darin sehen auch Lowry und Desch die Ursache der Absorptionsbande, da die Salze des ähnlich zusammengesetzten Nitrocamphans, die dieses System nicht enthalten,

$$C_8H_{14}\begin{cases}CH_2\\CH\cdot NO_2\end{cases} \qquad\qquad C_8H_{14}\begin{cases}CH_2\\C=NOONa\end{cases}$$

Nitrocamphan.   Natriumsalz.

keine selektive Absorption besitzen. Bezüglich der Frage, ob ein konjugiertes System die Ursache selektiver Absorption sein kann, sei auf den Befund Wallachs[1]) hingewiesen, daß alle Verbindungen, welche die Gruppe

$$>C=CH-CO-$$

enthalten, im violetten Gebiet selektive Absorption zeigen.

Überdies besitzen zahlreiche Derivate des Camphers, deren beide α-Wasserstoffatome durch Halogen oder Methyl ersetzt sind, wie im

$$C_8H_{14}\begin{cases}CBr\cdot CH_3\\CO\end{cases}$$

α-Brommethylcampher.

eine deutliche Absorptionsbande. Lowry und Desch glauben,

---

[1]) Chem. Zentralbl. **1**, 372 (1897).

daß durch die Substitution jede isomere Umwandlung ausgeschlossen ist.

Nach dem Vorstehenden kommt man wohl zu dem Schlusse, daß zwar sehr häufig die Absorptionserscheinungen sich mit dynamischen Gleichgewichten in Beziehung bringen lassen, daß aber ein einheitlicher Erklärungsversuch ausschließlich von dem Gesichtspunkt der Isorropesis aus versagen muß und mit vielen Erfahrungen optischer wie auch chemischer Natur nicht vereinbar ist. Vor allem sei darauf aufmerksam gemacht, daß die Annahme dynamischer Isomerie bei unsymmetrisch substituierten Farbstoffen zu Konsequenzen bezüglich des Spektrums führt, die mit der Erfahrung im Widerspruch stehen. Betrachtet man zum Beispiel einen Farbstoff von der allgemeinen Formel $X{<}^{R_1}_{R_2}$, wobei $R_1\,R_2$ verschiedenartig substituierte aromatische Komplexe sind, und vergleicht ihn mit den beiden Stoffen $X{<}^{R_1}_{R_1}$ und $X{<}^{R_2}_{R_2}$, so sieht man, daß die Annahme eines dynamischen Gleichgewichts verschiedener Bindungsarten dazu führen muß, daß der Farbstoff $X{<}^{R_1}_{R_2}$ als Gemisch zweier Farbstoffe vorliegen müßte, in welchem einmal R_1, das andere Mal R_2 in einem besonderen Bindungszustand sich befinden müßte. Beispielsweise müßte im asymmetrischen Dimethylthionin

$$\left[NH_2 \underset{S}{\overset{N}{\diamond}} N(CH_3)_2 \right] Cl$$

abwechselnd der alkylierte und der nicht alkylierte Kern sich in einem besonderen Schwingungszustand befinden, der Farbstoff müßte sich also spektroskopisch wie ein Gemisch zweier Farbstoffe verhalten; nun ist dies aber, wie aus den Untersuchungen von Formanek hervorgeht, nicht im mindesten der Fall. Das Spektrum des Dimethylthionins liegt genau in der Mitte zwischen jenen des nicht methylierten Thionins und des Tetramethylthionins und zeigt genau wie diese einen scharfen Hauptstreifen und einen schwachen schmalen Nebenstreifen. Genau dieselbe Beweisführung läßt sich bei den Triphenylmethanfarbstoffen führen. Auch vom physikalischen Standpunkt aus haben sich die Konsequenzen der Isorropesistheorie nicht bewährt; das Argument, daß die Zahl der Absorptionsbanden des Benzols mit der Anzahl der nach der dynamischen Theorie möglichen Formeln übereinstimmt, hat sich als unhaltbar erwiesen, denn die genauere Untersuchung des Benzolspektrums hat die Zahl der Absorptionsbanden vermehrt und die vermeintliche Übereinstimmung beruhte auf einem Zufall.

§ 7. Die Farbstofftheorie auf Grund neuerer Valenzvorstellungen.

In den vorangestellten Abschnitten war mehrmals darauf hingewiesen, welche Rolle die Nichtsättigung bei den Beziehungen zwischen Absorption oder Farbe und Konstitution spielt. Für die ungesättigten Valenzen haben sich allmählich verschiedene Formen des Ausdruckes gefunden; wenn im folgenden die Darstellungsweise des Valenzbegriffes[1]) von H. Kauffmann[2]) gewählt ist, so liegt der Grund vor allem darin, daß die in Betracht kommenden Verhältnisse mit ihrer Hilfe am eingehendsten dargestellt worden sind.

Kauffmann verzichtet in Durchführung der Wernerschen Theorien auf den Begriff der konstanten Valenz und teilt die von einem Atom ausgehende Valenzwirkung nicht in unveränderliche Einheiten, wie es die frühere formale Valenzlehre mit ihren Bindungen tat, sondern führt für die von Atom zu Atom gehende Valenzbetätigung den Begriff des Valenzfeldes ein, das wie ein anderes Kraftfeld Streuungen der Kraftlinien bewirkt und die Betätigung von Kräften in beliebigen Bruchteilen nach verschiedenen Richtungen voraussehen läßt. Sind Atome in einem Molekül nur locker gebunden, so hat dies darin seine Ursache, daß die Kraftlinien seiner Valenz weit zerstreut, „zersplittert" sind; das ist z. B. der Fall bei den Kraftlinien des Atoms H in der Salpetersäure:

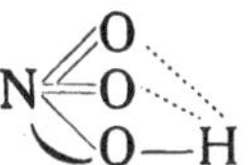

Auf die Verhältnisse bei den farbigen Kohlenstoffverbindungen übertragen kann man also mit Kauffmann in der Valenz-

---

[1]) Die Valenzlehre (Stuttgart 1911).

[2]) Es sei hier auch auf die Valenztheorie von J. Stark hingewiesen. Vgl. Jahrb. f. Radioaktivität und Elektronik **5**, 124 (Leipzig 1908) und Ruggli, Die Valenzhypothese von J. Stark vom chemischen Standpunkt (Stuttgart 1912).

zersplitterung des Kohlenstoffatoms die Ursache der Farbe suchen.

Auf Grund dieser Auffassung untersuchte Kauffmann die Beziehungen zwischen Valenzzersplitterung und Farbstoffcharakter bei den Kohlenwasserstoffen. Dort, wo Kohlenstoffe von mehreren Ringen in ihrer Valenzbetätigung beansprucht werden, ist nach Maßgabe dieser Beanspruchung Farbcharakter zu erwarten. Dies stimmt mit Messungen von Hartley[1]) überein, denn Benzol hat das erste ultraviolette Band bei der Schwingungszahl 3710, Naphthalin bei 3210, Anthracen bei 2630; letzteres liegt also schon knapp an der Grenze der mit dem Auge wahrnehmbaren Absorption. Beim Pyren, bei welchem sechs Kohlenstoffe an je drei Ringen teilnehmen, ist der Farbcharakter bereits ausgesprochen, die Substanz ist gelb. Die Äthylenbindung bewirkt an und für sich keine genügende Valenzzersplitterung, wie sich aus der Farblosigkeit der ungesättigten aliphatischen Verbindungen ersehen läßt. Kombination von Äthylenbindung und Ringschluß bewirkt hingegen unter günstigen Umständen Farbcharakter (Fulvene); der Einfluß von Methylsubstitution in derartigen Systemen entspricht der Erwartung. Die Konjugation von Äthylenbindungen im Verein mit den Valenzresten des Benzols gibt im Falle einer genügenden Anzahl von konjugierten Äthylenbindungen ebenfalls Farbstoffcharakter:

Stilben $C_6H_5{-}CH{=}CH{-}C_6H_5$ farblos
Diphenylbutadien $C_6H_5{-}CH{=}CH{-}CH{=}CH{-}C_6H_5$ farblos
Diphenylhexatrien $C_6H_5{-}CH{=}CH{-}CH{=}CH{-}CH{=}CH{-}C_6H_5$
    hellgelb
Diphenyloktatetren $C_6H_5{-}CH{=}CH{-}CH{=}CH{-}CH{=}CH{-}CH$
    ${=}CH{-}C_6H_5$ goldgelb.

Je nach dem Betrage der Valenzzersplitterung, die einer Gruppe zukommt, kann man „selbständige" und „unselbständige" Chromophore unterscheiden. Die Äthylenbindung ist nach dem hier gegebenen Beispiel ein unselbständiger Chromophor, die Nitrosogruppe ist hingegen ein selbständiger Chromophor (vgl. § 4), da auch die aliphatischen Nitrosokörper blau sind. Immerhin sei bemerkt, daß diese Einteilung der Chromophore nur zur vorläufigen Orientierung dient, denn eine scharfe Grenze ist nicht zu ziehen, zumal nicht, wenn man auch den ultravioletten Teil des Spektrums berück-

---

[1]) Journ. Chem. Soc. **39**, 153 (1881); **73**, 695 (1898).

sichtigt. Kombination von Valenzzersplitterung aus verketteten Ringsystemen und Äthylenbindungen gibt sehr kräftigen Farbstoffcharakter, z. B.:

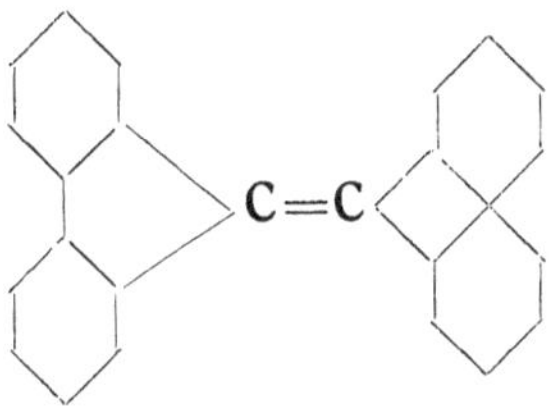

Di-biphenylenäthylen (rot).

Ein Chromophor von verhältnismäßig schwacher Wirkung ist die Carbonylgruppe; ihre Valenzzersplitterung allein reicht nicht zum Eintritt des Farbstoffcharakters aus. Es ist hierzu entweder mehrfaches Auftreten der Kombination mit Äthylenbindungen oder endlich Erhöhung der Valenzzersplitterung durch Einbau in Ringsysteme erforderlich.

Aceton (farblos)	Diacetyl (gelb)	Triketopentan (orangerot)
$CH_3-CO-CH_3$	$CH_3-C(=O)-C(=O)-CH_3$	$CH_3-C(=O)-C(=O)-C(=O)-CH_3$

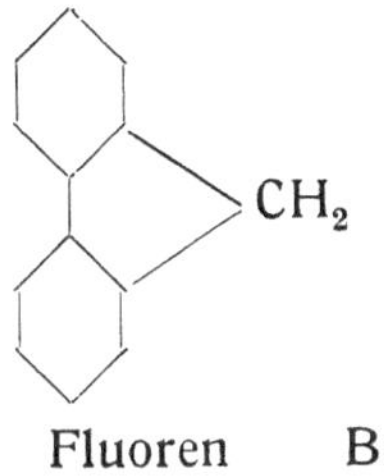

Fluoren (farblos).

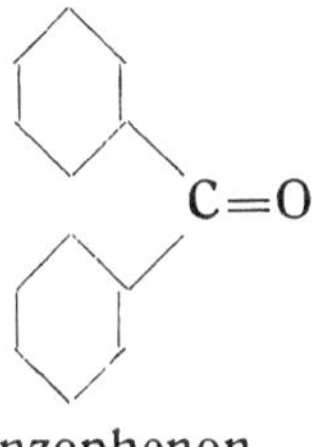

Benzophenon (farblos).

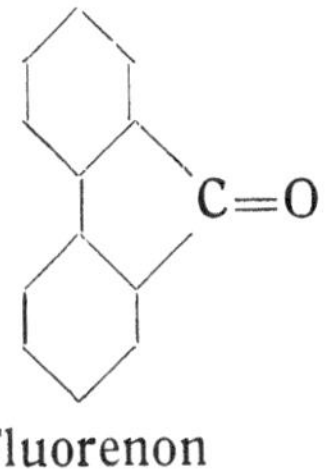

Fluorenon (gelb).

Über gefärbte ungesättigte aliphatische Ketone vergleiche Wallach,[1] Kostanecki.[2]

[1]) Chem. Zentralbl. I, 373 (1897).

[2]) Ber. d. Dtsch. chem. Ges. **29**, 1492 (1896); **30**, 2947 (1897).

Ein schönes Beispiel für das Zustandekommen von Färbungen durch Zusammenwirken von Carbonylgruppen und ungesättigter Bindung bilden die vollständig substituierten Ketene[1]) von der allgemeinen Formel

$$R_1 R_2 = C = C = O.$$

Staudinger[2]) hat gezeigt, daß die Farbe der Carbonylverbindungen desto mehr vertieft wird, je ungesättigter das Carbonyl ist, wie die folgende Anordnung zeigt (die „Reaktionsfähigkeit" als Maß der Nichtsättigung):

Chinone . . . . sehr reaktionsfähig, farbig
Ungesättigte Ketone . .
Aldehyde. . . . .   abnehmend bis
Aromatische Ketone. . .
Säurederivate . . . . . wenig reaktionsfähig, farblos

Die stickstoffhaltigen Chromophore haben zum Teil sehr kräftige Wirkung, wie die Nitrosogruppe und die Azogruppe. Diazomethan $CH_2 \langle \begin{smallmatrix} N \\ \| \\ N \end{smallmatrix}$ ist intensiv gelb; durch Einführung von Phenylresten oder noch höheren cyclischen Gebilden wird der Farbstoffcharakter erhöht. Die Verkettung von Kohlenstoff mit Stickstoff ist an und für sich nicht als Chromophor zu betrachten, sondern erst, wenn sie zur Zersplitterung von Valenz führt. Die Alkylierung eines Amins oder Ammoniumderivates bewirkt also nicht das Eintreten von Farbstoffcharakter, sondern hat nur jenen Einfluß, der einer Erhöhung des Molekulargewichtes im allgemeinen zukommt. Ist hingegen der Stickstoff in der Carbimform $C = N$ vorhanden, so entfaltet er eine Wirkung, die beiläufig von derselben Größenordnung ist, wie eine Carbonylgruppe, ihr jedoch ausnahmslos nachsteht.

Fluorenonimin (strohgelb).

---

[1]) Staudinger und Klever, Ber. d. Dtsch. chem. Ges. **41**, 599 (1908).
[2]) Lieb. Ann. **384**, 45 (1911).

Bezüglich der Nitrogruppe muß scharf zwischen der echten Nitrogruppe und der Isonitrogruppe unterschieden werden. Die echte Nitrogruppe ist ein schwacher Chromophor, wie aus der schwach gelben Färbung gewisser aromatischer Nitrokörper hervorgeht. Durch Konjugation mit Äthylenbindungen wird der Einfluß der Nitrogruppe erhöht, jedoch ohne daß besondere Farbintensitäten auftreten.

$$C_6H_5-CH=CH-C_6H_5 \qquad\qquad C_6H_5C=CH-C_6H_5$$
$$\text{Stilben (farblos).} \qquad\qquad\qquad\qquad |$$
$$NO_2$$

Nitrostilben (hellgelb).

Aus Vergleichen mit analogen ungesättigten Nitrokörpern geht hervor, daß die Konjugation der Kohlenstoffe für das Zustandekommen des Farbcharakters unbedingt notwendig ist. Die Isonitrogruppe ist an anderem Orte ausführlich besprochen; die dort mitgeteilten Tatsachen stimmen vortrefflich damit überein, daß eine Zersplitterung der Valenz mit dem Farbstoffcharakter verbunden ist. Ob man in jenen Fällen, wo Farbe auftritt, d. h. bei den konjugierten Isonitroverbindungen oder auch den Indikatoren,[1] einen Valenzausgleich im Sinne einer Ringbildung nach Hantzsch oder im Sinne einer gegenseitigen Beeinflussung der Valenzfelder nach Kauffmann annehmen will, ist eine Frage der formalen Ausdrucksweise.

Kauffmann hat auch versucht, auf Grund seiner Valenzauffassung das Problem der chinoiden Farbstoffe in übersichtlicher Weise zu behandeln. Für das Zustandekommen der Farbe einfacher Chinone müssen zunächst gleichzeitig Carbonylgruppen und ungesättigte Bindung vorhanden sein, da hier Konjugationsverhältnisse wesentlich sind.

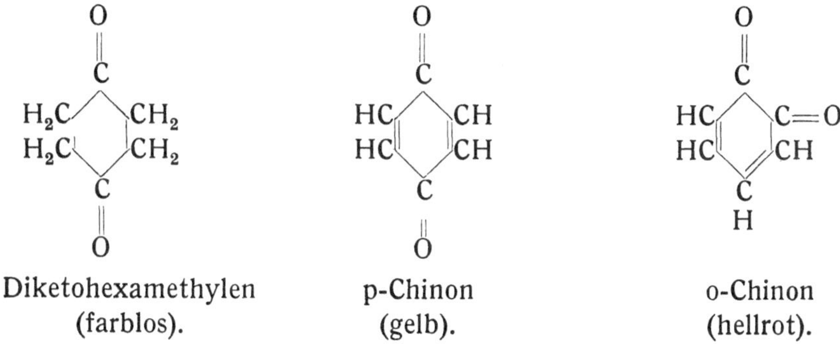

Diketohexamethylen   p-Chinon   o-Chinon
(farblos).   (gelb).   (hellrot).

[1] Vgl. Thiel, Stand der Indikatorenfrage (Stuttgart 1911).

$$C_6H_5 \cdot C \cdot C_5H_6$$

Fuchson
(goldgelb).

Diphenochinon
(rubinrot oder goldgelb).

Stilbenchinon (hellrot).

$$C_6H_5 \cdot C \cdot C_6H_5$$

$$C_6H_5 \cdot C \cdot C_6H_5$$

Tetraphenyl-p-Xylylen (gelb).

Das Tetraphenyl-p-Xylylen vermittelt gewissermaßen den Übergang zu den früher besprochenen ungesättigten Kohlenwasserstoffen. Für α- und β-Naphthochinon sowie Anthrachinon läßt sich voraussehen, was tatsächlich eintrifft: die Kombination mit weiteren Ringen bewirkt keine Erhöhung des Farbcharakters, speziell beim Anthrachinon ist der Farbcharakter fast verschwunden. Hingegen liefert das Amphinaphthochinon von Willstätter und Parnas[1]

eine weitere Stütze für die Kauffmannsche Auffassung; denn, wie aus der Formel hervorgeht, wird die Valenzzersplitterung der Carbonyle durch ihre Stellung in beiden Kernen erhöht.

Wird in den einfachen Chinonen der Sauerstoff durch die Iminogruppen ersetzt, so tritt im Sinne der bereits angeführten Regelmäßigkeit eine Verminderung des Farbstoffcharakters ein, die

---

[1] Ber. d. Dtsch. chem. Ges. **40**, 1406 (1907).

beim Chinondiimin[1]) die Absorption eben noch aus dem sichtbaren Teil des Spektrums hinausrückt. Ferner ist es auf Grund der Annahme teilbarer Valenzen möglich, die Derivate des Triphenylmethans und die Halochromie-Erscheinungen ohne gezwungene Hypothesen zu beschreiben. Die Versuche, den gefärbten Triphenylmethanderivaten eine chinoide Struktur zuzuschreiben, haben sich, wie oben besprochen, als undurchführbar erwiesen; insbesondere führt die Annahme einer chinoiden Konstitution bei den Substitutionsprodukten des Triphenylmethans zu unmöglichen Folgerungen chemischer Art, wie Baeyer[2]) zeigte, und steht auch mit den spektroskopischen Befunden im Widerspruch. Nimmt man hingegen eine Teilbarkeit der Valenz an, so ergibt sich für den Kohlenstoff, der mit drei Phenylgruppen verbunden ist, daß seine vierte Valenz durch die Restvalenzen der Phenylgruppen zum großen Teile abgesättigt ist. Das Triphenylmethyl $(C_6H_5)_3C$ ist also eine Substanz mit erheblicher Valenzzersplitterung und demgemäß gelb gefärbt. Das Tribiphenylmethyl[3])

$$\begin{matrix} C_6H_5-C_6H_4\diagdown \\ C_6H_5-C_6H_4-\!\!\!\!\!\!-\!\!\!\!\!>C \\ C_6H_5-C_6H_4\diagup \end{matrix}$$

ist gemäß der größeren Zahl der Kerne violett.

Die Ursache der Farbe der Triphenylmethanverbindungen liegt demnach in der Valenzzersplitterung des zentralen Kohlenstoffes, und alle jene Verbindungen, die diese erhöhen, werden den Farbcharakter begünstigen. Hierzu gehört die Salzbildung (Halochromie), die Komplexbildung mit Metallsalzen, der Eintritt von Substituenten in die Benzolkerne, welche die Valenzbeanspruchung im entsprechenden Sinne beeinflussen (günstig wirken Hydroxyl, Methoxyl und Amidogruppen, ungünstig die Nitrogruppe).

Auch die Erscheinungen, die an den merichinoiden Farbstoffen beobachtet wurden, lassen sich auf ähnliche Weise darstellen. Selbst Annahme von Oxonium-Sauerstoff u. dgl. würde nicht die enorme Farbvertiefung erklären, die beim Übergang vom Chinon in Chinhydron auftritt. Wird aber die Farbe dadurch verstärkt, daß durch den Additionsvorgang die Valenzzersplitterung im Chinon noch weiter vermehrt wird, so stellen sich die Chinhy-

---

[1]) Willstätter, Ber. d. Dtsch. chem. Ges. **37**, 4607 (1904); **38**, 2246 (1905).
[2]) Ber. d. Dtsch. chem. Ges. **35**, 1005 (1902); **40**, 3083 (1907).
[3]) Schlenk und Weickel, Ann. d. Chem. **372**, 1 (1910).

drone vollkommen in Parallele mit den intensiv gefärbten Additions-
produkten und Polynitrokörpern und ungesättigten Verbindungen.
Ebenso wären die mehrkernigen Farbstoffe als intramolekular-
merichinoid mit daraus folgender stärkerer Valenzzersplitterung zu
betrachten.

Die von Kauffmann entwickelte Anschauung erscheint in
vielen Fällen anwendbar; in anderen aber wird man Hantzsch[1])
beipflichten, daß verschiedene „Versuche, bestimmte Konstitutionsformeln wohl definierter chromophorer Atomkomplexe ausschließlich im Sinne der Auxochromtheorie in lockere Systeme
mit zahlreichen und anscheinend gleichwertigen Affinitäts- und
Valenzwirkungen radikal aufzulösen, mit vielen Tatsachen nicht
in Übereinstimmung zu bringen" sind.

Zwar erscheint bisweilen schon jetzt möglich, die Affinitätswir-
kungen zwischen chromophoren und auxochromen Gruppen „durch
Nebenvalenzen formell darzustellen, häufiger aber können sie
nur mit Hilfe neuer Begriffe in etwas unbestimmter Weise mehr
umschrieben als erklärt werden. Auch ist die Wirkung der
Auxochrome gerade auf dem technisch wichtigsten Gebiete der
Farbstoffe zwar praktisch von großer, aber theoretisch doch von
untergeordneter Bedeutung, da sie den Charakter der Gesamtabsorption und damit den wahren Farbstoffchromophor nur wenig
verändern. So ist die Auxochromtheorie gerade hier in ihres
Namens wörtlicher Bedeutung nur eine Hilfstheorie zur Erklärung
gradueller Veränderungen der Absorption" (Hantzsch).

Dagegen erscheint es „vom chemischen Standpunkt aus gegenwärtig noch wichtiger und rationeller, durch Ermittlung bestimmter typischer Absorptionsspektren bestimmte typische chromophore Atomgruppierungen nachzuweisen und durch das Studium
der prinzipiellen Änderungen der Lichtabsorption zunächst zu
versuchen, auf die großen wesentlichen, dem Auge verschleierten
molekularen Änderungen neues Licht zu werfen". Bevor auf
Versuche solcher Art im folgenden eingegangen wird, sei noch
eine kurze Skizze der Starkschen Auffassung gegeben.

Theorie von Stark. — Stark hat auf folgende Weise versucht, einen Zusammenhang zwischen den spektralen Erscheinungen der Materie und deren Aufbau herzustellen. Er sieht die
Ursache der Affinitätskräfte eines Atoms in negativen Elektronen

---

[1]) Zeitschr. f. Elektrochem. **18**, 480 (1912).

(Valenzelektronen), die auf die positiv geladenen Oberflächen sowohl des Atoms, zu dem sie gehören, als auch auf diejenigen der Atome, die mit ersteren verbunden sind, Kraftlinien ausstrahlen, also die Bindung zwischen den Atomen bedingen. Ein solches Valenzelektron kann allein an das ihm zugehörige Atom gebunden sein, dann ist es „ungesättigt"; wenn die Kraftlinien des Valenzelektrons zugleich an ein fremdes Atom oder an deren mehrere geheftet sind, ist das Elektron „gesättigt"; wird ein Valenzelektron (auf der Oberfläche eines mehrwertigen Atoms) durch andere Elektronen abgedrängt, so ist es „gelockert".

Auf Grund einer solchen, auf elektrische Kräfte zurückgeführten Valenzvorstellung ist ein Zusammenhang mit den bekanntlich durch elektromagnetische Vorgänge gedeuteten spektralen Erscheinungen herstellbar. Stark nimmt an, daß die Valenzelektronen als Ursache der Entstehung der Bandenspektren anzusehen sind, während die Linienspektren der elementaren Gase auf die positiven Atomionen zurückgeführt werden.[1]) Werden die Valenzelektronen durch äußere Einflüsse von der Atomoberfläche abgedrängt, und kehren sie infolge ihrer kinetischen Energie wieder in ihre alte Lage zurück, was in Schwingungen um ihre Ruhelage geschieht, so treten elektromagnetische Störungen auf, die durch Lichtwellen bestimmter Länge erkennbar werden. Bei der Rückkehr des Valenzelektrons entsteht in der langgestreckten Bahn an zwei Punkten eine Beschleunigung und damit Ausstrahlung elektromagnetischer Wellen, eine Doppelbande. Infolge des Abklingens der Schwingungen sind die Banden gegeneinander abschattiert, und zwar die eine nach ultrarot, die andere nach ultraviolett; da sie in der Regel aber sehr weit auseinander liegen, kann meist nur eine abschattierte Bande beobachtet werden, doch sind Beispiele, die der Theorie entsprechen, gefunden worden.[2])

Die Lage des Bandenspektrums wird annähernd aus der Planckschen Beziehung zwischen der zur Lichtemission aufgewandten Energie und der Wellenlänge des emittierten Lichtes berechnet. Als ein Fall für die ultravioletten Banden ungesättigter Valenzelektronen, bei dem eine Übereinstimmung mit der

---

[1]) Phys. Zeitschr. 7, 355 (1906).

[2]) J. Stark. Die elementare Strahlung (Leipzig 1911), 76, 111, 225, 226.

Theorie durch S t e u b i n g[1]) gefunden wurde, sei Quecksilberdampf angeführt. Ein Beispiel für das spektrale Verhalten gesättigter Valenzelektronen gibt Kohlensäure, bei welcher S t a r k für den Minimalwert $1,93\,\mu$ berechnete, während $2,6\,\mu$ als erste Absorptionsbande gefunden wurde und die weiteren Banden noch weiter im Ultrarot bis $16\,\mu$ liegen.

Das Spektrum der gelockerten Valenzelektronen ist einer quantitativen Betrachtung bisher unzugänglich. Ein Beispiel einer Verbindung mit solchen Elektronen ist Benzol, dessen Formel man schreiben kann:

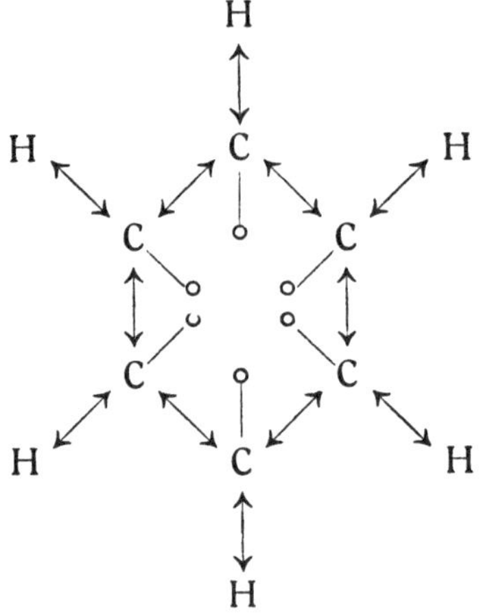

⟵⟶ Bindung mittels gesättigter Valenzelektronen;
⟶o gelockertes Valenzelektron.

Substitution und andere chemische Änderungen verschieben die ultravioletten Absorptionsbanden nach rot, wenn eine Verminderung der potentiellen Energie der gelockerten Valenzelektronen stattfindet. Verschwinden die gelockerten und treten an ihre Stelle gesättigte Valenzelektronen, also z. B. beim gesättigten Hexahydrobenzol, so verschwinden die ultravioletten Banden und die Absorption liegt nur im ultraroten Gebiet.

Die Chromophore sind nach S t a r k Gruppen mit mindestens zwei mehrwertigen Atomen, deren jedes ein gelockertes Valenzelektron besitzt. Sie bewirken Absorption im Ultraviolett oder im sichtbaren Teil des Spektrums; daher ist auch der Benzolring

---

[1]) Phys. Zeitschr. **10**, 787 (1909). Vgl. auch Ann. d. Phys. **33**, 553 (1910).

ein Chromophor. Einige andere sind in der entsprechenden Schreibweise:

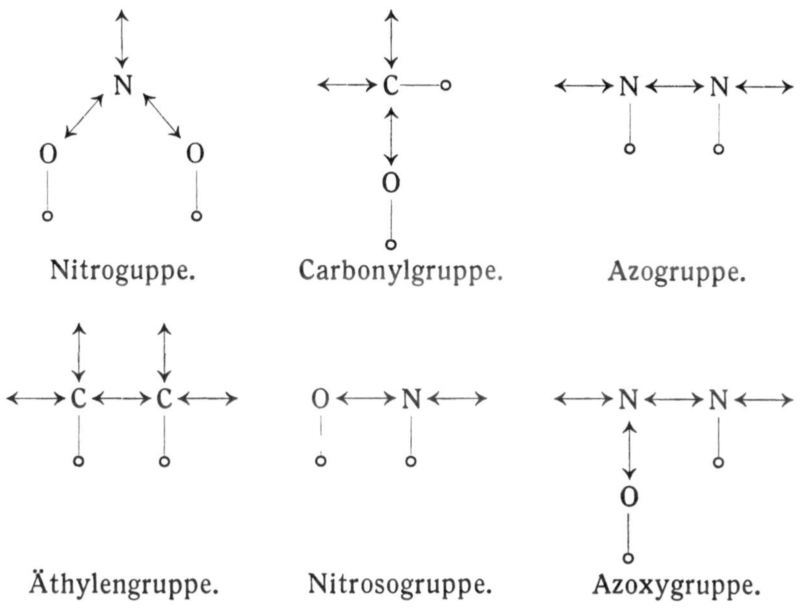

Nitroguppe.   Carbonylgruppe.   Azogruppe.

Äthylengruppe.   Nitrosogruppe.   Azoxygruppe.

Ley[1]) schreibt Naphthalin:

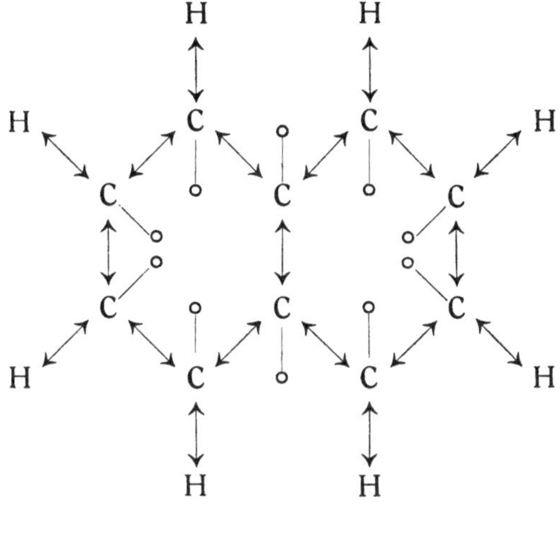

oder auch

---

[1]) Farbe und Konstitution bei organischen Verbindungen (Leipzig 1911) 103.

26*

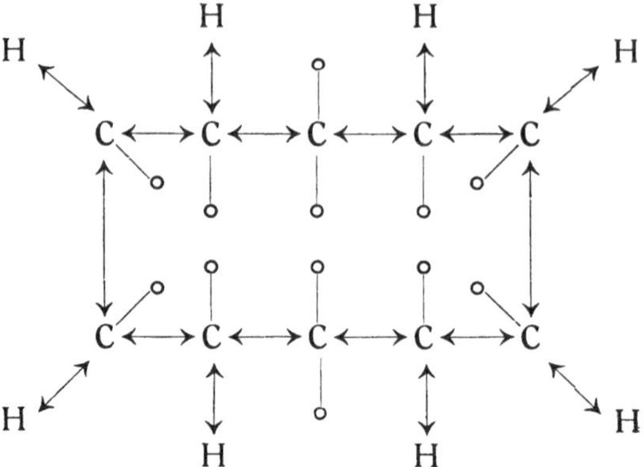

Die weiter vorhandenen Gruppen bewirken je nach ihrer Konstitution eine Verschiebung der Banden nach ultrarot oder ultraviolett.

Mit Hantzsch sieht Stark[1]) die Ursache von Farbänderung bei Salzbildung sowie der Farbänderung der Indikatoren (Stieglitz) in Konstitutionsänderungen.

Bei anorganischen Verbindungen mit einem Bandenspektrum unter $\lambda = 0{,}5\,\mu$ nimmt Stark gleichfalls die Anwesenheit gelockerter Valenzen an.[2])

§ 8. Die Anwendung der Absorptionsspektra zur Konstitutionsbestimmung. Tautomere Verbindungen.

Die Methodik, die von Hartley ausgearbeitet worden ist, besteht darin, die Absorptionskurve einer Substanz von fraglicher Zusammensetzung mit Substanzen bekannter Struktur zu vergleichen. Ähnelt die molekulare Absorptionskurve dieser bekannten Stoffe jener der fraglichen Verbindung sehr stark, so kann man annehmen, daß die Konstitution der beiden gleichartig ist.

Gleich den anderen physikalischen Methoden ist auch die vorliegende dort von besonderer Wichtigkeit, wo chemische Bestimmungen keine definierten Resultate ergeben, wie bei tautomeren Verbindungen oder anderen Substanzen, deren Struktur je nach der Art des vorhandenen Reagens wechselt, oder auch bei Alkaloiden mit sehr verwickelter Struktur. Mitunter vermag man auch in einer Mischung

---

[1]) Phys. Zeitschr. **9**, 92 (1908).

[2]) An dieser Stelle sei auch noch auf die Arbeiten v. H. S. Fry hingewiesen; Zeitschr. f. phys. Chem. **76**, 385, 398, 591, (1911); **80**, 29 (1912); **82**, 665 (1913).

zweier ineinander überführbarer Stoffe in roher Annäherung den Anteil jedes der beiden Bestandteile zu schätzen, indem man das Spektrum mit dem künstlicher Mischungen von bekannter Zusammensetzung vergleicht. Zuerst seien die tautomeren Stoffe und dann die Verbindungen, welche verschiedene Typen labiler Struktur enthalten, betrachtet.

Substanzen, welche die Gruppe —NH—CO— enthalten. — Bei der Mehrzahl der Verbindungen von diesem Typus ist es zweifelhaft, ob die Gruppe in der

Lactamform —NH—CO—

oder in der

Lactimform —N=C(OH)—

vorhanden ist.

Vom chemischen Standpunkt aus wurde zuerst beim Isatin diese Frage gestellt.

Baeyer[1] fand, daß das Silbersalz des Isatins mit Äthyljodid unter Bildung eines Äthylderivates reagiert, das durch Natriumhydroxyd in Äthylalkohol und das Natriumsalz des Isatins umgewandelt wird; das letztere kann seinerseits wieder direkt aus Isatin erhalten werden. Baeyer schloß daraus, daß die Äthylgruppe in dieser Verbindung an den Isatinkern durch das Sauerstoffatom gebunden ist, wie in I,

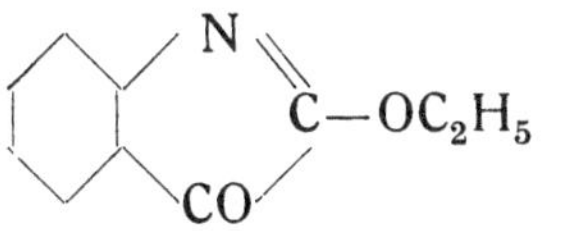

$C-OC_2H_5$ $C \cdot OH$

Äthylisatin.   Isatin (Baeyer).

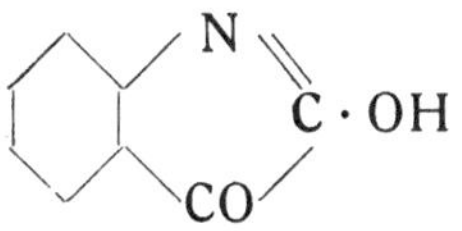

I.   II.

während Isatin selbst eine II entsprechende Struktur besitzt. Baeyers Ansicht ist später durch den Nachweis von Schunck und Marchlewski[2] bestätigt worden, daß Isatin nur Monoxime und Monohydrazone zu geben imstande ist. Goldschmidt[3] hatte indessen in der Zwischenzeit gefunden, daß Isatin mit Phenylisocyanat reagiert und dabei

---

[1] Baeyer, Ber. d. Dtsch. chem. Ges. **15**, 2120 (1882); **16**, 1704 (1883).

[2] Schunk und Marchlewski, Ber. d. Dtsch. chem. Ges. **28**, 543, 2526 (1895); **29**, 194, 1030 (1896).

[3] Goldschmidt, Ber. d. Dtsch. chem. Ges. **23**, 278 (1890); Knorr, Ann. d. Chem. **293**, 81 (1896).

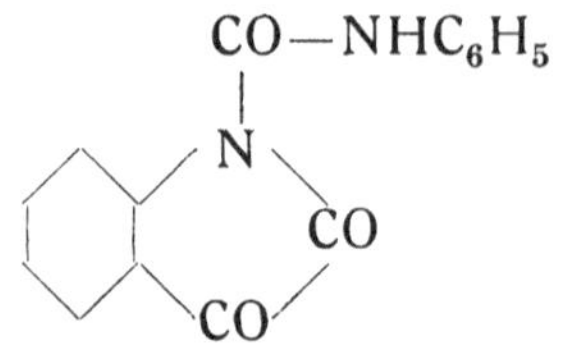

$$CO-NHC_6H_5$$

N-Carbanilidisatin

und nicht das Carbamat

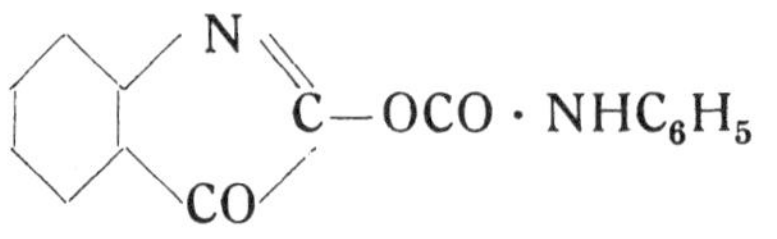

$$C-OCO \cdot NHC_6H_5$$

bildet, wie nach der von Baeyer aufgestellten Formel zu erwarten wäre. Dieser Befund spricht für die Lactamformel. Wir sehen also, daß es auf Grund chemischer Tatsachen allein unmöglich ist, mit Sicherheit die Konstitution des Isatins zu bestimmen. Die Richtigkeit der von Baeyer angenommenen Lactimformel für den Äther ist jedoch nie angezweifelt worden; sie wird tatsächlich bewiesen durch die Entdeckung eines isomeren Äthers, aus dessen Bildungsweise sich die Lactamstruktur ergibt. Man erhält diesen Stoff[1]) durch Oxydation von N-Äthylindol (I) oder seiner Carbonsäure mit Natriumhypobromit. Es bildet sich zuerst ein intermediäres Dibromprodukt (II), das dann durch Alkali in N-Äthylisatin übergeführt wird (III).

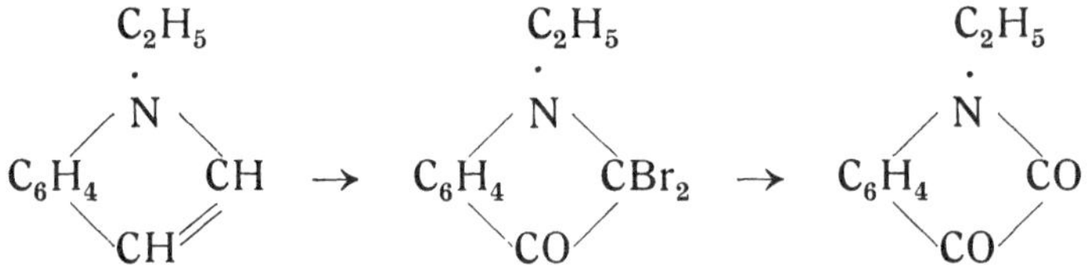

I.   II.   III.
N-Äthylindol.   Äthylpseudoisatin.

Hartley und Dobbie[2]) konnten die Konstitution des Isatins durch Vergleich seiner Absorptionskurve mit derjenigen der N-Methyl- und O-Methyläther feststellen. Die Absorptionskurven der beiden Äther sind völlig verschieden; der erstere zeigt zwei Banden, der letztere nur eine. Da die Kurve des Isatins der des N-Methyläthers

---

[1]) Fischer und Heß, Ber. d. Dtsch. chem. Ges. **17**, 563 (1884); Baeyer, Ber. d. Dtsch. chem. Ges. **16**, 2193 (1883).

[2]) Hartley und Dobbie, Trans. Chem. Soc. **77**, 640 (1899).

sehr ähnlich ist, folgt, daß die Stammsubstanz die Lactamformel haben muß.

$$C_6H_4 \underset{CO}{\overset{NH}{<}} CO$$

Isatin.

In derselben Weise ist die Konstitution von Carbostyril aufgeklärt worden. Aus den Reaktionen, bei welchen es gebildet wird, zog Friedländer[1]) den Schluß, daß es die Lactim- oder Hydroxychinolinformel besitzen müsse (I) und nicht die Lactam- oder Chinolonstruktur (II).

$$C_6H_4 \underset{N = C \cdot OH}{\overset{CH = CH}{<}} \qquad C_6H_4 \underset{NH - CO}{\overset{CH = CH}{<}}$$

I.   II.

Hartley und Dobbie[2]) fanden jedoch beim Vergleich der Absorptionskurve des Carbostyrils mit denen der beiden Methyläther,

$$C_6H_4 \underset{N = C \cdot OCH_3}{\overset{CH = CH}{<}} \qquad C_6H_4 \underset{N - CO}{\overset{CH = CH}{<}}$$
$$CH_3$$

O-Methylcarbostyril.   N-Methylcarbostyril.

daß diejenige des N-Methylderivats mit der des Stammkörpers übereinstimmt; Carbostyril muß daher die Lactamstruktur (II) besitzen.

Das chemische Verhalten des Oxycarbanils (I) spricht[3]) für die Lactamstruktur, sie wird bewiesen durch das Absorptionsspektrum,[4]) welches mit dem des Lactamäthers übereinstimmt (II).

$$C_6H_4 \underset{NH}{\overset{O}{<}} CO \qquad C_6H_4 \underset{N}{\overset{O}{<}} CO$$
$$C_2H_5$$

Oxycarbanil.   N-Äthylcarbanil.
I.   II.

---

[1]) Friedländer, Ber. d. Dtsch. chem. Ges. **15**, 337 (1885).
[2]) Hartley und Dobbie, Trans. Chem. Soc. **75**, 640 (1899).
[3]) Bender, Ber. d. Dtsch. chem. Ges. **19**, 2269, 2952 (1886).
[4]) Hartley, Dobbie und Paliatseas, Trans. Chem. Soc. **77**, 839 (1900).

Die von Baly und Baker[1]) angewandte Methode zur Bestimmung der Konstitution der Oxypyridine beruht auf dem Verhalten der Absorptionsbanden bei der Einwirkung von Säuren und Alkalien und unterscheidet sich daher von den in den genannten Fällen angewandten ein wenig. Ganz allgemein kann man sagen, daß die meisten Pyridinderivate eine einzelne gut definierte Bande im ultravioletten Spektrum besitzen. Bei den Verbindungen mit wahrer Pyridinstruktur (I)

Pyridin.   β-Oxypyridin.

I.   II.

bringt die Addition von Säure eine Vertiefung der Bande hervor. Da die Bande des β-Oxypyridins sich in dieser Weise verhält, so glauben Baly und Baker, daß dieser Stoff ein echtes Pyridinderivat ist (II). Der phenolartige Charakter des Stoffes wird außerdem durch die Addition von Alkali bestätigt, wodurch eine Verschiebung der Bande gegen das rote Ende zu eintritt, ohne daß sich ihre Tiefe ändert; dieses Verhalten ist für die Phenole charakteristisch.[2]) Die α- und γ-Oxypyridine besitzen sicher Pyridonstruktur (I und II),

α-Pyridon.   N-Methyl-α-pyridon. γ-Pyridon.   Phoron.

I.   I a.   II.   II a.

da bei der α-Verbindung die Tiefe der Bande nicht verändert wird, während sie bei der γ-Verbindung stark abnimmt, wenn man Säure hinzufügt. Außerdem zeigen die Absorptionskurven dieser beiden Substanzen eine auffallende Ähnlichkeit mit denen der analog konstituierten Verbindungen: N-Methyl-α-Pyridon (Ia) bzw. Phoron (IIa). Beim β-Oxypyridin stimmt das Resultat mit den chemischen

<hr>

[1]) Baly und Baker, Trans. Chem. Soc. **91**, 1122 (1907).
[2]) Baly und Ewbank, Trans. Chem. Soc. **87**, 1347 (1905).

Tatsachen vollkommen überein. Die Reaktionen bei α- und γ-Oxypyridonen sind jedoch widersprechend,[1] so daß der spektroskopische Befund von besonderem Werte ist.

Auch die vielumstrittene Frage nach der Konstitution des Anthranils wurde auf spektroskopischem Wege gelöst.

Für das Anthranil standen zwei Formeln zur Diskussion,

$$\underset{\text{I.}}{\begin{array}{c} \diagup C\!=\!O \\ | \\ \diagdown NH \end{array}} \qquad \text{und} \qquad \underset{\text{II.}}{\begin{array}{c} \diagup CH \\ \diagup\!\!\diagdown O \\ \diagdown N \end{array}}$$

welche durch verschiedene Argumente unterstützt wurden. Nun haben Bamberger und Elger eine Verbindung hergestellt, der nach Synthese und Verhalten nur die Konstitution

$$\underset{\text{III.}}{\begin{array}{c} \diagup CCH_3 \\ \diagup\!\!\diagdown O \\ \diagdown N \end{array}}$$

zukommen kann.

Scheiber[2] wies nach, daß das Spektrum dieser Substanz dem des Anthranils analog ist, so daß also Formel II als die richtige zu betrachten ist.

Zum Schlusse der Betrachtung über diese Gruppe[3] von Verbindungen sei der Befund von Wislicenus und Koerber[4] erwähnt, daß es möglich ist, durch bloßes Erhitzen Lactim- in Lactamäther zu verwandeln. So kann man Methoxycaffein in Tetramethylharnsäure umwandeln.

$$\underset{\text{Methoxycaffein.}}{\begin{array}{l} CH_3N\!\!-\!\!-\!\!-CO \\ |\qquad\quad | \quad CH_3 \\ CO \quad\; C\!\!-\!\!N \\ |\qquad\quad || \qquad\; C\cdot OCH_3 \\ CH_3N\!\!-\!\!-\!\!C\!\!-\!\!N \end{array}} \quad \overset{\text{bei } 200°}{\longrightarrow} \quad \underset{\text{Tetramethylharnsäure.}}{\begin{array}{l} CH_3N\!\!-\!\!-\!\!-CO \\ |\qquad\quad | \quad CH_3 \\ CO \quad\; C\!\!-\!\!N \\ |\qquad\quad || \qquad\; CO \\ CH_3N\!\!-\!\!-\!\!C\!\!-\!\!NCH_3 \end{array}}$$

---

[1] Vgl. von Pechmann und Balzer, Ber. d. Dtsch. chem. Ges. **24**, 3144 (1891).

[2] Ber. d. Dtsch. chem. Ges. **44**, 2409 (1911).

[3] Wegen anderer Fälle vgl. Hartley, Dobbie und Lauder, Brit. Ass. Rep. **1901**, und Hartley, Trans. Chem. Soc. **87**, 1796 (1905).

[4] Wislicenus und Koerber, Ber. d. Dtsch. chem. Ges. **35**, 1991 (1902).

Hartley[1]) glaubt auch die umgekehrte Umwandlung beobachtet zu haben, da die schlecht definierten Absorptionsbanden der Lactam-äther, Caffein und Theobromin, beim Aufbewahren oder Kochen der Lösungen deutlicher werden.

Bemerkt sei, daß die spektroskopische Untersuchung der Imino-verbindungen ganz allgemein ergeben, daß die Stammkörper Lactam-struktur besitzen.

Verbindungen, welche die Gruppe $-CH_2-CO-$ **ent-halten.** — Diese wichtige Körperklasse ist sehr sorgfältig von Stewart und Baly sowie von Lowry und Desch untersucht worden; erhaltenen Resultate sind bereits besprochen worden. Vor diesen die Versuchen haben Hartley und Dobbie die Vergleichsmethode angewandt, um die Beziehungen zwischen gewissen isomeren Formen dieser Verbindungen festzustellen.

Die Untersuchungen von Knorr[2]) über Dibenzoylbernstein-säureester haben gezeigt, daß diese Verbindung in drei isomeren Formen besteht. Wirkt Jod auf das Natriumsalz des Dibenzoyl-essigesters ein,

$$\begin{matrix} C_6H_5COCHNaCOOC_2H_5 \\ C_6H_5COCHNaCOOC_2H_5 \end{matrix} +2J = \begin{matrix} C_6H_5CO-CH-COOC_2H_5 \\ | \\ C_6H_5CO-CH-COOC_2H_5 \end{matrix} +2NaJ$$

so entstehen zwei von den drei Isomeren. Aus ihrer Unlöslichkeit in verdünntem Alkali und aus dem negativen Ausfall der Eisen-chloridreaktion schloß Knorr, daß sie Ketonstruktur besitzen und daher stereoisomer seien. Die leichter schmelzbare Verbindung müßte die Mesoverbindung, die andere der racemische Ester sein.

γ- oder Mesodibenzoylbernsteinsäureester, F.-P. 75°.

β- oder racemischer Dibenzoylbernsteinsäureester,

F.-P. 128—130°.

Durch Ansäuern der eisgekühlten Lösung des Natriumsalzes erhielt Knorr den dritten isomeren Ester als grünlichgelbes Öl. Diese Verbindung zeigt Reaktionen der Enolformen und geht beim Er-

---

₁) Hartley, Trans. Chem. Soc. **87**, 1818 (1905).
₂) Knorr, Ann. d. Chem. **293**, 70 (1896); **306**, 85 (1898).

hitzen in ein Gemisch der Ketonester über. Knorr gab dieser Substanz die Formel

$$C_6H_5C{=}CH{-}COOC_2H_5$$
$$OH$$

$$C_6H_5C{=}CH{-}COOC_2H_5$$
$$OH$$

α-Dibenzoylbernsteinsäureester (flüssig).

Die Beziehungen zwischen den Spektren dieser drei Verbindungen bestätigen[1] die auf chemischem Wege gewonnenen Resultate. So sind die Absorptionskurven der β- und γ-Isomeren untereinander gleich und von der der α-Verbindung verschieden. Überdies kann man die Umwandlung der α-Verbindung in die β- und γ-Form durch Untersuchung einer Lösung des α-Esters in Intervallen nach der Bereitung verfolgen. Auf Grund der Entdeckungen von Baly und Desch könnte man annehmen, daß diese Ester aus einer Gleichgewichtsmischung der Keto- und der Enolform bestehen, da jede der Substanzen im Ultravioletten eine Bande aufweist. Die Gegenwart der Benzolkerne macht aber einen derartigen Schluß unsicher; tatsächlich kann aus diesem Grunde das Spektrum allein auch für die Struktur dieser Verbindungen nicht maßgebend sein. Immerhin sind die Beziehungen zwischen denselben klar zu erkennen. Auch das Spektrum von Phloroglucin ist untersucht worden. Diese Verbindung verhält sich gegen einige Reagenzien, als hätte sie die Struktur eines Phenols (I), gegen andere, als wäre sie ein Keton (II).

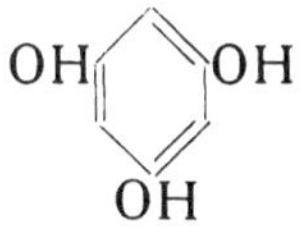

$$I. \qquad\qquad II. \qquad\qquad III.$$

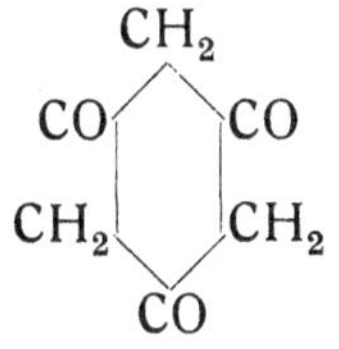

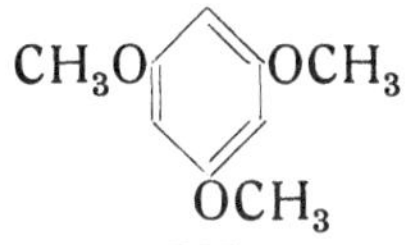

Da jedoch das Phloroglucinspektrum[2] mit dem seines Trialkyläthers (III) nahezu identisch ist, so muß es als ein wahres Phenol angesehen werden. Auch Pyrogallol ist ein echtes Phenol, da sein Spektrum dem des Phloroglucins· ähnelt.

---

[1] Hartley und Dobbie, Trans. Chem. Soc. **77**, 498 (1900).
[2] Hartley, Dobbie und Lauder, Trans. Chem. Soc. **81**, 929 (1902).

Bei den nunmehr zu besprechenden Verbindungen ist der Benzolkern labil und kann Umwandlungen in die chinoide Struktur erleiden.

§ 9. Verbindungen, welche ein labiles Benzolringsystem enthalten.

Die Nitrophenole sind wohl die am genauesten bekannten Vertreter dieser Körperklasse.　Wegen der deutlichen Vertiefung der

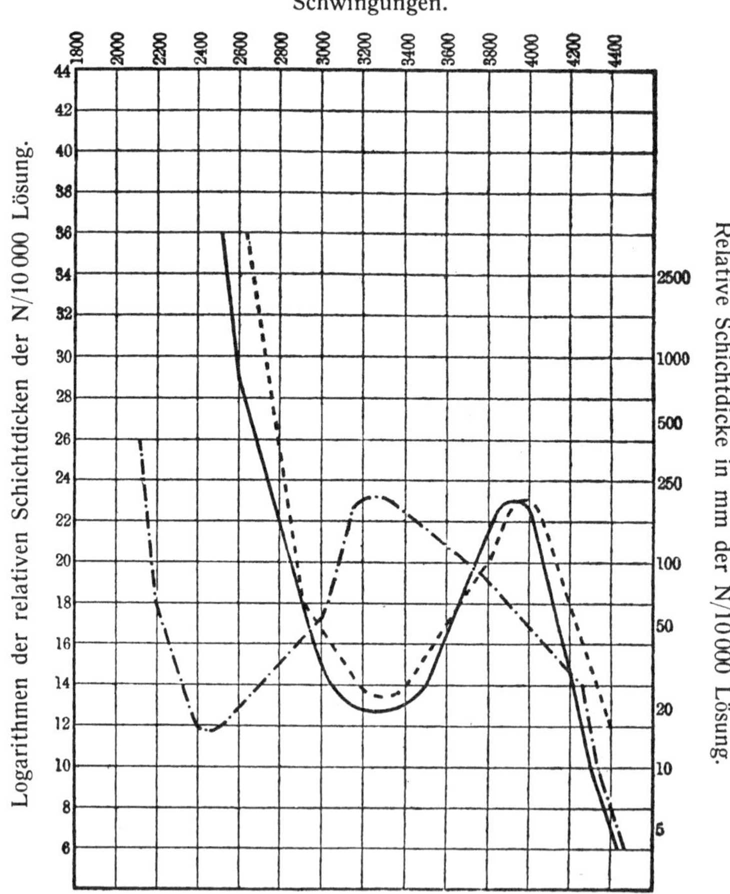

Ausgezogene Kurve = p-Nitrophenol in neutraler Lösung.
Gestrichelte Kurve = p-Nitroanisol.
Punktiert-gestrichelte Kurve = p-Nitrophenol in alkalischer
Lösung.
Fig. 17.

Farbe, welche die Umwandlung der Ortho- und Paraderivate in ihre Alkalisalze begleitet, vermutete Armstrong, daß die Benzolstruktur der freien Verbindungen bei der Salzbildung in die chinoide Form übergeht. Dies wurde von Hantzsch durch die Auffindung der „Chromoester" bestätigt. Die Spektra dieser Verbindungen sind von Baly, Edwards und Stewart[1]) untersucht worden. Die sehr große Übereinstimmung in den Kurven des p-Nitroanisols und des p-Nitrophenols in neutraler Lösung zeigt, daß das letztere Benzolstruktur besitzt. Fügt man jedoch Alkali zu der Lösung des Phenols hinzu, so ändert sich die Absorption völlig, woraus man den Schluß ziehen kann, daß sich die Struktur der Verbindung geändert hat. Überdies sind die neuen Banden denen der Chinone ähnlich. Derselbe Wechsel des Spektrums wurde beim o-Nitrophenol und in geringerem Grade auch beim m-Nitrophenol beobachtet. Nach der Ansicht von Baly, Edwards und Stewart ist dadurch die Existenz von Metachinonen nachgewiesen.[2]) Der Fall des Paranitrophenols ist in den nebenstehenden Figuren veranschaulicht (Fig. 17).

Dieselben Forscher haben den Schluß gezogen,[3]) daß Paranitrosophenol in freiem Zustand ein wahrer Nitrosokörper ist (I), da seine Absorptionskurve der des Nitrosobenzols gleicht (II).

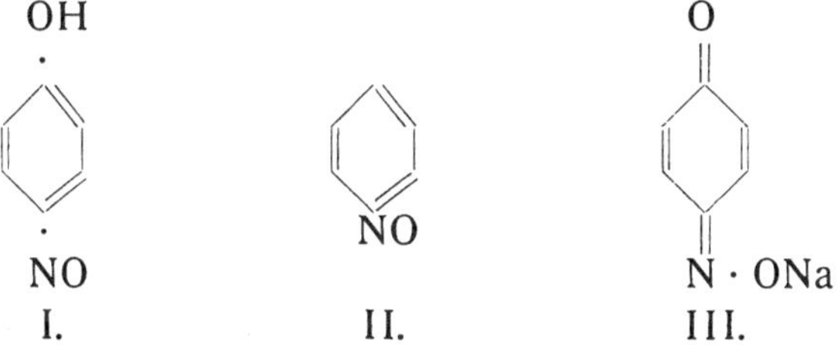

I.   II.   III.

Wird zu der Lösung Alkali hinzugefügt, so ändert sich das Spektrum völlig; das Salz besteht also höchstwahrscheinlich in der chinoiden Oximform (III). Jedoch kann man die Frage nach der Konstitution des p-Nitrosophenols noch nicht als vollkommen gelöst betrachten. Es ist bemerkenswert, daß chemische Befunde

---

[1]) Baly, Edwards und Stewart, Trans. Chem. Soc. **89**, 518 (1906). Später hat einer dieser Autoren das Studium der Nitrophenole und Amine fortgesetzt (Trans. Chem. Soc. März 1910) und geschlossen, daß die Salze dieser Verbindungen keine chinoide Struktur besitzen.

[2]) Vgl. auch Hantzsch, Ber. d. Dtsch. chem. Ges. **40**, 330 (1907).

[3]) Vgl. auch Hartley, Trans. Chem. Soc. **85**, 1017 (1904).

die entgegengesetzten Beziehungen wahrscheinlich machen,[1]) daß
nämlich der freie Stoff als Chinonmonoxim existiert und die Salze
Nitrosoverbindungen sind. Überdies fand Hartley,[2]) daß das
Spektrum von p-Nitrosodimethylanilin keine Ähnlichkeit mit dem
des p-Nitrosophenols hat, ein Unterschied, der nicht auf den
Ersatz der Gruppe $N(CH_3)_2$ durch OH zurückgeführt werden
kann. Die Entscheidung der Frage sollte indes nunmehr keine
Schwierigkeiten bieten, da die beiden isomeren Ester

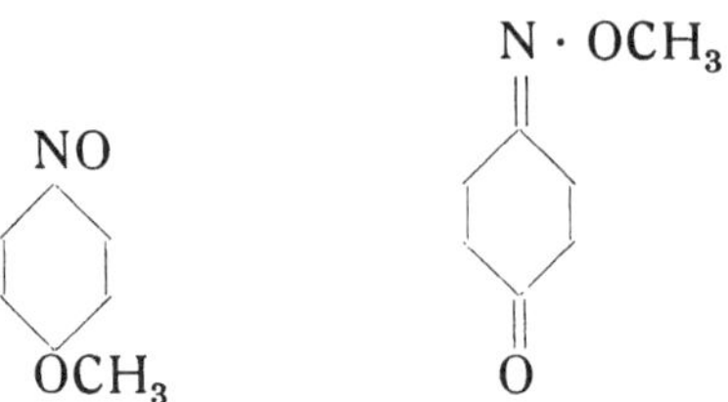

zugänglich sind. Der erste entsteht bei der Oxydation von p-Anisidin
mit Caroschem Reagens, der andere durch Methylierung von
Nitrosophenol.

Beim Studium der interessanten Frage nach der Konstitution
der Oxyazoverbindungen sind von Tuck[3]) und von Hewitt[4])
die Absorptionsspektra herangezogen worden. Da es schwierig ist,
aus dem chemischen Verhalten zu schließen, welche Verbindungen
die Azo- (I) und welche die chinoide Struktur haben,

so verglich Tuck ihre Absorptionsspektra mit denen ihrer Äther
und Säureester. Diese Stoffe, welche zum Vergleiche dienten, haben
nachgewiesenermaßen Azostruktur:[5])

Es zeigte sich, daß die Paraoxyderivate: Benzolazophenol
und Benzolazo-m-Kresol dieselben Spektra wie die Alkyläther be-

---

[1]) Ber. d. Dtsch. chem. Ges. **32**, 3034 (1899).
[2]) Hartley, Trans. Chem. Soc. **85**, 1016 (1904); Brit. Ass. Rep. **1904**, 107.
[3]) Tuck, Trans. Chem. Soc. **91**, 449 (1907).
[4]) Hewitt und Thomas, Trans. Chem. Soc. **95**, 1292 (1909).
[5]) Jacobsen und Fischer, Ber. d. Dtsch. chem. Ges. **25**, 995 (1892);
vgl. auch Auwers und Eckhardt, Ann. d. Chem. **309**, 336 (1908).

sitzen, woraus klar hervorgeht, daß die beiden Klassen von Stoffen dieselbe Struktur haben. Überdies ähnelt der charakteristische Teil ihrer Kurve der des Azobenzols stark.[1]) Für die Paraoxyverbindungen ist also die Azostruktur nachgewiesen. Die Untersuchung der Orthoderivate zeigte,

$$C_6H_5-NH-N=C_6H_3(CH_3)(=O) \qquad CH_3-C_6H_4-NH-N=C_6H_3(CH_3)(=O)$$

Benzolazoparakresol.   p-Toluolazoparakresol.

daß diese chinoide Konstitution besitzen, da ihre Spektra stark abweichen von denen der Alkyläther, z. B.:

$$C_6H_5-N=N-C_6H_3(CH_3)(CH_3O)$$

Benzolazo-p-kresetol.

welche hinwiederum denen des Azobenzols und der Äther der Paraverbindungen ähnlich sind. Die Acylverbindungen der Orthoderivate besitzen anscheinend chinoide Struktur,

$$C_6H_5-N(Ac)-N=C_6H_3(CH_3)(=O)$$

da ihre Absorptionsspektra denen der Stammverbindungen gleich sind. Die Spektra der salzsauren Salze der p-Azophenole und ihrer Äther weichen von denen der Stammsubstanzen stark ab, woraus mit Sicherheit folgt, daß bei der Bildung dieser Salze ein Wechsel der Struktur stattfindet. Da überdies die Chlorwasserstoffsalze der Äther und der Phenole identische Spektra geben, so muß die übliche Annahme der Chinonhydrazonstruktur

$$C_6H_4NH-N=C_6H_4=O$$
$$\overset{\displaystyle\wedge}{H \quad Cl}$$

für diese Salze verlassen werden. Hewitt,[2]) der auf das chemische

---

[1]) Baly und Tuck, Trans. Chem. Soc. **89**, 985 (1906).

[2]) Fox und Hewitt,· Trans. Chem. Soc. **93**, 333 (1908); Hewitt und Thomas, ibid. **95**, 1292 (1909); Hewitt und Pope, Ber. d. Dtsch. chem. Ges. **30**, 1624 (1897); vgl. auch Hantzsch, Ber. d. Dtsch. chem. Ges. **42**, 2129 (1909).

Verhalten dieser Stoffe Rücksicht nahm, befürwortet die Oxonium-struktur. Die Salzbildung würde dann durch die folgende Gleichung dargestellt werden:

$$C_6H_4N=N-C_6H_4OH(C_2H_5)+HCl=$$

$$C_6H_4-NH-N=C_6H_4=O\diagup^{H \text{ oder } (C_2H_5)}_{\diagdown Cl}$$

§ 10. Die Beziehungen zwischen der Struktur der Hydrazone und der Azokörper.

Bei seinen Untersuchungen über die Phenylhydrazone der Aldehyde fand E. Fischer,[1] daß Benzolazoäthan durch Mineralsäuren oder durch Natriumäthylat in das isomere Acetaldehydphenylhydrazon umgewandelt werden kann:

$$C_6H_5N=N\cdot CH_2-CH_3 \quad \rightarrow \quad C_6H_5NH-N=CH-CH_3$$
Benzolazoäthan   Acetaldehydphenylhydrazon.

Etwas später vermutete Chattaway[2] einen umgekehrten Übergang bei der Einwirkung des Lichtes auf Benzaldehydphenylhydrazon, das in die entsprechende Azoverbindung übergeführt wird. Diese Tatsachen führten Baly und seine Mitarbeiter[3] dazu, die Absorptionsspektra einer Reihe von Hydrazonen und Osazonen zu untersuchen, um genauere Kenntnisse über die Bedingungen dieser Reaktion zu erhalten. Die isomere Umwandlung, die durch Einwirkung des Lichtes auf die Aldehydhydrazone stattfindet, ist von der Erscheinung einer deutlichen Bande im sichtbaren Gebiet des Spektrums begleitet. Tatsächlich werden die farblosen Lösungen der Hydrazone im Sonnenlicht rasch gelb gefärbt. Die nebenstehenden Kurven, die für das Acetaldehydphenylhydrazon erhalten wurden, zeigen die Änderung der Absorption. Die voll ausgezogene und die strichpunktierte Kurve wurden vor bzw. nach der Belichtung erhalten.

Entsprechend der angenommenen Erklärung würde die Reaktion in folgender Weise verlaufen:

$$C_6H_5NHN=CH\cdot CH_3 \quad \rightarrow \quad C_6H_5-N=N-CH_2-CH_3$$

Sie ist von der Beweglichkeit des Restwasserstoffatoms der Hydrazin-

---

[1] Fischer, Ber. d. Dtsch. chem. Ges. **29**, 794 (1896); **36**, 56 (1903).

[2] Chattaway, Trans. Chem. Soc. **89**, 462 (1906).

[3] Baly und Tuck, Trans. Chem. Soc. **89**, 982 (1906); Baly, Tuck, Marsden und Gazdar, Trans. Chem. Soc. **91**, 1572 (1907).

Schwingungen.

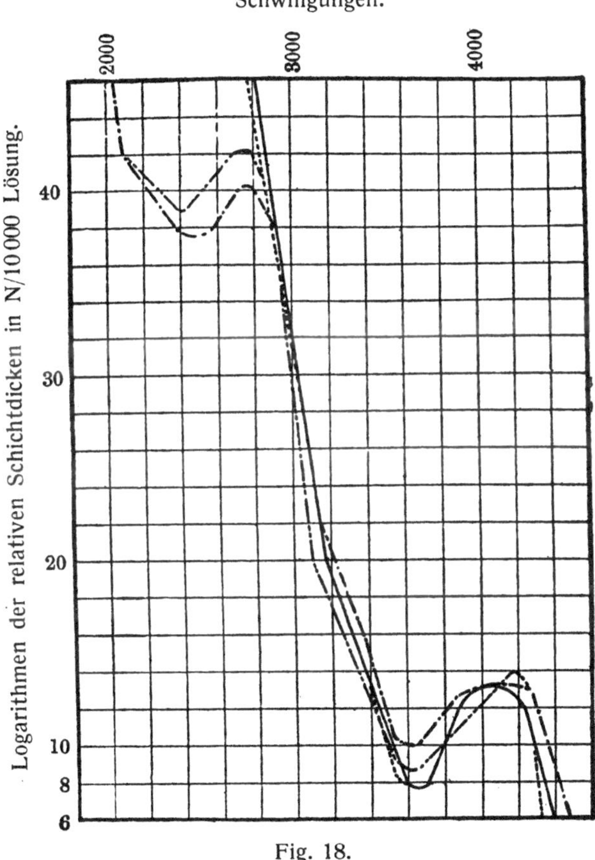

Fig. 18.

Ausgezogene Kurve: Acetaldehydphenylhydrazon in essigsaurer Lösung.
Strichpunktierte Kurve: Acetaldehydphenylhydrazon nach Belichtung.
Gestrichelte Kurve: Acetaldehydphenylmethylhydrazon.
Zweipunkt-Strichkurve: Acetaldehydparabromphenylhydrazon.

gruppe abhängig. Ersatz dieses Wasserstoffes durch Methyl müßte die Reaktion unmöglich machen. Diese Erklärung wird bestätigt durch das Verhalten des Methylphenylhydrazons des Acetaldehyds:

$$C_6H_5N-N{=}CH \cdot CH_3$$
$$|$$
$$CH_3$$

Da das Spektrum dieses Stoffes mit dem des nichtsubstituierten Phenylhydrazons identisch ist, ergibt sich, daß das letztere wirkliche Hydrazonstruktur besitzt. Überdies findet keine Änderung des Spektrums statt, wenn man das Methylderivat dem Sonnenlichte aussetzt. Übrigens ist der Beweis nicht erbracht, daß in der verdünnten Lösung die Umwandlung der Hydrazo- in die Azoverbindung vollkommen ist. Die Betrachtung der vorstehenden Figuren zeigt, daß das Spektrum der belichteten Lösung die charakteristische Hydrazobande zeigt, allerdings in geringerer Tiefe als der reine Stoff. Wahrscheinlich stellt sich ein Gleichgewicht zwischen den beiden Formen her.

Durch Verwendung verschiedener Lösungsmittel kann gezeigt werden, daß der Übergang der Hydrazo- in die Azostruktur durch die Gegenwart von Säuren verzögert wird, was mit den Beobachtungen von Fischer beim Benzolazoäthan in vollkommener Übereinstimmung ist.

Die Natur der Gruppen, die an die Hydrazin- und Ketongruppen des Stammaldehyds angelagert sind, beeinflußt die Reaktion. Die Hydrazone des p-Bromphenylhydrazins $-Br \cdot C_6H_4 \cdot NH \cdot NH_2-$ lagern sich langsamer um als die Stammverbindung. Substitution des Aldehydwasserstoffes durch Alkyl scheint ohne Einfluß zu sein; wird jedoch die Alkylgruppe durch Phenyl ersetzt, wie im Benzaldehydphenylhydrazon, so kann der Übergang in Lösung nicht mehr festgestellt werden, sondern nur in festem Zustand.

Bemerkenswert ist die Langsamkeit der Umwandlung in die Azoform bei den Phenylhydrazonen der α-Oxyketone, wie

$$C_6H_5 \cdot \underset{\substack{\| \\ N \cdot NHC_6H_5}}{C} \cdot CH_2OH \qquad\qquad C_6H_5 \cdot \underset{\substack{\| \\ N \cdot NHC_6H_5}}{C} \cdot CHOHC_6H_5$$

Bei diesen Stoffen sind dazu zwei bis drei Tage notwendig, während sie in normalen Fällen in drei Stunden oder selbst in kürzerer Zeit beendet ist. Baly glaubt, daß die Verzögerung auf die gegenseitige Beeinflussung des ungesättigten Hydroxyls und der benachbarten Doppelbindung zurückzuführen ist, und daß die Bedingungen, welche auf diese Weise in der Carbinolgruppe entstehen, deren leichte Oxydierbarkeit verursachen.

§ 11. Der Einfluß der Substitution auf die Absorption.

Die Frage nach dem Einfluß der Substitution auf die Absorption ist schon seit langer Zeit untersucht und die Resultate sind in einer Reihe von empirischen Regeln zusammengefaßt worden. Wie bei einer Eigenschaft von so konstitutivem Charakter wie der

Absorption zu erwarten stand, sind die aufgestellten Regeln keineswegs allgemein gültig und bewähren sich nur innerhalb derjenigen Gruppe von Verbindungen, für welche sie abgeleitet sind.

Die neueren Arbeiten über diesen Gegenstand haben gezeigt, daß die Absorption des Stammkörpers durch die Substitution in zweierlei Weise beeinflußt werden kann, entweder durch die Masse oder durch die Restaffinitäten des Substituenten.

Einfluß der Masse des Substituenten. — In Fig. 19 ist die Absorptionskurve des Toluols mit der des Benzols verglichen.

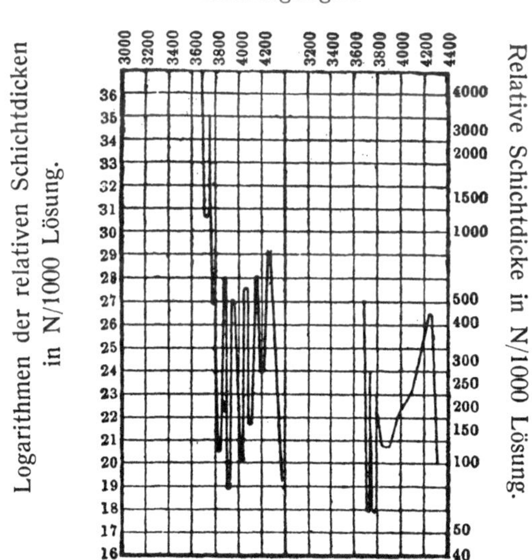

Linke Kurve: Benzol.   Rechte Kurve: Toluol

Fig. 19.

Man sieht, daß die Absorption beim Toluol sehr wenig gegen das rote Ende zu verschoben, aber der allgemeine Charakter der resistenteren Benzolabsorption ungeändert ist bis auf die Zusammenziehung dreier schmaler Banden in eine breite. Allgemein verschieben die Alkyle sowie Hydroxyl oder auch Alkylierung einer Hydroxylgruppe die Absorption der aromatischen Verbindungen wenig; die Halogene, am wenigsten Chlor, mehr Brom, am meisten Jod, wirken bathochrom.

Substitution in Seitengruppen bewirkt keine wesentliche Verschiebung.

Baly und Ewbank[1]) haben gezeigt, daß die Absorptionskurve der Paraverbindungen die Benzolbanden immer mehr oder in stärkerem Grade zeigt als die entsprechenden Ortho- und Metaverbindungen. Die Kurven in den Fig. 20 und 21 zeigen die Absorption der drei Xylole und der Chloraniline, die letzteren bei Anwesenheit eines Überschusses an Säure, um den Einfluß der ungesättigten Aminogruppe abzuschwächen.

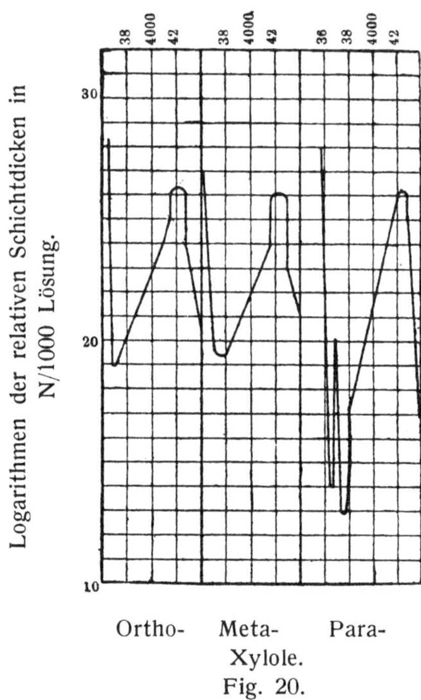

Fig. 20.

Auch in der Pyridinreihe[2]) beeinflußt die räumliche Stellung die Form der Absorptionskurven. Der Einfluß mag an den Chlorderivaten gezeigt werden. Pyridin besitzt eine wohldefinierte Bande mit einem Maximum bei etwa 3950 Einheiten, und der normale Effekt der Anlagerung von Chlor an den Ring ist die Steigerung der

---

¹) Baly und Ewbank, Trans. Chem. Soc. **87**, 1355 (1905); Baly und Collie, Trans. Chem. Soc. **87**, 1345 (1905); Stewart und Baly, ibid. 8; Baly, Edwards und Stewart, ibid. **89**, 527 (1906).

²) Purvis, Proc. Camb. Phil. Soc. **14**, 568 (1908); Trans. Chem. Soc. **95**, 294 (1909); Baly und Baker, Trans. Chem. Soc. **91**, 1122 (1907).

Stärke dieser Bande und eine Verschiebung derselben gegen das rote Ende. Die Verschiebung ist deutlich aus der folgenden Zahlenreihe zu erkennen.

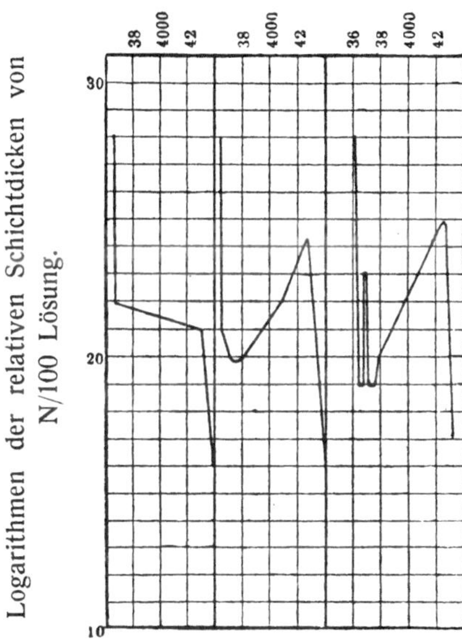

Fig. 21.

Ortho-   Meta-   Para-

Chloranilin in saurer Lösung.

	Stellung der Bande
Pyridin	3950[1]
3,5-Dichlorpyridin	3700[2]
3, 4, 5-Trichlorpyridin	3650[2]
2, 3, 5-Trichlorpyridin	3580[2]
2, 3, 4, 5-Tetrachlorpyridin	3500[3]
Pentachlorpyridin	3400[3]

Vergleicht man nun die beiden Trichlorderivate, so zeigt sich,

---

[1] Hartley, Trans. Chem. Soc. **74**, 685 (1885).
[2] Purvis, Proc. Camb. Phil. Soc. **14**, 568 (1908).
[3] Baker und Baly, Trans. Chem. Soc. **91**. 1124 (1907)

daß die Störung, d. h. die Verschiebung und die Änderung der Stärke der Pyridinbande bei der symmetrischen Verbindung kleiner ist als bei der unsymmetrischen. Der einzige bisher untersuchte Analogiefall stimmt hiermit überein: Bei den beiden Tetrachloramidopyridinen

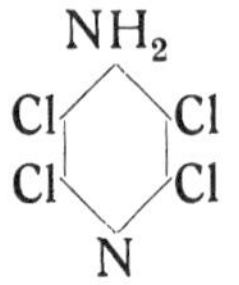

$$
\begin{array}{cc}
\text{NH}_2 & \text{Cl} \\
\text{Cl} \underset{\text{Cl}}{\overset{}{\bigcirc}} \text{Cl} & \text{Cl} \underset{\text{Cl}}{\overset{}{\bigcirc}} \text{Cl} \\
\text{Cl} \quad \text{Cl} & \text{Cl} \quad \text{NH}_2 \\
\text{N} & \text{N}
\end{array}
$$

Tetrachlor-4-Amidopyridin,   Tetrachlor-2-Amidopyridin,
Bande bei 3550.[1])   Bande bei 3050.[1])

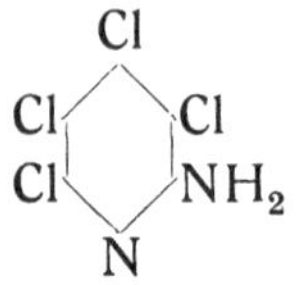

wird in der symmetrischen Verbindung die Bande weniger nach dem roten Ende zu verschoben als in dem unsymmetrischen Derivate.

Einfluß der Restaffinitäten des Substituenten. — Zur Veranschaulichung des Einflusses der Restaffinitäten des Substituenten auf die Absorption sollen wieder die Derivate des Benzols[2]) verwendet und durch Betrachtung der Monosubstitutionsprodukte der störende Einfluß der Masse der Gruppe so weit als möglich beseitigt werden. Bei diesen Stoffen werden die Absorptionsbanden des Benzols nur in geringem Grade gestört, wenn gesättigte Atome an den Kern gelagert werden, während bei ungesättigten Atomen die Störung sehr deutlich ist. Als Beispiel für den ersten Teil dieser Regel können die in Fig. 19 veranschaulichten Kurven für das Benzol und das Toluol dienen; den Effekt der Nichtsättigung ersieht man hingegen aus den folgenden Diagrammen.

Man erkennt, daß beim Anisol, das die Methoxylgruppe enthält, das Benzolspektrum, wenn auch in geänderter Weise, noch erscheint; der Typus der Kurve ähnelt dem des Toluols. Aus den anderen Kurven ersieht man, daß die Benzolabsorption völlig verdeckt wird, wenn Gruppen mit stärkeren Restaffinitäten, wie $>$C$=$O, $-$NH$_2$, $-$NO$_2$, eintreten, und daß sie dann entweder durch ein breites Band näher am sichtbaren Spektrum (Anilin, Fig. 23) oder durch

---

[1]) Purvis, Trans. Chem. Soc. **95**, 296 (1909).

[2]) Baly und Collie, Trans. Chem. Soc. **87**, 1332 (1905); Hartley und Huntington, Phil. Trans. **170**, 1, 257 (1879); Proc. Roy. Soc. **31**, 1 (1880); Hartley und Hedley, Trans. Chem. Soc. **91**, 314, 319 (1907); Baly und Ewbank, Trans. Chem. Soc. **87**, 1347, 1355 (1905).

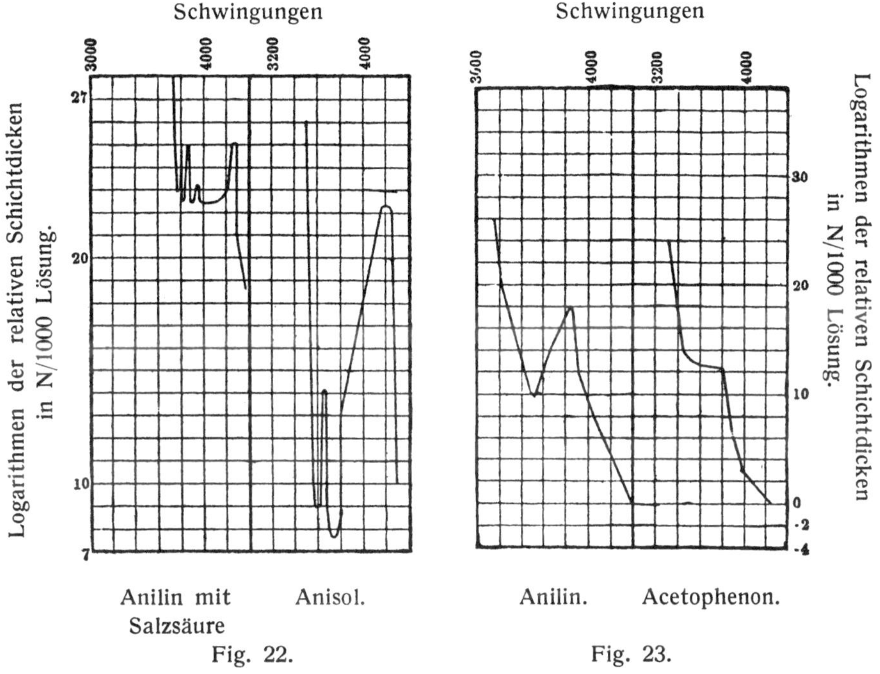

Anilin mit Salzsäure   Anisol.

Fig. 22.

Anilin.   Acetophenon.

Fig. 23.

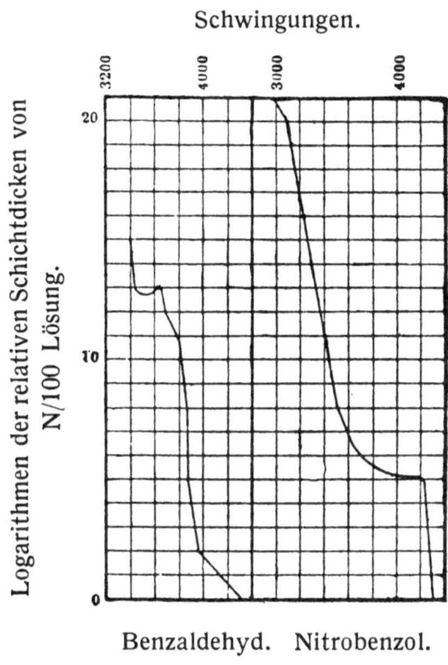

Benzaldehyd. Nitrobenzol.

Fig. 24.

allgemeine Absorption (Acetophenon, Fig. 23 und Nitrobenzol, Fig. 24) ersetzt wird.

Allgemein bewirken folgende ungesättigte Gruppen starke Verschiebung nach Rot (Ley):

$$NO_2, \; NO, \; NH_2, \; NRH, \; NRR, \; -CH{=}CH_2, \; -C{\equiv}CH, \; -C{\equiv}N,$$
$$CO_2H, \; CO_2R, \; CONH_2.$$

Der Einfluß einer Gruppe kann dadurch verringert werden, daß man sie sättigt oder durch gesättigte Gruppen vom Benzolkern trennt. Der Einfluß der Sättigung wird durch die Absorptionskurven von Anilin in Gegenwart eines Überschusses von Salzsäure erläutert.

DerWechsel des Absorptionstypus beim Übergang vom freien Anilin zum salzsauren Salz ist bemerkenswert; in letzterem sind die Benzolbanden deutlich erkennbar, da offenbar die durch die Restaffinitäten der Aminogruppe hervorgebrachten Störungen verringert sind. Salzbildung wirkt bei Aminoverbindungen allgemein hypsochrom, ebenso bei Carboxylverbindungen, wenn die Eigenabsorption des Kations zu vernachlässigen ist. Es ist schwierig, gute Beispiele für den Einfluß zwischengeschobener gesättigter Gruppen zu finden.

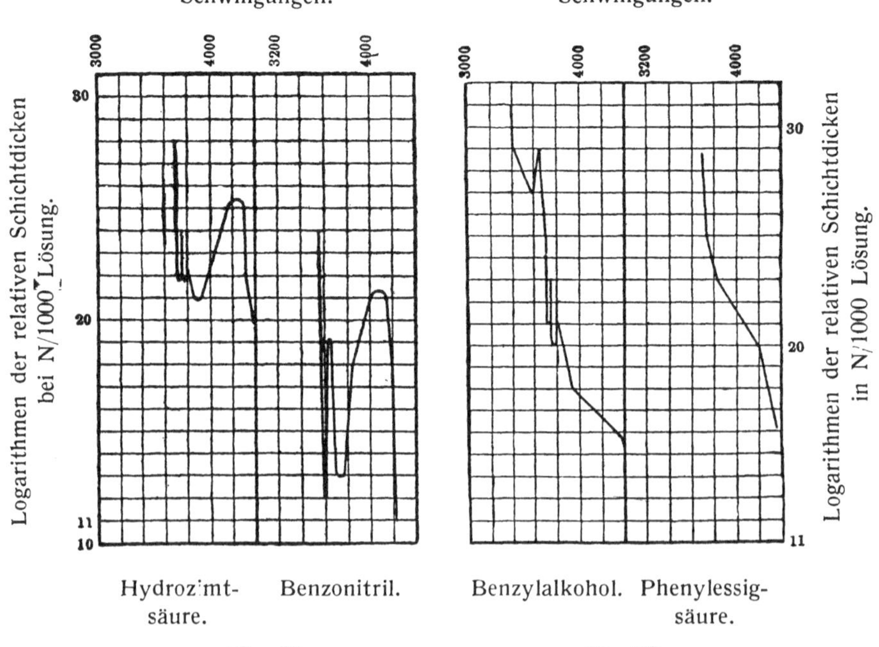

Hydrozimt-   Benzonitril.   Benzylalkohol. Phenylessigsäure.   säure.

Fig. 25.   Fig. 26.

Das beste Beispiel bildet wohl Phenylessigsäure und Hydrozimtsäure. Diese Substanzen haben die Formeln:

$$C_6H_5CH_2COOH \qquad\qquad C_6H_5CH_2CH_2COOH$$
$$\text{Phenylessigsäure.} \qquad\qquad \text{Hydrozimtsäure.}$$

Bei der ersten dieser Substanzen scheint die einzelne zwischenstehende Methylengruppe nicht ausreichend, um die gegenseitige Aktion der Carboxylgruppe und des Benzolringes zu paralysieren; wird jedoch eine zweite Methylengruppe eingeschaltet, so erscheinen die Benzolbanden wieder. Benzoesäure, bei der die Carboxylgruppe direkt mit dem Benzolkerne verbunden ist, unterscheidet sich jedoch in ihrem Verhalten von diesen beiden Stoffen, indem die Absorptionskurve eine Bande[1]) mit dem Maximum bei ca. 3600 Einheiten zeigt. Die Absorptionskurve der ungesättigten Zimtsäure[2]) ($C_6H_5CH\!=\!CHCOOH$) enthält ein breites Band bei etwa 3600 Einheiten.

Es mag bemerkt werden, daß die durch ungesättigte Gruppen hervorgebrachte Störung beim Benzolsystem auch in gleicher Weise mit Hilfe des Brechungsvermögens und der magnetischen Rotation festgestellt werden kann.

Noch sind nicht genügend Daten vorhanden, um eine Diskussion des Einflusses der Substitution in offenen ungesättigten Kohlenstoffketten zu gestatten, doch sind die ersten Schritte in dieser Richtung von Baly und Schaefer beim Studium der Benzolderivate mit ungesättigten Seitenketten gemacht worden. Wenn die Methylgruppe im Cinnamylidenaceton durch das ungesättigte Hydroxyl ersetzt wird,

$$C_6H_5CH\!=\!CH\!-\!CH\!=\!CH\!-\!CO\!-\!CH_3$$
$$\text{Cinnamylidenaceton.}$$

$$C_6H_5CH\!=\!CH\!-\!CH\!=\!CH\!-\!COOH$$
$$\text{Cinnamylidenessigsäure.}$$

so scheint die Carbonylgruppe weniger Restaffinitäten zur Betätigung gegen das Äthylensystem frei zu haben. Das Resultat ist, daß die Absorption nach der Seite des Violetts wandert. Die Stellungen der Maxima der Absorptionsbanden sind:

---

[1]) Hartley und Hedley, Trans. Chem. Soc. **91**, 322 (1907).
[2]) Baly und Schaefer, Trans. Chem. Soc. **93**, 1812 (1908).

$1/\lambda$

Cinnamylidenaceton 3100
Cinnamylidenessigsäure 3300
Cinnamylidenaceton-Natriumsalz . . 3450

Ein systematisch sehr genau durchgearbeitetes Material über den Einfluß von Substituenten auf den Farbcharakter liegt in den von Stobbe[1]) und seinen Schülern untersuchten Fulgiden vor. Die Fulgide sind Derivate des Butadien-β-γ-Dicarbonsäure-anhydrids:

$$\begin{array}{c}
\text{H}\!\!>\!\!\overset{\delta}{\text{C}}=\overset{\gamma}{\text{C}}-\text{CO} \\
\text{H} \\
\end{array}$$

Sind die Wasserstoffe ausschließlich durch aliphatische Reste ersetzt, so sind die entstehenden Fulgide farblos; die Monoarylfulgide sind grüngelb bis dunkelgelb, die Diarylfulgide zitronengelb bis orangerot, die Triarylfulgide orangerot bis dunkelrot, die Tetra-arylfulgide rot, purpurn bis braun.

Auch die Einschiebung von Äthylengruppen zwischen den Fulgidkern und die Aryle wirkt „bathochrom". Ebenso vertieft sich die Farbe durch Einführung eines Naphthylrestes für einen Phenylrest und durch Einführung des Diphenylenrestes für zwei Phenylreste.

§ 12. Farberscheinungen bei Salzen: Polychromie, Chromotropie, Halochromie.

In der Reihe der Nitrokörper tritt bezüglich des Farbcharakters eine große Mannigfaltigkeit auf. Es ist auffallend und an verschiedenen Beispielen bemerkt worden, daß die Nitrogruppe in einzelnen Fällen eine ungemein starke Farbvertiefung bewirkt (Phenol—Nitrophenol, Nitrohydrochinondimethyläther, Anilin—Nitroanilin), während in anderen Fällen der Einfluß der Nitrogruppe gering ist (Methan—Nitromethan) oder sogar durch Einführung der Nitrogruppe gewisse Absorptionslinien zum Verschwinden kommen.

---

[1]) Ber. d. Dtsch. chem. Ges. **38**, 3674 (1905); Ann. d. Chem. **349**, 333 (1905) u. ff.; Ann. d. Chem. **380**, 1 (1911).

Die Lösung dieses Widerspruches wurde auf verschiedene Weise versucht. Zunächst erklärte man die Wirkung der Nitrogruppe durch Veränderung des chemischen Charakters der Auxochrome. Daß diese Anschauung nicht haltbar ist, erkennt man daraus, daß der Nitrohydrochinondimethyläther gefärbt ist, obzwar sich eine chemische Beeinflussung der Methoxylgruppen nicht annehmen läßt. Eine weitere Hypothese war der Übergang der Nitrogruppe in eine Isonitrogruppe, bzw., da die Isonitrogruppe sauer ist, nach der Hantzschschen Nomenklatur, in eine aci-Nitrogruppe. Auch diese Erklärung steht mit den Tatsachen in Widerspruch; die aliphatischen Nitrokörper, wie die Nitroäthan und Nitromethan, zeigen auch in alkalischer Lösung, wo sie in der aci-Nitroform vorliegen, keine Farbe. Eine Aufklärung wurde durch Hantzsch und Voigt[1]) durch die Feststellung erbracht, daß die Nitrokörper in ihren Absorptionsspektren in drei ganz verschiedene Gruppen geschieden werden müssen:

I. Echte Nitrokörper; schwache Absorption, flaches Band oder wenig ausgeprägter Sprung in der Absorptionskurve.

II. Einfache aci-Nitrogruppe; geringe allgemeine Absorption von derselben Größenordnung wie bei der ersten Nitrogruppe.

III. Konjugierte aci-Nitrogruppe; sehr starke selektive Absorption, die durch Substituenten wenig verändert wird. Hierbei ist es auch von geringem Einfluß, ob der Kohlenstoff, der die Nitrogruppe trägt, sich in einem Ringsysteme befindet oder nicht. Das Absorptionsspektrum tritt immer dann auf, wenn die Nitrogruppe sich in Konjugation mit einer ungesättigten Bindung, bzw. einer solchen Bindung befindet, welche noch Valenzen betätigen kann. Die große Ähnlichkeit in den ultravioletten Absorptionsspektren dieser konjugierten aci-Nitrokörper spricht dafür, daß die Erscheinung auf das Entstehen eines in allen Fällen gleichartig absorbierenden Komplexes zurückzuführen ist, den Hantzsch z. B. bei den Metallsalzen der Nitroketone folgendermaßen formuliert:

$$-C\begin{array}{c}C\!=\!O\\ \diagdown\ \ \diagup\\ NO\cdot O\end{array}\!\!\!(Me,\ H)$$

Dasselbe, was für die Nitrogruppe gilt, gilt auch für die Nitroso- bzw. für die Isonitrosogruppe, nur daß hier die freie Nitrosogruppe selbst schon einen starken Farbcharakter hat.

---

[1]) Ber. d. Dtsch. chem. Ges. **45**, 85 (1912.)

Die spezielle Formulierung derartiger aus Haupt- und Nebenvalenzen aufgebauter Ringsysteme ist in verschiedener Weise möglich. Tatsächlich konnte auch Hantzsch mit seinen Schülern bei einer Anzahl derartig konjugierter Nitrokörper das Auftreten verschieden gefärbter Formen konstatieren. Die Salze der Violursäure

$$CO\!\!\begin{array}{c} \diagup NH \cdot CO \diagdown \\ \diagdown NH \cdot CO \diagup \end{array}\!\!C : NOH$$

Violursäure.

existieren in folgenden Farben: gelb, rot, blau und grün.

Hantzsch hat bei Versuchen mit Nitrophenolen angenommen, daß die roten Alkalisalze dieser Stoffe chinoide Struktur besitzen. Es gibt viele aliphatische und aromatische Nitroverbindungen, welche, obzwar sie nahezu farblos sind, stark gefärbte Alkalisalze bilden; so z. B. die Derivate von Dinitromethan (I) und Nitrophenol (II).

$$R \cdot CH(NO_2)_2 \qquad C_6H_4OH \cdot NO_2$$
I.   II.

In einigen Fällen gelingt es, die beiden Reihen der Salze, die gefärbten sowie die ungefärbten[1]), oder die entsprechenden Alkylderivate zu isolieren. Diese gefärbten Isomeren wurden Chromoisomere genannt. Bei den Nitrophenolen ist es schwierig, die „Chromo"-Serie der Äther zu erhalten; man gewinnt sie in geringer Menge neben den wahren Phenoläthern bei der Einwirkung der Alkylhalogene auf das trockene Silbersalz des Phenols. Nach der Ansicht von Hantzsch sind die reinen Verbindungen mit Phenolstruktur farblos, und die geringe Färbung einiger Nitrophenole rührt von der Gegenwart der Chromoisomeren in fester Lösung her.

Die Erscheinung der Bildung verschiedenartiger Farben je nach der Art des Salzes wurde von Hantzsch als Polychromie bzw. Pantochromie bezeichnet. Sie ist weder auf Grund der gewöhnlichen Valenzauffassung erklärbar, noch läßt sie sich auf

---

¹) Hantzsch und Gorke, Ber. d. Dtsch. chem. Ges. 39, 1073, 1084 (1906); Hantzsch, Ber. d. Dtsch. chem. Ges. 39, 3074 (1906); 40, 338 (1907); Hantzsch, Borchers, Salway und Hedley, Ber. d. Dtsch. chem. Ges. 40, 1533 (1907); Hantzsch und Scholtze, Ber. d. Dtsch. chem. Ges. 40, 4875 (1907); Torrey und Hunter, Ber. d. Dtsch. chem. Ges. 40, 4332 (1907). Hantzsch, Ber. 42, 967, (1909); 43, 45, 82 (1910); 44, 1783, 1803, 3290 (1911).

Grund stereochemischer Betrachtungen voraussehen. Bei Körpern vom Isonitro- und Isonitrosotypus ist allerdings die Möglichkeit von Stereoisomerie nach Art der Äthylenkörper oder der Syn- und Antialdoxime gegeben; nun ist aber von Hantzsch nachgewiesen worden, daß derartige Isomerien auf das Absorptionsspektrum von verschwindendem Einfluß sind. Überdies sind die verschiedenartigen Formen der pantochromen Salze oft so leicht in andere überführbar, daß eine Strukturisomerie oder Stereoisomerie mit den bisherigen Erfahrungen in Widerspruch stünde.

Metallsalze der cyclischen Oximinoketone existieren öfters in verschiedenen Farben, z. B. sind die Salze von p-Bromphenyloximinooxazolon:

als   K-Salze: rosa und violett (beide etwa gleich stabil);
„   Rb-Salze: rosa (labil), blauviolett (labil), violett (stabil);
„   Cs-Salze: rosa (labil), blauviolett und violett (labil);
„   Ag-Salze: fleischfarben, blau.

Die in verschiedenfarbiger Modifikation befindlichen Salze werden variochrom, die Erscheinung wird Chromotropie genannt.

Die Salzbildung führt auch bei sonst farblosen und anscheinend neutralen Triphenylmethanderivaten zu Farbstoffbildung, wenn sie in einem geeigneten Medium zur Addition von Säuren veranlaßt werden. Die Erscheinung wird nach Baeyer als Halochromie bezeichnet. Beispielsweise sind das Triphenylmethylchlorid und -bromid in flüssigem Schwefeldioxyd intensiv gelb gefärbt. Daß hierbei eine Salzbildung stattgefunden hat, wurde von Walden[1] nachgewiesen, der ein beträchtliches Leitvermögen dieser farbigen Lösung konstatierte. In welcher Art diese Salzbildung stattfindet, insbesondere inwieweit sich SO_2-Reste einlagern, konnte nicht festgestellt werden, jedoch stellt das Leitvermögen den Salzcharakter vollkommen sicher. Ebenso führt die Addition von Zinntetrachlorid das Triphenylmethan in einen intensiv gelb gefärbten Stoff über. Auch die Verbindung des Triphenylmethylrestes mit Überchlorsäure[2] ist ge-

---

[1] Zeitschr. f. phys. Chem. **43**, 385 (1903); Ber. d. Dtsch. chem. Ges. **35**, 2018 (1902).

[2] Gomberg, Ann. d. Chem. **370**, 159; Ber. d. Dtsch. chem. Ges. **42**, 4856 (1909); **43**, 178 (1910).

färbt. Bei den Halogensubstitutionsprodukten, mehr noch bei den Methoxylderivaten ist gegenüber den unsubstituierten Typen oft eine sehr erhebliche Farbenvertiefung zu bemerken. Die Erklärung der Halochromie auf Grund der gewöhnlichen Valenzlehre ist verschiedentlich versucht worden, hat sich aber als undurchführbar erwiesen, da hierbei folgender Widerspruch nicht zu umgehen war. Daß die Farbe durch einen ungesättigten Zustand bedingt ist, steht außer Frage; nun soll aber aus einem farblosen, also relativ gesättigten Körper durch Säureaddition ein farbiger, somit minder gesättigter entstehen; dies kann auf ungezwungene Weise nicht erklärt werden, und es muß daher für die Deutung der Halochromieerscheinungen eine freiere Auffassung des Valenzbegriffes angewendet werden. Baeyer[1]) führte den Begriff der Carboniumvalenz ein, indem er annahm, daß der Kohlenstoff unter bestimmten Bedingungen basische Eigenschaften erhält und gleichzeitig der Farbcharakter auftritt. Es scheint aber, daß diese Erklärung durch eine allgemeiner gefaßte ersetzt werden kann, welche auch Halochromieerscheinungen in anderen Körperklassen befriedigend beschreibt. Eine entsprechende Formulierung rührt von Pfeiffer[2]) her. Auftreten des Farbstoffcharakters ist durch eine Kombination ungesättigter Bindungen bedingt. Die bei diesen Lückenbindungen übrig bleibenden Valenzreste werden sich je nach ihrer gegenseitigen Lage und Stärke im Sinne der Thieleschen Theorie teilweise absättigen. Wird dieses System von Lückenbindungen durch Addition derart gesättigt, daß die Lückenbindungen aufgehoben werden, so wird der Farbstoffcharakter vermindert. Das bekannteste Beispiel hierfür ist die Überführung der Farbstoffe in ihre Leukoderivate durch Addition von Wasserstoff. Findet hingegen eine Umlagerung derart statt, daß nicht ganze Valenzen zur Absättigung kommen, sondern daß die hinzutretenden Gruppen nur Valenzteile beanspruchen, so wird die Konjugation der Valenzreste gestört, und das System nimmt einen wesentlich ungesättigteren Zustand an als vorher, der Farbcharakter wird verstärkt. Das Additionsprodukt von Triphenylchlormethan mit Zinntetrachlorid wäre demnach so zu formulieren: $(C_3H_5)_3C-Cl \ldots SnCl_4$. Das Chlor wird also durch die Valenzreste des Zinntetrachlorids als derart gebunden betrachtet, daß der zentrale Kohlenstoff einen stark ungesättigten

---

[1]) Ber. d. Dtsch. chem. Ges. **38**, 569, 11561 (905).
[2]) Ann. d. Chem. **370**, 99 (1910); **376**, 285 (1910); **383**, 92 (1911).

Charakter annimmt. In ähnlicher Weise wären die Additionsprodukte von Säuren an das Benzalaceton und verwandte ungesättigte Ketone zu erklären, bei welchen die Beanspruchung des Ketonsauerstoffes durch die Valenzreste der Salzsäure dem Ketonkohlenstoff einen ungesättigten Charakter verleiht. In letzter Linie würde diese Auffassung der Halochromie einer einheitlichen Erklärung des Farbstoffcharakters durch ungesättigten Kohlenstoff zustreben, und darin stimmt sie mit den Erfahrungen in der Reihe des Triphenylmethyls ziemlich gut überein.

§ 13. Die Farbe der komplexen Verbindungen.

Die Farbe von Metallkomplexverbindungen hängt sowohl vom Metall als auch von den koordinativ gebundenen Gruppen ab; die abionisierbaren Reste sind von geringem Einfluß, wie sich ja schon aus der Nomenklatur dieser Substanzen als Violeo-, Praseo-, Croceo-, Flavo- usw. Verbindungen ergibt. Die Farbtiefe hängt von den koordinativ gebundenen Gruppen beiläufig in der Reihenfolge ab:

$$CN, CO, NO_2, NH_2CH_2CH_2NH_2, NH_3, NCS, SO_3, OH_2, ONO, Octyl,$$
$$OH, Cl, Br, I$$

derart, daß die später genannten immer intensivere Färbung bedingen.[1]

Besonders intensive Farben werden erhalten, wenn die koordinativ gebundenen Gruppen gleichzeitig durch Hauptvalenzen gebunden sind, so daß ein cyclisches System zustande kommt. Im Kupferacetat $Cu(CH_3COO)_2$ ist die Bindung zwischen Kupfer und Acetatrest durch Hauptvalenzen des Kupfers vermittelt. Da die Nebenvalenzen des Kupfers noch nicht abgesättigt sind, kann diese Verbindung sich noch mit anderweitigen Molekülen verbinden. So werden z. B. vermittelst der Nebenvalenzen zwei Moleküle Ammoniak gebunden. Wenn nun an Stelle der Essigsäure eine andere Verbindung durch die Hauptvalenzen gebunden ist, die Gruppen mit der Fähigkeit trägt, die Nebenvalenzen abzusättigen, so wird eine gesättigte Verbindung entstehen, die prinzipiell dem Kupferacetatammoniak entspricht, bei der aber die Haupt- und die Nebenvalenzen an einem Ringschluß beteiligt sind. Hierfür seien folgende Beispiele angeführt:

---

[1] Werner, Ann. d. Chem. **386**, 1 (1911).

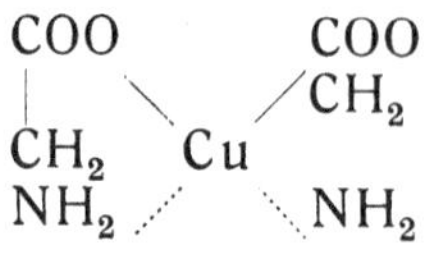

$$CH_2 \overset{COO}{\underset{NH_2}{\big|}} Cu \overset{COO}{\underset{NH_2}{\big|}} CH_2$$

Glykokollkupfer.

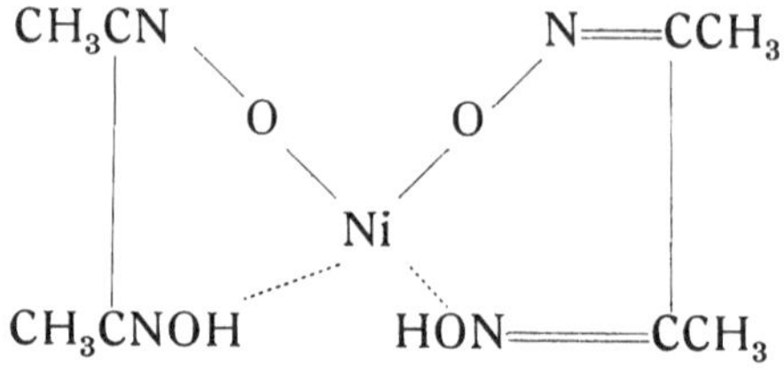

$$CH_3CN,\ O\ O,\ N\!=\!\!=\!CCH_3\ \ Ni\ \ CH_3CNOH\ \ HON\!=\!\!=\!CCH_3$$

Nickeldimethylglyoxim.

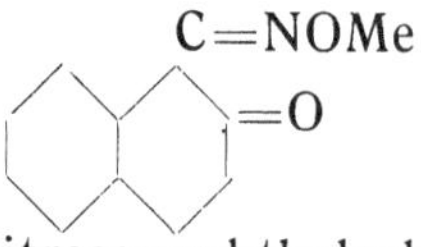

$$\overset{C=NOMe}{\underset{=O}{}}$$

Nitrosonaphtholsalze.

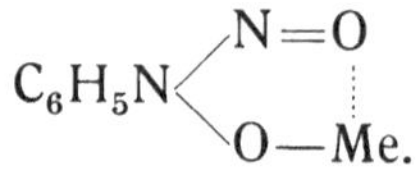

$$C_6H_5N\overset{N=O}{\underset{O-Me.}{}}$$

Nitrosophenylhydroxylaminsalze.

Derartige innere Komplexsalze[1]) zeichnen sich durch besondere Intensität der Farbe aus und werden demgemäß auch oft für empfindliche qualitative Reaktionen angewendet. Werner[2]) hat darauf aufmerksam gemacht, daß die von Tschugaeff[3]) zuerst näher studierten cyclischen Verbindungen der Schwermetalle auch eine Erklärung für die Entstehung einer großen Reihe von Farblacken sowie für die Theorie der Beizenfarbstoffe geben, bei denen meistens eine Hydroxylgruppe in o-Stellung zu einer Gruppe mit Nebenvalenzbetätigung zu konstatieren ist.

Es sei hier an die beizenziehenden o-Oxyazofarbstoffe, an die o-Nitrosonaphthole, an die Oxyanthrachinone[4]) erinnert. Für den Alizarin-Tonerdelack nimmt z. B. Werner als Formel an:

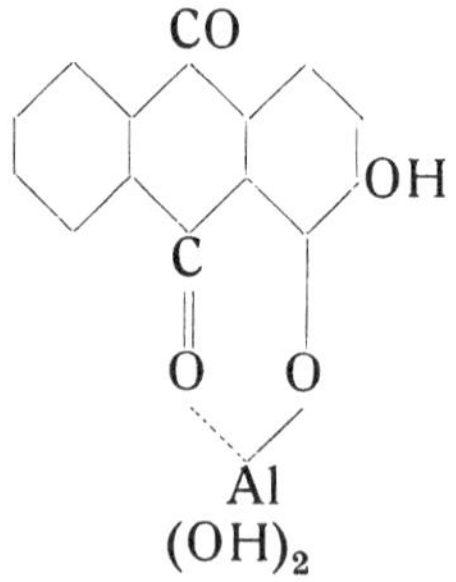

$$\begin{matrix} CO \\ OH \\ C \\ \| \\ O\quad O \\ Al \\ (OH)_2 \end{matrix}$$

---

[1]) Ber. d. Dtsch. chem. Ges. **41**, 1063, 2383 (1908).

[2]) Journ. f. prakt. Chem. [2] **75**, 88 (1902).

[3]) Vgl. auch Ley, Beziehungen zwischen Farbe und Konstitution (Leipzig 1911) 195 ff.

[4]) Liebermann und Kostanecki, Ber. d. Dtsch. chem. Ges. **34**, 2344 (1901); **35**, 1490 (1902); Möhlau und Steimmig, Zeitschr. f. Farben- u. Textilchemie **3**, 273 (1904); Georgievics, ibid. **4**, 285 (1905).

Vielleicht ist auch das Hämoglobin ein derartiges komplexes Eisensalz. [1])

§ 14. Pseudoammoniumbasen.

Die substituierten Ammoniumsalze der Halogensäuren lassen sich durch die Einwirkung von feuchtem Silberoxyd in die entsprechenden Hydroxyde umwandeln. Die Mehrzahl dieser Ammoniumbasen sind stabile Verbindungen; sie sind leicht löslich in Wasser und ihre Lösungen besitzen eine Leitfähigkeit von der Größenordnung der gewöhnlichen Alkalihydroxyde. Es gibt jedoch einige Salze vom Ammoniumtypus, die mit Silberoxyd neutrale schwerlösliche Substanzen geben. Aus ihrem neutralen Charakter geht zur Genüge hervor, daß die bei diesen anormalen Reaktionen entstandenen Stoffe nicht wahre Ammoniumbasen sein können; es wurde allgemein angenommen, daß ihre Hydroxylgruppe an Kohlenstoff gebunden ist. Hantzsch [2]) untersuchte den Gang dieser Reaktionen durch Feststellung der Leitfähigkeit der Flüssigkeit in bestimmten Zeiträumen nach der Zersetzung mit Silberoxyd. In einigen Fällen wurde gefunden, daß die Leitfähigkeit unmittelbar nach der Zersetzung den für die wahre Ammoniumbase erwarteten Wert erreichte; nach einiger Zeit fiel jedoch der Wert auf Null, wobei die Lösung neutral wurde. Es geht daraus klar hervor, daß das erste Produkt der Einwirkung die wahre Ammoniumbase ist und diese sich nachträglich in die neutrale Form umwandelt. Hantzsch nannte deshalb die letztgenannten Stoffe Pseudoammoniumbasen.

Im Falle des Phenylacridiniumjodmethylats kann man die Reaktion folgendermaßen darstellen:

$$
\begin{array}{ccc}
\begin{array}{c}
C_6H_5 \\
| \\
C \\
C_6H_4 \quad\quad C_6H_4 \\
N \\
CH_3 \quad J
\end{array}
& \xrightarrow{\text{Alkali.}} \quad
\begin{array}{c}
C_6H_5 \\
| \\
C \\
C_6H_4 \quad\quad C_6H_4 \\
N \\
CH_3 \quad OH
\end{array}
& \xrightarrow{\text{Umwandlung.}} \quad
\begin{array}{c}
C_6H_5 \\
| \\
C(OH) \\
C_6H_4 \quad\quad C_6H_4 \\
N \\
CH_3
\end{array}
\end{array}
$$

Säuren.

Phenylacridiniumjodmethylat.	Als Zwischenprodukt gebildete Ammoniumbase.	N-Methylphenylacridol.

---

[1]) Willstätter, Ber. d. Dtsch. chem. Ges. **42**, 3985 (1909).

[2]) Hantzsch, Ber. d. Dtsch. chem. Ges. **32**, 575, 2201, 3109, 3675 (1899).

Die Pseudobase — N-Methylphenylacridol — bildet sich aus der Ammoniumbase durch Wanderung der Hydroxylgruppe. Es ist schwierig, einen direkten chemischen Nachweis für diese Struktur der Pseudobase zu erbringen, da durch Säuren die umgekehrte Umwandlung in das Ammoniumsalz erfolgt. Dobbie und Tinkler[1] haben die Frage durch Vergleich der Absorptionsspektra der verschiedenen Glieder der Acridinreihe entschieden.

Die Absorptionskurve des Phenylacridinmethyljodids, welche zwei Banden mit den Maximastellen bei 2400 und 2800 Einheiten besitzt, ist vollkommen verschieden von der des Dihydrophenyl-

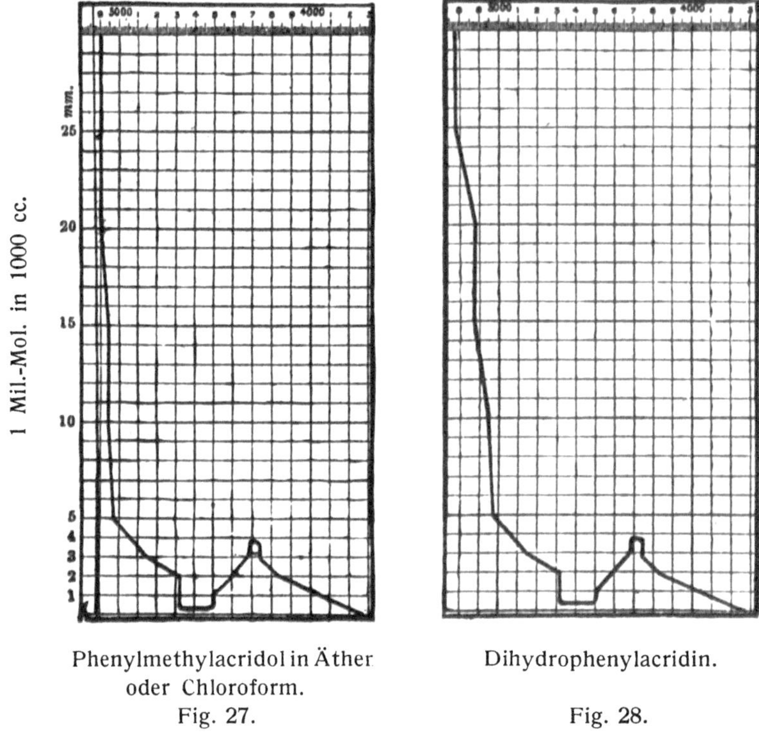

Phenylmethylacridol in Äther
oder Chloroform.
Fig. 27.

Dihydrophenylacridin.

Fig. 28.

acridins, die nur eine Bande mit dem Maximum bei 3400 Einheiten hat. Überdies wird durch die sehr große Ähnlichkeit der Kurven der Pseudobase und des Dihydroacridins (vgl. Fig. 27 u. 28)

---

[1] Dobbie und Tinkler, Trans. Chem. Soc. **87**, 269 (1905); Tinkler, Trans. Chem. Soc. **89**, 856 (1908).

$$C_6H_4 \diagdown \begin{matrix} C_6H_5 \\ \cdot \\ CH \\ \diagup \quad \diagdown \\ \quad \quad NH \end{matrix} \diagup C_6H_4$$

die für die erstere angenommene Struktur bestätigt.

Dobbie und Tinkler konnten weiter zeigen, daß die Pseudo-base in alkoholischer Lösung bestrebt ist, Ammoniumstruktur an-zunehmen, da die Absorptionskurve in diesem Lösungsmittel der des Jodmethylats nahekommt. Die Absorptionskurve in alkoholischer Lösung ist identisch mit der von einer Mischung von 75 % Dihydro-phenylacridin und 25 % Jodmethylat gelieferten.

$$*)\ C_8H_6O_3 \diagdown \begin{matrix} CH=N(CH_3)OH \\ | \\ CH_2-CH_2 \end{matrix} \qquad \qquad C_8H_6O_3 \diagdown \begin{matrix} CHO\cdot HN\cdot CH_3 \\ | \\ CH_2-\!\!-CH_2 \end{matrix}$$

$$\text{I.} \qquad \qquad \qquad \qquad \text{II.}$$

$$C_8H_6O_3 \diagdown \begin{matrix} CH(OH)-N\cdot CH_3 \\ | \\ CH_2-\!\!-\!\!-CH_2 \end{matrix}$$

$$\text{III.}$$

*) Der Rest $C_8H_6O_3 <$ bedeutet die Gruppe

Die Forschungen über die Reaktionen und Abbauprodukte des Kotarnins haben die Struktur dieser Verbindung der Hauptsache nach klargestellt, bis die Wahl zwischen drei Formeln blieb. Die Salze des Kotarnins sind Derivate vom Ammoniumtypus (I).

Das Kotarnin selbst, das durch Behandlung dieser Salze mit Alkalien entsteht, soll nach Roser[1]) ein Aldehyd und eine sekun-däre Base sein (II). Decker[2]) befürwortet hingegen die Formel (III) eines von Isochinolin abgeleiteten Carbinols. In beiden Fällen scheint Kotarnin eine Pseudobase zu sein; deshalb untersuchte Hantzsch[3]) die Leitfähigkeiten bei dem Freiwerden der Base aus ihren Salzen. Die Resultate führten jedoch nur eine noch größere Verwirrung herbei, da sie anzuzeigen schienen, daß die Base beim

---

[1]) Roser, Ann. d. Chem. **249**, 156, 168 (1888); **254**, 334, 359 (1889).
[2]) Decker, Journ. f. prakt. Chem. **47**, 222 (1893).
[3]) Hantzsch und Kalb, Ber. d. Dtsch. chem. Ges. **32**, 3109 (1899).

Freiwerden in Lösung aus einer Gleichgewichtsmischung der Ammoniumform, des Carbinols und vielleicht auch der Aldehydbase besteht. Die Anwendung der spektrographischen Methode[1]) auf dieses Problem war von großem Erfolge begleitet. Dobbie und seine Mitarbeiter wählten Stoffe aus, deren Spektra zum Vergleiche dienen sollten. Das Spektrum des Chlorids der Base wurde als Repräsentant der Ammoniumstruktur, das des Hydrokotarnins und Cyanhydrokotarnins als Typus für die Carbinolstruktur gewählt.

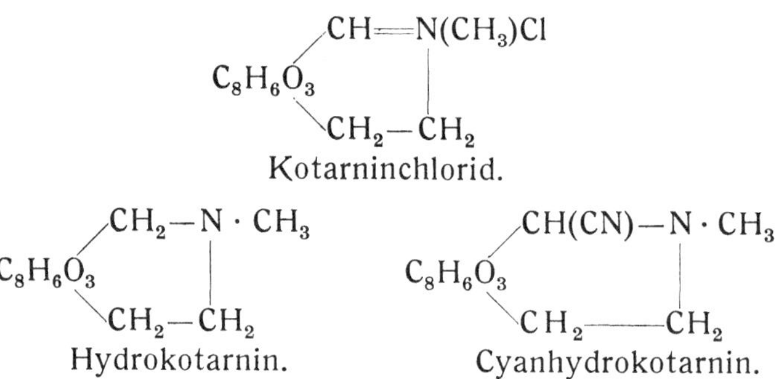

Kotarninchlorid.

Hydrokotarnin.   Cyanhydrokotarnin.

Es besteht kein Zweifel über die Richtigkeit der diesen Verbindungen zugeschriebenen Formeln. Die Spektra dieser beiden Körperklassen sind voneinander sehr verschieden. Das Spektrum des Kotarninchlorids zeigt zwei deutliche Absorptionsbanden, von denen die eine nahe am sichtbaren Gebiete steht; die Maxima dieser Banden sind bei $\lambda\,3278$ und $\lambda\,2500$ gelegen; alle Derivate, die dieses Spektrum geben, sind gelb gefärbt. Das Spektrum des Hydrokotarnins besitzt nur eine Bande, die bei etwa $\lambda\,2857$ liegt. Da alle untersuchten Derivate des Kotarnins entweder das eine oder das andere Spektrum geben, so scheint es, daß die Aldehydformel von Roser verworfen werden muß.

Das Verhalten des Kotarnins erinnert an das Verhalten der Acridoniumbase; die Struktur wechselt vom Carbinoltypus zur Ammoniumbase je nach dem angewandten Lösungsmittel. Die Spektra von Äther- und Chloroformlösungen zeigen die Base in der Carbinolform, während die alkoholische Lösung eine Mischung zu enthalten scheint, deren Gehalt an Ammoniumbase beim Stehen und Verdünnen zunimmt. Fügt man zu einer ätherischen Kotarninlösung Alkohol hinzu, so wandelt sich das Carbinol in die Ammoniumbase um, wobei die Menge der letzteren mit steigendem Alkohol-

---

[1]) Dobbie, Lauder und Tinkler, Trans. Chem. Soc. **85**, 598 (1903).

gehalt zunimmt. Man kann das Verhältnis der beiden in diesen Mischungen schätzen, indem man die Spektra mit denen der Lösungen bekannter Gemenge des Chlorids und des Cyanhydrokotarnins vergleicht. So kann der Einfluß der Alkoholzugabe zu einer Carbinollösung des Kotarnins quantitativ studiert werden. Die folgenden Zahlen wurden durch Hinzufügen von Methylalkohol zu einer ätherischen Lösung der Base bei gewöhnlicher Temperatur erhalten.

Tabelle IV.

% CH_3OH	% Carbinol	% Ammoniumbase
0	100	—
25	97,5	2,5
40	92,5	7,5
50	85,0	15,0
100	75,0	25,0

Diese Umwandlung des Carbinols in die Ammoniumbase wird nicht nur durch die Gegenwart hydroxylhaltiger Lösungsmittel, wie Alkohol und Wasser, begünstigt, sondern auch durch Verdünnung von Lösungen in diesen Medien, durch die Dauer seit der Herstellung der Lösung oder durch Erhöhung der Temperatur. Wie zu erwarten, wird der umgekehrte Vorgang — die Umwandlung der Ammoniumbase in das Carbinol — durch Alkalihydroxyd herbeigeführt, wobei die Menge des Carbinols mit der Konzentration des Alkalis wächst. Die folgende Tabelle gibt die Daten wieder, die beim Hinzufügen von Natriumhydroxyd zu einer wässerigen Kotarninlösung bei gewöhnlicher Temperatur erhalten wurden.

Tabelle V.

Temperatur 12°.

Stärke der Base	% Carbinol	
	NaOH	NH_4OH
N	98,5	45
N/2	97	40
N/4	94	—
N/8	91	—
N/10	89	20
N/32	77,5	—
N/50	70	10
N/100	52,5	—
N/600	20	—

Die rechtsstehende Reihe zeigt die Resultate, die bei Verwendung von Ammoniak von derselben Stärke erhalten wurden; man erkennt, daß die schwächere Base die geringere Einwirkung ausübt. Dobbie, Lauder und Tinkler[1]) haben angeregt, dieses Verhalten des Kotarnins in Gegenwart von Hydroxylionen zur Bestimmung der relativen Stärke der Basen zu verwenden. Fügt man zu den Lösungen des Carbinols Säuren hinzu, so findet man Kotarninsalze vom Ammoniumtypus.

Dobbie und Tinkler[2]) dehnten das Studium der Pseudobasen auf das Hydrastinin aus, ein Derivat des Alkaloids Hydrastin. Die Struktur des Hydrastins gleicht der des Kotarnins bis auf das Minus einer Methoxylgruppe bei dem ersteren. Die Beziehungen zwischen den Spektren der Hydrastinderivate zeigen, daß sich die Base so wie das Kotarnin verhält, indem die Carbinolform (I) und die Ammoniumform (II) je nach der auswählenden Wirkung der Lösungsmittel ineinander überführbar sind.

$$C_7H_4O_2 \begin{cases} CHOH-N\cdot CH_3 \\ \qquad\quad | \\ CH_2\!-\!\!-\!\!-CH_2 \end{cases} \quad\longleftarrow\atop\longrightarrow\quad C_7H_4O_2 \begin{cases} CH\!=\!\!=\!N\!\!\begin{smallmatrix}CH_3\\OH\end{smallmatrix} \\ \qquad\quad | \\ CH_2\!-\!\!-CH_2 \end{cases}$$

I. Carbinolform.   Hydrastinin.   II. Ammoniumform.

Bei diesen Untersuchungen der Pseudobasen hat sich gezeigt, daß die Methode von Hartley einen sehr hohen Grad von Vollkommenheit aufweist. Kaum eine andere physikalische Eigenschaft könnte so gut Verwendung finden, um die Struktur dieser so kompliziert zusammengesetzten Stoffe aufzuklären. In der Tat ist die spektrographische Methode für derartige sehr hoch zusammengesetzte Stoffe besonders geeignet, da diese recht charakteristische Spektra besitzen.

Hartley[3]) erkannte diese besonderen Vorteile der Absorptionsspektra beim Beginne seiner Untersuchungen, und er empfahl deren Anwendung für die Identifizierung der Alkaloide. Dobbie und Lauder[4]) machten sich diese Anregung beim Studium der Konstitution der Alkaloide Corydalin und Berberin praktisch

---

[1]) Dobbie, Lauder und Tinkler, Trans. Chem. Soc. **85**, 121 (1904).
[2]) Dobbie und Tinkler, Trans. Chem. Soc. **85**, 1004 (1904).
[3]) Hartley, Phil. Trans. **1885**, 471.
[4]) Dobbie und Lauder, Trans. Chem. Soc. **83**, 606 (1903).

zunutze. Die zweifellos interessanteste Anwendung der Eigenschaft auf diesem Gebiete ist der Fall des Laudanins, $C_{20}H_{25}O_4N$, und Laudanosins, $C_{21}H_{27}O_4N$, zweier seltener Opiumalkaloide. Dobbie und Lauder[1]) fanden die Absorptionskurven dieser Alkaloide nahezu identisch und bestätigten dadurch die Ansicht von Hesse,[2]) daß sie Homologe sind.

Gleichzeitig fiel Dobbie und Lauder die sehr große Ähnlichkeit auf, welche die Spektra von Laudanosin und von Tetrahydropapaverin und Corydalin zeigten; trotzdem damals über die Konstitution des Laudanosins nichts bekannt war, behaupteten sie, daß diese Substanz eine ähnliche Konstitution besitzen müsse, wie die beiden anderen Alkaloide. Kürzlich ist diese Vorhersage durch die Synthese[3]) bestätigt worden, derzufolge das Laudanosin ein N-Methyltetrahydropapaverin ist.

Außer diesen typischen Beispielen sind viele andere interessante Fragen mit Hilfe der Absorptionsspektra gelöst worden. Die folgende Liste gibt Anhaltspunkte für die weitere Verfolgung des Gegenstandes.

Die Struktur der Diazoverbindungen.[4])	Saure Salze aromatischer Azoverbindungen.[9])
Die Struktur der Carboniumsalze.[5])	Aminoaldehyde und Ketone.[10])
Isonitrosoverbindungen.[6])	Polynitroverbindungen.[11])
Nitrosoverbindungen.[7])	Pyrone.[12])
Perhalogensalze.[8])	Naphthacenchinone.[13])
	Komplexe Kohlenwasserstoffe aus Naphthalin.[14])

[1]) Dobbie und Lauder, Trans. Chem. Soc. **83**, 626 (1903).
[2]) Hesse, Ann. d. Chem. **77**, 47 (1870).
[3]) Pictet, Ber. d. Dtsch. chem. Ges. **42**, 1979 (1909).
[4]) Dobbie und Tinkler, Trans. Chem. Soc. **87**, 274 (1905).
[5]) Baker, Trans. Chem. Soc. **91**, 1490 (1907).
[6]) Baly, Marsden und Stewart, Trans. Chem. Soc. **89**, 966 (1906).
[7]) Baly und Desch, Trans. Chem. Soc. **93**, 1747 (1908).
[8]) Tinkler, Trans. Chem. Soc. **91**, 997 (1907); **93**, 1611 (1908).
[9]) Hewitt, Trans. Chem. Soc. **1909**, 95; Hantzsch, Ber. d. Dtsch. chem. Ges. **42**, 2129 (1909).
[10]) Baly und Marsden, Trans. Chem. Soc. **93**, 2108 (1908).
[11]) Hantzsch und Picton, Ber. d. Dtsch. chem. Ges. **42**, 2119 (1909).
[12]) Baly, Collie und Watson, Trans. Chem. Soc. **95**, 144 (1909).
[13]) Baly und Tuck, Trans. Chem. Soc. **91**, 426 (1907).
[14]) Homer und Purvis, Trans. Chem. Soc. **93**, 1301 (1908).

Das Verhalten der Absorptionsspektra in bezug auf den Zustand der Salze in Lösung ist sehr ausführlich von Rudorf[1]) besprochen worden.

§ 15. Selektive Absorption im ultraroten Gebiet des Spektrums.

Die Beziehungen zwischen Konstitution und Absorption im ultraroten Gebiet des Spektrums[2]) sind bisher noch nicht in genügendem Umfange untersucht worden, doch versprechen die gesammelten Daten interessante Resultate weiterer Forschungen. Diesbezüglich sei auf die Arbeit von Coblentz verwiesen.

Nach dem gegenwärtigen Stande der Kenntnisse kann hier nur die additive Natur der Absorption in diesem Gebiete erörtert werden. Diese war schon auf Grund der ersten Resultate zu erkennen. Mit Hilfe der photographischen Methode untersuchte Abney einfache Substanzen, wie Salzsäure, Chloroform, Cyan und Wasser und fand, daß bei Gegenwart von Wasserstoff eine bestimmte Gruppe von Absorptionslinien regelmäßig in derselben Stellung wiederkehrt und verschwindet, wenn dieses Element nicht vorhanden ist. Abney schrieb daher diese Absorptionslinien dem Wasserstoff zu. Eine Betrachtung der Tabelle VI zeigt, daß die Alkylhalogene vier konstante Absorptionsbanden zwischen 1 und $1,1\mu$ besitzen; da eine Änderung des Halogens keinen Einfluß auf die Form oder Lage des Spektrums ausübt, müssen diese Banden dem Kohlenstoffkern zugeschrieben werden.

Auch die Benzolderivate, welche im ultravioletten und sichtbaren Gebiet verschiedene Absorptionskurven besitzen, zeigen im Ultrarot eine überraschende Gleichheit. Die chemische Natur der Derivate scheint keinen Einfluß auf die bei $8,5\mu$ vorhandene Bande auszuüben.

Andere Messungen in diesem Teile des Spektrums sind bei größeren Wellenlängen ausgeführt worden, wobei das Bolometer benutzt wurde.

---

[1]) Rudorf, Jahrbuch der Radioaktivität und Elektronik **3**, 422 (1907); **4**, 380 (1907); vgl. auch Baly, Trans. Chem. Soc. **95** (1909).

[2]) Abney, Phil. Mag. [5] **7**, 316 (1879); Proc. Roy. Soc. **31**, 416; **32**, 483 (1881); Phil. Trans. **1881**, 171; Abney und Festing, Phil. Trans. **172**, 887 (1882); Julius, Maandblade vor Naturwetenschappen **1893**, 6; Puccianti, Il Nuovo Cim. **11**, 241 (1900); Angström, Wied. Ann. **58**, 609 (1896); Donath, Wied. Ann. Beiblätter **17**, 332 (1882); Iklé, Phys. Zeitschr. **5**, 271 (1904); Ransohoff, Dissertation (Berlin 1896); Coblentz, Astrophys. Journ. **20**, 207 (1904;) Jahrb. f. Rad. u. Elektr. **4**, 7 (1907).

Tabelle VI.

Substanz	Formel	Annähernde Lage der deutlichsten Absorptionsbanden und Linien						
Benzol	C_6H_6	$0,71\mu$	$0,855–0,685\mu$	$0,987\mu$	$1,005\mu$	$1,02\mu$	$1,05\mu$	$1,075–1,850\mu$
Brombenzol	C_6H_5Br	$0,71\mu$	$0,855–0,865\mu$	$0,985\mu$	$1,005\mu$	$1,02\mu$	$1,05\mu$	$1,075–1,850\mu$
Benzylchlorid . . .	$C_6H_5CH_2Cl$ . .	$0,71\mu$	$0,855–0,865\mu$	$0,985\mu$	$1,005\mu$	$1,02\mu$	$1,05\mu$	$1,075–1,850\mu$
Anilin	$C_6H_5NH_2$ . . .	$0,715–0,72\mu$	$0,855–0,865\mu$	—	—	—	—	—
Dimethylanilin . .	$C_6H_5N(CH_3)_2$.	—	$0,855–0,865\mu$	—	—	$1,02\mu$	—	—
Nitrobenzol	$C_6H_5NO_2$ . . .	$0,71\mu$	$0,845–0,855\mu$	—	$1,005\mu$	—	—	—
Methylalkohol. . . .	CH_3OH	—	—	—	$0,96\mu$	Allgemeine Absorption		
Äthylalkohol	C_2H_5OH . . .	—	—	—	$0,96\mu$	$1,023\mu$	$1,072\mu$	{Allgemeine Absorption
Propylalkohol . . .	C_3H_7OH . . .	—	—	—	$0,96\mu$	$1,023\mu$	$1,072\mu$	$1,10\mu$
Isopropylalkohol . .	C_3H_7OH . . .	—	—	—	$0,96\mu$	Allgemeine Absorption		
Tert. Butylalkohol .	C_4H_9OH . . .	$0,9\mu$	$0,91–0,92\mu$	$0,93–0,94\mu$	$0,96\mu$	$1,023\mu$	$1,072\mu$	$1,10\mu$
Isobutylalkohol . . .	C_4H_9OH . . .	$0,9\mu$	$0,91–0,92\mu$	$0,93–0,94\mu$	$0,96\mu$	Allgemeine Absorption		
Amylalkohol	$C_5H_{11}OH$ . . .	—	—	—	—	$1,023\mu$	$1,072\mu$	$1,10\mu$
Äther	$(C_2H_5)_2O$. . . .	$0,9\mu$	—	—	—	$1,026\mu$	$1,072\mu$	$1,10\mu$
Methyljodid	CH_3I	$1,02\mu$	$1,04\mu$	$1,075\mu$	$1,1\mu$	—	—	—
Äthyljodid	C_2H_5I	$1,02\mu$	$1,04\mu$	$1,075\mu$	$1,1\mu$	—	—	—
Propyljodid	C_3H_7I	$1,02\mu$	$1,04\mu$	$1,075\mu$	$1,1\mu$	—	—	—
Amyljodid	$C_5H_{11}I$	$1,02\mu$	$1,04\mu$	$1,075\mu$	$1,1\mu$	—	—	—
Hexyljodid	$C_6H_{13}I$	$1,02\mu$	$1,04\mu$	$1,075\mu$	$1,1\mu$	—	—	—
Äthylbromid	C_2H_5Br	$1,02\mu$	$1,04\mu$	$1,075\mu$	$1,1\mu$	—	—	—
Amylbromid	$C_5H_{11}Br$ . . .	$1,02\mu$	$1,04\mu$	$1,075\mu$	$1,1\mu$	—	—	—

Das Verhalten isomerer Stoffe hat Coblentz erörtert und den Schluß gezogen, daß Isomere mit sehr verschiedener chemischer Struktur verschiedene Absorptionskurven besitzen, während die ähnlich aufgebauten z. B. Capron- und Isocapronsäure ähnliche Absorptionsspektra besitzen. Hier wird die konstitutive Seite der Eigenschaft deutlich sichtbar.

Im folgenden sei die durch einzelne spezielle Gruppen hervorgerufene Absorption besprochen. Puccianti, Donath und Coblentz stimmen darin überein, daß eine schmale, bei $1,71\,\mu$ auftretende Absorptionsbande der Gruppe C—H zukommt, denn sie tritt in allen Verbindungen auf, die diese Gruppe enthalten, und fehlt in jenen, wo diese mangelt. In Tabelle VII sind einige Daten, die Puccianti erhalten hat, zum Beweise dieser Tatsache angeführt.

Tabelle VII.

Substanz	Formel	Lage der wichtigsten Absorptionsbanden und Linien		
Methylalkohol . . .	CH_3OH. . .	$1,71\mu$	$2,27-2,58\mu$	$2,72-2,75\mu$
Äthylalkohol	C_2H_5OH . .	$1,71$	$2,32-2,55$	$2,69-2,75\mu$
Allylalkohol.	C_3H_5OH . .	$1,71$	$2,25-2,58$	—
Methyljodid.	CH_3I . . .	$1,71$	$2,27-2,36$	$2,58$
Äthyljodid	C_2H_5I . . .	$1,71$	$2,29-2,36$	$2,38-2,42$
Äthyläther	$(C_2H_5)_2O$ . .	$1,69-1,71$	$2,32-2,55$	—
Benzol	C_6H_6 . . .	$1,71$	$2,16$	$2,49-2,51$
Toluol	$C_6H_5 \cdot CH_3$.	$1,69-1,71$	—	$2,49-2,51$
Äthylbenzol.	$C_6H_5 \cdot C_2H_5$.	$1,69$	—	$2,49-2,53$
o-Xylol.	$C_6H_4(CH_3)_2$.	$1,71$	$2,32-2,40$	$2,62$
m-Xylol	,, .	$1,71$	$2,32-2,36$	$2,51$
p-Xylol	,, .	$1,71$	$2,32-2,38$	$2,49-2,51$
Pyridin.	C_5H_5N . . .	$1,69-1,71$	$2,18$	$2,45-2,51$
Schwefelkohlenstoff .	CS_2	—	Durchsichtig	—
Tetrachlorkohlenstoff	CCl_4	—	Durchsichtig	—

Ransohoff fand bei der Untersuchung der Alkohole und Glycole, daß die Hydroxylgruppe die Ursache für das Auftreten einer Doppelbande bei 3 und $3,4\,\mu$ ist; es muß jedoch erwähnt werden, daß die Bande bei $3,4\,\mu$ auch in Kohlenwasserstoffen, wie Butan, Octan und Mesitylen auftritt.

Homologe. — Die Frage des Einflusses einer hinzutretenden Methylengruppe in homologen Reihen ist von Coblentz sorg-

fältig untersucht worden. In einigen wenigen Reihen zeigen sehr
genaue Messungen, daß mit höherem Molekulargewicht eine geringe
Verschiebung gegen das rote Ende des Spektrums hin stattfindet;
eine Betrachtung der Tabelle VIII lehrt jedoch, daß dieser Einfluß,
wenn er tatsächlich vorhanden und nicht durch Beobachtungs-
fehler verursacht ist, bei den Derivaten mit höherem Molekulargewicht verschwindet. Es mag daran erinnert werden, daß dasselbe Verhalten in homologen Reihen bei der selektiven Absorption
im ultravioletten Gebiet des Spektrums beobachtet wurde.

Tabelle VIII.

Substanz	Formel	Hauptabsorptions-bande
Benzol	C_6H_6	$3{,}25\mu$
Toluol	$C_6H_5CH_3$	$3{,}3\mu$
Xylol	$C_6H_4(CH_3)_2$	$3{,}38\mu$
Mesitylen	$C_6H_3(CH_3)_3$	$3{,}4\mu$
Propylalkohol	C_3H_7OH	$1{,}71,\ 3,\ 3{,}43,\ 6{,}06\mu$
Myricylalkohol	$C_{30}H_{61}OH$	$1{,}71,\ 2{,}95,\ 3{,}43,\ 5{,}9\mu$
Methan	CH_4	$3{,}31,\ 7{,}70\mu$
Äthan	C_2H_6	$3{,}39,\ 6{,}85\mu$
Butan	C_4H_{10}	$3{,}42,\ 6{,}85\mu$
Octan	C_8H_{18}	$3{,}4,\ 6{,}9\mu$
Tetracosan	$C_{24}H_{50}$	$3{,}4,\ 6{,}9\mu$

Coblentz faßt die Ergebnisse in folgender Weise zusammen:
„1. Eine Untersuchung isomerer Verbindungen lehrt, daß die
Anordnung oder die Bindungsweise der Atome im Molekül, also
seine Struktur, einen großen Einfluß auf das entstehende Absorptionsspektrum ausübt. Dieses Ergebnis steht mit dem von
Julius gewonnenen in Übereinstimmung. Dieses Verhalten ist
von wesentlicher Bedeutung und steht in direktem Widerspruch
zu dem an den stereoisomeren Verbindungen, wie Dextro- und
Lävo-Pinen, beobachteten. Bei diesen wurden identische Spektren
gefunden, woraus hervorgeht, daß die räumliche Anordnung der
Atome, also die Konfiguration des Moleküls, keinen Einfluß auf
das Zustandekommen des Absorptionsspektrums besitzt.

2. Eine Verschiebung der Absorptionsmaxima mit zunehmendem Molekulargewicht, entsprechend dem ‚Kundtschen Gesetz‘,
konnte, ausgenommen an Gasen bei der zwischen $3{,}1\,\mu$ und $3{,}5\,\mu$
liegenden Bande, nicht entdeckt werden. Statt einer Verschiebung

des Maximums tritt bei gewissen Verbindungen eine neue Bande neben der ursprünglichen auf, wenn an Stelle eines Wasserstoffatoms eine Methyl- oder eine Amidogruppe substituiert wird, und zwar liegt diese neue Bande auf der Seite der größeren Wellenlängen, wenn eine Methylgruppe substituiert wird, hingegen auf der Seite der kürzeren Wellenlängen, wenn das Wasserstoffatom durch eine Amidogruppe ersetzt wird. Diese Beobachtung stimmt mit den Ergebnissen der Untersuchungen von Krüß im sichtbaren Gebiete nicht überein, denn dort wurde nur die neue Bande beobachtet.

3. Eine Erhöhung der Temperatur um 20^0 hatte weder auf die Durchlässigkeit der Verbindung, noch auf die Lage ihrer Absorptionsmaxima irgend welchen Einfluß.

4. Wenn ein H-Atom durch gewisse Atomgruppen, wie NH_2 und CH_3, ersetzt wird, so macht sich die Wirkung sehr deutlich bemerkbar. Gewöhnlich zeigen sich dann in dem entstehenden Absorptionsspektrum neue Banden, z. B. bei $2,96\,\mu$ und bei $3,43\,\mu$. In den Spektren gewisser Benzolderivate sind indessen die Banden des Benzolspektrums gewöhnlich vorhanden, woraus hervorgeht, daß die Schwingung des Benzolkernes nicht vernichtet worden ist.

5. Die Gesamtabsorption wird durch die Größe des Moleküls nicht beeinflußt, jedoch sind Verbindungen, welche Schwefel oder Halogene enthalten, durchlässiger als solche, die an gleicher Stelle H, O, OH oder N enthalten, genau wie dies Friedel und Zsigmondy gefunden haben.

6. Die Spektren von Gruppen von Verbindungen sind einander ähnlich und sind charakteristisch für die Gruppen, wie sie von den Chemikern angenommen werden, wie dies auch Abney und Festing für das Wellenlängengebiet bis zu $1\,\mu$ gefunden haben.

7. Die Kohlenwasserstoffe besitzen ein charakteristisches Spektrum mit Absorptionsbanden bei 0,83 μ bis 0,86 μ, 1,67 μ bis bis 1,72 μ, 3,25 μ bis 3,43 μ, 6,75 μ bis 6,86 μ und 13,6 μ bis 14 μ. Die erste große Absorptionsbande bei den Kohlenwasserstoffen tritt in der Gegend von 3,2 μ auf, worauf in der Regel ein durchlässiger Bezirk zwischen 4 μ und 5 μ folgt. Puccianti fand bei seinen Untersuchungen, daß alle Kohlenwasserstoffe eine Absorptionsbande bei 1,71 μ haben, während die Benzolderivate zwei weitere Banden bei 2,18 μ und 2,49 μ besitzen. Dieses Ergebnis habe ich an achtzehn neuen Verbindungen bestätigen können. Die Bande bei 1,7 μ verdient besondere Beachtung.

8. Außer den charakteristischen Banden in den Spektren der Kohlenwasserstoffe treten daselbst noch gewisse Banden an Stellen auf, die streng harmonisch zueinander liegen, dergestalt, daß die Maximalwellenlänge jeder folgenden Bande doppelt so groß ist wie die der vorhergehenden. Ob hier nur ein rein zufälliges Zusammentreffen vorliegt, oder ob es sich dabei um einen strengen inneren Zusammenhang handelt, ist eine noch nicht völlig entschiedene Frage. Um sie entscheiden zu können, wird es einer stärkeren Dispersion bedürfen, und dazu wird das Spektrum bis zu 27,6 μ auf die nächste harmonische Oberschwingung hin untersucht werden müssen. Ebenso wird es nötig sein, im Spektrum des Ammoniaks usw. noch weitere Paare von Banden festzulegen, um den Nachweis dafür zu erbringen, daß die konstante Wellenlängendifferenz, welche gefunden worden ist, nicht auf einer reinen Zufälligkeit beruht, daß also hier tatsächlich eine Spektralserie vorliegt.

9. Die drei isomeren Xylole haben ‚kannelierte‘ Bandenspektren, in denen die wichtigste Linie in jeder Gruppe am weitesten in der Richtung nach den größeren Wellenlängen zu in der Reihenfolge Ortho-, Meta-, Para- liegt. Mit anderen Worten: Beim Ortho-Xylol, in welchem die CH_3-Gruppen am dichtesten beieinander am Benzolring liegen, liegt das ‚Haupt‘ jeder Bandengruppe weiter nach dem Ultrarot zu als die ‚Häupter‘ der entsprechenden Banden der Meta- und Para-Verbindungen.

10. Bei vielen Verbindungen fallen zahlreiche Banden zusammen, die ohne Zweifel bei Verwendung einer größeren Dispersion in verschiedenen Lagen gefunden worden wären. Andere Banden, wie die bei 3,25 μ beim Benzol, beim Benzaldehyd und beim Pyridin, oder die bei 3,43 μ und 6,86 μ, die sich bei den aliphatischen Verbindungen finden, scheinen anzudeuten, daß eine spezifische Atomgruppe ihre Quelle bildet, oder daß irgend ein ‚Ion‘ oder ‚Kern‘ ihnen gemeinsam ist.‘‘

Kristallwasser und chemisch gebundenes Wasser. — Coblentz[1]) hat seine Untersuchungen über die ultraroten Absorptions- und Emissionsspektren auf Minerale ausgedehnt, in der

---

[1]) Physical Review **20**, 252 (1905); **22**, 1 (1905); **23**, 125 (1906); auch Königsberger, Wied. Ann. **61**, 703 (1897).

Absicht, zwischen Konstitutionswasser und Kristallwasser in diesen Substanzen zu unterscheiden. Im Gegensatz zu seinem Verhalten im ultravioletten und sichtbaren Gebiet zeigt das Wasser im ultraroten Spektrum eine starke und charakteristische selektive Absorption.[1]) Die wichtigsten Banden liegen an den folgenden Stellen

$$1{,}5\,\mu, \quad 2\,\mu, \quad 3\,\mu, \quad 4{,}75\,\mu, \quad 6\,\mu,$$

wobei sich bei $3\,\mu$ und $6\,\mu$, die stärksten der Reihe, befinden. Coblentz fand, daß jene Stoffe, die nach ihrem chemischen Verhalten anscheinend Kristallwasser enthalten, Spektren liefern, in denen diese Banden gut entwickelt sind. Andererseits zeigen anhydrische Minerale und solche, welche chemisch gebundenes Wasser enthalten, das nur in Form von Hydroxylgruppen vorhanden ist, wie im Bauxit $Al_2O(OH)_4$ keine von diesen Banden. Der Unterschied zwischen Anhydrit und Gips und zwischen Quarz und Opal mag den Einfluß des freien in einem Mineral enthaltenen Wassers zeigen.

Absorptionsbanden bei

Anhydrit .	$CaSO_4$	3,2 5,7, 6,15 und 6,55 μ	schwach
Gips . . .	$CaSO_4 2H_2O$	1,5, 2, 3, 4,75 und 6 μ	stark
Quarz . .	SiO_2 . . .	2,9 und 4,35 μ	schwach
Opal . . .	$SiO_2 . n . H_2O$	1,5 2, 3 und 6 μ	stark

Die Banden von Quarz und Anhydrit sind schwach im Vergleich zu den gut entwickelten Wasserbanden der hydratisierten Minerale. Die in der Tabelle IX enthaltenen Beispiele geben ein vollständigeres Bild. Der erste Teil enthält Verbindungen, welche die charakteristischen Banden des Wassers nicht zeigen; die hydroxylhaltigen geben eine schwache Bande bei etwa $3\,\mu$, von welcher Coblentz glaubt, daß sie dieser Gruppe zuzuschreiben ist, da sie sich auch in den Alkoholen vorfindet. Die in der zweiten Abteilung angeführten Verbindungen zeigen die Banden des Wassers; sie enthalten alle, mit der bemerkenswerten Ausnahme des Rohrzuckers, Kristallwasser.

---

[1]) Julius, Akad. Amsterdam **1892**, 1; Paschen, Wied. Ann. **53**, 334 (1894); Aschkinass, Wied. Ann. **55**, 406 (1895).

Tabelle IX.

Verbindungen, welche die Wasserbanden nicht zeigen.

Substanz	Formel	Substanz	Formel
Brucit . . .	$Mg(OH)_2$	Diatolit . .	$Ca(B \cdot OH)SiO_4$
Göthit . . .	$FeO \cdot OH$	Portland-	
Manganit .	$MnO \cdot OH$	zement . .	—
Bauxit . .	$Al_2O(OH)_4$	Turmalin . .	—
Lazulit . . .	$MnFeAl_2(OH)_2(PO_4)_2$	Fructose . .	$C_6H_7O(OH)_5$
Diaspas . .	$AlO \cdot OH$		

Verbindungen, welche die Wasserbanden zeigen.

Substanz	Formel	Substanz	Formel
Heulandit .	$H_4CaAl_2Si_6O_{18} \cdot 3H_2O$	Calciumchlo-	
Kalialaun . .	$K_2 \cdot SO_4 \cdot Al_2(SO_4)_3 \cdot 24H_2O$	rid	$CaCl_2 + 6H_2O$
Kaliumferro-		Mellith . . .	$Al_2C_{12}O_{12} \cdot 18H_2O$
cyanid . .	$K_4Fe(CN)_6 \cdot 3H_2O$ . . .	Stilbit . . .	$CaAl_2Si_6O_{16} \cdot 6H_2O$
Rohrzucker .	$C_{12}H_{22}O_{11}$		

Diese Beziehungen können dazu dienen, um die Natur des Wassers in einem Mineral zu bestimmen. So verliert z. B. der Talk, $H_2Mg_3Si_4O_{12}$, bei Rotglut Wasser; da jedoch das Mineral die Wasserbanden nicht zeigt, so muß das so vertriebene Wasser chemisch gebunden sein. Die Substanz ist daher ein basisches Silikat. Serpentin $H_4(MgFe)_3SiO_9$, ein anderes Mineral, das bei Rotglut Wasser verliert, zeigt die starke Absorptionsbande des Wassers bei 3μ und enthält daher das Wasser in freiem Zustande.

Zusammenfassung.

Über die Chromophortheorie ist bereits in § 4 und 7 gesagt worden, daß sie zu keinem völlig befriedigenden Ergebnis führt; dasselbe Urteil wurde über die Isorropesis gewonnen. Dagegen erwies sich der Vergleich der Absorptionskurven verwandter Stoffe nach Hartley als ein außerordentlich wertvolles Mittel zur Lösung von Konstitutionsfragen. „Prinzipielle Änderungen der Absorption organischer Stoffe bei anscheinend einfachen Veränderungen (chemischer Art), vor allem Übergänge zwischen kontinuierlicher oder allgemeiner und diskontuierlicher oder selektiver Absorption sind stets die Zeichen von wesentlichen chemischen Veränderungen." (Hantzsch.)

Für einfache Verbindungen ist die Methode weniger gut geeignet, denn die Spektren derselben bestehen meist in einer allgemeinen Absorption oder in einer schwach ausgeprägten und daher nicht charakteristischen selektiven Absorption, die keine deutlichen Beziehungen zur Konstitution zu ermitteln gestattet.

Die Anwendung der Absorption im ultraroten Gebiet auf chemische Probleme ist bisher beschränkt.

Kapitel XI.   Fluorescenz.

§ 1.   Allgemeines und Theoretisches.

Als Fluorescenz bezeichnet man die Lichtemission eines Stoffes, die durch Beleuchtung veranlaßt wird und nur so lange besteht, als die Substanz unter dem Einflusse des erregenden Lichtstrahles steht; sobald dieser aufhört, endet die Fluorescenz. Dieses Verhalten unterscheidet die Eigenschaft von der Phosphorescenz, welche noch erhalten bleibt, nachdem der Erreger entfernt worden ist. Man kann die fluorescierenden Stoffe, je nach dem Spektrum des fluorescierenden Lichtes, in zwei Klassen einteilen. Zur einen gehören die Elemente, welche im Gaszustande Fluorescenzspektra geben, die aus Linien[1]) bestehen, zur anderen zählen die komplexen Substanzen, deren Fluorescenzspektra von Banden gebildet werden. Bemerkt sei, daß die Banden in den eben genannten Spektren ein deutlich erkennbares Intensitätsmaximum zeigen. Die Wellenlänge des Fluorescenzlichtes wechselt innerhalb weiter Grenzen; bei den meisten bekannten fluorescierenden Körpern liegt sie im sichtbaren Teil des Spektrums; doch haben Stark und Meyer[2]) gefunden, daß zahlreiche Benzolderivate Fluorescenz im Ultraviolett besitzen. Im ultraroten Gebiet ist Fluorescenz noch nicht beobachtet worden.

Es bestehen nahe Beziehungen zwischen der Absorption des Lichtes und der Fluorescenz. Die Fluorescenz wird nicht von jedem Lichte beliebiger Wellenlänge hervorgerufen; sie entsteht nur, wenn das einfallende Licht Schwingungen enthält, die das Medium absorbieren kann. Dies hat zuerst Stokes mit seinen Mitarbeitern

---

[1]) Phil. Mag. [6] **10**, 52 (1905).
[2]) Phys. Zeitschr. **8**, 250 (1907).

bewiesen, und zwar in folgender Weise: Läßt man einen Sonnenstrahl hintereinander auf zwei Schichten desselben fluorescierenden Mediums auffallen, so fluoresciert die zweite Schicht nicht. Anscheinend entnimmt die erste Schicht aus den Lichtstrahlen alle Schwingungen, welche das Medium absorbieren kann, so daß daher die zweite Schicht nicht mehr zur Fluorescenz gebracht wird. Die Energie der Fluorescenz stammt von den absorbierten Schwingungen. Absorption und Fluorescenz stehen in Wechselbeziehung; Absorption kann Fluorescenz hervorrufen, die Fluorescenz verstärkt in vielen Fällen die Intensität der Absorption. Diese interessante Tatsache wurde zuerst von Burke[1]) gefunden und ist von Nichols und Merritt[2]) einem eingehenden Studium unterzogen worden, welche die Beziehungen zwischen der Intensität des einfallenden Lichtes und der durch Fluorescenz hervorgerufenen Absorption untersuchten. Sie fanden, daß die auf Fluorescenz beruhende Absorption bis zu einem konstanten Wert ansteigt, wenn die Intensität des einfallenden Lichtes langsam erhöht wird.

Stokes[3]) hat gezeigt, daß einfallendes Licht von einer bestimmten Wellenlänge eine Fluorescenz hervorrufen kann, die aus verschiedenen Strahlen besteht, und daß umgekehrt ein gegebener Strahl des Fluorescenzspektrums absorbiertem Licht verschiedener Wellenlänge zugehören kann. Stokes glaubte ferner das Gesetz gefunden zu haben, daß das Fluorescenzlicht immer eine geringere Brechbarkeit oder eine größere Wellenlänge als die absorbierten Lichtstrahlen besitzt, welche es hervorrufen. Diese als „Stokessches Gesetz" bekannte Beziehung ist weiterer Prüfung unterzogen worden, wobei sich einzelne Ausnahmen gezeigt haben, so beim Chlorophyll, Eosin und Fluorescein.

Wie Ley und von Engelhardt[4]) ausführen, erstreckt sich die Abhängigkeit zwischen Lage und Intensitätsverteilung der Fluorescenzbanden und Lage und Gestalt der Absorptjonsbanden auf zwei Umstände:

„1. wird durch die größere oder geringere Durchlässigkeit der Lösungen die spektrale Beschaffenheit des erregenden Lichtes beeinflußt;

---

[1]) Proc. Roy. Soc. **61**, 485 (1897); **76**, 165 (1905).
[2]) Physical Review **18**, 447 (1904); **19**, 396 (1905); vgl. auch Wick, Physical Review **24**, 407 (1907).
[3]) Vgl. auch Hagenbach, Pogg. Ann. **146**, 377, 505 (1872).
[4]) Zeitschr. für phys. Chem. **74**, 3 (1910).

2. wird das aus der Lösung austretende Fluorescenzlicht mehr oder weniger absorbiert werden.

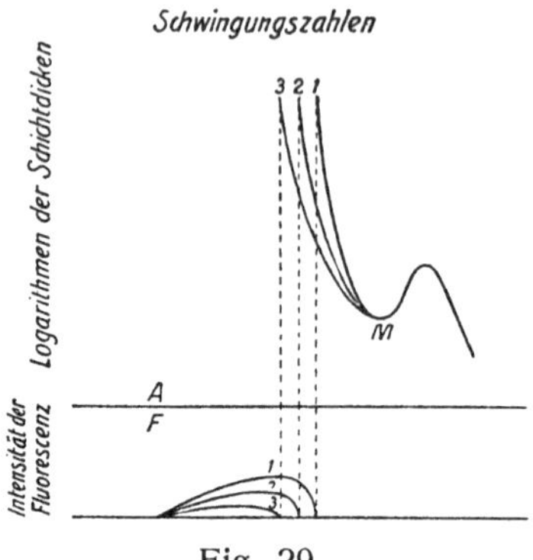

Fig. 29.

Fig. 29 zeigt, wie der verschieden steile Verlauf der Absorptionskurve einen Teil des Fluorescenzlichtes absorbiert und dadurch eine Verschiebung der Fluorescenzbanden hervorruft.

In A sind drei verschiedene Absorptionskurven (Schwingungskurven), d. h. die Punkte beliebiger, jedoch gleich starker Absorption in ihrer Abhängigkeit von der logarithmischen Schichtdecke nach ihrer spektralen Lage gezeichnet, in F ist die zu jedem Falle gehörige Fluorescenz angegeben, und zwar sowohl die spektrale Verteilung (Abszisse), als auch die Intensitätsverteilung (Ordinate).

Das Maximum der selektiven Absorption M liegt stets bei gleicher Wellenlänge, nur eine sich überlagernde kontinuierliche Absorption verursacht diese ‚scheinbare‘ Verschiebung der Fluorescenzbanden.‘‘

Dem Maximum der Fluorescenzintensität entspricht ein Minimum der Absorptionsintensität; zugleich ist letzteres gegen das Fluorescenzmaximum nach der Seite der kürzeren Wellen verschoben.

Man nimmt allgemein an, daß das Fluorescenzlicht durch Schwingungen innerhalb des Mediums verursacht wird, welche durch die Stöße des absorbierten Lichtes hervorgerufen werden; diese induzierten Schwingungen werden auf den umgebenden Äther übertragen und erscheinen damit als Licht. Lommel[1] betrachtete als

---

[1] Lommel, Pogg. Ann. **143**, 26 (1871); **159**, 514 (1876); Wied. Ann. **3**, 113, 251 (1878); **8**, 244 (1878); **24**, 288 (1885); vgl. auch H. Könen, Kaysers Handbuch der Spektroskopie (Leipzig 1908), **4**, 1042.

die einzige Ursache der Fluorescenz die Resonanz der Moleküle und Atome mit den absorbierten Schwingungen. Auf Grund mathematischer Entwicklung dieser Annahme konnte er eine befriedigende Erklärung der bekannten Beziehungen zwischen der Wellenlänge des absorbierten Lichtes und der Fluorescenz geben. Die Theorie konnte jedoch nicht aufrechterhalten werden, da G. C. Schmidt[1]) Ausnahmefälle beobachtete, welche von der Resonanztheorie nicht erklärt werden konnten. Wiedemann[2]) stellte dann die Theorie auf, daß das Molekül einer fluorescierenden Substanz in zwei Formen existiert, von denen die eine stabiler ist als die andere. Die stabile Form wird durch die Absorption der Energie der Lichtschwingungen in die weniger stabile Form umgewandelt, welche sich dann spontan wieder in die stabile Form umsetzt, wobei die vorher absorbierte Energie als Fluorescenz ausgesandt wird. Die beiden Formen der Substanz können infolge der Bewegung eines Atoms innerhalb des Moleküls entstehen. Wiedemann nimmt an, daß das Fluorescenzlicht direkt eine Folge der Ätherschwingungen ist, welche infolge der Bewegung des Atoms entstehen. In dieser Theorie ist die alte Annahme der Resonanz verlassen; es wird nicht mehr angenommen, daß die Fluorescenzschwingungen von den absorbierten Wellen direkt hervorgerufen werden, sondern vorausgesetzt, daß sie durch die Einwirkung des Lichtes auf das Molekül frei werden.

Die Theorie von Wiedemann muß nur wenig geändert werden,[3]) um sie den modernen Anschauungen anzupassen. Drude[4]) hat gezeigt, daß die Schwingungen des Atoms selbst oder der Gruppe positiver Elektronen dem ultraroten Teile des Spektrums entsprechen, während der sichtbare und ultraviolette Teil von den Dispersions- oder „Valenz"-Elektronen herrührt. Wenn nun das Fluorescenzlicht in Atomschwingungen seinen Ursprung hat, so müßte es immer nur im ultraroten oder benachbarten Teile des Spektrums zu finden sein. Die meisten Substanzen geben jedoch blaues oder violettes Fluorescenzlicht, während Fluorescenz im ultraroten Spektrum überhaupt noch nicht beobachtet worden ist. Daher ist die Fluorescenzschwingung den Valenzelektronen zuzuschreiben, und die zweite Form der Substanz, deren Bildung die

---

1) Wied. Ann. **58**, 517 (1896).
2) Wied. Ann. **37**, 177 (1889); **54**, 604 (1895); **56**, 201 (1895).
3) Siehe Voigt, Arch. Néerl. Scienc. Soc. [2] **6**, 352 (1901); Nichols und Merritt, Physical Review **19**, 411 (1905).
4) Drude, Ann. d. Phys. **14**, 677, 936 (1904).

Theorie von Wiedemann verlangt, entsteht nicht durch die Bewegung eines Atoms, sondern durch den Stellungswechsel eines Elektrons oder einer Valenz.

Stark[1]) hat sich mit der Fluorescenz vom Standpunkt seiner Valenztheorie (vgl. Kap. X § 7) beschäftigt. Er ist der Ansicht, daß Bindungsänderungen der Valenzelektronen in einem Teil der Moleküle stattfinden. Die Loslösung eines Valenzelektrons von seinem Atom geschieht bei der Lichtabsorption unter Energieaufnahme; bei der Wiederanlagerung wird diese Energie in Form von Fluorescenz wieder abgegeben. Nach Stark zeigen alle fluorescierenden Stoffe, unabhängig vom Aggregatszustand ein Bandenspektrum.[2])

§ 2. Der Einfluß von Lösungsmitteln auf die Fluorescenz.

Bei der näheren Betrachtung der Beziehungen zwischen Fluorescenz und chemischer Konstitution ist in Betracht zu ziehen, daß die von den Chemikern gesammelten Daten sich auf die Lösungen von Stoffen in verschiedenen Lösungsmitteln beziehen und daher zunächst der Einfluß des Lösungsmittels festgestellt werden muß. Dieser Einfluß auf die Fluorescenz ist oft sehr deutlich. Eine Verbindung kann in einem Lösungsmittel eine starke Fluorescenz geben, in allen anderen eine geringe oder gar keine, und gleichzeitig kann die Farbe der Fluorescenz von Lösungsmittel zu Lösungsmittel sich ändern. Die Fluorescenz eines gelösten Stoffes kann beeinflußt werden:

1. durch chemische Verbindung mit dem Lösungsmittel,
2. durch Ionisation,
3. durch physikalische Eigenschaften des Lösungsmittels.

1. Chemische Verbindung mit dem Lösungsmittel. — Die wichtigsten Beispiele hierfür finden sich bei stark sauren oder alkalischen Lösungsmitteln, welche sich mit basischen oder sauren Verbindungen unter Salzbildung verbinden. Die Fluorescenz der Substanz kann erhöht oder ausgelöscht werden. So fluoresciert Diphenylpyron in alkoholischer Lösung nicht, zeigt aber kräftige Fluorescenz, wenn es in konzentrierter Schwefelsäure gelöst wird.

---

[1]) Phys. Zeitschr. **8**, 82 (1907); **9**, 491 (1908).
[2]) Über den Nachweis von Fluorescenz im ultravioletten Teil des Spektrums s. Stark, Phys. Zeitschr. **8**, 83, 350 (1907).

Andererseits gibt S-Phenyldi-p-nitrophenazothioniumhydroxyd in alkoholischer Lösung eine rote Fluorescenz, die bei Zugabe von Säure verschwindet.[1]) Eine Theorie, die eine Erklärung für derartige Beziehungen anstrebt, wurde von Hewitt aufgestellt, welcher behauptet, daß die Fluorescenz durch doppelte symmetrische Tautomerie hervorgerufen wird. Nur die Salze von Diphenylpyron sind dieser doppelten Tautomerie fähig, während die Salzbildung beim Phenazothioniumderivat diese Möglichkeit ausschließt. Doch kann diese Erklärung nicht allgemein angewandt werden; so widerspricht ihr die Tatsache der Fluorescenz[2]) des 2-Methyl-3-amino-4-oxychinolins nur in schwach saurer oder alkalischer Lösung.

$$\text{OH}$$
$$\text{NH}_2 \quad \text{CH}_3 \quad \text{N}$$

2-Methyl-3-amino-4-oxychinolin.
Fluoresciert nicht in alkoholischer Lösung.

Vor kurzem haben E. Ch. C. Baly und R. Krulla[3]) etwa folgende Theorie der Fluorescenz entwickelt. Sie sehen jedes Atom als Mittelpunkt eines Kraftfeldes an und nehmen weiter an, daß bei der Vereinigung der Atome zum Molekül die freien Valenzen unter Energieabgabe zu einem neuen Kraftliniensystem mit größerer Beständigkeit zusammentreten. Die Rückbildung zum labilen System kann nur unter Energiezufuhr geschehen, wie durch Lichtabsorption. Bei selektiver Absorption sind nur die absorbierten Strahlen wirksam. Wenn Stoffe bloß in Lösung absorbieren, so bewirkt die Verbindung mit dem Lösungsmittel (Solvatation) die Entstehung einer angreifbaren Form. Bei komplizierten Molekülen können Zwischenstufen auftreten. Wird z. B. ein Molekül durch Absorption des Lichtes λ_2 von dem stabilen Zustand 1 in den Zustand 2 umgewandelt und von 2 durch λ_3 in 3, so wird bei dem Rückgang in den Zustand 2 Licht von der Wellenlänge λ_3 emittiert werden. Wenn die Zustände 2 und 3 enge miteinander verknüpft sind, muß auch 3 erreicht werden, da der Prozeß $1 \rightleftarrows 2$ das ganze System stören muß; und dies

---

[1]) Smiles und Hilditsch, Trans. Chem. Soc. **93**, 145 (1908).
[2]) O. Stark, Ber. d. Dtsch. chem. Ges. **40**, 3434 (1907).
[3]) Journ. Chem. Soc. **101**, 1469 (1912).

ist die Ursache für das Auftreten der Fluorescenz, weil dann bei der Rückbildung von 2 eben λ_3 emittiert wird. Als Beispiele für diese Auffassung werden die aromatischen Aminoaldehyde und Aminoketone angeführt. Sie absorbieren in Alkohol und in Gegenwart von wenig Salzsäure verschieden, woraus auf die Auflockerung zu zwei verschiedenen Stoffen geschlossen wird. In der Tat fluorescieren die Stoffe in Alkohol mit demselben Licht, das sie in Gegenwart von Salzsäure absorbieren. Auch Triphenylcarbinol fluoresciert in Alkohol mit der Farbe, die es in Schwefelsäurelösung absorbiert. Auch die Fluorescenz der alkoholischen Lösung von Anisol, Resorcin- und Hydrochinondimethyläther gleicht weitgehend der Absorption der Zwischenstufe in Schwefelsäure.[1]

2. **Ionisation.** — Die Untersuchungen von **Buckingham**[2] und von **Knoblauch**[3] haben ergeben, daß Ionen fluorescieren können, und daß die Fluorescenz des Ions in den meisten Fällen intensiver ist als die der undissoziierten Substanz. **Buckingham** hat gezeigt, daß die Fluorescenz einer n/500-Lösung von Eosin durch die Hinzufügung von Säuren, sowie durch Mischung mit starken Alkalien verringert wird; sie wird hingegen erhöht a) durch Verdünnung und b) durch Zusatz schwacher Basen. Saures Chininsulfat ergab die gleichen Resultate; die folgende Tabelle zeigt den Einfluß, den der Zusatz von Ammoniak zu einer Lösung dieser Substanz hervorbringt; zunehmende Mengen von Ammoniak verringern die Anzahl der vorhandenen Chininionen.

Tabelle I.

Chininsulfatkonzentration	Ammoniakkonzentration	Fluorescenz
0,0014	0	stark
0,0014	0,00073	schwach
0,0014	0,0011	kaum sichtbar
0,0014	0,0019	keine

Diese Tatsachen liefern eine einfache Erklärung des Einflusses von Lösungsmitteln auf fluorescierende Verbindungen, welche Salze bilden; die Fluorescenz eines Elektrolyten wird in stark ionisierenden

---

[1] E. Ch. C. Baly und F. O. Rice, Journ. Chem. Soc. **101**, 1475 (1912).
[2] Zeitschr. f. phys. Chem. **14**, 129 (1894).
[3] Wied. Ann. **54**, 193 (1895).

Medien stärker sein als in schwach ionisierenden. Es kommt häufig
vor, daß Verdünnung einer wässerigen Lösung zuerst die Fluorescenz
erhöht und sie dann verringert; hier erreicht der Einfluß der Ionisation ein Maximum und wird schließlich durch den abschwächenden
Einfluß der abnehmenden Konzentration verdeckt.   O. Stark[1]) hat
gezeigt, daß 2-Methyl-3·aminochinolin, ebenso wie die früher erwähnte Hydroxylverbindung inaktiv ist, während die Ionen stark
fluorescieren.   Er schlug daher vor, diesen Stoff als Indikator für
die Titration von Säuren anzuwenden.   Die Fluorescenz dauert so
lange an, als ein Überschuß von Säure vorhanden ist, verschwindet
aber, wenn die Flüssigkeit mit Alkali neutralisiert ist.   Versuche
von Nichols und Merritt[2]) haben gezeigt, daß die Leitfähigkeit
einer Lösung von Eosin oder anderer Farben während der Fluorescenz
ansteigt; doch ist es unsicher, ob dies eine Folge der gewöhnlichen
Dissoziation ist oder nicht.

3. Physikalische Eigenschaften des Lösungsmittels. —
Die selektive Absorption des Lichtes durch das Lösungsmittel
kann die Fluorescenz in zweierlei Weise beeinflussen. Wenn das
Lösungsmittel die Schwingungen absorbiert, welche zur Erregung
der Substanz gebraucht werden, so wird die Fluorescenz abge-
schwächt oder ausgelöscht; die Fluorescenz wird jedoch auch geschwächt werden, wenn die von dem Lösungsmittel absorbierten
Schwingungen den Fluorescenzschwingungen entsprechen. Es kommt
häufig vor, daß der ausgesandte Lichtstrahl dieselbe Farbe hat wie
die Lösung; in diesen Fällen ist es schwierig, die Fluorescenz zu
erkennen, wenn die Lösung nicht entsprechend verdünnt ist.

Kundt[3]) hat die Regel aufgestellt, daß die Absorptionsbanden
einer gelösten Substanz um so weiter gegen das rote Ende des Spektrums
verschoben werden, je größer der Brechungsindex des Lösungsmittels
ist; Stenger[4]) glaubt für die Fluorescenz eine ähnliche Regel gefunden zu haben. Die umfassenderen Untersuchungen von Knoblauch[5]) haben jedoch gezeigt, daß diese Regel zahlreiche Ausnahmen besitzt. Nach Kauffmann und Beißwenger[6]) besteht

---

[1]) Ber. d. Dtsch. chem. Ges. **40**, 3434 (1907).
[2]) Physical Review **19**, 415 (1904); vgl. hingegen Carmichel, Journ. de
Chim. Phys. [4] **4**, 873 (1905).
[3]) Wied. Ann. **4**, 34 (1878).
[4]) Wied. Ann. **38**, 201 (1886).
[5]) Wied. Ann. **54**, 193 (1895).
[6]) Zeitschr. f. phys. Chem. **50**, 350 (1904).

eine Beziehung zwischen der Farbe der Fluorescenz des gelösten Stoffes und der Dielektrizitätskonstante des Lösungsmittels. Die Fluorescenz des Dimethylnaphtheurhodins rückt gegen das rote Ende des Spektrums, wenn die Dielektrizitätskonstante des Lösungsmittels zunimmt.

Bei den genannten Versuchen, die sich mit dem Einfluß des Lösungsmittels befassen, sind nur wenige quantitative Messungen der Fluorescenz ausgeführt worden; daraus erklärt sich zum Teil die Unsicherheit der Resultate.

§ 3. Die ersten Untersuchungen über die Beziehungen zwischen Fluorescenz und Konstitution. — Fluorophore.

Der erste Versuch in dieser Richtung wurde von Liebermann[1]) unternommen, der die Fluorescenz der Anthracenderivate untersuchte. Es zeigte sich, daß nur die Verbindungen, welche die Gruppe

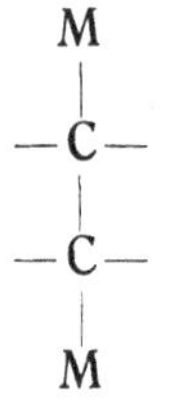

$$\begin{array}{c} M \\ | \\ -C- \\ | \\ -C- \\ | \\ M \end{array} \qquad M = \text{einwertige Gruppe.}$$

zwischen zwei Benzolkernen enthielten, Fluorescenz besaßen; wird diese Gruppe in die ähnlich konstituierte Chinongruppe

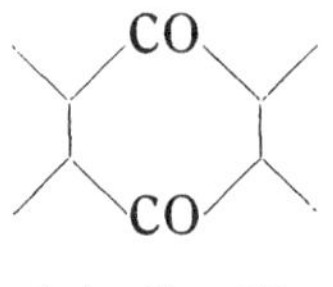

$$\diagup\diagdown\underset{CO}{\overset{CO}{\diagup\diagdown}}\diagdown\diagup$$

umgewandelt, so verschwindet die Fluorescenz.

Die von Spring[2]) einige Jahre später gefundenen Resultate führten ihn zur Ansicht, daß die Fluorescenz an die Anwesenheit des Benzolkernes gebunden ist, da alle Kohlenwasserstoffe mit dieser Struktur mindestens schwach fluorescierend sind, während die Kohlenwasserstoffe der Fettreihe und die alicyclischen niemals fluorescieren.

Diese Untersuchungen enthalten deutlich den Gedanken, daß die Fluorescenz durch die Gegenwart besonderer Atomgruppen hervor-

---

[1]) Ber. **13**, 913 (1880).
[2]) Bull. Soc. Roy. Belg. **1897**, 165.

gerufen wird; weder Liebermann noch Spring haben jedoch ihre Untersuchungen über diese speziellen Gruppen hinaus ausgedehnt.

Im Jahre 1897 unternahm R. Meyer[1]) eine systematische Untersuchung der fluorescierenden Verbindungen und konnte eine Reihe von Gruppen auffinden, deren Gegenwart die Fluorescenz des Moleküls fördert. Er nannte diese Gruppen „Fluorophore", in Analogie zu dem Ausdrucke „Chromophore", der vorher von Witt[2]) auf farberzeugende Gruppen angewandt worden war. Im folgenden ist eine Liste dieser Fluorophore wiedergegeben; man erkennt, daß sie zu den sechsgliedrigen heterocyclischen Kernen gehören.

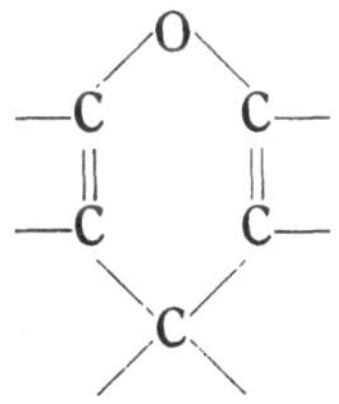

I.

(Kommt in Derivaten des Xanthons, Pyrons und Fluoresceins vor.)

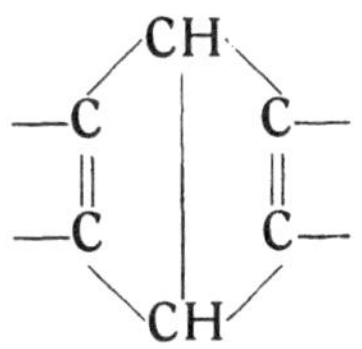

II.

(Findet sich in der Anthracengruppe.)

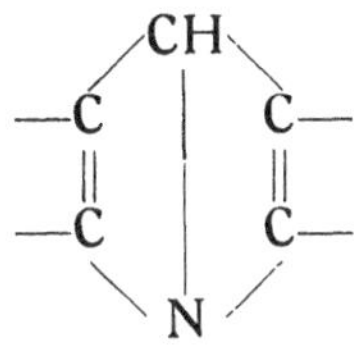

III.

(In der Acridingruppe.)

----

1) Zeitschr. f. phys. Chem. **24**, 268 (1897); Ber. d. Dtsch. chem. Ges. **31**, 510 (1898); **36**, 2967 (1903).
2) Ber. d. Dtsch. chem. Ges. **9**, 522 (1876).

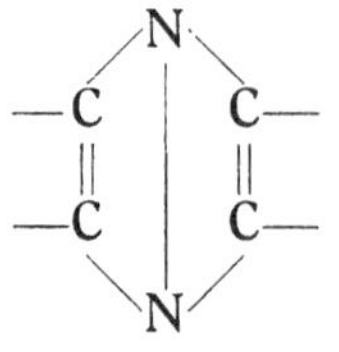

IV.

(Die Azinanordnung, die sich in den Safraninen findet.)

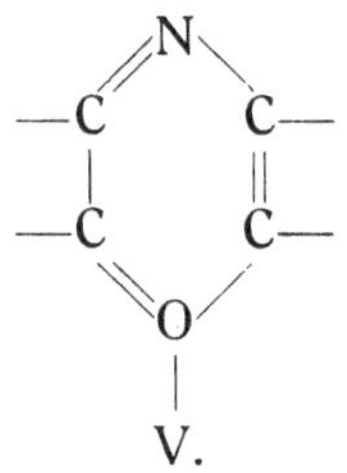

V.

(Die Oxazingruppe; findet sich im Resorufin usw.)

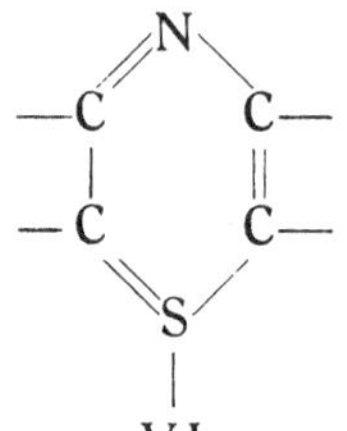

VI.

(Thiazingruppe, im Methylenblau usw.)

Man könnte diese Aufzählung noch stark erweitern. Die Methode, mit deren Hilfe Meyer diese Fluorophore entdeckte, mag an dem Beispiel der Pyronanordnung erläutert werden. Sowohl Fluorescein (I) als auch Fluoran (II)

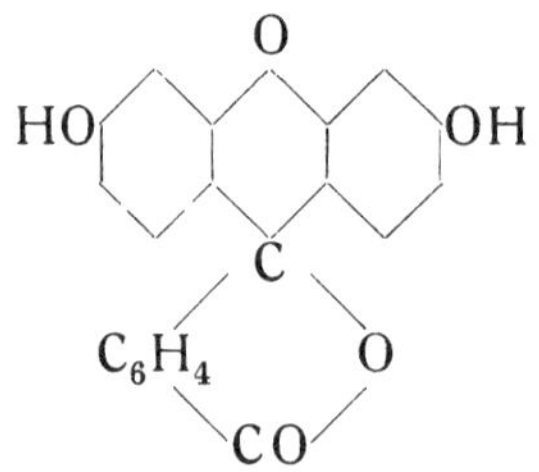

Fluorescein.
(Grüne Fluorescenz in Alkalien.)
I.

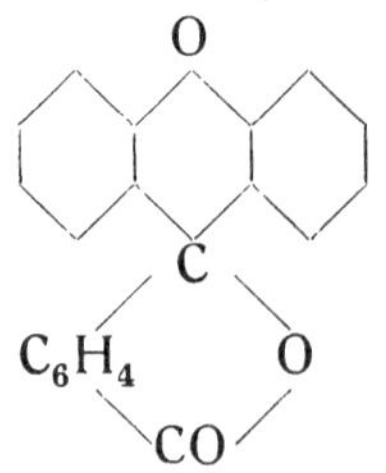

Fluoran.
(Grüne Fluorescenz in
Schwefelsäure.)
II.

fluorescieren stark, während Phenolphthalein (III), ein Stoff, welcher den die

$$HO-C_6H_4-C(C_6H_4)(C_6H_4-OH)$$

III. Phenolphthalein.   (Fluoresciert nicht.)

Brücke bildenden Sauerstoff nicht enthält, nicht fluoresciert. Weiter zeigen weder o-Kresolphthalein noch α-Naphtholphthalein Fluorescenz,

o-Kresolphthalein.   α-Naphtholphthalein.
(Fluorescieren nicht.)

während die entsprechenden Fluorane, welche den Sauerstoffring enthalten, eine starke Fluorescenz zeigen.

p-Kresolfluoran.   Naphtholfluoran.

Aus diesen und ähnlichen Tatsachen folgt anscheinend, daß die Fluorescenz an die Anwesenheit des Sauerstoffringes gebunden ist. Die anderen Fluorophore kann man in ähnlicher Weise feststellen. Man darf nicht annehmen, daß die Anwesenheit eines Fluorophors im Molekül allein immer genügt, um Fluorescenz hervorzurufen, da die Gruppe in den meisten Fällen zwischen dichten Atomkomplexen, wie dem Benzolkerne, stehen muß. Die folgenden Stoffe sollen diese Beziehung erläutern.

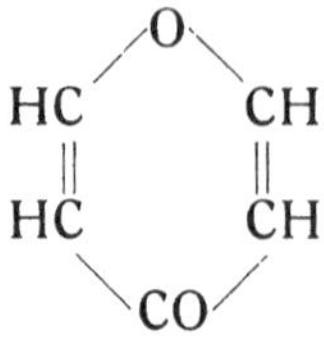

γ-Pyron.
(Keine Fluorescenz.)

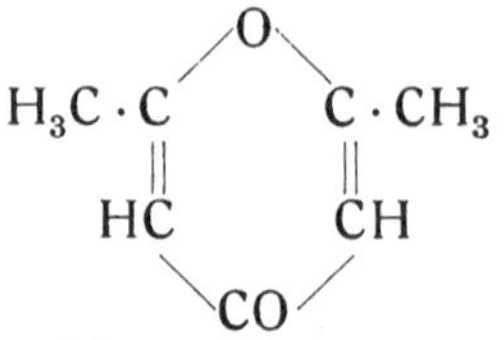

Dimethylpyron.
(Keine Fluorescenz.)

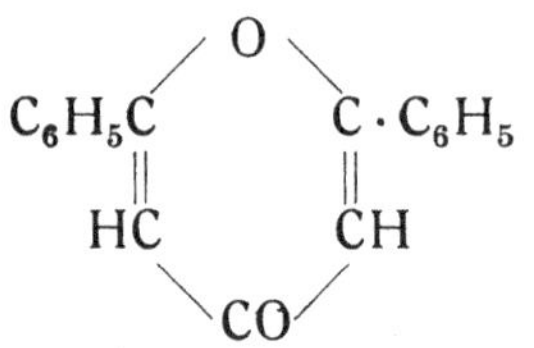

Diphenylpyron.
(Fluorescenz in konc. H_2SO_4.)

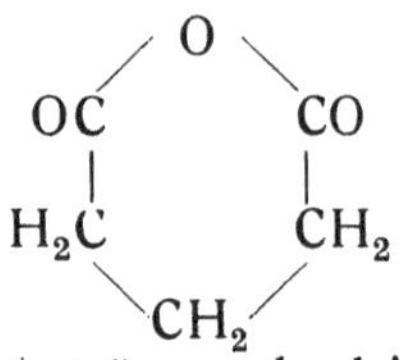

Glutarsäureanhydrid.
(Keine Fluorescenz.)

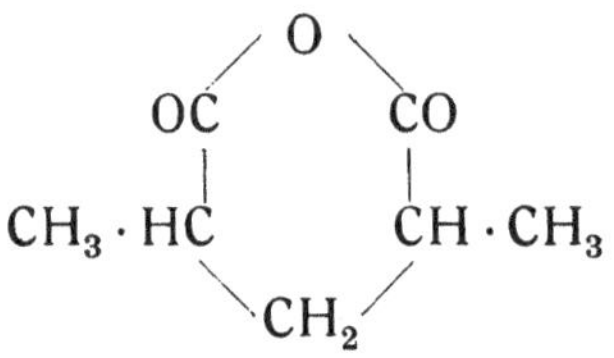

Dimethylglutarsäureanhydrid.
(Keine Fluorescenz.)

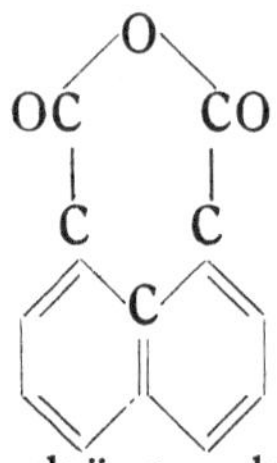

Naphthalsäureanhydrid.
(Fluorescenz.)

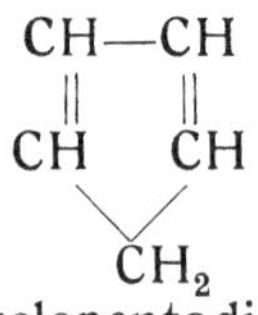

Cyclopentadien.
(Keine Fluorescenz.)

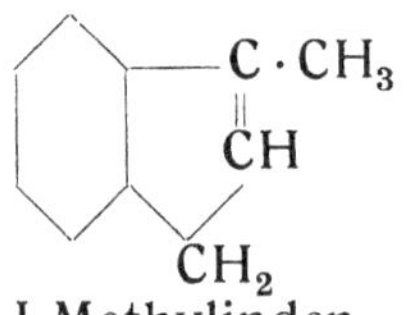

I-Methylinden.
(Geringe Fluorescenz
in H_2SO_4.)

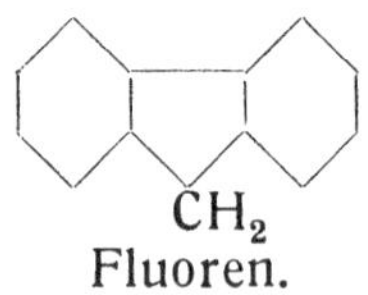

Fluoren.
(Starke Fluorescenz.)

Substitution. — Man erkennt daraus, daß der Hinzutritt von Benzolkernen an das einfachste Derivat eines Fluorophors die latente Fluorescenz zum Vorschein bringt; einfache Gruppen, wie Methyl oder Äthyl sind jedoch nicht genügend. Die interessanten Untersuchungen von Henrich und Opfermann[1]) in der Oxazol-

---

[1]) Ber. d. Dtsch. chem. Ges. **37**, 3108 (1904).

reihe zeigen, daß der Einfluß des Benzolkernes nicht nur auf seine Masse zurückzuführen ist, sondern auf eine andere Eigenschaft, die in der besonderen Anordnung seiner Atome begründet ist.

Oxytoluoxazol.

μ-Methyloxytoluoxazol.

(Keine Fluorescenz.)

μ-Hexyloxytoluoxazol.

(Fluoresciert nicht.)

μ-Phenyloxytoluoxazol.

(Fluoresciert in Schwefelsäure.)

Die Einführung einfacher anorganischer Gruppen in ein fluorescierendes Molekül setzt die Fluorescenz herab. Nach den Untersuchungen von Meyer hängt die Größe dieser Abnahme in erster Annäherung von der Anzahl und Masse der Substituenten ab, indem sie kleiner ist, wenn diese wenig und leicht, und größer, wenn sie zahlreich und schwer sind. So z. B. bei den Fluoranen:

Fluoran.

(Starke Fluorescenz.)

Dioxyfluoran.

(Mittlere Stärke.)

$OH = 17$.

Dichlorfluoran.

(Keine Fluorescenz.)

$Cl = 35{,}5$.

bei den Derivaten des Fluoresceins (vgl. Tabelle II):

Tabelle II.

Substanz	Fluorescenz	Masse des Substituenten
Fluorescein	mittel	—
Dibromfluorescein	schwach	160
Tetrabromfluorescein	schwach	320
Tetrajodfluorescein	keine	508
Dibromdinitrofluorescein	sehr schwach . .	206
Tetranitrofluorescein	keine	184
Fluoresceine aus[1]		
Naphthalsäureanhydrid	sehr intensiv . .	0
Monobromnaphthalsäureanhydrid . . .	sehr intensiv . .	80
Trichlornaphthalsäureanhydrid	intensiv	106,5
Jodnaphthalsäureanhydrid	intensiv	127
Tetrachlornaphthalsäureanhydrid . . .	mäßig stark . . .	142
Hexachlornaphthalsäureanhydrid . . .	gering	213
Trijodnaphthalsäureanhydrid	schwach	381
Dinitronaphthalsäureanhydrid	sehr schwach . .	92

Aus dem zweiten Teil der Tabelle geht hervor, daß die Fluorescenz in der Reihe der Tri-, Tetra- und Hexachlorderivate abnimmt, ebenso wie beim Übergange vom Monobrom- zum Monojodfluorescein. Es ist aber auch klar, daß außer der Masse und der Anzahl auch die chemische Natur der Gruppen die Fluorescenz beeinflußt; denn die Nitrogruppe bringt, trotzdem sie eine kleinere Masse besitzt als Brom oder Jod, eine stärkere Verringerung hervor als diese beiden. Alle Beobachter stimmen darin überein, daß die Nitrogruppe für die Fluorescenz besonders ungünstig ist. Meyer ordnet die öfters auftretenden Gruppen in der Reihenfolge abnehmender Wirksamkeit folgendermaßen an:

$$\text{Gruppe . . . } \quad NO_2 > \quad J > \quad Br > \quad Cl > \quad OH$$
$$\text{Masse . . . } \quad 46 \quad\quad 127 \quad 80 \quad\quad 35 \quad\quad 17$$

Eine genauere Prüfung der Daten zeigt, daß die Wirkung der Substituenten von der Stellung im Molekül abhängig ist; in gewissen Stellungen kann eine sonst wirkungslose Gruppe die Fluorescenz des Stammkörpers zerstören. Dies kann durch Vergleich von Fluorescein mit Hydrochinonphthalein veranschaulicht werden.

---

[1] Francesconi und Bargellini, Gazz. Chim. Ital. **32**, II, 73 (1902).

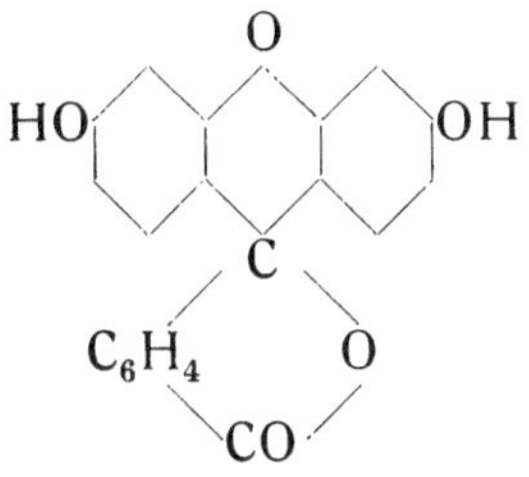

Fluorescein.
(Mittelstarke Fluorescenz.)

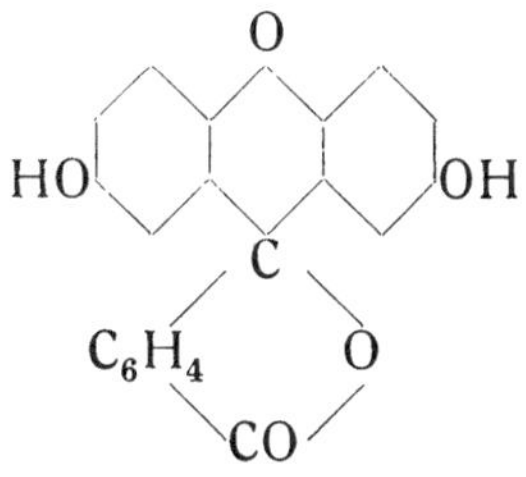

Hydrochinonphthalein.
(Keine Fluorescenz.)

Ein zweites Beispiel bieten die drei Orcinphthaleine.

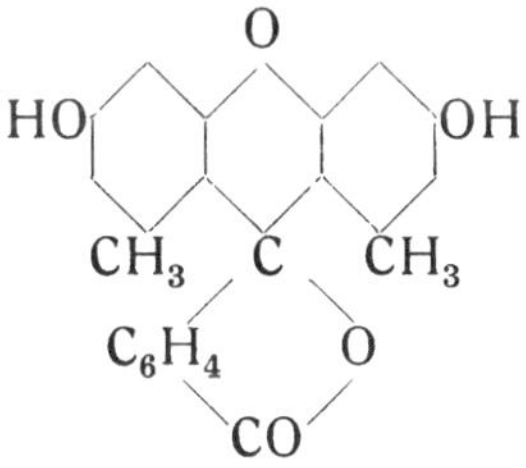

(Schwache Fluorescenz.)

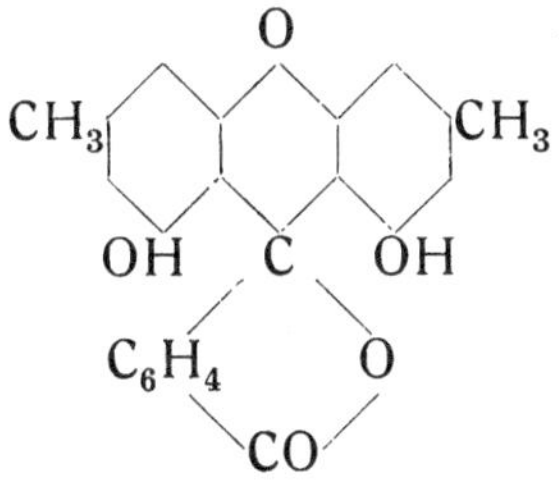

(Keine Fluorescenz.)

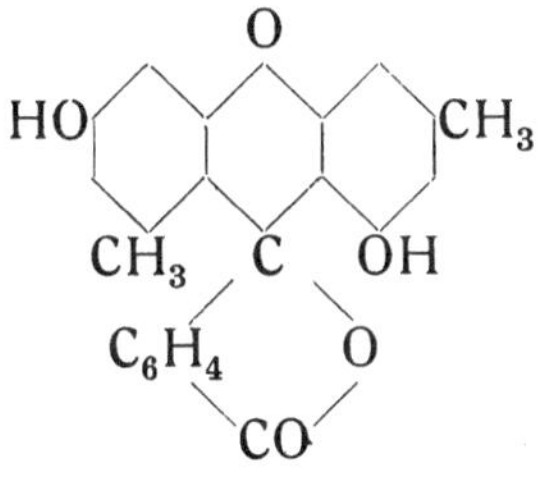

(Keine Fluorescenz.)

Orcinphthaleine.

Auf Grund der von Stark[1]) ausgeführten Untersuchungen über Fluorescenz im Ultraviolett hat Meyer[2]) seine ursprüngliche Ansicht geändert, daß der Fluorophor der Sitz der Fluorescenz ist und diese nur durch die Addition von Benzolkernen hervorgerufen wird. Stark und Meyer[2]) finden, daß Benzol, Anthracen, Phenanthren, Benzophenon, Hydrochinon, Resorcin, Katechin und viele andere aromatische Substanzen ultraviolette Fluorescenz besitzen. Sie sehen daher in aromatischen Verbindungen den Benzolkern als Träger der Fluorescenz an und schreiben den Fluorophoren und verschiedenen Substituenten die Wirkung zu, die Fluorescenzschwingungen in den sichtbaren Teil des Spektrums zu verschieben. Die Kondensation von benzolartigen Kernen wirkt in derselben Weise.[3]) Bevor aber auf die neueren Arbeiten in dieser Richtung näher eingegangen wird, sei erst die Theorie von Hewitt besprochen.

§ 4.　Die Theorie von Hewitt.　Doppelte symmetrische Tautomerie.

Hewitt[4]) hat folgende Theorie für die Entstehung der Fluorescenz aufgestellt:

Die fluorescierenden Substanzen bestehen in zwei ineinander verwandelbaren Formen; die eine derselben absorbiert die Schwingungen des eintretenden Lichtes und geht hierbei in die andere Form über, welche, unter Wiederaussendung der Energie des absorbierten Lichtes, in den ursprünglichen Zustand zurückkehrt. Infolgedessen würden Fluorescenz zeigen:

1. assoziierte Substanzen, bei denen ein immerwährender Wechsel zwischen assoziierten und nichtassoziierten Molekülen stattfindet;
2. tautomere Verbindungen.

Die Fluorescenz hängt von der Leichtigkeit ab, mit der sich eine Form in die andere umwandelt. Substanzen, bei denen eine größere Energiemenge erforderlich ist, um die tautomere Umlagerung zu vollziehen, werden eine schwächere Fluorescenz zeigen, in extremen Fällen wird diese ganz fehlen. Aus diesem Grunde wird man wahrscheinlich nie Fluorescenz infolge von Assoziation finden. Von dieser Anschauung ausgehend fand Hewitt, daß eine besondere

---

1) Phys. Zeitschr. **8**, 81, 248 (1907); **9**, 85 (1908).
2) Phys. Zeitschr. **8**, 250 (1907).
3) Vgl. auch H. v. Liebig, Ann. d. Chem. **360**, 128 (1908).
4) Zeitschr. f. phys. Chem. **34**, 1 (1900); Journ. Soc. Chem. Ind. **22**, 127 (1903).

Art der tautomeren Umlagerung für die Fluorescenz speziell geeignet sein muß. Die Natur dieser Tautomerie wird sich am besten
an Hand eines Beispieles erklären lassen, etwa am Fluorescein. Diese
Substanz kann entweder in der doppelten Hydroxylform II, oder in
der chinoiden Form I A, welche auch wie I B geschrieben werden
kann, existieren.

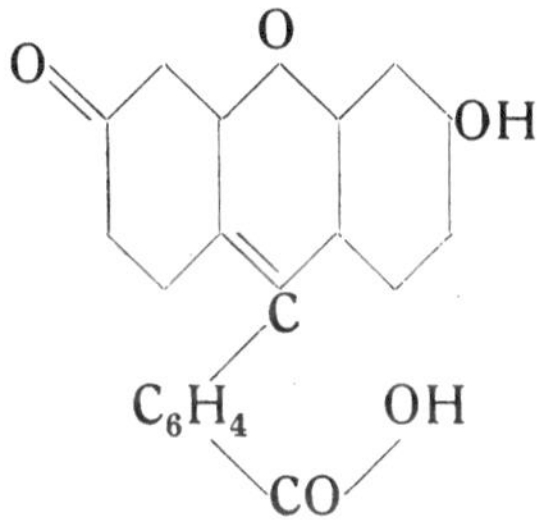

$$\text{I A.} \qquad \text{II.}$$

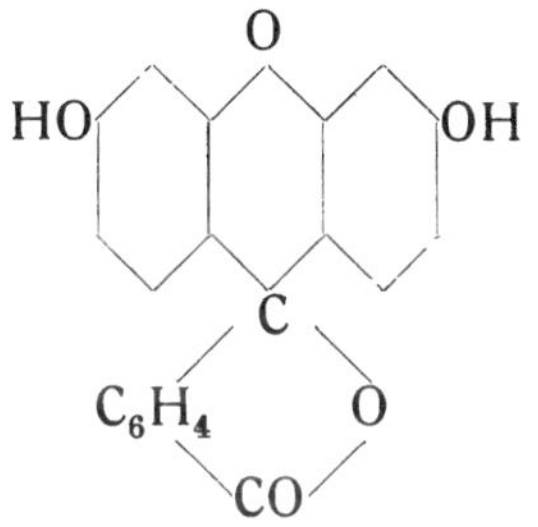

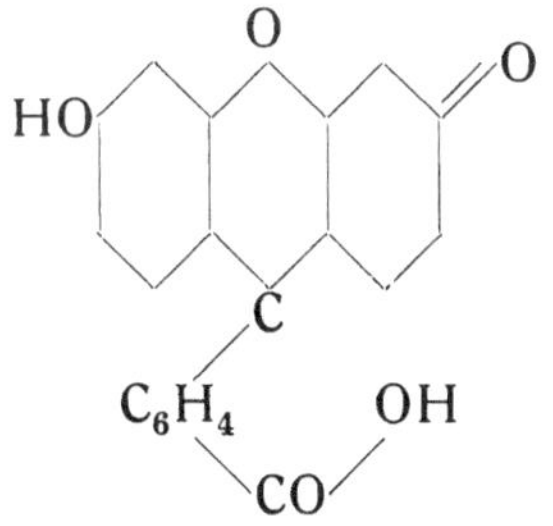

$$\text{I B.}$$

Das Molekül geht von der Stellung I A aus in II und von da in
I B über, wonach der Vorgang in umgekehrter Richtung wieder
anfängt. Man sieht, daß I A und I B chemisch identisch sind, so daß
der Vorgang keine dritte isomere Form notwendig macht. Man
nennt diesen Wechsel doppelte symmetrische Tautomerie,
da der Vorgang nur bei solchen Verbindungen möglich ist, bei denen
die tautomere Umlagerung bei einer von zwei symmetrisch an-
geordneten identischen Gruppen statthat. Die Verschiebung im
Molekül des Stoffes ist den Schwingungen eines Pendels analog. Die
Grenzen der Schwingungsamplitude sind die Stellungen I A und I B,
und die Ruhelage, um welche das Pendel schwingt, wird durch die
Stellung II gekennzeichnet. Die Verschiebung, die bei dieser Art
Tautomerie rasch vor sich geht, dürfte nur eine geringe Energiemenge verbrauchen.

Wird diese Theorie angenommen, so muß man erwarten, daß alle Stoffe, die doppelte symmetrische Tautomerie zeigen, fluorescieren, und dies wird nach Hewitt durch die Erfahrung bestätigt. Folgende sind die wichtigsten Beispiele:

Anthracen:

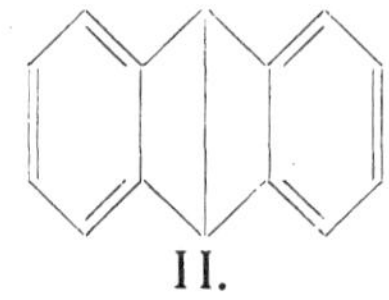

IA.　　　　　　II.　　　　　　IB.

Fluoran (in konz. H_2SO_4):

$$O \cdot SO_4H \qquad H \cdot O \cdot SO_4H \qquad O \cdot SO_4H$$

IA.　　　　　　II.　　　　　　IB.

Diphenylpyron (in konz. H_2SO_4):

IA.　　　　　　II.　　　　　　IB.

Methylenblau:

IA.　　　　　　　　　　　　II.

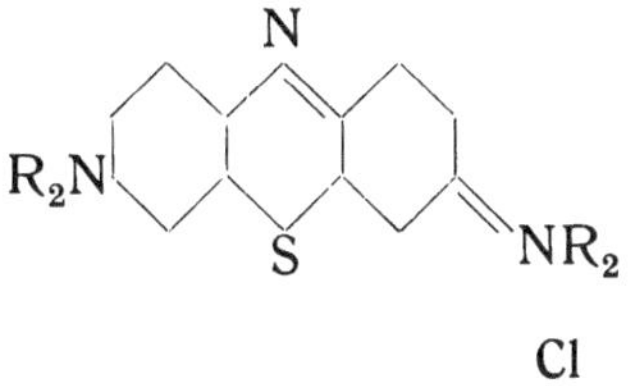

N

R$_2$N

S

NR$_2$

Cl

IB.

Phenosafranin:

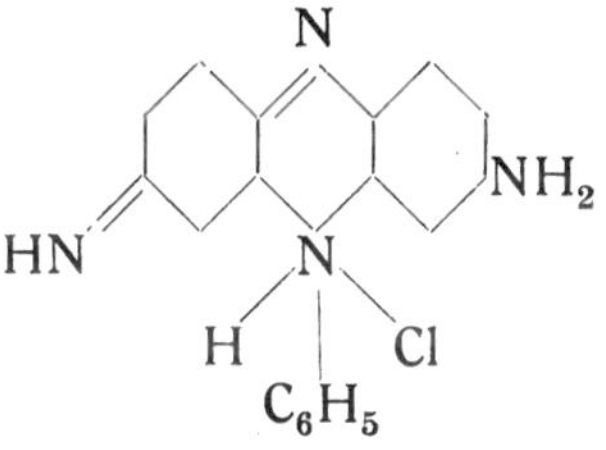

N

HN

NH$_2$

H   Cl

C$_6$H$_5$

IA.

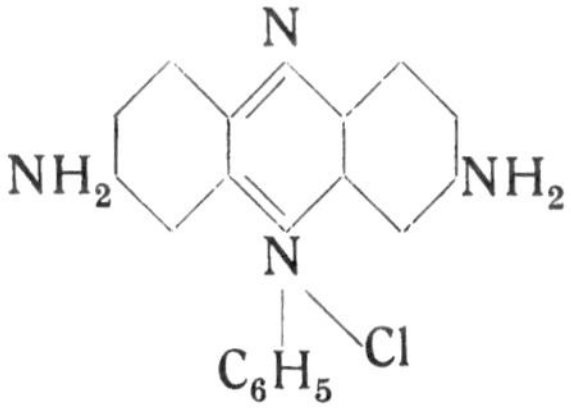

N

NH$_2$

NH$_2$

N

C$_6$H$_5$ Cl

II.

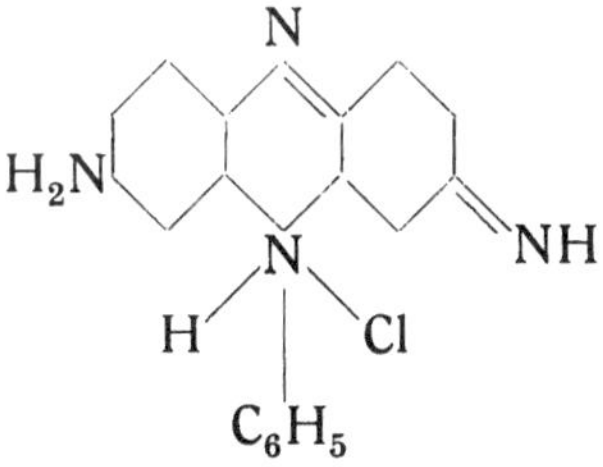

N

H$_2$N

NH

N

H   Cl

C$_6$H$_5$

IB.

Diaminoacridin:

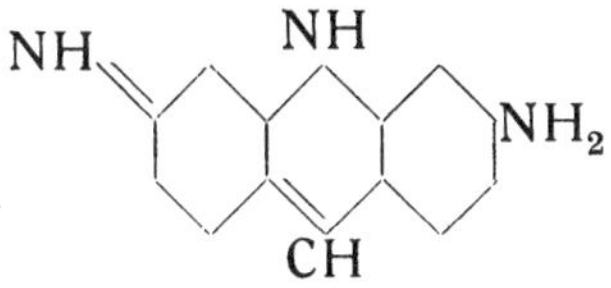

NH   NH

NH$_2$

CH

IA.

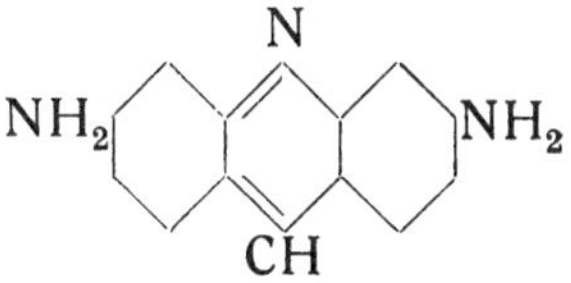

N

NH$_2$

NH$_2$

CH

II.

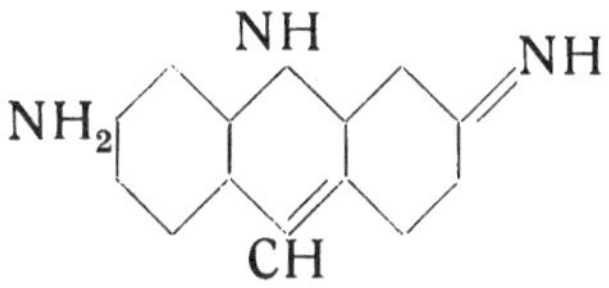

NH   NH

NH$_2$

CH

IB.

Alle diese Verbindungen fluorescieren stark. Die Hypothese bietet auch eine Erklärung dafür, daß viele Stoffe mit symmetrischer

30*

Struktur fluorescieren, während nahe verwandte Verbindungen mit unsymmetrischer Struktur gewöhnlich keine Fluorescenz zeigen.

Aposafranin.

Orcinphthalein.

So fluorescieren Aposafranin und Orcinphthalein nicht; ebenso ist die symmetrische Nitroverbindung I stark fluorescent im Gegensatz zur inaktiven unsymmetrischen Isomeren II.

p-Dinitro-S-oxyphenylphenaz-
thioniumhydrat.

I.

Isodinitro-S-oxyphenylphenaz-
thioniumhydrat.

II.

Man erkennt aus den Formeln dieser Verbindungen leicht, daß unsymmetrische Isomere keine doppelte symmetrische Tautomerie zeigen können. Die Theorie erklärt auch das abweichende Verhalten einiger Nitroverbindungen. Die Nitrogruppe erniedrigt meist die Fluorescenz oder bringt sie sogar zum Verschwinden, doch zeigt das Dinitroderivat von S-Phenylphenazothionium (A) glänzende grüne Fluorescenz im Gegensatze zu der schwach roten der Diaminoverbindung (B).

(A)[1]

I A.

II.

[1] Smiles und Hilditch, Trans. Chem. Soc. 93, 145 (1908).

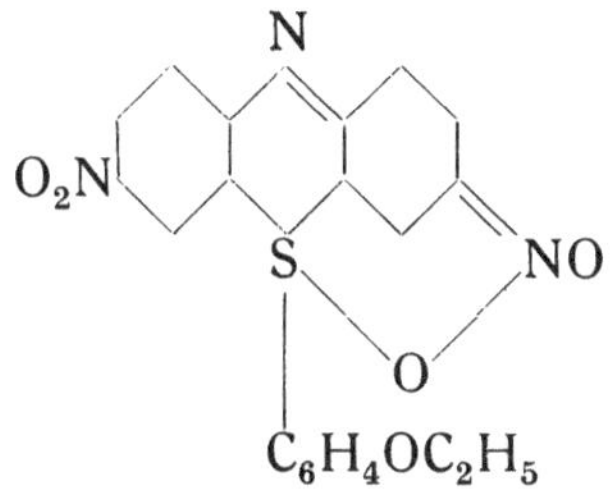

$$O_2N \quad \overset{N}{\diamond} \quad NO$$

$$\underset{\text{I B.}}{C_6H_4OC_2H_5}$$

$$(B)^1$$

$$NH \quad \overset{N}{\diamond} \quad NH_2$$

$$\overset{\mid}{\underset{C_6H_4OC_2H_5}{Cl}}$$

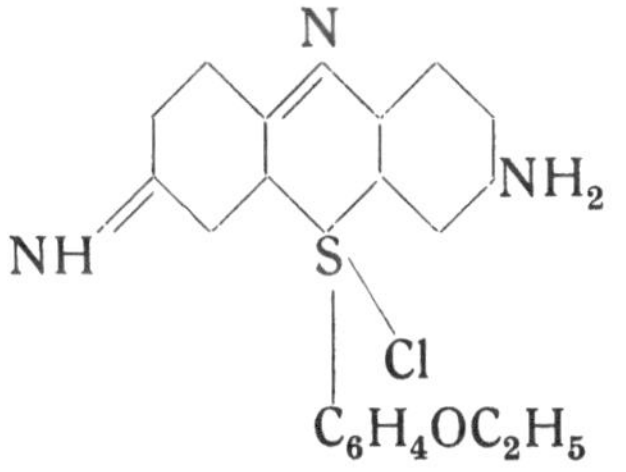

Diese Ausnahme kann durch die Unmöglichkeit doppelter symmetrischer Tautomerie der Aminoverbindung erklärt werden; bei der erstgenannten Verbindung wirkt dagegen die Nitrogruppe durch die Bildung der Stickoxydulverbindung begünstigend.

Hewitt hat anscheinend ursprünglich angenommen, daß alle fluorescierenden Stoffe doppelte symmetrische Tautomerie zeigen müssen; dies läßt sich gegenwärtig keineswegs aufrecht erhalten, sondern man hat viele Ausnahmen gefunden.[1]

§ 5. Die Theorie von Kauffmann. — Luminophore und Fluorogene.

Die Dämpfe vieler Stoffe leuchten, wenn man sie Teslaentladungen aussetzt; die Erscheinung der Luminescenz hängt von dem Drucke ab, unter dem das Gas steht. Geringe Drucke sind günstig; tatsächlich werden viele Stoffe, die bei gewöhnlichem Drucke auf die Entladung nicht reagieren, unter Minderdruck leuchtend. Hemptinne[2] suchte eine Beziehung zwischen dem Molekulargewicht eines

---

[1] Siehe Francesconi und Bargellini, Gazz. Chim. Ital. **32**, II, 73 (1902); **33**, II, 129 (1903); Silberrad, Trans. Chem. Soc. **89**, 1787 (1906); Kauffmann, Ber. d. Dtsch. chem. Ges. **37**, 2941 (1904); Meyer, Phys. Zeitschr. **8**, 254 (1907).

[2] Zeitschr. f. phys. Chem. **22**, 358; **23**, 483 (1897).

Stoffes und dem Druck zu finden, bei welchem sein Dampf leuchtend wird, ohne jedoch zu einer bestimmten Regelmäßigkeit zu gelangen; er schloß, daß die Luminescenz hauptsächlich von der Konstitution abhängig sei.

Die Beziehungen zwischen Konstitution und Luminescenz sind von Kauffmann[1]) einem eingehenden Studium unterzogen worden. Substanzen von verschiedenem Typus zeigen Luminescenz; die Erscheinung ist jedoch besonders deutlich bei cyclisch gebauten Stoffen und speziell bei Benzolderivaten.

Eine Betrachtung der luminescierenden Verbindungen ergibt, daß diese meist gewisse Gruppen enthalten, welche anscheinend die Luminescenz hervorrufen. Kauffmann bezeichnete diese Gruppen als Luminophore. Es ist klar, daß in aromatischen Verbindungen, wie

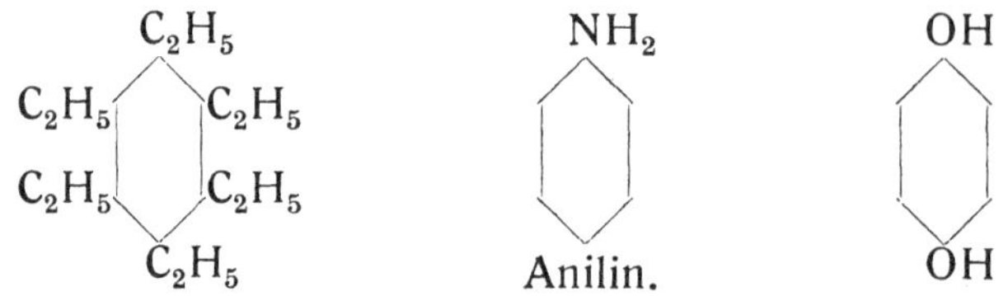

$$C_2H_5 \quad\quad NH_2 \quad\quad OH$$

Hexaäthylbenzol.   Anilin.   Hydrochinon.
(Blauviolette Luminescenz.)

der Benzolkern der Sitz der Luminescenz ist; doch muß erwähnt werden, daß dieser erst zum Luminophor wird, wenn auxochrome Gruppen eingeführt werden, da der Benzolkern unter normalen Verhältnissen keine Luminescenz zeigt. So sind Dimethylanilin, Anilin und Hydrochinon Luminophore, in denen die Dimethylamin-, Amino- bzw. Hydroxylgruppe die Auxochrome sind.

Kauffmann hat festgestellt, daß die so von dem Benzolring erworbene Luminescenz im allgemeinen parallel geht mit

1. einer gesteigerten Reaktionsfähigkeit,
2. der Tendenz, bei der Oxydation Parachinone zu bilden,
3. optischer und magnetoptischer Anomalie.

Es zeigt sich, daß diese Eigenschaften am stärksten auftreten,

---

[1]) Fluorescenz und chemische Konstitution (Stuttgart 1906); Die Auxochrome (Stuttgart 1907); Ber. d. Dtsch. chem. Ges. **33**, 1725 (1900); **34**, 682 (1901); **35**, 473, 1321, 3668 (1902); **36**, 561 (1903); **37**, 2613 (1904); **38**, 789 (1905); **39**, 2722 (1906); **40**, 843, 2338, 2341 (1907); Zeitschr. f. phys. Chem. **55**, 547 (1906); Ann. d. Chem. **444**, 30 (1906).

wenn die Luminescenz ein Maximum erreicht, und jeder Einfluß, der sie ungünstig beeinflußt, die Luminescenz schwächt. Es folgt daraus deutlich, daß sich der Benzolkern in luminescierenden aromatischen Verbindungen in einem anormalen Zustand befindet.

Man kann die magnetoptische Exaltation (s. Kap. XVIII) als ein rohes quantitatives Maß für die Abweichung vom normalen Zustand verwenden. Nimmt man den Zustand des Benzolkernes im Benzol als den normalen an, so kann man das normale magnetische Drehungsvermögen eines Stoffes aus der Drehung des Benzols berechnen, indem man auf die eingetretenen Gruppen Rücksicht nimmt. So erhält man, wenn man die Daten von Perkin zugrunde legt, für den normalen Wert des Anilins die Zahl 12,25 auf folgende Weise:

$$
\begin{array}{lrr}
\text{Anilin } C_6H_5NH_2 \ \ldots \ldots & C_6H_6 = & 11{,}284 \\
& N = & 0{,}717 \\
& H = & 0{,}254 \\
\hline
\text{Molekularrotation (ber.)} \ \ldots & = & 12{,}25 \\
\text{Molekularrotation (gef.)} \ \ldots & = & 16{,}07 \\
\hline
\text{Anomalie} \ldots\ldots\ldots\ldots & = & +3{,}82 \\
\end{array}
$$

Der Unterschied zwischen diesem Werte und der beobachteten magnetischen Rotation stellt die magnetoptische Anomalie dar. Zu beachten ist, daß dies nicht die absolute Anomalie ist, die man erhalten würde, wenn man die Summe der Drehungseffekte der Elemente zugrunde legt, sondern es ist die Anomalie gegenüber dem Benzol. In der folgenden Tabelle ist die magnetoptische Anomalie (A) und die Luminescenz verschiedener Substanzen angegeben; man erkennt, daß die Addition bestimmter Gruppen, wie Amino- und Hydroxyl-Gruppen (Auxochrome) an den Benzolring die Luminescenz erhöht und gleichzeitig die Anomalie hervorruft.

Die Luminescenz und die Anomalie verlaufen parallel; je intensiver die Luminescenz, desto größer die Anomalie der Substanz. Einige Substituenten, wie die Nitro- und Carbäthoxylgruppe, bewirken eine negative Anomalie; hier fehlen dem Benzolkern die für die Luminescenz notwendigen Bedingungen. Die wichtigeren Änderungen der Struktur, welche die Luminescenz im Benzolring begünstigen, sind in Tabelle IV zusammengestellt; sie sind ungefähr nach abnehmender Wirksamkeit angeordnet.

Tabelle III.

Substanz	A	Luminescenz
Nitrobenzol	− 2,15	keine
Benzoesäureäthylester	− 0,38	keine
Brombenzol	− 0,09	keine
Benzol	± 0,0	sehr schwach bei gewöhnl. Druck
Phenetol	+ 1,61	sehr schwach
Hydrochinondimethyläther	+ 3,0	stark
Anilin	+ 3,82	stark
Dimethylanilin	+ 8,59	kräftig
Dimethyl-p-Phenylendiamin	+10,97	sehr kräftig

Tabelle IV.

		Beispiel
1. Einführung der Dialkylaminogruppe	Dimethylanilin	A = 8,59
2. Einführung der Aminogruppe	Anilin	A = 3,82
3. Vereinigung von Benzolkernen	Naphthalin .	A = 4,60
4. Einführung der Äthoxylgruppe	Phenetol . . .	A = 1,61
5. Einführung der Acetaminogruppe	Acetanilid . .	A = 1,95

Die gleichen Beziehungen finden sich zwischen Luminescenz und optischer Anomalie; doch sind sie hier weniger deutlich, da die Anomalie der Refraktion viel geringer ist.

Es ist beobachtet worden, daß die stärker luminescierenden Stoffe leicht zu Derivaten des p-Chinons oxydiert werden; deshalb und aus anderen Gründen schloß Kauffmann, daß der Benzolkern in diesen Stoffen dem parachinoiden Zustand nahe stehen muß. Die ideale Struktur für die Luminescenz wäre die durch die Dewarsche Formel dargestellte,

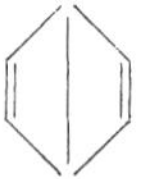

in welcher eine Parabindung angenommen ist; diese wird auch als „D-Struktur" bezeichnet. Damit soll nicht gesagt sein, daß diese Formel die wirkliche Struktur der luminescierenden Stoffe wiedergibt. Es erscheint unmöglich, mit irgend einer statischen Formel auszukommen, da die Formel nur einen idealen Zustand wiedergibt, dem sich der Kern während der Schwingungen der Valenzen mehr oder weniger nähert. Immerhin ist klar, daß hier ein Fall vorliegt, wie er bei dem Studium der optischen Anomalie und des Einflusses von Konjugation bereits angetroffen wurde. Dort wurde als Erklärung für die Anomalie angenommen, daß der anormale Zustand eine Folge der Störung des geschlossenen Systems der Affinitäten im Benzol ist, die durch die Einführung einer Gruppe mit starken Restaffinitäten hervorgerufen wird. Wird die substituierende Gruppe gesättigt, so hört die Anomalie auf und die Luminescenz verschwindet. Beispiele hierfür finden sich in Tabelle V.

Tabelle V.

Substanz	A	Luminescenz
Anilin	3,82	stark
Acetanilid	1,95	schwach
Anilinchlorhydrat	0,14	(?)
Dimethylanilin	8,59	kräftig
Dimethylanilinchlorhydrat	0,02	(?)
Phenol	0,66	kaum sichtbar
Phenylacetat	—0,33	keine

Schließlich soll bemerkt werden, daß sich zwei Gruppen, die in Parastellung stehen, in ihrer Wirkung verstärken; sind sie jedoch in Ortho- oder Metastellung, so wirken sie anscheinend entgegengesetzt.

Substanz	A	Luminescenz
Resorcin	0,61	keine
Brenzkatechin	1,35	kaum sichtbar
Hydrochinondimethyläther	3,00	glänzend

Fluorogene. — Die Addition eines Auxochroms allein an den Benzolring genügt nicht, um Fluorescenz hervorzurufen; noch eine weitere Gruppe, die Fluorogen genannt wird, muß hinzutreten. So spielt im Dimethylanilin die Dimethylaminogruppe die Rolle der auxochromen Gruppe, die Substanz ist infolgedessen stark luminescent; die Fluorescenz jedoch ist latent und nicht erkennbar, bevor ein Fluorogen hinzutritt. Führt man Carboxyl ein, so entsteht die fluorescierende Dimethylanthranilsäure, in der die Carboxylgruppe das Fluorogen ist. Im folgenden findet sich eine Liste der Fluorogene mit Beispielen, um ihr Auftreten zu erläutern.

(Fl = Fluorogen; A = Auxochrom; Lum. = Luminophor.)

Die Carboxylgruppe: —COOH.

Beispiele:

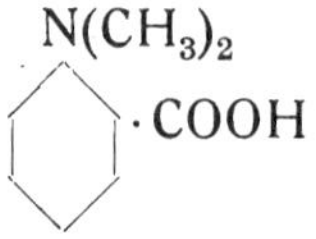

$A = N \cdot (CH_3)_2$
$Fl = COOH$
Dimethylanthranilsäure.
(Violette Fluorescenz.)

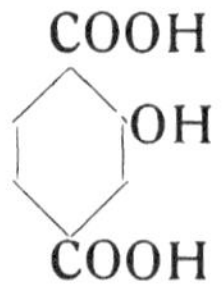

$A = OH$
$Fl = COOH$
Oxyterephthalsäure.
(Violette Fluorescenz.)

Die Acrylsäuregruppe: —CH=CH—COOH.

Beispiele:

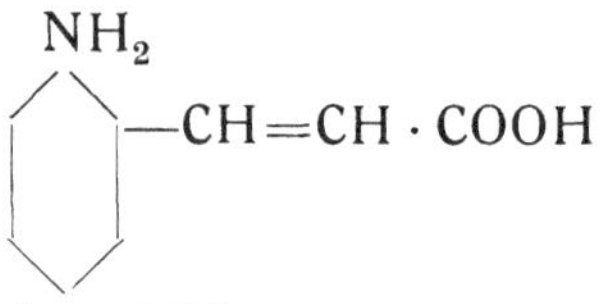

$A = NH_2$
$Fl = CH=CH \cdot COOH$
o-Aminozimtsäure.
(Grünblaue Fluorescenz.)

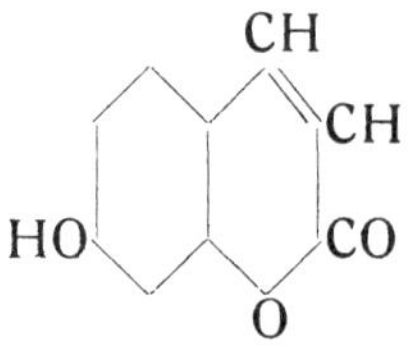

$A = OH$ und $O—$
$Fl = CH=CH—CO—$
Umbelliferon.
(Blaue Fluorescenz.)

Die Äthylenbindung: —CH=CH—

Beispiele:

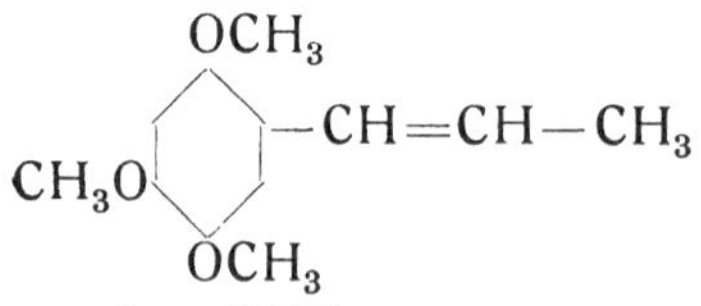

$A = OCH_3$
$Fl = —CH=CH—$
Asaron.
(Blaue Fluorescenz.)

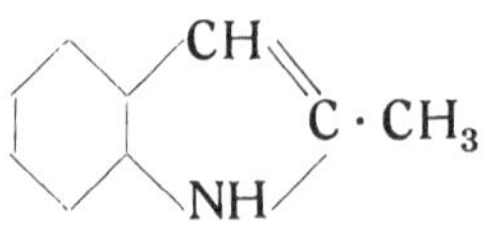

$A = NH—$
$Fl = —CH=CCH_3—$
α-Methylindol.
(Grüne Fluorescenz.)

Konjugierte Äthylenbindungen: $-CH=CH-CH=CH-$

Beispiele:

$CH_3O-C_6H_4-CH=CH$

$CH_3O-C_6H_4-CH=CH$

$A = OCH_3$
$Fl = -CH=CH$
$\quad\quad -CH=CH$

Dimethoxyphenylbutadien.
(Violette Fluorescenz.)

NH_2

$A = NH_2$

$Fl =$

α-Naphthylamin.
(Violette Fluorescenz.)

Der Benzolring:

Beispiel:

NH_2 Lum

NH

$A = NH$ und NH_2

$Fl =$

3-Aminocarbazol.
(Blaue Fluorescenz.)

Die Carbonylgruppe: $-CO-$

Beispiele:

OCH_3

$-CO-CH_3$

OCH_3
$A = -OCH_3$
$Fl = -CO-CH_3$

2-5-Dimethoxyacetophenon.
(Blaue Fluorescenz.)

O

HO

CO

$A = OH$
$Fl = \quad CO \quad$ und $\quad O$

3-Oxyxanthon.
(Blaue Fluorescenz.)

Die Azomethingruppe —CH=N— und der Para- und Ortho-
chinonring sind weitere Beispiele für Fluorogene.

Die Fluorescenz wird weiter durch die relative Stellung des Fluorogens und des Auxochroms beeinflußt. Sind zwei Auxochrome und
ein Fluorogen vorhanden, so tritt Fluorescenz nur auf, wenn ihre
Stellung unsymmetrisch ist. So sind bei den Benzolsubstitutions-
produkten nur die Stoffe mit folgender Struktur fluorescent:

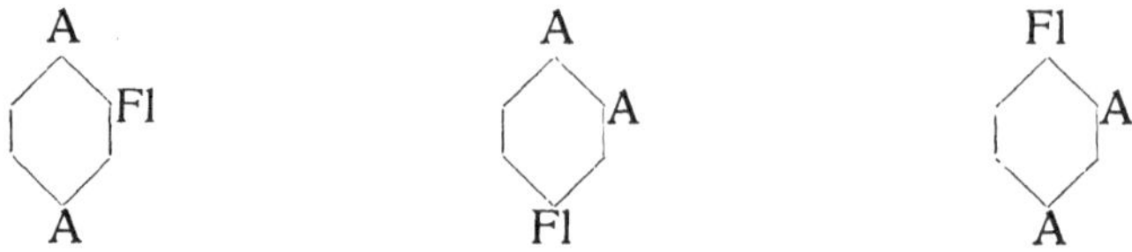

Sind drei Auxochrome und ein Fluorogen vorhanden, so erscheint
keine Fluorescenz, wenn das Fluorogen und zwei von den Auxochromen benachbarte Stellungen einnehmen; sie ist also nur bei
Verbindungen folgender Typen vorhanden:

Befinden sich das Fluorogen und das Auxochrom in Orthostellung
zueinander, so können sie Teile eines cyclischen Systems bilden, wie
in dem oben genannten 3-Oxyxanthon.

Die Wirkung eines Fluorogens hängt von den Restaffinitäten der
Gruppe ab; das Fluorogen übt einen umso größeren Einfluß aus, je
mehr Restaffinitäten es besitzt, die imstande sind, sich mit denen des
Luminophors zu verbinden. So steht im Dimethoxyacetophenon (I)

die Gesamtheit der ungesättigten Bindungen der Carbonylgruppe zur
Verfügung des Luminophors; die Fluorescenz ist darum größer als

---

¹) In den Formeln sind die gekrümmten Linien, welche die Partialvalenzen
bedeuten, verschieden stark gezeichnet, um die relative Stärke ihrer Wirkung
anzudeuten.

die des Dimethoxybenzophenons (II), wo die Partialvalenzen des
Carbonyls von dem Luminophor und der Phenylgruppe geteilt wer-
den. Weitere Beispiele hierfür sind das Tetramethoxystilben (I) und
Tetramethoxydiphenylpropylen (II)

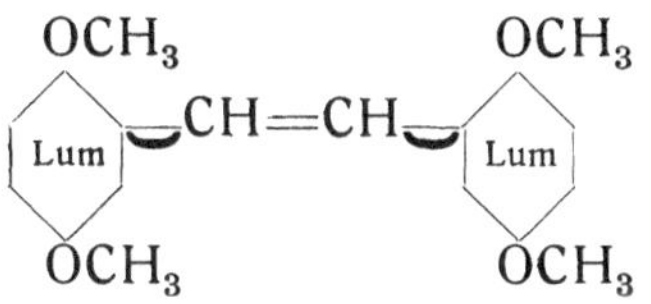

Starke grüne Fluorescenz. Sehr schwache blaue Fluorescenz.

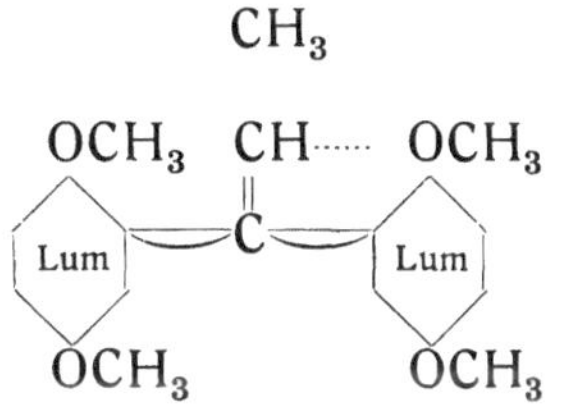

In der erstgenannten Substanz, welche stark fluoresciert, stehen
die gesamten ungesättigten Bindungen eines Äthylenkohlenstoff-
atoms jeder luminophoren Gruppe zur Verfügung; in dem schwach
fluorescierenden Propylenderivat teilen sich hingegen die Partialvalenzen eines ungesättigten Kohlenstoffatoms zwischen zwei
Luminophore.

Kauffmann hat weiterhin den Einfluß einfacher Substituenten
auf die Fluorescenz studiert; die von ihm erhaltenen Resultate
stimmen mit denen von Meyer überein.

Die Resultate dieser Arbeiten führen zur Auffassung, daß der
Benzolkern in aromatischen Substanzen der Sitz der Fluorescenz ist,
diese aber nicht in die Erscheinung tritt, bevor nicht zwei Arten von
Gruppen, die Auxochrome und die Fluorogene, in bestimmten Stellungen eingeführt worden sind. Die Einführung eines Auxochroms
bringt Luminescenz hervor, gewissermaßen als erster Schritt auf dem
Wege zur Fluorescenz, und die Addition eines Fluorogens an die
luminophore Gruppe beendet den Vorgang. Die Wirksamkeit eines
Auxochroms scheint von der Stärke seiner Restaffinitäten abzuhängen,
oder von der Störung, die in dem Gleichgewicht der Affinitäten des
Kernes hervorgerufen wird. Auch die anregende Wirkung eines Fluorogens hängt von der Stärke der Restaffinitäten ab, welche es dem
Luminophor zur Verfügung stellt. Auch Francesconi und Bargellini[2] haben die wichtige Rolle erkannt, die der Benzolkern

---

[1] In den Formeln sind die gekrümmten Linien, welche die Partialvalenzen
bedeuten, verschieden stark gezeichnet, um die relative Stärke ihrer Wirkung
anzudeuten.

[2] Atti. R. Acc. dei Linc. [5] 15, II, 184 (1906).

für die Fluorescenz spielt; in Anbetracht dessen, daß die Beobachtungen von Kauffmann und von Meyer sich auf das sichtbare Gebiet des Spektrums beschränken, behaupten sie, daß alle aromatischen Verbindungen fluorescieren, und daß es voreilig sei, die Wirkung der Substitution erklären zu wollen. Sie begnügen sich damit, die Substituenten nach ihrer Wirkung auf die Fluorescenz der Stammverbindungen einzuteilen. Diejenigen, welche die Fluorescenz erhöhen, werden „Auxoflore" genannt, die, welche sie erniedrigen, „Bathoflore". Man hat demgemäß:

Auxoflore: $-NH_2$, $-NHR$ usw, $-SO_3H$, $-CN$, $-COOH$ und $-CH=CH-$

Bathoflore: $-N=N-$, Cl, Br, I, NO_2 und COOH.

Die chemische Erfahrung, daß der Ursprung der Fluorescenz im Benzolkerne gelegen ist, stimmt somit mit der physikalischen Theorie überein, welche die Gegenwart beweglicher negativer Elektronen oder Valenzen im Molekül eines fluorescierenden Stoffes verlangt. Hierbei betont Stark,[1] daß die Fluorescenzfähigkeit nicht eine konstitutive Eigenschaft eines Moleküls, sondern eine solche des einzelnen Atoms ist, das in Banden zu absorbieren und zu fluorescieren vermag. „Die chemische Konstitution des Moleküls, welchem das Atom zugehört, hat lediglich Einfluß auf die Lage der Banden." Es ist also die spektrale Lage der Absorptions- und Fluorescenzbanden eine konstitutive Eigenschaft der Bindung des Atoms im Molekül. Die Verbindung der luminophoren Gruppe mit einem Fluorogen erweckt nicht die Fluorescenzfähigkeit aus der Luminiscenzfähigkeit, sondern verschiebt die Absorptions- und Fluorescenzbande im Spektrum in vielen Fällen aus dem ultravioletten in das sichtbare Gebiet.

Der Fluorescenz verwandte Erscheinungen. — Im Anschlusse an die Kauffmannschen Arbeiten über Fluorescenz sei noch die Erscheinung der Radioluminescenz[2] besprochen, die von demselben untersucht wurde. Es handelt sich hier um das Leuchten gewisser Substanzen unter dem Einflusse von Radiumstrahlung. Die Messung geschieht durch Bestimmung der Maximaldistanz vom Radiumpräparat, bei der noch ein Leuchten sichtbar ist. Ebenso untersuchte Kauffmann das Verhalten gegen Teslastrahlen. Zwischen

---

[1] Zeitschr. f. Elektrochem. **18**, 1011 (1912).
[2] Ber. d. Dtsch. chem. Ges. **37**, 2946 (1904); Ann. d. Chem. **344**, 34 (1906).

Farbe und Radioluminescenz besteht ein Gegensatz. Besonders intensive Erscheinungen treten bei den Derivaten des Hydrochinondimethyläthers auf, an denen auch der Einfluß von Substituenten untersucht wurde. Es liegt hier eine im hervorragenden Maße konstitutive Eigenschaft vor.

Radioluminescenz und Fluorescenz gehen einigermaßen parallel. Stobbe und Ebert[1]) haben gefunden, daß die Radioluminescenz durch Acetylenbindungen kaum verändert, durch Äthylenbindungen stark gesteigert wird und durch Konjugation der Äthylenbindungen eine weitere Zunahme erfährt, wie aus nachstehender Tabelle ersichtlich ist. Die Fluorescenz geht sichtlich parallel.

Tabelle VI.

		Intensität der Radioluminescenz	Intensität der Fluorescenz
Dibenzyl . . .	$C_6H_5 \cdot CH_2 \cdot CH_2 \cdot C_6H_5$	33	—
Stilben.	$C_6H_5 \cdot CH:CH \cdot C_6H_5$	104	schwach
Tolan	$C_6H_5 \cdot C : C \cdot C_6H_5$	35	sehr schwach
Diphenylbutan .	$C_6H_5 \cdot CH_2 \cdot CH_2 \cdot CH_2 \cdot CH_2 \cdot C_6H_5$	28	—
Diphenylbutadien	$C_6H_5 \cdot CH:CH \cdot CH:CH \cdot C_6H_5$ . .	137	sehr stark
Diphenylbutenin	$C_6H_5 \cdot CH:CH \cdot C : C \cdot C_6H_5$ . . .	54	schwach
Diphenyldiacetylen	$C_6H_5 \cdot C : C \cdot C : C \cdot C_6H_5$	32	sehr schwach

Die Fluorescenzerscheinungen im ultravioletten Lichtfelde sind durch Goldstein[2]) untersucht worden; hier steht der Feststellung des Zusammenhanges mit der Konstitution die außerordentliche Abhängigkeit von spurenweisen Verunreinigungen entgegen.

§ 6. Die Untersuchungen von Ley.

Einen erheblichen Fortschritt verdankt die Kenntnis der Fluorescenzerscheinungen Ley und seinen Mitarbeitern, die das Fluorescenzspektrum auch im Ultraviolett untersucht haben. Ley

---

[1]) Ber. d. Dtsch. chem. Ges. **44**, 1294 (1911).
[2]) Phys. Zeitschr. **12**, 614 (1911); **13**, 188, 577 (1912).

und von Engelhardt[1]) fassen ihre Ergebnisse bei Benzolderivaten in folgender Weise zusammen:

„1. Die Alkylgruppen sind schwach bathoflor (nach längeren Wellen verschiebend) und in der Regel diminoflor (die Intensität schwächend), eine ausnahmsweise auftretende auxoflore (die Intensität verstärkende) Wirkung kann nicht immer auf größere Durchlässigkeit des Substitutionsproduktes zurückgeführt werden.

2. Die Halogene haben eine mit steigendem Atomgewicht zunehmende diminoflore und bathoflore Wirkung.

3. Eine wesentlich stärkere bathoflore und diminoflore Wirkung haben die Carboxyl- und die Nitrogruppe. Auch Salzbindung bei primären Aminen ist in der Regel diminoflor.

4. Starke bathoflore und auxoflore Wirksamkeit · haben Methoxyl, Hydroxyl, Cyan-, Vinyl-, Acetyliden- und Aminogruppen.

5. Bei Eintritt zweier Substituenten in den Benzolkern ist ihre Wirkung im allgemeinen in qualitativer Hinsicht als additiv zu betrachten, jedoch kann Anwesenheit zweier sub 3 und 4 angeführter, sogenannter „ungesättigter" Gruppen Anomalien hervorrufen.

6. Substitution in gesättigter Seitenkette bewirkt keine oder nur geringe spektrale Verschiebung der Benzolfluorescenz. Anwesenheit zweier ungesättigter Gruppen an einem Kohlenstoffatom ruft Anomalien hervor.

7. Pyridin und sein Chlorhydrat zeigen keine erkennbare Fluorescenz; durch Einführung ungesättigter Gruppen ($-NH_2$ und $-COOH$) scheint das System fluorescenzfähig zu werden.

8. Auf Grund von Beobachtungen bei Salzbildung primärer, sekundärer und tertiärer Amine konnte durch Analogieschlüsse auf Grund der Fluorescenzerscheinungen festgestellt werden, daß der Dimethylanthranilsäure im Gegensatz zu ihrem Ester eine betainartige Struktur zukommt.

9. Es bestätigt sich im allgemeinen ein erwarteter Zusammenhang zwischen Fluorescenz und selektiver Absorption."

Die folgende Tabelle gibt die Messungsresultate wieder.

---

[1]) Zeitschr. f. phys. Chem. **74**, 64 (1910); vgl. auch Ley, Ber. d. Dtsch. chem. Ges. **41**, 1637 (1908); Ley und von Engelhardt, das. S. 2509 u. 2988; Ley und Gräfe, Zeitschr. f. wiss. Photogr. **8**, 294 (1910).

Tabelle VII.

Kohlenwasserstoffe.

Untersuchte Substanz	Fluorescenz in $1/\lambda$	Intensität der Fluorescenz
Benzol	3225—3736	10
Toluol	3050—3720	17
Äthylbenzol	3000—3740	17
Propylbenzol	3080—3700	17
Styrol	2740—3420	14
Phenylacetylen	2450—3550	10
Naphthalin	2655—3190	16
Hexamethylbenzol	3100—3470	4

Halogenverbindungen.

Untersuchte Substanz	Fluorescenz in $1/\lambda$	Intensität der Fluorescenz
Fluorbenzol	3100—3700	10
Chlorbenzol	2900—3650	7
Brombenzol	2650—3450	5
Quecksilberdiphenyl	2740—3450?	5?
p-Dichlorbenzol	ca. 2770—3470	4
o-Chlortoluol	2700—3550	6
p-Chortoluol	3000—3550	5

Hydroxylverbindungen und Nitrile.

Untersuchte Substanz	Fluorescenz in $1/\lambda$	Intensität der Fluorescenz
Phenol	2750—3500	18
„ $+1NaOC_2H_5$	2500—3175	10
„ $+5HCl$	2750—3500	18
Anisol	2900—3559	20
o-Kresol	2600—3485	20
„ $+5NaOC_2H_5$	2600—3125	5
m-Kresol	2600—3500	20
„ $+5NaOC_2H_5$	2600—3180	7
p-Kresol	2600—3420	20
„ $+5NaOC_2H_5$	2600—3050	5
o-Chlorphenol	3053—3395	6
Phenoxylessigsäure	2450—3450	7
„ $+5NaOC_2H_5$	2500—3550	15
Benzonitril	ca. 2800—3590	20
o-Tolunitril	ca. 2660—3480	22
p-Tolunitril	ca. 2850—3570	20

Carboxyl- und Carbonylverbindungen.

Untersuchte Substanz	Fluorescenz in $1/\lambda$	Intensität der Fluorescenz
Benzoesäure	2550—3200	3
„　　　　$+1NaOC_2H_5$	2550—3050	1
Phthalsäure	2800—3225	1
„　　　　$+1NaOC_2H_5$	?	1
„　　　　$+2NaOC_2H_5$	?	1
„　　　　$+5NaOC_2H_5$	2800—3225	1
Phthalsäureanhydrid	?	1
Phthalimid	?	1
Phthalid	2650—3300	1
o-Oxybenzoesäure	2080—2660	10
„　　　　$+1NaOC_2H_5$	2060—2850	20
„　　　　$+2NaOC_2H_5$	2060—2850	20
„　　　　$+5NaOC_2H_5$	2060—2850	20
„　　　　$+5HC2$	1900—2600	10
„　　　　Methylester	2080—2680	13
„　　　　Phenylester	2080—2550	10
m-Oxybenzoesäure	2250—3050	8
„　　　　$+1NaOC_2H_5$	2050—3175	10
„　　　　$+2NaOC_2H_5$	2000—2750	15
„　　　　$+5NaOC_2H_5$	2000—2750	15
p-Oxybenzoesäure	2450—3100	2
„　　　　$+1NaOC_2H_5$	2450—3150	7
„　　　　$+2NaOC_2H_5$	2450—3150	13
„　　　　$+5NaOC_2H_5$	2450—3150	13
o-Methoxybenzoesäure	2450—3100	10
„　　　　$+1NaOC_2H_5$	2000—3150	22
„　　　　$+5NaOC_2H_5$	2000—2800	22
p-Methoxybenzoesäure	?	1
„　　　　$+1NaOC_2H_5$	2600—3175	5
„　　　　$+5NaOC_2H_5$	2600—3175	5

Amine.

Untersuchte Substanz	Fluorescenz in $1/\lambda$	Intensität der Fluorescenz
Anilin	2460—3200	20
„　　　　$+5HCl$	2640—3200	13
„　　　　$+5NaOC_2H_5$	2460—3200	20
Monoäthylanilin	2575—3080	12
„　　　　$+5HCl$	2570—3115	13
Dimethylanilin	2540—3080	10
„　　　　$+5HCl$	2400—3150	15
„　　　　$+NaOC_2H_5$	2540—3080	10

Untersuchte Substanz	Fluorescenz in $1/\lambda$	Intensität der Fluorescenz
o-Toluidin	2450—3225	17
„ +5HCl	2510—3200	14
m-Toluidin	2475—3200	17
„ +5HCl	2610—3180	13
p-Toluidin	2510—3100	15
„ +5HCl	2510—3080	14
o-Dimethyltoluidin	2375—3150	16
„ +5HCl	3180—3670	10
p-Dimethyltoluidin	2420—3010	12
„ +5HCl	2420—3055	11
o-Anisidin	2330—3200	17
„ +5HCl	2740—3520	11
p-Anisidin	2365—2950	13
„ +5HCl	2375—2980	12
Phenyltrimethylammoniumchlorid	2450—3200	3
„ +5HCl	?	1

Aminosäuren.

Untersuchte Substanz	Fluorescenz in $1/\lambda$	Intensität der Fluorescenz
Anthranilsäure	2040—2670	20
„ +5HCl	2020—2750	22
„ +5NaOC$_2$H$_5$	2040—2820	20
Monomethylanthranilsäure	2010—2580	17
„ +5HCl	2030—2600	17
„ +5NaOC$_2$H$_6$	2070—2650	10
„ Methylester	2010—2580	18
„ Methylester +5HCl . . .	2020—2590	20
Dimethylanthranilsäure	2150—2600	3
„ +5HCl	2150—2600	3
„ Methylester +5HCl . . .	2040—2640	17
Betain der vorst. Säure	2060—2570	3
Anilidoessigsäure	2840—3150	4
„ +5HCl	2610—3180	7
„ +5NaOC$_2$H$_5$	2500—3080	12
„ Methylester	2840—3100	1
„ Methylester +5HCl . . .	3840—3110	2

Substitution in der Seitenkette.

Untersuchte Substanz	Fluorescenz in $1/\lambda$	Intensität der Fluorescenz
Benzylalkohol	-3740	13
Benzylalkohol $+1NaOC_2H_5$	-3740	13
Benzylcyanid	$3020-3720$	14
Benzylamin	$3230-3680$	2
Benzylamin $+5HCl$	$3130-3750$	11
Phenylessigsäure	$3140-3700$	8
Phenylessigsäure $+1NaOC_2O_5$	ca. $3000-3720$	14
Hydrozimtsäure	ca. $3000-3750$	13
Hydrozimtsäure $+1NaOCH$	ca. $3000-3750$	15
Phenylpropiolsäure	$2170-2970$	10
Phenylamidoessigsäure	$2080-3080-3740$	10 und 10
Phenylamidoessigsäure $+5KOH$	$2130-3080$	5 und 0
Phenylamidoessigsäure $+5HCl$	$2080-3080-3730$	14 und 10

Stickstoffhaltige Ringe.

Untersuchte Substanz	Fluorescenz in $1/\lambda$	Intensität der Fluorescenz
a-Amidopyridin	$2282-3101$	15
,, $+10HCl$	$2200-3000$	15
a-Amidonicotinsäure	$2040-2840$	20
,, $+5HCl$	$2150-2740$	10
,, $+NaOH$	$2020-2740$	5
Kollidindicarbonsäureester	?	1?
Dihydrokollidincarbonsäureester	$2250-2450$	3
Chinolin	$2050-2600$	13
,, $+5HCl$	$2280-2450$	1
Isochinolin	$2100-2600$	4
,, $+5HCl$	$2200-2840$	8
Tetrahydrochinolin	$2450-3020$	10
,, $+5HCl$	$2250-3100$	20

Naphthalin besitzt nach Ley und Gräfe ein schmalbandiges Fluorescenzspektrum; durch Substitution mit NH_2 oder OH wird es stark nach Rot verschoben, wobei nur eine breite Bande auftritt. Alkyle und Halogene verursachen eine geringe Verschiebung nach rot. Die β-Substitutionsprodukte fluorescieren meist intensiver als die α-Verbindungen.

Zusammenfassung.

Man kann mit L e y[1]) sagen, daß „nach allem der Träger der Fluorescenz besonders der isocyclische Benzolring ist; wir haben es damit mit einer ausgesprochen konstitutiven Eigenschaft zu tun. Aus dem Studium der Fluorescenzerscheinungen dürfen wir wertvolle Aufschlüsse über die Konstitution cyclischer Systeme erwarten." Auf der anderen Seite kann man mit ziemlicher Sicherheit erwarten, daß die Fluorescenzerscheinungen „auf gewisse Konstitutionsfragen, die sich auf den feineren Bau chinoider Verbindungen beziehen und die vorwiegend die heutige chemische Tagesparole bilden, eine Antwort versagen werden."

Warum es im allgemeinen „methodisch einfacher ist, zur optischen Charakteristik der Konstitution die Untersuchung des Absorptionsspektrums an die Stelle derjenigen des Fluorescenzspektrums treten zu lassen", hat J. S t a r k[2]) begründet.

Kapitel XII. Das optische Drehungsvermögen.[3])

§ 1. Allgemeines.

Die Fähigkeit, die E b e n e des p o l a r i s i e r t e n L i c h t e s z u d r e h e n, wurde zuerst von B i o t am Quarz beobachtet. Bei näherer Betrachtung der verschiedenen Substanzen, welche diese Eigenschaft zeigen, stellte sich heraus, daß zwei scharf getrennte Gruppen existieren, solche mit vorübergehender und solche mit bleibender optischer Aktivität. Die vorübergehende Aktivität bildet sich 1. bei Stoffen in bestimmten Kristallformen und 2. unter dem Einfluß gewisser äußerer Kraftfelder.

---

[1]) Zeitschr. f. angew. Chem. **21**, 2027 (1908).

[2]) Prinzipien der Atomdynamik Bd. II: Die elementare Strahlung (Leipzig 1911), 223.

[3]) Die Meßmethoden und eingehende physikalische Erläuterungen finden sich in dem klassischen Werke von L a n d o l t, „Das optische Drehungsvermögen." 2. Auflage (Braunschweig 1898). Siehe ferner v a n ' t H o f f, Die Lagerung der Atome im Raume, 3. Aufl. (Braunschweig 1908); W e r n e r, Lehrb. d. Stereochemie (Jena 1904); H a n t z s c h, Grundriß d. Stereochemie, 2. Aufl. (Leipzig 1907); S t e w a r t, Lehrb. d. Stereochemie (Berlin 1908); B i s c h o f f und W a l d e n, Handb. d. Stereochemie (Frankfurt a. M. 1894) u. a.

Körper, welche nur in bestimmten Kristallformen optisch aktiv sind. Hierher gehören Quarz, Natriumchlorat, Natriumbromat und viele andere kristallisierte Stoffe. Beim Auflösen derartiger Substanzen zeigt die Lösung keinerlei Drehungsvermögen; aus einer solchen (nichtdrehenden) Auflösung von rechtsdrehenden Natriumchloratkristallen kann man je nach den Bedingungen rechtsdrehende oder linksdrehende Kristalle erhalten. Das Drehungsvermögen ist also eine Folge des Kristallzustandes und nicht eine Eigenschaft, welche der Substanz als solcher zukommt.

Körper, welche unter dem Einflusse eines äußeren Kraftfeldes Drehungsvermögen aufweisen. Der bekannteste und am besten studierte Fall ist jener der magnetischen Drehung der Polarisationsebene, der in einem eigenen Abschnitt dieses Buches abgehandelt wird. Es handelt sich hier um eine Beeinflussung der optischen Konstanten einer Substanz durch ein Vectorfeld, die nur so lange dauert, als das Feld aufrechterhalten wird.

Bleibende optische Aktivität. — Das Drehungsvermögen ist sowohl im festen als auch im flüssigen und gelösten Zustande vorhanden, und — falls die chemische Stabilität der Substanz es zuläßt — auch im Dampfzustande. Daß es sich hier um eine wahre Eigenschaft der Moleküle handelt, ist auch daran ersichtlich, daß in allen jenen Lösungsmitteln, welche mit der zu untersuchenden Substanz nicht chemisch reagieren, die Größe des Drehungsvermögens, bezogen auf die Einheit des gelösten Körpers, nahezu unveränderlich ist. Auch der Übergang in den gasförmigen Zustand ist mit keiner wesentlichen Veränderung des Drehungsvermögens verbunden, wenn man die Beobachtungen auf die gleiche Menge der Substanz umrechnet.

Man definiert als spezifische Drehung $[\alpha]$ jenen Winkel in Graden, welcher bei einer Konzentration von 1 g des fraglichen Körpers in 1 cm³ Lösung oder Flüssigkeit bei einer durchstrahlten Schicht von 10 cm beobachtet wird. Da die Drehung von der Temperatur und der Wellenlänge abhängt, sind diese Umstände ebenfalls zu berücksichtigen. Es ist $[\alpha]_D^{t^0}$ (das spezifische Drehungsvermögen bei der Temperatur t^0 und bei der D-Linie des Natriums)

$$= \frac{\alpha \cdot 100}{1 \cdot c},$$

wobei α den abgelesenen Drehungswinkel (in Kreisgraden), 1 die Länge der durchstrahlten Schicht in dm, c die Anzahl von Grammen bedeutet, welche in 1 ccm der Flüssigkeit enthalten sind. Wenn Lösungen angewendet werden, ist das Lösungsmittel und die Konzentration anzugeben. Ebenso wie bei den übrigen physikalischen Konstanten erweist es sich auch hier in vielen Fällen als zweckmäßig, die Beobachtungen auf Molekularäquivalente umzurechnen. Hierzu wird der Begriff der molekularen Drehung eingeführt [M], die das Produkt aus spezifischer Drehung $\times$ $^{1}/_{100}$ des Molekulargewichtes der Substanz ist, d. h. der Drehung von einem Grammolekül in 100 ccm Lösung entspricht.

Da das Drehungsvermögen eine Funktion der Wellenlänge ist, läßt sich hier, gerade wie beim Lichtbrechungsvermögen, der Unterschied in den Werten für verschiedene Wellenlängen als Rotationsdispersion einführen. Diese Größe ist ebenfalls ein Charakteristikum der einzelnen Substanzen.

Es hat sich gezeigt, daß das Drehungsvermögen sämtlicher Stoffe, welche im flüssigen oder gelösten Zustande optisch aktiv sind, eine Funktion ihrer chemischen Konstitution ist. Nur jene Verbindungen zeigen diese Eigenschaft, deren Strukturformeln so beschaffen sind, daß sie mit ihren Spiegelbildern nicht zur Deckung gebracht werden können.

Diese Erkenntnis, die wir Pasteur, Wislicenus, van't Hoff und le Bel verdanken, ist der Ausgangspunkt für die räumliche Auffassung der chemischen Strukturformeln geworden. Die Lehre vom optischen Drehungsvermögen hat sich demgemäß in engstem Zusammenhang mit der Lehre von der räumlichen Konfiguration der chemischen Verbindungen, der Stereochemie, entwickelt und kann eigentlich nicht von dieser getrennt behandelt werden. Die Beziehungen zwischen chemischer Konstitution und Drehungsvermögen bilden daher auch den Gegenstand der Darstellung der Lehrbücher über Stereochemie, und es werden hier nur die mit der Konstitution in Beziehung stehenden Resultate wiedergegeben werden.

Die optische Aktivität hat als Voraussetzung die räumliche Asymmetrie der Strukturformel, also beispielsweise bei der Milchsäure:

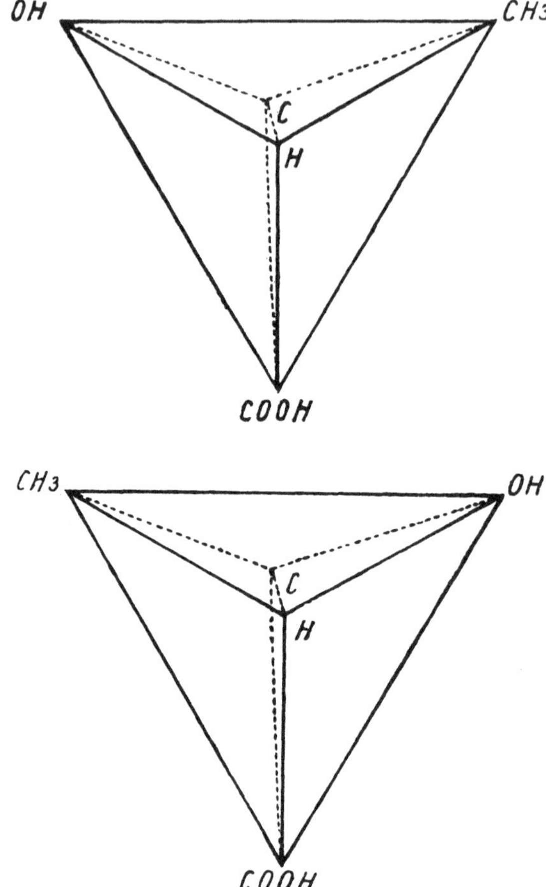

Umgekehrt zeigt nicht jede Verbindung, bei der eine asymmetrische Strukturformel vorliegt, optische Aktivität.

Es kann ein Gemisch gleicher Mengen von Rechts- und Links-Verbindung vorliegen, deren Drehungen sich zu Null kompensieren, oder es kann die Drehung unter den vorliegenden Versuchsbedingungen so klein sein, daß sie unbemerkt bleibt. Bevor also eine Verbindung als optisch inaktiv bezeichnet werden kann, muß zunächst festgestellt sein, daß jene Methoden, welche in der betreffenden Körperklasse erfahrungsgemäß zu einer Trennung der optischen Antipoden führen, ohne den gewünschten Effekt bleiben, und daß auch bei Anwendung von Mitteln, welche das Drehungsvermögen erfahrungsgemäß verändern (Bildung von Derivaten, Überführung

in Komplexverbindungen), das Drehvermögen den Wert Null bei-
behält. Selbstverständlich müssen bei diesen Operationen die Bedingungen so gewählt werden, daß gegenseitige Umwandlungen
der aktiven Formen, die zu einem inaktiven Gemisch führen, ausgeschlossen sind. Die optische Aktivität bildet ein untrügliches
Kriterium für die asymmetrische Struktur und hat sich diesbezüglich in allen Fällen vollständig bewährt. Zum Beispiel konnte
van't Hoff bei der Aufstellung seiner Theorie voraussagen, daß
der Propylalkohol und das Styrol optisch inaktiv sein müßten,
obwohl die Beobachtungen Drehungen ergeben haben. Es zeigte
sich dann bei sorgfältiger Reinigung dieser Substanzen, daß sie
inaktiv waren, und daß ihre angebliche optische Aktivität von Verunreinigungen herrührte.

Ebenso ermöglicht die optische Aktivität eines Stoffes oft die
Auswahl zwischen verschiedenen Formeln. Das Limonen ist optisch
aktiv, infolgedessen konnte die ursprünglich dafür angenommene
Formel

$$H_3CC \underset{CH_2 - CH_2}{\overset{CH - CH}{<\!\!\!>}} CC_3H_7$$

nicht richtig sein, da sie nicht asymmetrisch ist. Sie wurde demgemäß durch die richtige Formel

$$H_3CC \underset{CH_2 - CH_2}{\overset{CH - CH_2}{<\!\!\!>}} \overset{+}{CHC} \underset{CH_3}{\overset{CH_2}{<\!\!}}$$

ersetzt, die mit der optischen Aktivität in Übereinstimmung steht.
Speziell bei der Untersuchung von Naturprodukten, die fast ausnahmslos im Falle asymmetrischer Konstitution in der Form des einen
oder des anderen Isomeren vorkommen, und bei welchen Racemate
sehr selten auftreten, gibt der Nachweis des optischen Drehungsvermögens oft einen wesentlichen Beitrag zur Konstitutionsbestimmung.

Das Tannin, welches früher als Digallussäure aufgefaßt wurde,
hat eine beträchtliche Drehung; die Formel der Digallussäure enthält keinen asymmetrischen Kohlenstoff, weshalb nach einer anderen
Formel gesucht werden mußte, die dem optischen Verhalten Rechnung trägt; später ist denn auch die Glucosidnatur des Tannins
festgestellt worden.

So unfehlbar sich der bloß qualitative Nachweis des Drehungsvermögens für die Lösung von Konstitutionsfragen erwiesen hat, wie sich beispielsweise aus der abgeschlossenen Systematik der Zuckergruppe durch E. Fischer ersehen läßt, so wenig befriedigend sind die quantitativen Beziehungen zwischen Konstitution und Drehungsvermögen.

§ 2. Einfluß des Lösungszustandes und der elektrolytischen Dissoziation auf das Drehungsvermögen.

Da man zur Bestimmung des Drehungsvermögens fester Stoffe — der häufigsten Aufgabe — immer Lösungen verwenden muß, ist zunächst wesentlich, den Einfluß der Lösungsmittel zu betrachten. Es zeigt sich hierbei, daß auch in Fällen, wo Lösungen mit normaler Molekulargröße vorliegen und keine Assoziation vorauszusetzen ist, sehr erhebliche Schwankungen der spezifischen Drehung für eine Substanz je nach der Natur des Lösungsmittels gefunden werden; dies folgt z. B. aus folgender Tabelle nach Walden[1]):

Tabelle I.

Äpfelsäurediäthylester; $M = 190{,}1$; nicht polymer.; $[\alpha]_D^{20} = -10{,}2°$.

Lösungsmittel:	Aceton	$CHCl_3$	CH_3OH	$CH_3CO_2 \cdot C_2H_3$	C_6H_6
M gef. =	190,1	195,9	197,2	199,5	207,8
$[\alpha]_D$ =	$-13{,}24°$	$-5{,}39°$	$-10{,}68°$	$-11{,}98°$	$9{,}5°$

Acetyläpfelsäuredimethylester; $M = 204$; nicht polymer.;

$$[\alpha]_D^{20} = -22{,}3°.$$

Lösungsmittel:	Aceton	$CHCl_3$	C_6H_6	$CH_3CO_2 \cdot C_2H_5$
M gef. =	201,9	202	202,3	214,9
$[\alpha]_D$ =	$-24{,}4°$	$-18{,}5°$	$-31{,}0°$	$-28{,}4°$

---

[1]) Ber. d. Dtsch. chem. Ges. **38**, 389 (1905); **40**, 2463 (1907).

Die Ursachen dieser Erscheinung — Solvatation, Einflüsse auf die räumliche Anordnung[1]) usw. — sind noch keineswegs geklärt, obwohl schon viele Untersuchungen über diese Fragen vorliegen;[2]) selbstverständlich ist der Einfluß der Molekulargröße.[3])

Besonders interessant sind jene Fälle, wo Reaktionen zwischen Gelöstem und Solvens so langsam vor sich gehen, daß man sie zeitlich verfolgen kann. Die meisten Zuckerarten zeigen in ihrer wässerigen Lösung die Erscheinung der Muta-Rotation, d. h., das Drehungsvermögen verändert sich allmählich bis zu einem bestimmten Grenzwert. Diese Erscheinung kann nicht anders gedeutet werden, als daß sich in der wässerigen Lösung allmählich Hydrate bilden.

Eine weitere wichtige Erscheinung ist die Abhängigkeit der Drehung von der elektrolytischen Dissoziation. Vergleicht man Salze einer und derselben optisch aktiven Säure mit verschiedenen inaktiven Basen oder umgekehrt jene einer optisch aktiven Base mit verschiedenen inaktiven Säuren, so findet man, daß die konzentrierten Lösungen der Salze verschiedene molekulare Drehungen besitzen. Geht man auf verdünntere Lösungen über, so werden die Werte untereinander immer ähnlicher, um einem Grenzwerte zuzustreben, der für alle Salze einer und derselben aktiven Säure bzw. Base gleich ist (Gesetz von Oudemans und Landolt[4])). Folgende Tabelle nach van't Hoff enthält die Ergebnisse, wie sie von Oudemans[5]) und dann von Tykociner[6]) erhalten wurden; sie gibt die bei 16° beobachtete spezifische Drehung $[\alpha]_D^{16}$ auf die Base berechnet an.

---

[1]) Landolt, l. c. S. 210; s. auch Stewart, Journ. Chem. Soc. **91**, 1537 (1907).

[2]) Vgl. Thomsen, Journ. f. prakt. Chem. [2] **32**, 213 (1885); **34**, 79 (1886); Schneider, Lieb. Ann. **207**, 261 (1881); Schwebel, Ber. d. Dtsch. chem. Ges. **15**, 285 (1882); Pribram, das. **22**, 6 (1889); Freundler, Ann. Chim. Phys. [7] **4**, 256 (1895); Hein, Diss. (Berlin 1896); Winther, Zeitschr. f. phys. Chem. **41**, 170 (1902); **45**, 355 (1903); **60**, 563, 590, 641, 685, 756 (1907); Großmann, das. **73**, 148 (1910); **75**, 129 (1910); Patterson, Journ. Chem. Soc. **79**, 147, 477 (1901); **81**, 1097 (1902); **87**, 313 (1905); **90**, 1839 (1907); **91**, 507, 1839 (1907); **93**, 355, 935, 1836 (1908); **95**, 321, 1128 (1909); **101**, 241 (1912); Ber. d. Dtsch. chem. Ges. **40**, 1243 (1907); **41**, 113 (1908).

[3]) Ramsay, Journ. Chem. Soc. **64**, 1098 (1893).

[4]) Beibl. **9**, 635 (1885).

[5]) Rec. Trav. Chim. Pays-Bas **1**, 18 u. 184 (1882).

[6]) Ebenda **1**, 144 (1882); für Nikotin s. Schwebel, Berl. Ber. **15**, 2850 (1876); Carrara, Gazz. Chim. **23** [2], 593 (1893); **24** [2], 94 (1894).

Tabelle II.

	ClH	NO_3H	ClO_3H	$C_2H_4O_2$	CH_2O_2	SO_4H_2	$C_2H_2O_4$	PO_4H_3	BrH	ClO_4H	$C_6H_8O_7$
Chinamin	+110	118	117	118	118	117	118	117	—	—	—
Konchinamin	+228	—	—	229	228	229	228	229	229	—	—
Chinin	−279	284	286	279	281	279	272	280	—	288	—
Chinidin	+326	329	329	318	326	322	316	325	—	334	—
Cinchonin	−259	258	263	251	259	259	254	259	256	263	—
Cinchonidin	−176	178	183	174	178	180	178	180	—	183	—
Apocinchonin	+212	213	216	206	216	213	208	214	213	218	206
Hydrochlorapocinchonin	+227	226	231	227	229	227	225	235	225	229	223
Brucin	−35,9	—	—	35,8	36,5	34	34,1	35,5	33,5	AsO_4H_3	35,9
Strychnin	−34,7	34,4	—	34	34	35	34,4	34,4	—	34	34,4
Morphin	−128	128	—	129	129	128	128	128	—	128	128
Codeïn	−134	134	—	135	135	134	134	$C_3H_6O_2$	—	134	134
Nikotin	+14,4	12,6	—	13,8	—	14,5	—	12,2	12,2	—	—

Durch die Theorie der elektrolytischen Dissoziation findet dieses Verhalten eine vollkommene Erklärung; dem undissoziierten Salzmolekül kommt, wie jeder asymmetrischen Verbindung, ein gewisser Wert des molekularen Drehungsvermögens zu; die asymmetrisch konstituierten Ionen haben ebenfalls einen bestimmten Wert des Drehungsvermögens; infolgedessen haben die Salze ein von einander verschiedenes Drehungsvermögen. In den verdünnten Lösungen hingegen, wo fast das ganze Salz dissoziiert ist, befindet sich fast die gesamte Substanzmenge in Form der Ionen, die von der inaktiven Komponente des Salzes nicht mehr beeinflußt werden. Der Grenzwert des Drehungsvermögens der verdünnten Lösungen entspricht also dem Drehungsvermögen der Ionen.

Zwischen undissoziiertem Salz oder Säure und den Ionen besteht kein allgemein gültiges Gesetz bezüglich der Größe, ja nicht einmal bezüglich des Vorzeichens der Drehung. Es kann daher sowohl bei der Salzbildung als auch bei der Verdünnung eine starke Veränderung, zuweilen auch eine Umkehr des Drehungsvermögens auftreten; derartige Verhältnisse liegen z. B. bei der Äpfelsäure vor. Kompliziertere Verhältnisse behandelt van't Hoff.[1]

§ 3. Versuche zur Aufstellung quantitativer Beziehungen.

Das Asymmetrieprodukt. — Ein Versuch, das Drehungsvermögen aus der chemischen Konstitution numerisch abzuleiten, wurde von Guye[2] nnd Crum Brown durch Einführung des Begriffes des Asymmetrieproduktes unternommen. Der Gedanke, der diesen Betrachtungen zugrunde lag, war die Zurückführung der optischen Aktivität auf die asymmetrische Gewichtsverteilung innerhalb des Moleküls. Demgemäß sollte die Aktivität einer Kohlenstoffverbindung um so größer werden, je mehr die Substituenten am asymmetrischen Kohlenstoffatom in ihrem Gewichte verschieden sind. Daß das Gesetz in dieser primitiven Form nicht richtig sein kann, ergibt sich am einfachsten, wenn man Verbindungen betrachtet, in welchen der asymmetrische Kohlenstoff mit zwei verschiedenen Gruppen von genau gleichem Molekulargewicht verbunden ist.[3]

Z. B.

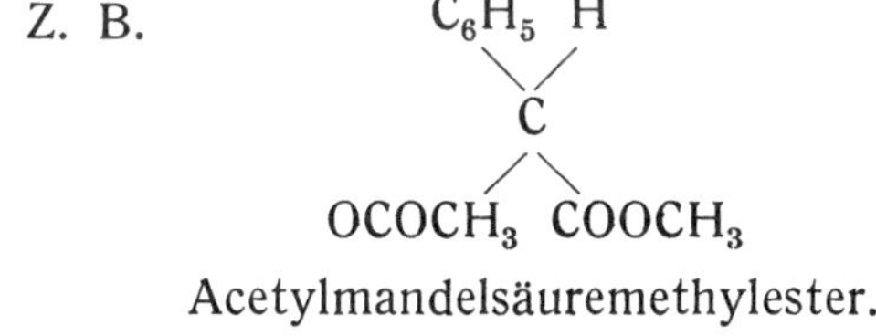

Acetylmandelsäuremethylester.

$OCOCH_3$ ist gewichtsgleich mit $COOCH_3$.

$$[\alpha]_D = 146° \text{ statt } 0°.$$

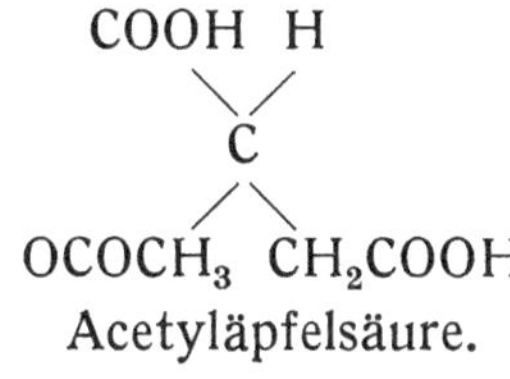

Acetyläpfelsäure.

---

[1] L. c. S. 80.

[2] Compt. rend. **110**, 744 (1890); s. auch Bose, Phys. Zeitschr. **9**, 860 (1908); Zeitschr. f. phys. Chem. **65**, 695 (1908).

[3] Vgl. z. B. auch M. Betti, Cazz. Chim. Ital. **37**, I, 62, II, 5 (1907); Hardin und Sikorskij, Journ. de Chim. Phys. **6**, 179 (1908); Chardin, Journ. de Chim. Phys. **6**, 584 (1908); E. Fischer und E Flatau, Sitzungsber. d. Berl. Akad. **1909**, 876; J. W. Walker, Journ. Physical. Chem. **13**, 574 (1909).

$OCOCH_3$ ist gewichtsgleich mit CH_2COOH;

$$[\alpha]_D = 25° \text{ statt } 0°.$$

Ebensowenig hat sich bei den cyclischen Verbindungen das Asymmetrieprodukt als brauchbarer Gesichtspunkt erwiesen. Insbesondere läßt es sich, worauf Werner in seinem Lehrbuch hingewiesen hat, auch durch Einführung der Distanzen, gewissermaßen der Hebelarme, zwischen Kohlenstoff und den Substituenten das Asymmetrieprodukt nicht in eine gültige Form bringen, denn der Inosit zeigt ein sehr beträchtliches Drehungsvermögen, ohne daß man aus seiner Formel statische Drehmomente ableiten kann. Immerhin hat sich aus den Diskussionen über das Asymmetrieprodukt ergeben, daß das Gewicht der Substituenten von Einfluß ist, und daß eine bestimmte Zunahme des Gewichtes eines Substituenten meist in gleichem Sinne auf das Drehungsvermögen wirkt.

Das Prinzip der optischen Superposition. — Wenn eine Verbindung mehrere optisch aktive Kohlenstoffe enthält, so ist nach einem von van't Hoff[1]) und Guye[2]) aufgestelltem Satze das Drehungsvermögen eine additive Funktion der Drehung der einzelnen asymmetrischen Kohlenstoffatome. Die Verbindung verhält sich also wie ein Gemisch von mehreren aktiven Verbindungen, von denen eine jede unabhängig von den anderen ihren Beitrag zum Drehungsvermögen liefert. Man kann dieses Verhalten auch so formulieren, daß man jedem der asymmetrischen Kohlenstoffatome entsprechend seinen Substituenten eine bestimmte Partialdrehung zuschreibt und aus deren Summierung das totale Drehungsvermögen berechnet. Die allgemeine Gültigkeit dieses Gesetzes ist wegen der mit ihm verknüpften Postulierung in Frage gestellt worden,[3]) daß die von einem asymmetrischen Kohlenstoffatom herrührende Drehung unabhängig sei von der stereochemischen Konfiguration der Gruppen um die anderen asymmetrischen Kohlenstoffe des Moleküls. Nichtsdestoweniger hat sich bisher dieser Satz mit hinlänglicher Genauigkeit bewährt; die Einwirkungen der asymmetrischen Kohlenstoffe aufeinander sind also jedenfalls im Vergleich zum Absolutwert der Drehung dem Betrage nach gering.

---

[1]) Lagerung der Atome im Raum. 3. Aufl. (Braunschweig 1908).
[2]) Zeitschr. f. phys. Chem. **58**, 659 (1907).
[3]) Rosanoff, Zeitschr. f. phys. Chem. **56**, 565 (1906); Patterson, Journ. Chem. Soc. **91**, 705 (1907).

§ 4. Das Drehungsvermögen der Kohlenstoffverbindungen.
Einfluß des Sättigungszustandes.

Die Einteilung des optischen Drehungsvermögens geschieht jetzt, wo erkannt ist, daß Verbindungen der verschiedensten Art diese Eigenschaft haben können, am besten nach dem Atom, welches der Träger der asymmetrischen Gruppierung ist. Als derartige Elemente haben sich bisher erwiesen: Kohlenstoff, Stickstoff, Phosphor, Schwefel, Selen, Zinn, Kobalt, Chrom, Eisen, Rhodium.

Der einfachste Fall der asymmetrischen Konfiguration liegt vor, wenn ein Kohlenstoffatom mit vier verschiedenen Atomen oder Gruppen verbunden ist. Zur Erfüllung dieser Bedingung genügen beliebig kleine Unterschiede in den Substituenten, z. B. Verschiedenheit zwischen Chlor und Brom, Unterschied von einer Methylgruppe zwischen zwei Substituenten, Verzweigungsisomerie zweier Substituenten.

Einen wesentlichen Einfluß auf das Drehungsvermögen besitzt der Sättigungsgrad der mit dem asymmetrischen Kohlenstoff verbundenen Radikale.[1] Dies geht insbesondere aus Untersuchungen von Walden[2] hervor (s. Tabelle III).

Es zeigt sich durchwegs eine Steigerung des Drehungsvermögens, wenn eine gesättigte Gruppe durch eine ungesättigte ersetzt wird.[3] Die Steigerung ist am größten beim Übergang von der gesättigten Bindung zur Äthylenbindung, der Einfluß der Acetylenbindung ist wesentlich geringer. Es wiederholt sich somit hier die Beobachtung, die bei der Verbrennungswärme und dem Brechungsvermögen gemacht wurde, daß die „doppelte" Bindung ungesättigter ist als die dreifache. Somit führt nicht nur in energetischer, sondern auch in stereochemischer Beziehung die rein formale Auffassung der Äthylenbindung als einer zweifach stattfindenden einfachen Bindung und der Acetylenbindung als einer dreifachen einfachen Bindung zu unmöglichen Konsequenzen. Die Phenylgruppe als Substituent wirkt ähnlich wie eine ungesättigte Gruppe. Je weiter

---

[1] Vgl. hierzu Baly, Zeitschr. f. Elektrochem. **17**, 211 (1911).

[2] Zeitschr. f. phys. Chem. **20**, 569 (1896); vgl. auch Stewart, Proc. Chem. Soc. **23**, 8 (1907); Journ. Chem. Soc. **91**, 199 (1907).

[3] Vgl. aber P. F. Frankland, Journ. Chem. Soc. **89**, 1852, 1859 (1906); **99**, 2325 (1912).

die Phenylgruppe vom asymmetrischen Kohlenstoff entfernt ist,
um so geringer ist ihre Wirkung (s. Tabelle III).[1]

Tabelle III.

Drehungsvermögen und Sättigungszustand.

Ester des linksdrehenden Amylalkohols		$[M]_D$	Differenz
Buttersäureamylester	$CH_3-CH_2-CH_2-COO^+C_5H_{11}$	$4,43°$	
Crotonsäureamylester	$CH_3-CH = CH-COO^+C_5H_{11}$	$6,62°$	$2,19°$
Isobuttersäureamylester	$CH_3-CH-COO^+C_5H_{11}$ $\mid$ CH_3	$4,90°$	
Acrylsäureamylester .	$CH_2 = C-COO^+C_5H_{11}$ $\mid$ CH_3	$5,47°$	$0,57°$
Bernsteinsäurediamylester	$CH_2-COO^+C_5H_{11}$ $\mid$ $CH_2-COO^+C_5H_{11}$	$9,71°$	
Fumarsäurediamylester	$CH-COO^+C_5H_{11}$ $\parallel$ $CH-COO^+C_5H_{11}$	$15,17°$	$5,46°$
Hydrozimtsäureamylester	$C_6H_5-CH_2-CH_2COO^+C_5H_{11}$	$4,98°$	$11,38°$
Zimtsäureamylester .	$C_6H_5-CH = CH-COO^+C_5H_{11}$	$16,36°$	$7,07°$
Phenylpropiolsäureamylester	$C_6H_5-C = C-COO^+C_5H_{11}$	$12,05°$	

§ 5. Einfluß der Konjugation.

Für die Beeinflussung des optischen Drehungsvermögens durch
ungesättigte Verbindungen ist durch die systematischen Untersuchungen von Hilditch[2] eine sichere Grundlage geschaffen worden.
Es zeigt sich hierbei, daß entgegen den früheren Ansichten der
drehungssteigernde Einfluß der Äthylenbindung nicht von dem

---

[1] Tschugaeff, Ber. **31**, 1777 (1898); vgl. auch R. H. Pickard und
J. Jates, Journ. Chem. Soc. **89**, 1001, 1484 (1906); **95**, 1011 (1909); **99**, 55
(1911); **101**, 620, 1427 (1912).

[2] Journ. Chem. Soc. **93**, 1, 700, 1338, 1618 (1908); **95**, 289, 331, 1570,
1579 (1908); **97**, 223, 1091, 2110 (1910); **99**, 218, 224 (1911); Zeitschr. f. phys.
Chem. **77**, 482 (1911); Rupe, Lieb. Ann. **327**, 158 (1903); **369**, 311 (1909);
373, 121 (1910).

Abstand der ungesättigten Gruppe zum asymmetrischen Kohlenstoff abhängt, sondern daß es im wesentlichen darauf ankommt, ob Konjugation stattfindet oder nicht. In gleicher Weise konnte er feststellen, daß der Einfluß cyclischer Substituenten auf das Drehungsvermögen nur dann beträchtlich ist, wenn diese Ringsysteme ungesättigt sind.

Der Einfluß der räumlichen Stellung der ungesättigten Gruppen ist auch beim optischen Drehungsvermögen zu erkennen. Einige Daten sind in der folgenden Tabelle vereinigt.

Tabelle IV.

Dimenthylester von zweibasischen Säuren.

Substanz	$[\alpha]_D$ 5% $CHCl_3$	$[M]_D$ 5% $CHCl_3$
Dimenthylester der Oxalsäure	−104,0	−380,6
,, ,, Malonsäure	− 79,2	−301,1
,, ,, Bernsteinsäure . . .	− 81,9	−322,7
,, ,, Glutarsäure	− 30,2	−328,3
,, ,, Adipinsäure	− 83,8	−353,6
,, ,, Pimelinsäure	− 78,3	−341,5
,, ,, Korksäure	−− 73,5	−331,1
,, ,, Azelaïnsäure . . .	− 72,7	−337,2
,, ,, Sebacinsäure	− 67,1	−320,6

Menthylester von Ketonsäuren.

Menthylester der Brenztraubensäure . .	−83,4	−188,5
,, ,, Acetessigsäure	−68,3	−164,1
,, ,, Lävulinsäure	−67,6	−171,7

In den beiden angeführten Reihen enthalten die Anfangsglieder die Carbonylgruppen in benachbarter Stellung zueinander; die Ester dieser Säuren besitzen die höchsten Drehungswerte in den Reihen. Steigt man in der Reihe der zweibasischen Säuren an, so nimmt das Drehungsvermögen der Ester zuerst ab, steigt dann bis zur Erreichung eines Maximums bei dem Adipinsäureester und fällt von hier bis zum Sebacinsäureester wieder ab. Da das optische Drehungsvermögen von der Konstitution sehr stark beeinflußt wird, so kann man nicht annehmen, daß die Stellung der $>C=O$-Gruppe der einzige Faktor ist, der die Aktivität der einzelnen Verbindungen in dieser Reihe beeinflußt. Immerhin ist es bemerkenswert, daß das zweite Maximum bei einem Stoffe auftritt, bei dem die CO-Gruppen sich in der 1,6-Stellung befinden, da man auf Grund stereochemischer Anschauungen annimmt, daß die Kohlenstoffatome etwa in dieser Stellung (1,5 oder 1,6) in einer gesättigten Kette sich räumlich sehr nahe stehen.

R u p e s Resultate an Methylestern lassen sich in der folgenden Weise zusammenfassen. In den Estern von Säuren mit optischaktiven Alkoholen wird die optische Drehung erhöht, wenn ein negativer Rest unmittelbar mit dem α-Kohlenstoff verbunden ist; in weiterer Entfernung setzt er die Drehung herab. Eine Häufung von stark negativen Resten (Phenyl) bewirkt einen starken Rückgang des Drehungsvermögens. Ersatz von Methyl durch Phenyl setzt die Drehung im allgemeinen beträchtlich herab. Während die Äthylenbindung fast nur polar auf das asymmetrische Kohlenstoffatom wirkt, wird dem Phenyl noch eine Schwerewirkung zugeschrieben, die umso deutlicher hervortritt, je mehr das Phenyl vom asymmetrischen Komplex entfernt ist. Möglicherweise sind solche Schwerewirkungen auch bei ungesättigten Säuren mit Seitenketten anzunehmen.

Einfluß konjugierter ungesättigter Gruppen. — Als wichtigste Arbeit ist hier die von Hilditch[1]) zu nennen. Die folgende Tabelle der d-Campheryl- und l-Amylthioderivate läßt den genannten Einfluß erkennen.

Tabelle V.

Substanz	Formel	Molekularrotation
d-Campherylmercaptan . . .	$C_{10}H_{15}O \cdot SH$	$+11°$
d-Campherdisulfid	$(C_{10}H_{15}OS_2)_2$	-355
d-Campher-α-Disulfon. . . .	$(C_{10}H_{15}OSO_2)_2$.	-132
l-Amyldisulfid	$(C_5H_{11}S)_2$	ca. -149
l-Amylsulfid	$(C_5H_{11})_2S$	„ $- 42$
l-Amylsulfon	$(C_5H_{11})_2SO_2$	„ $- 34$
Cystëin	$CH_3CH(SH)COOH$.	„ $- 45,5$
α-Thiopropionsäure	$[CH_3(COOH)CH]_2S$ . . .	$-190,0$
α-Dithiopropionsäure	$[CH_3(COOH)CH-S]_2$ . . .	$-429,0$

Aus der Tabelle erkennt man, daß Campherylmercaptan die geringe molekulare Drehung von 11° besitzt; verbinden sich jedoch

---

[1]) Siehe oben.

die beiden ungesättigten Schwefelatome, so steigt diese sehr stark, um wieder abzunehmen, wenn sie durch Umwandlung in Sulfongruppen gesättigt werden. Ähnliche Beziehungen zeigen die Amyl- und Thiolactylderivate. Noch deutlichere Beispiele für diesen Einfluß finden sich bei den Derivaten des Imino- und Methylencamphers. Die Beobachtungen verdanken wir Forster[1] und Haller[2]. Aus den angeführten Beispielen geht hervor, daß das Auftreten der konjugierten Gruppen

$$-C=N-\atop|\atop-C=O \qquad \text{und} \qquad -C=C<\atop|\atop-C=O$$

einen Anstieg des Drehungsvermögens hervorruft, und dieser Effekt wird durch Verbindung eines aromatischen Kernes mit jenem System noch stark erhöht.

$$C_8H_{14}\Big\langle{\ CH.NH_2\atop|\atop CO}$$

Aminocampher.
$(M)_D = 35°.$

$$C_8H_{14}\Big\langle{\ C=NH\atop|\atop C=O}$$

Iminocampher.
$(M)_D = 151°.$

$$C_8H_{14}\Big\langle{\ CHNHC_6H_5\atop|\atop CO}$$

Phenylaminocampher.
$(M)_D = 309°.$

$$C_8H_{14}\Big\langle{\ C=N.C_6H_5\atop|\atop CO}$$

Phenyliminocampher.
$(M)_D = 1750°.$

$$C_8H_{14}\Big\langle{\ CH.CH_3\atop|\atop CO}$$

Methylcampher.
$(M)_D = 50°.$

$$C_8H_{14}\Big\langle{\ C=CH_2\atop|\atop CO}$$

Methylencampher.
$(M)_D = 209°.$

$$C_8H_{14}\Big\langle{\ CH.CH_2C_6H_5\atop|\atop CO}$$

Benzylcampher.
$(M)_D = 248°.$

$$C_8H_{14}\Big\langle{\ C=CHC_6H_5\atop|\atop CO}$$

Benzylidencampher.
$(M)_D = 1020°.$

---

[1] Journ. Chem. Soc. **83**, 514 (1903); vgl. auch das. **93**, 242 (1908); **95**, 942 (1909).

[2] Compt. rend. **136**, 1222 (1903).

Der bemerkenswerteste Fall ist der des Phenylenbisimino-
camphers, der eine Molekularrotation von über 6000° zeigt.

$$C_8H_{14}\left\langle\begin{array}{c}C=N\cdot C_6\cdot H_4\cdot N=C\\ |\qquad\qquad\qquad\qquad |\\ CO\qquad\qquad\qquad OC\end{array}\right\rangle C_8H_{14}\quad [M]_D=6100°.$$

§ 6. Einfluß des Ringschlusses.

Eine sehr auffällige Erscheinung ist die Zunahme des Drehungsvermögens, die sich einstellt, wenn das asymmetrische Kohlenstoffatom bzw. eine Reihe asymmetrischer Kohlenstoffatome Bestandteile eines Ringsystems bilden.

Tabelle VI.

Einfluß des Ringschlusses auf das Drehungsvermögen.[1]

$(\alpha)_D$ der offenen Verbindung	$(\alpha)_D$ einer entsprechenden Ringver-bindung.
Milchsäure . . . . . −0,41−2,91°	Esteranhydride (Gemisch) . . −86°
Glutaminsäure . . . 10,2° (wäßrig)	Glutimid . . . . +40°
Methyläpfelsäure (in Aceton) . . −21,0 bis −25,8°	Anhydrid (Chloroformlösung) −26,0°
Dibenzoylweinsäure −116 bis −122°	Anhydrid . . . . +143°
Mannit . . . . inaktiv, resp. schwach drehend	Doppelanhydrid (Isomannit) . . . . +94,05°
Mannit . . . . . . do.	Inosit . . . . +65°
Hexahydrophthalsäure . . . +18,2°	Anhydrid . . . . −76°
Propylenglykol . . . −4,35° (22 cm)	Propylenoxyd . . . +1,10° (22 cm)
Diacetylweinsäure −20,07 b. −23,74°	Anhydrid . . . +58,69 bis +63,08°
Glucose . . . . +52° (Enddrehung)	Lävoglucosan . . . . −66 bis −71°

Da die Äthylenbindung und der Ringschluß das Drehungsvermögen im gleichen Sinne beeinflussen, ist es naheliegend, die
gleiche Ursache hierfür zu suchen. Eine geeignete Erklärung[1]
findet sich in der Annahme der Restvalenzen, die ja auch bei sämt-
lichen anderen Problemen ähnlicher Art für das Verständnis der
Beobachtungen herangezogen werden müssen. Falls die Substituenten an einem asymmetrischen Kohlenstoffatome offene Ketten
sind, so besteht für jedes Glied dieser Kette die Möglichkeit einer
Drehung um die Verbindungsachse zwischen den Kohlenstoffatomen. Infolgedessen wird sich das System durch die innerhalb
auftretenden Restvalenzen in jenen Zustand einstellen, bei welchem

---

[1] Vgl. A. Werner, Lehrburch der Stereochemie (Jena 1904), 137.

ein möglichst vollkommener Ausgleich der Restvalenzen stattfindet. Das System wird sich also möglichst der vollständigen Sättigung nähern. Ist hingegen der asymmetrische Kohlenstoff Bestandteil eines Ringsystems, so ist durch die Ringbildung die freie Drehung aufgehoben, die räumliche Lage der Substituenten ist fixiert, und der Ausgleich der Restvalenzen nicht mehr im gleichen Maße möglich. Hierzu kommt noch der auf Grund der Baeyerschen Spannungstheorie erklärbare, an und für sich vorhandene ungesättigte Charakter der cyclischen Gebilde, so daß hiermit die starke Erhöhung des Drehungsvermögens der Ringbildung eine ungezwungene Erklärung findet.

Tabelle VII.

Einfluß der Laktonbildung nach van 't Hoff.[1]

Laktonbildung	Drehung der Säure	Drehung des Laktons.
Arabonsäure	$<-8,5°$	$-73,9°$
Ribonsäure	Cd-Salz $+0,6°$	$-18,0°$
Xylonsäure	$-7°$	$+21°$
Gluconsäure	$-1,74°$	$+68,2°$
Galaktonsäure	$<-10,56°$	$-77°$
Mannonsäure	schwach	$+53,8°$
Saccharinsäure.	Na-Salz $-17,2°$	$+93,6°$
Isosaccharinsäure	links	$+62°$
Rhamnonsäure	$-7,67°$	$-39°$
Taloschleimsäure	$>+24°$	$< 7°$
Zuckersäure	$+8°$	$+38°$
Mannozuckersäure	schwach	$+201,8°$ (Doppellakton)

Hieraus kann man auch eine Erklärung für die merkwürdige Drehungssteigerung finden, welche durch Zusatz mehrwertiger Säuren oder Basen zu Lösungen optisch aktiver Verbindungen auftritt. Beispielsweise bewirkt ein Zusatz von Borsäure zu aktiven Polyoxyverbindungen eine wesentliche Steigerung des Drehungsvermögens. Ebenso wirken Molybdate, Wolframate, Arseniate, Antimonylverbindungen, Uransalze. Diese Wirkung tritt nur dann ein, wenn die in Betracht kommende optisch aktive Verbindung mehrere Hydroxylgruppen oder Hydroxyl- und Carboxylgruppen

---

[1] Die Lagerung der Atome im Raume (Braunschweig 1908), 87. — Über die Konfiguration und Drehung der Laktone vgl. Hudson, Journ. Amer. Chem. Soc. **32**, 338 (1911) und E. Anderson dass. **34**, 51 (1912).

enthält. Die genannten anorganischen Säuren zeigen bekanntermaßen eine besondere Tendenz zur Bildung von komplexen Verbindungen. Es ist daher naheliegend, die Einwirkung auf die Polyoxykörper ebenfalls mit der Entstehung solcher zu erklären; in einzelnen Fällen konnte die Existenz derartiger Komplexverbindungen auch wirklich nachgewiesen werden, so insbesondere bei der Borsäure. Im Sinne der Koordinationstheorie sind derartige addierte Polyoxykörper an das als Zentralatom wirkende Element mehrfach gebunden, teils durch Hauptvalenzen, teils durch Nebenvalenzen. Hieraus ergibt sich für das Gebilde aus optisch aktiver Verbindung und anorganischem Anteil eine cyclische Struktur, die im Sinne der früheren Ausführungen eine Drehungssteigerung zur Folge hat.

Gewöhnliche Salze der Weinsäure . . . . $[\alpha]_D = 20°$
Brechweinstein . . . . $[\alpha]_D = 143°$

Gewöhnliche Salze der Äpfelsäure . . . $[\alpha]_D = 10—20°$
Antimonylderivat . . . . $[\alpha]_D = 115°$

§ 7. Das asymmetrische cyclische System.

Das optische Drehungsvermögen ist an die Asymmetrie der Struktur gebunden. Ebenso wie einzelne Kohlenstoffatome kann auch ein ganzer Komplex asymmetrisch sein, ohne daß seine einzelnen Bestandteile im strengen Sinne des Wortes asymmetrische Kohlenstoffe wären. Ein solcher Fall liegt beim Inosit vor, einem Hexaoxycyclohexan $C_6H_6(OH)_6$.

Die räumliche Abbildung der Cyclohexanderivate läßt ersehen, daß die Substituenten in zwei Ebenen angeordnet sind. Je nach Verteilung der Hydroxylgruppen in diesen Ebenen ergeben sich acht Isomeriefälle. Betrachtet man nun die verschiedenen möglichen Formeln der Hexaoxyhexane auf ihre Asymmetrie, so findet man, daß nur in einem Falle

Asymmetrie auftritt. Der natürliche Inosit zeigt optische Aktivität, er muß somit dieser Konfiguration entsprechen: $[M]_D = \pm 117°$.

Ein weiterer Fall, in dem bei optischem Drehungsvermögen kein bestimmtes Kohlenstoffatom als asymmetrisch bezeichnet werden kann, wo aber wiederum die Gesamtkonfiguration einer Substanz asymmetrisch ist, liegt in der Methylcyclohexylidenessigsäure[1] vor.

$$\begin{array}{c}CH_3 \\ H\end{array} \!\!\!\Big\rangle C \Big\langle\!\!\! \begin{array}{c}CH_2 - CH_2 \\ CH_2 - CH_2\end{array} \!\!\!\Big\rangle C = C \Big\langle\!\!\! \begin{array}{c}COOH \\ H\end{array} \qquad [M]_D = 125°$$

Die vier Valenzen der paraständigen Kohlenstoffe sind, wie die Formel zeigt, infolge der Ringbildung und der Äthylenbindung gegenseitig derart im Raume fixiert, daß sie die Eckpunkte eines unregelmäßigen Tetraeders bilden. Hieraus ergibt sich die räumliche Asymmetrie. Der Komplex

$$\Big\rangle \Big[C \Big\langle\!\!\! \begin{array}{c}CH_2 - CH_2 \\ CH_2 - CH_2\end{array} \!\!\!\Big\rangle C = C \Big] \Big\langle$$

vertritt hier also ein asymmetrisch substituiertes Zentralatom und das Resultat, die experimentell gefundene optische Aktivität der Cyclohexylidenessigsäure, bildet eine vollkommene Bestätigung der Strukturanschauungen, aus denen die Formel abgeleitet wurde.

§ 8. Das Drehungsvermögen der Schwefel-, Selen- und Zinn- verbindungen.

Trägt ein Schwefelatom vier verschiedene Substituenten, so ist die Möglichkeit des Auftretens optischer Antipoden gegeben. Allerdings sind die Versuche infolge der leichten Racemisierung sehr schwierig. Beispiele für optisch aktive Schwefelverbindungen sind die Salze des Methyläthylthetins

$$\begin{array}{c}CH_3 \\ C_2H_5\end{array} \!\!\!\Big\rangle S \Big\langle\!\!\! \begin{array}{c}CH_2COOH \\ Br.\end{array} \qquad \text{Methyläthylthetinbromid[2]}$$

und des Methyläthylphenacylsulfins.[3]

$$\begin{array}{c}C_2H_5 \\ CH_3\end{array} \!\!\!\Big\rangle S \Big\langle\!\!\! \begin{array}{c}CH_2COC_6H_5 \\ Br.\end{array}$$

---

[1] Perkin, Pope und Wallach, Journ. Chem. Soc. **95**, 1789 (1909); Lieb. Ann. **371**, 180 (1910); Journ. Chem. Soc. **99**, 1510 (1911).

[2] Pope und Peachey, Journ. Chem. Soc. **77**, 1072 (1900).

[3] Pope und Neville, Journ. Chem. Soc. **18**, 198 (1902).

In analoger Weise lassen sich optisch aktive Selenverbindungen darstellen, so das Methylphenylselenetinbromid.[1]

$$CH_3 \atop C_6H_5 {\Large >} Se {\Large <} {CH_2COOH \atop Br.}$$

Ist ein Zinnatom mit vier verschiedenen Resten verbunden, so ist das Molekül räumlich asymmetrisch. Ein Beispiel hierfür ist das Methyläthylpropylzinnjodid. [2]

$$CH_3 \atop C_2H_5 {\Large >} Sn {\Large <} {C_3H_3 \atop I}$$

Auch optisch aktive Siliciumverbindungen sind gewonnen worden.[3]

§ 9. Die optische Aktivität der Stickstoffverbindungen.

Das Drehungsvermögen der Stickstoffverbindungen hat es ermöglicht, die viel umstrittene prinzipielle Frage nach der Konstitution der Ammoniumderivate ihrer Lösung näher zu bringen. Bekanntlich schrieb man dem Stickstoff in den Ammoniumverbindungen Fünfwertigkeit zu und formulierte das Ammoniumchlorid als

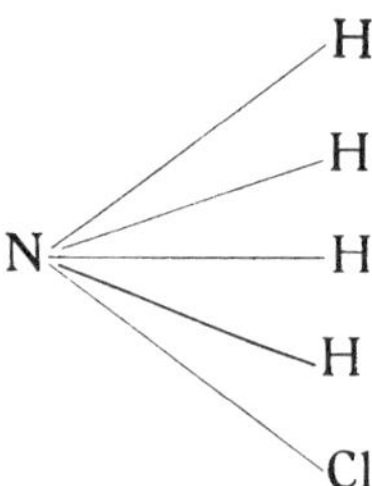

Versucht man diese fünf Substituenten in der Ebene oder im Raume anzuordnen, so ergibt sich für gemischtsubstituierte Ammoniumverbindungen eine Anzahl von Isomerien, die durch die Erfahrung nicht bestätigt werden. Dagegen ist es Le Bel[4], Pope und Peachey[5] gelungen, vierfach verschieden substituierte Ammoniumverbindungen darzustellen, die in zwei optisch aktive Antipoden

[1] Pope und Neville, Journ. Chem. Soc. **18**, 198 (1902).

[2] Pope und Peachey, Proc. Chem. Soc. **16**, 42 (1900).

[3] Kipping, Journ. Chem. Soc. **91**, 209 (1907); **93**, 457 (1907); **97**, 755 (1910).

[4] Ber. d. Dtsch. chem. Ges. **33**, 1003 (1900); Compt. rend. **110**, 145 (1890).

[5] Compt. rend. **129**, 767 (1899).

getrennt werden konnten. Über diese Anzahl von Isomeren sind weder die genannten Forscher noch Wedekind, der das Gebiet systematisch untersuchte, gekommen. Der „fünf"wertige Stickstoff zeigt also genau dieselben Verhältnisse bezüglich Isomerie und optischer Aktivität wie der vierwertige Kohlenstoff. Daß es länger dauerte, bis diese Verhältnisse klargestellt wurden, liegt an der Eigenschaft der Stickstoffverbindungen, sich leicht zu racemisieren, die durch die Dissoziation der quaternären Ammoniumverbindungen bedingt ist. Aus dieser Analogie zwischen Stickstoff und Kohlenstoff kann man schließen, daß die vier Substituenten in den Ammoniumverbindungen eine ähnliche Stellung im Raume haben wie die vier Valenzen des Kohlenstoffes, d. h. daß sie in den Ecken eines Tetraeders verteilt sind. Die fünfte Valenz, welche den Säurerest bzw. das Hydroxyl bindet, ist nicht in derselben Weise räumlich festgelegt, sonst müßten eine größere Anzahl von Isomeren entstehen und auch gleichsubstituierte Ammoniumverbindungen optisch aktiv sein können. Es ergibt sich also die Bestätigung der Wernerschen Ammoniumformel, nach welcher der Stickstoff als Zentralatom vier Gruppen koordinativ bindet und dieser Komplex als Ganzes mit dem Säurerest verbunden ist. Für das Methylpropylphenylbenzylammoniumchlorid ergibt sich sonach die Formel:

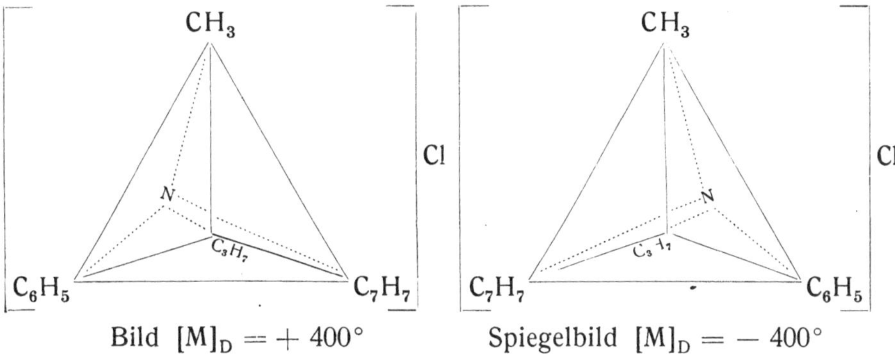

Bild $[M]_D = + 400°$ Spiegelbild $[M]_D = - 400°$

Diese Formulierung der Ammoniumverbindungen stimmt auch mit dem chemischen Verhalten viel besser als die alte Formel. Eine weitere Bestätigung der Wernerschen Ammoniumformel wurde durch die von Meisenheimer[1] vorgenommene Spaltung gemischt

---

[1] Ber. d. Dtsch. chem. Ges. **41**, 3966 (1908).

substituierter Aminoxyde erbracht. Das Methyläthylphenyl-hydroxylammoniumchlorid läßt sich in seine optischen Antipoden von $[M]_D = 41°$ spalten. Also auch der Hydroxyl-ammoniumrest zeigt die Eigenschaft der Asymmetrie und sogar die freie Base sowie ihr Hydrat ist aktiv, was sich anders als auf Grund der genannten Ammoniumformel kaum verstehen läßt. Der Zusammenhang zwischen Größe des Drehungsvermögens und Konstitution ist bei den optisch aktiven Stickstoffverbindungen infolge der leichten Racemisierbarkeit, sowie infolge des Umstandes, daß sie in nicht assoziierenden Lösungen zu größeren Komplexen zusammentreten, wenig erforscht. Entgegen den Beobachtungen beim Kohlenstoff wirkt ungesättigter Zustand eines Substituenten hier nicht drehungserhöhend; Allylverbindungen zeigen eine geringere Drehung als sonst gleiche Propylverbindungen.[1])

Das Drehungsvermögen der Phosphorverbindungen. — In Anbetracht der Analogie, welche die Phosphoniumverbindungen mit den Ammoniumverbindungen aufweisen bzw. die Phosphinoxyde mit den Aminoxyden, ist ein ähnliches stereochemisches Verhalten zu erwarten. Tatsächlich konnte auch Meisenheimer und Lichtenstadt[2]) das Methyläthylphenyl-phosphinoxyd in seine optischen Antipoden von $[M]_D = 57°$ spalten. Es genügt also die Substitution mit vier verschiedenen Radikalen, um beim Phosphor optische Aktivität hervorzurufen.

§ 10. Das optische Drehungsvermögen der Metallkomplexverbindungen.

Der Beweis, daß das optische Drehungsvermögen eine allgemeine Eigenschaft der räumlich asymmetrisch konstituierten Verbindungen ist, wurde durch die Darstellung optisch aktiver Metallverbindungen durch Werner[3]) erbracht. Das wichtigste Ergebnis ist die Feststellung, daß die Verbindungen vom Typus des Triäthylendiaminkobaltichlorids in zwei Antipoden spaltbar sind.

---

[1]) Wedekind, Ber. d. Dtsch. chem. Ges. **40**, 1001, 1009, 1646, 4450 (1907); ferner Jones, Hill, Journ. Chem. Soc. **93**, 295 (1908); R. W. Everatt, Journ. Chem. Soc. **93**, 1225, 1789 (1908).

[2]) Ber. d. Dtsch. chem. Ges. **44**, 356 (1911).

[3]) Ber. d. Dtsch. chem. Ges. **44**, 1887, 2445, 3122, 3272, 3279 (1911); **45**, 121, 433 (1912); Arch. des Scienc. phys. et nat. Genève [4] **32**, 457 (1911).

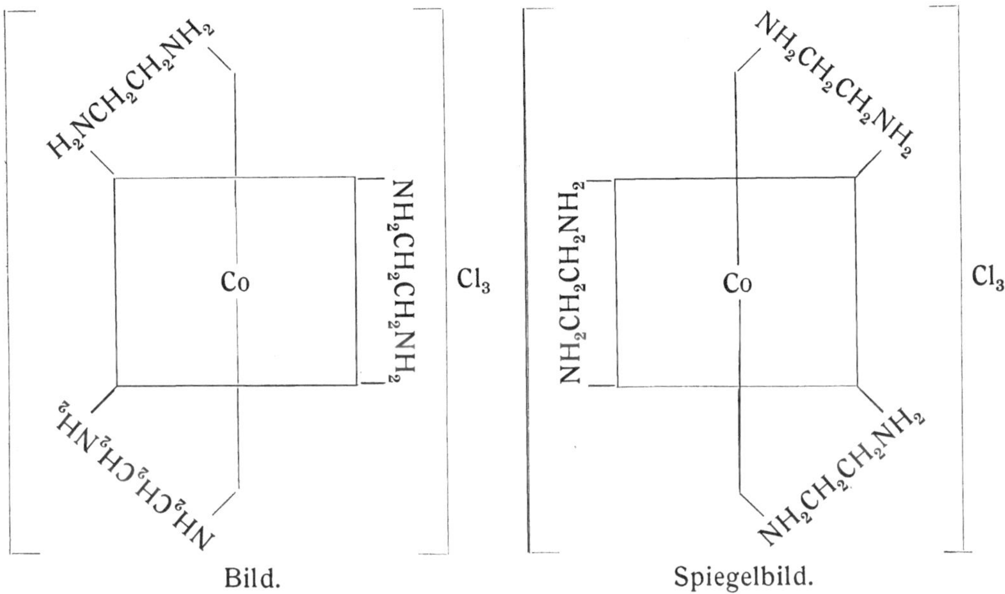

$$[M]_D \text{ für das Chlorid } = \pm 560.$$
$$[M]_D \text{ für das Bromid } = \pm 602.$$
$$[M]_D \text{ für das Nitrat } = \pm 561.$$

Dieser Befund beweist zugleich die Richtigkeit der Wernerschen Vorstellungen über die Koordinationsverbindungen im allgemeinen und die Richtigkeit der Oktaederformel für die Anordnung der koordinativ gebundenen Gruppen. Außerdem lehrt er, daß zum Eintritt der optischen Aktivität eine Verschiedenheit der um das Zentralatom gelagerten Gruppen nicht notwendig ist, sondern daß der räumlich asymmetrische Bau des Moleküls eine notwendige aber auch hinreichende Bedingung für die optische Aktivität ist. Andere optisch aktive Verbindungen vom Typus

$$\left[\begin{array}{c} (C_2H_4(NH_2)_2)_2 \\ CoA \\ B \end{array} \right] X \quad \text{und} \quad \left[\begin{array}{c} (C_2H_4(NH_2)_2)_2 \\ CoA \\ A \end{array} \right] X$$

hat Werner ebenfalls spalten können, hierbei haben sich sämtliche Konsequenzen aus der oktaedrischen Anordnung bestätigt. Außer den Kobaltverbindungen sind bereits optisch aktive Chrom-, Eisen- und Rhodiumverbindungen dargestellt worden.

Wenn auch aus der genannten Reihe von Elementen, die Zentralatome optisch aktiver Systeme sein können, hervorgeht, daß das

Zustandekommen optischer Aktivität nicht an bestimmte chemische Eigenschaften des Zentralatoms gebunden ist, so läßt sich andererseits doch ersehen, daß bei sonst gleichen koordinativ gebundenen Gruppen der Betrag des Molekulardrehungsvermögens vom Zentralatom abhängt, so hat Dichlorodiäthylendiamin c h r o m i chlorid das

$$[M]_D = \pm\ 415.$$

Das Dichlorodiäthylendiamin k o b a l t i chlorid

$$[M]_D = \pm\ 558$$

also um beiläufig 150° mehr, was sich auch bei den anderen Salzen wiederfindet. Es sei bemerkt, daß die optisch aktiven Metallkomplexverbindungen eine sehr beträchtliche Rotationsdispersion zeigen.

§ 11. Rotationsdispersion.

Das Drehungsvermögen optisch aktiver Verbindungen ist eine Funktion der Wellenlänge des Lichtes derart, daß das Drehungsvermögen in der Regel mit zunehmender Wellenlänge zunimmt; es ist dies ein Verhalten, das mit dem Verhältnisse beim Brechungsvermögen übereinstimmt. Dieses Verhalten bezeichnet man als n o r m a l e R o t a t i o n s d i s p e r s i o n; es sei auf das diesbezügliche Material in dem Werke von L a n d o l t hingewiesen. Falls eine Substanz von dieser Regel abweicht, d. h., wenn ihr Drehungsvermögen für eine bestimmte Wellenlänge ein Maximum zeigt, anstatt gleichmäßig gegen das ultraviolette Ende des Spektrums zuzunehmen, so spricht man von a b n o r m a l e r R o t a t i o n s d i s p e r s i o n. Der einfachste Fall wurde von B i o t[1]) bei Gemischen optisch aktiver Substanzen beobachtet. Werden zwei Substanzen von entgegengesetzter Drehung und verschiedenen normalen Dispersionskoeffizienten in verschiedenem Verhältnisse gemischt und vergleicht man die Drehung bei verschiedenen Wellenlängen, so lassen sich Konzentrationsbereiche und Spektralbezirke ausfindig machen, in denen das Anwachsen des Drehungsvermögens des einen Bestandteils der Mischung genau gleich groß ist dem Anwachsen der entgegengesetzten Drehung, die von der anderen Komponente herrührt. Es muß also unter diesen Bedingungen die beobachtete Drehung ein Maximum bzw. ein Minimum aufweisen, da der Differentialquotient nach der Wellenlänge gleich Null ist. Dasselbe Verhalten kann sich auch einstellen, wenn eine einheitliche Substanz in ihrer

---

[1]) L a n d o l t, Optisches Drehvermögen (Braunschweig 1908), 135.

Lösung in verschiedenen Formen vorliegt (z. B. undissoziierte Säure und Ionen, verschiedene Hydratationsstufen usw.). Das Auftreten anormaler Rotationsdispersion bei derartigen Lösungen ist dann ein starkes Argument für das Vorhandensein verschiedener Molekulararten in der Lösung.

Tschugaeff[1]) hat erkannt, daß gemäß dem Prinzip der optischen Superposition ein solches Verhalten auch bei einheitlichen, optisch aktiven Substanzen zu erwarten ist, sofern sie mindestens zwei verschieden asymmetrische Kohlenstoffe enthalten. Nach dem Prinzip der optischen Superposition (auf dessen exakte Gültigkeit es hier nicht ankommt) sind die beiden asymmetrischen Kohlenstoffe mit Bezug auf ihren Beitrag zum Drehungsvermögen und daher auch bezüglich der Änderungen des Drehungsvermögens mit der Wellenlänge, d. h. der Rotationsdispersion, voneinander unabhängig. Für eine derartige Verbindung gilt also das gleiche, was vorhin für Gemische gesagt wurde, bei entsprechenden Werten für die Dispersionen der zwei Kohlenstoffe hat die Verbindung anormale Rotationsdispersion. Als Beleg mögen einige Resultate von Tschugaeff folgen:

d-β-Camphersulfonsäure-l-Menthylester.
Lösungsmittel Toluol; C = 9,76.

C	D	E	F	$\lambda = 472\mu\mu$
[a] — 12,04°	— 13,45°	-- 13,95°	— 12,86°	— 12,04°

Lösungsmittel Aceton; C = 7,54.

C	D	E	F	$\lambda = 472\mu\mu$
[a] — 15,38°	— 17,57°	— 19,08°	— 18,73°	— 18,03°

Lösungsmittel Chloroform; C = 9,66.

C	D	E	F	$\lambda = 472\mu\mu$	$\lambda = 457\mu\mu$
[a] — 17,87°	— 20,63°	— 22,92°	— 23,30°	— 22,76°	— 21,46°

Ein zweiter Typus der anormalen Rotationsdispersion wurde von Cotton[2]) entdeckt und beruht darauf, daß bei Substanzen

---

[1]) Ber. d. Dtsch. chem. Ges. **44**, 2023 (1912).
[2]) Ann. Chim. Phys. [7] **8**, 347 (1896).

mit relativer Absorption in der Nähe der Absorptionsbänder das optische Drehungsvermögen größere Werte annimmt und ein Maximum durchläuft. Auch dieses Verhalten ist ganz analog der Lichtbrechung, wo ja ebenfalls im Bereiche selektiver Absorption abnorme Refraktionswerte erhalten werden. Tatsächlich konnte Tschugaeff[1]) in gefärbten, also selektiv absorbierenden, optisch aktiven Verbindungen, wie in den gelb gefärbten Xanthogensäure-estern optisch aktiver Alkohole das Auftreten von anormaler Rotationsdispersion im Bereiche der Absorptionsbanden konsta-tieren. Die Richtigkeit dieser Erwägungen wurde durch die Unter-suchungen der Rotationsdispersion des Camphers im Ultraviolett durch Darmois[2]) und Tschugaeff[3]) bestätigt, bei welchem sich ergab, daß der Campher, der im Ultravioletten selektiv absorbiert, in diesem Bereiche auch ein Maximum der Rotationsdispersion zeigt.[4])

Zusammenfassung.

Obgleich die quantitative Berechnung des optischen Drehungs-vermögens aus der Konstitution bisher nicht möglich ist, ja ob-wohl nicht einmal für homologe Reihen[5]) oder einfache Sub-stitutionsvorgänge einigermaßen stimmende quantitative Regeln vorliegen, so ist schon das rein qualitative Merkmal der optischen Drehung für die Konstitutionsermittlung von der größten Wich-tigkeit.[6]) Die Sicherheit, mit welcher alle Forderungen der Stereo-chemie erfüllt wurden, die Bestätigung der aus organischen Stoffen abgeleiteten Regeln bei der Ausdehnung auf anorganische Ver-bindungen und insbesondere die zwanglose Anpassung an die eintretenden Änderungen des sich umformenden Valenzbegriffes beweisen die weitgehende Verläßlichkeit der auf der optischen Drehung beruhenden Theorien. Der Grund für diese Zuverlässig-

---

[1]) Ber. d. Dtsch. chem. Ges. **42**, 2244 (1909); Zeitschr. f. phys. Chem. **74**, 503 (1910).

[2]) Thèses (Paris 1910).

[3]) Zeitschr. f. phys. Chem. **76**, 469 (1911).

[4]) Vgl. auch M. F. Mc. Dowell, Physical Review **20**, 163 (1905); Groß-mann, Ber. d. Dtsch. chem. Ges. **42**, 2646 (1909) u. l. c.; ferner Zeitschr. d. Ver. Dtsch. Zuckerind. **1912**, 19.

[5]) Vgl. Walden, Ber. d. Dtsch. chem. Ges. **38**, 355 (1905); Hilditsch, Journ. Chem. Soc. **101**, 192, 347 (1912).

[6]) Es sei hier auch noch auf die stereochemische Bedeutung der Fermente für Strukturfragen gewiesen.

keit ist offenbar darin zu suchen, daß die Hilfsvorstellungen, auf welchen sich die Stereochemie aufbaut, von den jeweiligen chemischen Hypothesen viel weniger abhängig sind, als etwa analoge thermochemische oder elektrochemische Hypothesen; der Grundgedanke der Stereochemie, daß die chemischen Vorgänge sich so wie alles andere physikalische Geschehen im Raume abspielen und daher auch räumlich abgebildet werden müssen, ist mit allen sonstigen physikalischen und geometrischen Vorstellungen untrennbar verknüpft.

Umgekehrt muß man daher von allen Valenz- und Konstitutionsvorstellungen verlangen, daß sie den Befunden aus dem Drehungsvermögen Rechnung tragen. Soweit es sich um die Konstitutionsformeln handelt, ist dieses Ziel fast durchweg erreicht. Bei chemischen Umsetzungen hingegen tritt eine Reihe von unvorhergesehenen Erscheinungen[1]) auf, die unter dem Namen der „Waldenschen Umkehrung" zusammengefaßt werden. Es ist wahrscheinlich, daß diese Erscheinungen zu einer zutreffenderen Auffassung der Substitutionsvorgänge führen werden, als es bei der bisherigen formalen Valenzlehre möglich war.

Elektrische Eigenschaften.

Kapitel XIII. Die Leitfähigkeit.

§ 1. Allgemeines.

Bekanntlich existieren zwei recht scharf getrennte Formen der elektrischen Leitfähigkeit fester und flüssiger Stoffe: das sog. metallische Leitvermögen, bei welchem mit dem Transport der Elektrizität kein nachweisbarer Massentransport verbunden ist und das elektrolytische Leitvermögen, bei welchem gemäß dem Faradayschen Gesetz proportional dem Elektrizitätsdurchgang ein Transport und eine Abscheidung von Substanz erfolgt. Das metallische Leitvermögen findet sich außer bei den Metallen auch bei einigen Oxyden und Sulfiden; es kann in Beziehung zur Stellung des Elementes in periodischen Systemen gebracht werden. Jedoch

---

[1]) W a l d e n , Ber. **32**, 1846 (1899); F i s c h e r , Ann. **381**, 123 (1911); P f e i f f e r , Ann. **383**, 123 (1911); W e r n e r , Ann. **386**, 65 (1911).

haben sich für die Chemie wichtige Ergebnisse aus diesen Zahlen nicht erhalten lassen. Das elektrolytische Leitvermögen ist, wie schon aus der oben gegebenen Definition hervorgeht, eine vom chemischen Charakter der Substanz durchaus abhängige Eigenschaft; denn es setzt die Möglichkeit eines Zerfalles in Bruchstücke voraus, welche elektrische Ladungen transportieren können. Das elektrolytische Leitvermögen ist bei reinen Substanzen in der Regel sehr gering. Sowohl reines Wasser als konzentrierte Schwefelsäure, flüssiges Ammoniak, flüssiges Schwefeldioxyd, die organischen Säuren, Basen, die Halogene leiten im reinen Zustande nur in außerordentlich geringem Maße, und man kann mit Hilfe des Leitvermögens die Anwesenheit von Verunreinigungen konstatieren, die durch analytische Methoden nicht mehr nachweisbar sind. Hingegen zeigen Lösungen dieser Stoffe ineinander ein ausgeprägtes Leitvermögen, insbesondere ist dies bei den Lösungen der Säuren, Basen und Salze der Fall, die deshalb gesondert besprochen werden. Eine Körperklasse, welche auch im reinen Zustand vortrefflich leitet, sind die geschmolzenen Salze. Eine tabellarische Zusammenstellung findet sich bei Lorenz und Kaufler.[1]

Dieses Verhalten der geschmolzenen Salze ist nach dem oben Gesagten sehr auffallend und wird es noch mehr im Zusammenhang damit, daß es Verbindungen aus Metallen und Halogenen gibt, die den Strom nicht leiten und die man wegen ihrer übrigen Eigenschaften auch sonst nicht zu den Salzen zählt. Beispielsweise ist das Zinntetrachlorid ein Nichtleiter, während das Zinndichlorid im geschmolzenen Zustand ein recht guter Leiter ist. Auch Wismutchlorid $BiCl_3$ leitet den Strom sehr schlecht.

Es war daher naheliegend, aus dem elektrischen Leitvermögen der geschmolzenen Salze den Schluß zu ziehen, daß ihre Einheitlichkeit nur scheinbar und die geschmolzenen Salze also eigentlich Gemische seien. Ein solches kann aber nicht anders zustande kommen, als daß sich die Salzmoleküle polymerisieren und daß somit die geschmolzenen Salze Lösungen der verschiedenen Polymerisationsstufen und Einzelmoleküle sowie ihrer Dissoziationsprodukte ineinander sind. Die Bestimmungen des Assoziationsgrades der geschmolzenen Salze, wie sie aus den Untersuchungen von Bottomley,[2] Lorenz, Kaufler und Liebmann,[3] Lon-

---

[1] Elektrolyse der geschmolzenen Salze (Halle 1909).
[2] Proc. Chem. Soc. **29**, 225 (1903).
[3] Ber. d. Dtsch. chem. Ges. **41**, 3722 (1908).

ginescu[1]) und Walden[2]) sich ergaben, haben für die geschmolzenen Salze eine sehr weitgehende Assoziation erwiesen. Im übrigen ergibt sich dies auch aus der Betrachtung der übrigen physikalischen Eigenschaften, insbesondere der Schmelz- und Siedepunkte. Z. B.:

Zinnchlorür: Schmelzpunkt 260°, Siedepunkt 606°;
Zinnchlorid: Schmelzpunkt — 29°, Siedepunkt 110°.

Zinnchlorid ist ein Nichtleiter, Zinnchlorür leitet im geschmolzenen Zustande recht gut. Ebenso findet man bei den Fluoriden[3]) der Metalle zwei deutlich getrennte Typen: Erstens leicht flüchtige Fluoride mit anormalem Molekulargewicht, Nichtleiter der Elektrizität (z. B. Wolframhexafluorid, das bei 19° siedet, Titantetrafluorid, Siedepunkt 284°) und zweitens die Fluoride der Alkali- und Erdalkalimetalle, die erst bei sehr hohen Temperaturen schmelzen (Fluornatrium 980°), bei noch weit höheren Temperaturen verdampfen und im geschmolzenen Zustande gute Leiter der Elektrizität sind. Das Molekulargewicht in der 2. Gruppe ist, wie sich aus der Oberflächenspannung ergibt, weit größer als der einfachen Formel entspricht.

§ 2. Das Leitvermögen der Lösungen.

Das Leitvermögen der Lösungen, sowohl der wässerigen als auch der in anderen Lösungsmitteln, bildet einen der inhaltsreichsten Abschnitte der Elektrochemie und ist daher in den einschlägigen Lehrbüchern[4]) ausführlich behandelt worden. Im Nachstehenden sollen daher nur jene Tatsachen besprochen werden, welche im engen Zusammenhange mit der Konstitution stehen.

Als geeignetste Größe für Vergleiche von verschiedenen Substanzen hat sich das molekulare Leitvermögen erwiesen. Wenn w der Widerstand in Ohm einer Säule der Substanz von 1 cm Länge und 1 cm² Querschnitt ist, so bezeichnet man den reziproken Wert von w, $k = \dfrac{1}{w}$ als spezifisches Leitvermögen.[5]) · Multipliziert

---

[1]) Chem. Zentralbl. **1903** II, 1045.
[2]) Zeitschr. f. Elektrochem. **14**, 713 (1900).
[3]) Ruff, Ber. d. Dtsch. chem. Ges. **37**, 673 (1904).
[4]) Vgl . z. B. Ostwald, Lehrbuch der Elektrochemie 1896; Sv. Arrhenius, Lehrbuch der Elektrochemie 2. Aufl. (Leipzig 1910); Le Blanc, Lehrbuch der Elektrochemie, 5. Aufl. (Leipzig 1911); . F. Förster, Elektrochemie wässeriger Lösungen (Leipzig 1905) u. a.
[5]) Die älteren Arbeiten beziehen sich auf die Quecksilbereinheit, 1 Ω = 1,063 Quecksilbereinheiten.

man das spezifische Leitvermögen mit jenem Volumen in Kubikzentimetern, in welchem ein Grammolekül enthalten ist, so erhält man das molekulare Leitvermögen. Das Leitvermögen hängt sowohl vom gelösten Körper als auch von dem Lösungsmittel und der Konzentration ab und ist ferner eine Funktion der Temperatur[1] sowie des Druckes[2].

Die Abhängigkeit des Leitvermögens von der Konzentration wurde von Ostwald[3] auf Grund der Theorien von van't Hoff und Arrhenius gemäß folgender Erwägung ausgedrückt. Das elektrolytische Leitvermögen kommt dadurch zustande, daß der gelöste Körper in zwei oder mehrere elektrisch geladene Teile, die Ionen, zerfällt. Diese Teile stehen mit dem undissoziierten Anteil im Gleichgewicht und, da für verdünnte Lösungen die Gasgesetze in recht angenäherter Weise gelten, so war zu erwarten, daß auf das elektrolytische Gleichgewicht in Lösung die Gesetze der Gasgleichgewichte bzw. das Massenwirkungsgesetz angewendet werden kann. Bezeichnet man das Volumen, in dem ein Grammolekül eines binären Elektrolyten gelöst ist, mit v und den Dissoziationsgrad des Elektrolyten, d. h. den in die Ionen zerfallenen Bruchteil mit x, so ist $\frac{x}{v}$ der in einem Kubikzentimeter enthaltene Bruchteil eines Grammions oder die aktive Masse jedes der beiden Ionen. $\frac{1-x}{v}$ ist die aktive Masse des undissoziierten Anteiles. Das Massenwirkungsgesetz führt nun für einen derartigen Zerfall eines Stoffes in zwei Bestandteile, falls das Volumen konstant bleibt, zur Formel

$$\frac{x^2}{(1-x)v} = C,$$

wobei C die Gleichgewichtskonstante der Dissoziation ist und als Dissoziationskonstante bezeichnet wird. Der Dissoziationsgrad, als das Verhältnis der Zahl der gespaltenen Moleküle zur Gesamtzahl, läßt sich auch durch die beobachteten Werte des Leitvermögens ausdrücken. Bei unendlicher Verdünnung sind alle

---

[1] Vgl. hierzu A. A. Noyes, Journ. de Chim. Phys. **6**, 505 (1908); Johnston, Journ. Amer. Chem. Soc. **31**, 1010 (1909); Walden, Zeitschr. f. phys. Chem. **73**, 257 (1910).

[2] Körber, Zeitschr. f. phys. Chem. **67**, 212 (1909); Tammann, Zeitschr. f. Elektroch. **16**, 592 (1910).

[3] Zeitschrift f. phys. Chem. **2**, 270 (1888).

Moleküle gespalten. Das äquivalente Leitvermögen bei einer bestimmten Konzentration muß sich zum Grenzwert des Leitvermögens bei zunehmender Verdünnung so verhalten, wie die entsprechenden Zahlen der gespaltenen Moleküle. Da x für unendliche Verdünnung gleich 1 ist, so ergibt sich:

$$x_v = \frac{\Lambda_v}{\Lambda_\infty},$$

wobei Λ_v die äquivalente Leitfähigkeit bei der betreffenden Verdünnung bezeichnet. Durch Einsetzen dieses Ausdruckes in die Formel für die Dissoziationskonstante erhält man

$$C = \frac{\Lambda_v{}^2}{\Lambda_\infty\,(\Lambda_\infty - \Lambda_v)v}.$$

Dieses Gesetz ist für die starken anorganischen Säuren und Basen, sowie für die Salze derselben nicht gültig; dagegen stimmt es mit den Beobachtungen bei den meisten organischen Säuren, Basen und Salzen vortrefflich überein. Die Ungültigkeit des Gesetzes für die verdünnten Lösungen der starken Elektrolyte ist trotz vieler Bemühungen weder in ihren Ursachen aufgeklärt, noch sind die Abweichungen durch empirische Formeln[1]) vollkommen ausdrückbar. Da sich aber die Dissoziationskonstanten als exaktes Maß der Säurestärke erwiesen haben, ist diese Anomalie der starken Elektrolyte keineswegs ein Argument gegen die Heranziehung der Dissoziationskonstanten als charakteristisches Merkmal der Elektrolyte, sondern beweist nur, daß in den Formeln für das Leitvermögen das Massenwirkungsgesetz bei den starken Elektrolyten durch andere Umstände, vielleicht elektrostatischer Art, gestört wird.

Für die Berechnung der Dissoziationskonstante ist, wie bereits erwähnt, der Grenzwert der Leitfähigkeit Λ_∞ erforderlich. Für die schwachen organischen Säuren und Basen ist dieser Wert nicht direkt zugänglich, da ihre Dissoziationskonstante so klein ist, daß selbst sehr verdünnte Lösungen erst etwa bis zur Hälfte oder noch weniger dissoziiert sind, so daß eine Extrapolation auf unendliche Verdünnung unzulässig ist. Nichtsdestoweniger läßt sich der gewünschte Wert auf Grund des Gesetzes von Kohlrausch über die Unabhängigkeit der Wanderungsgeschwindigkeit der Ionen berechnen, da die Salze der organischen Säuren und Basen genügend dissoziiert sind, um die Grenzleitfähigkeit berechnen zu

---

[1]) van't Hoff und Rudolphi, Zeitschr. f. phys. Chem. **18**, 300 (1895).

33*

lassen. Man muß hierbei von Grenzleitfähigkeiten des Salzes, beispielsweise des Natriumacetats, nur die bekannte Wanderungsgeschwindigkeit des Natriumions abziehen, um die Grenzleitfähigkeit zu erhalten, die dem Essigsäureion zukommt.

§ 3. Der Einfluß des Lösungsmittels.

Was die Abhängigkeit vom Lösungsmittel betrifft, so ist zunächst auffallend, daß Lösungsmittel, welche im reinen Zustande sämtlich Nichtleiter sind, mit ein und demselben gelösten Körper Lösungen von ganz verschiedenem Leitvermögen geben. Beispielsweise leiten Lösungen von Essigsäure in Benzol fast gar nicht, hingegen in Wasser recht gut. Den verschiedenen Lösungsmitteln kommt also eine recht verschiedene dissoziierende Kraft zu. J. J. Thomson[1]) und Nernst[2]) haben aufmerksam gemacht, daß eine Beziehung zwischen dissoziierender Kraft und Dielektrizitätskonstante besteht. Hierüber hat insbesondere Walden[3]) umfangreiche Untersuchungen angestellt und diese Auffassung im wesentlichen bestätigt gefunden. Krüger[4]) hat hierfür Gründe strahlungstheoretischer Natur angegeben. Bei Betrachtung des gesamten Materials sieht man jedoch, daß die ausschließliche Abhängigkeit von der Dielektrizitätskonstante in vielen Fällen nicht vorhanden ist. Das deutlichste Beispiel hierfür ist wohl das Nitrobenzol,[5]) dessen Dielektrizitätskonstante etwas größer ist als jene des Methylalkohols, und das trotzdem als Lösungsmittel bei weitem den Methylalkohol an dissoziierender Kraft nicht erreicht. Als Erklärung für diese Abweichungen kann angenommen werden, daß die Dissoziation der Elektrolyte durch das Lösungsmittel keineswegs eine reine Aufspaltung des Moleküls in einzelne Ionen ist, sondern daß mit dem Dissoziationsvorgang gleichzeitig eine Anlagerung des Lösungsmittels an die Ionen vor sich geht. Gemäß den Wernerschen Anschauungen ist sogar diese Addition von Lösungsmittel die

---

[1]) Phil. Mag. [5] **36,** 320 (1893).

[2]) Zeitschr. f. phys. Chem. **13,** 531 (1894).

[3]) Zeitschr. f. phys. Chem. **54,** 129 (1906); **55,** 683 (1906); **58,** 479 (1907); **59,** 192, 385 (1907); **61,** 633 (1908); Mc. Coy, Journ. Amer. Chem. Soc. **30,** 1074 (1908); vgl. auch A. N. Meldrum und W. E. St. Turner, Journ. Chem. Soc. **93,** 876 (1908).

[4]) Zeitschr. f. Elektrochem. **17,** 453 (1911).

[5]) Beckmann und Lockemann, Zeitschr. f. phys. Chem. **60,** 385 (1907); vgl. auch Michael und Hilbert, Ber. d. Dtsch. chem. Ges. **41,** 1080 (1908).

notwendige Vorbedingung für die Dissoziation. Die Fähigkeit, sich mit den Ionen zu verbinden, ist jedenfalls ein Ausdruck für ungesättigten Charakter, wie er sich auch in der Fähigkeit zur Bildung von Anlagerungs- oder von Polymerisationsprodukten zu kennzeichnen pflegt. Diese Anschauung stimmt mit der Erfahrung recht gut überein; denn eine Reihe von typisch ungesättigten Substanzen zeigen als Lösungsmittel stark dissoziierende Kräfte, so z. B. SO_2, HCN, Methylalkohol, Wasser, Ameisensäure.

Da andererseits, wie im Kapitel Dielektrizitätskonstante gezeigt wird, diese Eigenschaft in hohem Maße vom Valenzausgleich abhängt, so scheint der Fall vorzuliegen, daß einerseits eine direkte Beeinflussung des Dissoziationsvorganges durch den chemischen Charakter des Lösungsmittels stattfindet, daß aber auch die physikalische Beeinflussung durch die elektrostatischen Eigenschaften des Lösungsmittels in letzter Linie ebenfalls mit dessen ungesättigtem Charakter zusammenhängen.

§ 4. Die Wanderungsgeschwindigkeiten der Ionen.

Für das Leitvermögen der Elektrolyte ist ein Satz besonders wichtig, der im Anschluß an die Untersuchungen Hittorfs[1]) von Kohlrausch[2]) aufgestellt wurde:

Die äquivalente Leitfähigkeit eines Elektrolyten ist gleich der Summe der Einzelwerte, die den Anionen und den Kationen zukommen.

Anders ausgedrückt lautet der Satz so: Jede Ionengattung besitzt eine charakteristische Wanderungsgeschwindigkeit, die sich als unabhängig von dem anderen Ion des gelösten Salzes erweist. Man kann auf Grund von Leitfähigkeitsbestimmungen zunächst die relativen Wanderungsgeschwindigkeiten bestimmen, d. i. jene Beiträge, welche die einzelnen Ionengattungen zum äquivalenten Leitvermögen liefern. Aus den Überführungszahlen sind die Wanderungsgeschwindigkeiten im absoluten Maße berechnet worden. Nachstehend folgt eine Tabelle der Wanderungsgeschwindigkeit anorganischer Ionen.[3])

---

[1]) Pogg. Ann. **106**, 559.
[2]) Wied. Ann. **6**, 1 (1879); **26**, 213 (1885).
[3]) Kohlrausch, Sitzungsber. d. Kgl. Preuß. Akad. **1902**, 574, 587; Noyes und Sammet, Zeitschr. f. phys. Chem. **43**, 49 (1903).

Tabelle I.

Wanderungsgeschwindigkeit bei unendlicher Verdünnung (t = 18°):

$K^· = 64{,}67$	$ClO_3' = 55{,}03$
$Na^· = 43{,}55$	$BrO_3' = 46{,}2$
$Li^· = 33{,}44$	$JO_3' = 33{,}87$
$Rb^· = 67{,}6$	$ClO_4' = 64{,}7$
$Cs^· = 68{,}2$	$JO_4' = 47{,}7$
$NH_4 = 64{,}4$	$NO_3' = 61{,}78$
$Tl^· = 66{,}00$	$MnO_4' = 53{,}4$
$Ag^· = 54{,}02$	$OH' = 174$
$H^· = 329{,}8$	$CHO_2' = 46{,}7$
$F' = 46{,}64$	$C_2H_3O_2' = 35{,}0$
$Cl' = 65{,}44$	$C_3H_5O_2' = 31{,}0$
$Br' = 67{,}63$	$C_4H_7O_2' = 27{,}6$
$J' = 66{,}40$	$C_5H_9O_2' = 25{,}7$
$SCN' = 56{,}63$	$C_6H_{11}O_2' = 24{,}3$
$\tfrac{1}{2}Ba^{··} = 56{,}3$	$\tfrac{1}{2}Zn^{··} = 45{,}6$
$\tfrac{1}{2}Pb^{··} = 61{,}5$	$\tfrac{1}{2}SO_4'' = 68{,}7$
$\tfrac{1}{2}Mg^{··} = 46{,}0$	$\tfrac{1}{2}CO_3'' = 70$

Eine umfassende Arbeit, die im Anschluß an die Ostwaldschen Untersuchungen bezweckte, Beziehungen zwischen Konstitution und Überführungszahlen festzustellen, liegt von G. Bredig[1]) vor. Nachstehend folgt eine Tabelle von ihm beobachteter Wanderungsgeschwindigkeiten, die bei 25° gemessen wurden. Da es hier nur auf die relativen Werte ankommt, wurden die Bredigschen Originalzahlen, die in reziproken Quecksilbereinheiten ausgedrückt sind, in ihrer ursprünglichen Form belassen.

Aus den Zahlen von Kohlrausch und Bredig lassen sich folgende Regelmäßigkeiten erkennen. Die Wanderungsgeschwindigkeit der Halogenionen ist mit Ausnahme des Fluors nahezu gleich groß. Die anorganischen Elementar-Kationen unterscheiden sich, sofern ihr Molekulargewicht über 35 ist, nicht stark voneinander; bei den zusammengesetzten anorganischen Ionen fällt auf, daß die Chlorate und Jodate kleinere Wanderungsgeschwindigkeiten haben als die Perchlorate und Perjodate. Auffallend sind die hohen Werte

---

[1]) Zeitschr. f. phys. Chem. **13**, 191 (1894).

für Wasserstoff und Hydroxyd. Es ist dies ein Spezialfall der bei anderen Lösungsmitteln beobachteten Gesetzmäßigkeit, daß solche Ionen, welche auch vom Lösungsmittel gebildet werden können, abnorm große Wanderungsgeschwindigkeiten besitzen. Bei den organischen Ionen fällt zunächst auf, daß Isomere nahezu identische Wanderungsgeschwindigkeiten besitzen. Die Wanderungsgeschwindigkeiten nehmen im großen Ganzen mit zunehmendem Molekulargewicht ab; ohne daß sich jedoch bestimmte Werte für eine eintretende Methylgruppe feststellen lassen. Eher könnte man einen angenähert asymptotischen Verlauf annehmen, indem bei genügend großer Zahl der Atome bei den Kationen die Werte sich nicht wesentlich von 22 unterscheiden, während der Grenzwert der Anionen etwas höher zu liegen scheint. In der Reihe der Basen bemerkt man, das die quaternären Basen am raschesten wandern und von diesen ein regelmäßiger Abfall zu den primären Aminen stattfindet.[1]

Substitution von Wasserstoff durch Halogene oder andere schwere Gruppen verringert die Wanderungsgeschwindigkeit.

Tabelle II.

Äquivalente Wanderungsgeschwindigkeiten bei 25°.

Ionen	Formel	Äquivalent-gewicht	Atomzahl	Wanderungs-geschwindig-keit
Hydroxyl.	OH	17	2	167
Fluor	F	19	1	50,8
Chlor	Cl	35,5	1	70,2
Brom	Br	80	1	73,0
Jod	J	127·	1	72,8
Cyan	CN	26	2	73,5
Nitrit	NO_2	46	3	73
Nitrat	NO_3	62	4	65,1
Chlorat	ClO_3	84	4	59,0
Bromat	BrO_3	128	4	50,5
Jodat	JO_3	175	4	37,9
Perjodat	JO_4	191	5	51,3

[1] Vgl. auch Kap. III, § 7.

Ionen	Formel	Äquivalent-gewicht	Atomzahl	Wanderungs-geschwindig-keit
Ameisensäure . . .	$HCOO$	45	4	51,2
Essigsäure	CH_3COO	59	7	38,3
Propionsäure . . .	CH_3CH_2COO	73	10	34,3
Buttersäure	$CH_3CH_2CH_2COO$	87	13	30,7
Isobuttersäure . . .	$CH_3-CH-COO$ über CH_3	87	13	30,9
Krotonsäure. . . .	$CH_3CH = CHCOO$	85	11	32,0
Capronsäure . . .	$C_5H_{11}COO$	115	19	27,4
Benzoesäure. . . .	C_6H_5COO	121	14	31,2
o-Toluylsäure . . .	$C_6H_4 \begin{smallmatrix} COO\ 1 \\ CH_3\ 2 \end{smallmatrix}$	135	17	29,9
m- ,, . . .	$\begin{smallmatrix} 1 \\ 3 \end{smallmatrix}$	135	17	30
p- ,, . . .	$\begin{smallmatrix} 1 \\ 4 \end{smallmatrix}$	135	17	29,6
Phenylessigsäure . .	$C_6H_5-CH_2COO$	135	17	29,8
Zimtsäure	$C_6H_5CH = CHCOO$	147	18	27,3
Phenylpropiolsäure .	$C_6H_5C{\equiv}CCOO$	145	16	27,5
Äthylschwefelsäure .	$C_2H_5OSO_3$	125	12	41,6
Isobutylschwefelsäure	$C_4H_9OSO_3$	153	18	32,2
Benzolsulfosäure . .	$C_6H_5-SO_3$	157	15	34,2
Nitrobenzolsulfosäure	$NO_2C_6H_4SO_3$	202	17	32,8
Naphthalinsulfosäure.	$C_{10}H_7SO_3$	207	21	30,2
Pikrinsäure	$C_6H_2(NO_2)_3O$	228	18	31,5
Sulfit	$^1/_2SO_3{}^{--}$	40	$^4/_2$	65,6
Sulfat	$^1/_2SO_4{}^{--}$	48	$^5/_2$	73,5
Kohlensäure. . . .	$^1/_2CO_3{}^{--}$	30	$^4/_2$	65
Oxalsäure	$^1/_2COOCOO^{--}$	44	$^6/_2$	71,1
Malonsäure	$^1/_2C_3H_2O_4{}^{--}$	51	$^9/_2$	62,2
Bernsteinsäure . . .	$^1/_2C_4H_4O_4{}^{--}$	58	$^{12}/_2$	56,2
Fumarsäure	$^1/_2C_4H_2O_4{}^{--}$	57	$^{10}/_2$	58,9
Maleinsäure	$^1/_2C_4H_2O_4{}^{--}$	57	$^{10}/_2$	59,6
Korksäure	$^1/_2C_8H_{12}O_4{}^{--}$	87	$^{24}/_2$	46,0
Citronensäure . . .	$^1/_3C_6H_5O_7{}^{---}$	63	$^{18}/_3$	68,0
Mellithsäure	$^1/_6C_{12}O_{12}{}^{======}$	56	$^{24}/_6$	88
Wasserstoff	H	1	1	325

Ionen	Formel	Äquivalent-gewicht	Atomzahl	Wanderungs-geschwindig-keit
Lithium	Li	7	1	39,8
Natrium	Na	23	1	49,2
Silber	Ag	108	1	59,1
Magnesium	$^1/_2 Mg$	12	$^1/_2$	58
Calcium	$^1/_2 Ca$	20	$^1/_2$	62
Strontium	$^1/_2 Sr$	43,5	$^1/_2$	63
Barium	$^1/_2 Ba$	68,5	$^1/_2$	64
Ammonium	NH_4	18	5	70,4
Methylammonium. .	$CH_3 NH_3$	32	8	57,6
Dimethylammonium .	$NH_2(CH_3)_2$	46	11	50,1
Äthylammonium . .	$NH_3(C_2H_5)$	46	11	46,8
Propylammonium . .	$NH_3(CH_2CH_2CH_3)$	60	14	40,1
Isopropylammonium .	$NH_3\left(CH{<}^{CH_3}_{CH_3}\right)$	60	14	40,0
Trimethylammonium.	$NH(CH_3)_3$	60	14	47,0
Diäthylammonium .	$NH_2(C_2H_5)_2$	74	17	36,1
Tetramethylammo-nium	$N(CH_3)_4$	74	17	43,6
Tetraäthylammonium	$N(C_2H_5)_4$	130	29	32,2
Triäthylisoamylam-monium	$N(C_2H_5)_3(C_5H_{11})$	172	38	26,3
Piperidin . . .	$HN{<}^{CH_2-CH_2}_{CH_2-CH_2}{>}CH_2$	86	18	35,8
Methylpyridin . .	$N{<}^{CH-CH}_{\substack{CH_3 \\ C=CH}}{>}CH$	94	15	44,3
Methylchinolin .	$CH_3 NC_9 H_7$	144	21	36,5
Methylisochinolin	$CH_3 NC_9 H_7$	144	21	36,6
Codein.	$C_{18}H_{22}O_3N$	300	44	23,2
Tetraäthylphospho-nium	$C_8H_{20}P$	147	29	30,6
Tetraäthylarsonium .	$C_8H_{20}As$	191	29	29,9
Tetraäthylstibonium .	$C_8H_{20}Sb$	236	29	27,5
Pyridin	$HN{<}^{CH-CH}_{CH=CH}{>}CH$	80	12	44,1
Phenylammonium. .	$NH_3C_6H_5$	94	15	35,9

§ 5. Die Ostwald-Waldensche Verdünnungsregel.

Anläßlich seiner umfassenden Untersuchungen über das Leitvermögen der Elektrolyte machte Ostwald darauf aufmerksam, daß zwischen den molekularen Leitfähigkeiten bei verschiedenen Verdünnungen Beziehungen bestehen, die von der Basizität der Stoffe abhängen. Diese Beziehungen sind dann später von P. Walden[1]) und G. Bredig[2]) genauer untersucht worden und lassen sich durch folgende Formel darstellen. Bezeichnet μ_{1024} das molekulare Leitvermögen einer $1/_{1024}$ normalen Lösung (es handelt sich hier immer um äquivalent normale Lösungen), μ_{32} dasselbe für eine $1/_{32}$ normale Lösung und n_1 die Wertigkeit des Säureions, n_2 jene des Basenions, so gilt $\mu_{1024} - \mu_{32} = Cn_1 \cdot n_2$. Für die Konstante C hat Bredig aus den zahlreichen Messungen als Mittelwert 10,8 ermittelt. Es mögen einige Beispiele folgen:

Essigsaures Natrium CH_3COONa

$\mu_{1024} = 84,9$　　　$\mu_{32} = 73,6$　　　$\triangle = 11,3$　　　(ber. 10,8)

Weinsaures Natrium

$\mu_{1024} = 1,01$　　　$\mu_{32} = 82$　　　$\triangle = 19$　　　(ber. 21,6)

Oxalsaures Natrium $(COO)_2Na_2$

$\mu_{1024} = 113$　　　$\mu_{32} = 93$　　　$\triangle = 20$　　　(ber. 21,6)

Citronensaures Natrium

$\mu_{1024} = 109$　　　$\mu_{32} = 81$　　　$\triangle = 28$　　　(ber. 32,4)

Ferrocyankalium $FeCy_6K_4$

$\mu_{1024} = 152$　　　$\mu_{32} = 108$　　　$\triangle = 44,1$　　　(ber. 43,2)

Essigsaures Magnesium $(CH_3COO)_2Mg$

$\mu_{1024} = 84,2$　　　$\mu_{32} = 66,8$　　　$\triangle = 17,4$　　　(ber. 21,6)

Weinsaures Magnesium

$\mu_{1024} = 89,7$　　　$\mu_{32} = 51,3$　　　$\triangle = 38,4$　　　(ber. 43,2)

Bernsteinsaures Magnesium

$\mu_{1024} = 92,5$　　　$\mu_{32} = 59,3$　　　$\triangle = 33,3$　　　(ber. 43.2)

Kupfersulfat

$\mu_{1024} = 119,8$　　　$\mu_{32} = 63,0$　　　$\triangle = 56,8$　　　(ber. 43,2)

[1]) Zeitschr. f. phys. Chem. **3**, 528.
[2]) Zeitschr. f. phys. Chem. **12**, 230 (1893).

Man ersieht hieraus, daß die Regel bei den Alkalisalzen der mehr-
basigen Säuren recht befriedigend stimmt, daß hingegen bei den
mehrwertigen Basen Abweichungen auftreten, die in der Regel im
Sinne einer Verkleinerung der Konstante C wirken. Noch größer
werden die Abweichungen bei Kombinationen mehrwertiger Säuren
mit mehrwertigen Basen. Man wird daher dort, wo man mit Hilfe
dieser Gesetze die Basizität einer Säure bestimmen will, am sichersten
die Alkalisalze benutzen. Beispielsweise war für die Überschwefelsäure die Wahl zwischen den Formeln $H_2S_2O_8$ oder HSO_4 zu treffen.
Die üblichen Methoden der Molekulargewichtsbestimmung sind hier
nicht anwendbar, sowohl wegen der praktischen Unmöglichkeit, eine
einwandfreie Lösung der Überschwefelsäure herzustellen, als auch
infolge des Umstandes, daß kryoskopische Bestimmungen an den
Salzen, die nur in wässeriger Lösung hätten vorgenommen werden
können, wegen der elektrolytischen Dissoziation keinen bindenden
Schluß auf das Molekulargewicht zugelassen hätten. Mittels der
Ostwald-Waldenschen Regel konnte die Frage in einfacher
Weise gelöst werden. Für das Kaliumpersulfat ergab sich $\mu_{1024} - \mu_{32}$
zu 25,1. Das Kaliumpersulfat hat also recht angenähert einen Wert,
der einem Kaliumsalze einer zweibasischen Säure entspricht. Die
Formel KSO_4 ist somit zu verwerfen, und als richtige Formel ergibt
sich $K_2S_2O_8$.

§ 6. Der Temperaturkoeffizient der Leitfähigkeit.

Aus dem Temperaturkoeffizienten des Leitvermögens lassen sich
gewisse Schlüsse auf die Konstitution der gelösten Stoffe ziehen.
Wären die Ionen Gebilde, die in ihren Dimensionen von der Temperatur unabhängig sind, so müßte die Änderung des Leitvermögens mit der Temperatur einzig und allein von der Viscosität des Lösungsmittels abhängen, wenn man die Veränderung
der Dissoziation mit der Temperatur eliminiert. Wie sich aus anderen
Messungen ergibt, ist der elektrolytische Dissoziationsgrad nur in
sehr geringem Maße von der Temperatur abhängig. Die Zahl der
Ionen bleibt also bei steigender Temperatur fast gleich; aus dem
Zunehmen des Leitvermögens sieht man jedoch, daß die Kraft, die
notwendig ist, sie durch die Flüssigkeit hindurchzubewegen, mit
zunehmender Temperatur viel kleiner wird, und zwar weit
mehr, als die Viscosität des Lösungsmittels abnimmt. Man kann
diesen Befund wohl nicht anders deuten, als daß die Größe der Ionen
mit zunehmender Temperatur abnimmt, woraus dann weiter folgt,

daß die Ionen Komplexe mit dem Lösungsmittel bilden, die mit zunehmender Temperatur kleiner werden.[1]) Je größer die hydratisierende Kraft von Salzen resp. Ionen ist, um so größer ist auch der Temperaturkoeffizient der Leitfähigkeit, da es sich um große, allmählich auseinanderfallende Komplexe handelt. Abnorm hohe Temperaturkoeffizienten treten auch dann auf, wenn der Elektrolyt polymerisiert ist und mit zunehmender Temperatur zerfällt. Auf diese Weise kann auch über die Existenz von Doppelsalzen in Lösung zuweilen eine Entscheidung getroffen werden.

Tabelle III.

Stoffe mit geringem Hydratationsvermögen.

	Temperaturkoeffizienten in Leitfähigkeitseinheiten	
	$v = 2$	$v = 1024$
Ammoniumchlorid	2,07	2,94
Ammoniumbromid	2,16	2,86
Kaliumchlorid	2,13	2,84
Kaliumbromid	2,18	2,91
Kaliumjodid	2,09	2,91
Kaliumnitrat	1,86	2,71

Stoffe mit hohem Hydratationsvermögen.

	Temperaturkoeffizienten in Leitfähigkeitseinheiten	
	$v = 2$	$v = 1024$
Calciumchlorid	3,11	5,61
Calciumbromid	3,01	5,20
Strontiumbromid	2,93	5,27
Bariumchlorid	2,86	5,30
Magnesiumchlorid	2,55	4,59
Manganchlorid	2,37	4,86
Mangannitrat	2,24	4,16
Kobaltchlorid	2,54	4,95
Kobaltnitrat	2,48	4,67
Nickelchlorid	2,63	5,04
Nickelnitrat	2,51	4,58
Kupferchlorid	2,15	5,04
Kupfernitrat	2,38	4,88

[1]) Jones, Amer. Chem. Journ. **46**, 56, 240 (1911); Zeitschr. f. phys. Chem. **74**, 325 (1910), das. die Literatur; ferner Journ. de Chim. Phys. **9,** 217 (1911).

§ 7. Das Leitvermögen organischer Verbindungen.

Für das Leitvermögen der Lösungen von organischen Verbindungen in Wasser hat Ostwald[1]) in umfassenden Untersuchungen ein sehr reichhaltiges Beobachtungsmaterial gesammelt, das späterhin von Bethmann,[2]) Wegscheider,[3]) Bredig,[4]) Walker[5]) und vielen anderen erweitert wurde. Aus diesen Daten wurden folgende Schlüsse gezogen. Eine Vorausberechnung des elektrischen Leitvermögens aus der Zusammensetzung in dem Sinne, wie sich aus der chemischen Formel etwa Molekularvolumina oder Molekularrefraktionen vorausberechnen lassen, ist bisher unmöglich; hingegen kann man, ausgehend von bekannten Substanzen, mit ziemlich befriedigender Annäherung im voraus bestimmen, welches der Einfluß eines bestimmten Substituenten auf das Leitvermögen sein wird.

Die Dissoziationskonstante der organischen Säuren. — Da, wie bereits früher erwähnt, bei allen nicht zu starken Säuren der Verlauf der Leitfähigkeit durch die elektrolytische Dissoziationskonstante K definiert ist, werden die gefundenen Regelmäßigkeiten ebenfalls auf diese Größe bezogen und stellen sich in folgender Form dar.[6]) Wenn eine Gruppe M an die Stelle eines an das Kohlenstoffskelett gebundenen Wasserstoffes tritt, so ist die Dissoziationskonstante mit den in nachstehender Tabelle enthaltenen Faktoren zu multiplizieren. Siehe Tabelle IV.

Aus dieser Tabelle ergibt sich, daß für negativierende Substituenten der stärkste Einfluß in der α-Stellung zu verzeichnen ist. Bei weiterer Entfernung vom Carboxyl nimmt er rapid ab. Dieser negativierende Einfluß darf keineswegs als eine ausschließliche Funktion des elektronegativen Charakters des Substituenten aufgefaßt werden, denn die Cyangruppe wirkt um vieles stärker als die Halogene, die doch sonst stärker elektronegativ sind.

Alkylgruppen wirken nicht so stark, in der α-Stellung in der Regel im Sinne einer Abschwächung, in der β-Stellung

---

[1]) Journ. f. prakt. Chem. **31**, 433 (1885); Zeitschr. f. phys. Chem. **3**, 170, 418 (1889).

[2]) Zeitschr. f. phys. Chem. **5**, 394 (1890).

[3]) Monatshefte f. Chem. **16**, 153 (1895).

[4]) Zeitschr. f. phys. Chem. **13**, 285 (1894).

[5]) Zeitschr. f. phys. Chem. **4**, 319 (1889); ferner Bader, dass. **6**, 289 (1890).

[6]) Wegscheider, Monatshefte f. Chem. **23**, 287 (1902) usw.; vgl. hierzu C. G. Derick, Journ. Amer. Chem. Soc. **33**, 1152, 1167 ff. (1911); **34**, 74 (1912); Wegscheider, Zeitschr. f. Elektrochem. **18**, 277 (1912).

Tabelle IV.

Radikal	Stellung in gesättigten Ketten der Fettreihen.						Stellung in aromat. Kernen.		
	α	β	γ	δ	ε	ζ	o	m	p
Cl	90	6,2	2,0	1,27	—	—	22	2,58	1,55
Br.	76	7,3	1,76	1,19	—	—	24	2,28	—
J	42	6,72	1,53	1,06	—	—	—	2,32?	—
Fl	—	—	—	—	—	—	—	2,3	—
CN	205	—	—	—	—	—	—	3,3	—
NO	—	12,5	—	—	—	—	—	—	—
OH	8,4	2,31	—	—	—	—	103	5,75	6,60
OCH_3 . . .	18,6	—	—	—	—	—	17	1,48	0,48
OC_2H_5 . . .	13	—	—	—	—	—	1,36	1,08	0,53
SH	12,5	—	—	—	—	—	—	—	—
CH_3 . . .	0,74 1,10 0,62	1,12	1,00	0,90	0,90	—	2,0	0,86	0,85
C_2H_5	0,83 1,31 0,66	1,10	0,98	0,81	7,99?	—	—	—	—
C_6H_5	31	17	—	—	—	—	—	—	—
SO_3CH_3 . .	—	—	—	—	—	—	—	11	—
COOH . .	34	2,41	1,67	1,2	1,2	—	10,2	2,39	2,62
$COOCH_3$ . .	—	2,4	—	—	—	—	11	—	2,8
$COOC_2H_5$.	27	2,25	—	1,55	—	—	9,2	—	—

im Sinne einer geringen Verstärkung; bei weiteren Entfernungen wird der Einfluß immer geringer. Bei aromatischen Verbindungen zeigt sich, daß der Einfluß in der o-Stellung bei weitem größer ist als in den m- und p-Stellungen, die untereinander — mit Ausnahme der Hydroxyl- und Methoxylgruppe — nur wenig differieren.

Bei den aliphatischen normalen Monocarbonsäuren ergaben sich für die Dissoziationskonstante folgende Werte:

Ameisensäure . .	HCOOH	0,0215
Essigsäure . . .	CH_3COOH	0,00180
Propionsäure . .	C_2H_5—COOH	0,00134
Buttersäure . . .	C_3H_7COOH	0,00149
Valeriansäure . .	C_4H_9COOH	0,00144
Capronsäure . .	$C_5H_{11}COOH$	0,00161
Heptylsäure . .	$C_7H_{13}COOH$	0,00145

Mit Ausnahme der Ameisensäure, die als erstes Glied aus der Reihe vollständig herausfällt, womit ja auch ihr sonstiges chemisches Verhalten stimmt, zeigt sich hier deutlich das Oscillieren der Werte zwischen geraden und ungeraden Gliedern. Mehrfache Substitution durch Halogen wirkt verhältnismäßig schwächer als die erstmalige.

$$K.$$
Essigsäure 0,0018
Monochloressigsäure . . . 0,155
Dichloressigsäure 5,14
Trichloressigsäure 120

Es hat also das erste Chloratom die Dissoziationskonstante auf das 86 fache erhöht, das zweite um das 33 fache, das dritte um das 23 fache.

Nach Fichter und Pfister[1]) besitzen von strukturisomeren Säuren, die sich nur durch die Stellung der Doppelbindung unterscheiden, die β, γ- ungesättigten Säuren einen viel höheren Wert der Dissoziationskonstante, als die α, β- ungesättigte Säure. Tritt die Doppelbindung weiter zurück, also in die γ, δ- und δ, ε-Stellung, so nimmt die Stärke regelmäßig ab.

Bei aromatischen stereoisomeren Säuren fanden Roth und Stoermer,[2]) daß die stabileren Säuren die kleineren Dissoziationskonstanten aufweisen, als die labilen Isomeren.

Das Leitvermögen der normalen Dicarbonsäuren wurde von Bethmann[3]) untersucht. Für die Dissoziationskonstanten wurden die Werte der Tabelle V erhalten.

Tabelle V.

Name	Formel	$K = 100\,k$	Δ
Oxalsäure	COOHCOOH	circa 10	
Malonsäure	COOHCH$_2$COOH	0,171	
Bernsteinsäure . . .	COOH(CH$_2$)$_2$COOH	0,00665	
Glutarsäure	COOH(CH$_2$)$_3$COOH	0,00475	0,00104
Adipinsäure	COOH(CH$_2$)$_4$COOH	0,00371	0,00014
Pimelinsäure . . .	COOH(CH$_2$)$_5$COOH	0,00357	0,00046
Korksäure	COOH(CH$_2$)$_6$COOH	0,00311	0,00015
Lepargylsäure . . .	COOH(CH$_2$)$_7$COOH	0,00296	0,00062
Sebacinsäure	COOH(CH$_2$)$_8$COOH	0,00234	

Es zeigt sich also, daß die beiden Carboxyle sich in ihrer Wirkung gegenseitig verstärken, daß aber durch das Einschieben von Kohlen-

[1]) Lieb. Ann. **334**, 201 (1904); **348**, 256 (1900).
[2]) Ber. **46**, 260 (1913).
[3]) Zeitschr. f. phys. Chem. **5**, 485 (1890).

stoffen ein rapides Absinken erfolgt. Auch hier scheint eine Oscillation in homologen Reihen stattzufinden, denn von der Glutarsäure
angefangen ist die Differenz zwischen den geraden Gliedern und
dem vorhergehenden ungeraden Gliede viel größer als die Differenz
mit dem folgenden ungeraden Gliede, worauf Biach[1] hingewiesen hat.

Die Konstanten der m e h r b a s i s c h e n Säuren sind angenähert
gleich der Summe der Konstanten, welche den einzelnen, elektrolytisch
dissoziierbaren Gruppen zukommen. Als einfachster Fall dieser Art
sind die Konstanten symmetrischer zweibasischer Säuren doppelt
so groß als jene ihrer Methyl- oder Äthylestersäuren. Diese Regel
hat zur Voraussetzung, daß die einzelnen Carboxylgruppen sich in
ihrer Dissoziation nicht beeinflussen, beispielsweise müßte es demnach für das erste Carboxyl einer Säure

$$X\begin{cases}COOH\\COOH\end{cases}$$

gleichgültig sein, ob das zweite Carboxyl als solches vorhanden ist
oder im veresterten Zustande, wie in der Methylestersäure

$$X\begin{cases}COOH\\COOCH_3.\end{cases}$$

Das Verhältnis der Konstante der Methylestersäure mit einem
Carboxyl zu jener der freien Dicarbonsäure müßte also $1/_2$ sein.
Dies stimmt auch bei vielen Dicarbonsäuren recht gut. Bei der
Maleinsäure hingegen tritt eine sehr bedeutende Abweichung ein.
Dasselbe ist auch bei substituierten Bernsteinsäuren zu beobachten,
so daß die genannte Regel insofern eingeschränkt werden muß,
als sie nur dort Gültigkeit hat, wo weder Äthylenbindungen noch
Einflüsse sterischer Art die Carboxylgruppen in ihrer Beweglichkeit
beeinträchtigen. Die Gesetzmäßigkeiten, die sich für die Beeinflussung der Dissoziationskonstante durch Substituenten ergeben haben,
konnten bereits mehrfach zu Konstitutionsbestimmungen verwendet werden[2] Beispielsweise gibt die Bromterephthalsäure bei
der Veresterung mit Methylalkohol zwei isomere Ester, von denen
der eine der Formel I, der andere Formel II entsprechen muß:

---

[1] Zeitschr. f. phys. Chem. **50**, 43 (1905).
[2] W e g s c h e i d e r , Monatshefte f. Chem. **21**, 646 (1900).

Der eine Ester, der zunächst als α-Ester bezeichnet wurde, zeigte bei der Bestimmung der Leitfähigkeit die Konstante, $K = 0,037$, der als β-Ester bezeichnete die Konstante $K = 0,50$. Die beiden Formeln unterscheiden sich dadurch, daß in Formel I das Brom zum Carboxyl in der m-Stellung, hingegen in Formel II in der o-Stellung steht. Wie aus der Tabelle ersichtlich, erhöht Brom in o-Stellung die Konstante auf das 24fache, in der m-Stellung hingegen nur auf das 2,28fache. Eine Verbindung, bei welcher das Brom in o-Stellung zur Carboxylgruppe ist, muß also eine wesentlich größere Konstante haben, als die m-Verbindung. Dementsprechend ist also dem α-Ester mit der kleineren Konstante Formel I zuzuschreiben, dem stärker sauren β-Ester Formel II. In analoger Weise konnte entschieden werden, welches die Konstitution der beiden isomeren· o-Nitrophthalestersäuren sei. Die beiden erhaltenen Verbindungen hatten die Konstanten 0,2 bzw. 1,5. Nach denselben Betrachtungen wie im früheren Beispiele ergab sich, daß der Verbindung mit der kleineren Konstante die Formel I, jener mit der größeren Konstante die Formel II zuzuschreiben sei.

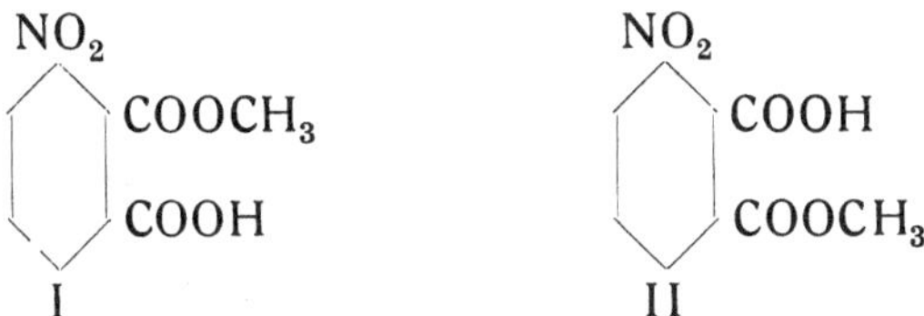

Bei zweibasigen ungesättigten Säuren[1]) besitzt die Dissoziationskonstante den höchsten Wert, wenn die Doppelbindung zwischen beiden Carboxylen liegt; steht sie außerhalb, so wird die Säure umso stärker, je weiter entfernt die Doppelbindung von den Carboxylen ist.

Die stufenweise Dissoziation. — Die gegenseitige Be-

---

[1]) A. Dorn, Diss. Zürich 1905; E. Hjelt, Ber. **16**, 333 (1883); Fichter und Probst, Lieb. Ann. **372**, 69 (1910); vgl. auch Stobbe, dass. **321**, 107, 116 (1902); **308**, 120, 135, 146 (1899).

einflussung der Carboxylgruppen in den Dicarbonsäuren gibt sich nicht nur in den Absolutwerten der Dissoziationskonstante kund, sondern auch im Verlaufe der Dissoziation der beiden Carboxylgruppen.[1]

Die Ionisation des ersten Carboxyls wird, falls eine negative Gruppe sich benachbart befindet, erhöht; da die COOH-Gruppe eine solche negative Gruppe ist, wird die Dissoziationskonstante des ersten Carboxyls um so größer sein, je näher zueinander sich die beiden Carboxyle befinden.

Ist diese Ionisation eingetreten, trägt also das erste Carboxyl eine elektrische Ladung, so wird der elektrostatische Widerstand gegen die Ionisation der zweiten Carboxylgruppe und somit der Eintritt einer zweiten Ladung um so größer, je näher die Carboxyle zueinander sind, und die zweite Dissoziation wird gehemmt.

Je näher also die Carboxyle beieinanderstehen, um so stärker ist das erste Wasserstoffatom abdissoziiert und um so schwächer das zweite.

Durch Substitution sinkt die Stärke des zweiten Wasserstoffatoms; nur der Eintritt von Hydroxylgruppen bewirkt Erhöhung.

Die Untersuchung der stufenweisen Dissoziation kann in der Reihe der ungesättigten Dicarbonsäuren für die Zuweisung zum fumaroiden oder maleinoiden Typus Dienste leisten. Auch kann man in der Bernsteinsäurereihe Schlüsse ziehen, inwieweit bei den substituierten Derivaten, speziell den alkylierten Bernsteinsäuren, die Carboxylgruppen durch die Substituenten in ihrer gegenseitigen Lage fixiert sind.

Die Dissoziationskonstante der Phenole. — Ähnlich wie die Carboxylgruppe wird auch die saure Hydroxylgruppe der Phenole durch Substituenten beeinflußt.[2]

Phenol selbst ist sehr schwach sauer, $K = 5,10^{-7}$. Demgemäß ist die Vermehrung der Hydroxylgruppen auf den sauren Charakter nur von geringem Einfluß. Für Resorcin ist $K = 64,10^{-7}$. Stärker wirkt Chlor: Dichlorphenol (0-, p-) $K = 31,10^{-7}$, Trichlorphenol m-, o-, p-) $K = 1000,10^{-7}$.

Daß es hier nicht nur auf den elektronegativen Charakter des Substituenten ankommt, zeigt das p-Cyanphenol $K = 61,10^{-7}$.

Besonders stark wirkt die Nitrogruppe:

[1] Ostwald, Zeitschr. f. phys. Chem. 9, 553 (1892); Smith, Zeitschr. f. phys. Chem. 25, 144 (1898).

[2] Hantzsch, Ber. d. Dtsch. chem. Ges. 32, 3071 (1899).

o-Nitrophenol . . . . $K = 75{,}10^{-7}$
p-Nitrophenol . . . . $K = 96{,}10^{-7}$
2,6-Dinitrophenol . . . . . $K = 0{,}174$

Eingehende Untersuchungen über die sauren Eigenschaften der aromatischen Hydroxylgruppe in ihrer Abhängigkeit von konstitutiven Einflüssen haben Thiel und Römer[1]) angestellt.

„Zwei Hydroxyle in Orthostellung zeigen eine Basizität, die nur unwesentlich stärker ist als die eines einzelnen Hydroxyls; das zweite Hydroxyl ist indifferent (Brenzcatechin). Zwei Hydroxyle in Meta- oder Parastellung zeigen zwei Basizitäten, von denen die zweite äußerst schwach ist (Resorcin, Orcin, Hydrochinon). Drei Hydroxyle in v-Stellung sind zusammen einbasisch mit etwas erhöhter Stärke; das zweite und dritte Hydroxyl sind praktisch indifferent (Pyrogallol). Drei Hydroxyle in a-Stellung sind zweibasisch, also nur das dritte indifferent (Oxyhydrochinon). Drei Hydroxyle in s-Stellung sind ebenfalls zweibasisch mit geringerer Stärke der zweiten Stufe; das dritte Hydroxyl erscheint indifferent (Phloroglucin).

Die Verstärkung einer Hydroxylgruppe durch ein Chloratom ist unbedeutend, durch zwei Chloratome ($2 \cdot 4$-Stellung) deutlich. Eine o-Nitrogruppe wirkt schon mindestens soviel verstärkend, wie zwei Chloratome (die quantitative Konstantenbestimmung Hantzschs ergab einen stärkern Einfluß). Zwei Nitrogruppen bewirken (in $2 \cdot 4$-Stellung) eine bedeutende Verstärkung gegenüber dem Mononitroderivat. Drei Nitrogruppen ($2 \cdot 4 \cdot 6$-Stellung, Pikrinsäure) verleihen einem Hydroxyl den Charakter einer sehr starken Säure, die Verstärkung ist abnorm. Eine zweite (zur ersten m-ständige) Hydroxylgruppe wird nur mäßig verstärkt und behält noch schwach sauren Charakter (Trinitroresorcin). Eine Amidogruppe ist ohne erkennbaren Einfluß. Ebenso bewirkt eine Amidogruppe neben zwei Nitrogruppen zum mindesten keine Schwächung über dem entsprechenden Dinitrophenol (Pikraminsäure). Eine Sulfogruppe in o- oder p-Stellung wirkt wesentlich verstärkend (phenolsulfosaures Natrium). In Nitroderivaten von Phenolsulfosäure ist das Hydroxyl auffallend viel stärker als in den entsprechenden Nitrophenolen (2-nitrophenol-4-sulfosaures und $2 \cdot 6$-dinitrophenol-4-sulfosaures Kalium). Eine Amidogruppe schwächt die Sulfogruppe einer Phenolsulfosäure außerordentlich,

---

[1]) Zeitschr. f. phys. Chem. **63**, 711 (1908).

zwei Amidogruppen noch etwas mehr; das Hydroxyl erfährt in beiden Fällen nur eine geringe Schwächung gegenüber der nicht-substituierten Sulfosäure (2-Amidophenol-4-sulfosäure und 2·6-Di-amidophenol-4-sulfosäure).

Die CHO-Gruppe verstärkt einfaches Hydroxyl (Salicylaldehyd), zwei zueinander metaständige Hydroxylgruppen (Orcylaldehyd), sowie bedeutend die einzige vorhandene Basizität zweier zueinander orthoständiger Hydroxyle (Protocatechualdehyd). Verätherung des einen Hydroxyls macht für die Stärke des anderen praktisch nichts aus (Vanillin).

Zu einer Carboxylgruppe orthoständige Hydroxylgruppen sind indifferent (Salicylsäure, Orcincarbonsäure). In m- und p-Stellung zum Carboxyl hat ein Hydroxyl nachweisbar saure Eigenschaften. Zwei zueinander orthoständige Hydroxyle, die zum Carboxyl in m-, bzw. p-Stellung stehen, zeigen eine Basizität von größerer Stärke als bei Abwesenheit der Carboxylgruppe: Analogon zu den entsprechenden Aldehyden; auch hier ist die Verätherung eines Hydroxyls ohne Belang (Protocatechusäure, Vanillinsäure). Steht je ein Hydroxyl zum Carboxyl in o- oder p-Stellung, so ist das eine, offenbar das orthoständige, indifferent; das zweite, p-ständige, ist stärker als in der p-Monoxysäure (β-Resorcylsäure, p-Oxy-benzoesäure). Steht von drei in v-Stellung befindlichen Hydro-xylen keines zum Carboxyl in Orthostellung, so ist die einzige Basizität der Hydroxyle sehr schwach (Gallussäure), stärker, wenn ein Hydroxyl zum Carboxyl o-ständig ist (Pyrogallolcarbonsäure). Von drei Hydroxylen in s-Stellung sind zwei (offenbar die beiden zum Carboxyl orthoständigen) indifferent, das dritte, zum Carboxyl p-ständige ist schwach. Sitzt das Carboxyl nicht direkt am Benzolkern, sondern in einer Seitenkette, so ist auch o-ständiges Hydroxyl nicht indifferent.

Eine Nitrogruppe verleiht orthoständigem, unterdrücktem Hydro-xyl wieder Säurecharakter, obgleich auch die unterdrückende Carboxylgruppe selbst bedeutend verstärkt wird (Nitrosalicylsäure). Schwächung des Carboxyls durch eine Amidogruppe hebt die Unterdrückung des Orthohydroxyls nicht auf (Amidosalicylsäure). Eine Nitrogruppe, deren verstärkende Wirkung auf das Carboxyl durch eine Amidogruppe zum großen Teile kompensiert wird, be-seitigt gleichwohl die Indifferenz orthoständigen Hydroxyls (5-Nitro-3-amidosalicylsäure). Eine Sulfogruppe stärkt zwar das Carboxyl, hebt aber die Indifferenz orthoständigen Hydroxyls nicht auf

(5-Sulfosalicylsäure). Eine Amidogruppe schwächt Sulfogruppe und Carboxylgruppe, ändert jedoch nichts an der Indifferenz orthoständigen Hydroxyls."

Organische Basen. — Die Dissoziationskonstante der organischen Basen wurde von Bredig[1]) untersucht. Es zeigte sich, daß die quaternären Basen die größten Werte haben, diesen zunächst stehen die sekundären Basen, während die primären und tertiären Amine die geringsten Werte besitzen. Phosphonium-, Arsonium-, Stibonium-, Sulfonium-, Telluroniumbasen sind ebenfalls äußerst stark, äußerst schwach dagegen Zinn- und Quecksilberbasen.

	100 K
Ammoniak	0,0023
Methylamin	0,050
Dimethylamin	0,074
Trimethylamin	0,0074

Tetramethylammoniumhydroxyd sehr groß, beiläufig wie die Alkalien.

Diäthylamin	0,126
Allylamin	0,0057
Benzylamin	0,0024
Piperidin	0,158
Guanidin	sehr groß.

Aromatisch substituierte Basen sind viel schwächer als aliphatische, hierbei übt die Stellung des Phenylrestes einen großen Einfluß aus, indem direkt an Phenyl gebundener Stickstoff in seinen basischen Eigenschaften viele Millionen mal schwächer ist als Ammoniakstickstoff. Bei den Diaminen zeigt sich die eigentümliche Erscheinung, daß mit zunehmender Länge der Kette die Dissoziationskonstante zunimmt.

		K
Hydrazin	$(NH_2) \cdot NH_3(OH)$	0,00027
Äthylendiamin	$(NH_2) \cdot (CH_2)_2NH_3 \cdot (OH)$	0,0085
Trimethylendiamin . .	$(NH_2) \cdot (CH_2)_3NH_3 \cdot (OH)$	0,035
Tetramethylendiamin . .	$(NH_2) \cdot (CH_2)_4 \cdot NH_3 \cdot (OH)$	0,051
Pentamethylendiamin .	$(NH_2) \cdot (CH_2)_5 \cdot NH_3 \cdot (OH)$	0,073

---

[1]) Zeitschr. f. phys. Chem. **13**, 289 (1894).

Es findet hier also entgegen dem Verhalten der Dicarbonsäuren eine Abschwächung des basischen Charakters bei benachbarter Stellung der Aminogruppen statt.

§ 8. Das Leitvermögen der anorganischen Komplexverbindungen.

Zur Konstitutionsermittlung anorganischer Komplexverbindungen, wie etwa die Kobaltammine, Chromverbindungen, der komplexen Cyanide usw., ist es notwendig, zu erkennen, welche der mit dem Zentralatom verbundenen Gruppen abdissoziierbar sind; im Verhältnis der abionisierbaren Gruppen steht auch die Größe des Leitvermögens, so daß aus der Leitfähigkeit Schlüsse auf die Konstitution gezogen werden können.

Das Chromchlorid existiert in zwei Formen, als graublaues und als grünes Hydrat mit je 6 Molekülen Kristallwasser.

Werner und Gubser fanden, daß das grüne Hydrat bei $0°$ und der Verdünnung 125 l das molekulare Leitvermögen 50 hatte, während das graublaue 174 hatte. Nun ist der Wert $\Lambda_{125} = 50$ mit der Annahme von 3 Chlorionen unvereinbar, hingegen stimmt er recht gut auf das Chlorid einer einwertigen komplexen Base; der Wert 174 hingegen stimmt auf das Chlorid einer dreiwertigen Base und entspricht beiläufig jenem, den das in seiner Konstitution festgestellte Hexamminchromchlorid $[Cr(NH_3)_6]Cl_3$ hat.

Hieraus ergibt sich für das graublaue Chlorid die Konstitution

$$[Cr(H_2O)_6]Cl_3, \text{ für das grüne dagegen } \left[Cr\frac{(H_2O)_4}{Cl_2}\right]Cl + 2H_2O.$$

Diese Verbindung zersetzt sich, indem das direkt gebundene Chlor allmählich durch Wasser ersetzt wird; auch diesen Übergang kann man durch das Leitvermögen verfolgen.

Lagert man in eine neutrale Verbindung wie Trichlorotriamminkobalt oder Tetrachlorodiamminplatin Atome oder Gruppen ein, so daß die verdrängten Reste ionogen werden, so tritt eine dementsprechende Zunahme des Leitvermögens ein.[2])

§ 9. Pseudosäuren und Pseudobasen.

Unter Pseudosäuren versteht man Verbindungen, welche bei der Salzbildung mit Basen eine Konstitutionsveränderung erleiden;

---

[1]) Ber. d. Dtsch. chem. Ges. **34**, 1579 (1901).
[2]) Werner und Miolati, Zeitschr. f. phys. Chem. **12**, 35 (1893).

diese Veränderung erfolgt ausnahmslos so, daß die Substanz bei der Salzbildung in eine stärkere Säure übergeht. Analogerweise sind Pseudobasen solche Verbindungen, welche bei der Salzbildung mit Säuren in ihrer Konstitution verändert werden, so zwar, daß die Umlagerung in einen stärker basischen Typus erfolgt. Ein Beispiel für eine Pseudosäure ist das Phenylnitromethan $C_6H_5CH_2NO_2$, dessen Natriumsalz der Formel $C_6H_5CH = NOONa$ entspricht. Aus diesem Salze gelingt es, eine saure (aci) Form des Nitromethans $C_6H_5CH = NOOH$ zu gewinnen, welche wieder in die gewöhnliche neutrale Form des Phenylnitromethans umgelagert werden kann. Ein Beispiel von Pseudobasen sind die Acridiniumverbindungen:

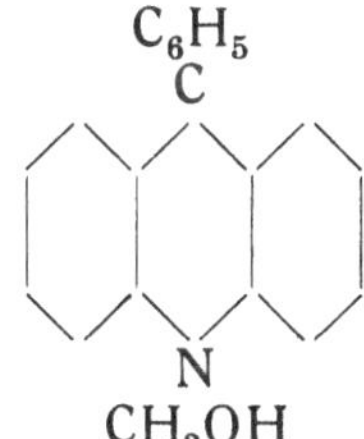

<table>
<tr><td>Phenylmethyl-
acridiniumjodid
(Neutralsalz)</td><td>Phenylmethyl-
acridiniumhydroxyd
(Starke Base,
unbeständig)</td><td>Methylphenyl-
acridanol
(Schwache Base,
beständig)</td></tr>
</table>

Die Kenntnis derartiger Umwandlungen ist für die Konstitutionsbeurteilung sehr wichtig. Das elektrische Leitvermögen liefert zwei Wege zur Feststellung, ob eine Verbindung eine Pseudosäure resp. eine Pseudobase ist. Ein Weg ist der Vergleich des Leitvermögens der freien Verbindung mit jenem ihrer Salze. Man wird hierbei beobachten, daß das Leitvermögen der freien Verbindung unvergleichlich schwächer ist, als sich aus dem Leitvermögen der Salze ableiten läßt. Beispielsweise sind die echten Ammoniumbasen der Acridiniumverbindungen beiläufig von der Stärke der Alkalien, d. h. ihre Salze sind bereits bei mäßigen Verdünnungen sehr weitgehend gespalten und zeigen ein dementsprechendes Leitvermögen. Die Lösungen der Pseudobasen, d. h. der substituierten Acridine hingegen zeigen nur ein sehr geringes Leitvermögen.

Ein viel schärferer Nachweis der Umlagerung bei der Salzbildung aus Pseudosäure und Pseudobase läßt sich auf Grund der von

Hantzsch[1]) aufgefundenen zeitlichen Neutralisationsphänomene führen. Bekanntlich verlaufen die Ionenreaktionen mit ungemein großer, für unsere Mittel unmeßbarer Geschwindigkeit. Die Neutralisation zwischen Säure und Base oder das Verdrängen einer Säure durch eine stärkere sind Vorgänge, welche mit dem Momente des Vermischens der Flüssigkeiten bereits beendet sind. Wird also das Salz einer konstitutiv unveränderlichen Base mit einer Lösung einer stärkeren Base vermischt und das Leitvermögen gemessen, so ergibt sich sofort der Wert, der dem definitiven Gleichgewicht zwischen beiden Basen entspricht. Handelt es sich hingegen um eine Pseudobase, so wird sie zunächst in ihrer stark basischen Form aus der Verbindung verdrängt, ist also in diesem Momente noch stark dissoziiert und liefert einen entsprechenden Beitrag zum Leitvermögen. Die Umlagerung in die schwach basische Form der Pseudobase ist eine Reaktion, welche in der Regel langsam vor sich geht. Nach Maßgabe dieser Reaktion verschwinden die den Pseudo-basen entsprechenden Hydroxyl- und Basenionen und die Leit-fähigkeit geht allmählich auf jenen Wert zurück, der dem Salze aus dem vorhandenen Anion und dem in Form der starken Base zu-gesetzten Kation entspricht. Ein Beispiel möge dies illustrieren.

Methylphenylacridiniumchlorid wird mit der äquivalenten Menge Natriumhydroxyd versetzt; die Leitfähigkeit wird zu verschiedenen Zeiten gemessen und davon der auf das entstandene Chlornatrium entfallende Teil in Abzug gebracht.

Das molekulare Leitvermögen des Methylphenylacridinium-hydrates ergibt sich folgendermaßen als Funktion der Zeit.

Zeit in Minuten	Molekulares Leitvermögen bei 0°
1	88,8
2	88,4
5	72,2
10	59,3
30	40,2
60	15,2
120	12,7
300	10,9

---

[1]) Hantzsch und Kalb, Ber. d. Dtsch. chem. Ges. **32**, 3109 (1899); Hantzsch und Ostwald, Ber. d. Dtsch. chem. Ges. **33**, 278 (1900); Ger-linger, Ber. d. Dtsch. chem. Ges. **37**, 3659 (1904); W. J. Müller, Ber. d. Dtsch. chem. Ges. **43**, 2608 (1910).

Man kann also genau verfolgen, wie sich das stark basische und dissoziierte Acridiniumhydroxyd in seine schwache Pseudoform umlagert.

Die Zahl der Pseudosäuren, zumal aber der Pseudobasen, ist sehr groß. Zu den Pseudosäuren gehören die aliphatischen Nitroverbindungen, die Oximidoketone, die Nitrophenole u. a. m.

Zu den Pseudobasen gehören die Basen der Diphenyl- und Triphenylmethanfarbstoffe, der Acridinium-, Chinoliniumverbindungen und viele analoge Substanzen. Da bei diesen Verbindungen die Konstitutionsverschiebungen auch in der Lichtabsorption resp. im Farbstoffcharakter einen deutlichen Ausdruck finden und auch mit der Diskussion der chinoiden Formel verknüpft sind, wurde der Gegenstand anläßlich des Farbstoffcharakters besprochen. Als allgemeines Ergebnis steht fest, daß jedesmal, wenn bei der Salzbildung oder bei der gegenseitigen Verdrängung von Basen oder Säuren in Salzen der Wert des Leitvermögens erst nach meßbarer Zeit einen Endwert erreicht, zwischen Salz und freier Base resp. freier Säure eine Konstitutionsverschiedenheit besteht.

Zusammenfassung.

Das elektrische Leitvermögen der r e i n e n Substanzen ist zwar eine recht charakteristische Eigenschaft, indem dadurch eine bestimmte Gruppe von Stoffen, die Salze und die Alkalihydroxyde, als Elektrolyte den übrigen Stoffen gegenübergestellt werden, die teils metallisch leiten, teils Nichtleiter sind. Für Konstitutionsfragen ist jedoch hiervon noch nicht viel Gebrauch gemacht worden. Hingegen hat das Leitvermögen der L ö s u n g e n zu mannigfachen wichtigen chemischen Resultaten geführt.

Die Theorie der elektrolytischen Dissoziation, die auf dem Leitvermögen beruht, ist für die anorganische und organische Strukturlehre und ebenso für die Charakterisierung der Reaktionsfähigkeit von der größten Bedeutung geworden.

Die quantitative Vorausberechnung von Leitfähigkeiten ist zwar nur in beschränktem Maße möglich, jedoch ist es schon in vielen Fällen gelungen, mittels des Leitvermögens Konstitutionsfragen zu lösen; es ist anzunehmen, daß sowohl bei organischen, als auch bei den anorganischen Verbindungen, insbesondere komplexer Art, das Leitvermögen noch viele Aufschlüsse liefern wird.

Ein weiteres Gebiet, das noch keineswegs in seinen Konsequenzen abgeschlossen erscheint, ist die Untersuchung von Umlagerungs-vorgängen mit Hilfe der Leitfähigkeit; hierdurch sind nicht nur die Pseudosäuren und Pseudobasen scharf charakterisierbar geworden, sondern es sind weitere Ausblicke auf die Salzbildung im allgemeinen zutage getreten.

Vielleicht die wichtigste Frage, zu welcher das Leitvermögen viele Beiträge geliefert hat, ist diejenige der gegenseitigen Einwirkung von gelöstem Körper und Lösungsmittel; wenngleich hier eine exakte mathematische Formulierung auf große Schwierigkeiten stößt, so geht aus dem Leitvermögen der Lösungen doch mit großer Wahrscheinlichkeit hervor, daß Additionsprodukte zwischen dem Lösungsmittel und den Ionen bestehen. Diese Additionen stehen in Beziehung zu den Kristallwasser- und analogen Verbindungen und vermitteln so den Zusammenhang zwischen Lösungsvorgang, Dissoziation und Betätigung von Nebenvalenzen; sie sind daher ein wichtiges Material für den weiteren Ausbau der Valenzlehre.

Kapitel XIV.　Die Dielektrizitätskonstante.

Die elektrostatische Wechselwirkung zweier elektrisch geladener kleiner Körper beträgt

$$\frac{m_1 m_2}{r^2} \frac{1}{D},$$

wobei m_1 und m_2 die elektrischen Ladungen der Körper sind, r ihr Abstand und D eine für das Medium zwischen beiden Körpern charakteristische Konstante, die Dielektrizitätskonstante. Als Einheit wählt man die Dielektrizitätskonstante des Vakuums gleich 1.

Die Dielektrizitätskonstante der Medien ist in physikalischer Beziehung von der größten Wichtigkeit, da sie ja für die Ausbreitung der elektrischen Erscheinungen maßgebend ist. Man hat sich naturgemäß bestrebt, ihre Beziehungen zur chemischen Konstitution aufzudecken. Bei Betrachtung der physikalischen Ableitungen über die Dielektrizitätskonstante würde man auf den ersten Blick vermuten, daß ihre Bestimmung keine wesentlichen neuen Resultate bieten könne, da die Dielektrizitätskonstante sowohl mit der Raumerfüllung zusammenhängt, als auch mit der Lichtbrechung enge verknüpft ist. Infolgedessen müßte man nur Bestätigungen der auf diesen beiden anderen Gebieten bereits erhaltenen Resultate erwarten.

Mit der Raumerfüllung ist die Dielektrizitätskonstante durch die Theorie von Clausius und Mossotti verknüpft. Wenn in einem idealen Dielektrikum von den Eigenschaften des Vakuums Kugeln aus elektrisch leitendem Material eingebettet sind, so ist die Dielektrizitätskonstante K dieses Systems unabhängig von der Größe der Teile, ebenso wie von ihrem Leitvermögen, und ist nur bedingt durch den Teil u des Gesamtvolumens, den die Kugeln (Moleküle) wirklich ausfüllen:

$$K = \frac{1 + 2u}{1 - u} \qquad u = \frac{K - 1}{K + 2}.$$

Es müßte daher die Dielektrizitätskonstante nur vom wahren Volumen der Atome abhängen, und man sollte von ihrer Bestimmung nur eine Bestätigung dessen erwarten, was bereits aus der Betrachtung der Atomvolumina der Elemente bekannt ist. Nun hat sich aber gezeigt, daß das Gesetz von Clausius und Mossotti nicht exakt gilt, daß zum Beispiel bei steigender Temperatur sich bei vielen Substanzen der Ausdruck (d = Dichte):

$$\frac{k - 1}{k + 2} \cdot \frac{1}{d}$$

d. h. das wahre Volumen der einem Gramm Substanz entsprechenden leitenden Teile verändert.[1]) Die Dielektrizitätskonstante mißt also doch nicht die Raumerfüllung unveränderlicher Atome, sondern es werden hierbei noch Volumina mitgemessen, welche von der Temperatur und, wie man aus dem Vergleich verschiedener Substanzen sieht, auch in hervorragendem Maße von der Konstitution abhängen. Es trifft aber auch die bei dieser Theorie gemachte Voraussetzung, daß sich die Atome wie elektrische Leiter verhalten, wahrscheinlich nicht zu.

Mit den optischen Erscheinungen ist die Dielektrizitätskonstante durch die Gleichung von Maxwell $K = n^2$ verknüpft; n = Brechungsindex. Die Dielektrizitätskonstante ist also gleich dem Quadrate des Brechungsindex für die betreffende Wellenlänge. Nun ist bekanntlich der Brechungsindex eine Funktion der Wellenlänge; es sind daher die Werte, welche mit den experimentell erzeugbaren elektrischen Schwingungen gemessen werden, nicht ohne weiteres

---

[1]) P. Walden, Zeitschr. f. phys. Chem. **70**, 569 (1911).

mit den optischen Messungen vergleichbar, da die Wellenlänge bei der elektrischen Messung etwa 10000 mal so groß ist als jene, für welche die Brechungsindices ermittelt werden. Wie bereits in Kap. IX § 1 ausgeführt wurde, ist die Extrapolation der Brechungsindices für sehr lange Wellen mit Hilfe der Konstanten der Dispersionsformel unsicher. So hat sich gezeigt, daß bei einer Reihe von Körpern, insbesondere bei jenen mit Hydroxylgruppen, diese Formel vollständig versagt, da im Gebiet des Ultrarots anormale Dispersion eintritt. Mit diesem Befunde stimmt auch überein, daß bei den genannten Substanzen im Ultrarot starke Absorptionsbanden auftreten. Die Diskussion der Clausius-Mossottischen Theorie, ebenso wie der Maxwellschen Formel, führt also zu dem Ergebnis, daß die genannten einfachen Gesetzmäßigkeiten durch Faktoren, die mit dem Molekularbaue der Substanzen enge zusammenhängen, sehr stark beeinflußt sind. Entgegen der ursprünglichen Vermutung erweist sich die Dielektrizitätskonstante somit als eine in hervorragendem Maße konstitutive Größe.

Hier sei noch kurz darauf hingewiesen, daß zwischen den Dielektrizitätskonstanten und dissoziierender Kraft der Solventien, zwischen ihr und dem Lösungsvermögen,[1] der Reaktionsgeschwindigkeit[2] und anderen Eigenschaften und Vorgängen Zusammenhänge bestehen.

Dielektrizitätskonstanten bei 18°.[3]

Wasser	81,07	Diäthylketon	17,0
Methylalkohol	35,36	Methylhexylketon	10,5
Äthylalkohol	26,28	Nitromethan	39,4
Propylalkohol	22,47	Tetranitromethan	2,13
Butylalkohol	19,2	Benzol	2,29
Amylalkohol	16,7	m-Xylol	2,37
Cyanwasserstoff	95	Benzaldehyd	19,9
Acetonitril	35,8	Anilin	6,8
Propionitril	26,5	m-Kresol	13,0

[1] V. Rothmund, Zeitschr. f. phys. Chem. **26**, 490 (1898); vgl. auch Löslichkeit und Löslichkeitsbeeinflussung (Leipzig 1907), 118.

[2] Wislicenus, Lieb. Ann. **291**, 176 (1896); Ber. d. Dtsch. chem. Ges. **32**, 2837 (1899).

[3] Weitere Angaben siehe Landolt Börnstein; ferner Dobrosserdow, Chem. Zentralbl. **1911**. I. 953.

Butyronitril	20,3	Anisol	4,3
Valeronitril	17,4	Nitrobenzol	35,5
Ameisensäure	62	Benzonitril	28,6
Essigsäure	9,7	Benzylcyanid	18,2
Chloressigsäure	21	Brombenzol	5,2
Dichloressigsäure	8,2	Furfurol	46,9
Trichloressigsäure	4,5 (61°)	Brom	4,6
Cyanessigsäure	33,4 (+ 7°)	Phosphortrichlorid	4,7
Äther	4,35	Phosphoroxychlorid	12,7
Aceton	20,7	Chlorschwefel S_2Cl_2	5,3

Nach A. W. Stewart[1]) zeigt sich kein Unterschied in den Dielektrizitätskonstanten stereoisomerer Verbindungen.

Thwing[2]) hat versucht, nach Art der Formeln für die Molekularrefraktion eine entsprechende Formel für den Wert der molekularen Dielektrizitätskonstante aufzustellen:

$$MK = d(a_1K_1 + a_2K_2 + a_3K_3 \ldots \text{usw.}),$$

hierbei sind a_1, a_2, a_3 die Anzahl der verschiedenen Atome bzw. Atomgruppierungen, K_1, K_2, K_3 die einem jeden dieser Atome resp. Gruppen zukommenden Dielektrizitätskonstanten, bezogen auf das Atom- resp. Äquivalentgewicht, d die Dichte. Diese Formel würde einer ähnlichen Additivität entsprechen, wie sie bei der Molekularrefraktion konstatiert wurde.

Für eine Anzahl von Substanzen stimmt diese Formel auch sehr gut, dagegen versagt sie bei anderen Substanzen und Gruppen vollständig. Ähnlich verhält es sich mit dem Versuche von Lang[3]), die Valenzen in die Betrachtung einzubeziehen. Eine interessante Theorie, welche deutlich nach Analogie der Farbentheorie aufgebaut ist, rührt von Walden[4]) her. Walden unterscheidet dielektrophore Gruppen oder Elemente als Träger der dielektrischen Eigenschaften, und dielektrogene Gruppen, die zum Zustandekommen der Wirkung der Dielektrophore notwendig sind.

Dielektrophore Gruppen sind: Hydroxylgruppe, Nitrogruppe, die Carbonylgruppe als Aldehydgruppe, Ketogruppe, Carboxylgruppe sowie überhaupt sauerstoffhaltige Gruppen, die Halogene, ebenso wie Cyan, Rhodan, Isorhodan und der Aminrest. Dielektrogene

---

[1]) Journ. Chem. Soc. **93**, 1059 (1908).
[2]) Zeitschr. f. phys. Chem. **14**, 286 (1894).
[3]) Ann. d. Phys. [3] **56**, 534.
[4]) Zeitschr. f. phys. Chem. **70**, 569 (1910).

sind Wasserstoff, die Methylgruppe, sowie alle Alkylgruppen, die Phenylgruppe und sonstige Kohlenwasserstoffreste. Die Werte für die Dielektrizitätskonstante sind um so höher, je größer der Gegensatz im chemischen oder elektrischen Charakter zwischen Dielektrogen und Dielektrophor ist. Beispielsweise ist bei Wasser mit dem starken Gegensatz zwischen Wasserstoff und Sauerstoff $K = 81$, analogerweise bei Cyanwasserstoff $K = 95$.

Verbindungen hingegen, bei welchen der saure Charakter des Dielektrophors durch Alkylierung vermindert ist, zeigen eine kleinere Dielektrizitätskonstante. Die kleinsten Werte findet man bei den Kohlenwasserstoffen, wo ja überhaupt keine dielektrophore Gruppe vorhanden ist. Ebenso sind die Werte jener Verbindungen gering, welche keine dielektrogene Gruppe enthalten, also Chlorschwefel, Phosphortrichlorid, Brom, Tetranitromethan.

Die Dielektrizitätskonstante ist somit ein Ausdruck der innerhalb des Moleküls wirkenden Kräfte und muß daher zu den übrigen physikalischen Eigenschaften der Substanz in Beziehung stehen. Diesbezügliche Beobachtungen sind von E. Obach,[1] Dobrosserdow[2] und Walden[3] für den Zusammenhang mit Oberflächenspannung, Verdampfungswärme, absoluter Siedetemperatur gemacht worden. Lösungen verhalten sich nicht einfach der Mischungsregel gemäß.

Durch die Arbeiten von W. Nernst[4] nud P. Drude[5] sind die Messungen der Dielektrizitätskonstante auch mit geringen Substanzmengen leicht ausführbar geworden. Es ist möglich, daß die Bestimmung der Dielektrizitätskonstante sich ähnlich brauchbar erweisen wird, wie das Molekularvolumen.

Kapitel XV. Die elektrische Doppelbrechung.

Die optischen Eigenschaften der Stoffe erfahren im elektrischen Felde im allgemeinen eine Änderung. Am einfachsten verhalten sich die vollkommen isotropen Körper: Sie werden schwach doppel-

---

[1] Phil. Mag. [5] **33**, 113.
[2] Chem. Zentralbl. **1910** I, 790.
[3] Loc. cit.
[4] Zeitschr. f. phys. Chem. **14**, 622 (1893).
[5] Zeitschr. f. phys. Chem. **23**, 267 (1897); vgl. auch A. W. Stewart, Journ. Chem. Soc. **93**, 1062 (1908).

brechend, wie ein einachsiger Kristall, dessen Achse in der Richtung der elektrischen Kraftlinien liegt. Diese von J. Kerr[1]) entdeckte und als elektrische Doppelbrechung bezeichnete Erscheinung läßt sich in allen Stoffen und in jedem Aggregatzustand beobachten, wenn nur das elektrische Leitvermögen genügend klein und die Lichtabsorption nicht zu groß ist. Da aber die meisten reinen festen Stoffe kristallinische Struktur haben und außerdem in jedem festen Dielektrikum mechanische Spannungen auftreten, die an sich schon Doppelbrechung hervorrufen, so eignen sich hauptsächlich flüssige und gasförmige Substanzen zur Untersuchung. Das Vorhandensein von Doppelbrechung erkennt man daran, daß ein hineingeschickter linear polarisierter Lichtstrahl, in Folge eines Phasenunterschiedes der parallel und senkrecht zu den Kraftlinien schwingenden Komponente, elliptisch polarisiert austritt. Es zeigt sich, daß der Phasenunterschied dem Quadrate der Feldstärke sowie der Länge der durchstrahlten Flüssigkeitsschicht proportional ist. Der Proportionalitätsfaktor (die Kerrsche Konstante B) ist für die Substanz charakteristisch. Für Schwefelkohlenstoff von $20°$ C und Licht von 680 $\mu\mu$ Wellenlänge beträgt sie nach J. Lemoine[2]) $3{,}70 \cdot 10^{-7}$, wobei die Länge der Schicht in Zentimetern, die Feldstärke in elektrostatischen Einheiten und der Phasenunterschied in Bruchteilen einer Wellenlänge ausgedrückt sind.

Am zweckmäßigsten ist es, die zu untersuchende Flüssigkeit nach einer von Des Coudres[3]) angegebenen Kompensationsmethode mit einer Normalsubstanz zu vergleichen. Das Verfahren ist folgendes: Durch die Flüssigkeit, welche sich in dem Raum zwischen zwei geladenen Kondensator-Platten befindet, fällt polarisiertes Licht, dessen Schwingungsebene einen Winkel von $45°$ mit den Kraftlinien bildet. Der hierdurch zwischen den Komponenten des Lichtstrahles entstehende Phasenunterschied wird in einem zweiten analog gebauten Kondensator mit meßbar veränderlicher Plattendistanz, in dem sich die Vergleichsubstanz (meist Schwefelkohlenstoff) befindet, kompensiert. Die Aufhebung des Phasenunterschiedes erkennt man mittels eines analysierenden Nikols

---

[1]) Phil. Mag. (4) 50 S. 337 (1875).

[2]) Compt. rend. 122 S. 835 (1896). Siehe auch O. D. Tauern, Diss. (Freiburg 1909).

[3]) Verhandl. d. Ges. Deutsch. Naturf. u. Ärzte 65. Vers. Nürnberg, II. Teil, 67 (1893).

an der vollkommenen Verdunkelung des Gesichtsfeldes. Da beide Kondensatoren parallel an derselben Spannungsquelle liegen, haben Schwankungen der Spannung keinen Einfluß auf das Resultat und kann sogar mit schnellen elektrischen Schwingungen gearbeitet werden. Nach diesem Verfahren hat W. Schmidt[1] eine Anzahl verschiedener organischer Substanzen untersucht.

Eine weitere Ausbildung erfuhr die Methode durch R. Leiser.[2] Er verwendete einen in sehr weiten Grenzen verstellbaren und geeichten Meßkondensator, als Spannungsquelle ungedämpfte elektrische Schwingungen und zur empfindlicheren Beobachtung der Aufhebung des Phasenunterschiedes ein Halbschatten-System. Auch wurden die zur Messung erforderlichen Substanzmengen auf wenige Kubikzentimeter herabgesetzt. Die nachfolgende Tabelle bringt einen Teil der Versuchsresultate. Die Zahlen sind die auf $CS_2 = 100$ bezogenen Kerrschen Konstanten bei Zimmertemperatur. Die Konstanten nehmen pro Grad Temperaturanstieg in verschiedenem Maße ab, so z. B. Benzol um 0,2%, Nitrobenzol um 1,6%, Schwefelkohlenstoff um 0,5%.

Tabelle I.

Pentan	1,55	Propylchlorid	234
Hexan	1,73	Äthylenchlorid	181
Heptan	3,26	Chloroform	−100
Octan	4,21	Bromoform	−86,2
Cyclohexan	2,3	Trichloräthylen . . .	42,8
Amylen	7,98	Tetrachlorkohlenstoff .	2,35
Cyclopentadien . . .	14,1	Nitromethan	330
Benzol	12,1	Tetranitromethan . .	3,0
Toluol	24,2	Trichlornitromethan .	−55,7
Äthylbenzol	25,6	Fluorbenzol	191
o-Xylol	41,2	Chlorbenzol	385
m-Xylol	24,4	Brombenzol	374
p-Xylol	22,6	Jodbenzol	288
α-Methylnaphthalin .	66,1	Nitrobenzol	10070
Methyljodid	209	o-Nitrotoluol	5400
Äthyljodid	343	m-Nitrotoluol	5520

---

[1] Anm. d. Phys. 7 S. 142 (1902).

[2] Elektrische Doppelbrechung der Kohlenstoffverbindungen. Abhandl. d. Deutsch. Bunsengesellsch. Nr. 4. (Halle 1910.) Daselbst findet sich auch eine Zusammenstellung der Literatur.

p-Nitrotoluol bei 54°	6400	Paraldehyd	−713
o-Chlortoluol	270	Aceton	505
p-Chlortoluol	711	Acetophenon	2060
Diäthylamin	−15,3	Äthyläther	−20
Anilin	−38	Anisol	35,5
o-Toluidin	−73	Ameisensäureäthylester	138
m-Toluidin	−128	Propionsäureäthylester	82,7
Dimethylanilin	312	Acetessigester	145
Methylalkohol	30	Äthylacetessigester ca.	1000
Äthylalkohol	$< \pm 20$	Dimethylacetessigester	137,5
Propylalkohol	−78	Cyanessigsäureäthylester	
Heptylalkohol	−233	ca.	1200
Cyclohexanol	−286	Kohlensäureäthylester	9,6
Benzylalkohol	−477	Pyridin	632
m-Kresol	657	Phenylhydrazin	0
Acetaldehyd	313	Wasser ca.	100

Aus diesen Zahlen ist ersichtlich, daß die elektrische Doppelbrechung mehr als alle anderen Eigenschaften von Substanz zu Substanz variiert. Die Grenzen liegen, soweit sich aus dem bisherigen Material ersehen läßt, zwischen −700 und +10000. Für die Aufstellung allgemeiner Gesetzmäßigkeiten ist das Material freilich noch nicht ausreichend. Immerhin hat Leiser auf Grund seines ca. 150 Substanzen umfassenden Versuchsmaterials auf eine Reihe von Regelmäßigkeiten hinweisen können, deren wichtigste etwa folgende sind.

Die Werte für die aliphatischen, gesättigten Kohlenwasserstoffe sind sehr klein und steigen mit wachsendem Molekulargewicht an. Eine Doppelbindung bewirkt eine erhebliche Steigerung. Der Ringschluß bewirkt bei gesättigten Verbindungen keinen wesentlichen Zuwachs (vgl. Cyclohexan), ungesättigte Ringsysteme haben dagegen eine wesentlich höhere Konstante (Cyclopentadien). Benzol hat keine besonders hohe Konstante, was mit dem gegenseitigen Ausgleich der Valenzreste zusammenhängen könnte. Führt man jedoch in das Benzolmolekül eine Gruppe ein, welche die Symmetrie stört, so tritt ein wesentlicher Zuwachs ein; selbst die Methylgruppe wirkt diesbezüglich schon stark. Bei weiterer Substitution ist sowohl die Veränderung der Symmetrie als auch der Einfluß der Substitution an und für sich zu betrachten. Erfolgt die weitere Substitution so, daß die ursprüngliche Symmetrie wieder hergestellt wird, so sinkt die Konstante. Wird hingegen die Symmetrie noch in erhöhtem Maße gestört, so steigt die Konstante, wie aus folgendem Vergleich ersichtlich ist:

Benzol 12,1
Toluol 24,2
p-Xylol 22,6
o-Xylol 41,2
Mesitylen . . . . 18,7 (symmetrisches Trimethylbenzol)
Pseudokumol . . 30,7 (1, 2, 4-Trimethylbenzol).

Substitution durch Halogen hat eine sehr starke Wirkung, wobei Chlor und Brom fast gleich sind, Jod etwas schwächer wirkt und Fluor noch wesentlich schwächer. Die Nitrogruppe hat einen enorm steigernden Einfluß in den aromatischen Derivaten; in der aliphatischen Reihe schließt sie sich an die Halogengruppe an. Sehr verschieden ist die Wirkung der Hydroxylgruppe. Alle primären Alkohole (außer Methylalkohol) sind negativ, die Phenole und tertiären Alkohole positiv. Die Amidogruppe bewirkt immer negative Doppelbrechung, die zweifach substituierte Amidogruppe dagegen positive.

Sehr bemerkenswert ist ferner, daß die Wirkung der Halogene oder der Nitrogruppe sich bei mehrfacher Substitution im allgemeinen nicht steigert. Es tritt z. B. bei fortschreitender Substituierung des Methans und Äthans ein zweimaliger Vorzeichenwechsel ein und die vierfach gleichsubstituierten Methanderivate unterscheiden sich von den Kohlenwasserstoffen kaum.

Tabelle II.

Methan . . . .   < 2
Chlormethyl . . . .   ca. 200
Nitromethan   330
Methylenchlorid . . . . . .   −36
Chloroform . . . .   −100
Tetrachlormethan   2,3
Tetranitromethan   3,0

In der aromatischen Reihe ist ein Einfluß der Stellung der Substituenten besonders deutlich zu erkennen. Bei zwei gleichen Substituenten haben die o-Verbindungen die höchste, die p-Verbindungen die niedrigste Konstante, bei zwei ungleichartigen Substituenten ist die Reihenfolge umgekehrt. Bei ähnlich wirkenden Substituenten können Zwischenfälle auftreten.

Sehr nahe liegt die Verwendung der Kerrschen Konstante zur Bestimmung der Konstitution tautomerer Verbindungen. Hier gibt es noch sehr wenig Versuchsmaterial, doch ist als besonders merkwürdig zu erwähnen, daß Methylacetessigester eine ungleich größere Konstante hat als Acetessigester und Dimethylacetessigester, während nach dem magnetischen Drehungsvermögen allen dreien die Ketostruktur zukommt.

Außerdem ist noch von A. Lippmann[1]) mit dem früher von W. Schmidt benutzten Apparat eine größere Anzahl von Substanzen hauptsächlich aus der aromatischen Reihe untersucht worden. Da die meisten der davon in Betracht kommenden Substanzen fest sind, verwendete er nicht diese selbst, sondern verglich Lösungen derselben in Benzol untereinander. Wenn auch die so gewonnenen Resultate nicht direkt vergleichbar sind mit den an reinen Substanzen erhaltenen, so ist doch anzunehmen, daß die Größenbeziehungen qualitativ dieselben sind, wenn alle Substanzen in dem gleichen Lösungsmittel untersucht werden. Lippmann fand auch die oben angeführten Gesetzmäßigkeiten, besonders die über das Verhalten der o-, m- und p- Verbindungen weitgehend bestätigt.   In der folgenden Tabelle sind die aus den bisherigen Messungen sich ergebenden Größenbeziehungen zusammengestellt.

Tabelle III.

$p>m>o$	$o>m>p$
Nitrotoluol	Dinitrobenzol
Nitrophenol	Dichlorbenzol
Nitranilin	Xylol
Chlortoluol	Phenylendiamin
Chloranilin	
Toluidin	

$m>o>p$	$o>p>m$
Chlorphenol	Chlornitrobenzol
Kresol	

Da die elektrische Doppelbrechung kein einfaches Mischungsgesetz befolgt, läßt sich aus Messungen an Lösungen die Kon-

---

[1]) Zeitschr. f. Elektrochem. **17**, 15 (1910).

stante einer reinen Substanz nicht sicher berechnen. Im Falle rein additiven Verhaltens wäre zu erwarten, daß die Konstante der Mischung annähernd geradlinig mit den Volumprozenten ansteigt. Die meisten Mischungen, auch solche, bei welchen keine komplexen Moleküle auftreten, weichen aber von diesem Gesetz ab, und zwar ist die Konstante der Mischung meist kleiner, als sich daraus berechnen würde.

In Gasen ist das Auftreten von elektrischer Doppelbrechung vor kurzem von R. Leiser[1]) und D. E. Hansen[2]) aufgefunden worden. Es ergab sich, daß die Kerrsche Konstante proportional dem Druck ist, und daß die Stoffe in Gasform eine ähnliche, aber kleinere Konstante haben als in verdünnter Lösung von gleicher Konzentration, daß also für gasförmige organische Substanzen ungefähr dieselben Beziehungen zur Konstitution bestehen. Als Beispiele mögen die folgenden Zahlen dienen, die für Zimmertemperatur und 760 mm Druck gelten und auf $CS_2 = 100$ bezogen sind.

Tabelle IV.

Äthylchlorid	0,270	Cyanwasserstoff	0,456
Methylchlorid	0,169	Acetylen	0,009
Methylbromid	0,254	Kohlendioxyd	0,007
Acetaldehyd	0,309	Cyan	0,021
Äthylnitrit	0,465	Phosgen	0,043

Einige Gase, wie Kohlenoxyd, Methan, Wasserstoff, Sauerstoff und Stickstoff gaben keinen nachweisbaren Effekt. Ihre Konstante muß also kleiner als etwa 0,002 sein.

Über die Beziehung der Größe der elektrischen Doppelbrechung zum chemischen Charakter eines Stoffes läßt sich im allgemeinen sagen, daß nur Verbindungen mit reaktionsfähigen Gruppen, so z. B. die Halogen-, Nitro-, Cyanverbindungen, Aldehyde und Ketone hohe Konstanten haben, daß aber Reaktionsfähigkeit nicht immer eine hohe Konstante bedingt.

Wenn man sich die Frage stellt, was man aus der elektrischen Doppelbrechung über den Bau des Moleküls überhaupt erfahren kann, muß man auf die zu ihrer Erklärung aufgestellten Theorien

---

[1]) Phys. Zeitschr. 12 S. 955 (1911).
[2]) Diss. (Karlsruhe 1912).

eingehen, von denen die von J. Larmor[1]) vorgeschlagene und von P. Langevin[2]) durchgeführte Theorie der molekularen Orientierung hauptsächlich in Betracht kommt. Danach würden in der elektrischen Doppelbrechung zwei voneinander unabhängige Moleküleigenschaften zum Ausdruck kommen. ·Erstens das elektrische Moment des Moleküls, welches die Orientierbarkeit im elektrischen Felde bedingt und sich in der Dielektrizitätskonstante des Stoffes äußert, zweitens eine rein optische Anisotropie des Moleküls, welche von der Lage und Frequenz der Hauptschwingungsrichtungen der Dispersionselektronen abhängt und jedenfalls mit den optischen Konstanten in kristallisiertem Zustand in Beziehung steht.

Man sieht aus dem Vorstehenden, daß die elektrische Doppelbrechung wegen ihrer hohen Konstitutionsempfindlichkeit einerseits geeignet ist, rein strukturchemische Fragen im engeren Sinne zu beantworten, wenn nur genügendes Zahlenmaterial gesammelt wird, andererseits bei kombinierter Betrachtung mit anderen physikalischen Eigenschaften auch speziellere Aufklärungen über die Anordnung des Moleküls zu geben.

Kapitel XVI. Anormale elektrische Absorption.

§ 1. Normale elektrische Absorption.

Die Betrachtung der Fluorescenz und der Farbe hat gezeigt, daß zahlreiche Substanzen imstande sind, die schnellen Ätherschwingungen des Lichtes zu absorbieren; es ist deshalb von Interesse, daß die Materie auch Schwingungen viel größerer Wellenlänge absorbieren kann wie die durch eine oscillierende elektrische Entladung hervorgebrachten. Sowohl Leiter als auch Nichtleiter vermögen diese elektrischen Wellen zu absorbieren. Bei Leitern ist die Absorption normal; bei Nichtleitern ist die Absorption jedoch anormal. Bei letzterer Art Absorption allein ist ein Einfluß der chemischen Konstitution entdeckt worden. Bevor diese Beziehungen besprochen werden, müssen kurz die charakteristischen Eigenschaften des normalen Typus betrachtet werden.

---

[1]) Phil. Trans. A. 190 S. 236 (1898).
[2]) Le Radium, 7. Sept. 1910. Siehe auch A. Enderle, Zur Theorie der elektrischen und magnetischen Doppelbrechung in Flüssigkeiten. Diss. (Freiburg 1912).

Entsprechend der elektromagnetischen Theorie des Lichtes gilt für Isolatoren die Beziehung

$$E = n^2, \qquad (I)$$

worin E die Dielektrizitätskonstante des Mediums und n der Brechungsindex für unendlich lange Wellen ist. Für die experimentelle Bestimmung der Dielektrizitätskonstante kann entweder E direkt in einem stationären elektrischen Feld — d. h. für unendlich lange Wellen — gemessen werden, oder man kann n für Wellen gegebener Länge bestimmen. Wenn auch nach der Theorie die Beziehung (I) nur für den Brechungsindex von unendlich langen Wellen gilt, so hat doch die Praxis gezeigt, daß etwa dieselben Werte von n^2 erhalten werden, wenn man mit Wellen von mäßiger Länge arbeitet. So hat Drude[1]) Wellen von etwa einem Meter Länge angewandt und für Wasser den Wert $n^2 = 80,6$ gefunden, während Nernst[2]) und Heerwagen[3]) durch direkte Messung von E mit Hilfe anderer Methoden den Wert 80,5 gefunden haben.

Geht man von Isolatoren zu Stoffen mit mäßiger Leitfähigkeit über, so findet man, wenn man den Brechungsindex für endliche Wellen mißt, keine befriedigenden Werte für E. Infolge der von dem Medium ausgeübten Absorption ist n^2 immer größer als E und die Beziehung erhält die Form:[4])

$$E = n^2 \, (1 - x^2), \qquad (II)$$

worin x der Absorptionsindex ist, eine Zahl, die von der Abnahme der Wellenamplitude herrührt, wenn die Welle in das Medium eintritt.[5]) Bei Untersuchungen von wässerigen Elektrolytlösungen hat Drude[6]) gefunden, daß sich der Absorptionsindex aus der Gleichung

$$x = \frac{2s}{1 + \sqrt{1 + 4s^2}} \qquad (III)$$

berechnen läßt, in der s eine Abkürzung für den Ausdruck $\dfrac{c\sigma\lambda}{\varepsilon}$

---

1) Wied. Ann. **59**, 17 (1896).

2) Zeitschr. f. phys. Chem. **14**, 622 (1894).

3) Wied. Ann. **43**, 35 (1891).

4) Drude, Zeitschr. f. phys. Chem. **23**, 280 (1897).

5) x hat die Bedeutung, daß die Amplitude der elektrischen Schwingung nach einer Wellenlänge im Verhältnis $1 : e^{2\pi x}$ abnimmt.

6) Drude, Zeitschr. f. phys. Chem. **23**, 280 (1897); und Wied. Ann. **60**, 28 (1897).

ist. Hier bedeutet c = die Geschwindigkeit des Lichtes, λ = die Wellenlänge der elektrischen Schwingung, σ = die Leitfähigkeit der Lösung in absoluten Einheiten und ε = die Dielektrizitätskonstante des Wassers. Diese Absorption kann somit aus der Leitfähigkeit des Mediums und aus der Wellenlänge der elektrischen Schwingung auf Grund der Theorie berechnet werden; sie wird deshalb normale elektrische Absorption genannt.

Es ist klar, daß steigende Leitfähigkeit das Absorptionsvermögen erhöht; doch bewährt sich diese Beziehung nur in engen Grenzen der Leitfähigkeit, da sehr gute Leiter nicht absorbieren. Weiter ist eine Abnahme der Wellenlänge der eintretenden Welle von einer Abnahme der Absorption begleitet. Der Einfluß, den die Abnahme der Wellenlänge ausübt, ist also dem der wachsenden Leitfähigkeit entgegengerichtet und kann ihn manchmal verschleiern; ein Leiter mit mäßig guter Leitfähigkeit wird genügend kurze Wellen nicht absorbieren. So fand beispielsweise Drude,[1] daß Wasser bei einer Schwingung von 400×10^6 Perioden pro Sekunde keine Absorption mehr zeigt und eine wässerige Kupfersulfatlösung diese Schwingungen nur absorbiert, wenn eine Konzentration von 0,5 % erreicht ist.

§ 2. Anormale Absorption.

Organische Verbindungen besitzen im allgemeinen eine sehr geringe Leitfähigkeit, sie müßten daher, wenn sie die Gesetze der normalen Absorption befolgten, kurze elektrische Wellen (d. h. $\lambda = 73$ cm) nicht absorbieren. Die Mehrzahl verhält sich normal, doch bilden einige Stoffe Ausnahmen und vermögen, trotzdem sie nur schlechte Leiter sind, auch rasche Schwingungen zu absorbieren. Ein derartiges Verhalten wurde beim Äthylalkohol zuerst von Cole[2] beobachtet. Unabhängig davon entdeckte Drude[3] die gleiche Eigenschaft bei anderen Stoffen. Er fand, daß diese unerwartete Absorption besonders stark bei Alkoholen auftritt; tatsächlich absorbiert Amylalkohol ebensogut als ein Elektrolyt mit einer 20000 mal größeren Leitfähigkeit. Bei den anormalen Absorptionsmitteln ist das experimentell gefundene n^2 stets kleiner als die Dielektrizitätskonstante des Mediums

$$E > n^2$$

<hr>

[1] Ber. d. Dtsch. chem. Ges. **30**, 940 (1897).
[2] Wied. Ann. **57**, 290 (1896).
[3] Wied. Ann. **58**, 1 (1896).

und der Einfluß einer Änderung in der Schwingungsperiode der einfallenden Welle ist umgekehrt .wie in den „Normalfällen", d. h. eine Abnahme der Wellenlänge ist von einer Zunahme des Absorptionsvermögens begleitet. Überdies hat D r u d e gezeigt, daß anormale Absorption und abnormale Dispersion Hand in Hand gehen, d. h., daß der Brechungsindex mit abnehmender Wellenlänge abnimmt. Als Beispiele seien Glycerin und Amylalkohol gewählt.

	E	n^2	
	$\lambda = \infty$	$\lambda = 2$ m[3])	$\lambda = 0{,}73$ m[3])
Glycerin.	56,2[1])	39,1	25,4
Amylalkohol	15,05[2])	10,8	5,51

§ 3. Die experimentelle Bestimmung der Absorption.

Die gewöhnliche Methode[4]) der Untersuchung von Flüssigkeiten in Gegenwart elektrischer Wellen erfordert das Vorhandensein großer Mengen des Stoffes und ist daher für die Anwendung auf organische Verbindungen nur von geringem Werte. D r u d e[5]) hat einen Apparat angegeben, der nur geringe Mengen — weniger als ein Kubikzentimeter — Substanz erfordert, so daß er imstande war, eine große Anzahl von seltenen Stoffen zu untersuchen. Eine kurze Beschreibung des D r u d e schen Apparates wird die Bedeutung der später zu prüfenden Daten klarer machen. Da das Absorptionsvermögen mit der Wellenlänge wechselt, so ist es notwendig, eine bestimmte Periode für den Vergleich der verschiedenen Stoffe auszuwählen. D r u d e baute seinen Apparat in der Größe, daß Wellen mit etwa 72 cm Länge oder mit einer Frequenz von 400×10^6 pro Sekunde entstanden. Bei dieser hohen Frequenz zeigen normale Stoffe mit geringer Leitfähigkeit keine Absorption.

Der Apparat besteht in der Hauptsache aus dem primären System AA (vgl. Fig. 30), das mit den Polen einer Induktionsmaschine verbunden und von dem sekundären Drahte BB umgeben ist.

[1]) Thwi-ng, Zeitschr. f. phys. Chem. **14**, 286 (1894).

[2]) T e r e s c h i n, Wied. Ann. **36**, 792 (1889).

[3]) Wied. Ann. **58**, 1 (1896).

[4]) Arons und R u b e n s, Wied. Ann. **42**, 581 (1891).

[5]) Ber. d. Dtsch. chem. Ges. **30**, 940 (1897).; Zeitschr. f. phys. Chem. **23**, 280 (1897).

Dieser wird zweimal im rechten Winkel abgebogen, und die beiden Enden werden parallel zueinander in einem Abstande von zwei Zentimetern 10,5 cm weitergeführt. Jeder dieser Drähte ist in ein schmales Messingrohr C von 25 cm Länge eingeschmolzen. Die anderen Enden dieser Rohre enthalten zwei Kupferdrähte DD, die andererseits in einem Halter aus Vulkanit befestigt sind. Dieser

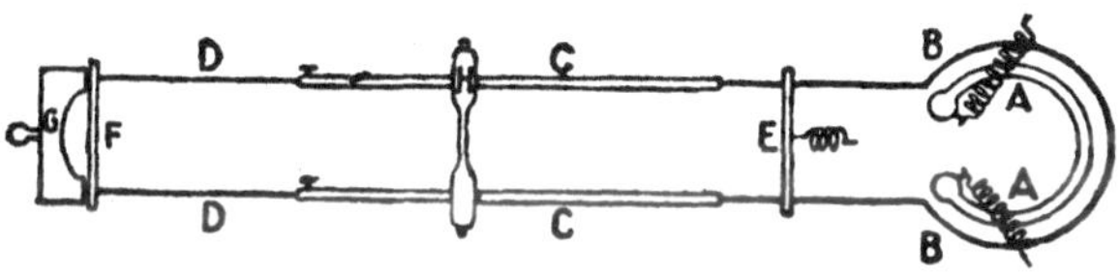

Fig. 30.

Halter G besitzt einen Handgriff. Auf diese Weise kann man DD in den Messingrohren verschieben. Dreieinhalb Zentimeter vor den beiden Rohren ist eine Brücke E befestigt und mit der Erde in leitende Verbindung gebracht. Knapp vor dem Vulkanithalter liegt die Brücke F über den beiden Leitern. Ist die Maschine in Tätigkeit, so werden in dem System vor E elektrische Wellen erzeugt. Um die beiden Systeme vor und hinter E zur Resonanz zu bringen, muß man nur die Entfernung der beiden Brücken E und F richtig bemessen; dies geschieht, indem man DD in CC einschiebt oder herauszieht. Ist Resonanz vorhanden, so ist F ein Knotenpunkt und die Entfernung E von F ist gleich einer halben Wellenlänge oder in diesem Apparate gleich 36 cm. Andere gleiche Punkte kann man bei 72, 108 cm usw. von E finden. Die beste Methode zur Bestimmung der Resonanz der beiden Systeme ist die folgende. Man legt eine Vakuumröhre H auf die Drähte CC etwa 16 cm oder eine Viertelwellenlänge hinter E; ist Resonanz vorhanden, so leuchtet das Rohr stark auf und F wird so lange verschoben, bis das Maximalleuchten erreicht ist.

Die zu untersuchende Flüssigkeit ist in einer kleinen Glasröhre von $^1/_4$ ccm Inhalt enthalten, in welche an den beiden entgegengesetzten Enden Platindrähte eingeschmolzen sind. Wenn in dem Apparate Resonanz hergestellt ist, ersetzt man die Metallbrücke F durch die mit Flüssigkeit gefüllte Röhre. Absorbiert diese nicht, so werden die Wellen bei F total reflektiert und, wenn H wieder an seine Stelle gebracht wird, so leuchtet die Röhre an den Stellen A 6 cm von E genau so hell auf wie vorher. Absorbiert hingegen die Flüssigkeit, so wird die Schwingungsamplitude nach der Reflexion geschwächt und dadurch die Maximalstärke des Aufleuchtens verringert. Gleichzeitig wird die Zahl der Knotenpunkte, die man bestimmen kann, kleiner, bei stark absorbierenden Mitteln gelingt es sogar nur schwer, den ersten Resonanzpunkt aufzufinden. Wie zu erwarten, ist das Absorptionsvermögen verschiedener Stoffe sehr verschieden; Drude unterschied daher bei qualitativen Messungen vier Grade der Absorption: eine sehr schwache, eine schwache, eine starke und eine sehr starke, je nach der maximalen Helligkeit des Aufleuchtens in der Röhre.

Quantitative Messungen lassen sich in der Weise ausführen, daß man die Leitfähigkeit einer Elektrolytlösung oder eines normal absorbierenden Stoffes feststellt, der eine Absorption von derselben Stärke ausübt wie die zu prüfende Substanz. Der Absorptionsindex des Vergleichsstoffes wird dann nach Gleichung III berechnet; der gefundene Wert ist gleich dem Absorptionsindex der Substanz.

Tabelle I.

$NaCl + H_2O.$

p	x	p	x	p	x
0,045	0,025	0,99	0,37	3,88	0,71
0,21	0,111	1,29	0,44	8,25	0,83
0,50	0,219	1,69	0,51	25,0	0,91
0,70	0,289	2,06	0,57		

In der Tabelle (nach Messungen von Drude) stehen unter p die Anzahl Gramme Natriumchlorid, die in 100 g Lösung enthalten sind.

Mit gewissen Abänderungen kann der Apparat auch zur Messung des elektrischen Brechungsindex und der Dielektrizitätskonstante verwendet werden; wegen der Beschreibung der Methode muß auf die Originalabhandlungen von Drude[1]) verwiesen werden.

Zu bemerken ist, daß in der Regel die anormale Absorption mit steigender Temperatur abnimmt. So übt beispielsweise Amylalkohol bei 20° eine „sehr starke" Absorption aus, bei 85° ist sie hingegen nur mehr „schwach". Ebenso ist Glycerin „schwach" bei 85° und „sehr stark" bei 20°. In beiden Fällen nimmt die er-

---

[1]) Wied. Ann. **55**, 633 (1895); **58**, 1 (1896); **59**, 17 (1896); **60**, 50 (1897); Zeitschr. f. phys. Chem. **23**, 282 (1897).

hitzte Flüssigkeit nach der Abkühlung den ursprünglichen Wert wieder an.

§ 4. Anormale elektrische Absorption und chemische Konstitution.

Bei der Untersuchung der Natur der anormalen elektrischen Absorption wurde Drudes Aufmerksamkeit auf die Tatsache gelenkt, daß ein Alkohol stark absorbierte, während der isomere Äther keine Absorption zeigte. Dies schien darauf hinzuweisen, daß das Absorptionsvermögen von der Konstitution der Substanz abhängig ist, und diese Annahme wurde durch weitere Untersuchungen bestätigt. Es zeigte sich, daß alle Alkohole absorbieren. Bei Untersuchung eines größeren Materials wurde gefunden, daß mit Ausnahme des Wassers alle Verbindungen mit Hydroxylgruppen anormale Absorption ausüben und im allgemeinen die nicht hydroxylhaltigen Stoffe nicht absorbieren. Es scheint also, daß die anormale Absorption von der Anwesenheit der Hydroxylgruppe im Molekül abhängt. Das Material,[1]) aus dem Drude diese Beziehung abgeleitet hat, ist in den folgenden Tabellen enthalten, in der absorbierende und nichtabsorbierende Verbindungen angeführt sind.

Tabelle II.

Nichtabsorbierende Verbindungen. $\lambda = 73$ cm.

Äther	Ester der Benzoesäure	Aromatische Kohlenwasserstoffe
Ester der Ameisensäure	Ester anorganischer Säuren	Säurechloride
		Chloral
Ester der Essigsäure	Ketone	Chloroform
Ester höherer Fettsäuren	Aldehyde	Tetrachlorkohlenstoff
Phthalid	Acetal	Wasser

Drude hat weiter auf den Zusammenhang zwischen anormaler Absorption und Dielektrizitätskonstante hingewiesen. Eine niedrige Dielektrizitätskonstante ist meist von schwachem Absorptionsvermögen begleitet. So besitzen beispielsweise die Fettsäuren niedrige Dielektrizitätskonstanten und ein geringes Absorptionsvermögen im Gegensatz zu den Alkoholen, die stärker absorbieren und eine höhere Dielektrizitätskonstante zeigen.

---

[1]) Ber. d. Dtsch. chem. Ges. **30**, 940 (1897); Zeitschr. f. phys. Chem. **23**, 308 (1897).

Tabelle III.

Absorbierende Verbindungen. $\lambda = 75$ cm.

Substanz	Absorption	x	Substanz	Absorption	x
Methylalkohol .	schwach	0,08	Ameisensäure .	schwach	0,08
Äthylalkohol . .	sehr stark	0,21	Essigsäure . .	,,	0,07
Propylalkohol .	,,	0,41	Propionsäure .	sehr schwach	0,03
Isopropylalkohol	,,	0,24	Buttersäure . .	,,	0,02
Butylalkohol . .	,,	0,45	Isobuttersäure .	,,	—
Isobutylalkohol	,,	0,47	Valeriansäure .	,,	0,02
Amylalkohol . .	,,	0,43	Isovaleriansäure	,,	—
Heptylalkohol .	,,	0,31	Milchsäure . .	stark	0,25
Allylalkohol . .	schwach	0,07	Chloralhydrat .	schwach	0,03
Glycerin	sehr stark	0,42	Benzaldoxim .	,,	0,06

Tabelle IV.

Alkohole	E	x	x	E	Säuren
Äthylalkohol . . .	26,0	0,21	0,07	10,0	Essigsäure
Propylalkohol . . .	22,4	0,41	0,03	5,5	Propionsäure
Butylalkohol . . .	19,2	0,45	0,02	3,0	Buttersäure

Tabelle V.

Substanz	x	E	Substanz	x	E
Methylalkohol[1]) . .	0,08	35,3	Isopropylalkohol .	0,24	2,6
Äthylalkohol . . .	0,21	26,0	Isobutylalkohol . .	0,47	18,8
n-Propylalkohol . .	0,41	22,4	Isoamylalkohol . .	0,43	16,7
n-Butylalkohol . .	0,45	19,2	Sek. Butylalkohol .	0,33	15,5
n-Heptylalkohol . .	0,31	6,6	Tert. Butylalkohol	0,40	11,4

Tabelle VI.

Substanz	x	E
Ameisensäure[1])	0,08	62,0
Essigsäure	0,07	10,0
Propionsäure	0,03	5,5
Buttersäure	0,02	3,0
Valeriansäure	0,02	3,0

[1]) Wie bei anderen physikalischen Eigenschaften verhalten sich die Anfangsglieder der Reihen anormal und dürfen nicht mit in Betracht gezogen werden.

Der Einfluß der Dielektrizitätskonstante zeigt sich weiter in der Tatsache, daß Mischungen einer Fettsäure und einer nicht absorbierenden Verbindung mit hoher Dielektrizitätskonstante starke Absorption aufweisen; z. B. absorbiert reine Buttersäure nur „sehr schwach". Eine konzentrierte wässerige Lösung ist hingegen ein „starkes" Absorptionsmittel.

Es ist weiterhin wahrscheinlich, daß das Absorptionsvermögen von dem Molekulargewicht abhängig ist, da in homologen Reihen die Absorption mit der Zahl der Methylengruppen steigt; doch erkennt man aus den weiter angeführten Beispielen, daß die Zunahme von Glied zu Glied keine konstante ist.

Nicht alle homologen Reihen zeigen dieses Verhalten, da der Einfluß einer kleinen und stetig abnehmenden Dielektrizitätskonstante den des steigenden Molekulargewichts verdecken kann. Bei den normalen Fettsäuren fällt der Wert von x in steigenden Serien ein wenig und, wie man sieht, ist E nur klein, während E in den Alkoholen verhältnismäßig groß ist und mit Ausnahme von Heptylalkohol einen konstanten Wert besitzt. Im allgemeinen haben feste Stoffe sehr niedrige Dielektrizitätskonstanten, und es kann daher das Absorptionsvermögen einer flüssigen Hydroxylverbindung durch Übergang in den festen Zustand sehr verringert oder ganz aufgehoben werden; so absorbiert beispielsweise Chloralhydrat in überkaltetem Zustand stark, während nach der Kristallisation das Absorptionsvermögen verschwindet.

Faßt man die zur Verfügung stehenden Daten zusammen, so erscheint es sicher, daß außer Hydroxyl noch andere Gruppen die anormale elektrische Absorption fördern. Es gibt viele Verbindungen, die kein Hydroxyl enthalten und doch absorbieren. Die folgende Liste dieser Verbindungen ist nach Beobachtungen von Drude[1]) und Kauffmann[2]) zusammengestellt.

Der letzte Teil der Tabelle enthält Verbindungen, deren Absorption wegen ihrer Schwäche zweifelhaft ist. Man erkennt, daß bis jetzt die Beziehungen zwischen Absorption und chemischer Konstitution noch nicht genau festgestellt sind, doch scheint nach obigen Beispielen die Nitrogruppe und die Äthylenbindung die Absorption zu begünstigen. Der Versuch Kauffmanns, diese Eigenschaft mit der Reaktionsfähigkeit des Moleküls in Zusammenhang

[1]) Zeitschr. f. phys. Chem. **23**, 308 (1897).
[2]) Zeitschr. f. phys. Chem. **28**, 673 (1899).

Tabelle VII.

Substanz	Absorption	x	Substanz	Absorption	x
Äthylcyanessig-ester.	schwach	0,06	Nitrobenzol . .	schwach	0,05
Zimtsäureäthyl-ester.	,,	0,08	α-Nitronaphtha-lin (geschmolzen)	schwach	—
Aconitsäureäthyl-ester.	stark	0,19	o-Nitrobenzalde-hyd (geschm.).	stark	—
Äthylsalicylsäure-äthylester . .	schwach	0,07	o-Nitrozimt-säureäthylester (geschmolzen) .	,,	—
Äthylphenylketon	,,	0,04	Dinitrotoluol (geschmolzen)	,,	—
Monobrom-naphthalin . .	,,	0,05	Dinitrobrom-benzol (geschm.	mäßig	—
Azoxybenzol (geschmolzen).	stark	—	Benzil (geschm.)	stark	—
Acetanilid (ge-schmolzen) . .	,,	—	Benzamid (geschmolzen)	,,	—
Benzylidenanilin	,,	—	Anisidin . . .	schwach	—
Anilin	sehr schwach	—	Benzylcyanid .	sehr schwach	—
Benzaldehyd . .	,,	—	Phenylacetalde-hyd . . .	,,	—
Furfuran . . .	,,	—			
Benzonitril . .	,,	—			

zu bringen, setzt eine Reihe dieser Ausnahmen in Beziehung zu-einander und ist darum beachtenswert. Kauffmann vermutet, daß die Moleküle aller dielektrischen Stoffe, welche Schwingungen von 75 cm Wellenlänge zeigen, eine „lose Bindung" ent-halten. Bei den Alkoholen ist diese „lose Bindung" zwischen dem Sauerstoff und dem Wasserstoff der Hydroxylgruppe. Als weitere Beispiele für absorbierende Stoffe mit „loser Bindung" sind die Ester einiger Carbonsäuren zu erwähnen, die sich unter ge-wissen Bedingungen, nach Abspaltung der CO_2-Gruppe, zersetzen. So zeigt der Äthylester der Benzalmalonsäure Absorption; die freie Säure schmilzt bei 195° unter Abgabe von Kohlensäure und bildet Zimtsäure.

$$C_6H_5CH{=}C(COOH)_2 \;\rightarrow\; CO_2 + C_6H_5CH{=}CHCOOH.$$

Der Ester zersetzt sich in derselben Weise beim Erhitzen mit starker alkoholischer Kalilauge. Weiter findet man, daß die folgenden Säure-ester, welche zwei Carboxylgruppen an demselben Kohlenstoffatom enthalten, absorbieren, und es ist bekannt, daß Säuren von diesem Typus leicht Kohlendioxyd abgeben.

Isoallylentetracarbonsäureäthylester.
$$(H_5C_2OOC)_2C(CH_2COOC_2H_5)_2 \quad x = 0,17$$

Schmelzpunkt der Säure bei 150° unter Abgabe von Kohlendioxyd.

α,α'-Dimethyldicarboxyglutarsäureäthylester.
$$(C_2H_5COO)_2C-CH_2-C(COOC_2H_5)_2 \quad x = 0,03$$
$$\overset{|}{CH_3} \qquad \overset{|}{CH_3}$$

Die Säure zersetzt sich in wässeriger Lösung bei 100°.

Dicarboxyglutacensäureäthylester.
$$(C_2H_5COO)_2C=CH-C(COOC_2H_5)_2 \quad x = 0,03$$
$$\overset{|}{C_2H_5}$$

verliert beim Verseifen eine CO_2-Gruppe.

α-Benzyl-α'-Äthyldicarboxyglutarsäureester,
$$(C_2H_5COO)_2C-CH_2-C(COOC_2H_5)_2$$
$$\overset{|}{CH_2C_6H_5} \ \overset{|}{C_2H_5}$$

x ist sehr klein. Die Säure verliert unter 100° eine CO_2-Gruppe.

Malonsäureester, der einfachste aus dieser Körperklasse, absorbiert nicht und bildet daher eine Ausnahme von der Kauffmannschen Regel. Aus diesem Umstand und aus anderen Gründen, die man bei Durchsicht der angeführten Zahlen findet, ergibt sich, daß die Beziehung keineswegs auf allgemeine Gültigkeit Anspruch machen kann.

Es muß zugestanden werden, daß die bisher gefundenen Beziehungen zwischen Absorption und chemischer Konstitution sehr unbestimmt sind. Doch darf dies nicht überraschen, wenn man bedenkt, daß nur die Absorption bei einer bestimmten Wellenlänge studiert worden ist.

§ 5. Die Anwendung der anormalen elektrischen Absorption.

Da Verbindungen aus Kohlenstoff, Wasserstoff und Sauerstoff fast immer nur dann anormale Absorption zeigen, wenn sie eine Hydroxylgruppe enthalten, während nicht hydroxylhaltige Verbindungen dann absorbieren, so ist es klar, daß man diese Eigenschaft anwenden kann, um Hydroxylgruppen festzustellen. Man kann auf diese Weise die Entstehung einer Hydroxylgruppe feststellen, wenn ein Stoff in Wasser gelöst wird, der eine Carbonylgruppe enthält. So absorbiert z. B. Chloral nicht, während Chloralhydrat starke Absorption zeigt; die letztere Verbindung hat demnach die Struktur:

$$-CH\begin{cases} OH \\ OH \end{cases}$$

Da wässerige Lösungen des sonst nicht absorbierenden Acetaldehyds absorbieren,[1] so muß auch angenommen werden, daß bei der Auflösung Aldehydhydrat gebildet wird.

$$CH_3CHO + H_2O \rightarrow CH_3CH(OH)_2.$$
$$\text{Aldehydhydrat.}$$

Dieser Schluß wird durch die Beobachtungen der magnetischen Rotation[2] und des Brechungsindex bestätigt.[3] Außerdem konnte Colles[4] durch Abkühlung der Lösung die Verbindung $C_2H_4O \cdot H_2O$ isolieren. Die Methode wird besonders zum Studium tautomerer Verbindungen angewandt, deren Struktur je nach den Umständen zwischen den beiden Formen $-CH_2-CO-$ und $-CH=C \cdot OH-$ variiert.

Zeigt eine solche Substanz Absorption, so enthält sie wahrscheinlich eine gewisse Menge der Enolform, während man annehmen kann, daß nichts davon vorhanden ist, wenn sie nicht absorbiert. Die Methode kann selbstverständlich nicht auf Verbindungen angewandt werden, welche noch andere Hydroxylgruppen enthalten, da dann beide Formen abnormale Absorption zeigen würden. Die wichtigsten von Drude[5] erhaltenen Resultate sind in Tabelle VIII angeführt.

Es ist nicht so leicht, die Resultate zu interpretieren, als es auf den ersten Blick scheinen mag. Man muß nämlich im Auge behalten, daß sowohl die Temperatur als der Übergang vom flüssigen in den festen Zustand auf die Absorption einen Einfluß ausüben, unabhängig von dem der Konstitution. Eine Erhöhung der Temperatur erniedrigt die Absorption, während der Einfluß des Aggregatzustandes

[1] Drude, Zeitschr. f. phys. Chem. **23**, 320 (1897).
[2] Perkin, Trans. Chem. Soc. **51**, 808 (1887).
[3] Homfray, Trans. Chem. Soc. **87**, 1435 (1905).
[4] Trans. Chem. Soc. **89**, 1250 (1906).
[5] Ber. d. Dtsch. chem. Ges. **30**, 940 (1897).

Tabelle VIII.

Substanz	Formel	Bedingung	Absorption
Phenylessigsaures Äthyl	$C_6H_5CH_2COOC_2H_5$	bei 21°	keine
Lävulinsaures Äthyl	$CH_3COCH_2CH_2COOC_2H_5$	bei 21°	,,
Acetessigsaures Äthyl	$CH_3COCH_2COOC_2H_5$	bei 6°	schwach
,, ,,	,,	bei 80°	keine
Phthalid	$C_6H_4\!\!\begin{array}{c}CO\\ \diagdown O\\ CH_2\end{array}$	geschmolzen	,,
		unterkühlt	stark
Äthylsuccinylosuccinat	$\begin{array}{c}CH\cdot COOC_2H_5\\ CO\diagup\diagdown CH_2\\ CH_2\diagdown\diagup CO\\ CH\cdot COOC_2H_5\end{array}$	geschmolzen, 130°	keine
		fest, 19°	,,
Diphenylacetaldehyd	$(C_6H_5)_2CH\cdot CHO$	—	sehr stark
Oxalessigsaures Äthyl	$C_2H_5OOC\cdot CO\cdot CH_2\cdot COOC_2H_5$	bei 19°	,,
Oxalpropionsaures Äthyl	$C_2H_5OOC\cdot CO\cdot CH{-}COOC_2H_5$ | CH_3	bei 19°	,,
Benzoylessigsaures Äthyl	$C_6H_5COCH_2COOC_2H_5$	bei —4°	,,
,, ,,	,,	bei 20°	,,
,, ,,	,,	bei 65°	sehr schwach
,, ,,	,,	bei 75°	keine

Substanz	Formel	Bedingung	Absorption
Oxymethylenacetessigsaures Äthyl	$CH_3COCCOOC_2H_5$ $\parallel$ $CHOH$	bei 6°	sehr stark
,, ,,	,,	bei 20°	stark
,, ,,	,,	bei 90°	schwach
Oxymethylenmalonsaures Äthyl	$(CO)CH{=}C(COOC_2H_5)_2$	bei 19°	stark
,, ,,	,,	bei 90°	schwach
Oxymethylenphenylessigsaures Äthyl	$HOCH{=}C{-}COOC_2H_5$ $\vert$ C_6H_5	bei 20°	sehr stark
Formylphenylessigsaures Äthyl	$HOC{-}CH{-}COOC_2H_5$ $\vert$ C_6H_5	bei 20° (fest)	keine
,, ,,	,,	geschm. u. unterkühlt	sehr stark
Benzoylaceton	$C_6H_5CO{-}CH_2COCH_3$	fest	keine
,,	,,	bei 45°	schwach
,,	,,	bei 80°	sehr schwach
Acetylaceton	$CH_3COCH_2COCH_3$	bei 6°	schwach
,,	,,	bei 20°	absorbiert nicht
Dibenzoylmethan	$(C_6H_5CO)_2CH_2$	fest	schwach
,,	,,	bei 90°	stark
,,	,,	unterkühlt flüssig	sehr stark
Isoaconitsaures Äthyl	$(C_2H_5OOC)_2CH{-}CH{=}CH \cdot COOC_2H_5$	frisch bei 20°	stark
,, ,,	,,	2 Jahre alt bei 20°	,,
,, ,,	,,	5 Jahre alt bei 20°	keine

vorläufig noch unsicher ist, aber von der Dielektrizitätskonstante abzuhängen scheint.

Man sieht jedoch trotzdem, daß eine Steigerung der Temperatur
die Umwandlung der Enolform in die Ketoform begünstigt, was auch
in einigen Fällen durch Beobachtungen anderer physikalischer
Eigenschaften bestätigt wird. Der Einfluß des Aggregatzustandes
ist so unsicher, daß Schlüsse auf die als nichtabsorbierend angeführten festen Stoffe nicht berechtigt erscheinen.

Im allgemeinen sei erwähnt, daß die Resultate mit chemischen
Erfahrungen in Übereinstimmung stehen, ebenso wie mit anderen
physikalischen Beobachtungen. Interessant sind die Resultate in
bezug auf den Acetessigester. Während die Beobachtungen der magnetischen Rotation und des Brechungsvermögens darauf hindeuten,
daß bei gewöhnlicher Temperatur nur die Ketoform verhanden ist,
führt die anormale elektrische Absorption zu der Annahme, daß eine
geringe Menge der Enolform vorhanden ist. Dies ist wahrcheinlich
auf das verschiedene Alter der untersuchten Proben zurückzuführen,
da die Substanz, wenn sie frisch ist, die Enolform enthält. Den Einfluß
des Alters kann man beim isaconitsauren Äthyl erkennen, welches
stark absorbiert, wenn es frisch bereitet ist, aber keine Absorption mehr
zeigt, wenn man es ungestört fünf Jahre lang liegen läßt. Es stellt
dann anscheinend die reine Carbäthoxylform

$$(C_2H_5COO)_2CH-CH=CH-COOC_2H_5$$

dar.

Die Absorption der frischen Probe ist augenscheinlich auf die
Gegenwart der hydroxylhaltigen isomeren Verbindung

$$(C_2H_5COO)C-CH=CH-COOC_2H_5$$
$$OHC-OC_2H_5$$

zurückzuführen.

Magnetische Eigenschaften.

Kapitel XVII. Die magnetische Suszeptibilität.[1]

§ 1. Einleitung.

Ebenso wie die elektrostatischen Anziehungen, so sind auch die magnetischen Wirkungen eine Funktion des Mediums.

Für den Vergleich verschiedener Substanzen hat sich die magnetische Suszeptibilität oder Empfindlichkeit am besten bewährt.

Bezeichnet man mit $\mathfrak{H}$ die Stärke eines Magnetfeldes im absoluten Maßsystem und mit $\mathfrak{J}$ die Intensität der Magnetisierung, die in einer gegebenen Substanz auftritt, wenn sie in dieses Magnetfeld gebracht wird, so ist der Quotient

$$\frac{\mathfrak{J}}{\mathfrak{H}} = \varkappa$$

die magnetische Empfindlichkeit oder Suszeptibilität, auch Magnetisierungszahl (oder -koeffizient) genannt.

$$\frac{\varkappa}{d} = \chi \quad (d = \text{Dichte})$$

wird als spezifische Suszeptibilität, das Produkt dieses Wertes mit dem Atomgewicht (χ_A) als Atom-, mit dem Molekulargewicht (χ_M) als Molekularsuszeptibilität bezeichnet.

Über die magnetischen Eigenschaften in ihrer Beziehung zur Konstitution liegt erst seit kurzer Zeit ein verwendbares Material vor. Der Grund hierfür ist im wesentlichen der, daß die früheren magnetischen Untersuchungen auf das Studium und die Herstellung stark magnetischer anorganischer Verbindungen gerichtet waren und sich darüber hinaus nur mit dem Verhalten von Verbindungen der stark magnetischen Elemente befaßten. Außerdem fehlte eine befriedigende Theorie des magnetischen Zustandes vollkommen, und auch die Methodik war nicht sonderlich ausgebildet. Von Arbeiten aus dieser frühen Zeit, welche zwar physikalisch recht interessantes Material zutage förderten, aber für Konstitutionsfragen belanglos blieben, seien die Arbeiten von Curie, Jäger und St. Meyer und Koenigsberger erwähnt.

---

[1] Vgl. E. Wedekind, Magnetochemie (Berlin 1911).

§ 2. Elemente und anorganische Verbindungen.

Elemente. — Die magnetische Suszeptibilität der Elemente ist in neuerer Zeit von Honda[1]) eingehend untersucht worden. Ordnet man die Suszeptibilitäten der Elemente als Funktion ihrer Atomgewichte an, so erhält man eine Kurve mit dem charakteristischen periodischen Verlauf. Zwei überragende Maxima (eines aus den ferromagnitulen Elementen, dazu Os, Mn, V, Ti bestehend, das andere aus den Elementen der seltenen Erden) teilen die Kurve in drei Teile, die untereinander ähnlich verlaufen; sie besitzen je ein spitzes Maximum (O, Pd und Pt), ein zweites, geringeres Maximum (Al, Sn, Pb), ein tiefes Minimum (P, Sb, Bi) und ein zweites, kleineres (F, Ag, Tl).

Wie Pascal[2]) zeigte, wächst bei den diamagnetischen Elementen innerhalb der verwandten Elemente mit gleicher Valenz die Atomsuszeptibilität mit dem Atomgewicht, z. B.

Cl	209,5	P	274
Br	319,2	Sb	775
J	465	Bi	1875

Diese Beziehung ist auch als Exponentialfunktion der Berechnung zugänglich.

Mit Zunahme der Temperatur ändert sich die Suszeptibilität der Elemente in verschiedener Weise; wie Honda[3]) fand, geschieht die Änderung entsprechend einer geringen Zunahme des Atomgewichtes im Sinne der Atomgewichts-Suszeptibilitätskurve.

Legierungen und anorganische Verbindungen. — Die Elemente, die als solche ferromagnetisch sind und die magnetische Verbindungen liefern, befinden sich an einer bestimmten Stelle des periodischen Systems; es sind dies Cr, Mn, Fe, Co, Ni und V. Ordnet man die ferromagnetischen Metalle nach ihrer Suszeptibilität, so ist die Reihenfolge verschieden bei den freien Elementen, ihren binären Verbindungen und den von ihnen gebildeten gelösten und kristallwasserhaltigen Salzen. So ist Mangan als Element diamagnetisch, in binären Verbindungen schwächer ferromagnetisch als Fe, Ni, Co, in den Salzen kommt ihm neben den Ferrisalzen die stärkste Wirkung zu; hierauf folgen die Ferro-

---

[1]) Ann. d. Phys. [4] **32**, 1028 (1910).
[2]) Compt. rend. **147**, 1290 (1908).
[3]) Compt. rend. **151**, 511 (1910) u. Phys. Zeitschr. **11**, 1080 (1910); Ann. d. Phys. [4] **32**, 1027 (1910); M. Owen, Ann. d. Phys. [4] **37**, 657 (1912).

salze, Co, Cr, Ni, Cu, V. Eine sehr hohe Magnetisierbarkeit kommt ferner den Salzen der seltenen Erden zu. Wie Urbain und Jantzsch[1]) fanden, sind unter denselben zwei Maxima, eines in der Cer- und ein zweites in der Yttergruppe, vorhanden. Nach St. Meyer[2]) zeigen die stark magnetischen Stoffe linienreiche, die diamagnetischen linienarme Spektren.

Der Magnetismus komplexer Salze ist von E. Feytis[3]) untersucht worden. Der Zusammenhang der Suszeptibilität einer Verbindung mit derjenigen ihrer Komponenten ist noch nicht aufgeklärt und erscheint vorläufig durchaus regellos; trotzdem konnten z. B. in den Händen Hilperts[4]) mittels magnetischer Messungen die früher unentwirrbaren Isomerieverhältnisse der gemischten Oxyde der Eisengruppe geklärt werden.

§ 3. Organische Verbindungen.

Ein genügend großes, für strukturchemische Erwägungen brauchbares Material verdankt man hauptsächlich den Untersuchungen von P. Pascal.[5]) Pascal kam zu dem bereits früher von Henrichsen[6]) aus einem wesentlich kleineren Versuchsmaterial abgeleiteten Schlusse, daß die magnetische Empfindlichkeit einer Verbindung in erster Annäherung eine additive Funktion der magnetischen Empfindlichkeiten ihrer Atome sei. Des weiteren zeigte sich, allerdings auch nicht ganz exakt, daß diese Atomempfindlichkeiten der Elemente mit jenen Werten übereinstimmen, welche den freien Elementen entsprechen. Dies bezieht sich, wie hervorgehoben sei, nur auf die diamagnetischen Elemente. Nach genau denselben Prinzipien, auf Grund deren man die Atomvolumina oder die Atomrefraktionen und Dispersionen berechnet hat, kann man aus magnetischen Messungen verschiedener Substanzen, die sich in ihrer Zusammensetzung um H_2, CH_2, O usw. unterscheiden, die Atomempfindlichkeiten berechnen. Es ergaben sich folgende Werte.

---

[1]) Compt. rend. **147**, 1286 (1908).

[2]) Wiener Monatsh. **29**, 1017 (1908).

[3]) Compt. rend. **152**, 708 (1911).

[4]) Ber. d. Dtsch. chem. Ges. **42**, 2248 (1909); **44**, 1608 (1911).

[5]) Compt. rend. **149**, 342 (1909); **150**, 1054, 1167 (1910); **152**, 862, 1010, 1852 (1911); Bull. Soc. Chim. [4] **5**, 1060 (1909); **7**, 17, 45 (1910); **9**, 6, 79, 134, 177, 336, 809, 868 (1911); **11**, 111, 159, 201, 636 (1912); Ann. Chim. et Phys. [8] **19**, 5 (1910).

[6]) Wied. Ann. **34**, 207 (1888); **45**, 38 (1892).

Tabelle I.

Atomsuszeptibilitäten.

$$(\chi_A \cdot 10^{-7})$$

C	— 62,5
H	— 30,5
—O—, an zwei verschiedene C gebunden	— 48
O=, im Carbonyl bei Keton, Aldehyd	+ 18
O=, im Carbonyl	— 35
O=, bei den Monoamiden	+ 32
O=, bei den Diamiden (außer Harnstoff) und Imiden	+ 26
C tertiär in der O-haltigen Gruppe	— 13,5
C tertiär in α-Stellung zur O-haltigen Gruppe . .	— 13,5
C quarternär in α-Stellung zur O-haltigen Gruppe	— 16
C tertiär od. quarternär in β-Stellung zur O-haltigen Gruppe.	— 5
C quarternär in γ-Stellung zur O-haltigen Gruppe	— 18
N in Aminen u. Nitrilen bei aliphat. Verb. . . .	— 58
N in Aminen und Nitrilen bei aromat. Verb. . . .	— 48
N als Glied in heterocycl. Ringen	—123,5
O= an N in Nitrosogruppe	+ 36
NO_2 in aromatischen Verbindungen	— 97
NO_2 in aliphatischen Verbindungen	— 92
F	— 65,5
Cl bei arom. u. einigen aliph. Verb.	—209,5
Br	—319,2
I	—465 [1]
S	—156
⊨ (Äthylenbindung) erniedrigt um	57
⊨ (2 Äthylenbindungen) erniedrigt um	110
Doppelbindung zwischen 2 N erniedrigt um. . .	19
Doppelbindung zwischen C und N erniedrigt um	85
Dreifache Bindung zwischen C und N erniedrigt um	8
2 Doppelbindungen zwischen C und N (Azine) erniedrigt um	100
⬡ erhöht um	— 15
⊨ (Acetylenbindung) erniedrigt um	— 8
⊨ mit ⬡ vereinigt	— 16
⊨ mit O in Alkohol-, Äther-, Acetalgruppe in α-Stellung	— 12,5
⊨ mit O in Säure-, Ester-, Amidgruppe in α-Stellung	+ 11

Aus der vorstehenden Tabelle geht die große Abhängigkeit der Suszeptibilität von konstitutiven Einflüssen hervor. Bei Be-

---

[1] Bei den meisten werden erheblich kleinere Werte gefunden, als berechnet.

rücksichtigung dieser Momente ist auch die Übereinstimmung zwischen den berechneten und gefundenen Werten sehr gut, wie die willkürlich herausgegriffenen Daten der folgenden Tabelle zeigen.

Tabelle II.

Verbindung	Molekularsuszeptibilitäten $(\chi_M \cdot 10^{-7})$	
	Berechnet	Gefunden
Dekan	1296	1297
Benzol	573	574
Toluol	696,5	699
Chlorbenzol	752	749
Methylalkohol	232,5	228
Äthylalkohol	356	357
Benzylalkohol	760,5	764
Äthyläther	603	603
Benzaldehyd	633,5	633
Aceton	352,5	351
Acetophenon	757	754
Ameisensäure	206,5	207
Essigsäure	330	329
Methylacetat	453,5	455
Äthylbenzoat	981,5	982

Andererseits treten sehr häufig Komplikationen auf, wie bereits in Tabelle I angedeutet ist. So stimmen die berechneten und die gefundenen Werte für viele einfache aliphatische Halogenverbindungen gar nicht miteinander überein, wie aus folgenden Zahlen hervorgeht.

Substanz	Berechnet	Gefunden
Propylchlorid	610,5	581
Propylbromid	720	675
Äthylenchlorid	666	621
Äthylenbromid	885,5	825

Bei ringförmigen Verbindungen hängen die Werte von der Zahl der Ringglieder ab.

Die große Empfindlichkeit gegen Struktureinflüsse legt die Anwendung für Tautomeriefälle nahe. Es wurde nun für alten

Acetessigester gefunden 754, für neuen 781; die Berechnung ergibt für die Ketoform 745, für die Enolform 799. Es wäre also zu folgern, daß der alte Ester, bei dem sich das Gleichgewicht eingestellt hat, reich an der Ketoform sei (83 %), während der frischdestillierte vorwiegend Enol enthielte (67 %). Bekanntlich haben aber die Untersuchungen von Knorr[1]) und K. H. Meyer[2]) das Gegenteil erwiesen, so daß hier die magnetische Methode zu irrigen Resultaten geführt hätte.

Trotzdem darf man wohl erwarten, daß ein weiteres Studium darüber Aufklärung bringen wird, wie diese überaus empfindliche Methode eine sichere Anwendung bei der Konstitutionsaufklärung finden kann. Dies ist um so eher zu erwarten, als durch Pascal selbst, ferner durch Curie und Chéneveau[3]) eine verläßliche und zugängliche Versuchsmethodik ausgebildet worden ist. Hierzu kommt, daß durch die Arbeiten von Pierre Weiß[4]) wichtige theoretische Grundlagen geschaffen wurden. Es gelang, die magnetischen Eigenschaften der Elemente in den Kreis der atomistischen Auffassung einzubeziehen und die Existenz magnetischer Elementarquanten (Magnetonen) wahrscheinlich zu machen, die auch in den Verbindungen der Elemente nachweisbar sind. Ferner hat sich die magnetische Untersuchung in der Hand von G. Urbain zur Charakterisierung und Reindarstellung der seltenen Elemente, sowie zur Isolierung neuer Elemente als ausgezeichnetes Hilfsmittel bewährt. So darf man eine günstige Weiterentwicklung auf den hier angedeuteten Grundlagen erhoffen.

Kapitel XVIII. Magnetisches Drehungsvermögen.

§ 1. Einleitung.

Im Jahre 1846 entdeckte Faraday, daß gewisse Stoffe die Ebene des hindurchgehenden polarisierten Lichtes zu drehen vermögen, wenn sie in ein magnetisches Feld gebracht werden. Er zeigte weiter, daß die Größe der Drehung von der Länge der durch-

---

[1]) Ber. d. Dtsch. chem. Ges. **44**, 1138 (1911).
[2]) Lieb. Ann. **380**, 212 (1911); Ber. d. Dtsch. chem. Ges. **44**, 2718 (1911).
[3]) Compt. rend. **150**, 1046, 1317 (1910); Pascal, dass. **150**, 1054 (1910).
[4]) Compt. rend. **152**, 79, 187, 367, 688 (1911); **155**, 941 (1911); Arch. des Scienc. phys. et nat. Genève [4] **31**, 5, 401 (1911); Phys. Zeitschr. **9**, 358 (1908); **12**, 935 (1911).

laufenen Schicht des Stoffes und von der Stärke des magnetischen Feldes abhängt, welches in der Richtung der Lichtstrahlen wirkt. Die erste Untersuchung über die Beziehung zwischen chemischer Konstitution und diesem „magnetischen Drehungsvermögen" wurde im Jahre 1882 von H. Perkin veröffentlicht, dessen Forschungen seit dieser Zeit fast die gesamte Kenntnis über den Gegenstand zu verdanken ist. Bei seinen ersten Untersuchungen gelang es Perkin, additive Beziehungen aufzufinden; nachdem er diese genau umschrieben hatte, wandte er sich dem Einflusse der Konstitution zu. So schuf er allmählich eine Methode der Konstitutionsbestimmung, die sich als recht verläßlich erwiesen hat.

§ 2. Spezifisches und molekulares magnetisches Drehungsvermögen.

Wird in einem magnetischen Felde von Einheitsstärke eine Schicht eines Stoffes von der Längeneinheit von einem Strahl homogenen, linear polarisierten Lichtes durchquert, so ist die Drehung der Polarisationsebene bei einer bekannten Temperatur gleich dem absoluten magnetischen Drehungsvermögen des Stoffes.

Zur Auffindung von Beziehungen zwischen Konstitution und magnetischem Drehungsvermögen braucht man nicht absolute Werte anzuwenden; es bedarf nur des Wertes der Drehung im Verhältnis zu der einer Standardsubstanz unter den gleichen Bedingungen. Perkin wählte Wasser als Vergleichssubstanz.

Unter dem relativen spezifischen Drehungsvermögen wird das Verhältnis der Drehungen verstanden, welche die zu prüfende und die Vergleichssubstanz in Schichten gleicher Dicke bei derselben Temperatur in demselben Magnetfeld hervorrufen. Bezeichnet man das spezifische Drehungsvermögen mit r, so gilt:

$$r = \frac{a}{\alpha}, \qquad (\mathrm{I.})$$

worin a die Drehung der Substanz und α die des Vergleichskörpers unter identischen Bedingungen sind. Sind die Schichten der beiden Stoffe verschieden stark, z. B. l und λ, so wird

$$r = \frac{a\lambda}{\alpha l}. \qquad (\mathrm{II.})$$

Um die Drehungen verschiedener Stoffe miteinander vergleichen zu können, muß der Drehungseffekt der gleichen Anzahl von Molekülen der fraglichen Stoffe bekannt sein. Ein Maß derselben gibt das

molekulare magnetische Drehungsvermögen (M), dessen
Ausdruck folgendermaßen lautet:

$$M = \frac{a\lambda\vartheta m}{\alpha l d\mu}.\qquad\qquad (III.)$$

Hierin sind m und d das Molekulargewicht bzw. die Dichte des
Stoffes und μ und ϑ die entsprechenden Größen der Vergleichs-
substanz. Bei den Untersuchungen von Perkin wurden die beiden
Stoffe in Röhren gleicher Länge untersucht, so daß dort

$$M = \frac{a\vartheta m}{\alpha d\mu}\qquad\qquad (IV.)$$

gilt.

Soll die Molekularrotation einer gelösten Substanz gefunden
werden, so muß man erst die Molekularrotation der Lösung berechnen und davon die Drehung des Lösungsmittels in Abzug bringen.[1) Ist der Stoff im Verhältnis eines Moleküls zu n Molekülen
Lösungsmitteln gelöst, so beträgt das „mittlere Molekulargewicht
der Lösung" m + nm', worin m und m' die Molekulargewichte der
Substanz und des Lösungsmittels sind. Die Molekularrotation (M_s)
der Lösung wird dann ausgedrückt durch die Gleichung:

$$M_s = \frac{(m+nm')\,a\lambda\vartheta}{\mu\alpha l d},\qquad\qquad (V.)$$

in der a und d die experimentell gefundenen Werte der Drehung
und der Dichte sind. Aus diesem Werte erhält man das molekulare
Drehungsvermögen des gelösten Stoffes, indem man den Einfluß
des Lösungsmittels auf die Drehung abzieht. Man findet so

$$M = M_s - M'n.\qquad\qquad (VI.)$$

Hierin sind M, M_s und M' die molekularen Drehungsvermögen
des gelösten Stoffes, der Lösung und des Lösungsmittels und n
wieder das molekulare Verhältnis des Lösungsmittels zum gelösten
Stoff. So ergab sich z. B. für eine Schwefelsäurelösung von der Zusammensetzung $H_2SO_4 \cdot 3H_2O$ M_s zu 5,064; nimmt man wie üblich
für Wasser den Wert eins, so ergibt sich M für Schwefelsäure dieser
Stärke zu 5,064 — 3 = 2,064.

Den absoluten Wert des Drehungsvermögens (R) kann man aus

[1) Vgl. auch Schönrock, Zeitschr. f. phys. Chem. **11**, 753 (1893); Wachsmuth, Wied. Ann. **44**, 377 (1891).

Gleichung (IV) mit Hilfe des absoluten Wertes des Drehungsvermögens des Vergleichsstoffes ableiten; ist dieser ρ, so ergibt sich:

$$R = \frac{M\rho d\mu}{\vartheta m}. \qquad (VII.)$$

Der genaueste absolute Wert für das Drehungsvermögen des Wassers ist wahrscheinlich der von R o g e r und W a t s o n [1] erhaltene

$$\rho = 0,01311 - 0,0_64t - 0,0_74t^2$$

worin t eine Temperatur zwischen $4°$ und $98°$ ist.

Die magnetische Drehung der Ebene des polarisierten Lichtes wird in derselben Weise gemessen, wie die permanente Drehung eines Stoffes, nur muß eine Anordnung vorgesehen sein, um den Stoff der Einwirkung eines magnetischen Feldes zu unterwerfen. Die die Flüssigkeit enthaltende Röhre wird entweder zwischen die Pole oder, wie in der letzten Versuchsanordnung von P e r k i n, in den hohlen Kern eines kräftigen Elektromagneten gelegt. Die wichtigste Vorsichtsmaßregel — außer den bei jeder polarimetrischen Anordnung zu beachtenden — ist die Erhaltung eines konstanten magnetischen Feldes. Die Drehungen des Vergleichsstoffes und des zu untersuchenden Stoffes werden in demselben Rohr unter identischen Bedingungen bezüglich der Temperatur und des magnetischen Feldes gemessen. Wegen der Beschreibung des Apparates und der Details der Methode sei auf die Originalarbeiten [2] verwiesen.

Der Einfluß der Temperatur auf das magnetische Drehungsvermögen ist nicht sehr groß; im allgemeinen verringert eine Erhöhung der Temperatur die Drehung. Der Temperatureinfluß scheint von der Konstitution abzuhängen, da P e r k i n [3] gefunden hat, daß er in homologen Reihen bei den Gliedern mit hohem Molekulargewicht größer ist als bei den einfachen Derivaten. Die folgende Tabelle zeigt die Größe des Temperatureinflusses für einige aliphatische Verbindungen; die unter M befindlichen Zahlen geben die Abnahme des molekularen Drehungsvermögens bei einer Temperatursteigerung von 100 an.

Bei aromatischen Verbindungen ist der Einfluß im allgemeinen stärker.

[1] R o g e r und W a t s o n, Zeitschr. f. phys. Chem. **19**, 357 (1896).
[2] P e r k i n, Trans. Chem. Soc. **1884**, 421; **69**, 1025 (1896); **89**, 608 (1906).
[3] P e r k i n, Trans. Chem. Soc. **61**, 307 (1892); **69**, 1058 (1896).

Tabelle I.

Substanz	Formel	M
Essigsäure	CH_3COOH	−0,049
Propionsäure	C_2H_5COOH	−0,034
Önanthsäure	$C_6H_{13}COOH$	−0,113
Propylbromid	C_3H_7Br	−0,210
Octylbromid	$C_8H_{17}Br$	−0,288
Äthyljodid	C_2H_5J	−0,394
Octyljodid	$C_8H_{17}J$	−0,474
Methylenjodid	CH_2J_2	−0,863

Tabelle II.

Substanz	Formel	M
Benzol.	C_6H_6	−0,477
Toluol	$C_6H_5 \cdot CH_3$	−0,530
Benzophenon	$C_6H_5COC_6H_5$	−0,689
Chlorbenzol	C_6H_5Cl	−0,377
Phenylsulfid	$(C_6H_5)_2S$	−0,996
α-Naphthylamin	$C_{10}H_7NH_2$.	−1,561

§ 3. Isomere Verbindungen.

In der folgenden Tabelle sind die Drehungen einiger Isomeren verglichen; man erkennt, daß die Eigenschaft von der Konstitution
des Stoffes sehr stark beeinflußt wird. Bei Isomeren mit sehr ähnlicher Struktur ist der Unterschied nicht groß; als Beispiele können
die isomeren Ester und Kohlenwasserstoffe am Anfang der Tabelle
dienen; andererseits ist der Unterschied im Drehungsvermögen bei
Isomeren mit sehr verschiedener chemischer Struktur sehr erheblich.
Die konstitutive Natur der Eigenschaft zeigt sich weiter darin,
daß die gleiche Verschiebung der Atome in verschiedenen Verbindungen nicht immer denselben Einfluß auf die Drehung ausübt; dies
zeigt ein Vergleich der normalen und der Isoverbindungen. Eine
Verbindung mit normaler Kohlenstoffkette hat stets ein geringeres
Drehungsvermögen als die Verbindung mit verzweigter Kohlenstoffkette. Der mittlere Einfluß, den die Änderung der normalen
Struktur in die Isostruktur ausübt, ist für einige Verbindungsklassen
in der Tabelle IV angegeben; wenn er auch von derselben Größenordnung ist, bleibt er doch nicht konstant.

Tabelle III.

Isomere.

Substanz	M	$\triangle$	Annähernde Diff. in %
Pentan	5,638	0,112	1,9
Isopentan	5,750		
Hexan	6,670	0,099	1,5
Isohexan	6,769		
Propylformiat	4,534	0,072	1,6
Äthylacetat	4,462		
Propylacetat	5,487	0,035	0,6
Äthylpropionat	5,452		
Äthyloxalat	6,654	0,422	6,3
Bernsteinsäuremethylester	6,232		
Itaconsäureäthylester	10,467	0,763	7,3
Mesaconsäureäthylester	11,233		
Nitroisobutan	4,99	0,38	7,6
Isobutylnitrit	5,37		
Acetaldehyd	2,385	0,45	22,0
Äthylenoxyd.	1,935		

Tabelle IV.

Klasse der Verbindung	Effekt auf M beim Wechsel von Norm. auf Isoverbindungen	Klasse der Verbindung	Effekt auf M beim Wechsel von Norm. auf Isoverbindungen
Kohlenwasserstoffe . .	+0,106	Einbasische Säuren . .	+0,132
Chloride	+0,090	Essigester	+0,117
Bromide	+0,103	Ester von höheren Säuren	+0,131
Jodide	+0,089		
Alkohole	+0,160	Aldehyde	+0,110

Stereoisomérie.[1] — Ähnlich wechselnde Beziehungen findet
man bei den Stereomeren der Äthylenreihe, z. B.

---

[1] Perkin, Trans. Chem. Soc. **53**, 601 (1888); **69**, 1145 (1896).

Tabelle V.

Substanz	T.	M.	△
Mesaconsaures Äthyl	16°	11,233	0,716
Citraconsaures Äthyl	16	10,517	
Mesaconsaures Methyl	14	9,061	0,697
Citraconsaures Methyl	13	8,364	
Fumarsaures Äthyl	13	10,112	0,487
Maleinsaures Äthyl	15.	9,625	
Chlorfumarsaures Äthyl	—	11,377	0,462
Chlormaleinsaures Äthyl	—	10,915	

Vergleicht man die Derivate der Maleinsäure mit den entsprechenden gesättigten Verbindungen, so erkennt man, daß der Einfluß der Nichtsättigung ungefähr derselbe ist wie der bei gewöhnlichen einbasischen Säuren, z. B.

$$\begin{aligned}
\text{Citraconsäureäthylester} \quad . . . \quad M &= \quad 10{,}517 \\
\text{Brenzweinsäureäthylester} \quad . . \quad M &= \quad \underline{9{,}347} \\
\text{Nichtsättigung} &= + 1{,}170
\end{aligned}$$

Mittlerer Wert für den Einfluß der
Nichtsättigung in Carboxylsäuren $= + 1{,}170$

Die obige Tabelle zeigt, daß die Fumarsäurederivate die größere Drehung besitzen und daher anormal sind.

Bei der Betrachtung der Stereomeren zeigt sich, wie zu erwarten, daß das magnetische Drehungsvermögen der inaktiven sowie der aktiven Formen beinahe das gleiche ist:

$$\begin{aligned}
\text{d-Weinsaures Äthyl[1])} \quad . . . . . . \quad M(15°) &= 8{,}766 \\
\text{d-, l-Weinsaures Äthyl[1])} \quad . . . . . \quad M(16°) &= 8{,}759 \\
\text{Dipenten[2])} \quad . . . . \quad M(16°) &= 11{,}315 \\
\text{d-Limonen[3])} \quad . . . . \quad M &= 11{,}246 \\
\text{d-, l-}\Delta^{3,8(9)}\text{p-Menthadien[2])} \quad . . . . \quad M(16°) &= 12{,}939 \\
\text{d-, }\triangle^{3,8(9)}\text{p-Menthadien} \quad . . . . . \quad M(13°) &= 13{,}061
\end{aligned}$$

Die von Perkin[4]) bei Polyalkoholen gefundenen Werte lehren,

[1]) Perkin, Trans. Chem. Soc. **51**, 363 (1887).
[2]) Perkin, Trans. Chem. Soc. **89**, 849 (1906).
[3]) Perkin, Trans. Chem. Soc. **81**, 315 (1902).
[4]) Trans. Chem. Soc. **81,** 177 (1902).

daß die magnetische Drehung optisch aktiver Substanzen durch die Konfiguration nicht beeinflußt wird; so haben wir beispielsweise

$$
\begin{aligned}
\text{Glucose} &\quad . \ . \quad M = 6{,}723 \\
\text{Galactose} &\quad . \quad M = 6{,}887 \\
\text{Lactose} &\quad . \ . \quad M = 12{,}714 \\
\text{Maltose} &\quad . \ . \quad M = 12{,}690
\end{aligned}
$$

Man erkennt, daß das magnetische Drehungsvermögen eine in hohem Grade konstitutive Eigenschaft ist; da jedoch die Drehungen einiger isomerer Ester der Tabelle III beinahe identisch sind, so muß man auch additive Beziehungen erwarten. Die letzteren sind nicht so gut erforscht wie beim Brechungsvermögen oder Molekularvolumen, doch lassen sie sich deutlich erkennen, wenn man sich auf die einfachen Verbindungen der aliphatischen Reihe beschränkt.

§ 4. Homologe. — Der Wert für die Methylengruppe.

Da der Wert der Methylengruppe von Wichtigkeit ist, so soll er ausführlich abgeleitet werden. Die folgende Tabelle gibt die molekularen Drehungen (M) verschiedener homologer Reihen wieder. Die in der mit $\triangle$ bezeichneten Kolonne stehenden Zahlen zeigen den Anstieg des molekularen Drehungsvermögens, den die Addition einer CH_2-Gruppe zu der vorhergehenden Verbindung hervorruft, während unter S die Serienkonstante steht, eine Zahl, deren Bedeutung im folgenden Paragraphen erläutert werden wird.

Tabelle VI.

Kohlenwasserstoffe.

Substanz	Diff. in der Zusammensetzung	M_t[1]	$\triangle$	S
Pentan	CH_2	5,638	1,032	0,478
Hexan	CH_2	6,670	0,999	0,542
Heptan	CH_2	7,669	1,103	0,558
Octan[2])	$2CH_2$	8,772	$2 \times 1{,}113$	0,588
Decan[2])		10,998		0,768
Isopentan	CH_2	5,750	1,019	
Isohexan		6,769		

[1]) t variiert von $10° - 21°$ maximal.
[2]) Schönrock, Zeitschr. f. phys. Chem. **11**, 753 (1893).

Halogenderivate.

Methyljodid	CH₂	9,009	1,066	7,986
Äthyljodid	CH₂	10,075	1,005	8,029
Propyljodid	5 CH₂	11,080	5 × 1,023	8,011
Octyljodid		16,197		8,013
Methylbromid	CH₂	4,644	1,207	(3,621)
Äthylbromid	CH₂	5,851	1,034	3,805
Propylbromid	5 CH₂	6,885	5 × 1,028	3,816
Octylbromid		12,025		3,841
Äthylchlorid	CH₂	4,039	1,017	1,993
Propylchlorid	5 CH₂	5,056	5 × 1,014	1,987
Octylchlorid		10,128		1,944

Alkohole.

Methylalkohol	CH₂	1,640	1,140	(0,617)
Äthylalkohol	CH₂	2,780	1,098	0,734
Propylalkohol	4 CH₂	3,768	4 × 1,043	0,699
Heptylalkohol	CH₂	7,850	1,030	0,689
Octylalkohol		8,880		0,696

Aldehyde.

Acetaldehyd	CH₂	2,385	0,947	(0,339)
Propionaldehyd . . .	4 CH₂	3,332	4 × 1,022	0,263
Heptylaldehyd		7,422		0,261

Ketone.

Aceton	2 CH₂	3,514	2 × 0,992	(0,445)
Methylpropylketon . .	2 CH₂	5,499	2 × 0,986	0,384
Dipropylketon		7,471		0,310

Säuren.

Ameisensäure	CH₂	1,671	0,854	(0,648)
Essigsäure	CH₂	2,525	0,937	(0,479)
Propionsäure	CH₂	3,462	1,010	0,393
Buttersäure	CH₂	4,472	1,041	0,380
Valeriansäure	2 CH₂	5,513	2 × 1,019	0,398
Önanthsäure	CH₂	7,552	1,013	0,391
Caprylsäure	CH₂	8,565	1,025	0,381
Pelargonsäure		9,590		0,383

Essigester.

Methylacetat	CH₂	3,362	1,000	(0,293)
Äthylacetat	CH₂	4,462	1,025	0,370
Propylacetat	5 CH₂	5,487	5 × 1,023	0,372
Octylacetat	8 CH₂	10,601	8 × 1,021	0,371
Cetylacetat		18,772		0,358

Äthylester der Fettsäuren.

Äthylpropionat . . .	CH_2	5,452	1,025	0,292
Äthylbutyrat.	$2\,CH_2$	6,477	$2 \times 1,016$	0,339
Äthylcapronat	CH_2	8,509	1,032	0,325
Äthylönanthat . . .	$2\,CH_2$	9,541	$2 \times 1,015$	0,334
Äthylnonylat.		11,571		0,318

Die unter $\triangle$ stehenden Werte lassen erkennen, daß die Addition von CH_2 einen ungefähr gleichbleibenden Anstieg der Molekularrotation hervorruft; dieser Anstieg ist auch in den verschiedenen Klassen von Verbindungen ungefähr der gleiche. Aus einem umfassenden Material hat Perkin den Mittelwert für die CH_2-Gruppe zu

$$CH_2 = 1{,}023$$

berechnet.

Es sei bemerkt, daß die Anfangsglieder in vielen Reihen nicht mit den Derivaten von höherem Molekulargewicht übereinstimmen, sondern etwas abnorme Werte für die CH_2-Differenz und für die Serienkonstante ergeben. Dieses Verhalten kann, wie schon vorher erwähnt, auf das Vorhandensein von Assoziation zurückzuführen sein, welche das molekulare Rotationsvermögen verkleinern würde,[1] oder vielleicht auf den Mangel einer genauen Analogie im Bau der einfachen Verbindungen und der höheren Derivate. Mit Bezug auf diesen letzten Umstand sei bemerkt, daß bei dem ersten Gliede der Reihen, z. B. Methylalkohol CH_3OH, der Kohlenstoff an Wasserstoff und Sauerstoff gebunden ist, so daß beim Übergang zum nächsten Stoff, Äthylalkohol $CH_3 \cdot CH_2 \cdot OH$, der Einfluß der Homologie für eine CH_2-Gruppe gemessen wird, die an ein Kohlenstoffatom gebunden ist. Der zweite Schritt in der homologen Reihe zum Propylalkohol $CH_3CH_2CH_2OH$ ist etwas anders, indem dabei ein Kohlenstoffatom angegliedert wird, das an zwei andere Kohlenstoffatome gebunden ist; da das magnetische Drehungsvermögen gegen konstitutive Einflüsse sehr empfindlich ist, so ist zu erwarten, daß diese beiden strukturverschiedenen Änderungen entsprechend verschiedene Einflüsse auf die Drehung ausüben müssen. Diese Anomalie ist übrigens in allen Reihen bei fast allen Eigenschaften zu beobachten.

Mit Hilfe des Wertes für die CH_2-Gruppe kann man das molekulare Drehungsvermögen irgend eines Gliedes einer homologen

---

[1] Perkin, Trans. Chem. Soc. **69**, 1071 (1896).

Reihe berechnen, wenn dieser Wert für eines der Glieder genau bestimmt worden ist. So z. B.:

Methyljodid CH_3I . . . . $M = 9,009$

Daraus für Octyljodid $C_8H_{17}I$. $M = 9,009 + 7 \cdot 1,023 = 16,17$

Der Versuch ergibt für Octyljodid . . . . $M = 16,20$

Die Serienkonstante. — Sind in einer Verbindung n CH_2-Gruppen enthalten und beträgt die Molekularrotation M, so gibt der Ausdruck

$$M - n(1,023) = S$$

den Drehungseinfluß des Molekülrestes an. Die unter S stehenden Zahlen der vorhergehenden Tabellen geben den Wert für diesen Ausdruck bei jeder Substanz an; S ist für alle höheren Glieder einer Reihe ungefähr konstant. Dieser Wert wird die Serienkonstante genannt. Die nachstehende Tabelle gibt die Serienkonstanten wieder, die Perkin[1]) aus einem reichen Beobachtungsmaterial berechnet hat. Wenn ein Stoff Kohlenstoff und Wasserstoff nicht in dem Verhältnis $C : 2H$ enthält, so erhält man die Serienkonstante, indem man von dem Werte der Molekularrotation die Zahl $n \cdot 1,023$ abzieht, in welcher n die Gesamtzahl der vorhandenen Kohlenstoffatome ist. Man erkennt, daß die Serienkonstante dann eine etwas abgeänderte Bedeutung besitzt.

Tabelle VII.

Reihe	Empirische Formel	$S + n \cdot CH_2$
Paraffine (normale) . . .	C_nH_{2n+2}	$0,508 + n \times 1,023$
Alkohole	$C_nH_{2n+1}OH$	$0,699 + n \times 1,023$
Aldehyde	$C_nH_{2n}O$	$0,261 + n \times 1,023$
Ketone	$C_nH_{2n}O$	$0,375 + n \times 1,023$
Säuren	$C_nH_{2n}O_2$	$0,393 + n \times 1,023$
Ester der Ameisensäure .	$C_nH_{2n}O_2$	$0,495 + n \times 1,023$
Ester der Essigsäure. . .	$C_nH_{2n}O_2$	$0,370 + n \times 1,023$
Ester von höheren Säuren.	$C_nH_{2n}O_2$	$0,337 + n \times 1,023$
Methylester der Säuren .	$C_nH_{2n}O_2$	$0,273 + n \times 1,023$
Äthylester der Säuren . .	$C_nH_{2n}O_2$	$0,337 + n \times 1,023$
Chloride	$C_nH_{2n+1}Cl$	$1,988 + n \times 1,023$
Bromide	$C_nH_{2n+1}Br$	$3,816 + n \times 1,023$
Jodide	$C_nH_{2n+1}J$	$8,011 + n \times 1,023$

[1]) Perkin, Trans. Chem. Soc. **45**, 574 (1884).

Man kann daher als allgemeine Formel für die Drehung in irgend einer Reihe schreiben

$$M = S + n \times 1{,}023,$$

z. B. für die Fettsäuren:

$$M = 0{,}393 + n \times 1{,}023$$

oder für die Alkylbromide

$$M = 3{,}816 + n \times 1{,}023.$$

Sind die Serienkonstanten für eine Anzahl von Verbindungen bekannt, so ist es oftmals möglich, die molekulare Drehung einer komplizierteren Substanz mit einiger Genauigkeit zu berechnen. Man geht davon aus,[1] daß die Serienkonstante einer komplizierteren Verbindung ungefähr dem arithmetischen Mittel aus den Konstanten der einfacheren Verbindungen gleich ist, aus denen sie aufgebaut ist. So kann man die Serienkonstante der fraglichen Substanz berechnen und aus dieser das molekulare Drehungsvermögen, indem so oftmals 1,023 hinzugefügt wird, als die Verbindung Kohlenstoffatome besitzt. Die folgenden Beispiele sollen dies erläutern.

Äthyltartrat, $C_2H_5OOC \cdot CHOH \cdot CHOH \cdot COOC_2H_5$

Glycol, Serienkonstante . . . . $= 0{,}897$
Bernsteinsäureäthylester, Serienkonstante $= 0{,}196$
Summe: $= 1{,}093$

Daraus die Serienkonstante des Äthyltartrats $= 1{,}093 : 2 = 0{,}546$
dazu $8 \cdot 1{,}023 = 8{,}184$

Molekularrotation des Äthyltartrats berechnet: $= 8{,}730$
,, ,, ,, beobachtet: $= 8{,}766$

Äthyllactat, $CH_3CHOHCOOC_2H_5$

Sekundäre Alkohole, Serienkonstante . $= 0{,}844$
Alkylester, Serienkonstante . . . . . . $= 0{,}337$
$1{,}181$

Äthyllactat, Serienkonstante ber. . . . $= 0{,}590$
dazu $5 \cdot CH_2 = 5{,}115$

Molekularrotation des Äthyllactats ber. $= 5{,}705$
experimentell gefunden $= 5{,}720$

---

[1] Perkin, Trans. Chem. Soc. **61**, 805 (1892).

Diese Methode, die Molekularrotation eines Stoffes zu berechnen, wird die Methode der Serienkonstanten genannt; wir werden bei der Anwendung dieser Eigenschaft zur Aufklärung von Strukturproblemen von dieser Methode Gebrauch machen.

§ 5. Die Beziehungen zwischen zwei Serien.

Substitution. — Vergleicht man das molekulare Drehungsvermögen zweier Stoffe, die sich durch den Ersatz eines Atoms oder einer Gruppe durch eine andere voneinander unterscheiden, so erhält man den Einfluß der Substitution. Die Wirkung einer gegebenen Strukturänderung auf das Drehungsvermögen ist keineswegs für alle Typen von Substanzen dieselbe, da der Wert des Drehungseinflusses einer Substitution von der Zusammensetzung und der Struktur der Stammverbindung abhängt. Bei Homologen ist der Einfluß der Substitution ungefähr der gleiche; so findet man beim Vergleich der Drehungen der normalen Alkylchloride und Bromide, daß der Einfluß des Umtausches von Chlor und Brom bei den

$$\begin{aligned}
\text{Äthylderivaten} &= +1{,}812 \\
\text{Propylderivaten} &= +1{,}829 \\
\text{Octylderivaten} &= +1{,}897
\end{aligned}$$

ist. In einfachen Fällen wie diesen kann man den mittleren Einfluß dadurch feststellen, daß man die Serienkonstanten miteinander vergleicht, z. B.

$$\begin{aligned}
\text{Serienkonstante der Alkylbromide } (n CH_2 + HBr) &= 3{,}816 \\
\text{Serienkonstante der Alkylchloride } (n CH_2 + HCl) &= \underline{1{,}988} \\
\text{Daraus Ersatz von Cl durch Br} &= +1{,}828
\end{aligned}$$

Ebenso ergibt sich

$$\begin{aligned}
\text{Cl durch J} &= +6{,}020 \\
\text{H } \text{,, } \text{Cl} &= +1{,}480 \\
\text{H } \text{,, } \text{Br} &= +3{,}308 \\
\text{H } \text{,, } \text{J} &= +7{,}503
\end{aligned}$$

Für andere Veränderungen kann man die Werte aus den in Tabelle VII enthaltenen Serienkonstanten berechnen.

Berechnet man so den Wert einer gegebenen Substitution für

verschiedene Verbindungsklassen, so erhält man nicht mehr die gleichen Werte wie bei den homologen Verbindungen; z. B.:

Allylbromid . . . $M = 8{,}221$ Propylbromid . . $M = 6{,}885$
Allylchlorid . . . $M = 6{,}008$ Propylchlorid . . $M = 5{,}056$

Ersatz von Cl durch Br $= +2{,}213$ bzw. $+1{,}829$

n-Octan . . . . . $M = 8{,}722$ Äthylpropionsäure $M = 5{,}452$
n-Octylalkohol . . $M = 8{,}880$ Äthyllactat. . . . $M = 5{,}720$

Ersatz von H durch OH $= +0{,}158$ oder $+0{,}268$.

Wiederholte Substitution übt einen verschiedenen Einfluß auf die Drehung aus. Als Beispiele mögen die Halogenderivate[1]) der Fettsäuren dienen.

Tabelle VIII.

	M	H durch Cl		M	H durch Br
Essigsäure	2,525		Essigsäure	2,525	
Chloressigsäure . .	3,888	1,363	Bromessigsäure . .	5,601	3,076
Dichloressigsäure. .	5,293	1,405	Dibromessigsäure .	8,738	3,137
Trichloressigsäure .	6,458	1,165	Tribromessigsäure .	12,152	3,414
Äthylacetat . . .	4,462		Äthylacetat	4,462	
Äthylchloracetat .	5,846	1,384	Äthylbromacetat .	7,609	3,147
Äthyldichloracetat .	7,313	1,467	Äthyldibromacetat .	10,732	3,123
Äthyltrichloracetat.	8,494	1,181	Äthyltribromacetat.	14,320	3,588

Zur bequemeren Auffindung der Daten sind in der Anmerkung die Literaturstellen angeführt, bei denen die Werte für die einzelnen Verbindungsklassen zu finden sind.[2]) Von besonderem Interesse sind zwei Strukturänderungen, welche deshalb eingehend besprochen werden sollen.

---

[1]) Perkin, Trans. Chem. Soc. **65**, 407 (1894).

[2]) Kohlenwasserstoffe, Alkylmono- und -polyhalogenide, Alkohole, Aldehyde, Ketone, Äther, Ester ein- und zweibasischer Säuren, Säuren und ungesättigte Verbindungen, Trans. Chem. Soc. **45**, 575 (1884), ungesättigte Säuren, Trans. Chem. Soc. **53**, 661, 695 (1888), Stickstoffverbindungen, Nitroverbindungen, Amine, Nitrate usw., Trans. Chem. Soc. **55**, 748 (1889), Halogensäuren, Trans. Chem. Soc. **65**, 402 (1894), aromatische Verbindungen, Trans. Chem. Soc. **69**, 1236 (1896).

§ 6. Nichtsättigung[1]) und Ringbildung.[2])

Ungesättigte Verbindungen besitzen stets ein größeres magnetisches Drehungsvermögen als die entsprechenden gesättigten Verbindungen. Der Unterschied zwischen den beiden Reihen, d. h. die Wirkung der Bildung der ungesättigten Verbindung, ist nicht immer gleich. Dies mag durch die in der folgenden Tabelle angeführten Beispiele erwiesen werden, welche den Effekt des Überganges der gesättigten Struktur in die Äthylenstruktur zeigen. Es genügt, darauf hinzuweisen, daß sich die Beispiele in zwei Gruppen einteilen lassen, in deren einer der Einfluß der Nichtsättigung ungefähr 0,9 oder weniger beträgt, während er in der anderen 1,1 und darüber ist.

Tabelle IX.

Äthylenderivative.

Substanz	Formel	M	Einfluß der Nichtsättigung
Hexan	$CH_3(CH_2)_4CH_3$	6,670	+0,803
Hexylen	$CH_3CH_2CH_2CH{=}CH \cdot CH_3$	7,473	+0,947
Diallyl	$CH_2{=}CH{-}CH_2CH_2{-}CH{=}CH_2$ . .	8,420	
Octan	$CH_3(CH_2)_6CH_3$	8,722	+0,684
Octylen	$CH_3(CH_2)_5CH{=}CH_2$	9,406	
Isopentan . . .	$CH_3CH_2CH(CH_3)_2$	5,750	+0,444
Amylen	$CH_3{-}CH{=}C(CH_3)_2$	6,194	
Hexamethylen .	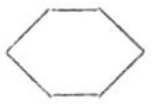 ⬡	5,664	+0,728
Tetrahydrobenzol	⬡ (mit Doppelbindung)	6,392	
1·1-Dimethylhexahydrobenzol .	 ⬡$(CH_3)_2$	8,150	+0,753
1·1-Dimethyl-$\triangle^3$-tetrahydrobenzol	 ⬡$(CH_3)_2$ (mit Doppelbindung)	8,903	
Laurolen	$(CH_3)_2$⬠$\cdot CH_3$ (mit Doppelbindung) 	8,749	+0,500
Dihydrolaurolen	$(CH_3)_2$⬠$\cdot CH_3$ 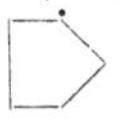	8,249	

[1]) Perkin, Trans. Chem. Soc. **45**, 561 (1884); **49**, 205 (1886); **67**, 261 (1895); **91**, 835, 851 (1907).

[2]) Perkin, Trans. Chem. Soc. **81**, 292 (1902).

Substanz	Formel	M	Einfluß der Nicht-sättigung
Propylchlorid . .	$CH_3CH_2CH_2Cl$	5,056	+0,952
Allylchlorid . .	$CH_2=CH-CH_2Cl$	6,008	
Propylalkohol .	$CH_3CH_2CH_2OH$	3,768	+0,914
Allylalkohol. . .	$CH_2=CH-CH_2OH$	4,682	
Valeriansäure . .	$CH_3-(CH_2)_3COOH$	5,513	+0,913
Allylessigsäure .	$CH_2=CH-(CH_2)_2COOH$	6,426	
Propylmalonsäure-ester	$CH_3CH_2CH_2-CH(COOC_2H_5)_2$ . . .	10,367	+0,914
Allylmalonsäure-ester	$CH_2=CH-CH_2-CH(COOC_2H_5)_2$. .	11,281	
Undecylsäure . .	$CH_3-CH_2(CH_2)_8COOH$	11,641	+0,906
Undecylensäure .	$CH_2=CH(CH_2)_8COOH$	12,547	
Caprylsäure . .	$CH_3(CH_2)_5CH_2COOH$	8,565	$2\times+0,890$
Diallylessigsäure	$(CH_2=CH-CH_2)_2CH\cdot COOH$ . . .	10,344	
Äthylbutyrat . .	$CH_3CH_2CH_2COOC_2H_5$	6,477	+1,112
Äthylcrotonat .	$CH_3CH=CHCOOC_2H_5$	7,589	
Bernsteinsäure-äthylester . .	$COCC_2H_5CH_2CH_2COOC_2H_5$	8,380	+1,245
Maleinsäureäthyl-ester	$COOC_2H_5CH=CHCOOC_2H_5$	9,625	
Pyroweinsäure-äthylester	$COOC_2H_5CH-CH_2COOC_2H_5$ | CH_3	9,347	+1,120
Itaconsäureäthyl-ester	$COOC_2H_5C-CH_2COOC_2H_5$ || CH_2	10,467	
Äthylpyrotartrat	$COOC_2H_5CH-CH_2COOC_2H_5$ | CH_3	9,347	+1,170
Citraconsäure-äthylester	$COOC_2H_5C=CHCOOC_2H_5$ | CH_3	10,517	
Methylisobutyl-keton	$CH_3CO-CH_2-CH(CH_3)_2$	6,612 (ber.)[1]	+1,166
Mesityloxyd . .	$CH_3CO-CH=C(CH_3)_2$	7,778	
Äthylstearat . .	$CH_3(CH_2)_{16}COOC_2H_5$	20,785	+1,124
Äthyloleat . . .	$CH_3(CH_2)_7CH=CH(CH_2)_7COOC_2H_5$.	21,909	

Der Wert ist am niedrigsten bei den Kohlenwasserstoffen und am höchsten bei den Estern der zweibasischen Säuren. Perkin nimmt den Wert für Nichtsättigung bei den Estern der Carboxylsäuren im Mittel mit $+1{,}112$ an.

Acetylenderivate sind nur wenige untersucht worden; die nächste Tabelle enthält den Vergleich dieser mit den gesättigten Verbindungen.

Tabelle X.

Substanz	Formel	M	Einfluß der Nichtsättigung
Methylbutylketon . . .	$CH_3CH_2CH_2CH_2COCH_3$ . .	6,522[1])	+0,657
Methyl-$\triangle$-γ-Butinenketon	$CH\equiv C-CH_2CH_2COCH_3$.	7,179	
Äthylvalerianat	$CH_3CH_2CH_2CH_2COOC_2H_5$.	7,500	+0,629
$\triangle$-Butinencarbonsäure-äthylester	$CH\equiv CHCH_2CH_2COOC_2H_5$.	8,129	
Propionsäure	CH_3CH_2COOH	3,462	+0,779
Propiolsäure	$CH\equiv C\cdot COOH$	4,241	
Äthylpropionat	$CH_3CH_2COOC_2H_5$	5,452	+0,859
Äthylpropiolat	$CH\equiv C\cdot COOC_2H_5$	6,311	

Um die Erhöhung zu finden, die der Eintritt der Nichtsättigung der beiden Kohlenstoffatome hervorruft,

$$H{-}\!\!>\!\!C-C\!\!<\!\!{-}H \longrightarrow {>}C{=}C{<}$$

muß man zu den in der Tabelle angeführten Werten den Einfluß der Wasserstoffatome ($H_2 = +0{,}508$) hinzufügen, weil diese bei dem Vorgang der Nichtsättigung ausgeschieden werden.

Wenn eine offene gesättigte Kohlenstoffkette durch den Austritt zweier Wasserstoffatome in ein Ringsystem übergeführt wird, ergibt sich eine Abnahme des magnetischen Drehungsvermögens; auch hier ist der Wert für die verschiedenen Verbindungstypen nicht streng konstant. Dies wird durch Tabelle XI erläutert.

Es ist zweifelhaft, ob die beiden ersten Beispiele der Tabelle zweckmäßig gewählt sind, denn sie vergleichen höhere Glieder der offenen Kohlenstoffketten mit den Anfangsgliedern der Cycloparaffinsäuren. Perkin empfiehlt Vergleiche zwischen Substanzen

---

[1]) Aus Methylpropylketon (5,499) und CH_2 (1,023) berechnet.

Tabelle XI.

Ringbildung.

Substanz	Formel	M	Einfluß der Ringbildung
Buttersäure	$CH_3CH_2CH_2COOH$	4,472	
Trimethylencarbonsäure	$C_3H_5 \cdot COOH$	4,141	−0,331
Valeriansäure	$CH_3CH_2CH_2CH_2COOH$	5,513	
Tetramethylencarbonsäure	$C_4H_7 \cdot COOH$	5,048	−0,465
Hexylsäure	$CH_3(CH_2)_4COOH$	6,530	
Pentamethylencarbonsäure	$C_5H_9 \cdot COOH$	5,891	−0,639
Octylsäure	$CH_3(CH_2)_6COOH$	8,580	
Methylhexamethylencarbonsäure	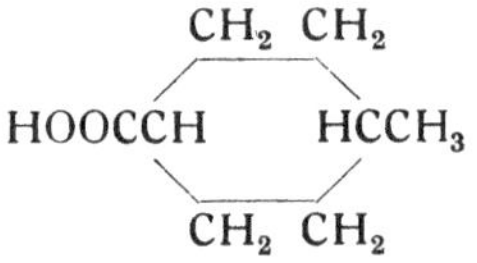 (Ringformel)	7,975	−0,605
Isooctan	$(CH_3)_2C \cdot CH_2CH_2CH_2CH_2CH_3$	8,828[1])	
1·1-Dimethylcyclohexan	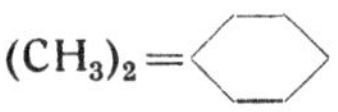 (Ringformel) $(CH_3)_2=$	8,150	−0,678
Isooctan	$(CH_3)_2C \cdot CH_2CH_2CH_2CH_2CH_3$	8,828	
Dihydroisolaurolen	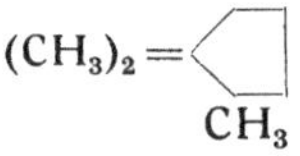 (Ringformel) $(CH_3)_2=$	8,249	−0,579
n-Hexan	$CH_3CH_2CH_2CH_2CH_2CH_3$	6,646	
Cyclohexan . . .	C_6H_{12}	5,664	−0,982
Methylbutylketon . .	$CH_3COCH_2CH_2CH_2CH_3$	6,522[2])	
Methylcyclobutylketon	(Ringformel) CH_3CO	5,901	−0,621
Äthylbutylketon . .	$C_2H_5CO(CH_2)_3CH_3$	7,545[3])	
Äthylcyclobutylketon	(Ringformel) $C_2H_5CO-CH-CH_2$	6,911	−0,634

[1]) Berechnet aus Octan (8,722) + Isogruppierung (+0,106) = 8,828.
[2]) Berechnet aus Methylpropylketon (5,499) + CH_2 (1,023) = 6,522.
[3]) Berechnet aus Methylpropylketon.

anzustellen, deren Stellung in ihrer Reihe ungefähr dieselbe ist;
d. h., Trimethylencarbonsäure sollte mit Ameisensäure, Tetra-
methylencarbonsäure mit Essigsäure verglichen werden usw. Unter
Berücksichtigung der in den Fettsäuren vorhandenen Methylengruppen würden sich die Vergleichszahlen der folgenden Tabelle XII
ergeben; man erkennt, daß die Übereinstimmung der für die Ringbildung gefundenen Zahlen entschieden besser ist.

Tabelle XII.

Ameisensäure + 3 CH_2 = 1,671 + 3,069 . . . . . = 4,740	−0,599	
Trimethylencarbonsäure . . . . = 4,141		
Essigsäure + 3 CH_2 = 2,525 + 3,069 . . . . . . = 5,594	−0,546	
Tetramethylencarbonsäure . . . . = 5,048		
Propionsäure + 3 CH_2 = 3,462 + 3,069 . . . . . = 6,531	−0,640	
Pentamethylencarbonsäure . . . . = 5,891		
Valeriansäure + 3 CH_2 = 5,513 + 3,069 . . . . . = 8,582	−0,607	
Methylhexamethylencarbonsäure . . . . = 7,975		

Nimmt man an, daß diese Vergleichsmethode die richtige ist, so
kann man schließen, daß der Einfluß der Ringbildung etwa −0,6 Einheiten beträgt; es muß jedoch der abnorm hohe Wert für das Cyclohexan beachtet werden. Aus diesem Grunde ist es vielleicht voreilig, diesen Wert für die Ringbildung als definitiv richtig anzusehen;
es sei jedoch darauf aufmerksam gemacht, daß man für bicyclische
Verbindungen dieselben Resultate erhält. So hat das bicyclische
Keton — Campher — die Struktur

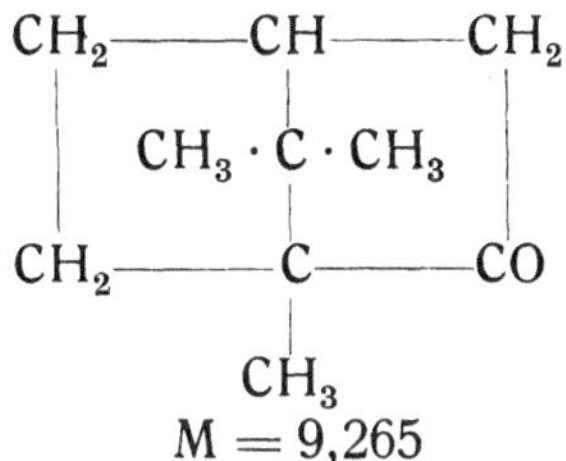

$$M = 9,265$$

und die Formel des entsprechenden Ketons mit offener Kohlenstoffkette wäre $C_{10}H_{20}O$. Die Drehung des letzteren kann aus der des
Methylhexylketons $C_8H_{16}O$ abgeleitet werden:

$$\text{Methylhexylketon} \quad . . . . = 8,509$$
$$2 CH_2 \quad . . . . = 2,046$$
$$\text{daraus } C_{10}H_{20}O \quad . . . . . = \overline{10,555}$$

Dieser Wert für die Verbindung mit offener Kohlenstoffkette übersteigt den des Camphers (9,265) um 1,290, woraus sich ergibt, daß die Bildung eines Ringes das Drehungsvermögen um 1,290 : 2 = 0,645 Einheiten erniedrigt. Beim Borneol

$$
\begin{array}{ccc}
CH_2\!\!-\!\!-\!\!-CH\!\!-\!\!-\!\!-CH_2 \\
| \qquad\quad CH_3\cdot C\cdot CH_3 \qquad | \\
CH_2\!\!-\!\!-\!\!-C\cdot\!\!-\!\!-CHOH \\
| \\
CH_3
\end{array}
$$

ist M = 9,807, während sich aus

$$
\begin{aligned}
&\text{Sek. Octylalkohol} \ldots\ldots = 9{,}034 \\
&CH_2\cdot 2 \ldots\ldots\ldots\ldots = \underline{2{,}046}
\end{aligned}
$$

für $C_{10}H_{22}O$, den Alkohol mit offener Kohlenstoffkette, der Wert 11,080 ergibt. Daraus berechnet sich für die Doppelringbildung —1,273 und für einen Ring —0,636.

§ 7. Die Berechnung des magnetischen Drehungsvermögens.

Trotz des im bisherigen erwiesenen stark konstitutiven Charakters des magnetischen Drehungsvermögens sind jedoch seine additiven Beziehungen genügend stark ausgebildet, so daß man sie benutzen kann, um das unbekannte magnetische Drehungsvermögen einer Substanz zu berechnen. Oben wurde bereits der Methode gedacht, die auf den „Serienkonstanten" aufgebaut ist; auch die Werte, die man für den Ersatz zweier Elemente oder Gruppen gefunden hat, können zu diesem Zwecke verwendet werden. Die Methode, die als Substitutionsmethode bezeichnet werden kann, ist außerordentlich einfach. Wird das magnetische Drehungsvermögen eines hoch zusammengesetzten Stoffes gesucht, so muß zuerst der experimentell bestimmte Wert für einen Stoff gefunden werden, der durch einfachen Ersatz oder durch Strukturänderung in ihn übergeführt werden kann. Die Drehung der Stammverbindung wird dann entsprechend diesen Veränderungen modifiziert. Da es nicht möglich ist, einen allgemein gültigen Wert für eine Substitution aufzustellen, so muß man trachten, Werte aus Verbindungen von möglichst ähnlicher Konstitution zu verwenden, da die Resultate sonst ungenau werden. Die folgenden Beispiele dienen zur Erläuterung des Vorganges und zeigen zugleich den Grad der Genauigkeit der Resultate.

Trichlormilchsäureäthylester $CCl_3CHOHCOOC_2H_5$.

Trichloressigsäure	$= 6{,}458$
Essigsäure	$= 2{,}525$
Ersatz dreier H durch 3 Cl	$= +3{,}933$
Milchsaures Äthyl	$= 5{,}720$
Daher Trichlormilchsäureäthylester	$= 9{,}653$
Das Experiment ergab den Wert	$9{,}361$

Diäthylacetessigsäureäthylester
$CH_3COC(C_2H_5)_2COOC_2H_5$.

Es sei erst die Drehung für die Ketoform des Acetessigsäureäthylesters berechnet.

Brenztraubensäureäthylester	$= 5{,}504$
Propionsäureäthylester	$= 5{,}452$
Ersatz von H_2 durch O	$= +0{,}052$

Da weiter der Wert für

Buttersäureäthylester. . . . . $= 6{,}477$,

ist, so ist er für Acetessigsäureäthylester $= 6{,}477 + 0{,}052 = 6{,}529$.

Aus Diäthylmalonsäureäthylester . .	$= 11{,}197$
und Malonsäureäthylester	$= 7{,}410$

berechnet sich für den Ersatz von $H_2C\langle$ durch

$(C_2H_5)_2C\langle$ . . . . $+3{,}787$,

so daß man schließlich für Diäthylacetessigsäureäthylester den Wert $6{,}529+3{,}787=10{,}316$ erhält. Der Versuch ergab den Wert $M = 10{,}115$

Äthylidenglycol $CH_3CH(OH)_2$.

Chloral CCl_2CHO	$= 6{,}591$
Chloralhydrat $CCl_3CH(OH)_2$	$= 7{,}037$
Daraus Ersatz von CHO durch	
$-CH(OH)_2$	$= +0{,}446$
und, da Acetaldehyd CH_3CHO . . .	$= 2{,}385$,
so beträgt M für Äthylidenglycol . .	$2{,}831$.

Diese Berechnungsmethoden sind wichtig, weil sie ein Mittel an die Hand geben, die Konstitution eines Stoffes zu bestimmen. Hierzu ist eine vorherige Kenntnis der möglichen Strukturen nötig; dann müssen die für jede solche Möglichkeit berechneten Werte mit der experimentell gefundenen Zahl verglichen werden. Man kann annehmen, daß die Substanz diejenige Struktur hat, deren Drehungswert dem gefundenen am nächsten kommt. Zu bemerken ist, daß bei der Anwendung dieser Methode die theoretischen Werte auf so viele Arten und Weisen berechnet werden sollten, als irgend möglich ist. Als Beispiel diene Lävulinsäure.

Lävulinsäure.

Ketoform $CH_3COCH_2CH_2COOH$.

I.

Brenztraubensäure	3,557
Propionsäure	3,462
Ersatz von H_2 durch O . . . . . =	$+0,095$
Valeriansäure	5,513
Daher $CH_3COCH_2CH_2COOH$	5,608

II.

Serienkonstante der Säuren $(C_nH_{2n}O_2)$.	0,393
Serienkonstante der Ketone	0,375
Daraus s. für Ketonsäuren	0,384
Dazu $5 \times 1,023$	5,115
Ergibt für $CH_3COCH_2CH_2COOH$ . . .	5,499

Enolform $CH_3C(OH)=CHCH_2COOH$.

I.

Äthyllactat	5,720
Propionsäureäthylester	5,452
Daraus Ersatz von H durch OH . .	$+0,268$
Valeriansäure	5,513
Also γ-Oxyvaleriansäure	5,781
Für Nichtsättigung	$+1,112$
Daher $CH_3C(OH)=CHCH_2COOH$ . .	6,893

II.

<pre>
Crotonsäureäthylester   7,589
Ersatz von Wasserstoff durch OH wie
    vorher . . . .   +0,268
    Daher Oxycrotonsäureäthylester . .   7,857
    Davon 2 CH₂ subtrahiert   2,046
Oxycrotonsäure   5,811
    Dazu ein CH₂   1,023
CH₃C(OH)=CH · CH₂COOH . . . . . =   6,834
</pre>

Der experimentell gefundene Wert für Lävulinsäure beträgt $M = 5,509$, und es folgt daher, daß die Säure Ketostruktur besitzt.

Die Einzelwerte der Elemente und Gruppen kann man auch manchmal zur Berechnung der Drehung verwenden; doch ist ihre Anwendbarkeit nur sehr beschränkt; sie sollten nur gebraucht werden, wenn andere Methoden nicht brauchbar sind.

Die Serienkonstante 0,508 für die normalen Paraffine C_nH_{2n+2} wird erhalten, wenn man den Wert von nCH_2 von der Drehung irgend eines Gliedes der Reihe abzieht. Dieser Rest muß den Wert für $2H$ ergeben, da $C_nH_{2n+2} - nCH_2 = 2H$ ist. Man kann also schreiben $2H = 0,508$ und daraus den Wert für H mit 0,254 berechnen. Aus der Zahl 1,023 für CH_2 ergibt sich dann wieder der Wert für Kohlenstoff zu 0,515. Den Wert für Sauerstoff erhält man beim Ersatz des Wasserstoffes durch Hydroxyl, wobei eine Erhöhung der Drehung um 0,191 Einheiten stattfindet; da diese Änderung in der Addition von Sauerstoff besteht, ergibt sich dessen Wert zu 0,191.

Wird Wasserstoff in einer Verbindung durch Chlor ersetzt, so findet eine Erhöhung des Drehungsvermögens um 1,480 Einheiten statt; man kann daher für das Chlor den Wert $1,480 + 0,254 = 1,734$ annehmen. Ähnlich berechnen sich für Brom und Jod die Werte 3,562 und 7,757. Humburg[1]) fand für Chlor und Brom die Werte 1,675 und 3,563.

Diese und einige andere Werte[2]) sind in Tabelle XIII zusammengestellt.

---

[1]) Zeitschr. f. phys. Chem. **12**, 401 (1893).
[2]) Perkin, Trans. Chem. Soc. **55**, 753 (1889); **67**, 255 (1895); **69**, 1025 (1896); **81**, 292 (1902).

Tabelle XIII.

Element	Beobachtet von	
	Perkin	Humburg
H	0,254	—
C=O (Ketone)	0,850	—
O (in OH)	0,191	—
C=O (Aldehyde)	0,776	—
C	0,515	—
Br	3,562	3,563
Cl	1,734	1,675
I	7,757	—
NO_2	0,483	—
N^{III} (in Aminen)	0,717	—

§ 8. Magnetooptische Exaltation.

In dem Kapitel über das Brechungsvermögen wurde erörtert,
daß das Brechungsvermögen einer Verbindung, in der ungesättigte
Atome verbunden sind, einen größeren Wert annimmt, als sich
aus der Summe der Brechungseffekte der Komponenten ergibt.
Es ist bemerkenswert, daß die magnetische Drehung dieselbe Ab-
normität aufweist; doch sei gleich hier bemerkt, daß der Parallelismus zwischen beiden nicht strenge besteht. Bis jetzt sind die Beziehungen zwischen der magnetischen Drehung und Konjugation
ungesättigter Gruppen in aliphatischen Verbindungen noch nicht
eingehend untersucht worden, doch genügen die von Perkin[1])
gesammelten Beispiele, um einen allgemeinen Überblick zu erhalten. Der Vergleich von Kohlenwasserstoffen, welche das konjugierte System —CH=CH—CH=CH— enthalten, mit den entsprechenden gesättigten Verbindungen zeigt, daß der mittlere Einfluß jeder der Doppelbindungen viel größer ist als der bei Kohlenwasserstoffen beobachtete, die nur eine Äthylenbindung enthalten.
Aus den Beispielen, die bereits angeführt worden sind,[2]) um den
Einfluß der Nichtsättigung zu zeigen, ersieht man, daß die Einführung einer Äthylenbindung in das Hexamethylensystem eine Erhöhung der Drehung um etwa 0,73 Einheiten hervorruft; vergleicht
man hingegen $\triangle_{1.3}$-Dihydrobenzol mit Hexamethylen,

---

[1]) Trans. Chem. Soc. **89**, 854 (1906); **91**, 806 (1907).
[2]) Tabelle IX.

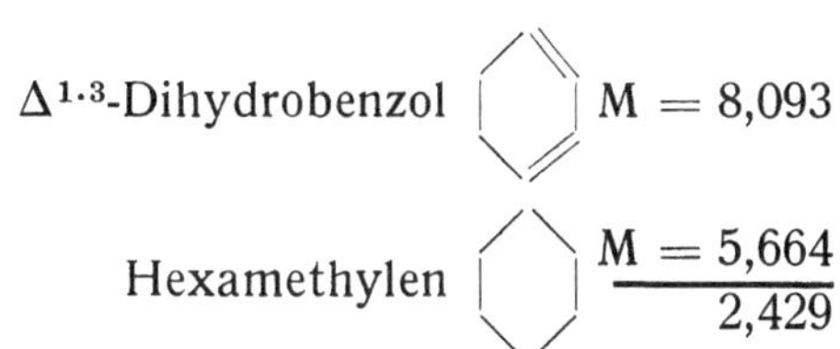

$\Delta^{1\cdot3}$-Dihydrobenzol $\quad$ M = 8,093

Hexamethylen $\quad \dfrac{M = 5,664}{2,429}$

so erkennt man, daß der vereinigte Effekt zweier konjugierter Doppelbindungen 2,429 beträgt, oder der einer einzelnen im Mittel 1,214. Ebenso ist beim

$$\text{Hexatrien } CH_2{=}CH{-}CH{=}CH{-}CH{=}CH_2 \quad M = 12,196$$
$$\text{Hexan } CH_3(CH_2)_4CH_3 \quad \ldots\ldots\ldots M = \underline{6,646}$$

der Einfluß dreier konjugierter Bindungen $\quad = 5,550$

und daher für eine $\ldots\ldots\ldots\ldots = 1,850$

und bei

$$d\cdot l\cdot\Delta^{3(8)\cdot9}\text{-p-Menthadien} \quad M = 12,939$$

$$\text{p-Menthan}^1) \quad M = \underline{9,862}$$

der Einfluß zweier konjugierter Doppelbin-

dungen $\ldots\ldots\ldots\ldots\ldots = 3,077$

daher der einer einzelnen $\ldots\ldots\ldots = 1,538.$

Diese Exaltation des Einflusses einer ungesättigten Bindung ist weiter erkennbar, wenn man

$$\text{Hexatrien } CH_2{=}CH{-}CH{=}CH{-}CH{=}CH_2 \ . \ M = 12,196$$
$$\text{mit} \quad \text{Diallyl } CH_2{=}CH{-}CH_2{-}CH_2{-}CH{=}CH_2 \ . \ . \ M = \underline{8,420}$$

vergleicht, wobei man den Einfluß der Nichtsättigung zu $\quad 3,776$ findet, sowie beim Vergleiche von

$$d\ \Delta^{3\,(8)\,9}\text{-p-Menthadien} \quad M = 13,061$$

$$\text{mit} \quad \text{d-Limonen} \quad M = \underline{11,246}$$

wo der Einfluß der Konjugation $\quad = +1,815$
ist.

$^1)$ Auf folgende Weise berechnet: Hexamethylen $= \quad 5,664$

$$4\,CH_2 = +4,092$$
$$\text{Isostruktur} = +0,106$$
$$\text{Daher p-Menthan} = \overline{9,862}$$

Beim Dipenten (d-l-Limonen), bei dem die doppelten Bindungen nicht in konjugierten Stellungen stehen, bringt die Nichtsättigung den normalen Wert hervor:

Dipenten CH_3⟨⟩C⟨CH_2, CH_3 . . . . . $M = 11{,}315$

p-Menthan CH_3⟨⟩C⟨CH_3, CH_3 . . M (ber.) $= \underline{9{,}862}$

Daher zweimalige Nichtsättigung . . . . . $= 1{,}453$
und doppelte Bindung . . . . $= 0{,}726$

was dem Werte nahekommt, der bei einfach ungesättigten Hexamethylenderivaten beobachtet wurde. Die Tabelle, in der der Einfluß der Nichtsättigung wiedergegeben ist, läßt weiter erkennen, daß die Beispiele in zwei Klassen eingeteilt werden können, wobei in der einen der Einfluß 0,9 oder weniger beträgt, während er in der anderen 1,1 und höher ist. Man sieht, daß die zur ersten Klasse gehörigen Beispiele nur eine ungesättigte Gruppe enthalten, während die andere Gruppe Substanzen umfaßt, die sich von dem Typus

$$-CH{=}CH-\overset{|}{C}{=}O$$

ableiten,[1] somit ein konjugiertes System enthalten. Zwei benachbart stehende ungesättigte Gruppen bedingen also wieder eine abnorm hohe magnetische Rotation. Die Tabelle, welche die Acetylenderivate enthält, zeigt ferner, daß der Einfluß der dreifachen Bindung von 0,65 — wenn sie allein steht — bis zu 0,8 Einheiten — wenn die Bindung mit anderen ungesättigten Gruppen konjugiert ist — wechselt:

Propionsäureäthylester $\rightarrow$ Propiolsäureäthylester $= +0{,}859$.
$CH_3CH_2COOC_2H_5$ $\qquad\qquad$ $CH{\equiv}C \cdot COOC_2H_5$

dagegen

Valeriansäureäthylester $\rightarrow$ 3 Butincarbonsäureäthylester $= +0{,}629$
$CH_3CH_2CH_2CH_2COOC_2H_5$ $\qquad$ $CH{\equiv}C \cdot CH_2CHCOOC_2H_5$

Bemerkenswert ist, daß die magnetooptische Anomalie nicht

----

[1] Eine Ausnahme bildet Ölsäure, wenn man den Vergleich mit dem berechneten Werte von Äthylstearat betrachtet; doch mag dies eine Folge der Fehler sein, die bei der Berechnung des Wertes für die Drehung einer Substanz mit so hohem Molekulargewicht unvermeidlich sind.

vollständig verschwindet, wenn die ungesättigten Gruppen getrennt werden; es scheint, daß der schützende Einfluß dazwischen tretender gesättigter Gruppen nicht genügt, um zu verhindern, daß sich die ungesättigten Gruppen gegenseitig beeinflussen. So findet man den Einfluß der Nichtsättigung in den Carbonsäuren immer größer als bei den einfachen ungesättigten Kohlenwasserstoffen (im Mittel 0,7 Einheiten), und zwar selbst wenn sich die Doppelbindung in der 3·4-Stellung befindet, wie bei

$$\text{Propylmalonsäureester} \quad \text{und} \rightarrow \text{Allylmalonsäureester} + 0,914, \cdot$$
$$CH_3CH_2CH_2CH(COOC_2H_5)_2 \qquad CH_2{=}CHCH_2CH(COOC_2H_5)_2$$

oder wenn sie in der 9·10-Stellung steht, wie bei

$$\text{Undecylsäure} \quad \text{und} \rightarrow \text{Undecylensäure} + 0,906.$$
$$CH_3CH_2(CH_2)_8COOH \qquad CH_2{=}CH(CH_2)_8COOH$$

Die zweite Doppelbindung beim Diallyl hat auch eine größere Wirkung als die erste:

$$\text{Hexan} \qquad \rightarrow \qquad \text{Hexylen} + 0,80$$
$$CH_3(CH_2)_4CH_3 \qquad \qquad CH_3(CH_2)_2CH{=}CH\cdot CH_3$$

$$\text{Hexylen} \qquad \rightarrow \qquad \text{Diallyl} + 0,94$$
$$CH_3(CH_2)_2CH{=}CHCH_3 \qquad CH_2{=}CH{-}CH_2{-}CH_2CH{=}CH_2$$

In dieser Beziehung ist die magnetooptische Drehung ein empfindlicherer Anzeiger für Konjugationen als die einfache optische Anomalie, welche, wie erinnerlich, verschwindet, wenn die benachbarten ungesättigten Gruppen nur durch eine Methylengruppe getrennt werden.

Der Einfluß der Konjugation ist noch deutlicher in aromatischen Verbindungen zu erkennen, in welchen der ungesättigte Benzolring an andere Gruppen mit Restaffinitäten gebunden ist.

§ 9. Aromatische Verbindungen.[1]

Die Drehung des Benzols übersteigt diejenige des Cyclohexans um ungefähr ebensoviel, als die des Hexatriens die Drehung des Hexans.

Benzol	$M_{15^0} = 11{,}284$	Hexatrien	$M = 12{,}196$
Cyclohexan	$M_{15^0} = \underline{5{,}664}$	Hexan	$M = \underline{6{,}646}$
Differenz . .	$5{,}620$	Differenz . . .	$5{,}550$

[1] Perkin, Trans. Chem. Soc. **69**, 1025 (1896); **91**, 810 (1907).

Beim ersten Anblick mag es scheinen, daß dieser Umstand auf das Vorhandensein dreier konjugierter Doppelbindungen im Benzol schließen läßt. Betrachtet man jedoch die Struktur des Benzols und des Hexatriens genauer,

$$CH_2=CH-CH=CH-CH=CH_2$$
Hexatrien

CH
CH⟋⟍CH
CH⟍⟋CH
CH

Benzol

so erkennt man, daß der erstgenannte Stoff eine ganz andere Art Konjugation enthält als das Benzol nach der Formel von Kekulé. In letzterem gibt es drei konjugierte Systeme vom Typus

$$-HC=CH-CH=CH-,$$

während das Hexatrien nur deren zwei enthält. Aus zahlreichen vorher erwähnten Fällen läßt sich schließen, daß ein Wachsen der Komplexität der Konjugationen auch eine Erhöhung der Drehung hervorruft; wenn also das Benzol tatsächlich die drei Äthylenbindungen enthielte, wie sie die Kekulésche Formel verlangt, so müßte der Einfluß der Nichtsättigung größer sein als beim Hexatrien. Die Tatsache, daß er ungefähr der gleiche ist, muß als zufällig und als Zeichen dafür angesehen werden, daß die Struktur wirklich eine andere ist. Man findet hier, daß sowohl das Brechungsvermögen als auch das magnetische Drehungsvermögen des Benzols kleiner sind, als man auf Grund der Kekuléschen Formel erwarten sollte; der Parallelismus der beiden Eigenschaften ist jedoch nicht vollständig, da das Brechungsvermögen des Benzols tatsächlich kleiner ist als das normale, das sich auf Grund der Annahme dreier „isolierter" Äthylenbindungen berechnet, während dies beim magnetischen Drehungsvermögen nicht der Fall ist.

Bei der Betrachtung der Benzolderivate seien zuerst die Verbindungen besprochen, die eine am Kern gebundene ungesättigte Seitenkette enthalten. Man findet hierbei, daß die Wirkung der Nichtsättigung bedeutend größer ist als bei den einfach ungesättigten Olefinen, wenn das Kohlenstoffatom der Äthylenbindung direkt mit dem Kerne verbunden ist; ist jedoch die Äthylenbindung und das Benzolringsystem durch gesättigte Gruppen getrennt, so erreicht der Wert der Nichtsättigung für die erstere den normalen. Die folgenden Substanzen bieten ein Beispiel für dieses Verhalten.

Tabelle XIV.

Doppelte Bindung in Verbindung mit einem Benzolkern.

Substanz	Formel	$M_{15°}$	Differenz für Nichtsättigung
Styrol	$C_6H_5CH=CH_2$	16,041	2,627
Äthylbenzol	$C_6H_5CH_2-CH_3$	13,414	
Propylenbenzol	$C_6H_5CH=CH\cdot CH_3$	17,599	3,046
Propylbenzol	$C_6H_5CH_2CH_2CH_3$	14,553	
Isobutylenbenzol	$C_6H_5CH=C(CH_3)_2$	18,362	2,747
Isobutylbenzol	$C_6H_5CH_2-CH(CH_3)_2$	15,615	
Zimtsäureäthylester	$C_6H_5CH=CHCOOC_2H_5$	20,006	3,837
Hydrozimtsäureäthylester	$C_6H_5CH_2CH_2COOC_2H_5$	16,169	
Inden	$C_6H_4\!\!\begin{array}{c}CH\\ \\CH_2\end{array}\!\!CH$	16,202	2,274
Hydrinden	$C_6H_4\!\!\begin{array}{c}CH_2\\ \\CH_2\end{array}\!\!CH_2$	13,928	
Stilben	$C_6H_5CH=CHC_6H_5$	33,143	8,166 [1]
Dibenzyl	$C_6H_5CH_2-CH_2C_6H_5$	24,977	

Doppelbindung durch gesättigte Gruppen vom Benzolkern getrennt.

Allylbenzoat	$C_6H_5CO\cdot OCH_2CH=CH_2$	15,722	0,849
Propylbenzoat	$C_6H_5CO\cdot OCH_2CH_2CH_3$	14,873	
Phenylallyläther	$C_6H_5OCH_2CH=CH_2$	17,134	0,947
Phenylpropyläther	$C_6H_5OCH_2CH_2CH_3$	16,187	

Besonders deutlich ist der Vergleich des Isoeugenols und Eugenols; beim Isoeugenol, bei dem die Doppelbindung dem Benzolkern benachbart ist, findet man das magnetische Drehungsvermögen viel größer als beim nichtkonjugierten Eugenol.

---

[1] Zu beachten ist, daß bei einigen ungesättigten Substanzen dieser Tabelle ein Teil des Wertes für die Nichtsättigung auf die Fumarstruktur zurückgeführt werden könnte, deren Anomalie etwa $+0,5$ Einheiten beträgt; dies ändert an den gezogenen Schlußfolgerungen jedoch nichts.

$$CH=CH-CH_3 \qquad\qquad CH_2-CH=CH_2$$

Isoeugenol $\qquad\qquad$ Eugenol

$M = 21{,}469 \qquad\qquad M_{15°} = 18{,}727.$

Bei den meisten Benzolderivaten stößt man auf die Schwierigkeit, daß es unmöglich ist, zum Vergleiche mit den experimentell gefundenen Drehungen die Werte zu finden, die von dem Effekt der Konjugation frei sind. Bei den folgenden Vergleichen sind die „berechneten" Werte dadurch gefunden, daß zu dem Drehungseffekt des Benzolkernes derjenige hinzugefügt ist, der sich für den Substituenten aus Verbindungen der Fettreihe ergibt; in einigen Fällen ist die Berechnung im einzelnen durchgeführt; z. B.:

Anilin $C_6H_5NH_2$ (beob.) . . . . $M = 16{,}067$

„ „ (ber.) . . . . $M = 12{,}25$

Störung . . . . $= +3{,}82$

Diphenyl $(C_6H_5)_2$ (beob.) . . . . $M = 25{,}304$

„ $2(C_6H_6-H)$[1]) (ber.) . . . . . . $M = 22{,}06$

Störung . . . . $= +3{,}24$

Dimethylanilin $C_6H_5N(CH_3)_2$ (beob.) . . . . $M = 22{,}88$

„ $C_6H_6 + N + 2C + 5H$[1])

(ber.) . . . . $M = 14{,}30$

Störung . . . . $= +8{,}58$

Phenetol $C_6H_5OC_2H_5$ (beob.) . . . . $M = 15{,}129$

„ $C_6H_6 + O + 2C + 4H$[1]) (ber.) . . $M = 13{,}524$

Störung . . . . $= +1{,}60$

Sind mehrere solche Gruppen vorhanden, so vervielfacht sich die Konjugation und die Anomalie wird infolgedessen größer als bei den einfach substituierten Verbindungen; z. B.:

---

[1]) Vgl. Tabelle XIII.

Substanz	M_{15^0} (beob.)	M' (ber.)	Differenz
o-Phenylendiamin	19,391	13,22	+ 6,17
m-Phenylendiamin	18,843	13,22	+ 5,62
Dimethyl-p-Phenylendiamin	26,239	15,27	+10,97
Hydrochinondimethyläther	16,717	13,71	+ 3,00

Andererseits verkleinert sich die Anomalie, wenn die substituierende Gruppe teilweise gesättigt wird, oder wenn sie durch eine gesättigte Gruppe von dem Benzolkern getrennt wird. Um den Einfluß der Sättigung zu erkennen, mögen die Aminoverbindungen mit ihren Chlorhydraten und Acetylderivaten verglichen werden.

Tabelle XV.

Substanz	M_{15^0}	Unterschied gegen die Rotation des Kernes
Anilin	16,076	+3,82
Acetanilid	16,003	+1,95
Anilinchlorhydrat	16,394	+1,9
Dimethyl-p-Toluidin	22,842	+7,52
Dimethyl-p-Toluidinchlorhydrat	18,465	+0,90
Dimethylanilin	22,888	+8,58
Dimethylanilinchlorhydrat	18,236	+1,78
o-Phenylendiamin	19,391	+6,17
o-Phenylendiaminchlorhydrat	21,329	+3,52

Zu den Gruppen, die eine Verringerung der Anomalie des Benzolkernes herbeiführen, gehören Chlor, die Nitrogruppe, die Carbäthoxylgruppe, die Nitril- und Methylgruppe. Aus den Werten für

Nitropropan . . . . .M = 3,819

Propan . . . . M (ber.) = 3,590

folgt, daß der Ersatz des Wasserstoffes durch NO_2 in Verbindungen der Fettreihe den Wert +0,229 besitzt. Daraus ergibt sich

Nitrobenzol M (ber.) 11,284 + 0,229 . . . . . = 11,51

während M (beob.) . . . . = 9,36

ist. Der Unterschied beträgt . . . . −2,15

Beim Vergleiche von Kohlenwasserstoffen mit den Estern von Fettsäuren

Capronsäureester . . . . M = 8,509

Pentan . . . . M = 5,638

Differenz 2,871

$$
\begin{array}{ll}
\text{Önanthsäureester} \quad \dots\dots\dots & M = 9{,}541 \\
\text{Hexan} \quad \dots\dots\dots\dots\dots & M = 6{,}670 \\
\hline
\text{Differenz} \quad \dots\dots\dots\dots & 2{,}871
\end{array}
$$

$$
\begin{array}{ll}
\text{Pelargonsäureester} \dots\dots\dots & M = 11{,}571 \\
\text{Octan} \quad \dots\dots\dots\dots\dots & M = 8{,}722 \\
\hline
\text{Differenz} \quad \dots\dots\dots\dots & 2{,}849
\end{array}
$$

ergibt sich, daß der normale Wert für den Ersatz des Wasserstoffes durch die Carbäthoxylgruppe etwa $+2{,}86$ Drehungseinheiten beträgt. Wir erhalten daher für

$$
\begin{array}{lll}
\text{Benzoesäureäthylester } C_6H_5COOC_2H_5 . & .M \text{ (ber.)} & = 14{,}14 \\
\quad\quad,, & ,, \quad .M \text{ (beob.)} & = 13{,}85 \\
\hline
\text{Störung} \dots\dots\dots\dots\dots & & -0{,}29
\end{array}
$$

$$
\begin{array}{lll}
\text{Terephthalsäureäthylester } C_6H_4(COOC_2H_5)_2 & M \text{ (ber.)} & = 17{,}00 \\
\quad\quad,, & ,, \quad M \text{ (beob.)} & = 16{,}11 \\
\hline
\text{Störung} \dots\dots\dots\dots\dots & & -0{,}89
\end{array}
$$

Tabelle XVI.

Substanz	M_{15^0} (beob.)	M (ber.)	Depression
Chlorbenzol	12,51	12,76	−0,25
p-Dichlorbenzol	13,65	14,24	−0,59
Benzonitril	11,85	12,05	−0,20
Acetophenon.	12,597	13,67	−1,07

Einige von diesen Stoffen zeigen eine so geringe Abnahme, daß man sie als normal betrachten könnte; doch wird der Einfluß der Substitution deutlicher, wenn die Zahl der Substituenten vermehrt wird, wie bei dem Terephthalsäureäthylester und dem p-Dichlorbenzol. Der sich steigernde Einfluß schwach aktiver Gruppen kann bei den aromatischen Kohlenwasserstoffen deutlich verfolgt werden, von denen vier aufeinander folgende Glieder untersucht worden sind.

Tabelle XVII.

Substanz	M_{15^0} (beob.)	M (ber.)	Depression
Benzol	11,284	—	∓0,0
Toluol	12,150	12,30	−0,15
m-Xylol	12,853	13,32	−0,47
Mesitylen	13,366	14,34	−0,98

Hieraus kann man schließen, daß die Methylgruppe, von der man früher annahm, daß sie gesättigt sei, das Gleichgewicht der Affinitäten des Benzolringes stört; es sei daran erinnert, daß das Brechungsvermögen dieser Kohlenwasserstoffe zu ähnlichen Schlüssen führt.

Eine weitere interessante Eigenschaft dieser Gruppen ist, daß die Substituenten, welche die Anomalie des Benzolkernes erniedrigen, mit Ausnahme der Methylgruppe negative Eigenschaften zeigen, während die eine Steigerung verursachenden Dimethylamino- und Aminogruppen einen positiven Charakter besitzen. Überdies scheint ein Zusammenhang zwischen der Beeinflussung des Benzolkernes und der Richtung zu bestehen, die sie in bezug auf die Platzbestimmung ausüben. Die Carboxyl-, Nitro-, Nitril- und Acetylgruppe weisen im allgemeinen neu eintretende Gruppen in die Metastellung, während Amino-, Hydroxyl- und Phenylgruppe in die Ortho- und Parastellungen lenken.

Wird der Substituent durch eine Gruppe gesättigten Charakters von dem Kerne getrennt, wie z. B. durch Methylen, so wird selbstverständlich der gegenseitige Einfluß der ungesättigten Gruppe und des Benzolkernes geschwächt, und das Benzolsystem kehrt daher in seinen normalen Zustand zurück. Charakteristische Beispiele für diese Erscheinung sind in der folgenden Tabelle gesammelt.

Zum Schlusse dieser Betrachtungen über aromatische Verbindungen sei bemerkt, daß meta-, para- und orthoisomere Verbindungen nicht die gleichen Drehungen besitzen. Aus den wenigen unter-

Tabelle XVIII.

Substanz	Formel	M_{15^0} (beob.)	M (ber.)	Störung
Diphenyl	$C_6H_5-C_6H_5$	25,304	22,06	$+3,24$
Diphenylmethan. .	$C_6H_5-CH_2-C_6H_5$ . .	23,845	23,08	$+0,76$
Dibenzyl	$C_6H_5 \cdot CH_2 \cdot CH_2 \cdot C_6H_5$.	24,977	24,10	$+0,87$
Äthylbenzoat . . .	$C_6H_5COOC_2H_5$	13,854	14,14	$-0,29$
Äthylphenylacetat	$C_6H_5CH_2COOC_2H_5$ . . .	14,982	15,16	$-0,18$
Hydrozimtsäure-äthylester . . .	$C_6H_5CH_2CH_2COOC_2H_5$.	16,169	16,18	$-0,01$
Anilin	$C_6H_5NH_2$	16,076	12,25	$+3,82$
Benzylamin . . .	$C_6H_5CH_2NH_2$	13,646	13,27	$+0,37$
Anisol	$C_6H_5OCH_3$	13,958	12,40	$+1,55$
Methylbenzyläther	$C_6H_5CH_2OCH_3$	13,417	13,42	$\pm 0\,0$

suchten Fällen scheint hervorzugehen, daß die Orthoderivate die größte Drehung zeigen und dann die Meta- und Paraderivate in wechselnder Reihenfolge kommen (s. Tabelle XIX).

Tabelle XIX.

Substanz	M_{15^0}	Substanz	M_{15^0}
o-Kresol	13,382	o-Xylol	13,345
m-Kresol	12,869	m-Xylol	12,810
p-Kresol	12,776	p-Xylol	12,859
Orthophthalsäureäthylester	16,909	o-Toluidin	17,200
Isophthalsäureester . . .	16,928	m-Toluidin	16,210
Terephthalester	16,117	p-Toluidin	16,188

§ 10. Anorganische Verbindungen.[1])

Das magnetische Drehungsvermögen von Salzlösungen ist sehr sorgfältig untersucht worden, in der Absicht, Beziehungen zwischen dieser Eigenschaft und der Ionisation aufzufinden. Die ersten Beobachtungen wurden an Salzsäure und Bromwasserstoffsäure von Perkin gemacht, der nachwies, daß die Drehungen dieser Säuren in nichtionisierenden Lösungsmitteln, wie Amylester, der Summe der Drehungen von Wasserstoff und dem Halogen gleich sind, während sie in Wasser ein anderes Drehungsvermögen besitzen, welches beim Verdünnen der Lösung sich kontinuierlich ändert, bis es einen konstanten Wert erreicht. W. Ostwald hat dann hervorgehoben, daß dieses Verhalten mit der Ionentheorie in Übereinstimmung ist, und hoffte, daß weitere Untersuchungen diese Annahme stützen würden. Spätere Versuche haben jedoch gelehrt, daß der Einfluß des Gelöstwerdens auf das magnetische Drehungsvermögen eines Salzes sehr kompliziert ist, ohne bisher ganz aufgeklärt zu sein. Das Verhalten der Elektrolyte gegenüber Verdünnung wechselt. Manche, wie z. B. die Halogensäuren, sind in Übereinstimmung mit der Ionentheorie. In konzentrierten wässerigen Lösungen und in nicht ionisierenden Medien nähert sich ihr Drehungsvermögen dem normalen und Verdünnung der wässerigen

---

[1]) Ostwald, Trans. Chem. Soc. **59**, 198 (1891); Perkin, Trans. Chem. Soc. **55**, 680 (1889); **65**, 20 (1894); **63**, 57 (1893); Proc. Chem. Soc. **1890**, 140; Jahn, Wied. Ann. **43**, 280 (1891); Wachsmuth, Wied. Ann. **44**, 380 (1891); Schönrock, Zeitschr. f. phys. Chem. **11**, 753 (1893); **16**, 29 (1895); Humburg, Zeitschr. f. phys. Chem. **12**, 401 (1893); Oppenheimer, Zeitschr. f. phys. Chem. **27**, 447 (1898); Forchheimer, Zeitschr. f. phys. Chem. **34**, 19 (1900).

Lösungen führt eine Steigerung bis zu einem konstanten Werte herbei. Andererseits gibt es eine ganze Reihe von Stoffen, deren Drehung mit steigender Ionisation abnimmt, und andere, welche durch den Wechsel der Konzentration gar nicht beeinflußt werden. Da die Theorie dieser Zusammenhänge fehlt, seien hier nur für jede dieser Typen von Elektrolyten einige charakteristische Beispiele angeführt.

Tabelle XX.

Fälle, bei denen die Drehung mit der Verdünnung zunimmt.

Substanz	% in Lösung	M	Substanz	% in Lösung	M
HCl in Amylalkohol	6,8	4,02	LiCl in Wasser . .	42,3	4,17
,, ,, Äthylalkohol	9,7	4,2	,, ,, ,, . .	24,1	4,56
,, ,, ,,	6,6	4,49	,, ,, ,, . .	16,7	4,68
,, ,, Wasser . . .	41,7	4,04	Li_2SO_4 in Wasser .	23,48	2,38
,, ,, ,, . . .	36,5	4,22	,, ,, ,, .	16,41	2,64
,, ,, ,, . . .	30,8	4,30	,, ,, ,, .	7,71	3,11
,, ,, ,, . . .	25,6	4,40	NH_4J in Wasser .	60,4	19,93
,, ,, ,, . . .	15,6	4,42	,, ,, ,, .	30,5	20,05
,, ,, ,, . . .	11,4	4,77	,, ,, Alkohol .	21,1	18,95

Fälle, bei denen die Drehung mit der Verdünnung abnimmt.

Substanz	% in Lösung	M	Substanz	% in Lösung	M
Na_2SO_4 in Wasser .	26,38	2,95	$LiNo_3$ in Wasser .	56,56	1,12
,, ,, ,, .	16,0	2,88	,, ,, ,, . .	26,16	0,98
,, ,, ,, .	12,21	1,21	,, . ,, ,, .	18,17	0,93
H_2SO_4 in Wasser .	99,8	2,30	HNO_3 in Wasser .	99,4	1,21
,, ,, ,, .	73,0	2,11	,, ,, ,, .	56,4	0,98
,, ,, ,, .	35,1	1,95	,, ,, ,, .	32,3	0,85
,, ,, ,, .	18,9	1,92	,, ,, ,, .	26,8	0,80

Fälle, bei denen die Drehung nahezu konstant bleibt.

Substanz	% in Lösung	M	Substanz	% in Lösung	M
Essigsäure	100,0	2,47	$(NH_4)_2SO_4$ in Wasser	40,28	4,98
,, in Wasser	39,0	2,46	,, ,, ,,	6,67	5,01
,, ,, ,,	12,7	2,40	$MgSO_4$ in Wasser .	25,46	2,03
,, ,, ,,	9,7	2,49	,, ,, ,, .	10,14	2,04
,, in Benzol	31,3	2,52	$CdBr_2$ in Wasser .	46,57	40,18
,, ,, ,,	10,8	2,47	,, ,, ,, .	12,46	40,18
,, in Toluol	38,4	2,43	CdJ_2 in Wasser . .	44,53	43,68
,, ,,	9,6	2,45	,, ,, ,, . .	7,26	42,37
NaCl in Wasser . .	3,97 (normal)	1,64	KCl in Wasser . .	37,4 (normal)	1,32
,, ,, ,, . .	2,01	1,67	,, ,, ,, . .	18,7	1,34
,, ,, ,, . .	0,97	1,66	,, ,, ,, . .	0,93	1,31

Auch die Drehung der wässerigen Lösungen der Ammonium- und Natriumsalze der Ameisensäure und Essigsäure wird durch Verdünnung nicht beeinflußt.

Tabelle XXI.

Molekulare Zusammensetzung der Lösung	M	Molekulare Zusammensetzung der Lösung	M
$HCOONH_4 + 3 H_2O$ . . .	3,363	$CH_3COONH_4 + 4{,}75 H_2O$	4,246
$HCOONH_4 + 10{,}4 H_2O$ . .	3,333	$CH_3COONH_4 + 13{,}13 H_2O$	4,247
$HCOONa + 5{,}4 H_2O$ . . .	2,364		
$HCOONa + 12{,}54 H_2O$ . .	2,331		

Bemerkt sei, daß die Molekularrotation dieser Salze ungefähr der Summe der Drehungen ihrer Bestandteile gleichkommt. Z. B.:

$$\begin{array}{llll} NH_3 & M = 1{,}818 & NH_3 & M = 1{,}818 \\ HCOOH & \underline{M = 1{,}671} & CH_3COOH & \underline{M = 2{,}525} \\ HCOONH_4 & M = 3.489 & CH_3COONH_4 & M = 4{,}343 \\ & \text{beob. } M = 3{,}363 & & \text{beob. } M = 4{,}247 \end{array}$$

In diesen beiden Beispielen übersteigen die berechneten Werte um ein geringes die beobachteten; Perkin hat angenommen, daß dies bei der Salzbildung stets zutreffe. Die Beziehungen zwischen Ionisation und magnetischer Drehung sind also noch nicht deutlich definiert; ein weiteres Studium wäre interessant und erwünscht. Auf die Gleichheit des Verhaltens von Salzlösungen gegenüber der Wirkung der Verdünnung in bezug auf Brechung und magnetisches Drehungsvermögen sei aufmerksam gemacht.

Die additive Natur[1]) des Drehungsvermögens, auf welche bei den Formiaten und Acetaten hingewiesen worden ist, läßt sich in den Beziehungen zwischen anorganischen Salzen, die dasselbe Anion enthalten, wiederfinden. In der folgenden Tabelle ist das molekulare Drehungsvermögen (M) für einige Salze in wässeriger Lösung angegeben.

---

[1]) Siehe Jahn, Wied. Ann. **43**, 280 (1891). Andere Beispiele bei: Graham-Otto, Lehrbuch der Chemie I, **3** (Braunschweig 1898), 806.

Tabelle XXII.

Substanz	M	Substanz	M
HCl	4,67	NaBr	9,19
LiCl	4,61	KBr	9,36
NaCl	5,36	$CaBr_2$	$2 \times 8,80$
KCl	5,66	$SrBr_2$	$2 \times 9,08$
$CaCl_2$	$2 \times 4,69$	$BaBr_2$	$2 \times 9,27$
$SrCl_2$	$2 \times 4,85$	$CdBr_2$	$2 \times 9,85$
$BaCl_2$	$2 \times 5,04$		
$CdCl_2$	$2 \times 5,89$	Li_2SO_4	2,27
		Na_2SO_4	3,54
NaJ	18,46	K_2SO_4	3,57
KJ	18,95	$CdSO_4$	5,17
CdJ_2	$2 \times 20,4$		

Man erkennt, daß die äquivalenten Mengen von Salzen mit gleichem Anion ungefähr dieselbe Drehung besitzen, ferner daß der Unterschied in der Drehung korrespondierender Glieder zweier Reihen nahezu gleich ist. So zwischen Bromiden und Chloriden:

$$NaBr - NaCl = 3,83$$
$$KBr - KCl = 3,70$$
$$\tfrac{1}{2}CaBr_2 - \tfrac{1}{2}CaCl_2 = 4,10$$
$$\tfrac{1}{2}SrBr_2 - \tfrac{1}{2}SrCl_2 = 4,22$$
$$\tfrac{1}{2}BaBr_2 - \tfrac{1}{2}BaCl_2 = 3,80$$

und zwischen Jodiden und Chloriden:

$$NaJ - NaCl = 13,10$$
$$KJ - KCl = 13,29$$
$$\tfrac{1}{2}CdJ_2 = \tfrac{1}{2}CdCl_2 = 14,55$$

usw. Auf diese Weise kann man für den Ersatz der Anionen ebenso bestimmte Werte erhalten, wie für Gruppen organischer Verbindungen; aus den erwähnten Zahlen lassen sich die folgenden Werte ableiten:

$$\text{Ersatz von Brom durch Chlor} \ldots \ldots = -4,0$$
$$\text{Ersatz von Jod durch Chlor} \ldots \ldots = -13,5 \text{ ca.}$$

Man darf kaum erwarten, daß die Übereinstimmung der Differenzen zwischen den Serien besser ist, da der Einfluß des gelösten Zustandes, der dem Zeichen und der Größe nach von Salz zu Salz wechselt, vernachlässigt wird.

Vorläufig ist es zweifelhaft, ob ähnliche Beziehungen zwischen Salzen bestehen, die ein gemeinsames Anion enthalten, da die Werte für den Ersatz der Kationen, z. B.

$$NaCl-KCl \ldots = -0{,}30 \qquad NaJ-KJ \ldots = -0{,}49$$
$$NaBr-KBr \ldots = -0{,}25 \qquad Na_2SO_4-K_2SO_4 \ldots = -0{,}03$$

klein und die Schwankungen verhältnismäßig groß sind. Immerhin kann man schon aus den für die Salze mit gemeinsamem Kation geltenden Regeln schließen, daß die Drehung eines Salzes ungefähr der Summe der Effekte des Anions und des Kations gleich ist; doch kann dies nicht genau nachgewiesen werden, bevor nicht Methoden vorliegen, die gestatten, den Einfluß des gelösten Zustandes und der Verdünnung auszuschalten. Perkin fand, daß das Drehungsvermögen des Ammoniumnitrats etwa der Summe der Drehungen des Ammoniaks und der Salpetersäure gleichkommt, während sie für das Ammoniumsalz der Halogensäuren abnorm groß ist. Er nahm deshalb an, daß die Nitrate der Metalle sich normal verhalten, und berechnete aus den Werten, die er für ihre wässerigen Lösungen fand, die Werte für die Metalle selbst. Die auf diese Weise gefundenen Werte sind in Tabelle XXIII enthalten.

Tabelle XXIII.

Nitrat von	M	Wert des Metalls
Natrium	1,284	0,558
Kalium	1,535	0,809
Lithium	1,124	0,398
Calcium.	2,143	0,691
Magnesium	2,029	0,577

Die Atomrotationen dieser und anderer Elemente sind unabhängig davon von Schönrock in einer komplizierteren Weise berechnet worden. Die Resultate zeigen deutlich, daß die Atomdrehungen mit der Stellung der Elemente im periodischen System in Zusammenhang stehen. Wegen der einzelnen Werte muß auf die Originalliteratur verwiesen werden.

§ 11. Anwendungen des magnetischen Drehungsvermögens auf chemische Probleme.

Die Natur instabiler Verbindungen. — Das magnetische Drehungsvermögen kann verwendet werden, um die Frage zu entscheiden, ob zwischen zwei Stoffen eine Verbindung oder bloß eine mechanische Mischung resp. Durchdringung stattgefunden hat. Bei einer Mischung muß das Drehungsvermögen der Summe der Drehungen der Bestandteile gleich sein; findet hingegen Verbindung statt, so wird das molekulare Drehungsvermögen einen anderen Wert annehmen. Schönrock[1]) hat gezeigt, daß Salze, welche dasselbe negative Ion enthalten, im allgemeinen sich in den Drehungen gegenseitig nicht beeinflussen. Die Drehungen, die sich für die gemischten Lösungen aus der Summe der Drehungseinflüsse der vorhandenen Salze berechnen, stimmen daher gut mit den experimentell gefundenen überein; z. B.:

Salz in Lösung	Rotation	
	Beobachtet	Berechnet
Na_2SO_4, $MgSO_4$	0,358—0,376	0,378
Na_2SO_4, $CdSO_4$	0,388—0,499	0,403
Na_2SO_4, $MnSO_4$	0,407—0,371	0,388

Die Gemische wässeriger Lösungen von Quecksilberchlorid und Natriumchlorid und von Quecksilberjodid und Kaliumjodid zeigen jedoch abnorme Werte.

Salz in Lösung	Molekularrotation	
	Beobachtet	Berechnet
NaCl, $HgCl_2$.	23,757	18,953
2 KJ, HgJ_2	135,557	84,073

Die starke Zunahme des Drehungsvermögens zeigt, daß eine Veränderung in der Anordnung der Atome stattgefunden hat; es ist bekannt, daß hier Komplexverbindungen vorliegen.

Perkin hat die wässerigen Lösungen einiger Verbindungen untersucht, von welchen angenommen wird, daß sie mit dem Lösungsmittel Verbindungen eingehen. So besitzt das Chloral[2]) CCl_3CHO das molekulare Drehungsvermögen $= 6,591$, so daß Chloralhydrat, $CCl_3CHO \cdot H_2O$, wenn es eine molekulare Verbindung wäre, den Wert $M = 6,591 + 1 = 7,591$ aufweisen müßte. Der für das

[1]) Schönrock, Zeitschr. f. phys. Chem. **17**, 753 (1895).
[2]) Perkin, Trans. Chem. Soc. **51**, 808 (1887).

Chloralhydrat gefundene Wert beträgt 7,037, woraus zu schließen ist, daß die Konstitution des Chlorals durch den Hinzutritt des Wassers geändert wird und die Formel des Chloralhydrats $CCl_3CH(OH)_2$ lauten muß. Auf dieselbe Weise findet man, daß Acetaldehyd in wässeriger Lösung bei gewöhnlicher Temperatur ein etwas größeres Drehungsvermögen besitzt als im anhydrischen Zustande, so daß die Existenz eines Orthoaldehyds, $CH_3CH(OH)_2$, wahrscheinlich ist. Bemerkt sei, daß Colles[1] vor kurzem diese Substanz bei tiefer Temperatur isoliert hat. Andererseits hat Perkin[2] gezeigt, daß die konstant siedende Mischung von Ameisensäure und Wasser mit der Zusammensetzung $4CH_2O_2 \cdot 3H_2O$ keine chemische Molekülverbindung ist.

Tautomere Verbindungen.[3] — Besonders interessant ist die Anwendung des magnetischen Drehungsvermögens auf das Studium tautomerer Verbindungen. Die dabei angewandte Methode ist außerordentlich einfach; es ist nur notwendig, die Werte, welche sich für jede der tautomeren Formen berechnen, mit den unter bestimmten Bedingungen experimentell gefundenen zu vergleichen. In den meisten Fällen konnte Perkin, dem alle Versuche über diesen Gegenstand zu verdanken sind, eine bestimmte Entscheidung zwischen Keto- und Enolform treffen.

Acetessigester $CH_3COCH_2COOC_2H_5$.

Das Drehungsvermögen der Enolform dieses Esters kann auf folgende Weise berechnet werden.

I.

Milchsäureäthylester	5,720
CH_2	1,023
Oxybuttersäureäthylester	6,743
Nichtsättigung.	+1,112
$CH_3C(OH){=}CH \cdot COOC_2H_5$	7,855

II.

Crotonsäureäthylester	7,589
Ersatz des H durch OH, wie in den Alkoholen . .	+0,194
	7,783

[1] Trans. Chem. Soc. 89, 1246 (1908).
[2] Perkin, Trans. Chem. Soc. 49, 777 (1886).
[3] Perkin, Trans. Chem. Soc. 61, 800 (1892); 65, 815 (1894).

Wir haben gesehen, daß nach der Theorie der Wert für die Ketoform 6,529 beträgt. Der Versuch ergab

$$\text{bei } 16,2° \; M = 6,501,$$
$$\text{bei } 90,5° \; M = 6,470.$$

Acetessigester liegt also in der Ketoform vor, was mit den Arbeiten K n o r r s und K. H. M e y e r s übereinstimmt. Ferner sieht man, daß beim Erwärmen der Substanz keine Änderung der Konstitution stattfindet, da die geringe Abnahme von derselben Größenordnung ist, wie die bei einfachen Fettsäureestern gefundene. Ebenso haben die Versuche gezeigt, daß die Mono- und Dialkylderivate Ketonstruktur haben, wie dies nach dem Verhalten der Stammsubstanz zu erwarten ist. Die durch den Versuch gefundenen Daten in dieser Gruppe sind in der folgenden Tabelle zusammengestellt.

Tabelle XXIV.

Substanz	Formel	Theorie für		Ge-funden
		Enol	Keton	
Acetessigester . .	$CH_3COCH_2COOC_2H_5$	7,8	6,529	6,501
Äthylacetessig-ester [1]	$CH_3COCH(C_2H_5)COOC_2H_5$ . . .	—	8,36	8,329
Diäthylacetessig-ester [1]	$CH_3COC(C_2H_5)_2COOC_2H_5$	—	10,28	10,115
Dimethylacetessig-ester [1]	$CH_3COC(CH_3)_2COOC_2H_5$	—	8,35	8,169
Dimethylacetessig-methylester . .	$CH_3COC(CH_3)_2COOCH_3$.	—	7,26	7,13

Die Homologen der Acetessigsäure, Brenztraubensäure und Lävulinsäure besitzen Ketostruktur. So findet man für

---

[1]) Die berechneten Werte für diese Verbindungen erhält man aus dem Werte für Acetessigester mit Hilfe der folgenden Werte:

Äthylester der Malonsäure	. . . .	7,410
„	„ Äthylmalonsäure	 9,272
„	„ Diäthylmalonsäure	 11,197
„	„ Dimethylmalonsäure	. . . 9,268

Brenztraubensäure $CH_3COCOOH$.

Serienkonstante der Ameisensäure 0,648
Serienkonstante der Ketone 0,375
$\overline{ 1,023}$
Serienkonstante für Brenztraubensäure. 0,511
Dazu $3 \times CH_2$ 3,069
Daraus berechneter Wert für die Brenztraubensäure 3,580
Experimentell gefundener Wert 3,567

Lävulinsäure $CH_3COCH_2CH_2COOH$.

Ketoform . . . . 5,60—5,50⎱
Enolform . . . . 6,89—6,83⎰ berechnet

Der Versuch ergab den Wert 5,509.

Als weitere Beispiele von Substanzen, die dem Acetessigester nahestehen, seien Acetondicarbonsäurediäthylester und der Äthylester der Benzoylessigsäure erwähnt.

Acetondicarbonsäureäthylester
$COOC_2H_5 \cdot CH_2COCH_2COOC_2H_5$.

Die Drehung der Ketoform kann auf folgende Weise berechnet werden:

I.

Acetessigester 6,501
Ersatz von Wasserstoff durch $COOC_2H_5$ 2,86
Berechneter Wert . . . . $M = \overline{9,36}$

II.

Serienkonstante der Ester zweibasischer Säuren . . 0,140
Serienkonstante der Ketone 0,375
Daraus Serienkonstante der Acetondicarbonsäure-
   ester 0,257
Dazu $9 CH_2$ 9,207
Berechneter Wert . . . . $M = \overline{9,464}$

Das Mittel aus den berechneten Werten beträgt daher 9,41. Experimentell gefunden wurde

$M = 9,604$ bei $16,5°$
$M = 9,375$ bei $94°$.

Diese Werte zeigen, daß bei gewöhnlicher Temperatur die Enolform des Esters in geringer Menge vorhanden ist, daß diese aber beim Erhitzen anscheinend in die isomere Ketoform übergeht, da die Abnahme der Drehung beim Erhitzen auf 94° größer ist als die sonst bei aliphatischen Verbindungen gefundene.

Beim Benzoylessigester ist es schwierig, theoretische Werte zu berechnen, da die Wahl der Grundlage dafür unsicher ist. Immerhin kann die Drehung für die Ketostruktur etwa folgendermaßen berechnet werden:

$$\text{Benzoylessigester } C_6H_5COCH_2COOC_2H_5.$$

Äthylbenzol $C_6H_5CH_2CH_3$ . . . . $M_{15°} =$ 13,382
Acetophenon $C_6H_5COCH_3$ . . . . $M_{15°} =$ 12,597
Daraus Ersatz der CH_2-Gruppe durch CO . $= -0,785$

Hydrozimtsäureäthylester

$\quad C_6H_5CH_2CH_2COOC_2H_5$ . . . . $M_{15°} =$ 16,169
Benzoylessigester $C_6H_5COCH_2COOC_2H_5$. $M_{15°} =$ 15,384

Da die untersuchte Probe des Esters $M = 16,393$ bei $18,8°$ ergab, so kann man schließen, daß es die Enolform des Esters

$$C_6H_5C\!=\!CH\!-\!COOC_2H_5$$
$$\overset{\cdot}{O}H$$

war.

Es ist schwierig, die Drehung dieser letzteren isomeren Form mit einiger Sicherheit richtig zu berechnen; da jedoch bei Zimtsäureäthylester, $C_6H_5CH\!=\!CHCOOC_2H_5$, $M = 20,006$ ist, so folgt, daß die Probe Benzoylessigester nicht nur aus der Enolform bestand. Bei den komplizierteren Ketonen, Mono- und Diacetylaceton, stößt man wieder auf die Schwierigkeit, verläßliche Werte für die ungesättigten Isomeren zu berechnen. Beim Acetylaceton hat man folgende Möglichkeiten:

Die Diketoform $CH_3COCH_2COCH_3$
Die Ketoenolform $CH_3CO\!-\!CH\!=\!C\cdot CH_3$
$$\overset{\cdot}{O}H$$

Die Dienolform $CH_3C\!=\!C\!=\!C\!-\!CH_3$
$$\overset{\cdot}{O}H \quad \overset{\cdot}{O}H$$
$$\text{oder } CH_2\!=\!C\!-\!CH\!=\!C\!-\!CH_3$$
$$\overset{\cdot}{O}H \quad\quad \overset{\cdot}{O}H$$

Die Drehung der Diketoform könnte auf folgende Weise berechnet werden:

$$CH_3COCH_2COCH_3.$$

I.

Acetessigester . . . . M $=$ 6,501
Essigsäureäthylester . . . . M $=$ 4,462
Daher Ersatz von H durch $-COCH_3$ . . . . $= +2,039$
Aceton . . . . M $=$ 3,514
Daher $CH_3COCH_2COCH_3$ . . . . M $=$ $\overline{5,553}$

II.

Serienkonstante (Aceton) . . . . $=$ 0,445
$5 CH_2$ . . . . $=$ 5,115
$CH_3COCH_2COCH_3$ . . . . $=$ $\overline{5,560}$

In der Ketoenolform ist der Wert für die benachbarten Doppelbindungen

$$-CH{=}CH-\underset{\underset{O}{\|}}{C}-$$

unsicher; nimmt man ihn gleich dem Werte in den α-β-ungesättigten Säuren, so kann man folgendermaßen vorgehen:

$$CH_3CO-CH{=}C(OH)\cdot CH_3$$

I.

Acetopropylalkohol . . . . M $= 5,544$
Differenz zwischen primärem und sekundärem
    Propylalkohol . . . . $= 0,251$
Nichtsättigung . . . . $= 1,112$
$CH_3CO\cdot CH{=}C(OH)\cdot CH_3$ . . . . $= \overline{6,907}$

II.

Serienkonstante des Isopropylalkohols . . . . $= 0,950$
Serienkonstante der Ketone . . . . $= 0,375$
Daraus Serienkonstante der Ketoenolform . . $= 0,662$
$5 CH_2$ . . . . $= 5,115$
Nichtsättigung . . . . $= 1,112$
$CH_3COCH{=}C(OH)\cdot CH_3$ . . . . $= \overline{6,889}$

Da für die Berechnung der Strukturen $={C}=$ oder $>C{=}CH-CH{=}C<$ gar keine Anhaltspunkte vorhanden sind, so muß der Wert für die Drehung der Dienolverbindungen unsicher bleiben; Perkin hat ihn in folgender Weise berechnet:

I.

Glycol . . . . M $=$ 2,943
3 CH$_2$ . . . . $=$ 3,069
2 $\times$ Nichtsättigung . . . . $=$ 2,224
CH$_3$C(OH)$=$C$=$C(OH)CH$_3$ . . . . $=$ $\overline{8,236}$

II.

Ketoenolform . . . . M $=$ 6,889
Diketoform . . . . $=$ 5,553
Änderung der Keto- in die Enolform . . . . $=$ $\overline{1,336}$
Daher CH$_3$C(OH)$=$C$=$C(OH) $\cdot$ CH$_3$ . . . . . $=$ $\overline{8,225}$

Die experimentell gefundenen und die theoretischen Werte der rehungen für das Acetylaceton und seine Alkylderivate sind in der folgenden Tabelle zusammengestellt.

Tabelle XXV.

Substanz	M (ber.)			M (beob.)	Temperatur
	Diketo	Ketoenol	Dienol		
Acetylaceton	5,553	6,889	8,236	7,166 6,599	16,6° 93,0
Methylacetylaceton . . .	6,519	7,859	9,295	7,237 6,670	16,3 96,4
Äthylacetylaceton	7,534	8,882	10,218	7,890 7,562	18,8 92,9
Dimethylacetylaceton . .	7,599	—	—	7,046 6,995	20 92

Diese Daten lassen erkennen, daß Acetylaceton und seine Monoalkylderivate ein größeres Drehungsvermögen besitzen, als für die Ketoform zu erwarten ist; man muß daher schließen, daß diese Verbindungen bis zu einem gewissen Grade die Enolformen enthalten. Weiter ist zu erkennen, daß der Eintritt von Alkyl die Tendenz zur Bildung der Enolform herabsetzt; derselbe Effekt tritt bei Temperatursteigerung ein; die vereinigten Wirkungen dieser beiden Einflüsse bringen beim Monoäthylderivat bei 90° die Enolform völlig zum Verschwinden. Auch Dimethylacetylaceton ist selbst bei gewöhnlicher Temperatur völlig Keton. Die Hinderung der Enolbildung durch Alkylgruppen ist weiter erkennbar an der Geschwindigkeit der Umwandlung der Ketoform in die Enolform, wenn die erhitzte Substanz abgekühlt wird. Eine Probe Acetylaceton, die auf 93° erhitzt worden ist und dann abgekühlt wird, erreicht die ursprüngliche hohe Drehung nach zwei bis drei Stunden; die in gleicher Weise behandelten Methylderivate erreichen diesen Wert jedoch erst nach Ablauf von drei Wochen. Aus den Zahlen der vorigen Tabelle berechnete Perkin den Anteil jeder Isomeren in den untersuchten Stoffen. Die Resultate sind unverläßlich, da die Voraussetzung, daß nicht mehr als zwei Isomere gegenwärtig sind, nicht zutrifft und wegen der Unsicherheit der theoretischen Werte; doch mögen sie hier wiedergegeben werden, weil sie deutlich zeigen, wie Substitution das Vorherrschen der Ketoform begünstigt.

Tabelle XXVI.

Substanz	Prozentgehalt an		
	Diketo	Ketoenol	Dienol
Acetylaceton.	—	80,0	20
Methylacetylaceton	46,4	53,6	—
Äthylacetylaceton	74,0	26,0	—

Die theoretischen Werte für vier mögliche Formen von Diacetylaceton sind die folgenden:

$$CH_3COCH_2COCH_2COCH_3 \dots \dots \dots \dots \dots \dots \dots \quad 7{,}606$$
$$CH_3C(OH){=}CHCOCH_2COCH_3 \quad \dots \dots \dots \dots \dots \quad 8{,}842$$
$$CH_3C(OH){=}CH{-}COCH{=}C(OH)CH_3 \dots \dots \dots \dots \quad 10{,}158$$
$$CH_3C(OH){=}C{=}C(OH){-}CH{=}C(OH) \cdot CH_3 \dots \dots \dots \quad 11{,}540$$

Der Versuch hingegen ergab

$$M = 10{,}223 \text{ bei } 60{,}4°, \text{ und } 9{,}587 \text{ bei } 96{,}3°.$$

Aus der starken Abnahme der Drehung (0,636) infolge einer Temperatursteigerung von 30° ergibt sich, daß dieser Stoff bei gewöhnlicher Temperatur die Hydroxylisomeren enthält.

Der Einfluß verschiedener Lösungsmittel auf das Drehungsvermögen tautomerer Verbindungen ist nicht eingehend untersucht worden. Perkin hat diese Untersuchung angeregt, aber nicht weit verfolgt; er fand, daß Acetylaceton in Essigsäureanhydrid gelöst weniger Enolform enthält als in ungelöstem Zustand.

Die Struktur von Äthylenverbindungen. — Es gibt einige wenige Fälle, in denen die Werte des magnetischen Drehungsvermögens für die Bestimmung der Konfiguration von Äthylenverbindungen vom Typus $XCH=CHY$ angewendet werden können. Man macht dabei von der vorher erwähnten Tatsache Gebrauch, daß die Drehung der fumaroiden Isomeren

$$\begin{array}{c} CH-X \\ \| \\ Y-CH \end{array}$$

abnorm hoch ist, während die der maleinoiden Form normal ist. Die folgenden Fälle können als Beispiele dienen.

$$\text{Crotonsäureäthylester } CH_3CH=CHCOOC_2H_5.$$

Die Drehung dieses Stoffes verglichen mit der von Buttersäureäthylester

$$\begin{array}{ll} CH_3CH=CHCOOC_2H_5 & M = 7{,}589 \\ CH_3CH_2CH_2COOC_2H_5 & M = 6{,}477 \end{array} \Big\} \text{ Differenz } 1{,}112$$

zeigt, daß der Einfluß der Nichtsättigung normal ist; daraus folgt, daß die Konfiguration dieselbe ist, wie bei der Maleinsäure,

$$\begin{array}{c} HC-CH_3 \\ \| \\ HC-COOC_2H_5 \end{array}$$

was von der chemischen Erfahrung bestätigt wird.[1]

$$\text{β-Äthoxycrotonsäureäthylester}$$
$$CH_3C(OC_2H_5)=CHCOOC_2H_5.$$

Derselbe Vergleich erweist in diesem Falle,

$$\begin{array}{ll} CH_3C(OC_2H_5)=CHCOOC_2H_5 & M = 10{,}430 \\ CH_3CH(OC_2H_5)-CH_2COOC_2H_5 & M = 8{,}687 \end{array} \Big\} 1{,}752$$

daß die Konfiguration die fumaroide ist:

$$\begin{array}{c} CH_3-CO-C_2H_5 \\ \| \\ HC-COOC_2H_5 \end{array}$$

---

[1] Wislicenus, Ann. d. Chem. **248**, 281 (1888).

Schließlich zeigt der Vergleich der Drehungen der Methylester der α- und β-Methoxyphenylacrylsäure

$$\text{OCH}_3 \qquad\qquad \alpha = 21{,}891$$
$$\text{CH}{=}\text{CHCOOCH}_3 \qquad \beta = 22{,}359$$

daß deren Konfigurationen die folgenden sind:

$$\text{CH}_3\text{OC}_6\text{H}_4\text{CH} \qquad\qquad \text{HCC}_6\text{H}_4\text{OCH}_3$$
$$\|\qquad\qquad\qquad\qquad \|$$
$$\text{CH}_3\text{OOCCH} \qquad\quad \text{CH}_3\text{OOCCH}$$
$$\alpha\text{-Ester.} \qquad\qquad \beta\text{-Ester.}$$

Bemerkt sei, daß Perkin das magnetische Drehungsvermögen angewendet hat,[1] um die Strukturänderungen festzustellen, die bei der Multirotation verschiedener Zuckerarten eintreten; doch sind die Resultate wegen der Schwierigkeit, für die verschiedenen Strukturmöglichkeiten verläßliche Werte zu berechnen, unsicher.

Kapitel XIX. Magnetische Doppelbrechung.

Die magnetische Drehung der Polarisationsebene ist nicht die einzige Form, in der sich der Einfluß eines Magnetfeldes auf die Fortpflanzung des Lichtes in isotropen Medien äußert. A. Cotton und H. Mouton[2] haben gefunden, daß manche Stoffe in einem starken Magnetfelde auch doppelbrechend werden. Während die Drehung der Polarisationsebene auftritt, wenn die Lichtstrahlen in der Richtung der Kraftlinien verlaufen, wird die Doppelbrechung beobachtet, wenn man polarisiertes Licht senkrecht zur Richtung der Kraftlinien durch die zwischen den Polen eines Magneten befindliche Substanz treten läßt. Der Phasenunterschied zwischen den Komponenten des Lichtes ist wie bei der elektrischen Doppelbrechung dem Quadrate der Feldstärke und der Länge der Flüssigkeitsschicht proportional. Da es keine

---

[1] Trans. Chem. Soc. **81**, 177 (1902).

[2] Compt. rend. **145**, 870 (1907); Compt. rend. **147**, 193 (1908); Ann. Chim. Phys. [8] **19**, 153 (1910). Während des Druckes ist eine neue ausführliche Arbeit von A. Cotton und H. Mouton erschienen, in welcher an einem größeren Versuchsmaterial die Beziehungen zur chemischen Konstitution diskutiert werden. (Ann. Chim. Phys. [8] **28**, 209, (1913).

Schwierigkeit bietet, ein konstantes Magnetfeld herzustellen, kann der Phasenunterschied einfach mittels eines geeigneten Kompensators[1]) gemessen werden. Die Doppelbrechung ist sehr schwach und bei vielen Stoffen auch in den stärksten Magnetfeldern nicht nachweisbar. Für Nitrobenzol beträgt die Cotton-Moutonsche Konstante C — das ist der in Wellenlängen ausgedrückte Phasenunterschied in einer Flüssigkeitsschicht von 1 cm Länge und in einem Felde von 1 Gauß — $2,45 \cdot 10^{-12}$. Die folgende Tabelle gibt einige der gefundenen Werte wieder. Sie sind bei Zimmertemperatur und dem Lichte der gelben Quecksilberlinie gemessen und auf Nitrobenzol $= 1$ bezogen. Die Konstanten nehmen bei steigender Temperatur ab, so z. B. bei Nitrobenzol um $0,69\,^0/_0$, bei α-Monobromnaphthalin um $0,29\,^0/_0$ pro Grad[2]).

Tabelle.

Substanz	C
Benzol	+ 0,233
Toluol	+ 0,245
o-Xylol	+ 0,278
m-Xylol	+ 0,250
p-Xglol	+ 2,66
Chlorbenzol	+ 0,288
Brombenzol	+ 0,257
Nitrobenzol	+ 1,000
o-Nitrotoluol	ca. + 0,582
m-Nitrotoluol	ca. + 0,784
α-Monochlornaphthalin	+ 1,08
α-Monobromnaphthalin	+ 0,99
Betol	+ 1,6
Salol	+ 0,62
Schwefelkohlenstoff	− 0,196

Keine nachweisbare Doppelbrechung ergeben Hexan, Octan, Amylen, Chloroform, Tetrachlormethan, Äthylenbromid, Allylbromid, Äthylalkohol, Isobutylalkohol, Amylalkohol, Glycerin, Aceton, Äthyläther, Amylacetat, Äthyltartrat, Ölsäure, Cyclohexan,

---

[1]) A. Cotton und H. Mouton, Ann. Chim Phys. [8] **20**, 275 (1910).

[2]) Über die Abhängigkeit von C von der Wellenlänge und der Temperatur siehe A. Cotton und H. Mouton, Ann. Chim. Phys. [8] **20**, 194 (1910); Skinner, Physical Review, **28**, 228 (1909); Mc. Comb, Physical Review, **29**, 525 (1909).

Cyclohexanon und Terpentinöl.[1]) Ebensowenig war dies bei anorganischen Stoffen wie Wasser, Schwefelsäure und Phosphoroxychlorid der Fall.

Soweit man aus diesen Beobachtungen ersehen kann, tritt die magnetische Doppelbrechung bei den aliphatischen und hydroaromatischen Verbindungen nicht auf oder sie ist sehr klein. Sie zeigt sich dagegen stark bei allen Substanzen, die einen Benzolring enthalten und ist noch stärker bei Naphthalinderivaten. Es ist daher zu erwarten, daß Verbindungen mit noch mehr Benzolkernen oder solche mit höher kondensierten Kernen den Effekt besonders stark geben werden. Substituierende Gruppen wirken hier bei weitem nicht so stark wie auf die elektrische Doppelbrechung, doch nimmt auch hier die Nitrogruppe eine ausgezeichnete Stellung ein. Auch kann man beim Xylol und Nitrotoluol Andeutungen einer Beziehung zwischen der Konstanten und der Stellung der Substituenten sehen, die der bei der elektrischen Doppelbrechung gefundenen ähnlich ist. Es ist also auch die magnetische Doppelbrechung eine vorwiegend konstitutive Eigenschaft.

Während das magnetische Drehungsvermögen, welches eine allen Stoffen in ziemlich gleichem Maße zukommende und mehr additive Eigenschaft darstellt, nach der Anschauung, auf welcher W. Voigt[2]) seine Theorie aufbaut, von der direkten Beeinflussung der Elektronenfrequenzen durch das Magnetfeld herrührt, also mit dem Zeemanneffekt und daher nach P. Langevin[3]) mit dem Diamagnetismus in Zusammenhang steht, hat die in ihrem Verhalten so verschiedene magnetische Doppelbrechung wahrscheinlich damit nichts zu tun, sondern besitzt, wie Cotton und Mouton[4]) und Langevin[5]) annehmen, ihren Grund in einer molekularen Orientierung. Dafür spricht auch der Umstand, daß die Dispersion dieselbe und der Temperaturgang ein ähnlicher ist wie bei der elektrischen Doppelbrechung. Da die

---

[1]) Bei einigen der hier angeführten Substanzen wurde später (A. Cotton und H. Mouton loc. cit.) doch eine geringe magnetische Doppelbrechung gefunden.

[2]) W. Voigt, Magneto- und Elektrooptik, (Leipzig 1908).

[3]) Ann. Chim. Phys. [8] 5, 70 (1905).

[4]) Ann. Chim. Phys. [8] 19, 181 (1910).

[5]) Le Radium, 7. Sept. 1910. Siehe auch Alb. Enderle, Diss. (Freiburg 1912).

für die beiden Phänomene in Betracht kommenden rein optischen Eigenschaften des Moleküls offenbar dieselben sind, so liegen die Besonderheiten der magnetischen Doppelbrechung nur in dem Grad der molekularen Orientierung, hängen also von der paramagnetischen Suszeptibilität ab. Diese ist aber bei organischen Verbindungen meist sehr klein und wird durch den Diamagnetismus, von dem sie nicht getrennt bestimmt werden kann, überdeckt. Aus der für den Benzolkern gefundenen positiven „Atomempfindlichkeit" (siehe Kapitel XVII) läßt sich jedoch schließen, daß die Moleküle von Benzolderivaten in der Tat ein größeres magnetisches Moment haben als die der aliphatischen Verbindungen. Nach Cotton und Mouton[1]) wäre man imstande, die gegenseitige Lage der magnetischen und elektrischen Achse eines Moleküls zu bestimmen, indem man die Doppelbrechung einer Substanz mißt, die gleichzeitig einem elektrischen und magnetischen Felde ausgesetzt ist.

---

[1]) Journ. de Chim. Phys. **10**, 692 (1912).

Gauß 44.

Gautier, A. 143.

Gazdar, M. 416.

Georgievics, G. v. 366, 432.

Gerhard 203.

Gerlinger 536.

Getmann, Fr. H. 58, 96, 258.

Ghira 281.

Gibbs, H. D. 73.

Girard, P. 77.

Gladstone 250, 251, 252, 253, 258, 259, 260, 262, 263, 264, 266, 269, 270, 273, 280, 283, 285, 286, 319, 330.

Gmelin, P. 203.

Godefroy 101.

Goldschmidt, V. M. 405.

Goldsobel, A. G. 336, 337.

Goldstein, K. 71, 157, 159, 214, 479.

Gomberg, M. 429.

Gorke, H. 428.

Gossart 49.

Gräbe, C. 223, 261, 384.

Gräfe, W. 480, 484.

Graetz, B. 84.

Graham-Otto 16, 86, 101, 188, 191, 210, 604.

Greewood, H. C. 226.

Griffiths, R. 12, 130.

Grignards 335.

Groshans 214.

Großmann, H. 110, 491, 510.

Grotrian 10.

Grüneisen, E. 36, 40.

Gubser 534.

Guewut 86.

Guldberg 7, 21, 180.

Guye, Ph. A. 46, 49, 56, 57, 128, 493, 494.

Haagen 278, 279.

Haber, F. 180.

Hagen, E. 46.

Hagenbach, A. 78, 79, 449.

Haller, A. 306, 319, 338, 499.

Hallwachs, W. 7, 258.

Hambly 224.

Häncu, V. 380.

Handl 86.

Hansen, D. E. 548.

Hantzsch, A. 125, 344, 352, 356, 359, 369, 371, 372, 378, 397, 400, 404, 413, 415, 427, 428, 429, 433, 435, 439, 447, 485, 530, 531, 536.

Hardin, D. 493.

Harries, C. 301, 302.

Harrison, J. P. 86, 97.

Hartley, W. N. 349, 350, 353, 355, 357, 358, 359, 360, 374, 375, 386, 389, 394, 404, 406, 407, 409, 410, 411, 413, 414, 421, 422, 425, 438, 447.

Hauke, M. 259, 261.

Hechler, W. 110.

Hedley, E. P. 422, 425, 428.

Heen, P. de 131, 140, 159.

Heerwagen 550.

Heidryck 257.

Heilborn, J. 131.

Hein, W. 491.

Heintz, W. 301.

Helmholtz, H. v. 250.

Hemptinne, A. de 469.

Henrich, F. 460.

Henrichsen, S. 566.

Henry, L. 185, 201, 217, 218, 219, 224.

Hentzsch 254.

Hertz, G. 75, 350.

Herzen, E. 67, 69.

Herzog, R. O. 108, 115.

Heß, F. 406.

Hesse, A. 188, 210, 220, 439.

Hewitt, J. Th. 53, 414, 415, 439, 453, 464, 466, 469.

Heydweiller, A. 73.

Hibbert, H. 252, 258, 259, 343.

Hilbert, H. 516.

Hildebrand, J. H. 176.

Hilditch, T. P. 96, 453, 468, 496, 498, 510.

Hill, A. E. 506.

Hilpert, W. St. 566.

Hittorf 517.

Hinrichs, G. D. 208.

Hjelt, E. 529.

Watts 191.
Weber 143, 181.
Wedekind, E. 505, 506, 564.
Weegman 252, 278, 279.
Wegschneider, R. 525, 528.
Weickel, T. 399.
Weiß, P. 569.
Werner, A. 125, 360, 393, 431, 432, 485, 494, 500, 505, 506, 507, 511, 516, 534.
Whatmough 46, 67, 68.
Wiebe, H. F. 181.
Wiedemann, G. 110, 279, 451, 452.
Wien, W. 350.
Wiener, O. 252.
Wigand, A. 139.
Wijkander 99, 101.
Wilberforce 79.
Wilhelmy 61.
Willstätter, R. 18, 293, 294, 313, 370, 371, 388, 398, 399, 433.
Wilsmore, N. T. M. 337.
Wilson, A. 258.
Winkelmann, A. 82, 162, 163, 169, 226.
Winmill, Th. 53.

Winther, C. 491.
Wislicenus 342, 409, 487, 540, 615.
Witt, O. N. 361, 362, 364, 365, 457.
Woestyn 146.
Wogau, M. v. 108.
Wöllmer 110.
Wrede, F. 235.
Wright, L. T. 359.
Wüllner, A. 165, 254.
Wurster 371, 372.

Young, S. 215, 217, 220, 226.
Young, Th. 44, 45, 204.

Zander 12, 14, 15, 16, 17.
Zawidski, J. v. 103.
Zecchini, F. 252, 258, 280, 281.
Zehnder, L. 252.
Zelikow 294.
Zelinsky, N. 294.
Zemplén, G. 71, 72.
Zettermann 162, 163.
Zimmermann, F. 175.
Zoppellari 254, 258, 279.
Zsigmondy, R. 444.
Zwicke 213.

Sachregister.

Schmelzpunkt, Abhängigkeit von der Korngröße 178.
— Erniedrigung des 200.
— Kohäsion beim 60.
— Mittel zur Erhöhung des 198.
— Parallelität mit Löslichkeit 201.
— und Substitution 188.
Schmelzwärme 180.
Selektive Lichtabsorption 348, 357, 375, 440.
Serienkonstante 579.
Seriensubstitution 581.
Siedepunkt 7, 203.
— von anorganischen Stoffen 204; organischen Verbindungen; isomeren Stoffen 205; homologen Reihen 212.
— Bedeutung für Assoziation und Polymerisation 224, 227.
— und Druck 226.
— und spezifische Kohäsion 58.
— und Substitution 217.
Siedepunktsbeziehungen, Anwendungen der 221.
Solvatation 453.
Spannung des cyclischen Systems 297.
Spannungstheorie von B a e y e r 244, 245.
Spektrographische Methode 436.
Spezifische Exaltation 324.
Spezifisches Gewicht 5.
Spezifische Kohäsion 46, 58, 59, 65.
— Viscosität 79.
Spezifisches Volumen 5.
Spezifische Wärme 128, 129, 131, 153, 161, 169, 174.
— — von Stoffen (Tabellen), anorganische 130—152; organische 154—161; Mischungen von Nichtelektrolyten 161—168; wässrige Lösungen von Elektrolyten 169 bis 174.
— — Anwendungen der 174.
— — und Dichte 137.
— — und Konzentration 171.
Spezifisches und molekulares Brechungsvermögen 252, 266.
Spiegelbildisomere 235.

Steighöhe 45.
Stellungsisomerie, Einfluß der 355.
Stere, die 26 ff.
Stereochemie 487.
Stereoisomere Stoffe und Brechungsvermögen 331.
— und Dissoziationskonstante 527.
— Verbindungen 16, 196, 331, 527.
— — des Oximtypus 197.
Stickstoffhaltige Ringe 484.
Stokes'sches Gesetz 449.
Struktur, die chinoide S. als Chromophor 367.
Strukturisomerie 190, 527.
Substitution für präparative Zwecke (Schmelzpunkt) 198.
— in der Seitenkette 484.
— Einfluß auf Absorption 418.
— Einfluß auf Fluorescenz 460.
— und Schmelzpunkt 188.
— und Siedepunkt 217.
— und ungesättigte Verbindungen 159.
— und Verbrennungswärme 238.
Superposition, optische 494.
Suszeptibilität, magnetische 564.
Symmetrie 210.
Syn- und Antiformen (Viscosität) 126.
— (Schmelzpunkt) 197.

Tautomere Flüssigkeiten 75.
— Substanzen und Brechungsvermögen 338.
— Verbindungen 404, 464, 608.
Tautomerie, doppelte symmetrische 464.
Temperatur, Einfluß auf Viscosität 81.
— Einfluß auf spezifische Wärmen 131.
Temperaturen, übereinstimmende 7.
Temperaturkoeffizient 83.
Temperaturkoeffizient der Leitfähigkeit 523.
Teslaentladungen 469.
Teslastrahlen 478.
Tetraederformel, Übereinstimmung mit den verschiedenen Ringsystemen 244.

Register der Verbindungen.

NB. Wenn im Texte Tabellen mit Daten homologer Reihen oder untereinander nahe verwandter Verbindungen wiedergegeben sind, so ist im folgenden Register oft nur der Gruppenname angeführt, wie z. B. Amide, Alkohole, Paraffine, Glykole, Säuren u. dgl.

Chloride, spezifische Wärme 147.
— Siedepunkt 209, 211.
Chlorkohlenstoff, Kohlenstofftetrachlorid.
Chlornitrobenzol, elektrische Doppelbrechung 545.
Chloroform, Absorption 440.
— Assoziationsfaktor 42, 59.
— Assoziationskonstante 59.
— Brechungsvermögen 278.
— Dichte 70.
— elektrische Doppelbrechung 544.
— Kapillarität 70.
— latente Wärme 229.
— spezifische Wärme 135.
— Viscositätskonstante 95.
Chlorphenol, Assoziationsfaktor 53.
— Fluorescenz 481.
— elektrische Doppelbrechung 547.
Chlorschwefel, Dielektrizitätskonstante 541.
— Fluorescenz 481.
Chlortoluol, elektr. Doppelbrechung 545.
— spezifische Wärme 156.
Chlorwasserstoff, Brechungsvermögen 256.
Chlorzimtsäure, Schmelzpunkt 179.
Cholesterylacetat, Schmelzpunkt 179.
Cholesterylbenzoat, Schmelzpunkt 179.
Cholesterylproprionat, Schmelzpunkt 179.
Chrom, Atomvolumen 9.
— Atomwärme 144.
— Brechungsvermögen 260.
— Kompressibilität 9.
— spezifische Wärme 142, 144.
Chromalaun, Viscositätskonstante 121.
Chromoxyd, spezifische Wärme 151.
Chrysoidin, Absorption 364.
Cinchonin, Absorption 356.
Cinchonin, optisches Drehungsvermögen 492.
Cinchonidin, optisches Drehungsvermögen 492.
Cinchotenin, Absorption 356.

Cineol, Absorption.
Cinnamylidenessigsäure, Absorption 425.
— Brechungsvermögen 320.
Citra onanhydrid, Leitfähigkeit 112.
— Viscositätskonstanten 112.
Citraconsäure, Schmelzpunkt 197.
Citraconsäurealkylester, magnetische Drehung 584.
Citraconsaures Natrium, Molekularvolumen 16.
— Viscosität 119.
Citral, Brechungsvermögen 306.
Cobalt, Atomwärme 144.
— spezifische Kohäsion 67.
— spezifische Wärme 144.
Codeïn, Ionenwanderungsgeschwindigkeit 521.
— optisches Drehungsvermögen 492.
Cölestin, spezifische Wärme 145.
Corydalin, Absorption 356.
Cotarnin, Struktur 435.
Crotonsäure, Schmelzpunkt 197.
Crotonsäureamylester, magnetische Drehung 590, 608.
— optisches Drehungsvermögen 496.
Crotonsaures Natrium, Molekularvolumen 16.
iso-Crotonsaures Natrium, Molekularvolumen 16.
Cumol, Brechungsvermögen.
Cyan, Absorption 440.
— Atomvolumen 40.
— Brechungsvermögen 301, 302.
— elektrische Doppelbrechung 548.
Cyanäthyl, Siedepunkt 207.
Cyanbenzoesäure, Leitfähigkeit 112.
— Viscositätskonstanten 111.
Cyanbenzol, Viscositätskonstanten 102.
Cyanessigsäure, Dielektrizitätskonstante 541.
Cyanessigsäureäthylester, elektrische Doppelbrechung 545.
Cyanhydrokotarnin, Absorption 436.
Cyanmethyl, Siedepunkt 207.
Cyanwasserstoffsäure, Absorption 440.
— Atomzahl 225.
— Brechungsvermögen 256.

Hexamethylen, magnetische Drehung 583, 593.
Hexamethylbenzol, Fluorescenz 481.
Hexan, Assoziationsfaktor 42.
— Brechungsstere 32.
— Brechungsvermögen 271.
— elektrische Doppelbrechung 544.
— Kapillarität 62.
— kritisches Volumen 21.
— magnetische Drehung 574, 576, 583, 593.
— Molekularvolumen 17, 19.
— Siedepunkt 62.
— spezifische Wärme 157.
— Verbrennungswärme 238.
— Viscositätskonstanten 82, 93.
Hexatrien, Brechungsvermögen 303, 313.
— magnetische Drehung 593.
— Molekularvolumen 17.
Hexensäure, Brechungsvermögen 304, 306.
— Molekularvolumen 17.
Hexonsäure, Kapillarität 61.
Hexylacetat, Molekularvolumen 15.
Hexylacetylen, Brechungsvermögen 276.
Hexylalkohol, Molekularvolumen 15.
Hexylester, Molekularvolumen 13.
Hexylformiat, Molekularvolumen 13, 15.
Hexyljodid, Absorption 441.
— Molekularvolumen 12.
Hexylen, Brechungsvermögen 275.
— magnetische Drehung 593.
— Molekularvolumen 17.
Hexylsäure, magnetische Drehung 593.
— Siedepunkt 222.
Hydrastinin, Struktur 438.
Hydratropasäure, Schmelzpunkt 194.
Hydrazine, Brechungsvermögen 280.
— Leitfähigkeit 533.
— Siedepunkt 209.
Hydrazobenzol, Viscositätskonstante 105.
Hydrazone, Struktur 416.
Hydrazoxyverbindungen, Struktur 416.

Hydrinden, magnetische Drehung 597.
Hydrobenzoin, Schmelzpunkt 196.
Hydrocamphylen, Brechungsvermögen 297.
Hydrochinon, Brechungsvermögen 258.
— Fluorescenz 463, 470.
— Molekularwärme 168.
Hydrochinondimethyläther, magnetische Drehung 472, 599.
Hydrochinonphthaleïn, Fluorescenz 463.
Hydrochlorapocinchonin, optisches Drehungsvermögen 492.
Hydrochlorsäure, magnetische Drehung 605.
Hydrocyansäure, Brechungsvermögen 298.
Hydro*iso*laurolen, Brechungsvermögen 278.
Hydroxyl, Ionengeschwindigkeit 519.
Hydroxylsauerstoff, Viscositätskonstanten 92.
Hydrozimtsäure, Absorption 425.
— Fluorescenz 484.
— Schmelzpunkt 194.
Hydrozimtsäureamylester, optisches Drehungsvermögen 496.
Hydrozimtsäureäthylester, magnetische Drehung 597.
Hydrozimtsaures Natrium, Viscositätskonstante 119.
Hydroxylamin, Brechungsvermögen 281.

Iminocampher, optisches Drehungsvermögen 499.
Indamin, Absorption 363.
Inden, magnetische Drehung 597.
Indium, spezifische Wärme 142.
Indophenon, Absorption 363.
Inosit, optisches Drehungsvermögen 500.
Iridium, Brechungsvermögen 260.
— spezifische Kohäsion 65.
— spezifische Wärme 132, 142.
Isopren, Viscositätskonstanten 88, 90.

Methyläthylphenacylsulphounim-
picrat, Schmelzpunkt 196.
Methyläthylselenid, Brechungsver-
mögen 279.
Methylbenzoat, Brechungsvermögen
278.
— spezifische Wärme 115.
Methylbenzyläther, magnetische Dre-
hung 601.
Methylbernsteinsaures Natrium, Vis-
cosität 118.
Methylbromid, elektrische Doppel-
brechung 548.
— magnetische Drehung 577.
— Viscositätskonstanten 93.
Methylbutinenketon, magnetische
Drehung 579, 585.
Methylbutylketon, magnetische Dre-
hung 577, 586.
Methylbutylselenid, Brechungsver-
mögen 279.
Methylbutyrat, Assoziationskonstante
56.
— Brechungsvermögen 265.
— Kapillarität 62.
— kritisches Volumen 20.
— latente Wärme 228.
— Molekularvolumen 15.
— Siedepunkt 62.
Methylcampher, optisches Drehungs-
vermögen 499.
Methylcapronat, Molekularvolumen
15.
Methylcarbostyril, Struktur 407.
Methylchinolin, Ionengeschwindig-
keit 521.
Methylchloracetat, spezifische Wärme
154.
Methylchlorid, elektrische Doppel-
brechung 548.
Methylchlorid, latente Wärme 228.
— Viscositätskonstante 92.
Methylcinnamat, Brechungsvermögen
264.
Methylcitraconat, Brechungsvermö-
gen 264.
— magnetische Drehung 575.
Methylketone, Siedepunkte 213.

Methylkresyläther, Molekularvolumen
15.
— spezifische Wärme 154, 155.
Methylcyanid, Siedepunkt 207.
Methylcyanacetoacetat (Cyanacet-
essigsäuremethylester), Brechungs-
vermögen 340.
Methylcyanpropionylacetat, Bre-
chungsvermögen 340.
Methylcyclobutylketon, magnetische
Drehung 586.
Methylcyclohexan, Brechungsver-
mögen 297.
— magnetische Drehung 298.
Methylcyclohexen, Molekularvolumen
17.
Methyldiacetylracemat, Viscositäts-
konstante 124.
Methyldiallylcarbinol, Brechungsver-
mögen 264.
Methyldichloracetat, spezifische
Wärme 154.
Methyldiäthanolamin, Brechungsver-
mögen 322.
Methyldimethylmalonat, magnetische
Drehung 609.
Methyldiphenylamin, Atomzahl 225.
Methylester, Molekularvolumen 13.
Methylformiat, Assoziationskonstante
56.
— kritisches Volumen 21.
— Molekularvolumen 11, 13.
— Viscositätskonstante 89.
Methylfluoracetat, Brechungsstere 33.
— Kapillarität 48.
Methylheptenon, Brechungsvermögen
275, 306.
Methylheptyläther, Molekularvolu-
men 15.
Methylheptylat, Molekularvolumen 15.
Methylhexamethylencarbonsäure,
magnetische Drehung 586.
Methylhexylcarbinol, Brechungsver-
mögen 271.
Methylhexylketon, Absorption 379.
— Brechungsvermögen 275.
— Dielektrizitätskonstante 540.
— magnetische Drehung 587.

Phenylpropiolsäure, Brechungsvermögen 274.
— Fluorescenz 484.
Phenylpropyläther, magnetische Drehung 597.
— spezifische Wärme 140.
Phenylpyridin, Schmelzpunkt 193.
Phenylsulfid, magnetische Drehung 573.
Phenylsulfimid, Schmelzpunkt 189.
Phenyl*iso*sulfocyanid, magnetische Drehung 279.
Phenylenbisiminocampher, optisches Drehungsvermögen 499.
Phenylendiamin, magnetisches Drehungsvermögen 599.
Phenylendiaminhydrochlorid, magnetisches Drehungsvermögen 599.
Phloroglucin, Spektrum 411.
Phoron, Brechungsvermögen 304.
— Struktur 408.
Phosgen, elektrische Doppelbrechung 548.
Phosphor, Assoziationsfaktor 60.
— Assoziationskonstante 60.
— Atomvolumen 9.
— Atomwärme 144.
— Brechungsvermögen 260.
— Dichte 138.
— Kompressibilität 9.
— Schmelzpunkt 182.
— Schmelzwärme 180.
— Siedepunkt 204.
— spezifische Kohäsion 65.
— spezifische Wärme 138, 141, 144.
Phosphoroxychlorid, Dielektrizitätskonstante 541.
Phosphortrichlorid, Assoziationskonstante 55.
Phosphortrichlorid, Atomzahl 225.
— Brechungsvermögen 256.
— Dielektrizitätskonstante 541.
Phosphorwasserstoff, Brechungsvermögen 256.
Phthalid, elektrische Absorption 561.
— Fluorescenz 482.
Phthalimid, Fluorescenz 482.
Phthalylchlorid, Brechungsvermögen 320.

Phthalsäure, Fluorescenz 482.
Phthalsäuren, Leitfähigkeit 111.
— Verbrennungswärme 239.
— Viscosität 111.
Phthalsaures Natrium, Viscositätskonstanten 119.
Picolin, Molekularvolumen 14.
— Schmelzpunkt 202.
Picolinsäure, Schmelzpunkt 193.
Pimelinsäure, Leitfähigkeit 527.
— Schmelzpunkt 195.
Pinacolin, Absorption 380.
Pinen, Brechungsvermögen 294.
Piperidin, Absorption 357.
— Brechungsvermögen 294.
— Brechungsstere 32.
— Ionengeschwindigkeit 521.
— Leitfähigkeit 533.
Piperonylsäure, Absorption 356.
Platin, Atomvolumen 9.
— Atomwärme 144.
— Brechungsvermögen 255, 260.
— Kompressibilität 9.
— Schmelzwärme 180.
— spezifische Kohäsion 65.
— spezifische Wärme 132, 142, 144.
Polymethylene, Siedepunkte 216.
— Verbrennungswärmen 243.
Portlandzement, Absorption 447.
Propan, magnetische Drehung 574, 599.
— Verbrennungswärme 238.
Propargylacetat, Brechungsvermögen 276.
Propargylalkohol, Brechungsvermögen 276.
Propargyläthyläther, Brechungsvermögen 276.
Propenylbenzol, magnetische Drehung 575.
Propionaldehyd, magnetische Drehung 577.
— Verbrennungswärme 236.
Propionanhydrid, Viscositätskonstanten 88.
Propionnitril, Assoziationskonstante 55.
— Dielektrizitätskonstante 540.

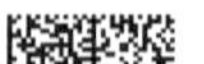